全球化與企業實務

作者：Barbara Parker

譯者：李茂興、林建江

弘智文化事業有限公司

Globalization
and
Business Practice

Barbara Bush Parker

Chinese edition copyright © 2005
By Hurng-Chih Book Co.,LTD.
for sales in Worldwide

ISBN 957-0453-78-8

Printed in Taiwan, Republic of China

目錄

第一章 導言／1

第七章　全球的政治及法令環境／547

第一章

導言

中國大陸轉型引發的世界性商機與威脅

　　中國大陸的工業產出在一九九○至一九九五年間的年平均成長率達到百分之二十二點八，這樣的高成長率引起許多國外投資者與國內人民濃厚的興趣。許多農民捨棄傳統農業，移居到城市尋求工作機會，開始過著與其它城市居民一般的忙碌生活，他們食用肉類與蛋奶製品，取代傳統以穀類為基礎的日常飲食，這不但較為方便，更是這些人們嚮往已久的飲食方式。

　　都市化、經濟發展和飲食習慣的改變提供了新的商機。飲食上的改變在中國及世界各地都產生新的商機。例如在中國，原本種植穀物的農民改為養殖漁類及家畜；另外，隨著大量人口外移到城市生活，城市居民對通訊及貨運等商務及住宅的服務需求也跟著大增。穀物進口商也看準了中國稻米市場的龐大商機，摩拳擦掌準備加入市場佔有率的爭奪戰；目前中國對進口糧食的需求，讓越南一躍成為世界第三大的稻米輸出國。越南稻米出口量大增與中國工業生產的成長，提供了亞洲各地企業不小的商機，並讓全球商業活動的相互依賴性日益增

加。在農業生產上，中國大陸和越南的農產價格與世界各國的商品價格密切相關，而不再單單依賴共產世界而已。更進一步地說，諸如摩托羅拉（Motorola）、西門子（Simens）和通用汽車（General Motors）等都有數以百萬美元計的國外直接投資（Foreign Direct Investment, FDI），這不但加速了製造業、農業及服務產業的成長，所創造的就業機會更進一步刺激了從鄉村外流到都市的人口數。由英國和荷蘭共同投資的聯合利華公司（Unilever）就是國外直接投資的實例，該公司已在中國投資一億英鎊，並設立七個合資公司；產品類別更是從上海的清潔劑、北京的冰淇淋到供應全中國的牙膏等，涵蓋範圍廣大。英代爾（Intel）、摩托羅拉（Motorola）、新力（Sony）、松下電器（Matsushita Electric Industrial）、通用汽車（General Motors）、寶鹼（Procter & Gamble）等等企業組織也都投資了上億美元在中國設立廠房；全球零售業者如家樂福（Carrefour）及皇家雅霍德（Royal Ahold NV）也計劃提升在中國所持有的股份。在一九九六年，中國的商業投資總額達到五百二十億美元，成為僅次於美國的第二大國外直接投資接受國。

　　這些情形提高了當地及全球的商機，但中國的領導人卻只在意可能會失去供應糧食給十二億人口的能力。中國自從一九九○年起每年糧食輸出成長率不到百分之零點一，中國雖為淨出口國，卻是糧食淨進口國。摩根史坦利公司（J.P. Morgan & Co.）的經濟學家古康歡（Guocang Huan）對中國市場的全球化抱持著憂喜參半的看法，主要的理由如下：中國人民的工業生產取代了原先的農業生產，再加上日益趨向以蛋白質為基礎的飲食，將有可能使中國在未來數年內遭遇到糧食短缺的危機。有些人把中國工業化及新興糧食進口國的地位視為商機的來源，而中國農夫卻把這些情形視為對生計的威脅；同樣地，中國的政治領導人也把全球化視為威脅，反而忽略了背後所帶來的龐

大商機。世界觀察組織（The Worldwatch Institiute）發現到的另一個
威脅就是：中國日益增加的糧食需求將會抬高全球的糧食價格，使得
全球多數地區無法獲得足夠的糧食。糧食價格的上揚對工業化國家大
多數人口來說可能幾乎是無關痛癢，但對於其它世界各地每天僅以約
一美元渡日的十億貧窮人口而言，全球糧食短缺所導致糧價上揚卻好
比是一場恐怖的大災難。

　　從中國飲食習慣改變，導致全球糧食短缺問題的例子中，我們可
以了解到，世界上少有十分單純而不會受到其它事件影響的事情。進
一步地探究飲食改變在實質面及潛在面的影響，更能清楚地能說明全
球化的幾個構成要素。第一點，在單一國家所發生的事件影響力將會
跨越國界，進而遍及全球；第二點，單一事件的全球效應不僅會在個
人、組織、產業的層級產生相互影響，更會在政治、經濟及其它體系
中衍生出世界性的變化；第三，想要控制或預測全球相互影響及相互
作用的結果是十分困難的；最後，從上述中國大陸的例子中，我們可
以發現到全球化對於政府機構、小型及大型企業，甚至全人類都帶來
了無窮的商機，相對地卻也構成了相當大的威脅。

　　儘管在人口、商品及市場全球化的發展非常迅速，但與一九九〇年代中期全球化急遽成長的情況相較之下則緩慢許多，不過二十一世紀仍可以說是「全球化的世紀」。越來越多的組織參與者極力主張「行為全球化，思考在地化」，或積極地要成為「地球村」的一份子，但是它們對於全球化的定義、解釋及願景卻仍有著極大的差異，使得一般人很難了解「全球化」所代表的意義究竟為何。另外，對於全球化的成本與收益，及全球化對未來的影響也還不夠明朗。因此，在我們討論全球化之前，必須先對全球化的定義有著較為具體的瞭解，這是非常重要的。

全球化的各種不同定義

不同的定義會造成企業對於全球化產生不同的反應

　　作家珍彼德斯（Jan Pieterse）認為全球化所包含的概念就好比社會科學內含的學科數一樣多；如同在企業管理裡集合了許多不同的領域，包括行銷、製造、財務、會計及管理經濟等等。一般來說，全球化最常被描述為國與國間貿易界線或障礙的消弭（Ohame, 1995）；同時全球化也被視為傳統國際生產、投資及貿易形式上的轉變（Dicken, 1992）；商業與社會之間重疊利益的連結（Brown, 1992；Renesch, 1992）。這些定義的差異不僅在於語意上的不同，每個不同的定義也各自有著不同的企業組織行為假設，及企業組織在面對全球化情況下所可能會出現的行為反應。當企業領導人深信無國界是全球

化的本質時，他便有可能會把組織力量用於監測本國與外國政治/經濟的改變；也就是說如果把全球化視為企業及其它社會利益的聚合，企業組織將會投注更多的心力去檢視社會的改變。但是無疆界的概念（Boundary-lessness）在其它方面不僅代表了國家及經濟上的議題，更顯現出穿越傳統界限如：時間、空間、領域、地理環境、作用、思想、文化等等假設，及理解個人與他人關係的種種能力（Rhinesmith, 1993），也代表著組織內部職位、層級等垂直界限及組織功能、紀律等水平線的消除（Ashkenas, Ulrick, Jick, and Kerr, 1995）。以上對於全球化這個觀點在詮釋上的差異，似乎也明白地指出組織在不同面向必須關注的焦點。

全球化突破的障礙

在本章中為了要探索全球化的多種概念，全球化的定義將會隨著眾多傳統界線之穿透性的日益提高而更為廣泛。這些界限包括實體界限與較不具體的界限，實體的界限包含有：時間及空間、國家界線或經濟體、企業及組織；而較不具體的界限則有文化上的規範與「如何在某地營運」的假設等等。因為全球化的定義廣泛，本章將藉由一些過去在偏遠地帶，甚至是地球遙遠的另一端所發生卻未被當做全球化事件處理，最後引起全球化滲透現象的幾個例子來作闡述。儘管如此，這些例子仍然可以作為企業在全球各地進行營運活動的借鏡。舉例來說，本章開頭小故事所提到中國大陸飲食習慣改變的例子，正說明了單一國家的趨勢將會延伸到全世界。表面上看似單一的事件將會衝擊不同的領域，例如政治事件對於文化事件的影響，及對於全球各地其它國家的影響是顯而易見的，無形中也提供了單一事件全球化的證明。由於高度變化性、參與者日益增加及背景因素的多樣化，造成

了全球化本身所具有的複雜度及不確定性，企業負責人應對此多加留意。

企業組織會影響全球化及其定義

企業組織並非單單只受到全球化的影響，爲了要追求利潤，不管是因爲社會性、政治性、個人、家庭或其它相關目標所進行的企業營運活動，都會刺激、促進、支持或擴大全球化的影響範圍。爲了尋求新的產品及市場，企業除了要擴展消費性商品之外，更需要思考應該如何創造財富、人們應該如何在生活及工作之間取得平衡、還有在政治與企業管理方面的議題等等。全球企業經營管理的變數是難以控制的，藉由電話線連結到網際網路，可以輕易地獲取到游擊隊的情報、瀏覽色情網站、還有最新的道瓊工業指數等等資訊、遍佈全球的黑手黨及毒販的經營方式，及皇家殼牌集團（Royal Dutch Shell）、帝國化學工業公司（Imperial Chemical Industries）、新力（Sony）、墨西哥國家石油公司（Pemex）等等國際企業的資訊。全球化企業不再僅是企業組織，它們對於全球文化、法律、政治及社會的影響程度和對於經濟的影響相當，這些都是本章所要討論的重點。

本書的架構

在現今日趨整合的世界中，全球化對多數企業而言仍是嶄新的經驗；然而由於全球環境的變化非常迅速且持續不間斷，及其獨有的非直線式特性，不管是企業組織或個人，想要快速吸收全球化的知識存在著高度的困難性。本書從全球企業的實際運作經驗與研究中集結出

理論及實務這兩個最重要的部分。本書的重點在於檢視各種可應用在全球化世界中的「管理」原則。然而,如同先前所提到的,全球化的本質還涵蓋了多門學科,因此我們也必須檢視經濟、政治科學、行銷、國際企業等等不同的原則。上述內容全是基於世界性及獨立的觀點,而非國際性(國與國)的觀點來檢驗全球性的整合將會如何影響國際企業的運作。在從各個相關的領域來描述全球化事件的例子中我們可以發現到,全球化所具有的這種不連續卻又環環相扣的本質,讓平常在企業管理中運用的直線式、因果關係論不再靈光。為了要因應全球化所帶來的特殊要求,企業經理人必須同時以程序導向及非直線方式來進行思考。最後,在今日全球化理論與實務研究成果尚未取得一致性認同之際,修習國際企業的學生必須更加小心審慎地處理其中的模糊性。本書的架構如下:

1. 在各章開頭以實際的例子引領出各章所要傳遞的重要概念。各章節中會加入幾個全球企業實例,並將舉例說明重要概念及企業進行全球化的方式。

2. 在各章開頭引言的部分我們會引出所要討論的主題及理論。或許有些理論讀者曾經接觸過,在此提供給讀者完整的複習與這些理論在全球化商業運作上的嶄新應用。

3. 本書前三章以建立全球化的理論為前提;第四到十章就各個獨立的層面探究全球化所造成的影響,例如文化全球化、政治全球化及經濟全球化等等。在每章的第一部份,本書會舉出每個層面全球化的實例。

4. 每章的第二部分,我們則把焦點從全球化的實例轉為企業負責人為了要因應全球化,而對員工、程序及企業內部架構所進行的適當安排,用以回應或預測全球化的結果。在各章的第二部

分也會檢視在全球實務下美國管理理論的適用性；還有企業經
理人在全球化的環境下，所需具備的管理能力。

5. 每章最後都包含了每章關鍵概念的複習及問題討論。

6. 在本書的網站（http://www .seattleu.edu/~parker ）中針對每個獨
立的章節每一季會更新一次，讀者可從網站上得到各章內容相
關的資訊來源。

　　圖2.1 說明了本書所欲探討的課題；企業組織內部活動與企業負
責人最關心的事項可以用三個圓圈表示，三個環環相扣的組織活動包
括了（a）管理企業組織中的人力（People, P）；（b）整合程序
（Process）以達成組織目標；（c）建立組織結構（Structure, S）。圖中
最外圍的大圓說明了全球化的管理者及所屬企業所必須要面對的不僅
有組織內部的問題，還有來自企業外的挑戰與機會。外部的問題除了
全球化之外，本土性、區域性與國際性等問題也日益受到重視。日漸
獨立的全球化世界促使企業組織領導者眼界不斷地提升，更關注本國
與國際以外的環境，並檢視全球化事件對於企業組織可能及立即造成
的影響。圖2.1 說明了這樣緊密的關係，但卻不足以解釋在全球化、
全世界相互依存的環境之下，單一變化爲何會牽連至其它不同的層
面。所以唯有對各層面有著清楚的了解，才能幫助決策者理解、分析
並參與全球化的環境，及了解企業組織與全球化世界這二者之間的互
動關係。

各章內容的簡短回顧

　　在本章的開頭已經對於全球化下了定義，在本章的後半部將簡單
介紹本書所欲檢視的六個全球化環境。唯有以一個整體化的觀點來檢

視全球化，我們才能評量出世界究竟是比過去進步、退步或與過去無差異的情況。稍後本章將會對全球整合做詳盡的敘述及評量，這也是本書重要的目標，並介紹各個不同的觀點來看待全球化的現況和趨勢。本書第二個目標是提供實務性及理論性的範例，以供企業內部的管理階層在做全球管理時參考。

本書前三章首先指出全球化所帶來的挑戰，接著為全球化下定義，並提供世界上其它地區對於全球化的看法；對企業界而言，全球化意涵為何、全球化又將如何及為何會對企業管理的內涵造成改變。這樣的改變可以由社會大眾要求企業組織在可靠性與背負的社會責任日益提升這兩大現象得到例證。本書第三章將會提出縱貫全書的主要議題，在第六章到第十章則會進行深入分析。在第一章提出下列問題，例如：政治的全球化究竟有利於資源分配，還是增加限制？文化的全球化將使得文化變得更為多元化或產生正好相反的結果？經濟的全球化將創造出更高的生活品質，或將世界分隔成「富有」及「貧困」等區塊？這些議題都會在往後的章節中進行深入探討。本書前三章提供一般性及初步的全球化資訊，作為往後第四到第十章分析六個全球化環境的楔子。讀者可視個人興趣或偏好選擇第四章到第十章的研讀順序。

在第四到第十章的前半部份，我們將會描述在不同領域中所發生的全球化實例，及社會大眾對於全球化議題，例如：多樣性、經濟與社會正義、企業責任與道德、政府及個人風險等等所抱持的態度。在每章的後半部份則會探討全球化的基本問題，及全球性企業組織營運的理論及實務，所可能會面臨的文化、科技或政治挑戰。所要討論的管理議題包括了與組織行為相關的理論與實務操作，組織行為如組織的執行方式、領導能力、壓力管理、技職訓練、團隊合作及遴選人才、薪資、訓練及研發等人力資源管理。在個體的層次上則著重人們

如何超越重重障礙、發展全球管理人員重要的專業技能，或刺激、引導、發展、甚至培養多樣性的工作力。企業組織必須要超越的結構性障礙包括創造一個系統，它不但可以控制還要具有彈性、具功能性卻又十分穩固、具自主性並與其它系統相互關聯，包括網路架構、企業聯盟，還有水平及垂直整合等等。第三章中將會加強有關程序的部分，提供理解程序的整體性架構。這些程序包括了更新、學習、創新、創造力、維持既有的獲利水準、組織文化及核心能力等等；本書也將介紹主修國際管理的學生當前企業管理及國際企業營運的原則。各章引用的全球組織範例均結合了傳統與新興的實際例證。

　　在第二章中我們將探討，擴展全球化觀點將會對企業組織創造出一個不同於以往的意涵，延伸觀點後會讓不同的企業組織之間彼此更加相互依賴，形成新的焦點及力量。本章定義的全球性企業均積極追求各種新型態的整合；但是任何組織在邁向全球化的過程中均會面臨以下的四個挑戰：某些無法解決的問題；企業組織日益依賴於無形的資產；必須多樣化地管理各層級；具有主導性地位的傳統企業尚未做好迎接未來的準備。之後本章會把焦點放在組織應如何因應全球化運作，圖2.1則指出企業組織應該要同時注意組織內部及外部環境中所面臨的全球性挑戰。

　　第三章進一步地深究種種傳統商業的限制與全球化世界的理論，並探索全球化對企業組織的影響程度。重新檢視目前在美國、日本、西歐及各地浮出檯面的議題。因為企業與政治之間彼此界限的定位不清，反而擴大了傳統的商業界限，使得企業組織一旦創造出新商機便成為利益團體的一份子。舉例來說，當一家企業組織被視為創造經濟財富的工具，就會有愈來愈多同類的組織被賦予提昇生活品質及創造經濟財富等等社會目標與期望。第三章以公眾的基本需求來檢視為何企業組織必須跨越傳統上的種種限制，才得以在全球企業環境中成功

地擔負起社會責任及達成經濟成長的目標。上述的態度亦擴大了管理理論的視野，並挑戰了既有的理論與實務。本章的總結顯示，企業組織內部所有的人員都必須超越組織結構、程序、管理上的諸多限制才能順利推動企業組織邁向全球化，不論是管理階層或員工都應如此。

全球化的文化議題是第四章的主題。本章定義出文化及文化的功能，描述全球化對文化的影響，諸如娛樂及旅遊，並提出全球文化融合的例證，與文化全球化正反兩方的意見。本章第二部分將深入討論國家及組織傳統界線對文化形塑的關係，及文化多樣性對全球化組織有何影響。

在第五章中，在探討財富的創造之各種定義之前先比較封閉及開放的經濟體；接著提出在全球化世界中比較有用的財富之各種基準。日益成長的商品及服務交易、國外直接投資及全球貨幣等例證指出，經濟全球化並未能滿足市場經濟的許多條件，如此使得產品生命週期、事業分部獨立化、策略聯盟等結構理論、資本主義文化及決策程序等程序理論、及有關激勵與願景發展等個人議題在探索與應用上皆面臨挑戰。

第六章檢視全球經濟中勞力市場的四個構成要素：工時及薪資、工作環境、全球性的正常移民與工作移民，以上四點是本章所要探討的主要議題。企業組織在提昇人權及道德規範中的所扮演的角色越來越重要，在全球化的勞力市場中也有著舉足輕重的地位。全球化對企業所帶來的挑戰在於如何將複雜的問題架構成有一定規則的組織性及全球性規範，並以諸如組織學習的作法加以管理。

全球政治及法律環境為第七章的主題。國內的政治在經過全球化政治重新整合以後，將有利於促進企業與政府間的整合。拿全球治理的壓力與國家自身利益、全球聯盟相比，非政府組織的比重增加，人們必須重新檢視政治及企業的定義，全球整合將會降低國家自主能力

並對企業的自主權帶來相當程度的挑戰。這也迫使企業界更深入探究並公告其工作內容，特別是與管理風險相關的議題，這些風險包括貪污、工作壓力、衝突、及管理者的安危等等。

第八章把焦點放在產業的全球化，解釋現今對產業的看法與全球化之後產業可能會受到的影響。在全球商業環境中包含有許多不同類型的體制；同樣地，在此也將重新檢視這些體制所可能會造成的影響。產業全球化的挑戰包括對未來的展望，公司及國家是否有足夠的能力在全球化的環境中競爭等等。在產業全球化的過程中，有效的管理法則包括有：發展永續的利益、策略管理，並藉由內部網路與水平組織來架構出全球化願景。

第九章的重點是討論全球科技議題，特別是與通訊科技相關的部分。比較工業革命與資訊革命的結果，我們可以發現兩種革命所具有的相同特質，但是在某些重點則仍有相異之處。例如全球資訊網（World Wide Web）就是資訊革命中資訊過荷（Information Overload）的例證。資訊技術的進步驅使產業必須持續不斷地進行創新，並引導我們去思考資訊管理及團隊激盪創意的新方法。

最後第十章則將重點擺在自然環境的檢視。地球是一個封閉的體系，許多人相信人口成長與經濟發展將使地球超過本身負荷上限。永續發展信念的擁護者堅信，唯有管理成長才是提供確保未來世代生活品質的唯一選擇；但其他人卻認為科技的突破將解決無控制的成長，以上均是檢視自然環境全球化的基礎概念。全球的空氣與水源、疾病與天然災害的全球化、全球人口的成長是最後一章所要探討的幾個議題。我們回到社會共同體的概念，來檢視順應潮流且有效又低成本的商業選擇。貫穿全書，有個很重要的觀念就是如何去將一個「全球事件」做適當的分類；舉例來說，一個政治或經濟事件的發生幾乎不可能完全獨立，而不產生任何連帶的影響。事件之間的關聯性及互相依

賴性是影響全球化參與者的主要原因。同樣地，組織內部的相互依賴性，來自員工、程序及組織結構三者間的彼此牽連；來自外部的因素則如受到全球文化改變影響的產業及經濟等等。能夠明瞭貫通上述關係的全球企業管理者必能突破重重限制與障礙，帶領企業組織在全球化的世界中邁向成功的坦途。下一節，我們將從實務及學術兩個觀點，來尋求全球化的根源。

全球化的根源

科技

　　科技環境的進步與改變無疑是促成全球化的一大原因。根據約翰奈斯比（John Naisbitt, 1994）的著作《全球弔詭（Global Paradox）》一書指出，通訊是促成經濟全球化的一大動力。通訊及其它相關科技增加了世界各地企業互動的機會；好比從保加利亞（Bulgaria ）到布宜諾斯艾利斯（Buenos Aires），人們可以利用通訊科技創造出更多的商機。僅僅利用一台電腦、數據機、一條電話線及傳真機，就可以建立、維持並擴展一家企業與外部環境的聯繫，不再受限於傳統的限制、障礙（這些障礙包括原本只掌握在大型企業手中的全球商機）。對許多小型企業而言，科技的突破使它們得以與世界同步。在製藥、電視廣播科技上的突破及其它領域的努力成果使得世界得以成為名副其實的地球村，人際的互動透過電子通訊的發展而更為密切，世界上各地的資源也可說隨手可得。正是因為科技革命的緣故，使得我們能輕易取得各類資訊、商機、產品及進入各類市場的機會。

威廉克納（William Knoke, 1996）也主張，面對科技的日新月異，特別是因為電腦化所引起的四度空間（時間）變革，國家將日益喪失自主權，實體空間也變得不再重要。根據克納的主張，這對企業組織的影響就是讓企業得以藉由科技，連結至原本不可能聯繫的機構及團體。其它類似的主張也認為各科技領域上的突破改變了傳統的假設，例如虛擬組織（Virtual Organization）的產生、貧富差距越來越明顯、企業組織與規模大小之間關係的轉變使得小型公司得以在全球環境中競爭，並在職務及工作角色上做出調整，以因應這個資訊化世界。

經濟

透過經濟事件來檢視全球化的根源，是能否支持經濟全球化正在形成的證據：全球的國內生產毛額（GDP）在一九九七年時將近有二十九兆美元，預估在二○一○年時將達到四十八兆美元。此外，全球不同區域的成長，與財富的再投資都是改變全球經濟的重要因素。例如，許多發展中的經濟體快速發展，雖然有時這些發展只是短暫的，譬如在一九九五年，亞洲的經濟成長率從百分之五點七到百分之十一點三不等，但是現在的狀況已有所改變。雖然經濟合作發展組織（Organization for Economic Corporation and Development, OECD ）預測亞洲的經濟成長在一九九八年間將達到高峰，但是一九九七年的經濟及貨幣危機使得馬來西亞、南韓、印尼、泰國及其鄰近國家的經濟成長都呈下降的狀況。

新興工業化國家（New Industrialized Countries, NICs）例如南韓（South Korea）、台灣（Taiwan ）、泰國（Thailand ）及新加坡（Singapore ）在一九九○年代早期佔了全世界國內生產毛額的百分之

二十五，與一九六○年代的百分之四相較之下呈現大幅的成長；預估中國（China）在二○一五年則會佔全球國內生產毛額的四分之一強。預計未來有高度經濟產出能力的國家包括中國、以色列、日本、南韓與新加坡。以上可從新加坡一九九四年到一九九八年中，在國家競爭力排名中名列第一或第二得到證明。從表1.1中我們也可以看出其它新興工業國家的成長。

從表1.1的資料中可以看出亞洲地區國家經濟的擴張十分快速，中國在十年內、南韓在十一年內資本收入足足成長了一倍。然而，成長也必須能夠配合生產與改變的速度，特別是英國花了五十八年、美國花了四十七年，日本則花了三十四年才使得資本收入成長一倍。在國家經歷快速的經濟成長之際，通常在社會、政治、法律及其它體系也必須做適當的改變。例如泰國的經濟繁榮使得許多人有能力購買第

表1.1　亞洲地區的GDP年成長率（%）

國家	1970-1979	1980-1989	1990-1996	1997	1998[*]
香港	9.2	7.5	5.0	5.4	2.1
新加坡	9.4	7.2	8.3	7.4	3.0
台灣	10.2	8.1	6.3	6.6	4.0
南韓	9.3	8.0	7.7	5.8	1.0
馬來西亞	8.0	5.7	8.8	7.4	0.2
泰國	7.3	7.2	8.6	0.9	-4.1
印尼	7.8	5.7	7.2	6.3	-7.5
中國大陸	7.5	9.3	10.1	9.3	8.7
菲律賓	6.1	1.8	2.8	4.9	2.0
工業化國家	3.4	2.6	2.0	2.9	3.2-4.0

*1998年的預估資料來自各方面的數據。

一部汽車，但是在曼谷每天卻例行性的塞車一兩個小時，這說明了政府的道路系統，及其它公共建設跟不上經濟發展的速度。從小故事1.1南韓勞資糾紛案例中，正可以說明在全球事件的刺激下快速地出現經濟變化，但國家整體及其社會文化同時也必須要進行適當的調整。

經濟學家克勞斯施瓦布及克勞德史瑪加（Klaus Schwab and Claude Smadja, 1995）相信亞洲經濟發展神速就是經濟革命（Economic Revolution）的最佳證據，未來亞洲將會成為世界經濟的重鎮，並出現下列的結果：

a. 愈來愈多的商品從全球各地產出，工業生產在地化的限制將消失無蹤。

b. 高度依賴服務部門的工業化社會，服務業創造的工作機會將會減少。

c. 西方國家及新興的市場間將會出現貿易緊張的情況。

d. 西歐、北美及東亞會有經濟循環不同步的情形。

同樣地，南美洲的經濟狀況目前也呈現蓬勃發展，例如根據經濟合作發展組織（OECD）的資料顯示，智利（Chile）的國內生產毛額在一九九七及一九九八年有百分之七的成長；墨西哥（Mexico）同樣地在那兩年中分別有百分之七與百分之四點三的成長。但是這些國家是否將創造出經濟革命卻仍有待觀察，如同經濟學家保羅克魯曼（Paul Krugman, 1994）所主張的，東亞地區在經濟發展上的地位是不會被任何區域給取代。

非常清楚的是，成熟的工業化國家如加拿大、德國、法國、日本、義大利、英國及美國等等，對全球經濟發展的貢獻已不若往年強勢。和許多亞洲國家相比較，經濟發展成熟的國家每年僅以平均百分

小故事 1.1　　快速經濟成長對南韓造成的影響

　　南韓在一九五三年通過勞工法，提供工作者十分優渥的保障，例如終身僱用保證就是其中之一。這些優渥的法律保障讓南韓在近十年中每年增加了百分之十五的薪資支出，南韓勞工成為全世界待遇最好的工作者。舉例來說，大宇電子（Dae woo Electronic）支付南韓當地工廠員工的薪資就超過了擁有相同員工數的英國廠，而英國甚至是比南韓富裕的國家。現代集團（Hyundai Group）工廠領班鄭周永每年的薪水將近四萬七千美元，同時還享有購買汽車折扣、學費優惠及房屋津貼等等。

　　在一九九六年，南韓勞工薪資及福利的成長為百分之十五，比國內經濟成長數據的百分之六高出許多，於是憂心的立法者通過資方可以比較容易遣散員工的法令。不過新法令通過後卻招致全國性的罷工運動，工會領導者不僅獲得國際勞工組織的背書，甚至還有其它勞工及人權團體全球性的支持。

　　根據一些分析家的看法，南韓總統金泳三（Kim Young Sam）會通過這些法令主要是相信南韓民眾對未來經濟發展的關心程度遠大於工作者的權利。南韓公司如大宇汽車將其部門移往亞洲或東歐等低薪資地區，其它原本在南韓設廠的勞力密集工業如製鞋業等則紛紛關廠，改採國外直接投資（Foreign Direct Investment, FDI）。現代集團（Hyundai Group）總裁及其他高級主管拒絕參加全國性的罷工活動，聲稱公司必須有僱用或資遣的自主權才能繼續在全球市場中營運下去。工作移民、罷工、與全球組織結盟、企業選擇等等因素的結合左右著韓國的經濟發展，

同時也影響百萬計韓國人民的生活，因為在日益複雜的全球化世界中，他們必須權衡經濟衰退及提高薪資的交互作用。

之二的成長率穩定地成長著。舉例來說，在一九九四年，幾乎上述成熟工業化國家的國內生產毛額成長皆少於百分之五；根據世界銀行（World Bank）在一九九六年世界經濟展望的報告中指出，這些國家從一九九七起平均成長都維持在百分之三以下。在一九九七年美國預估國內生產毛額成長率會維持在百分之二到百分之二點九之間（儘管其在一九九七年第一季成長了將近兩倍）。在往後的數年裡，大多數的工業國幾乎都呈現出沒有成長的狀態。在日本，儘管預估國內生產毛額將會出現成長，然而卻與估計的結果有著很大的差異。根據國際貨幣基金會（International Monetary Fund, IMF）的說法，日本的國內生產毛額在一九九七年將有百分之三點一的成長，但日本經濟企畫廳（Economic Planning Agency）卻估計自一九九八年三月起僅有百分之一點九的成長。而歐盟（European Union）對於境內西歐國家一九九七年國內生產毛額的估計，同樣地也設定在百分之三以下。

上述的例子說明了世界經濟成長的根源已有所改變，在下一個部分我們將說明經濟流向的變化；在過去，國外直接投資的趨勢是在工業化國家投資新廠房及設備，或直接購得現有公司，第二個考慮的替代方案是在其它開發中國家投資；但是如果仔細觀察近年來的企業活動卻可以發現到，工業化國家不只在已開發國家投資，在開發中國家亦然；甚至連開發中國家也在工業化國家及其它開發中國家投資。

根據聯合國世界投資報告（UN World Investment Reports）顯示，在一九九三年開發中國家的國外直接投資，從七百億美元增加到一九九五年的九百七十億美元。這些開發中國家不僅是國外直接投資的接

受者，更是海外投資的主要貢獻者。國際間的併購事件同樣是造成全
球經濟局勢發生轉變的來源之一。一九九五年的全球併購案件共達八
千六百六十億美元，比起一九九四年增加了百分之五十一。一九九六
年，全球企業併購案件更達到一兆四千億美元，其中包括了瑞士製藥
巨人汽巴嘉基 （Ciba-Geigy） 和山德士（Sandoz）兩大集團間高達三
百億美元的合併案、吉列公司（Gillette） 以七十三億美元併購了永備
電池（Duracell Batteries）；到了一九九七年全球的併購案件總金額更
是攀升到一兆六千三百億美元。讀者可以從表1.2中找到許多發生在
一九九六年及一九九七年間重要的併購案件。許多併購案和從前交易
的相異之處在於過去大多以現金進行交易，現在則傾向以股票交換
（Stock Swap）及資產分配的方式交易；而這些股票投資創造出可以長
期跨越界限的連結。其中一個結果便是股票的分配分散了所有權，使
得企業組織的所有權從特定的持股人或國家流出，而轉移到許多對於
管理公司抱持不同觀點的人們及組織手中。

表1.2　1996年與1997年購併案例

購買者	購併對象	交易型態	價值（10億美元）
WorldCom	MIC Communication	Stock and cash	37.0
Grand Met	Guinness	Stock swap	22.0
Boeing	McDonnell Douglas	Stock swap	14.0
US West	Continental Cablevision	Stock and cash	11.4
NationsBank	Boaatmen's Bancshares	Stock swap	9.5
Gillette	Duracell Batteries	Stock swap	7.9
Dun & Bradstreet Investors	Clgnizant	Stock spinoff	5.4
IMC Global Inc.	Freeport-McMoran	Sale	1.2

全球電子通訊網路的發達使得股票交易得以日以繼夜的進行；同樣地，在各國募集的基金刺激了世界各地股票交易的發展。時間不再是阻礙交易進行的條件，而時間的障礙一旦消除，其它傳統限制也變得可以跨越。經濟障礙的可透性日益升高，讓人們感受到在決定經濟繁榮的因素中，經濟的力量超過國家的政治力。經濟學家羅伯特李奇（Robert Reich, 1991）相信，在推動世界發展的過程中，當經濟因素超過其它因素時，企業領導人將有可能想到自己在全球化中的角色比較接近參與者而非主動的要角，並無可避免地需要與全球產業及全球經濟中的其他份子連結互動。

政治

近年來諸多政治事件的發生，支持了政治及法律等議題將會加速全球化腳步的假設。世界貿易組織（World Trade Organization, WTO）是關稅暨貿易總協定（General Agreement of Tariffs and Trade, GATT）的接續組織，世界各國皆可參與，這個組織成立的目的是為了定義全球的商業關係。世界貿易組織的成立解決了關稅及貿易總協定設立期間懸而未決的關鍵性問題—貿易議題，並進而訂定一套針對一百多個會員國的完整商業規範，提供解決全球貿易爭端的有效執行機制。有趣的是，世界貿易組織首件裁定的貿易爭端案件是贊成委內瑞拉及巴西對抗美國油品的進口條例，在此次決議中，世界貿易組織證明了追求全球公平貿易的決心，過去以國家政治及經濟實力為主要考量的方式在全球化的時代將成為昨日黃花。

一九八九年共產主義的沒落，中國、越南及古巴等國家放寬了對資本主義活動的限制，是政治領域中一項重要改變的證明。在這些國家中，政治態度的改變導致民營化產業的興起。一九九四年世界銀行

將國民生產毛額（Per Capita GDP）少於八千九百五十五美元的國家歸類為開發中國家；開發中國家民營企業組織的成長主要是以柏林圍牆（Berlin Wall）倒塌事件作為分水嶺；柏林圍牆倒塌前，這些國家僅有少數的民營企業，從一九八八年的二十八家民營企業成長到一九九四年的七百七十五家，總銷售額也達到兩百二十八億美元。有趣的是，在一九九四年的民營企業中以通訊、電力、能源、煙草及銀行等等產業為多數。

在工業化國家裡，民營化的腳步也未曾停歇，政府放棄了原本掌握的航空、通訊、能源、銀行、鋼鐵、教育甚至監獄等公營事業。從一九八八年到一九九三年間歐洲西部國家規模最大的民營化如：英國航空（British Airlines）、義大利的聖保羅銀行（San Paolo Bank）、荷蘭的皇家集團（Koninklijke PTT）等均將全部或部分的股權轉賣給民營業者。對歐洲西部國家來說，一九九六年是企業組織邁向民營化相當重要的一年，其中包括德國電信（Deutsche Telekom）拋售高達一百三十億美元的資產、義大利的國營電話公司（Societa Finanziaria Telefonica per Azioni）、法國電信（France Telecom）轉售百分之二十的股權及義大利國家碳化氫公司（Ente Nazionale Idrocarburi SpA, ENI）的民營化等等。對企業組織來說，民營化所代表的不僅是所有權從政府轉移到私人手裡，也代表著新的所有權人從政府手中接收了員工、生產製程、並拋棄舊日的商業目標，轉而以大眾需求為出發點。

全球政府的角色受到民間團體的影響也日漸擴大，正說明了莎拉曼（Salamon, 1994）在一九九四年所提出「全球性串聯的變革（global associated revolution）」概念，並進一步證明全球化會受到政治變遷的推動。在某些情況下，政府以外的組織，也就是非政府組織（Non-Governmental Organizations, NGOs）會擔負起許多過去由政府機構所扮演的角色。這些非政府組織例如：環境保護與綠色和平

（Green Peace）等保育團體、世界觀察組織（Worldwatch Institute）、樂施會（Oxfam）、國際特赦組織（Amnesty International）人權團體，及美國民間救濟外國組織（Cooperative for American Relief Everywhere，CARE）和聯合國兒童基金會（United Nations Children's Fund, UNICEF）等慈善團體。上述超過一百個以上的非政府組織均能提供情報資料及制衡能力，以解決全球性的議題，並多樣化地扮演政府所不能或不會插手的問題。某些團體致力於社會服務，而其它團體則扮演著與企業相近的角色。舉例來說，許多開發中國家例如孟加拉、印度及部分拉丁美洲國家中的非政府組織，提供婦女創業的基金就是一例。透過這樣的方式，這些非政府組織便擔起傳統政府負責刺激經濟發展及資源分配的角色，甚至擔任起銀行或其它領導組織的任務。不過這也造成對併購、社會服務習慣及產量等實務議題的衝擊；結果可能導致工作程序、該信賴誰或利益如何產生等假設的改變；而政治力量的轉變同樣地使得政治遊戲為何或如何進行的假設出現變化。

文化

　　從眾多新聞事件中，我們可以瞭解到文化全球化的重要性。從可樂到牛仔褲等商品都成了全球性的消費文化就可看出端倪，全球市場上有許多商品都瞄準世界各地十三點七億的青少年為主要消費族群，這些青少年都有一樣的穿著打扮、共同的語言、聽一樣的音樂、有著相同的喜好，甚至是相同的價值觀（Tully，1994）與個人主義（Fraedrich. Herndon, and Ferrell. 1995; Rohwedder．1994）。此外，因為商業、觀光、海外遊學、移民等活動的風行，許多不同形式的大眾娛樂事業，及網際網路的連繫，不但增加了人與人之間相互溝通的機

會，同時也使得英文變成主要的商業語言。

　　不論是受到共同習慣，或因為商業活動所引發的物質主義影響，儘管文化全球化的存在與否非常模糊而難以辨視，不過無庸置疑的是文化全球化確實是一個值得探討的問題。有人把文化融合的發生視為一種新型態的帝國主義，足以消弭文化的多樣性（Tomlinson, 1991）；也有某些學者則預言文化融合的壓力將導致新的衝突（Huntington, 1993）；另一部份的人士則認為（Swimme, 1984），從科學的角度進行研究，回溯時間、空間及人類生活的發展，可以為所有文明提供一個共同的起源。共同的起源是思考人類社會為單一的實體之基礎，而單一實體的概念則超越了國家及其它團體的界限。對於全球共同體而言，追溯共同起源的主張似乎對處理一般性與全球性的問題助益良多；但對下列實際案例的解決卻沒有多大幫助，例如：年輕人受電視影集的影響瀰漫著暴戾的氣息，學者巴布（Barber）也主張文化融合的後果將導致麥當勞化（McDonaldization）及回教徒間的聖戰。

自然環境

　　關於自然環境的議題，通常只被侷限在保護空氣、水源及森林等自然資源的完整，但是自然資源並不只包含我們所呼吸的空氣或消耗的水資源。身為地球的居住者，不管住在何處，對於共有的資源遭到任何國家、企業組織的污染或改變都應有相同的感受。各類礦物資源也在地球自然環境中佔很重要的部分，各種商業活動使得礦物原料的重要性逐漸浮上檯面，例如石油就對人類生存及工業生產十分重要。

　　原油外漏、核能電廠所造成的災害、及其它類似意外事件破壞了自然資源；然而企業組織的營運卻必需仰賴對自然資源的消耗，這樣

的因果關係可以從下面的例子得到更深的體認：工業生產的廢水污染
全球水資源、航空運輸降低了空氣品質還破壞了臭氧層。到西元兩千
年爲止，臭氧層的破壞及全球溫室效應迫使九千五百萬人因爲海平面
上升而備受威脅，並導致生態系統失調、沙漠擴張及更常發生嚴重的
天然災害。當工業化爲我們帶來更多的就業機會及更高的生活水準之
際，卻也使住在都市的人們，飽受垃圾、水資源、及噪音的嚴重污
染。邁向工業化的利弊交雜，在提昇了世界繁榮的同時也增加了對生
態破壞的潛在危機。長距離運送植物及動物等等商業活動可能會破壞
生態，甚至散佈疾病，危及全球人類或動植物的生存。即使只是在地
球某一端所發生自然災害，因爲全球性的連結關係會使得影響擴及全
球。例如發生在一九九五年歐洲的洪水及日本的地震，造成了鹿特丹
（Rotterdam） 及神戶（Kobe）外銷品轉運停擺，也使得該年的世界貿
易流量大爲減少。

　　有人主張伴隨經濟發展而來的自由市場線（Free Market Lines），
將會被永續發展原則取代（Gore,1992 ：Hawken,1993）。永續發展需
要調整一些現今企業所抱持的基本營運原則，例如市場經濟造成貧富
差距擴大，永續發展要求更高標準的世界經濟公平。不過，這並不表
示經濟的發展將會重新分配全球財產，而是會推翻長期存在於富有國
家與貧窮國家間的不公平，特別是貧窮國家將獲得較以往更好的經濟
發展機會。根據聯合國在一九九四年所公布的人類發展報告，作者指
出「一個不公平的世界永遠不可能會有一個世界及一個地球的概念產
生。……全球的永續性沒有全球公平正義的支持，將永遠只是一個難
以達成的目標。」

　　諷刺的是，有些人主張應改變富有國家的生活型態以降低消費水
準，不過許多開發中國家則提出相反的意見，認爲接受物質主義的生
活習慣將會提高人民的消費額。天然資源的消耗、森林及水資源的消

失、及日益嚴重的沙漠化都是事實，但因商業環境變得極富競爭性，使人們對於參與全球經濟的永續發展抱持懷疑的態度，而不願解決營運活動對於自然環境所造成的傷害，因為這可能會使得企業組織喪失商機；也唯有在被控告嚴重危害它國發展時，企業組織才會採取比較主動的態度來進行環境保護活動。因此，永續發展的挑戰在於取得經濟發展、自然環境的保護，還有生活在自然環境的人們三者間的平衡。總結來說，來自天然資源耗竭的壓力，讓許多人主張，自然環境的領域也是促成全球化的根源之一。

全球各大產業中的企業營運活動

　　由上述所提出經濟全球化的多項証據顯示，過去在北美洲及歐洲西部國家花了一百多年才達成的產業發展，在新興工業國家中不出十年便已經完成。能在如此短時間內完成，全賴各個大小廠商、上市公司甚至家族企業的推動，及海外僑民的資助，才得以進展地如此快速。當我們對於全球化企業的研究範圍延伸到知名度不高的企業組織或產品類別時，可以發現到商業實務的運作方式也隨之改變。本章開始的個案曾提到許多在中國投資的知名企業，但實際上，由香港或台灣投資於中國的資金，有超過三分之二是來自知名度不甚響亮的企業。

多國籍企業與跨國企業

　　像可口可樂、李維牛仔褲（Levi's）、雀巢或隨身聽、凱蒂貓這一類消費品，世界各地的消費者傾向將焦點集中在產品製造商或品牌名稱上。在全球前十名的品牌產品中，我們可以發現許多類似的例子。如此一來，這可能會讓人以為，這些全球產業來自工業化國家－如德

國、美國、英國、法國及日本等知名大型的公開上市公司。

　　多國籍企業（Multinational Enterprises, MNEs），又稱多國籍公司
（Multinational Corporation, MNCs）或跨國公司（Transnational
Corporations, TNCs），全球超過四萬家的多國籍企業吸引了大量理論
研究者及實務者的注意力，這些公司有艾波比（Asea Brown Boveri,
ABB）、戴姆勒賓士汽車（Daimler -Benz）、安森美半導體
（Hanson）、葛蘭素藥廠（Glaxo）、麥當勞（McDonald）、西門子
（Siemens）、聖戈班材料公司（Saint Gobain）、新力（Sony）、米其林
（Michelin）、三星（Samsung）及大都會集團（Grand Met）等等，這
些公司的盛名都為世界各地人們熟知，這些企業也管理全球超過二十
萬六千家相關企業，總資產高達數兆美金，對於全球的經濟成長與發
展具有相當重要的影響。從上面所提到的多項特點就值得我們仔細研
究這些企業的實務經驗。另一個重要的原因是這些全球知名的產品有
著相當大的影響力，這一點我們可以從表1.3列舉世界前十名產品品
牌中看出。

　　隨著全球化的浪潮襲來，其它的企業有更多的機會進入全球市
場，因此我們也必須要研究這些規模較小、較不知名的私人企業進入

表1.3　一九九六年世界前十大品牌產品

1. 麥當勞（McDonalds）	6. 吉列（Gillette）
2. 可口可樂（Coca-Cola）	7. 賓士（Mercedes-Benz）
3. 迪士尼（Disney）	8. 李維（Levis）
4. 柯達（Kodak）	9. 微軟（Microsoft）
5. 新力（Sony）	10. 萬寶路（Marlboro）

Source: Interbrand and Kochon, Nick. (1997). The world's greatest brands.
　　　Washington, NT: New York University Press.

全球營運後所可能會面對的種種問題。儘管多國籍企業聲稱主宰著全球的商業活動，但是根據美國國家經濟研究院（US National Bureau of Economic Research）的一份報告顯示，在一九九〇年多國籍企業僅佔全球輸出總額的百分之二十二，在一九八〇年代多國籍企業營業額所佔的比例也差不多（Lipsey, Blomstrom, andRamstetter, 1995）。因此除了美國國家經濟研究院的報告以外，接下來本章所要進行對於企業組織的檢視，將會呈現出不同的實務經驗，甚至會重塑商業本質。

私人企業

　　私有企業，也就是不同於上市公司所有權形式的企業，可能會為了非利潤因素或其它原因而決定進入全球市場；包括可能是以家族為規模經濟基礎的生產方式、社群所提供的機會，甚至是為了要一圓夢想等等。瑞士家族企業網路（Swiss-based Family Business Network, FBN）表示難以為家族企業下定義，但是依照現有的證據顯示它們是相當重要的經濟實體，並與公開上市公司的經營方式有著很大的差異。根據經濟學人（The Economist）的員工表示，家族企業佔了美國國內生產毛額（Gross Domestic Product, GDP）的百分之四十、員工數的百分之六十；德國國內生產毛額的百分之六十六、員工數的百分之七十五；在英國則佔了約百分之五十的員工數。

　　為了維持家族企業的營運，常會產生與一般企業追求股東經濟利潤最大化大不相同的企業願景或決策。比方說，英國最富有的印度家族中一位成員就將本身企業的定位描述如下：我們依循吠陀傳統（Vedic Tradition），世界就是一家，如果一切運作的狀態良好，生意人都可以獲取應有的利潤。以世界一家的理念來進行營運活動在意義上並不是非常明確，但可以推測的是，家族企業進行營運活動的方式應該與一般以追求短期利潤為導向的企業有所不同。

　　在上一代仍緊守著這類規範之際，接受西方商業教育的新一代負責人卻抱持著不同的立場。比方說，紐約大學的MBA畢業生艾瑪（Emma Marcegaglia）管理義大利的鋼鐵及工程集團等家族企業，每年營業額達到二十億美元。但她卻堅信「公司利潤遠比家族目標來的重要」（Itlay's Young Tycoons, 1996）。

在全球環境中逐漸擴展的家族企業

　　其他家族企業的實例，可以在一些海外、僑民集團例如：華人、印度人、匈牙利人及緬甸人身上看到，他們通常是投資中國、印度、匈牙利或其它開發中國家的先鋒。這些家族企業投資的目的往往不只是爲了獲利，也可能爲了發展或重新建立文化的聯繫、改善祖國人民生活，或覺得有義務幫助祖國的經濟成長茁壯。不管原因爲何，在中國和印度，海外僑民集團確實幫助許多國家的發展。一九九三年海外華人的經濟輸出相當於五千億美元，與當年中國的國民生產總額（Gross National Product, GNP）相當；從幾個例子來看，大多數東南亞的億萬富翁都是華人。彼得杜拉克（Peter Drucker, 1994）說到，全球大眾所熟知的案例只佔全體海外華人財富的一小部份而已，大多數的華人都隱而未顯地散佈在各個社會階層裡，並控制許多全球營業額高達幾億美元的中型企業。因爲許多華人依賴人際關係以維繫長久的商業往來，做生意時，較傾向於透過人際的互信，而對商業性契約較不具信心。此外，既然個人及家族之間的聯繫會長存於企業組織內部，因此每筆交易的獲利便沒有那麼重要，重要的是企業能仰賴長期的利潤生存下去。旅居海外的印度僑民約有一千萬人，他們在一九九四年的年度所得約爲三千四百億美元，相當於那年印度國內生產毛額的數字。其中有些人，如倫敦金屬交易所（London Metal Exchange）的主席羅傑巴格里（Raj Bagri），因爲文化的歸屬而在印度投資，其

他人也認為家族的聯繫及毅力將有助於商機的發展。

除了在亞洲及鄰近地區外，對家族的義務和其它商業關係在其他地區也運作良好，這顯示出家族企業的實務範圍非常廣闊。當飛雅特集團（Fiat）在一九九三年需要資金挹注時，總裁吉安尼厄理尼（Gianni Agneli）的家人和朋友不僅提供了所需的資金，也同意總裁厄理尼可以決定拿多少股利作為投資的報償。這一類的協議在家族企業、全球各地的小型企業都隨處可見，像是義大利、德國、葡萄牙、其它的西歐國家、拉丁美洲、和亞洲多數的國家也都是如此。當這些地區在全球商業活動中角色越來越重要時，一個重要的問題便浮出檯面：這樣的特性如何影響企業組織的實務運作呢？根據學者艾德溫史拉瓦斯基（Adrian Slywatzky, 1996）的說法，這些小型企業重新定義了產業的運作慣例並依此經營，這樣的模式在全球各地都相當地成功。

全球幫會組織

在全球企業組織進行營運的過程中，還有一種與眾不同的組織也扮演了重要的角色。舉例來說，來自俄國、中國、香港、日本、哥倫比亞、義大利與美國的全球性幫會，在世界各地運送海洛因、古柯鹼與其它非法藥品並販賣人口，及使用全球的銀行系統和電腦科技來進行洗錢，數目高達數十億美金。根據估計，每年全球販賣人口的交易金額約五十到七十億美元，國際刑警的資料數據顯示，每年非法毒品交易金額也高達四千億美元。根據一九九七年聯合國國際藥品控制計劃（International Drug Control Program）報告，非法毒品的交易金額相當於全球貿易的百分之八，比每年汽車出口的金額還要大的多，幾乎與全球紡織品貿易的金額相當。這個產業主要是由亞洲及南美洲貧窮的農民開始進行，其它還包括有：藥品實驗室、藥品走私者與販賣

者，其中大盤商獲得了絕大部分的利潤。因此，國際間貿易障礙的消除，不僅使得企業營運活動能有效地跨越疆界，同時也使得幫會活動的觸角向外延伸。這些組織殘忍的運作方式，不僅挑戰了文明社會的準則，更限制了企業組織的經營，使得全球企業組織必須正視賄賂、貪污，及全球經理人和雇員的人身安全等問題。

管理形式的變化

　　合法的家族企業、海外僑民組織、小型企業與非法的全球幫會活動將重塑企業營運的各項假設，南韓的企業集團（Chaebols）、日本的經連（Keiretsu）及歐美公司等商業實務也有所改變。在與企業活動相關的報導中常見的變革包含：與終身僱用相反的裁員、組織精簡、企業架構重整、個人及團隊合作，還有以道德為重的非投機主義等等。學者赫曼賽門（Hermann Simon, 1996）在檢視全球五百家最佳非知名企業後發現到，全球各地不同的企業組織可能有不同於西方傳統商業管理模式的經營手法。他檢視的企業多半有著一個權威領導者，這些領導者未必將工作依不同的功能進行區分，也很少有行銷團隊這樣的功能性小組存在於企業組織內部，但它們在小範圍市場中積極地追求全球化。這些廠商成功的原因，主要是因為它們走出了自己的天空，採用不同於現今主流管理學的程序。根據以上所述，這些改變可能會使企業組織倚重西方的會計和財務控制，也同時強調日式的團隊合作。所以這些組織會重視種族的差異，並採行複合文化的方式來進行營運活動的管理，決策階層只會設定大方向及策略，而將自主權交付給地區經理（Dwyer, 1994）。

　　從這些企業在全球商業世界中進行營運活動的實例，我們可以了

解到，過去所習得的商業模式，早已不再是企業邁向全球化的唯一方法。此外，我們也不應再僅著眼於明星產品與企業組織上，而應該將眼界拓展到如：化學、電動馬達、臨時工服務等等全球性企業上。從各種不同規模、型態產業的經營經驗中我們可以瞭解到，全球化的企業環境目前正逐漸成形。為了擴展全球市場，企業組織必定得面對更多不同規模、型態，及競爭動機的競爭者，這使得全球化的管理比過去更為複雜，也更充滿不確定性。

當企業活動跨越固有界線的同時，這些界線也進行著位移、變形，甚至有全然不同於以往的變化。從另一方面來看，這些改變也為企業的全球經營帶來新挑戰，讓我們必須更加了解世界性貿易障礙消失後所可能會帶來的影響，尤其在全球企業實務方面所造成的大變化。表1.4 說明了過去人們在各類不同領域所做的努力、如何完成工作、過去既有的界限及有那些工作機會等等；關於以上諸點，在現今的全球化世界裡都有全新的闡釋。事實上，這些變化通常是相伴發生，因此我們必須對理論及實務都有所了解，甚至對於全球性變化的每一個面向都要能夠徹底地認識。許多產業在同一時間快速地改變、並產生交互作用時，我們就必須再一次地重新進行檢視。當改變不停地出現時，了解世界性貿易障礙消弭後的影響就更顯得必要與迫切。當個人、企業還有國家的經濟財產連繫在一起時，全新的互賴關係便隱然浮現。

在了解全球化的源由，及全球化如何改變不同國家之間的界限，還有全球化所具有的高度滲透性之後，我們可以做出以下結論：全球化在各個不同的階層均有可能發生、並快速地進展，為企業在營運活動的過程中導入更多的變化、也導致高度不確定性的產生，並對於企業及其它組織造成影響。在檢視全球化對各層面所造成的動態性且非常重要的影響時，很重要的一點就是我們不能只著眼於單一全球化的

表1.4　日漸模糊的界線

廣告	• 一九九五年春季，美國電話暨電報公司（American Telephone and Telegraph Company，AT&T）在時代(Time)雜誌贊助一項科技特別專題，在其中廣告與文章格式近乎雷同。	• 大多數音樂電視台的內容，對表演者而言都是廣告。
	• 一九九四年最流行的可口可樂電視廣告，是由智囊團創造與完成的，不假手於廣告商。	• 施格蘭酒廠（Seagram）在美國電視上出現的廣告烈酒，打破幾十年的傳統。
醫藥	• 視訊會議與一些特殊的裝置能讓醫生透過電話看診。	• 衛星生活公司（SateLife）利用電子郵件網路來連結薩哈拉沙漠以南中部非洲地區的醫院與瘧疾研究基地，這說明了電子通訊不僅只對開發中國家有利。
	• 電腦病毒防護軟體是應用醫學模式，由國際商務機器（International Business mach-ine, IBM）創造出來的新軟體──以人體免疫系統為模型的軟體名為「disinfect-ant」。	
教育	• 遠距教學讓全球的教師與學生得以連結，挑戰過去的學習方式。	• 網際網路讓人們得以使用全球資源，減低了資訊取得的障礙。

表1.4：日漸模糊的界線（續）

航空	• 航空公司發行無票證機票。	「新加坡航空小姐（Singapore Airline Girl）」來自北京，之前從未搭過飛機。
	• 瑞士航空（Swissair）欲成為第一家將飛機改裝成飛行賭場的公司，安裝了價值八十萬美元的賭博系統，旅客可用信用卡付款。	
娛樂	• 娛樂與資訊產業的界線日漸模糊，形成一個「資訊娛樂產業（Infotainment）」。	教育出版業與錄影帶及光碟技術結合，形成「教育娛樂業」。
跨部門／跨界線商業	• 長途電話可改由透過網際網路（Internet）連結。	• 保守的商業銀行與高風險的投資銀行合併，產生一個新的混合，並著手進行高風險融資與積極爭取全球客戶。
	• 歐洲股票持有人在一九九六年時抗議有限制的行政賠償；在美國，股東抗議的結果則讓主管下台。	• 梵諦岡圖書館（Vatican Library）開始一個大量授權計劃，將藝術品、手稿、雕塑的影像授權放到襯衫、裝飾品、與其它產品上。
	• Instinet 是一個電腦化的股票交易系統，跳過交易商，讓交易者可以24小時直接交易。	• 非營利環保團體與保險公司合作，共同阻止地球溫室效應的擴大。

表1.4：日漸模糊的界線（續）

政府	• L－卡尼汀（L-Carnitine）是在中國草藥-麻黃中發現的一種興奮劑。西格瑪公司（Sigma Tau Spa.）花了幾百萬美元引進此藥，卻發現在健康食品店中也有相同的東西，而且不須要執照或通過美國食品藥品管理局（Food and Drug Administration FDA）的審查。健康食品與藥物間的界線也日漸模糊。	• 線上賭場與運動賭博娛樂在網路上如雨後春筍般出現，游走於規範邊緣。同樣的，色情也侵犯了伊朗的行政管理。這改變了國家至上不可侵犯的假設，與規範人民的能力。
學術研究	• 生化道德（Bioethics），結合了哲學、社會學、生理學及法律等領域。	• 商業全球化跨越了人類學、社會學、政治科學、經濟學、道德、商業領域等的學習界線。
職務與頭銜	• 永續建築（Sustainable Architecture）、社會責任投資顧問（Socially Responsible Investment Counselor）、企業網路總監（Corporate Network Administrator）、生態會計師（Ecological Accountant）、法律會計師（Forensic Account）的出現。	• 知識總監（Chief Knowledge Officer）、多元化總監（Chief Diversity Officer）、企業慈善總監（Officer of Corporate Philanthropy）的出現。

源由，而應該要把全球化事件視爲一整體來進行研究。同時檢視全部及單一源由，也會讓我們有機會看到兩者的共同點及差異性，這是過去研究單一企業或單一事件所看不到的。

再次檢視「變化中的中國大陸」

再次檢視中國飲食習慣的變化，我們將會發現一件表面看似簡單的事情，竟有如此高的全球關聯性。一開始個案描述中國人民邁向全球化的兩個途徑；首先，中國的工業化與全球經濟相互依賴的程度越來越高，及中國人民正逐漸改變以穀類爲主的傳統飲食習慣，慢慢替換成肉類、奶蛋類、魚類等等在工業國家較爲普遍的食物。從單一的面向來看，這樣的改變對其它國家而言似乎不甚重要，但是若從全球化環境所涵蓋的各個觀點一一進行檢視，重要性就變得顯而易見了。

文化環境：人們改變了兩項傳統習慣，他們爲了工作所需搬到都市，食用穀物的比例也日漸減少，改吃較多蛋白質食物。

結果：工作習慣與飲食慣例的改變。
中國佔世界人口的五分之一，而他們的生活模式與世界上其他人越來越相似。
約有一億的中國人在境內遷移或移民它處。
從一九四七年以來，中國人民第一次可以在經濟上劃分成兩類：「富有」與「貧困」。
當投資於中國的資金不斷增加，全球性的商機也開始出現轉移。
其它習慣亦有改變，例如：婦女現在開始抽煙；當全球抽煙人

口增加，健康保健問題就日漸重要。

經濟環境：中國的經濟結構逐漸移轉到高價值農作物、工業化生產與
　　　　　服務業上。

結果：一九九六年，中國是全球經濟成長最快速的國家，在一九九七
　　　及一九九八年國內生產毛額有百分之八到百分之十的成長。
　　　在一九九六年針對開發中國家的國外直接投資案中，有超過一
　　　半以上投資於中國。
　　　儘管多數中國公司仍是國營或半國營，不過多數的股票仍進行
　　　公開交易，一般民眾對於股票投資相當熱衷，甚至在上海證券
　　　交易所第一個交易日就引起了暴動。
　　　越來越多的工作機會讓許多員工從非正式部門（大多不支薪）
　　　投入正式部門，而擁有自由支配的所得。
　　　許多在中國生產的公司並非「中國」所有，比方說，中國最大
　　　的運動鞋製造廠是由裕元工業（Yue Yuen Inc.）持股所有，資
　　　金來自高盛公司（Goldman, Sachs Company），並僱用台灣經
　　　理人負責營運，該公司主要生產愛迪達（Adidas）、耐吉
　　　（Nike）和銳跑（Reebok）等產品。

全球政治：中國政府為了進口飼養家畜的穀物，每年需要承擔一百二
十億到四百億美元的支出，因此減少了政府在其它優先項目的支出，
也迫使政府放棄過去自給自足的傳統。

結果：全球各國互賴的程度日漸增加，提昇了中國的政治壓力。
　　　非政府組織要求中國改善人權議題。
　　　一九九六年夏天在北京所舉行的聯合國婦女會議（UN
　　　Conference on Women）中，揭示了中國政府想要控制言論自由

與遷移自由的意圖。

中國拒絕參加非核協議，顯示其拒絕遵守國際的規範與慣例。

中國想要加入世界貿易組織，但是人權及核武問題是阻礙其加入的主要因素。

自然資源：全球穀物消耗與能源成長最快的地區就是中國。

結果：世界觀察協會對於中國在全球無法生產足夠糧食以供應人民之際，還提高畜牧用穀類的需求，表示異議。

現今世界穀物存量僅佔消費量的百分之十三，是自記錄以來最低的存量比率。

桉樹因為中國工業化而被砍伐時，日益稀少的大熊貓也因為主要食物來源的減少，而面臨餓死的困境。

產業環境：如同其它產業一樣，農業全球化是不可抵擋的趨勢。來自全球的競爭者，爭相買賣穀物、農業設備及化學藥品，構成了農業活動的高度進展。除此之外，尚有許多新的商機條列如下：

煙草公司在中國找到新的商機及市場。

可支配所得的增加吸引了許多新的產業；中國是電影、各類娛樂及化妝品成長最快速的市場。

外國公司掌握了中國三分之二的出口，而這些公司大多是海外華人所有。

技術改進：全球都可購得「神奇肥料（Miracle Fertilizers）」、標準種子（Standardized Seeds）、與其它可增進種植、收割效率的機器，還有簡化農產品配銷的作業程序。

結果：基因改良產品或許可以提供足夠的穀物量，但此技術卻掌握在

歐洲國家手中，而且也有可能會造成未知後果的憂慮。

自然環境中的天氣型態會影響穀物的收成。

網際網路使得中國境內的異議份子得以和外界進行溝通。

總括來說，中國飲食習慣改變的例子，或在某一特定國家所發生不甚重要的獨立事件，都可能對全球環境各個層面產生重大的衝擊。在全球環境中，各個不同國家之間有相當多的互賴關係存在，雖然提供了龐大的企業商機，但也有隨之而來的威脅。例如，互賴關係使得全球的轉變日趨複雜化，也讓我們有機會去重新檢視、修正傳統的企業營運實務。

檢視企業傳統

有人認為官僚體制已經過時，或到了窮途末路的地步；但也有證據顯示，現今官僚體制的原則與過去一樣通行無阻。或許這些原則會以新的形式呈現，並與明顯和官僚體制背道而馳的新組織原則共存。這樣的變化增加了組織的選擇性，讓企業組織的領導人能夠運用更複雜，具有混合性的組織結構及程序以助於在競爭激烈的全球市場中生存下去。混合式的組織結構使得企業經理人必須跳脫傳統的思考模式，也就是要拋棄傳統的包袱。在某些個案中，混合式的組織結構包含了企業營運所在國家傳統理論的經驗；而在其它個案裡，新型態的組織結構卻大大地挑戰了既有的理論。來自美國新秀麗（Samsonite）公司的例子將會說明後者的重點。

與過去那種替代方案之間彼此具有互斥性的例子相較起來，小故事1.2所提到的例子顯示出全球企業及經理人所要面對的挑戰在於，

小故事1.2　新秀麗公司（Samsonite）所做的嘗試

　　不管是來自文化人類學、政治科學、或策略管理等領域的美國理論家，都主張消費品要有跨越全球顧客不同喜好的特質。因此，過去新秀麗也為美國與歐洲客戶生產多款不同形式的行李箱。但在一九九七年，新秀麗結合歐美暢銷品的款式，以單一產品進入全球市場。以單一產品進入全球市場似乎與理論背道而馳，卻可能反映了購買習慣的改變。新秀麗的領導人並不僅將產品的特徵進行整合，還向外國市場大量銷售；捨棄了周邊生意，將產品線重組為硬式及軟式行李袋，並將重整的組織人力聚焦於客戶的需求上。後來又持續進行一連串的變革，這些變革與管理理論中的策略性焦點、部門分工與客戶服務等等相符。

如何從複雜的背景中採納、協調，進行管理，並整合成一個全球一致的整體。Samsonite 的經理人體認到改變的必要，這些改變就是要將理論與實務，例如過去的反省、現況的體會、未來的預期等等加以融合。

　　在企業邁向國際化的過程中，無可避免地，企業經理人必須要重新思考過去運用在國與國間商務運作的理論。在現今更趨複雜的情況下，已不再有單一的「管理」模式可尋，單一形式的管理模式也不再有效。根據史考特科溫（Scott Cowan）於一九九六年出任美國企業管理教育協會（American Assembly of Collegiate School of Business，AACSB）主席時指出，這是有史以來第一次出現管理理論落後於管

理實務發展的情形：與學院派相較，實務派才應該引領管理體系的發展。對於學院派而言，實務超越理論可能會產生威脅；但是對於全球企業合作關係與商務理論來說，誰領先誰並不重要，如何結合理論與實務，在全球商業環境裡永續生存並獲得成功才是真正的重點。

全球化的展望

稍早我們曾經指出全球化的其中一項特點就是，傳統界線出現越來越高的穿透性，這樣的概念來自於對眾多全球化事件的了解。所謂全球化事件，是對全球有影響或已造成影響的事件。這些事件多半在國家或企業組織所能掌控的範圍之外，不過這些全球化事件卻製造了許多商機，也同時帶來各種威脅。至於企業組織所面對的究竟是商機或威脅，則端看個人或企業所採取的角度來決定。本章開頭的例子正說明了這樣的矛盾，中國的經濟成長對投資者而言是個大好良機；但對全球穀物的供給及中國政府來說，卻造成很大的威脅；對其他人則不痛不癢，並沒有立即的感受。因為對全球化詮釋角度及所抱持的觀點的不同，才會產生紛紜的意見，接下來的部分我們將會探討各個不同的觀點。

全球化：老套？

有些人認為全球化不過是誇大其辭罷了，他們還認為九○年代企業互賴程度並不會比十九世紀時來得高。根據資料顯示，「商品及服務交易的總金額佔全球生產毛額的比例，只比一九一四年以前稍微高出一些；以國內生產毛額來看，現在美國的進口比率（百分之十一）

也只比一八八○年（百分之八）高出一些而已」。經濟歷史學家也指出，現今所謂的全球化其實與過去歷史上所發生的事件有若干相似之處。例如，第一次世界大戰之前，國與國之間的連繫就有逐漸增加的傾向、新大陸開始對舊大陸進行投資、移民也慢慢地增加等等；福特公司第四款汽車的出口，對於做為全球旅行與傳遞文化的運輸工具貢獻良多；一九○七年由北京到巴黎完成洲際賽車（Cross-continental Race）的五部汽車，正是跨大陸的旅行例證。烏斯特夏郡（Worcestershire）的招牌醬汁一躍成為全球化產品的例子，不過是重新宣傳與包裝的結果。烏斯特夏郡醬汁在一八三四年問世進而遍及世界，此種醬汁是以一種印度醬汁為基礎，並加入了醋、糖漿、西班牙鯷魚醬、加爾各答羅望子、荷蘭冬蔥、中國辣椒、馬達加斯加丁香、法國大蒜、與一些獨家秘方調配而成。

根據傑佛瑞威廉森（Jeffrey Williamson）的說法，現今經濟富裕國家貧富不均越來越嚴重，而貧窮國家貧富差距日益消弭的狀況，早在十九世紀就已經發生。現今全球企業仍奠基於祖國傳統及過去企業營運實務的情況下，正好印證了「老套」這個論調。例如，即使是全球營運的企業，董事會成員多半仍由公司總部推選出來，股票所有權也留在原來的國家，並且掌握在少數家族或財團手中。從以上的情況看來，這一派的主張有著相當強力的實際例子支持，這類學者認為經濟、文化、政治或任何事件的衝突對於全球化來說，早已不再是新鮮事了，至於日益全球化的商業活動，也只不過是平常的商業行為罷了。

新世界秩序與新殖民主義

　　另一個不同於上述對於全球化看法的另一派說法則認為：全球化並非只是一般性的商業活動，而是商業與政治力量的結合，透過這樣的結合將可以創造出一個強大卻不當的「新世界秩序」。新世界秩序這個名詞是由戈巴契夫（Mikhail Gorbachev）於一九八八年提出，美國總統布希推廣這樣的概念，並用以解釋美國在波灣戰爭中對伊拉克所採取的報復行為。此後，許多人於是思考新世界秩序的意義，進而斷定這不過是本來就很強盛的商業力量與政府利益的進一步結合。李察佛克（Richard Falk）形容在新世界秩序裡，商業角色是「從上到下的全球化」，認為握有經濟或政治力量的國家及組織將會聯合其各自的力量，並藉由消費主義的全面宣傳而提升其經濟利益。類似可口可樂、百事可樂在全球上揚的成長，及資訊與娛樂媒體的快速傳播，不過是消費主義中兩種傳播形式而已。當消費訊息迅速傳開帶來更多消費時，以往已經具有相當影響力的全球商品及服務公司，勢力將會更壯大。這一點可以從下面「誰擁有什麼」的遊戲中看出來，在下列問題裡，你必須將知名的產品與企業（有些知名有些則否）相配對，答案在本章最後。

誰擁有什麼

A. 萊雅（L'Oreal）化妝品　　　　聯合利華（Unilever），英國與荷蘭合資成立的公司

B. 史托佛旅館（Stouffer）　　　　新力（Sony），日本

C. 美國諾肯廢棄物管理公司　　　　大都會（Grand Metropolitan），英

（NuKEM Waste Mgmt）	國
D. 哈洛（Harrods）百貨	雀巢（Nestle），瑞士
E. 歐洲迪士尼（Euro-Disney）部份所有者	德國公用事業公司（RWE），德國
F. 約翰走路蘇格蘭威士忌（Jonnie Walker Scotch Whisky）	法伊德家族（Al Fayed），埃及
G. 漢堡王（Burger King）	邁克奧圖（Michael Otto），德國
H. 嘉寶（Gerber）嬰兒食品	吉隆坡甲洞集團（Kuala Lumpur Kepong Bhd），馬來西亞
I. 哥倫比亞映畫（Columbia Pictures）	露斯提卡集團（Luxottica），義大利
J. 凱伯瑞艾文林（Crabtree and Evelyn）	陳氏家族（Cheng's Family），香港
K. 凱文克萊（Calvin Klein）香水	金氏公司（Guinness），英國
	華里德王子（Al Waleed），沙烏地阿拉伯
L. 明鏡郵購（Spiegel）	
M. 美國皮鞋（US shoes）	汽巴嘉基（Ciba-Geigy）和山德士（Sandoz）兩大集團合併的組織，瑞士

　　如果你參照這些問題的答案，讀者將會發現許多知名產品出自於一些名氣不大，甚至是在母國之外就沒人知道的公司。舉例來說，由李普林司（Lea and Perrins）所出品的烏斯特夏郡醬汁便是由法國最大食品集團達農（Danone）集團所有。這些例子說明了許多人害怕新世界秩序力量合併的結果，因為這股力量等同於全球性的財富集中，

而且是集中到原本就已經很富有的知名或非知名企業手中。而學者邁克伊文（MacEwen, 1994）也認為全球化將轉移政治領袖手中的權力，而落入企業組織等等經濟實體手中。他認為這可能會導致以下的結果：（a）更嚴重的不平等；（b）社會計劃受限；（c）對自然環境構成新的威脅。

新世界秩序的的另一個論調則認為，全球化可能變成另一種形式的帝國主義，因為強大的經濟實體會運用其在經濟上所具有的影響力，迫使力量較弱的個體例如：員工、企業組織、甚至國家做出讓步。傑德瓦尼斯基（Jude Wanniski, 1995）相信一九九五年所發生的美日貿易戰爭，便是這種型態的帝國主義，美國不斷地欺壓日本，直到日本對美國出口商，特別是汽車出口商做出優惠的讓步為止。同樣的情形也發生在中美關係上，中國威脅美國，若美國承認台灣的政治地位，將會關閉中國市場，其它在敵對國家投資的企業，也會遭到拒絕往來的下場。

史坦格和費吉彭斯（Steingard and Fitzgibbons, 1995 ）兩位學者同樣地也對新世界秩序抱持著懷疑的態度，並認為應該譴責推廣全球化迷思的刊物和教育工作者，全球化的迷思包含了「全球化帶來一個健康的世界文化」、「全球化將為個人及全球帶來財富」或「全球市場會自然地擴散」等等；與新殖民主義相反的是，這些人認為全球化的理想所代表的僅是西方的觀點。兩位學者更進一步地強調，管理學者很少注意到的重點是，並非所有人都想成為世界村的一員；他們也認為學者和一般民眾都應該要深切思考資本主義狂熱與其所造成的後果；他們呼籲應該要在推廣全球化及力抗全球化所帶來的負面結果之間展開公開且平等的對話。

關於新世界秩序的批評還有很多。在《當企業統治世界》（When Corporations Rule the World）一書中，作者大衛科登（David Korten,

1995）認爲，自一九五〇年代開始，「快速的經濟成長，導致世界各國社會與自然環境的崩解，導致貧窮、失業、不平等、暴力犯罪、家庭失和、及天然環境等等層面的惡化」。面對這些證據，資訊過載與無力感可能會引起「全球硬化症」（Globosclerosis），而造成個體、組織活動的僵化。資訊過載就像是一把雙面刃，可能會使人遲滯，也有可能會帶給人們力量。在不違背科登概念的前提之下，我們可以說過去二十年來的經濟發展已爲許多國家帶來足夠的財富，特別是在亞洲及拉丁美洲國家，並且爲各國的中產階級奠定了基礎，也爲全球各地帶來更多的工作機會及前所未見的新契機。例如，根據世界勞工組織的統計，在一九八五年到一九九一年接受調查的四十一個國家中，有三十九個國家婦女的工作機會增加，此外，因爲擔任管理職務的人數也有所提升，薪資、地位當然也就相對上升，並且掌握更多的決策權。所以僅採用單純的「不是/就是」、或「好與壞」來描述與了解全球化的複雜現象，並非適當。將全球化標上「新世界秩序」的標籤也是一件相當可怕的事情。不論是先進國家或開發中國家，對全球化的恐懼感舉世皆然。根據華爾街日報（Wall Street Journal）所做的調查，雖然美國是最早邁向全球化的國家，但仍有百分之四十八的美國人認爲全球化並不是件好事，也有百分之四十的人認爲全球化會帶來更多的人際隔閡。不論如何，新世界秩序所描述的，仍不足以讓我們了解全球化的全貌或在全球化過程中企業所應扮演的角色。此外，我們還必須要注意對新世界秩序的攻擊，經常被簡化成兩個反生產（Counterproductive）的論點：首先，雖然大型企業組織有濫用經濟力量的潛在性威脅，但並非每家公司都會如此。其次，這個論點的「衝突導向」本質，增加了面對全球挑戰時非輸即贏的傾向，也暗示著全球化中只有贏家和輸家兩種可能，而不可能有雙贏的結果產生。

轉變中的社會力量

理查佛克形容新世界秩序爲「從上到下的全球化」(Globalization-from-above)，正好可以補足「從下到上的全球化」(Globalization-from-bellow)。企業與勢力強大的國家是來自上層的力量，社會力量則是來自下層；朝向一個關心環境問題、人權、挑戰傳統威權，及重視多元文化人類社會的願景而努力，而非消費驅動的社會，即使這些組織及人們較無實權與資金，比不上那些掌握著新世界秩序的企業及國家，但他們仍然努力地達成社會公義的目標。當跨國團體自願成爲「從下到上的全球化」一員，從包容的觀點來看，只要爲了公衆利益著想，各種規模的組織都被承認是佛克所謂的推動「從下到上的全球化」之一份子。在企業對社會公益的自覺高漲之際，越來越多的企業強調對他人的關懷，這都反映在以下的口號裡，例如：用心領導（Bolman and Deal, 1995）、爲人服務的領導特質（Greenleaf, 1978）、重新喚起工作的衝勁（Hawley ,1993）等等，這都說明了至少還有人相信在社會轉型之際，企業仍可以扮演正面性的角色。至於企業該如何來扮演好這些角色，則是做爲全球化一份子所必須要考慮的重要決策。

全球化主要可能會產生下列三種不同的結果：全球化不過是一般性的商業活動；全球化的世界是一個對少數人有利的世界；邁向全球化將有可能創造對多數人有益的公義社會。在未來全球化的世紀裡究竟何者會成眞？有賴邁向全球化過程中，國家、企業組織及個人所採取的行動而定。全球化需要這些參與者不論得失，共同投入努力。

作為平衡力量的企業活動

在此我們對全球化採用較為廣泛的觀點，認為企業、志願性組織及其它的組織並非分屬敵對的陣營；相反地，它們常跨越彼此的界限，也就是說政府或志願性組織常會扮演企業的角色，而企業也常常會擔負起社會義務。在「從上到下的全球化」與「從下到上的全球化」這兩個概念中，佛克讓我們了解平衡的力量的確存在於全球化的運作機制中。無論社會組織、企業團體、國內政治家或個人都能運用這些力量；更進一步地說，這個概念可以被拓展、並反映出全球化背後所具有的複雜性，因為這些在全球化中所存在的相對力量，可以在組織內部及組織與組織間發現；也就是說，在同一個政府中，無疑地，有些人想集中他們的權力，另一些人卻想平均分配這些權力；在企業組織裡，也有人可能會把權力授予他人，但也有人卻緊抓權力不放。處理全球化的兩難就在於，要將這些權力分散相當困難，甚至要求社會公義的人也會對此加以阻撓。因此，對於各類不同動機的分界相當模糊，也使得企業組織的領導者在凝聚組織內部共識的過程中更是難上加難。

雖然如此，對於企業已經為全球製造更多的經濟機會，並扮演相當程度角色的情形下，同時也相對提高了與其它部門互賴之重要性的轉變，讓人們對企業組織有了新的期許，也為企業帶來新的社會責任，全球群眾都等著看未來企業會以何種的模式呈現。若企業不思考全球性事件可能會帶來的影響，或沒有進行適當的處理，企業組織可能會遭到全球化事件的影響而導致商譽受損，本身的商業活動更會使複雜的程度提升。人們對企業組織的期望越高，企業組織的決策程序就必須更為謹慎，即使影響這些決策的背景因素非常複雜、變動性

高、還伴隨有很高的不確定性，也都必須仔細的審視，而不能輕易作下決定。在全球環境相互連結、相互依賴的情形之下，有一點很重要的體認，那就是人類活動是企業組織商業活動的基礎，結果無論積極或消極，都是由人類所成就。不論是單一個體、組織內部的一份子、或國家及全球化世界中的一員，我們都應避免全球化所帶來的傷害，也應該要積極地參與與行動，以發揮全球化的潛能、避免全球化所可能帶來的威脅。本書有兩個不得不然的理由：首先，我們不能再繼續無知下去，即使人們難以了解全球化具有的複雜性，也讓個人或企業組織的領導者在決策過程中，產生遲疑與不確定。另一個不得不學習、參與全球化的原因是，全球化決策沒有我們的參與，可能會產生低利益或無效率的結果，這也正是許多人所害怕新世界秩序中所可能會出現最糟的情形。根據《一個世界，不管準備好了沒：全球資本主義的瘋狂邏輯》（One World, Ready or not: The Manic Logic of Global Capitalism ）一書的作者威廉葛瑞德（William Greider, 1997）所言，全球化是一種「創造性的毀滅」，尤其以無知為甚。

本章關鍵概念

全球事件（Global Events）：全球事件或議題，是指那些能夠影響或已經影響到整個世界及人們整體的活動或決策。隨著商業活動的擴展，這類事件的數目也日漸增加。

全球化是企業發展的一個階段（Globalization as a Stage of Business Development）：全球化代表了世界發展的另一個新階段，這個階段發展的過程對於企業有著極深遠的影響。在這個新的發展階段

中，全球成爲一個單一市場，產品、資金及人員有越來越高的自由，也會直接受到全球供需的影響而做出反應及移動。

全球化的定義（Globalization Defined）：因爲全球化是世界發展的另一個新階段，所以至今還沒有一個清楚的定義，所以也很難去說全球化的意義究竟是什麼、對未來的意義爲何。在本書中，全球化被定義爲對傳統性界線，例如：國家、時間、空間等等日漸增加的穿透性。

全球化的特徵（Characteristics of Globalization）：界限的滲透與跨越、高度的變動性、參與者的增加與分散、越來越高的複雜性及不確定性等等，都是全球化的主要特徵。

全球化的來源（Source of Globalization）：許多學者認爲全球化主要是來自單一因素，但本書的作者認爲，全球化的特點就在於它來自於多重因素的結合。就是這些不同因素之間的相互關連與依賴結合，全球化的發展才得以順利推動。

全球企業參與者（Globalization Business Participants）：在全球化世界中，那些大型、公開發行、來自工業化國家的多國籍企業（MNEs）似乎最受注意；實際上，我們知道的全球商務，也多半來自對這些企業經驗之研究所得。不過，證據也顯示，多國籍企業以外的廠商對於全球化的研究也有貢獻，所以將這些企業納入全球化的研究中也相當重要。

全球化的不同觀點（Perspectives on Globalization）：全球化常被視爲：一般的商業活動、邪惡的力量、或改善社會公義的力量，而這三種不同的結果在未來都有可能實現。

　　新世界秩序（A New World Order）：有些人認為，強大的企業力量與政府力量相結合可以創造出新世界秩序，而其所帶來的負面影響則是更大的不平等、社會計劃的縮減、自然環境的威脅，及權力集中到少數的大公司手裡，甚至隱私權與自主權都可能會受到威脅。

　　轉變的社會力量（Transformative Social Forces）：企業被認為掌握有讓世界變好或變糟的力量。透過企業決策及活動的進行，企業內部人士與社會成員將成為決定全球未來的舵手。

　　全球化對管理思想的影響（The Impact of Globalization on Management Thought）：全球化為企業的全球營運帶來更多的機會，匯集這些過去的營運經驗，也讓經理人得重新思考企業組織與營運活動背後所依循的基本假設。這使企業組織管理者可以有更多的選擇，能結合不同的傳統管理理論，創造出一種混合性且具備不同理論優點的管理模式。

　　全球化對人們的影響（The Impact of Globalization on People）：全球快速的變動意謂著人們必需時時關心全球活動，並且在邁向全球化的過程中採取主動角色。唯有透過對於全球化的了解，人們才能夠體會並預測對我們生活有重大影響的全球化活動。

　　全球化對經理人的影響（The Impact of Globalization on Managers）：想要建立一個完美世界所需要的決策與活動，有賴分析這個複雜又變動迅速的全球環境、透悉其中的相互關係，及想像一個更具多元化還有快速變動未來的能力。

問題討論與復習

1. 三個關於全球化的觀點：一般性的商業活動、掌權者之間的權力集中，及朝向全球社會公義的根本移動。選擇一個與你的看法最相近的觀點，並提出支持的證明。

2. 你對上一個問題的答案告訴你，你應該為全球商務做什麼準備？應該修習那些課程？應該專精於那些學術領域？對你而言，最重要的技能又是什麼？

3. 選擇一個上個月所發生的新聞事件，並且最少各舉出一個例子，將此事件對照本章所介紹的六個全球環境做出連結。

4. 對中小企業而言，全球化會增加或減少其全球競爭能力？

5. 企業以外的實體，例如，家族、國際幫會等等，會用什麼方式參與全球的企業營運活動呢？

6. 幾乎所有和全球商業有關的機會都出現得相當快。那些在「銷售」這些改變的人，或那些發現其中優點的人，可能都會著重在改變的正面性，而忽略了其中的負面性。對你而言，有那些明顯的例子？請試著做出分析，並思考如果採用這些觀點卻不加以質疑，將會面臨的問題可能有那些？

7. 畫一條水平線做為全球化基準線，將下列的例子分別放在線的上方或下方，以檢視企業的價值觀是在線上或線下。

   • 杜邦（DuPont）自願逐步撤出氟氯碳化物的生產。

- 一環保團體將運送核武必經的鐵路炸毀。
- AT&T每年給員工一天給薪假期當義工。
- Sara Lee要求其高階主管,在那些代表不同利益的組織中,擔任委員會成員。
- 反毛皮運動者在音樂廳外聚集,抗議穿著毛皮。
- 日立公司(Hitachi)設立日立基金,以鼓勵企業從事慈善活動。
- 佳能公司(Canon)為寄回影印機碳粉匣的顧客付郵資。
- 一名反墮胎運動者在美國開槍射殺在墮胎醫院工作的員工。
- 紡織工廠回應消費者的抗議,在薩爾瓦多(El Salvador)撤廠,當地員工因而失業。
- 毛皮商以棍棒打死小海豹。
- 根據協議,魚船要將死掉的、不要的魚放回海中。

8. 想一件最近在國外所發生的事件。或許是戰爭、經濟衰退、發現新藥物、自然災難等等,這些事件會如何影響你的生活?讀完本章後,請試著描述一下,這些事件對生活的間接影響為何?

答案:誰擁有什麼?

A. 萊雅(L'Oreal)是瑞士雀巢(Nestle)公司所有。

B. 史托佛旅館(Stouffer Hotels)是香港陳氏家族(Hong Kong's Cheng's Family)所有。

C. 美國諾肯廢棄物管理(NuKEM Waste Mgmt)是德國公用事業公司(RWE)所有。

D. 哈洛(Harrods)百貨是埃及法伊德(Al Fayed)家族所有。

E. 歐洲迪士尼(Euro-Disney)的部份所有者是沙烏地阿拉伯華里德(Al Waleed)王子。

F. 約翰走路蘇格蘭威士忌（Jonnie Walker Scotch Whisky）是英國金氏（Guinness）公司所有，該公司在一九九七年與大都會（Grand Metropolitan）公司以狄亞杰奧集團（Diageo Plc）之名合併。

G. 漢堡王（Burger King）是英國大都會公司（Grand Metropolitan）所有，該公司在一九九七年與金氏公司（Guinness）以狄亞杰奧集團（Diageo Plc）之名合併。

H. 嘉寶（Gerber）嬰兒食品公司是瑞士諾華集團（Novartis）所有，諾華集團是在一九九六年由瑞士製藥大廠汽巴嘉基（Ciba-Geigy）和山德士（Sandoz）兩大集團合併而成。

I. 哥倫比亞映畫（Columbia Pictures）是日本新力集團（Sony）所有。

J. 凱伯瑞艾文林（Crabtree and Evelyn）是馬來西亞吉隆坡甲洞集團（Kuala Lumpur Kepong Bhd）所有。

K. 凱文克萊（Calvin Klein）香水是英荷合資公司，聯合利華（Unilever）所有。

L. 明鏡郵購（Spiegel）是德國邁克奧圖（Michael Otto）集團所有。

M. 美國皮鞋（US Shoes）是義大利露斯提卡集團（Luxottica Group）所有。

參考書目

Appadurai, Arjun. (1990). Disjunctures and difference in the global cultural economy. In M. Featherstone (Ed.), *Global culture*, pp. 295–310. Newbury Park, CA: Sage.

Ashkenas, Ron, Ulrich, Dave, Jick, Todd, and Kerr, Steve. (1995). *The boundaryless organization*. San Francisco, CA: Jossey-Bass.

Barber, Benjamin. (1992, Mar.). Jihad vs. McWorld. *The Atlantic Monthly*, pp. 53–61. (See also *Jihad vs. McWorld*, 1996. New York: Ballantine Books.)

Bolman, Lee G., and Deal, Terence E. (1995). *Leading with soul*. San Francisco, CA: Jossey-Bass.

Brown, Juanita. (1992). Corporation as community: A new image for a new era. In John Rensch (Ed.), *New traditions in business*, pp. 123–139. San Francisco, CA: Berrett-Koehler.

Brown, Lester. (1995). *Who will feed China? Wake-up call for a small planet*. New York: W.W. Norton/Worldwatch Institute.

Che non ci sera. (1995, Apr.). *The Economist*, pp. 75–76.

Davidow, William and Malone, Michael. (1992) *The virtual corporation*. Burlingame, NY: Harper.

Dicken, Peter. (1992). *Global shift* (2nd ed.). New York/London: Guilford Press.

Drucker, Peter. (1994, Dec. 20). The new superpower: The overseas Chinese. *The Wall Street Journal*, p. A16.

Dwyer, Paula. (1994, Nov. 18). Tearing up today's organization chart. *Business Week*, Special Issue: 21st century capitalism, pp. 80-90.

A dynamic new world economy. (1994, Nov. 18). *Business Week*, Special Issue: 21st century capitalism, pp. 22–23.

Falk, Richard. (1993). The making of global citizenship. In Jeremy Brecher, John Brown Childs, and Jill Cutler (Eds), *Global visions*, pp. 39-50. Boston, MA: South End Press.

The family connection. (1996, Oct. 5). *The Economist*, p. 62.

Farnham, Alan. (1994, June 27). Global – or just globaloney? *Fortune*, pp. 97–100.

Farrell, Christopher. (1994, Nov. 18). The triple revolution. *Business Week*, Special Issue: 21st century capitalism, pp. 16–25.

Fraedrich, John, Herndon, Neil C., Jr, and Ferrell, O.C. (1995). A values comparison of future managers from West Germany and the United States. In Salah S. Hassan and Erdener Kayak (Eds), *Globalization of consumer markets*, pp. 303–325. New York: International Business Press.

Fredman, Albert J. (1996). The mutual fund route to the growth potential of emerging markets. *AAII Journal*, 18(4): 22–26.

A game of international leapfrog. (1994, Oct. 1). *The Economist*, Survey: The Global Economy, pp. 6–9.

Going home. (1995, Sept. 30). *The Economist*, p. 81.

Gore, Al. (1992). *Earth in the balance: Ecology and the human spirit*. Boston, MA: Houghton Mifflin.

Green, Carolyn, and Ruhleder, Karen. (1996). Globalization, borderless worlds, and the Tower of Babel. *Journal of Organizational Change*, 8(4): 55–68.

Greenleaf, Robert K. (1978). *The leadership essays: The servant as leader*. Newton, MA: Robert K. Greenleaf Center.

Greider, William. (1997). *One world, ready or not*. New York: Simon & Schuster.

Hawken, Paul. (1993). *The ecology of commerce*. New York: HarperBusiness.

Hawley, Jack. (1993). *Reawakening the spirit at work*. San Francisco, CA: Berrett-Koehler.

Hu, Yao-Su. (1992). Global or stateless corporations are national firms with international operations. *California Management Review*, pp. 107–126.

Human Development Report. (1994). New York: Oxford University Press.

Huntington, Samuel. (1993, Summer). The clash of civilizations. *Foreign Affairs*, pp. 22–49.

IMF. (1996, May). *World economic outlook*. Washington, DC: International Monetary Fund.

Italy's young tycoons. (1996, Aug. 3). *The Economist*, p. 57.

Kahn, Joel S. (1995). *Culture, multiculture, and postculture*. Beverly Hills, CA: Sage.

Knoke, William. (1996). *Bold new world.* New York: Kodansha Intl.

Korten, David C. (1995). *When corporations rule the world.* San Francisco, CA: Berrett-Koehler.

Krugman, Paul. (1994). The myth of Asia's miracle. *Foreign Affairs*, 73(6): 62–78.

Lipin, Steven. (1996, Jan. 2). Let's do it: Disney to diaper makers push mergers and acquisitions to record high. *The Wall Street Journal*, p. R8.

Lipsey, Robert E., Blomstrom, Magnus, and Ramstetter, Eric D. (1995). Working paper. Washington, DC: National Bureau of Economic Research.

MacEwan, Arthur. (1994, Sept./Oct.). Markets unbound: The heavy price of globalization. *Real World International* (2nd ed.), Somerville, MA: Dollars and Sense.

Naisbitt, John. (1994). *Global paradox.* New York: William Morrow.

Ohmae, Kenichi. (1990). *The borderless world: Power and strategy in the interlinked economy.* London: Collins.

Ohmae, Kenichi. (1995). *The end of the nation state.* New York: Free Press.

Opinions diverge on globalization. (1997, Jun. 27). *The Wall Street Journal*, American Opinion, A quarterly survey of politics, economics, and values, p. R6.

Passage back to India. (1995, July 17). *Business Week.* pp. 44–46.

Pieterse, Jan N. (1995). Globalization as hybridization. In Mike Featherstone, Scott Lash, and Roland Robertson (Eds), *Global modernities*, pp. 45–68. London: Sage.

Quick, name the top five nations of the future. (1993, Oct. 11). *Business Week*, p. 26.

Reich, Robert. (1991). *The work of nations: Preparing ourselves for 21st Century capitalism.* New York: Alfred A. Knopf.

Renesch, John. (Ed.). (1992). *New traditions in business.* San Francisco, CA: Berrett-Koehler.

Rhinesmith, Stephen H. (1993). *A manager's guide to globalization.* Homewood, IL: Business One Irwin.

Robertson, Roland. (1995). Glocalization: Time–space and homogeneity–heterogeneity. In Mike Featherstone, Scott Lash, and Roland Robertson (Eds) *Global modernities*, pp. 25–44. London: Sage.

Rohwedder, Cacilie. (1994, Oct. 18). Youths in Germany put individualism ahead of politics. *The Wall Street Journal*, p. A12.

Salamon, Lester M. (1994, July/Aug.). The rise of the nonprofit sector. *Foreign Affairs*, pp. 109–122.

Schwab, Klaus, and Smadja, Claude. (1995). Power and policy: The new economic world order. In K. Ohmae (Ed.), *The evolving global economy*. pp. 99–111. Cambridge, MA: Harvard Business School Press. (The article first appeared in *Harvard Business Review*, Nov./Dec. 1994.)

Simon, Hermann. (1996). *Hidden champions: Lessons from 500 of the world's best unknown companies*. Cambridge, MA: Harvard Business School Press.

Slywatzky, Adrian. (1996). *Value migration*. Boston, MA: Harvard Business School Press.

Steingard, David S., and Fitzgibbons, Dale E. (1995). Challenging the juggernaut of globalization: A manifesto for academic praxis. *Journal of Organizational Change Management*, 8(4): 30–54.

Stoll, Clifford. (1995). *Silicon snake oil: Second thoughts on the Information Highway*. New York: Doubleday.

Swimme, Brian. (1984). *The universe is a green dragon*. Sante Fe, NM: Bear and Company.

Tomlinson, John. (1991). *Cultural imperialism*. Baltimore, MD: Johns Hopkins University Press.

The trade in humans. (1995, Aug. 5). *The Economist*, pp. 45–56.

Tully, Sean. (1994, May 16). Teens, the most global market of all. *Fortune*, pp. 90–96.

UN Framework Convention on climate change. (1995). *International Legal Materials*, 34: 1671–1710.

Wanniski, Jude. (1995, July 6). The new American imperialism. *The Wall Street Journal*, p. A8.

What is privatization anyway? (1995, Oct. 2). *The Wall Street Journal*, p. R4.

Williamson, John G. (1996, Mar.). Globalization and inequality: Then and now. Working Paper 5491. Cambridge, MA: National Bureau of Economic Research.

Wolf, Charles, Jr. (1997, Mar. 20). Asia in 2015 [Rand Report summary], *The Wall Street Journal*, p. A16.

World Competitiveness Report. (1994, 1995). Geneva: International Institute for Management and Development and the World Economic Forum.

第二章

全球化企業

馬丁大夫定律！（直到流行時尚發生改變）

在環太平洋沿岸、歐洲、拉丁美洲及北美洲的各個國家，有超過兩億兩千五百萬的青少年有著共同的嗜好及興趣。為了證明這個觀點，位於紐約市的 BSB Worldwide 廣告公司為二十五個國家的青少年拍攝錄影帶，想要發現其中的相似點，當錄影帶完成後，他們發現在錄影帶中所出現的影像竟是如此類似，以致於要分辨哪一支錄影帶是在哪個國家拍攝的，竟成為一件困難的工作。在這些青少年臥室的衣櫥裡，都有著李維（Levis）大口袋褲及 Diesel 牛仔褲、耐吉（Nike）運動鞋、NBA 運動夾克，還有 Timberland 和馬丁大夫（Doc Martens）所推出的鞋子。在他們的書桌上，也都可以看到麥金塔（Macintosh）的個人電腦、百事可樂（Pepsi）或可口可樂（Coke Cola）。電視機所傳出的是 MTV 音樂頻道播放的音樂；還有世嘉（Sega）或任天堂（Nintendo）所推出的電視遊樂器，及由各個 Hip Pop 樂團所發行的錄音帶。

在這樣的狀況下，一個公司要如何打入全球的青少年市場呢？相信其中一定有很多種途徑。其中一個途徑就是由馬丁大夫公司所領導的鞋品專賣店，那些在世界上隨處可見的鞋子，廣為青少年及青壯年消費者喜愛；然而誰也想像不到這樣一個品牌所推出的第一雙鞋子，是為了保護腳尖而設計的鋼頭鞋（Steel-toed），之後才慢慢發展出不同的鞋款。全球的青少年可能難以想像，現在廣受喜愛的品牌，最初的設計理念來自於汽車輪胎及其它可以緩衝腳部壓力的產品。這個享有專利的鞋型是由巴伐利亞（Bavaria）的克羅斯馬丁（Claus Maertens）醫生（他患有腳痛的毛病），及賀伯特凡克（Herbert Funck）醫師共同設計出來的。第一雙由兩人所設計的鞋子取了一個英式的名字—Dr Martens，並由一家創立於一九六〇年的R. Griggs公司負責銷售。最初所設定的消費族群是郵差及警察，然而這些鞋子卻在英國的士兵間造成一股風潮。於是Griggs公司快速地因應這個反傳統文化的改變，並且藉由讓消費者訂製適合本身的鞋子，而與時尚需求有緊密的連結。

Gigges公司發現那些曾經購買馬丁大夫鞋的人，就是為公司帶來新客戶的主要驅力，因此他們從未想要替馬丁大夫鞋作廣告。例如卡文克萊（Calvin Klein）讓他們的模特兒凱特摩斯（Kate Moss）僅穿著內衣及她的馬丁大夫鞋上台走秀；搖滾天后瑪丹娜（Madonna）也穿著她的馬丁大夫鞋拍宣傳照片。可惜的是R. Griggs公司投注在市場研究所花費的努力卻仍舊有限，對於觀察顧客在訂製鞋款方面表現出來的行為模式該公司也並未付出多大的重視。

直到一九九五年為止，R. Griggs共推出了一百五十種鞋款，包含了近三千種不同的變化形式，其中更包含了一款以近似皮革材質所製造的 "Vegan" 鞋款。由R. Griggs所銷售的鞋款其價位從六十二美元到一百三十五美元，而該公司也想要利用馬丁大夫這個強勢的品牌推出

一個新的服飾產品線，並在那棟高聳於倫敦中心區的馬丁大夫百貨公司販賣。R. Griggs 的銷售額自一九九一年起便呈現穩定成長，從最初的八千八百萬美元到一九九五年已經增加到兩億六千三百萬美元。

來源：Morais, Richard C.（1995, Jan. 16）. What's up, Doc? Forbes, pp. 42-53; Tully, Shawn.（1994, May 16）. Teens, the most global market of all. Fortune, pp. 90-96.

第一部份　擴展企業的界限

全球化企業的定義

　　馬丁大夫鞋對於一般青少所具有的吸引力是使得這項產品邁向全球化的主要因素。從上面這個馬丁大夫公司針對全球青少年市場，並投其所好的例子引出了在這個章節第一個部分所要提出的中心問題：如何去定義一個全球化企業？而在本章後續的部分，我們將會檢視當前全球化企業所必須要面對的挑戰，並對於這些全球化企業面對這些挑戰所採取的行動，給予一些線索。在本章的最後，我們將歸結出一個假想的模型以闡述全球化企業組織在內部考量與外部要求二者間的關係。

　　從馬丁大夫鞋的例子中我們可以發現，一個熟悉時代潮流的企業可以因此從一個工業化的國家踏出進而邁向國際化的道路，而不像在英國的其它製鞋工業一樣，至今依然仍屬於區域性企業。然而，並非每個產品或企業都能夠像馬丁大夫鞋一樣，在某些新興工業化國家中也有某些企業或產品雖然它們的品牌知名度不高，但卻也是屬於全球化的企業。有許多來自於已開發經濟體如美國、日本，及西歐的企業，例如加樂氏（Kelloggs）、聯合利華（Unilever）、雀巢（Nestle）、新力（Sony）、本田汽車（Honda）等等也都是擁有全球化知名度的品牌。然而在亞洲及拉丁美洲的許多企業，儘管它們的知名度僅限於其所屬的國家或區域，但是它們在全球化的市場中依然扮演著屬於自己

的角色，例如：墨西哥國營石油（Pemex）、馬來西亞森那美集團
（Sime Darby）、馬來西亞電信（Telekom Malaysia）和巴西電信公司
（Telebras）等等。

從喬治伊普（George Yip）在一九九五年所著的《完全全球化策
略》（Total Global Strategy）一書中提到，現今情況下要這些或任何一
家企業不被全球化的潮流影響是不太可能的，因為全球化事實上幾乎
影響了全部的產業。有某些產業，例如汽車製造業和航太工業因為它
們的規模龐大而廣為人所知：汽車製造業及附屬的零件製造業在一九
九五年的美國總產值超過一兆美元，而航空太空產業也為全世界貢獻
了一千兩百二十二億美元的收益。在我們的身邊，還有許多對我們有
著不同影響程度的產業，它們也受到了全球化的衝擊。例如瓷製的抽
水馬桶是全球化的工業；專門製造人類頭髮樣本的企業在全年有著超
過七百六十萬美元的產值，目前也已經邁向全球化－這些來自於印
度、中國及亞洲其它國家的頭髮在香港經過清潔及初步的處理之後，
被運送到芝加哥進行編織，最後被賣到美國、歐洲及日本。就算是區
域性的小餐館，儘管它們主要乃是仰賴當地的供應商提供貨品，但是
它們也會無可避免地會受到一些全球化販售商品的影響。儘管幾乎所
有的企業組織都受到企業全球化的影響，而且許多企業目前也已經算
是全球化企業中的一員，實際上並非所有的企業都可以算是全球化的
企業。下面所提出的一些要點，指出了一個全球化企業所具有的一些
特點，利用這些特點，對於讀者辨識全球化企業及國際化企業之間的
差異會有很大的幫助。

國際化企業和全球化企業之間的差異

與國際化企業相較之下，全球化企業透過不同的營業活動並利用

不同的方式進入廣大市場的情形，比國際化企業來得複雜許多。從下
面這個對於非區域性企業組織營運的描述，讀者可以更輕易地發現到
這些差異的存在：

> 國際化意味著擴展國家與國家之間的關係介面，有時候還必須要
> 利用政治上的入侵或優勢來達成目標。因此，企業的國際化是一
> 種行動的概念，在這樣的概念中，國籍對於企業組織中人們來說
> 重要性是很大的。國際化也表示著企業、貨品或資金在國家之間
> 不斷地流動。然而，相反地，全球化的概念則是把全世界視為一
> 體，而不再顧慮到國家及國界的存在。不管是貨品、人員或資金
> 皆可以在不同的國家中自由地流動。（Sera, 1992, p. 89）

從最基本的定義來看，我們可以把國際化企業看作是一個把商業
活動的進行跨越到國界之外，或在兩個以上國家中進行商業活動的企
業。以Hordes 、Clancy 和Baddaley 的觀點（1995），國際化企業把根
留在自己的國家，這些企業往往把總部設在一個國家，而在其它的國
家進行部分或全部的營運作業。在其它國家的分支機構中，企業文化
及組織結構與其本國或總部所在的國家是一致的，遵守的規範也完全
相同。國際化的企業不管在哪一個國家進行業務，它們所採用的科技
及營運程序都是標準化的，而且這些企業在不同的國家之人力資源運
用仰賴一套簡單的策略。簡單的說，國際化企業是一個把根留在某一
個國家基地上的企業。

相較之下，一個全球化企業則較不受限於地域的區隔，也比較不
會受到單一國家傳統思想的影響。不同國家之間傳統思想限制的突
破，可能是實體上因為企業將大部分的作業程序放置到不同的國家中
進行，或例如馬丁大夫鞋一般，屬於一種象徵性的傳統思想突破。因
為產品的主要消費者是一群反對單一文化價值觀的年輕族群，馬丁大

夫鞋比較不會受限於地域或國家的限制，反倒是成了世界各地處於青春期的叛逆青少年在外觀上所具有的一種標誌。在這樣的狀況之下，馬丁大夫鞋已經不只是單純的鞋子，而是一種破除因襲的象徵。這是一種破除傳統地域性限制的方式。第二種方式則是使企業成為不屬於任何國家的組織（Stateless Organization），也就是說企業將會因為它們的商品而知名，而其所屬的國家反倒逐漸為消費者所遺忘。像雀巢（Nestle），莎拉李（Sara Lee）這樣的企業，它們主要的獲利都來自於外國，但是因為它們獲取並發展品牌的優勢，使得這些品牌所屬的國家慢慢被人們遺忘。它們把整個世界變成了整個企業的根據地。例如石油及天然氣界的巨人－Unocal 雖然把總部設立在美國的加州，但是它們卻早已不把自己視為一個屬於美國的企業，而把自己定位成一個全球化的能源公司；在一九九七年的四月，Unocal 在馬來西亞設立另一個企業總部作為幾個資深經理人員的基地。根據Yao-So Hu（1992）的說法，這些不屬於任何國家的企業其背後所隱含的意義遠較字面上更為深遠。他提出了下面的幾個問題來真正地評估所謂「不屬於任何國家」的程度（p. 121）：

1. 企業所屬的資產及人員主要在哪些地方？

2. 企業的擁有權在哪一個國家？國外子公司的擁有權及控制權又屬於誰？

3. 在企業總部的資深管理者及在國外分公司的決策制定者之國籍為何？

4. 在法令上，企業的國籍為何？而企業又在哪個國家尋求政治或外交上的保護？

5. 一個國家的稅務當局是否可以對一個營利來自世界各地的企業進行課稅？

　　因為企業的稅務與所屬的政治環境有關，而進行全球化課稅目前並不可行，因此上述問題中的最後兩個，將會對於組織的自治造成限制。然而從表2.1中，我們可以發現有很多公司都進行了某種程度的努力，以符合前三項問題的要求。

　　在一九九七年，聯合國貿易暨發展會議（United Nations Conference on Trade and Development, UNCTAD）提出了一個跨國性指數（Index of Transnationality ），這個指數利用企業績效中的下列幾個比率的平均來得到：外國資產佔總資產比率（Foreign Assets to Total Assets）、外國銷售額佔總銷售額的比率（Foreign Sales to Total Sales ）、外國員工佔總員工的比率（Foreign Employment to Total Employement ）。從上面的評量中我們可以得知，雀巢公司（Nestle ）在跨國性指數上有最高的分數，之後是加拿大的湯姆生金融服務公司（Thomson Financial Service），瑞士的Holderbank Finaciere 金融服務公司，加拿大的Seagram ，比利時的Solvay Pharmaceuticals（摘自Economic Indicators, 1997）。根據聯合國貿易暨發展會議在一九九七年所提出的名單，全球化的巨人可口可樂（Coca-Cola ）與麥當勞（McDonald's）在跨國性指數的排名僅是第三十一位和四十二位。

名詞不當使用模糊了國際化與全球化活動的差異

　　從上一個章節中我們可以發現有許多特徵可以用來分辨全球化企業與國際化企業二者間的不同。但是如果提到全球化企業與多國籍企業（Multinational Enterprises, MNEs）在本質上的差異，相較之下就顯得十分的模糊。這種狀況之所以會發生是因為一般人對於全球化企業的描述，常常利用相同的名詞來表達不同的事物，有時也會利用不同的名詞來表達相同的事物。對於全球化（Global ）這個字在使用上

表2.1 不屬於任何國家的組織

組織／首頁	生產性資產	多元化的證據
ABB abb.com	員工數209000以上，擁有1300家分公司分布在140個國家	建立亞洲環太平洋商業學校，每年培育200個經理人，高階管理者的國籍分別是瑞士、瑞典、德國和美國
Acer acer.com.tw	在38個國家進行運作，而經銷商散佈在全球100個國家	宏碁是第一家打破傳統人員僱用／年資制度的中國企業
Citicorp citicorp.com	在96個國家進行營運，有員工85300人	Shaukat Aziz為亞洲地區除日本以外的最高企業主管，在15個執行副總裁中有8個是非美國籍
Dupont Dupont.com	有50%的銷售額來自世界各地，擁有105000位員工，其中三分之一來自美國以外的國家，並在50個國家進行營運	在中階及高階管理者中，婦女及少數民族所佔的比率分別提高為64%與37%，有超過3000位身心障礙的員工
Ford Motor Company ford.com	超過346000位員工，在200個國家中進行生產及銷售	總裁來自蘇格蘭，有些部門的主管是非美國籍
Hanson	在世界各地擁有58000位員工	經理人相信有著世界性多元化的企業才能應付世界上各個不同的市場
Hoechst AG hoechst.com	在世界各地擁有150000位員工，但其中只有30%來自德國	Jurgen Dormann是第一個不具有工程師背景的總裁，九位管理委員會成員中，有一位經理來自巴西，還有一位來自美國

表2.1　不屬於任何國家的組織（續）

組織／首頁	生產性資產	多元化的證據
Merck merck.com	在452000位員工中有一半來自於美國以外的國家，而且在30個國家中進行生產	從智利到羅馬尼亞到中華人民共和國，地主國對運作單位握有股權
Motorola motorola.com	63%的銷售額來自國外，在世界各地擁有142000位員工	建立主管繼承計劃以培育婦女及少數民族經理人
Nomura Securities nomurany.com	在國內外分別有150和62個辦公據點，在世界各地擁有16000位員工	Max Chapman, Jr成為紐約分公司的第一位共同主席，Wong Kok Sieu掌理新加坡的營運
Philips NV philips.com	在世界各地擁有超過265000位員工	在超過16個國家的證券交易所進行交易，有60%的股權掌握在國外人士手中
Sara Lee saralee.com	在40個國家中進行生產，並在140個國家提供品牌產品，在世界各地擁有135300位員工	在14個海外經理人中，有一半是女性、非洲裔美國人、或外國籍人士
SBC Warburg sbcwarburg.com	在40個國家中擁有10000位員工	在網際網路上，美國、英國、瑞士、新加坡、日本及香港成立招募中心，進行招募及訓練工作
Seiko-Epson epson.co.jp	擁有12000位本國員工及15000位海外員工	在北美及南美,亞洲環太平洋地區及日本進行自主性的營運作業
Unilever unilever.com	在90個國家進行生產,在150個國家進行銷售,在世界各地擁有308000位員工	在來自於50個國家共1700位經理人中有50位是印度籍的經理人

不一致造成了人們對於全球化企業的誤解，也增加了不少困惑。在下面的章節中，我們將會把這些不一致的地方一一提出，並用以作爲發展可以明確地描述全球化企業之本質和特色的定義。巴特列及高歇爾兩位學者（Bartlett, Ghoshal 1989）提供了一個模型用來區別不同的企業組織：

1. 國際化的企業組織被定義爲一個協調性的聯盟（Coordinated Federation），主要是透過企業組織的母公司來提供知識及專門技術於外國市場。

2. 多國籍組織被定義爲資產及責任的分權性聯盟（Decentralized Federation of Assets and Responsibility），在國外所進行的營運活動可以針對當地的差異性做適度的調整（p. 49）。

3. 全球化企業組織則是一個集權化的營運中樞，大部分的資產及決策都以集權化的方式處理。

4. 跨國性組織的主要特點則在於一個整合性的網路，透過這個網路，企業的營運效率可以在不同區域間獲得平衡，並且在組織性學習及組織性創新上獲得全球化競爭力及富有彈性這雙重好處。

　　在巴特列及高歇爾兩位學者的研究中，他們發現到儘管國際化、多國籍及全球化組織都無法把全球化作到盡善盡美，但是他們都相信自己所描述的跨國性組織可以在充滿複雜的世界中成功的運作。

　　然而從其他人看來，跨國性企業則被視爲多國籍企業的同義詞（Daniels and Radebaugh, 1992, p. G-21）；把全世界視爲一個市場的企業；甚至被視爲與其他受到聯合國跨國性企業中心所監督的眾多企業之一。成立於一九七五年的聯合國跨國性企業中心，利用跨國性（Transnational）這個名詞，像一把大雨傘一般囊括任何一家符合上述

由巴特列及高歇爾兩位學者所提出之四項定義中任何一項的企業。

　　全球化企業也有著許多不同的定義。例如有些人把全球化企業視為有著全球化策略並透過全球整合及規格統一而獲得規模經濟的企業（Hout、Porter、and Rudden, 1982; Levitt, 1983）。例如藉著全球化設計整合及重整，使得福特汽車得以享有製造一台「世界車」（World Car）的規模經濟，並為福特汽車贏得全球化企業的美名。然而，以伊普（George Yip, 1995）的觀點，全球化策略未必就和全球化企業有著相同的意義，因為全球化企業可以僅仰賴著一條具備整合性標準的生產線生存，並且只需要對其區域性的生產作業負責。這也意味著，全球化企業可能或多或少仰賴著企業全球化知名度的程度來運作。

　　企業組織花費在獲得全球一致性標準，及區域性產品或服務需求之間的平衡上所付出的努力，也可以算是全球化策略的一種（Hamel and Prahalad, 1985），但是針對上述的情況，伊普（Yip, 1995, p. 8）的解釋則稱為一種多重區域化（Multilocal）的方法，而Phatak（1992）及Ashkenas（1995）和其他學者則是將這樣的情況給予一個新的名詞來定義－Glocal。總而言之，對於 "Global" 這個字的不同使用可能會消弱了在描述一種策略或一家企業時所具有的特殊意涵（Yip, 1995, p. 8）。在步調快速的全球化變遷中，定義上的差異或許是無法避免的結果；然而這些差異也是在定義各種不同類型的國際化及全球化企業所可能會遭遇到的主要困難。從字面上看來，所謂的國際性企業主要是在本國進行資源的收集，並在其它的國家進行營運活動的企業組織。相反地，所謂的多國籍企業，則是在各個不同的國家中進行營運活動，同時也從世界上各個不同的國家中採集知識及經驗並吸收人力資源。最後要檢視的是全球化企業。所謂的全球化企業把整個世界當作它的基地，儘管全球化企業可能依舊必須要從世界上的某一兩個地方開始營運，但是這樣的一個公司也可以是一個虛擬的組織，而不必從

固定的地點開始營運。

全球化企業的特點

把世界當成基地

　　從世界各地蒐集可用的資源並把整個世界視爲企業本身的基地，這兩個特徵就是用來辨別全球化企業的主要線索。除此之外，還有另外三個額外的特徵可以用來定義全球化企業，並讓全球化企業和那些只是針對全球市場改變而進行調整的企業有所差別。

全球化企業會建立世界的知名度

　　一個全球化的企業會有意無意（例如R. Griggs的例子）地在一個或多個不同的產業中建立並維持全球化的知名度。比如像百事可樂、CNN全球新聞網和班尼頓（Benetton）等企業都可以視爲全球化的企業，因爲這些企業都有意地要在它們所跨足的領域中建立全球化的知名度。此外還有像戴姆勒朋馳汽車公司（Daimler -Benz）、Hanson顧問公司、葛蘭素大藥廠（Glaxo Wellcome）、麥當勞（McDonald's）、西門子（Siemens）、聖戈班玻璃建材公司（Saint Gobain）、新力（Sony）、伊籐忠商事株式會社（Itochu）、英國石油公司（BP Amoco）、米其林企業公司（Michelin）及生產哈根大使冰淇淋（Hagen-Dazs）的大都會公司（Grand Met）等等都常被視爲全球化的企業，因爲它們的品牌及產品名稱經常在世界上各個角落見到。而私

人擁有的公司如英國第二大超級市場連鎖店（Sainsbury）、德國的化學業鉅子（Henkel）、德國保時捷汽車（Porsche）、荷蘭啤酒廠商海尼根（Heineken）、法國時尚界名牌路易威登（LOUIS VUITTON）、印尼華人林紹良的沙林集團（Salim Group）、來自瑞典的標緻汽車（Peugeot）、由印尼蔡氏家族所掌控的菸草公司（Gudan Garam）和發蹟於美國的湯姆笙金融顧問公司（Thomson Financial Service）等等，儘管是屬於全球化的公司，但是上述這些企業組織卻並未在世界各地都能夠廣為人知。

很明顯地，R. Griggs 從來就沒有想過，也沒有期待過要為馬丁大夫鞋建立一個全球化的知名度。然而，在建立起一個全球化的知名度以後，目前它們必須致力於維持目前所處的地位，並且也因為這個例子和其它幾個不同的例子，讓許多規模較小的企業組織了解到，企業規模的大小並不會影響企業成為全球化企業的可能性。以兩個不同的企業為例，以色列的VocalTech（一家利用網際網路來發展國際電話直撥軟體的企業）及德國的Digicash（發展數位貨幣以利於進行電子化採購），儘管這兩家企業的規模都不是很大，但是因為這兩家企業都承諾要在單一的產品線上建立起全球化的知名度，因此這兩家企業都可以稱為全球化企業。在目前有一群新孕育的企業號稱以全球化為視野（Global Start-ups）的企業正逐漸興起，這些企業的主要目標就是要成為立足於全球市場的全球化企業。

以全球化起步的企業，在全球化舞台上的企業家

以全球化起步的企業是一種新興的國際化企業，這樣的企業在美國以外最容易發現到。根據班傑明歐維特及派翠西亞菲律普麥克道格兩位學者的看法（Benjamin Oviatt, Patricia Phillips McDougall,

1995），羅技公司（Logitech Inc.），一家專門設計製造電腦用滑鼠的企業，就是以全球化起家的企業中最佳的典範。這個由一個瑞士人及兩個義大利人所共同創立的企業成立於一九八二年，最初企業的總部設立在加州及瑞士；而該公司的研究發展及製造等部門也同樣設立在瑞士及加州兩地，但是不久羅技公司便將觸角延伸到台灣及愛爾蘭兩地。在一九八九年，羅技公司的總營收直逼一億四千萬美元，並在全球電腦用滑鼠的市場上取得百分之三十的佔有率。從羅技企業及其它類似以全球化起步企業的發展經驗中，歐維特和麥克道格兩位學者歸納出這些不同的企業所具有的相同特性（見表2.2）：

1. 從一開始就具備有全球化的眼光。
2. 經理人具有國際化的經驗。
3. 創辦的企業家本身具有很強的國際企業網路。
4. 擁有其它企業尚未發展出的技術或行銷模式。
5. 企業擁有獨特的無形資產，例如法律保護的技術。
6. 產品或服務的延伸具有很強的連結性。
7. 組織在全球的營運是互相協調一致的。

　　大型的企業例如雀巢（Nestle）、聯合利華（Unilever）雖然也有著高度的全球知名度，但是並非每一個產品線皆如此，就像在美國的華盛頓州果農一樣，他們只會把一個產品線的產品販賣到全世界，但卻不是把全部的產品都一視同仁。因此，企業規模的大小，並不同於為一個或多個產品線建立全球化知名度，這是使一個企業成為全球化企業的關鍵因素之一。像上述一般對於全球化企業的描述所包含的，並不只有企業組織，也包含了其它不同形式的世界性組織，例如致力於社會性目標的跨國性組織等等。很明顯地，我們可以看出，要進行全球化活動的潛力並不僅限於大型的企業組織，有很多不同類型的組

表2.2　新設立全球化企業的成功特性

新設立的全球化企業／總公司所在地	全球化願景	國際經驗	強而有力的網路支援	創新的技術或行銷	獨特的無形資產	產品延伸的連結	緊密的合作關係	目前的營運狀況
Ecofluid Ltd Brno, 捷克共和國	**	*	*	*	**		*	營運中
Eesof, GmbH Munich, 德國	***	**	***	***	*		***	形成中
Heartweave International Atlanta, GA, 美國	*	**		*				失敗
International Investment Group, Atlanta, GA, 美國	***	***	***				**	失敗
IXI Ltd Cambridge, 英國	**	*	**	***	**		*	形成中
Momenta Corp, Mountain View, CA, 美國	***	***	***				***	失敗
OASIS Group Plc, Berkshire, 英國	*	**			*		***	形成中

表2.2 新設立全球化企業的成功特性（續）

新設立的全球化企業／總公司所在地	全球化願景	國際經驗	強而有力的網路支援	創新的技術或行銷	獨特的無形資產	產品延伸的連結	緊密的合作關係	目前的營運狀況
Oxford Instruments Oxford, 英國	**	*	**	*	***	***	***	營運中
SEPA, Starnberg, 德國	***	**	**	**	***	*	**	營運中
Techmar Jones International Indus., Atlanta, gA, 美國	***	***	**					終止營運
Technomed International Lyon-Bron, 法國	***	***	*	**	*	***	***	營運中
Wave Systems New York, 美國	***	***	***	*	*		*	營運中

*** 表示在該方面展現出很強的能力；** 表示在該方面展現的能力尚可；* 表示在該方面展現的能力普通；空白表示並未展現該方面的能力。

來源：Oviatt, Benjamin and McDougall, Patricia Phillips (1995, May) .Global Start-ups: Entrepreneurs on a Worldwide Stage. Academy of Management Executive, 9 (2)：30-43

表2.3　全球化企業的規模和擁有者

	規模大	規模小
國營企業	大部分的多國籍企業 全球排名500或1000以內 不屬於任何國家的組織 由政府所擁有的企業	剛起步的全球化企業 經銷商、直營商、批發商， 　及區域代理商 交易型的非營利組織
民營企業	某些多國籍企業 由家族所擁有的企業 當地或僑商企業 全球聯盟的企業	個人企業 由家族所擁有的企業 私人的非營利組織

織都可以邁向全球化的道路。在表2.3中可以看到這些各式各樣不同的組織。

全球化企業採行全球化策略

　　從上面的例子中我們可以知道，不管規模或大或小，不同的組織都可以為自己建立全球化的知名度；而且從上面的例子也顯示出，組織可以為一個、多個甚至是全部的產品線或服務進行全球化知名度的建立。接著，我們可以把這些所謂的全球化企業視為一個透過有目的全球化觀點來面對其市場，並利用一些描述語例如多區域（MultiLocal）來表達企業合併全球化標準及區域性考量時所採行的策略，或以世界性標準來表達企業依據世界性考量來整合產品或服務標準這樣的一個企業。對有著全球化知名度的企業來說，上述的兩個不同的策略都可以用來量測企業進行全球化的程度。此外，許多小公司也有機會可以躋身全球化企業之林；所謂的利基策略，也就是針對這一類比較小範圍的產品線或服務的一種策略，也是值得考量的可行方

針。採行利基策略之後的企業，必須要決定如何利用這個策略，思索究竟是要利用多地區性的標準或要採用統一性的全球化標準來進行營運。

全球化企業跨越內部及外部的界限

全球化的企業也可以利用該企業在跨越三種不同界限的能力來加以描述。第一種，全球化企業可以跨越國家的界限（Ohmae, 1995），空間和時間的界限，或職務上的界限（Brown, 1992），這些不同的界限在某些程度上來說是可以測量的。除此之外，在全球化組織的內部也有一些界限需要去加以連結以縮短界限的距離。然而，有一些界限是無形而難以捉摸的，像這樣的界限想要改變或測量都有所困難。例如，當惠而普公司（Whirlpool）收購了飛利浦（Philips）位於歐洲的家電部門時，必須要致力於將該部門由以往所抱持的工程導向（Engineering-driven）態度轉變成為顧客導向（Customer-driven）。只是，類似態度這種比較不具體的事物，基本上就不容易衡量，因此在進行轉變的過程中也會遭遇到種種困難。所謂較不具體的界限，例如文化、思考模式或個人與組織或組織與組織間的關係，都必須要儘早加以排除才能掌握全球化的契機。接下來我們就對於這些具體或較不具體的界限加以檢視。

跨越明顯的外部界限

在本章前面的部分我們可以知道，企業所要跨越的界限並不只有國與國之間的界限，還包含了時間、空間等等其它外部的界限。根據隆納德阿胥肯納斯（Ronald Ashkenas），也就是《無疆界組織：打破組織結構的束縛（The Boundaryless Organization: Breaking the Chains

of Organizational Structure）》的作者及其他學者的看法，外部的界限
有下列兩種不同的形式：

1. 組織與其供應商、顧客、及管制者之間的界限；
2. 國家、文化、及市場之間的界限。

類似這樣的界限，一般被認爲是阻礙組織進行全球化的絆腳石；
因爲這些界限會不斷地採用並強化在全球化過程中產生阻礙的歷史傳
統。根據阿胥肯納斯及其他學者的看法，無界限的行爲必然須具備可
變動性，以及外部的界限必須變得更容易突破。這樣的易跨越性，在
現今可以透過全球化的電信技術加以縮短時間及空間距離的狀況下，
更會因此提高。

跨越明顯的內部界限

阿胥肯納斯和其他的學者同樣也提出兩個特別重要且有待跨越的
內部界限，這兩個內部界限是：

1. 企業內部人員在階級和地位上的垂直界限；
2. 企業內部各個不同的功能部門之間的水平界限。

由於職務或階級所造成的垂直界限（Ghoshal and Bartlett, 1995）
很難發生立即性的改變；尤其是身處不同層級、掌握不同職權、享有
不同薪資水準的員工，因爲階級的高低而在地位上有所差別時，這樣
的狀況會更爲明顯。目前享有較大利益者會不願意放棄他們所保有的
利益，甚至發生抗拒的情況，並不會令人覺得意外。然而，這些在地
位與階級間的差異，並不像表面上所顯示的那樣簡單；因爲在許多組
織中，這樣的垂直界限可以說是融入於企業文化中，甚至可以說是國
際慣例。例如，在日本的電腦業界，因爲日本人對於年長者有一定的

尊敬，因此有經驗的工程人員很難與一群年紀較輕的員工探討關於創新的事宜。上述的垂直結構如果擺對位置，可以使員工在擁有終身飯碗的激勵下盡力為企業效命，但是處在快速發展的電腦業界，年齡的大小並不是永續經營的關鍵，能時時出現創新的概念才能夠克敵制勝。舉例來說，在新禾公司（Toshiba），較年長的工程師發現到，要認同來自年輕電腦科學家所提出的創新點子，其困難不但來自於當今的電腦資訊並非僅包含工程的部分，而且還來自於工程師與科學家兩者之間的年齡差距。

在世界上，如同目前主修企管或商學的學生所學到的一樣，大部分的企業組織都是圍繞著相同的功能而建立，例如：行銷、一般管理、會計、工程、財務或生產等等。每一個不同的功能都是一門專門的學科，當學生在專科或大學中修習其中的一門或多門學科時，他們會接觸到學科中各種不同的專門術語及其獨有的信念系統；進入職場以後，同部門的人會再度被灌輸一個概念，那就是在不同部門之間的員工是大不相同的。因此，想要跨越不同功能之間的界限，並不只是違背了組織的傳統，也違背了教育及專業上的傳統。要跨越不同功能或學科之間的界限，還有另外一個困難點，那就是因為在大部分的組織中，都會把其中的某一項功能視為最重要。例如，在高度競爭的速食產業，近十年來最重要的功能是行銷；而在航空產業，最重要的功能卻是工程。過去，在波音公司（Boeing Corporation）因為重視工程及設計，以致於造成了企業內部的界限，請參閱小故事2.1。

跨越較不明顯的內部及外部界限

從上面所進行的探討可以清楚地了解到，要跨越傳統的界限，企業組織需要面臨很多挑戰。其中最大的挑戰在於試著跨越對企業組織內部成員來說較不具體、較不易測量，及較不明顯的界限。這一類界

小故事2.1　改變不能僅靠命令的頒佈

　　波音公司發現到，以工程為尊的想法對於企業要把新型飛機的設計和製造作業加以簡化的想法，是一塊絆腳石。在過去，波音公司的工程師在進行飛機設計時，完全沒有與製造部門進行溝通，因此他們往往不了解有些設計在當時的技術下是無法製造的。在設計階段中非得與製造部門進行協同工作（Collaboration）時，大部分的工程師都表露反對的態度，對於必須與製造部門的非工程人員進行概念協調的資料也往往準備不週；同時，因為經驗的缺乏，製造部門的員工也無法在協同工作階段發揮全部的能力。因此，組織的領導者發現，要想跨越這個存在於組織內部不同功能部門之間的界限，並非只靠著命令的頒布就可以獲得解決，而是需要對員工進行團隊工作的訓練，也要讓所有內部人員認知了解到組織最重視及最不重視的事物各是什麼及為什麼，同時這也意味著員工必須要改變他們在面對自己及其它部門員工時的想法。在波音公司的例子中，為了要跨越工程部門及設計部門之間的界限耗費了該公司很多的時間與努力，但是所獲得的利益就是在未來這個全球化飛機設計製造的市場中，能夠有著更好的團隊工作效率。

來源：Yang, Dori Jones. (1994, Jan. 17). When the going gets tough, the tough get touchy-feely. Business Week, pp. 65-67.

限之所以會較不明顯，一方面是因為這一類界限長久以來便深植於較少受到評估的企業內部價值體系中。有些想法例如，年齡與智慧有一定的關聯性、企業組織中的某一個功能比另一個功能重要等等，都是很難改變的；因為這些想法往往不自覺地存在於組織成員的心中，甚至當這些成員已經體認到不正確的思考模式存在的痕跡時，卻仍不願意對這些不正確的思考模式作出改變。在某些例子中，未能清楚的認清這些存在卻又不正確的思考模式，是因為組織成員在行事風格上較重視政治上的正確性，在其它的例子中，組織成員會發現到清楚地表達這些存在已久的思考模式是一件令人感到困窘的事，也可能會因此而不受大家的歡迎。更進一步來說，因為思考模式乃是依整個大環境的文化背景而產生，使得企業經營者對於改變企業內部的文化是否也會間接的影響到整個國家的文化產生疑慮。對於有著世界性知名度的組織來說，這樣的關聯確實存在，因為在這些組織中，其成員大部分都來自相同的文化背景。那麼，全球化企業如何在歧異性日益增加的趨勢下營造出共識？這些因素告訴我們，思考模式和組織內部所存在那些較不具體且不易測量的事物，將會成為企業組織內部最不易進行變革的部分。

　　組織內部的信念系統，例如，創意應該要如何激發、衝突應該如何利用，甚至是員工應該要花費多少時間來工作都是不具體的；也正因為他們的不具體性，使得這些信念系統特別難以描述及測量。更糟糕的是，當組織內部成員體認到這樣的一個信念系統存在，卻又難以用一個客觀的態度去面對自己與其他內部成員之間的關係時，這個信念系統更是難以進行變革。然而，檢視他人與自己之關係的能力包含組織領導者去思索有關組織本身及領導角色等能力。根據史蒂芬萊茵史密斯（Stephen Rhinesmith, 1995）在一九九五年所出版《邁向全球化─給經理人的指引》（Manager 's Guide to Globalization）一書的陳

小故事2.2　日產汽車尋求創意的作法

　　傳統上，企業遴選新員工的原則是要選出那些工作能力強，而且可以輕易地融入現有企業成員中的人。這樣的想法在日本企業身上最為明顯，在這些企業中集體意識的重要性很高，而個人主義在這樣的組織中被視為應該避免。因此當日產汽車全球設計中心（Nissan Design Inter national）開始招募與現有員工截然不同的新血進入企業時，日產汽車不但是違反了日本企業一直以來便保有的和諧性原則，更是與日本由來已久的文化相衝突。引發這樣的一個變革，是來自一個想要利用不同員工之間創意的交流以促成新的思維方式，及日產汽車商品設計模式出現創新的慾望。員工們被要求要跨越行為及傳統思考模式上的界限。日產汽車所要追尋的創意是一個不具體的事物，而該公司相信這樣的一個創意可以藉由員工之間的差異甚至衝突來促成。對於現有的員工來說，因為他們在教育的過程中便不斷地被灌輸避免衝突的理念，所以在跨越這樣的一個界限的過程中會出現一定的困難。而更重要的是，因為創意從來就不是一種容易測量的事物，因此所謂的正面結果也很難加以判斷。那麼，組織的領導人要如何說服員工說這樣的一個變革是值得一試的挑戰呢？在某些例子中，領導人的確不能，而組織的變革也造成了員工的離職。此時領導人就必須要仔細考慮，甚至要起而捍衛不具體的創意尋求，以對抗有經驗的員工離職所造成的損失。

述，深思熟慮及內省的能力是一個成功的全球化經理人必備的人格特質。

> 反省……可以使人可以獲得發展與進步，透過與其他人一起工作
> 而達成目標。終身學習與教育可以造就出許多成功的經理人，因
> 為他們能夠清楚地體認到，自己所知道的知識永遠都不足以用來
> 面對他們所身處的世界（p. 31）。

了解自己、確定哪些事物對組織成員、及消費者深具價值與重要性，及背後存在的原因是一項重要工作；因為這樣的體認不但提供了一個可以跨越本身認知的途徑，也可以藉此發現到在市場上及企業組織內部其他不同成員間所抱持認知之間的差異。

因此，除了建立世界性的知名度以外，全球化的企業還必須要超越傳統的界限，甚至要超越國家的界限及國家主義的思考模式，並重新對自身的活動加以概念化，使能超越在組織內部存在而會妨礙企業維持或達到全球地位的界限。因為企業組織不論是在規模大小、產業類別、策略運用、領導風格及其它因素上各有不同的特色，因此企業面對這些不同的界限時，哪個界限需要先進行變革，每個企業都有各自不同的優先順序。舉例來說，一個在網際網路上剛起步的企業，可能會特別重視知識技術的應用；而一個成立已久的公司可能認為，為了要更有效地利用知識，必須先將存在於企業內部抗拒多元化的界限打破；在這樣的狀況下，多元化可能包含了不僅是處於企業內部不同成員間所具有的性別或種族，也可能存在於地位、功能指派、角色或行為方面那些看不見的特性中。

一九四五年以後：時代背景下的管理實務和研究

至此，所謂的全球化企業已定義爲把整個世界都當作自己的基地，在一個或多個不同的產業上建立全球的知名度，採用全球一致的產品標準，或針對不同區域對於一個或多個產品線之利基市場採行不同的策略；及全球化企業能夠跨越其所瞄準的內部或外部界限。在這一類企業內部工作的領導者，會面對許多類似的要求，例如建立有效的組織性程序或組織結構、聘任來自世界各地的員工以符合企業組織對於全球化的承諾等等。接下來我們所要回顧的是一些當代企業的歷史，從過去的紀錄中我們可以發現到在企業程序上及組織結構上所面對一連串企業內部對於人才的需求，可以說是企業史上所面對的一大挑戰，而這樣的挑戰會隨著時間及企業所進行的活動出現變化而有所變異，也因此吸引了大部分組織的注意。

在本國範圍以外進行營運的當代企業組織

在一九八一年，理查羅賓遜（Richard Robinson）將第二次大戰後那些在本國範圍以外進行營運的企業分爲四個不同的時期：

1. 戰後的十年（1945-1955）；
2. 成長的年代（1955-1970）；
3. 麻煩的年代（1970年代）；
4. 新國際秩序的形成（1980年代以後）。

接下來針對這四個不同時期的分析顯示出，在每個不同的時期對於要在本國範圍以外進行營運的決策制定者，都造成了各式各樣不同的挑戰。因為在同一個時期所發生的挑戰大致相同，而在不同階段所發生的挑戰卻又各不相同，因此新型態的管理實務及對於現存管理實務的改善措施，也發展出來因應各個階段的挑戰。此外，管理實務上及在這些實務上的不同改變都會因為研究的發展，對於哪些改變有效哪些改變無效的探測與解釋也逐漸明朗化。

戰後十年重視效率的理由

二次大戰以後，那些能在二次大戰期間毫髮無傷的企業組織，都因為成為各種不同需求的供給者而聲名大噪。大部分可以針對這些需求提出回應的企業，都是位於美國的企業；位於美國的這些企業，往往將企業的資源集中在內部機制上，以有利於促進生產及資源分配效率。不管是實務或研究，這些企業大部分都被視為與企業外部環境之間具有明顯界限的封閉系統（**Wright and Ricks, 1994**）。在這個時期，科學管理的概念引入企業的運作流程，其追逐「最佳解決方案」的態度也在企業究竟應該本土化經營或邁向全球化釀成了軒然大波。階層式組織的概念及在本世紀初由馬克斯韋伯（**Max Weber**）、亨利費堯（**Henri Fayol**）及佛瑞德瑞克泰勒（**Frederick Taylor**）所提出有關於企業營運效率的看法，被應用在決策集權化、工作例行化、生產合理化、藉由施行明確的命令程序來重申效率的重要性、限制控制幅度的大小，並創造一個層級較多又較不具彈性的階層式組織。正因為這樣的一個僵化的本質，所以創造出一個所謂「組織人」（**Organization-man**）的需求，有這樣的一個稱呼，一方面是因為在管理上所採用的勞工大部分多是男性，而另一個原因就是要去適應這樣的一個工作，企業組織真正需要的是可以把組織的需求擺在個人需求之前的一男

人。

　　由於企業對於效率的追求，促成了針對國際企業在協調及控制等
議題上的研究大量產生，也透過這些研究檢視這些企業組織的生產資
源由企業總部所在的國家，運送到工廠所在的國家時所必須要重視的
效率問題。資深經理人通常傾向遴選自企業母公司所在的國家，並利
用他們來進行國際間各種不同營運活動的操作。不過大衛漢南和霍華
普密特（Heenan A. David and Howard V . Perlmutter, 1997）卻指出，這
樣的選才方式是明顯的種族優越主義歧視，因為這樣的政策把自身國
家的利益擺在第一位。亨利魯斯（Henry Luce）把二十世紀描述為美
國的世紀，這樣的一個結果乃是從一九四五年二次大戰以後慢慢累積
而來的。而在這個時期所進行有關於組織科學的研究，其特色就是
「美國的研究者把焦點放在美國的企業組織，抱持著美國的觀點，也
將問題著重在美國管理者所普遍遭遇到的問題。」（Boyacigiller and
Adler, 1991, p. 264）在經濟上的成功，及來自於大眾及學術上毫不遲
疑的支持，讓一般人對於美國企業所發展出的階級化管理優於任何其
它管理實務，有著相當深刻的印象。

在成長的年代及麻煩的年代達成系統的一致性

　　除了一九七五及一九八二兩年之外，一九六〇年代以後，全球在
製造及貿易上有了高度的成長。從一九七六到一九九〇年間，光是國
外直接投資（Foreign Direct Investment, FDI）總額就成長了三倍，從
低於美金五〇〇億增加到超過一五〇〇億美元（World Investment
Report, 1993）。隨著全球在貿易及直接投資不斷地增加，美國的企業
不論在數量上或全球地理範圍上都有大幅度的成長，而且其中的多數
企業都在全球各個不同的國家有著極高的知名度。當這些企業不斷地
擴充並在規模上持續成長，它們所擁有的資產甚至超過了其分支機構

所在的國家。更重要的是，它們在經濟上所具有的影響力，往往也使這些企業在實質上及政治上有著不可忽視的力量。

　　理查羅賓遜（Richard Robinson, 1981）把一九七〇年代描述為大型國際企業及多國籍企業的關鍵年代；因為在這段期間，企業分支機構所在的國家開始拒絕多國籍企業所扮演的優勢地位。某些產業及企業因而開始進行國營化以限制或驅逐那些已開發經濟國家的大舉入侵。同時，隨著二次戰後的重建，企業對於西歐國家及日本市場的興趣也逐漸成長，透露出屬於美國的國際化企業將要面對新進競爭者的訊息。而研究者也開始探討企業及其所身處的政治環境之間的連結關係、分析其中的政治風險、並為同產業中的不同企業擬定競爭策略（Porter , 1980, 1985）。隨著國際化機會不斷地成長，企業組織間的競爭透過對於文化的研究，將焦點擺在文化及民族的興趣上（Hofstede, 1983）。日本在汽車、電視及消費性電子產業的成功，也吸引外界對於日本廠商或企業所獨有技術的興趣，特別是全面品質的概念及這些概念對於一些非日系廠商所造成的影響。

　　在充滿動盪、不確定性、及關係破裂的年代，對於國際化與多國籍企業來說，探討組織及其所處環境之間的介面，乃成為一項非常迫切的工作。隨著組織提高將企業邁向國際化視為國際活動可能對企業未來造成影響之覺醒的過程，企業組織及其所處環境間連結的發展，使得國際企業之實務與研究的複雜度向上提昇（Beamish et al., 1991）。這個過程變得越來越複雜，企業組織及其環境間的相互依存性也逐漸增加，這顯示出，要經營一個國際化企業並沒有所謂的「最佳方案」。身處於國際化的年代，企業不應該以過去的方式來經營，而壓力也會迫使它們在競爭環境中找出新的運作方式。雖然在二次戰後企業剛開始邁向國際化之初，它們所重視的是要找到一個最「搭配」的策略／組織結構，但是在逐漸複雜的一九七〇年代，則是想辦法在

策略、結構、及系統間達成一致性（Bartlett and Ghoshal, 1995）。在各個系統間達成一致性並不會撤走企業組織內部的效率目標，因為在大眾將焦點擺在策略及系統整合的同時，對於一致性及內部效率的要求也會跟著提昇。

在新國際秩序形成年代矚目的焦點將會是程序與人員

隨著企業邁向一九九〇年代並為往後的十年進行準備的同時，國際化的程度也到達了一個更為全球化的階段，因而造成了一次管理上焦點的轉移。在這個階段，早年曾受到重視的結構性機制及系統性思考，在企業組織程序及員工技術和管理能力成為企業關注的重點後，再度的浮上檯面。克理斯多夫巴雷特及蘇曼查高學爾兩位學者（Christopher A. Bartlett and Sumantra Ghoshal, 1989 ）指出，這些挑戰將會和以往大不相同，因為在一九七〇年代所重視的策略、結構和系統，到了一九八〇年代被企業對程序的重視所取代；同時也因為企業組織內部和不同企業組織間的連結，及其結構要如何管理以克服思想和行動間的差距而使得情況產生變化。

霍迪斯、克藍西及巴德列三位學者（Mark W. Hordes, J. Anthony Clancy and Julie Baddaley , 1995）描述了全球化企業可能會如何創造不同程序間的連結：全球化企業通常圍繞著一些核心價值觀；雖然存在著所謂的總公司，但是全球化企業往往是由一個經營團隊在不同的地區進行營運；全球化企業會採納一個重視多元性的組織文化；除了一些標準化的政策以外，在程序上、策略上及技術上都是不同的。此外，也有其他的學者認為，全球化企業是由任務、願景、教育、訓練並結合對於全球企業文化程序的重視所形成（Evans, Dos, and Laurent, 1990）。另外還有人認為知識（D'Aveni, 1995; Senge, 1990），人員、程序及結構上的多元化（Hoecklin, 1995; Rhinesmith, 1993; T ropenaars,

1994）是保持彈性並在快速變遷的世界中迅速因應機會和威脅的必備
條件。

　　雖然今日適合於全球化企業營運的程序有著相當程度的變異，但
是其中心思想都是著重員工及程序而較不重視結構和系統。此外，全
球化企業的成功主要是仰賴有形資產及無形資產，例如知識、願景及
任務等等；然而管理這些無形資產所帶來的壓力也成了全球化企業所
要面對的眾多挑戰之一。另外，面對有形資產及無形資產的組合，也
創造了對於有能力管理多元化需求的系統及程序之要求。對於在這方
面及其它方面的多元化是全球化企業組織所需要面對的另一項挑戰。
最後，處於充滿變動及競爭性的全球化企業世界裡，經理人必須列入
考量的還有效率及系統性思考，這也使得組織的調整朝向達成彈性及
效率的平衡。面對著持續不斷的變革，要在這些不同的結果間權衡是
一件難以達成的工作；在接下來的部分，我們將檢視那些幾乎對所有
的全球化企業都造成困擾的一些共同的挑戰。

全球化共通的挑戰

　　在其著作《矛盾的年代》（The Age of Paradox）中，查爾斯韓第
（Charles Handy, 1994）指出影響大部分成熟經濟體，例如英國及美國
的九個矛盾挑戰。在整本書中我們將可發現，相同的矛盾不但影響了
企業，也在影響了處於工業化世界外的個人們。矛盾可以被定義成一
項看來自我對立的陳述或論點；組織的參與者將會面對越來越多類似
的矛盾情況，然而這些狀況看起來似乎無法解決。在個人層次上，最
明顯的一項矛盾就是下面的這個陳述：「做得越多，完成的越少」。
對於學生來說，最常見到的矛盾就是了解到自己學了越多，卻在同時

產生了更多的問題。在全球的層次上其中的一項矛盾就是，既然激烈競爭，通常代表著一定會有贏家和輸家的存在，國家要如何在充滿競爭的企業活動中獲得經濟上的利益；在國家政府的層次上，矛盾包含了在全球利益及國內利益之間尋求平衡點；在組織的層次上，矛盾可能包含了互相合作以利於競爭，及管理者可能把獲利力視為公司本身的利益及較大社會的利益之間的取捨。當個人受到鼓勵而以線性或程序導向的方式來思考時，他們同樣也會面對到許多充滿矛盾的挑戰，例如：究竟是要自己進行或與小組成員共同作業，或要擁有屬於自己的生活還是要把全部的空閒時間都貢獻給組織等等。

　　創造性領導風格聯盟中心在表 2.4 中，提出了一些組織成員可能會面對到的矛盾情況。

　　在個人生活及專業世界中，許多人都被教導要把矛盾和其它的挑戰視為需要解決的問題。然而，根據查爾斯韓第的說法，矛盾對於管理者的主要挑戰往往不只在於解決矛盾，還要從中學習如何與矛盾共處並能夠面對不確定性的存在。這也讓人聯想到所有的組織可能會面對的第一項全球化挑戰：在全球化環境中存在著一些無法透過傳統性或發展中的解決方案來處理的問題；其中的某些問題雖然不能完全地解決，但是卻可以透過管理的技巧來處理。

第一項挑戰：組織面對無法解決的問題

　　全球化的主要特色就是充滿著不確定性，但是可以確定的是，個人或組織，不管是政府組織、企業組織或非營利組織，儘管面對著越來越多選擇方案，它們卻只能挑選其中之一。不管是從文化、政治、經濟或其它不同的角度來看這個世界，想要在許多不同選擇方案中調和，在目前看來還是不可能的。因此，邁向全球化過程中所要面對的

表2.4　矛盾的各個向度

個人成就

團隊合作

相互競爭

相互合作

非干涉式管理

干涉式管理

對於人員的重視

對於利潤的重視

對於程序的重視

對於結果的重視

組織是經濟發展的動力來源

組織是人員發展的基礎

資料來源：Center for Creative Leadership Conference, reported by Walter W. Tornow. (1994). Issues and Observations, 14 (2) : 7.

主要挑戰就是平衡衝突及在不同的競爭方案之間做出抉擇，例如，利潤及社會責任的取捨、個人和集體利益的取捨、創新及傳統的取捨，還有同質性和異質性的取捨等等。在下面的許多章節中，我們將會探討企業要如何與這些及其它意義不明確的取捨共處。在小故事2.3中，我們提供了一個典型企業組織必須面對卻無法解決的挑戰。

小故事2.3　可加以管理卻無法解決的挑戰

　　全球的製藥大廠在研究及發展上所投注的經費可能無法在市場上獲得回收，因為能夠以財務資源購買這些研究的人並不多。然而，隨著醫療資訊網路的發展，想要保留這些有用的醫療技術

並不可能，往往這些配方會被有心者複製，卻未向這些原創者提出補償；並未有通行全球的法律對於這樣的狀況提供完整的保護措施。

全球知名的美國藥廠史克美占（SmithKline Beecham）在一九九六年的奧運會中被選為負責進行藥物測試工作的廠商，但是這家公司發現到其競爭者利用新的方法可以使得藥物測試的工作進行得更為迅速。在奧運的最後，促使這家公司必須購買新的機器來進行數以百計的藥物測試，並且延聘這方面的專家來進行許多實驗研究。

聯合利華（Unilever）公司的全球成長，已經超過了其內部管理者所能控制的範圍。根據該公司總裁在一九九四年的說法，該公司無法找足合格的管理者來應付發展中市場上的急劇成長。

雀巢集團（Nestle）從製造與販售所謂的垃圾食品（Junk Food）起家，該公司對於自己與其他公司能否開發出有益身體健康的食品給所有顧客的能力感到質疑。

瑞士銀行公司（The Swiss Banking Corporation）最近收購了Warburg投顧公司以創立一個世界級的投資銀行，但是他們發現到，要保有Warburg以往的客戶，也意味著必須讓Warburg保有自身的獨特性。

默克藥廠（Merck）所生產的克濾滿（Crixivan）經過實驗的證明可以有效的對抗愛滋病（Acquired Immune Deficiency Syndrome，AIDS），但是不管是默克藥廠本身或旗下的轉包商，都無法透過更有效率的生產方式來抑制這個疾病在世界上的快速擴散。

第二項挑戰：組織的成功更加依賴組織無法掌控的無形資產

以知識爲基礎的產業快速成長的結果，使得思維能力及知識在組織內部所扮演的角色越來越受到重視。每一項資訊技術的突破，在在顯示知識對於組織成就的重要地位。克理斯多夫巴雷特及蘇曼查高學爾兩位學者（Christopher A. Bartlett and Sumantra Ghoshal, 1989 ）指出「連結並充分運用知識的能力，是在眾多企業中區分出贏家、輸家還有倖存者的重要因素（1989, p. 12）」，另外也有許多學者也聲稱，知識乃是組織成功的關鍵變數。

不像土地、資本及設備等等對於生產力具有相對重要性的因素對於早期工業化時代的成就有極大的貢獻一般，知識並不屬於任何單一的組織：知識不能取走、不能重新分配、不能擁有、也不能明確地衡量或獨占（Handy, 1994）。組織不能重新分配知識，也不能防止其他人取得知識。最後，雖然企業組織十分仰賴知識並視之爲內部重要的資源，但是並不能對知識作出評價，以及企業組織內部大部分的資源對企業所蘊含的價值，也都不能忠實地反映出來。

因爲知識對於成功具有關鍵性的影響，這爲組織及理論家創造出獨特的挑戰。資訊不像其它的原物料一樣屬於稀有性資源（Henderson, 1996）。因此，擁有知識的企業組織可以在那些重視知識教育的國家中嶄露頭角，例如墨西哥或巴西等等，而後者則因爲自然資源較其它國家豐厚，所以相對於重視自然資源的國家則擁有自然資源優勢。

知識往往會透過一些無形的程序來運作，例如關係的建立或信任的提升。其策略也比較仰賴一些無形資產例如核心價值觀及企業文化

而不是有形的計劃來推動；一項工作得以達成，團隊的權力扮演重要的角色；決策的制定來自敏銳的直覺和靈感；管理的理念，也是透過願景來進行傳遞並靠著信任及授權來達成目標。類似這樣的無形資產難以評估、衡量或實施。耶魯大學（Yale University）的教授羅撒貝斯肯特（Rosabeth Kanter, 1995）相信，以知識爲基礎的無形資產可以分爲下面三大類：

1. 第一類是居於最前端的概念，據此對於產品或服務的設計及構想可以爲顧客創造價值。
2. 第二類是能耐，指將創意轉換成有利於顧客應用的能力。
3. 第三類是聯結，指企業間的聯盟，能充分運用彼此的核心競爭能力爲顧客創造新的價值，或單純地開拓出更寬廣的市場。

對於任何組織來說，知識都是很重要的資產。在本書以下的各個章節中，我們將爲讀者探索知識創新在全球化企業中的理論和實務。

第三項挑戰：企業面對越來越複雜的多元化管理問題

員工的多元化，不論是在膚色、國籍或性別上，透過全球化經濟、移民、政府管制、及跨國性人權主張等因素而形成，在全球各國都成了一項重要的議題。不管是在人道主義、守法主義或道德主義的陳述，伴隨著以往在組織內部所不熟悉的異質性，使得大部分的地區最初都把人員多元化的問題視爲一個大麻煩，在世界上也有很多人把這樣的狀況描述成一九六○及一九七○年代美國人權鬥爭的翻版。在最初，企業面對這個在膚色、性別及國籍上的多元化問題所作出的反應，都是依據政府的法律規定來行事。對於許多企業來說，多元化員

工之間的同化，是它們最想見到的結果；也就是說，早期企業之所以對婦女及少數民族還有外國移民進行訓練，最主要的目的是要讓這些人在與其它多數族群共同合作時能夠更為契合。

　　如同在往後的各個章節中所會討論到的，組織內部的管理者很快就發現到，期待不同族群間的同化，是多麼不切實際。在這個充滿相互依存性與異質性的全球化市場－也就是說企業的運作並非只限於本國領域內，許多企業也發現到，成功的組織決策必須將多元化的觀點納入組織的決策制定程序中。隨著越來越瞭解目前人們理解這個世界的方式及可能的改變，還有這些觀點對於企業角色的影響，使得納入多元化觀點成為可能。多元化的界限，就像其它界限一樣，也因為擴大而顯示同中有異與異中有同的範圍變大。在企業組織這個架構下，並非只存在著多元化的族群，還有多元化的系統、多元化的組織結構、多元化的思考及行事模式，這些不同的多元化議題，都是企業管理者必須面對的。管理這些多元化議題所緊接而來的挑戰，將會在往後的章節中一一介紹，在小故事2.4中就有一些常見的例子。

 小故事2.4　管理多元化

　　在一九九六年，性騷擾的指控瞄準了三菱汽車（Mitsubishi Motors）位於美國伊利諾州的工廠，因而造成了一樁眾所皆知的法律訴訟，也在美國的三菱汽車製造廠內部醞釀起一股反對種族及性別歧視的風潮，最後更在美國境內造成了聯合抵制三菱汽車產品的行動。

一九九六年德士古（Texaco）石油公司內部經理人之間的討
論錄音帶外洩，而討論的內容被解讀為歧視非裔美國人的證據。
這一家公司因為種族歧視的訴訟案件造成了美金一億七千六百萬
的賠償，也因此該公司必須依據新的多元化方案對於由少數民族
所設立的公司增加百分之五十的採購金額，而企業內部僱用的少
數民族員工人數也從百分之二十三增加到到二十九。

如同上面各個例子的描述，對於多元化如果不能有效的管
理，將可能造成企業莫大的損失；然而，如果加以好好管理，企
業將可以從中獲得機會和利潤。

第四項挑戰：企業經理人和組織須肩負起過去不曾準備好的新角色

企業研究探討過去和現在必然多於探討未來，然而對於全球化企
業來說，它們所面對的未來卻永遠不是過去所能夠相比擬的。舉例來
說，對大型國際企業及全球化企業的研究，往往都僅把焦點擺在以製
造為主的企業，然而對於全球產業來說，服務業例如銀行業、長途電
信業、觀光業、及教育業的重要性日益增加。將針對製造產業的研究
架構應用到服務性產業顯示出，服務性產業進行全球化所需要的策略
能力，可能與製造產業不同（Campbell and Verbeke, 1994）。這也顯示
出，學者在進行研究中所抱持的假設可能必須經過一番更新；同時，
目前對於實務的假設也正面臨重新評估。日本的三菱汽車及瑞典的雅
斯達汽車（ASTRA）都因為默許企業組織內部的性別歧視行為而在
美國受到攻擊；某些日本及南韓的企業目前已經取消了終身僱用的保
證；還有一些美國企業因為進行人權主義運動而受到媒體的關注，這

些都顯示出企業已不像從前一般，完全以利益爲導向。舉例來說，美
國電話與電報公司（AT&T）在一九九六年底就聲稱，所有該企業的
員工每年必須挑選一天來擔任社區義工，而當天的薪資由公司補貼。

　　爲了適應全球化的整合，管理者必須在對內及對外的關係上扮演
與以往不同的角色。在先前所描述到日本的三菱汽車及瑞典的雅斯達
汽車因爲性騷擾指控而遭受損失的例子顯示出：透過媒體的報導，管
理者在一個國家可以被接受或忽視的行爲，到了全球化的時代可能會
造成負面的影響。要學習扮演好一個全球化管理者的角色，所需要的
技能包含了改變管理在企業內部的角色及改變管理者與部屬之間的關
係。舉例來說，實行「開卷管理」（Open-book Management）的企業
必須提供給員工完整的財務資料。莎拉李（Sara Lee）的經理人知
道，新管理模式的第一步就是要讓所有的員工對於複雜的財務報表有
所認識，開始進行訓練以後，經理人發現到員工很快便能熟悉收益和
損失之間的所有問題，也能更快地找到使這兩者之間達成平衡的方法
（Lee, 1994）。這個突來的授權性動作，顯示出在全球化的時代，經理
人必須要分享出一些以往專屬於他們的角色；同時，因爲實施新的開
卷式管理模式，代表著不論是企業經理人或員工都必須要能夠解釋支
出的來源。也因此，許多管理上及組織上的角色，還有責任的歸屬，
都必須重新進行檢視，而其中的某些部分還必須因應全球化而重新進
行設計。在小故事2.5中，我們介紹了幾個類似上述的挑戰，而在本
書的其它部分將會陸續介紹其它的例子。

　　在這個部分的開頭，我們以矛盾的概念來指出管理者所必須面對
卻至今無立即解決方案的挑戰，在此處我們提出因爲個人或組織在應
扮演的角色尚未充分準備所造成的挑戰。緊接著，在下面將提出由查
爾斯韓第（Charles Handy, 1994）所描述的四個不同的矛盾狀況，分
別爲：全球在公平正義上所出現的矛盾、對國際間財富的矛盾、企業

組織所面對的矛盾、及個人所面對的矛盾。首先我們就先來探究管理全球的公平正義所面臨的挑戰。

 小故事2.5　重新檢視與修正企業的實務

德國電信公司（Deutsche Telekom）及其它相同性質之企業組織的民營化，使得在這些企業中工作的經理人及員工必須面臨從國營的營利機構轉變為民營的營利企業這項挑戰。隨著組織目標的轉變，處於組織內部的員工在被期待的角色扮演上也產生了轉變。

許多企業組織長期以來習慣於在大眾的監督之下，維持有相當程度的自主性，然而現在它們所要面對的不但有來自股東方面的監督，並且需要面對越來越大的責任承擔。這也說明了，以往習於自己在私底下作出決定的企業經理人，往後將會面對來自大眾的壓力，而且必須透露甚至公開他們作出這些決定的原由。

美國的領導者過去所接受的訓練是要為企業的財務狀況盡責，然而在現今的全球環境中，他們受到社會責任的壓力越來越大，使得企業被要求要退出那些由專制政權體制所操控的國家。例如，百事可樂就因為遭受學生的抗議及可能出現的聯合抵制危機而決定從緬甸市場中退出。

在全球化的環境中，日本的學生就算是就讀東京帝國大學也無法保證在畢業後就一定會找得到工作；日本的企業也不再認同以往的終身僱用制度。這樣的結果使得日本的學生反而比較希望進入小型企業工作，而年老的員工則逐漸被資遣。

在世界各地，很多大型的企業組織慢慢發現，它們所要面對的新競爭者，是女性、少數民族和外來的移民人口，也就是那些在過去它們不願意僱用甚至不願意晉升的那些人。在美國、西歐、及日本快速成長的企業大部分都由女性所創立。這樣的狀況也迫使那些在傳統大企業中工作的經理人必須學習如何與那些跟自己不大相同的員工共事。

公平正義的矛盾

所謂公平正義的矛盾是指，充滿不公平的社會往往得不到人民的忠誠，然而資本主義的基本精神卻告訴我們，唯有貢獻更多，才能夠獲得更大的報償。公平正義在現今世界所面臨的難題是，對於貢獻較多的人提供較大的報償，在經濟上可能忽視人們在其他方面付出的貢獻，例如：家庭勞動等等，以及那些因為某種原因無法在經濟上獲致效益的人們也可能受到冷落。這些無法受到重視的人們不但不會對於社會組織展現忠誠，更有可能會利用其它的手段來推翻社會組織，以表達它們所體認到的不平等待遇。企業組織也面臨了相同的矛盾，尤其在它們想盡辦法要對那些貢獻智慧的員工給予報償時，它們將會發現到智慧的展現不但不明顯，在衡量上也非常不容易。對於付出勞力的人來說，那些成天只是專注於思考的人並不夠資格去領取高薪，反而只配獲得微薄的薪水。韓第相信在這個擁有較多資源的人越來越容易受到那些擁有較少資源者仔細檢視的時代，公平正義的矛盾也會隨之越發明顯。因為大部分的財物資源通常會集中於企業組織內部，因此，企業所受到必須參與造就公平正義世界的壓力也越來越大。透過公平正義來提供的財富及福祉，與傳統企業所追求並累積的會計財富

有著很大的不同。

財富的矛盾

為了維持經濟的持續成長，企業家必須要為他們所生產的產品創造越來越高的需求，但是在工業化國家裡雖然一般大眾普遍都有足夠的資金可以用來進行產品或服務的消費，想要有不斷上升的需求成長卻似乎不太可能。在工業化國家中，出生率已經連續好幾年不斷下降，那些年紀較大的人口，雖然掌握有較多的經濟資源，但是他們對於更多新產品的需求卻相對較小；相反的，對那些開發中的經濟體來說，儘管它們對於產品或服務的需求程度較高，但是它們所擁有的經濟資源卻較少，而難以滿足需求。世界經濟的成長及世界財富的累積，最主要目的是要讓那些較貧窮的國家更為富有，這意味著世界的資源財富必須進行重分配。在企業的層次上這個矛盾是說，一方面企業必須承擔起社會目標來刺激財富，但另一方面由於企業在本質上是追求利潤的事業體，因為缺乏經驗而無法達成社會目標。

企業組織的矛盾

對於企業組織來說，想要在社會性目標和利潤目標之間取得平衡就是一項矛盾；在這樣的過程中它們必須要對大部分或全部的人做很多不同的事情。要邁向國際化的組織，同時也必須要兼顧區域性的需求；在企業規模變大時不可減低對小事的重視，而在企業規模尚小時也不可以失去成為國際化大企業的雄心壯志；在集權和分權管理上須有所取捨；雖然僅在一個產業中進行營運，但也要為跨越產業界限做好準備。此外，雖然對於企業組織來說，保持穩定很重要，不過也不可以忘記隨時都要為企業的轉型做好準備。上面所提到的種種必要措施，都為企業帶來了大小不一的挑戰。對於那些以往受到科學管理概

念影響的經理人來說，尋求最佳解決方案的想法可能反而成爲障礙。

個人的矛盾

個人所面對的矛盾在於，爲企業組織工作與家庭生活這兩者對於個人有不同的期望。例如個人或家庭的期望是要有穩定的工作，但是企業在僱用及資遣上往往會隨著經營狀況而有動態的改變。創意的產生往往來自於個人進行的活動，而組織所重視的卻往往是團隊運作；面對這樣的狀況，企業組織要想同時鼓勵這兩種不同模式的員工行爲，就必須要設計出複合式的績效評估方法，並且在員工訓練方面也要給予這兩方面技能不同的訓練，以培養員工不同技能的轉換。對於員工來說，這樣的狀況產生了某種程度的不確定性，也使得他們對於角色改變產生困擾。這需要個人參與未來的變革並做好準備，也使得訓練的經費轉移到那些具有遠見，可以預測並準備好面對未來可能出現的工作要求的員工身上，組織的領導者不見得能做好這件事。然而，即使是最樂意配合的員工會發現難以改變他在過去所形成的習慣，因而有些員工會對變革產生抗拒。

總而言之，全球化的改變所帶來的變革伴隨著日益增加的複雜性，減低了傳統管理方式的可靠度，也增加了組織以全球化爲背景來發展更具動態性及複雜性觀點的要求。在第一章所介紹的模式提供了要如何才能完成上述工作的一個看法，在本章下面的部分我們會介紹如何使用這個模式。

第二部份　全球環境的動態模式

內部的考量：組織結構、程序、和人員

當科學管理哲學的「一種正確的解決途徑」在現代已經變成很多正確與很多錯誤的解決途徑時，組織的管理工作變得更加複雜：許多由日本、南韓、及歐洲出資設立的企業開始在世界各地出現之後，這些企業開始質疑傳統抱持的企業經營理念。隨著在世界各地所發生不同事件的交互影響，許多較傳統及受到普遍大眾認同的企業經營假設都產生變化，當這些遍布在世界各地的企業開始適應這些變動時，過去管理知識的基礎也產生改變。當改變出現在實務和研究中時，檢視這些變化以對它們做出適當的行動成了面對變化所需要進行的第一個步驟，也是最重要的步驟。在下面的圖2.1本書爲讀者提出了一個可行的模式。由圖中我們可以知道，目前管理的重點傾向於優先考量內部三個彼此相關卻又各自不同的組織元素：（a）組織結構的管理；（b）組織程序的管理，例如策略或文化；（c）對於組織內部人員的管理。這三個受到企業經理人重視的指標，可以由相關的任務來加以區別。

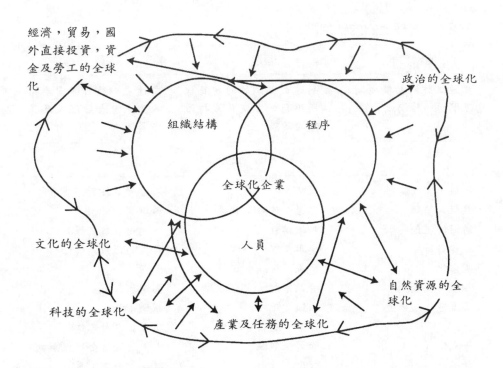

經濟，貿易，國外直接投資，資金及勞工的全球化

政治的全球化

組織結構

程序

全球化企業

人員

文化的全球化

科技的全球化

產業及任務的全球化

自然資源的全球化

圖2.1　全球化企業的管理

組織結構的管理

　　如同表2.5所顯示的，組織結構為企業的行動提供一個骨架，這個骨架在某些部分與人體內部的骨骼具有相似的功能。由骨骼所組成的人體骨架，使得人體得以直立的行動，但是對於其它的哺乳類來說，不同的骨骼結構也可能會造成它們在行動上的不同。在組織中運作的組織結構也是相同，定義了組織對內及對外的關係，這些進而顯示組織呈現的模樣，及組織的功能運作等等。有時候在組織結構圖中所顯示的只是上下屬之間的關係，並無法表達出那些非正式卻又與組

表2.5 管理上的內部焦點

組織結構	程序	人員
描述工作和功能之間相互關係的結構或骨架	為達成組織的特定目標所進行的系統化或持續性的活動	要達成組織目標需要的人力，包含經理人及其他員工

例子和使用的術語

組織結構	程序	人員
層級，官僚體制	策略	人力資源規劃／發展
呈報的關係	願景；使命；目標	遴選
溝通的流動	知識轉移	多元化（歧異性）
工作設計	變革	員工的權力／責任
集權化	政策；規範；審計	管理
組織的型式	資訊系統	團隊
獨立運作或聯盟	組織文化	薪酬；誘因
	作業／服務管理	職業生涯和工作
正式化（規定）	學習型組織	人員配置；全職／兼職
分工	效率／效能	抗拒；衝突；暴力
職權線	崛起／成長／穩定／衰退	工作與家庭的平衡
部門化	倫理；社會責任	藥物濫用
指揮鏈	功能性管理；行銷；財務；預算程序	有組織員工；勞資協同經營制度
有機性或機械性	品質或全面品質	態度；價值觀；行為
扁平型；金字塔型；家族結構	創新	領導者；教導
控制	更新	思考；行動
網路，蛛網式脈絡	企業家精神或內部創業	工作；專案；契約工作
三瓣式組織結構	核心競爭力	激勵，滿意度
虛擬式組織	企業流程再造；委外	技能的組合
	賦權	工作契約
	忠誠；信任	工作保障

注意：各欄內的項目並不依列而有配對關係。

織運作息息相關的關係。我們可以從一個最傳統的例子來解釋這樣的狀況，即儘管總裁秘書在組織圖中往往只對總裁負責，但是在實際運作上他所具有的權力卻很大。此外，當組織內部的關係越來越複雜時，對於不同關係的呈現，組織圖也有其困難。在接下來的部分，本書將會檢視當前在組織中常見的簡單及複雜的關係。當組織的組織結構發生變化時，組織內部的程序及那些對組織成功有所貢獻的人員也會發生變化。在小故事2.6中，我們將為讀者呈現的是惠而浦的（Whirlpool）例子。

 小故事2.6　組織結構的變化同時也會影響到組織的人員及程序

　　從惠而浦公司（Whirlpool Corporation）邁向世界第一的家電製造廠例子中，我們可以發現到企業內部的組織結構、程序和人員之間的相互關係。為了要把惠而浦成功地轉型成世界第一的家電大廠，該公司的總裁大衛惠特曼（David Whitman）首先致力於組織結構的重整，他第一個進行的步驟就是收購飛利浦公司（N.V. Philip）位於歐洲卻日見疲態的家電部門。然而，不同於以往企業採行的手法，惠特曼並沒有讓這兩個分屬歐美兩地的部門依照過去營運的方式進行運作，相反地，他把這兩個部門統一起來，將這兩個部門成功地從利潤驅動轉型為以顧客為導向的企業。引入顧客導向的經營哲學代表著以往員工處理業務的程序也會隨之大幅變化。最後，以往很多管理者都把其所負責的區域企業分支當成是自己的勢力範圍，惠特曼則針對這個情形在人事上

進行改變，以提昇顧客的滿意度。簡單來說，雖然組織會隨著組織結構的改變而發生變化，但是為了要想成為一個全球化企業，惠而浦公司必須同時在程序及人員上進行改變。

來源：Maruca, Regina Fazio（1989, Mar./Apr.）The Right Way to Global: An Interview with Whirlpool CEO David Whitman. Harvard Business Review, pp. 134-145.

　　通常卻非必然，惠而浦公司在邁向全球化的過程中所經歷的一切，與其它公司大致相同。組織是充滿凝聚力的實體，當實體中的某個部分發生改變時，一定會影響到實體的其它部分而引發連鎖式的改變。企業組織常會受到簡單或獨立的事件之影響而發生改變的情況，在商業世界中也是一樣，可能會因單一事件的影響而引發全盤性的變動。例如馬丁大夫鞋在馬來西亞的青少年間造成流行，可能可以被視為一個獨立的事件；但是如果將這個事件與在世界各地其他青少年的購買行為合併觀之，則代表全球購買習慣及全球文化出現分歧的趨勢。相同的，在同一個企業組織中所發生的結構性改變可以視為單一事件，但是通常這樣的改變會引發世界上其它企業組織中人員及程序上的變化。

組織程序的管理

　　所謂的程序是指具有系統性及持續性，為了達成組織目標而進行的一切企業活動。不像方案可以隨時因應需要而作彈性的增減，程序屬於較長期的規劃，會透過組織結構或人們的記憶而深植於組織內

部。舉例來說，在大部分的企業，策略管理的程序不是週期性就是連續性，並且會透過系統性的檢視來爲外部需求及內部的企業競爭力找到平衡點。創造一套策略、發展一項願景或管理企業內部文化是所有企業組織都必須要進行的三種程序，但是各個組織在發展這三種程序時所採行的方法，所訂定的名稱及將這三種程序納入企業運作的理由則各不相同。這也部份解釋了爲何企業在描述相同的目標時，會採用不同的名詞例如願景、任務、價值及承諾等等。程序的成功及維持有賴於程序彼此間相互配合的程度，還有程序與組織結構和人員相互配合的程度。根據詹姆士錢辟（James Champy, 1995）的觀點，許多企業改善程序的企圖之所以會失敗，主要是因爲企業組織內部的人員將自己視爲因爲組織程序進行改善而遭受資遣的犧牲者，因此他們極力抗拒組織改善程序的計劃。也就是說，當組織內部員工認爲進行組織的重整將會對於本身的工作保障造成威脅時，很自然就會引發抗拒的情結。

組織內部人員的管理

組織在內部人員的創造與維繫下才可以持續不斷地運作下去。組織內部的人力資源及負責對組織運作進行規劃的經理人，是組織成敗最重要的關鍵。關於人力資源管理這個領域，過去企業組織的重點都擺在遴選、發展、訓練、薪酬及人力資源管理效率等等議題。這些是在組織內部人員管理上可以明確界定的向度。除此之外，還有一些伴隨著人力資源而來，在組織內部所產生的一些無形資產，例如多元化、才華、技術、能力及員工面對工作的態度等等。在全球化的趨勢下，想要在擁有不同文化背景的人力資源中統整出共同的目標將十分困難。員工思維的方式、願意爲工作付出的時間、所擁有或可習得的

技術與能力，甚至期望的薪資水準都有著極大的差異。因此，為了管理好來自全球的員工，對企業經理人是一項很大的挑戰，因為企業內部人員之間常會彼此創造挑戰。在全球化企業中的經理人必須平衡這些不同的挑戰，才能建構出一個能在全球舞台上運作正常的組織。提到了組織內部的人員，我們一定會想到一個問題：人員要如何才能為企業所雇用，及人員應該要安置在哪個位置才能對目前和未來的企業目標作出貢獻？在這個問題的第一個部份中，過去的傳統文化告訴我們，僱用在社會中具有優勢地位的男性就對了，但是在今天這個問題的回答可能不是這麼明確了。

　　要使組織結構、程序及人員在企業內部環境中達成均衡且配合的狀態，對於企業經理人是一項既重要又非常吃力的工作，而企業經理人也必須對於增加這三者之間重疊的部份負起責任（如圖2.1所示）。在小故事2.7中的例子顯示要達成這樣的融合性或重疊，是何等的困難。這個例子讓我們了解到，為了要在全球化環境中達成這種「配合」狀態，企業的經理人不只要體認到這三個企業內部環境間相互依存的關係，還要能夠超越組織本身的界限來理解外部環境對企業組織的影響。

　　總而言之，人員、程序和組織結構是經理人對於企業內部的重要考量。為了某種目的而對其中的一個因素進行改變，必然也會使其它因素改變；在多重改變的衝擊下，使企業經理人的工作產生複雜性。類似這樣的複雜狀況，就算是本土型企業也不能倖免；當企業邁向全球化時，這樣的複雜性更會呈現指數成長，因為要想確認並監視全球化的改變，比起面對單一國家環境的改變，困難度又大了許多。更糟的是，因為全球化是新興的現象，因此企業經理人往往不具有足夠的經驗來處理這樣的問題。最後，研究只侷限於針對全球化的改變及這些改變對企業經理人蘊含的意義。

小故事2.7　「契合」的達成—福特的「世界車」

　　在一九九四年，福特汽車內部的組織結構進行重整。在以往福特採用區域性劃分的結構，也因此在歐洲、北美洲、拉丁美洲、亞洲環太平洋區域都有著功能相同的不同部門；但是，這些區域性的部門卻在企業內部造成了國家與國家之間的界限，這樣的界限造成了大量的成本浪費，主要的原因在於工程部門和產品開發部門無法分享資源。常常會發生相同的創意點子同時在不同的區域分公司內出現卻不自知。例如，一個相同的汽車用四汽缸引擎在歐洲及北美洲同時進行開發，但是這兩個引擎間的設計卻沒有互相分享其中的任何一個小零件。類似這種完全不必要的重複性，毫無疑問的會對於成本造成重大影響，同樣也會對利潤造成影響。因此，福特汽車決定進行組織結構重整，把位於歐洲和北美的汽車營運結合為一個部門，並在製造、銷售及產品發展上共享資訊。不久之後，這個部門也會把拉丁美洲及亞洲納入，期望可以節省三十億美元以上的成本。在這個稱為福特2000（Ford 2000）的整體計劃中，還包含了要生產一台在美國稱為Contour而在歐洲稱為Mondeo的家庭房車。

　　雖然將近三十億美元的資金節省使組織結構重整看起來非常值得，但是要進行組織結構的重整，從很多理由來看說遠比作來得容易許多。首先，要對現存的組織結構進行改變是很困難的；福特的區域劃分制度使不同的區域有著不同的產品發展小組。面對組織結構的重整，這些小組中的成員將如何處置？在小組中工

作的成員認為，在組織結構重整後將只有少部分的員工能夠繼續保有他們的飯碗。也因此員工會花較多的時間來擔心自己的前途，花在研究發展上的時間就減少了，甚至還有可能會造成組織內部的紛爭。此外，組織結構的重整也代表著福特汽車公司必須要在策略上也作出改變，也就是說對於以往所抱持的願景及任務，得進行重新定義的工作。跨越組織內部的界限與障礙來進行變革在福特汽車公司的例子中可以發現其中的困難性。因為有著相較於其他同業為低的平均獲利率，因此福特汽車公司一直是分析家們對於組織重整議題的關注焦點，但是福特汽車公司在重整上所耗費的努力可能是值得的。在一九九七年六月所提出的第二季營運報告書中，福特汽車公司發佈獲利紀錄，其中的原因之一就是因為跨越界限而在原物料、行銷、設計及製造上節省了大量的經費，而提昇了在製造及其他方面的效率。分析師期望福特汽車公司發佈獲利紀錄可以一直持續到 1998 年，因為到了那個時候，該公司長期的組織結構重整計劃會開始有很好的收益。

來源：Reitman, Valerie（1997, June 3）Ford Is Steering Toward A Record Profit. The Wall Street Journal, p. A3; Simison, Robert L.（1998, Jan. 14）Ford's Profit Is Expected to Top GM's. The Wall Street Journal, p. A3

外部的考量

對於外部事物的研究，可以提供企業一個有效的方法來思索管理

外部環境的問題。如同本章前幾個部分所提到的，二次世界大戰以後所發展出來的策略性思維，在於從不同的事件中找到內部的關聯性及彼此的相互關係。將這個概念應用到企業上，就是要將企業組織與外部環境結合起來一起檢視，因為這些來自於企業組織外部的因素，對於企業組織的決策有相當大的影響。目前有許多關於外部事物的概念被提出討論，不過大部分都認為，要了解外部事物的第一步就是要能夠清楚地明白它們的運作方式。這樣的認知對於企業組織來說非常重要，因為不同企業所處的環境都具有不同的複雜性，而企業本身營運的目標也有差異，因此外部事物對於不同的企業便會有著不同的影響。不同環境下所造成的不同影響，與組織本身的特性更是有著很大的關係；一個小型企業的管理者因為組織內部遵行的營運規則有限，會發現到相較於大型的階層組織，在新資訊技術的開發及應用上較為容易，而大型組織則具備小型組織所欠缺的財務資源。此外，企業所屬的產業別也會對企業組織造成影響。例如，全球化同樣發生在金融業及喪葬業中；對於這兩個不同的產業，全球化所代表的是一股聯合、和聯盟、併購其它企業的趨勢。然而，對於金融業來說，要在不同的國家進行資金轉移非常容易，但是相較之下，喪葬業儘管也具有全球化營運的管理能力，卻往往還是屬於較區域性的行業。因此，銀行家對於是否要進行全球化的廣告宣傳握有選擇的權利，但是喪葬業因為文化上的差異，對於喪禮的進行各個區域都有不同的風俗習慣，因此這個行業進行的廣告宣傳活動往往侷限在較小範圍的區域內。總括來說，發生在單一環境下的全球化事件，例如經濟上的改變，對於不同的企業可能會造成不同的影響，因為這些企業本質上就是不一樣。在小故事2.8中，我們更深入的指出相同的事件對企業所造成不同的影響。

小故事2.8　經濟的浪潮

　　對於許多企業，經濟成長是一個契機，因為經濟成長可以創造出更多的工作機會，更多可支配所得，也創造出更多的銷售機會。但是對於那些在經濟不景氣時期大為興盛的企業，例如討債公司及活動式房屋建造商等等，良好的經濟狀況卻可能帶來不好的營運績效。在全球化的經濟下，這一類型的企業必須透過全球化環境的仔細檢視來找到成長的機會。由於文化改變所造成的信用型銷售成長，會創造出伴隨而來的討債需求。產業移轉若導致工作機會增加，及創造出對新屋的需求，對於活動式房屋製造商來說也是一個促進銷售的好機會。在確認出各個類別中與企業本身相關的全球化事件以後，企業的領導者較能夠評估出在本身經濟狀況良好時，世界上可能存在的各種機會或威脅。

　　在全球化的世界中，對於經理人來說，能夠看出全球化事件之間的互動關係並評估這些事件對企業造成的衝擊，及伴隨著這些事件對於文化、科技、產業或其它環境可能造成的改變是非常重要的。專家們往往不會去認定哪個外部環境較重要或較不重要，也很少同意為某個外部環境訂定特殊的名稱。

　　在下面的部分，我們將要檢視六個全球化的要素，或可以說六種不同的外部環境。在圖2.1中讀者可以清楚地看出我們所要檢視的六個要素。這六個要素分別是：（a）文化的全球化；（b）貿易、國外直接投資、資本及勞工的經濟全球化；（c）政治與法律結構的全球化；（d）企業任務及產業環境的漸趨全球化；（e）科技，特別是資

訊科技的全球化；（f）自然環境的全球化。就如同圖中所顯示的，
這些因素都圍繞在組織的周圍，而這些因素運作的範疇也往往在個別
組織所能直接控制之外。不同的全球化因素之間的箭號表示某一領域
事件的全球影響會擴散到其他的領域造成或為原因、結果或同時發生
的改變。這些內部相關的改變，從本書第一章所提出有關中國飲食習
慣改變的例子看來更加明顯。

　　正如同我們在圖中無法顯示出複雜性及其中的動態性，除非在一
開始就建立好文化、政治法令環境、經濟環境等等因素的重要特徵，
我們無法同時探討兩個以上的外部環境問題。在本章中大部分所介紹
的都是全球化經理人對這六個環境所抱持的最重要考量，並且簡潔地
確認出企業經理人對各個不同環境的全球化改變所要尋求的預測及解
釋。在往後的各個章節，將會針對這幾個不同外部環境作更為深入的
介紹，而在這些章節中我們也將會發現到這幾個不同環境之間的相互
依存性。

文化的全球化

　　根據特巴斯塔及大衛（Terpstra and David, 1991）兩位學者的看
法，「文化是一套經由學習、分享而具有強迫性與相互關係的符號集
合，這些符號的意義提供了社會內部的成員有一套類似的傾向（p.
6）」。這一套相互分享的符號，提供了在同一個文化族群中人們在應
付問題與挑戰時的共通處理方式；在此所謂的文化族群代表的可以是
一個國家、組織、社會、文明、甚至是全世界。每一個文化族群都有
屬於自己的傳說故事、習慣及行事風格，透過這些向度的瞭解，我們
可以更加深對於該文化族群之信念和價值觀的認識。例如叔叔對抗逆
境而獲得勝利的故事，會告訴每位家庭成員要能夠堅忍不拔；班尼頓

（Benetton）的廣告中強調寬容及世界大同的概念。傳說故事和廣告只是在一個文化族群中強化信念及告訴人們生活是什麼及生活應該要如何加以組織的幾個方法之一。合乎文化族群價值觀的習慣和行爲會透過口語及非口語化行爲，及其它的不同方式在同一族群內部進行溝通。在文化中一項重要又能夠觀察得到的向度就是行爲，行爲包括族群中成員的外觀及行爲模式、成員間相互溝通的模式及在他們之間重視的價值等等；然而還有許多有關文化族群的特色無法藉由外部的觀察獲得。

全世界的每一個人都要維持生存而有諸如水、空氣及食物等需求，此外還有尋求避難所及安全的需求等等需要滿足。以往，家庭或部落就足以提供生存的需求，而類似這樣的需求在今日則由國家來滿足。國家是一擁有主權的實體，大多數的國家文化會有共通的語言、相同形式的政府體制、相同的經濟系統，並在思考、行動及行爲上有著相同的傾向，以維持他們身爲國家成員的地位。這些特徵，就如同先前本書對文化所下的定義一般，是可以學習、分享而且具有相互關係並能互相加強的。當我們要檢視一個國家的文化，我們所要面對的第一個挑戰就是透過詢問的方式，來了解到各個特徵如何反映該國家成員的共同信念，進而檢視其間的相互關聯性。這些共同的信念會透過對產品及服務的消費，塑造國家成員的行爲，也透過行爲及成員的期望對於企業組織造成影響。

就算在相同的國家內部，也存在著文化差異，因此產生了多樣化的文化族群。這些不同的文化族群所偏愛的事物及它們的興趣，在檢視一個國家文化的過程中也是不可忽略的層面。例如，新加坡的人口，乃是由馬來人、印度人、及華人所組成，這些不同的次文化族群都有著屬於自己的習慣，而彼此間所進行的商業行爲就算是交易雙方都是新加坡公民，也或多或少有所差異。在 Joel Garreau 所撰寫的

《北美的九個國家》（The Nine Nations in North America, 1992）一書中，作者發現到，在美國的各個區域之間所存在的差異性，早已足夠形成很多不同的文化族群；例如在環太平洋西北部的Ecotopia 和包含美中與加拿大的Breadbasket 不同，而這兩者又與包含美國南部各州的Dixie 不同。這些例子說明了，在同一個國家內的次文化族群可能會創造出與母文化大相逕庭的習慣及價值觀。這些次文化的價值觀及習慣乃是圍繞著家庭、宗教、年齡、種族；然而在檢視全球文化時，有關國與國之間，或國內次族群之間的差異也是不可忽視，因為這些差異代表國家內部的區隔市場，而且也有機會形成一個全球化的市場。例如反文化的青少年為馬丁大夫鞋的銷售提供了一個有利的契機，不過這個焦點也顯示出，持著類似的價值觀的青少年遍佈在全球各地。

　　跨文化的比較可以看出全球化企業的潛力及可能面臨的挑戰。我們可以從文化全球化中看出其中的相同及相異處，例如：英文對全球企業來說是越來越重要的全球語言、世界人口在飲食的習慣上慢慢地出現同化、全球化旅遊的盛行、透過電視及電影我們可以看到世界上其它重要文化的手工藝品，而全球化企業的活動也越來越被認為是在對全球進行資源及知識的重分配等等。在檢視文化全球化現象的章節中，我們會發現到全球化企業所運用的語言有著各種不同的形式，以及在世界各地享有相同的商業習慣不表示這些企業就享有共同的商業價值觀。

　　在我們對於文化全球化的研究中，所探討的是文化之間的相同及相異處之出現，對於全球化企業的行為及價值觀有著何種影響。當企業的營運活動及世界上其它全球化企業跨越各種形式的界限障礙時，這些活動對於文化的信念也造成了塑造和重新塑造的效果，這樣的效果不只發生在組織中，對於與組織有所互動的個人、團體、及國家也造成了很大的影響。價值觀的衝突導致許多文化上的不調和，正在全

球化企業內部發生,並撼動著根本。宗教信仰、語言標準、對於索賄、學習風格、性別角色、文化的多元性、甚至工作的目標所持的假設,是全球化企業所要面對的諸多議題當中的一小部份。

最後,在今日我們必須面對全球的挑戰,去解答有關於生存、資源分配、複製、個人自由、經濟機會、及信心和宗教在生活中扮演的角色等等問題。企業活動也塑造著這些決定,並且逐漸被要求介入他們所不熟悉的活動。

經濟的全球化

經濟的全球化依然以非常快的速度持續發展著,其中的特色就是在國與國之間財政及貨幣制度間與日俱增的相互依存性,以及直到最近逐步興起的全球資本及證券市場把不同國家間的關係拉得更為緊密。因為全球化經濟中證券市場是全然透明的,因此在管理這些市場時也更充滿了不確定性。根據在一九九四年加拿大一個官員指出,「每天都有一兆美元的資金在全球各個不同的市場中流動,就算是一國的政府也無法停止其動能一天、一小時甚至是十分鐘。」(摘錄自Gumbel and Davis, 1994)經濟的全球化不只瓦解了一些傳統上的經濟角色,例如中央銀行,也為全球化的經濟帶來了更多的參與者。全世界中不管是小型企業也好,大型企業也好,都發現到全球經濟市場的迷人之處,也都計劃要加入這個市場,因為在這個市場中資金可以輕易地跨越界限而流動。

在全球化的經濟中,動態的改變不斷地增加世界貿易的規模,同時也對其型態造成了影響。因為服務具有無形的特性,儘管對於全球化經濟的衡量越來越重要,在進行衡量上還有一定的困難。在全球化市場中流動的資金都尋求著更高的投資報酬率,期望資金的運作可以

更爲活絡，以便在短時間內就可以進入或退出國內的經濟市場。企業的活動快速地將資金轉移到幾乎世界上各個區域，不但創造了機會，也爲金融市場、管理單位還有許多不時思索著傳統價值的機構例如世界銀行等等，帶來了更多的挑戰。證券及債券市場在世界各地相繼出現；全球貿易及國外直接投資金額也大幅增加；對於全球化貨幣的需求也跟著持續成長。總而言之，國外直接投資、貨幣的波動還有國債相互糾結著；資金及證券市場邁向全球化；及企業在全球所進行的營運活動都影響著全球化的經濟，同時也受到全球化經濟的影響。類似這樣的挑戰爲企業在不明朗狀況下的決策制定、適當的國外直接投資策略、及資訊的管理都造成了很大的挑戰。

　　企業的員工對財富的創造也有著很大的貢獻。勞工全球化對經濟上造成的結果往往把焦點擺在薪資、工作和移民、工作安全還有其它工作條件上。要達到工作及人員的平等對企業產生了許多新的要求。全球化的人員遴選、知識的利用與說明、還有管理智慧資產等等都只是企業組織要管理全球化勞工所必須面對的幾個挑戰之一。

政治及法令環境的全球化

　　對於全球化企業來說，其政治及法令環境有兩個特點，第一個特點就是朝向區域與全球配置，第二個特點就是在全球化的趨勢下，在個別國家內的自主性逐漸消弱。這樣的轉變較不重視一國境內的政治環境和法令機制，例如某個國家如何掌理、其內部資源如何進行分配等等；而是把重心擺在某國政府處於全球化資源分配系統中的角色扮演，及在全球化的層次上，一般性的商業通則要如何建立及管制。有關社會方面的決策，例如如何分配資源、如何進行分工、權力如何配置、如何去管理複製的問題等等，目前都已經超越了國家的界限，而

成為全球企業必須加以考量的議題。這些已成為與公平、機會、組織民主、還有工作和家庭都有著密切關聯的組織議題。

　　稅金、關稅、法令規定在世界各地都有所不同，如果這些商業規範可以達成合理化及標準化，對於全球化企業的營運效率將可以產生正面的影響。諷刺的是，那些應該要在塑造商業規範上貢獻心力的政治家，卻總是藉著降低自己對於自治的監督來達成上述的目標。對於政治及法令環境的全球化近來有一個新的考量開始出現，那就是要探討在不同的政府組織結構下，一個國家要如何與其它的國家在全球化的環境中進行互動。國家與國家之間的關係，往往是受到貿易協定的規範，這些規範不但包含了成長中的區域族群甚至也包含了全球的契約。區域和全球貿易實體日漸提昇的交易頻率與重要性，對於政治提案的全球化造成了很大的影響，而檢視這些因素如何影響企業組織是觀察政治全球化的一種方式。就如同政府組織正在對於政治及法令進行重整一樣，非政府組織也靠著全球化的運作來重新塑造企業組織如何運作及企業組織由誰運作的假設。除此之外，政府機構以外的專業團體，在對企業運作上所遵行的製造、環境標準甚至是會計原則等等進行一致化和協調化的行動時，對於法令及規定也造成相當程度的影響。最後要介紹的是在全球化背景下所出現的，恐怖主義、誘拐綁架、及謀殺事件，這些事件的出現顯示出全球化幫派及企業聯合組織在全球的政治環境中也佔有其一席之地。所有這些政治及法令上的要素，都不斷地對全球化企業組織造成了重塑的影響，而從企業組織的觀點來看，它們也正在對營運地區的實務，進行降低政治、經濟、智慧財產、及個人風險的重塑工作。

產業的全球化

　　每個處於特定產業的企業，都把它們營運的焦點放在不同的任務上，儘管這些企業在某些方面有著許多共通點，不過和其它產業的企業比較起來，又有著許多的差異。因為這個原因，許多研究企業任務或產業環境的人都會用到邁可波特（Michael Porter, 1994）所提出的產業結構模型。在這個模型中有五個會影響產業的力量，這些力量分別是：顧客（Buyers）、供應商（Suppliers）、替代性商品（Substitute Products）、產業的進入障礙（Barriers to New Entrants）、及現存的競爭態勢（Competitive Rivalry）。因為這個模型主要著重在個別產業，及在該產業中某個特定企業所具有的核心競爭能耐（Core Competencies），因此其任務環境或產業環境，也許顯得與其它的全球化環境有所不同。與文化上的改變所具有難以辨別的特性不同，產業環境的改變通常可以在顧客撤回支持及供應商感覺不愉快時，就能夠馬上察覺到。因為這五個不同的元素與企業每日進行的營運活動息息相關，因此在任務環境中這五個元素比起其它感覺上較為模糊的事件比起來，通常會吸引較多一般管理者的目光。此外，因為各個不同的產業環境都具有某種程度的差異性，管理者通常也會把產業環境和其它的全球化環境視為不同。

　　然而，當產業邁向全球化之際，許多與個別產業相關的變動也許不為明星企業所察覺。這些企業僅把焦點擺在較小或其國內市場的顧客及供應商，因而可能會錯失那些在產業中可能發生或已經發生的變化。更嚴重的是，對於產業環境與全球化改變的其它面向之全球互動關係的輕忽，可能會造成企業組織對於週遭所發生的改變毫無察覺的情形。舉例來說，花旗銀行（Citibank）因為德國銀行（German banks）

未跟上全球化環境中電話銀行、現金提款機及其它部分的改進等等新技術的引入，使得顧客可以在銀行上班時間之外更容易進行金融業務，而吸引到不少德國銀行的客戶。從這個例子中，我們可以發現到只將焦點擺在國內或靜態的任務和產業環境，是非常危險的；任務的特性和產業的組織結構，會因為產業的全球化改變，及這些改變與其他全球化環境的面向之互動關係的改變而隨著一起改變。在全球化環境中，在相同產業內或不同產業間，合乎任務及競爭思維的策略、組織結構及實務模式都必須要時時的受到監測。最後，當國家和企業思索到有關於合作及競爭的概念時，對於與企業競爭環境之許多任務和產業分析一致的假設也必須隨之改變。

科技的全球化

　　對於全球化企業的科技環境，無可避免的應該把焦點擺在那些對於全球造成最大衝擊的程序及產品上。因為對於新產品的觀測較為容易，因此我們可以在新產品或服務的發展過程中，發現到許多與科技有關的進展。對於雷射唱片播放機來說，生產技術上的突破遠比生產程序上的突破來得重要。冷凍優格、擠壓式罐裝調味品、微波爐還有虛擬實境的電玩遊戲等等都是在過去十年間，因為科技突破而發展出來的產品。毫無疑問的，在過去十年間最令人印象深刻的科技改變，就是可以使得全球兩地連結更為便利的長途電話技術及用來進行連結的電腦等等。除了這些較為具體的產品及服務之外，對於那些在全球科技環境中較不具體的工作程序之改善，企業組織也應有所體認。事實上，許多發生在程序技術上的突破，對於工作本身所造成的影響並不亞於對於產品的影響。舉例來說，不管是組織學習或全面品質管理的程序，都會利用到每位員工帶給組織的知識，這兩個重要的程序分

別會在第六章和第九章說明，而在這兩個章節中也會提供例子以供讀者探究對全球化企業具有重要性的程序。不論科技上的突破是否會造成產品及程序的改變，這些突破都足以改變傳統概念中對工作上及企業所抱持的假設。藉由分配人員的任務給電腦、把長途電話技術引入工作環境中，及在組織中創造出對於這些新技術的偏好，都是利用電腦化和長途電話技術對於工作所造成的重整效果。科技突破的透明化及風險性，成為重整企業間聯盟和夥伴關係的催化劑。科技上的突破使得企業可以從全世界各地招募人員，就算他們因為有著各不相同的文化限制對員工的福利產生新問題、要求隱私權、甚至是對於組織在激發創意上的能力有所質疑時，也可以透過長途電話及網路的技術，很快地就得到解決。

自然資源的全球化

　　全球化企業對於自然資源環境的檢視，主要是對於生產所需的原物料及資源。地理上的特徵例如河流，可以把一個國家和其他國家區隔出來；或像菲律賓的例子，菲律賓有著8000個小島，使這個國家內的居民劃分到很多不同的地理位置。貿易夥伴之間的距離可能會造成全球化企業在進行營運時成本的增加，以及即使在同一個國家中，距離可能會造成居住在不同地理位置的族群在文化上產生差異。國家的地形狀態也可能會影響到其中的分配系統；舉例來說，對前蘇聯而言，要跨越廣大的地域來運送貨品是一件非常困難的事，其中的困難來自山脈的橫亙、冰冷的氣候及其他對於火車或貨櫃運輸造成的障礙等因素。在現代，組織面對將貨物銷售到俄羅斯的決策時，最主要的考量就是這些地理上的障礙。

　　一個國家或多或少會擁有一些自然資源，例如樹木、橡膠、礦產

或石油等等，不過處於同一個世界，這些天然資源的供給都是有限的；此外，還有一些自然資源乃是屬於全球所共有。最顯著的一個例子就是在大海中所發現的海洋資源及海水本身，另外我們每天所呼吸的空氣也具有這樣的特性。通常關於開發自然資源，或對於類似空氣或水源等等常見資源的使用，可能會引起環境保護或環境保護主義等等議題的產生。而自然的災害，例如洪水或地震等等也都可能帶來全球化的衝擊；此外，例如愛滋病這類疾病在全球造成了毫無阻礙的擴散；人口的成長毀滅了大自然的生物；全球化的改變對植物和動物造成了很大的影響等等，都是企業組織在邁向全球化的過程中所必須要面對的重要問題。

　　環境保護主義和企業之間的關係，因為某些企業重整其會計實務，將自然資源的消耗，列入營運成本中而使得這個議題越來越受到重視。德國的一家電腦顧問公司BOS/Beheer BV就發展出獨特的生態會計系統，將企業使用聚苯乙烯杯（也就是免洗杯）所造成的臭氧消耗、員工搭乘飛機旅行所造成的污染，甚至是每位員工在一年中所製造的污水都列入成本計算中（Pope, 1995）。將環境因素列入會計考量將會促使會計師接受新的訓練，而企業組織對於內部員工的訓練與教育，維持永續發展，及有關面對全球化議題中環境保護部分所應抱持的態度等等，都為企業組織帶來了前所未見的挑戰。

使企業組織與全球化環境「契合」

　　要使企業組織與對於經營運作越來越重要的全球化環境之間達到契合，企業組織所要面對的不只是想要管理好的意願，有時候更必須在各個不同的競爭性選擇方案中作出判斷，還得面對企業內外部力量

在不同選擇方案中的拉鋸戰。全球化企業所面臨的環境複雜性，及因為快速變動所帶來的許多不確定性，都為企業組織的參與者在處理繁雜又往往具有相互衝突特性的全球化政治、文化、經濟、及競爭問題時，帶來很大的困難；對於企業經理人來說，要收集、解釋、並針對可得到的全球化資訊作出決策，也是一個必須面對的難題。

為了要在這個複雜的全球化環境中進行營運活動，企業組織及內部管理者必須要更能察覺並適應這個環境中所發生的種種改變。他們可以持續地透過掃瞄自身及其它不同組織的領域來因應這樣的改變。透過這樣的一個學習過程，企業經理人可以為其所屬組織在全球化企業環境中找到更好的定位。

許多西方文化的企業曾經明確地指出它們所抱持的策略主要是利潤的追求，並且建立了獨立經營的階層式組織結構；但是在全球化舞台中進行營運的企業往往發現，光是追求利潤是不可能的；因而有許多企業組織開始進行組織結構扁平化的實驗，並且和其它的企業組成合資企業或企業聯盟來因應全球化的趨勢，使得全球化環境中的企業組織在人員、程序及組織結構上的選擇越來越多樣化。西方傳統的科學管理概念、日本企業以往所秉持的終身僱用制度、中國歷史上常見的家族企業，還有其它世界各地企業組織過去所抱持的不同經營理念，在全球化的趨勢下都遭受到了嚴厲的考驗。其他類似受到嚴格考驗的還有德國企業的高薪資及生活品質議題、東歐企業及其它共產主義國家企業的工作倫理，還有全球化企業和全球化社會之間的關係等等。全球化企業可能會混合舊有的原則及借自世界各地之最佳實務而發展出來的概念，以期在全球化的環境下可以獲致更好的營運結果。在這樣的狀況下，管理的實務也或多或少會受到全球化的影響。在全球化的環境中，利用符合全球化時代的新管理原則來取代傳統管理原則，對於各個企業組織的運作同樣地也形成了重大的挑戰。在現代，

稱職的管理能力必須要將更多全球化的概念列入考量，同時還得超越傳統上管理者所經常面對的領導、規劃、組織及控制等等議題。

全球化世界中的管理能耐：全球化的心態

根據一九九三年對於全球經理人的調查，及對於一九八七年到一九九三年所出版超過1000本書籍和文章的檢閱顯示出，全球化的經理人必須具備下列十二項涵蓋個人和組織的優越能耐，以勝任全球化管理的工作 (Moran and Riesenberger, p. 191, 1994)，這些能耐包含有：

1. 全球化的心態；
2. 與來自不同文化背景的人員共事的能力；
3. 長期規劃的傾向；
4. 促進企業組織學習的能力；
5. 創造企業組織內部學習系統的能力；
6. 激勵員工追求卓越的能力；
7. 談判的技巧及利用合作的模式處理衝突的能力；
8. 抉擇及指派全球化管理任務的技巧；
9. 在多文化背景所組成的小組中有效率的領導及參與；
10. 對於個人所抱持的文化價值觀和假設有所了解；
11. 正確地描繪出其他企業之組織文化與國家文化的能力；
12. 避免文化上的錯誤及在任何國家中都能展現適宜行為的能力。

透過上述屬性及稱職企業經理人能耐的檢視，我們可以發現到傳統管理技巧，例如控制或領導的活動，在全球化的年代已經慢慢開始

仰賴那些在管理上較不易測量的無形資產，例如態度和價值觀等等。
自我反省、人際互動、及了解個人的態度實際上是很難以明述的，但
是對許多全球化管理者而言，這樣的能力卻是必備的。史蒂芬萊茵史
密斯（Stephen Rhinesmith, 1993）指出，全球化的心態與專注於國內
環境的心態兩者間有著很深的差別（請見表2.6）。舉例來說，西方企
業傳統上透過功能性劃分的方式來僱用員工、採用逐步進行的方式來
訂定決策、創造階層性組織結構並鼓勵個人的自主與進取；然而，較
具全球化的心態則是需要統整性及廣博的專門知識、較不明確的決策
規則，也對於程序給予等同於組織結構的重視。全球化的心態所要求
的團隊合作和夥伴關係，為個人獨立奮鬥的心態帶來挑戰，也為全球
化企業帶來挑戰。舉例來說，在萊茵史密斯眼中，抱持著國內心態的
企業會依據個人的行動來設定獎勵和薪資，而這樣的企業必須要經過
大幅度的修訂才能夠對於團隊合作進行評估。很明顯地，對於全球化
經理人來說，最主要的一個挑戰就是要在達成組織目標的過程中，在
各個相互競爭甚至相互衝突的選擇方案中達成平衡。這些及其它類似

表2.6　全球化與國內化心態的比較

國內化心態	全球化心態
1. 功能上的專業知識，例如行銷，會計或財務	1. 統整性與視野寬廣的專業知識
2. 以逐步進行的方式設定優先順序	2. 需要平衡矛盾並確認矛盾和挑戰的存在
3. 一般採用階層性組織結構	3. 重視程序
4. 鼓勵個人責任	4. 重視多元化及團隊合作
5. 減少意外的發生	5. 把變革視為機會

來源：修改自 Rhinesmith, Stevev H.（1993）. A Manager's Guide to Globalization.
　　　Homewood, IL : Business One Irwin.

的挑戰可能會造成程序上、組織結構上及人員上的變化，因為這些決策有時候是超乎管理者所能控制的範圍之外。透過本書，我們將會看到這些挑戰對於組織的角色造成了何種重塑的作用，並把焦點擺在企業經理人所必備的重要能耐上。

透過合併或以不同的型態所呈現出來的現象，我們可以發現到國家經濟、政治系統、文化、科技、資源及產業越來越趨於收斂，因而對於所有的企業組織來說，全球化的生意及管理技巧的重要性越來越高。這些技巧富有多元性，並會混合傳統上及新出現的關於學習、管理多元化及管理模糊情境等需求。因此，學習有關於全球化環境的議題，對於那些甚至沒有管理過全球化企業的經理人來說也顯得非常重要。在上面所提到有關全球化的廣泛定義，暗示了地球上所進行的商業活動，對於各種傳統性界限的滲透逐漸地增加，也呈現出在任何的環境中進行管理都無可避免地要面對全球化的挑戰。掌握全球化的知識及其發展也提供個人和組織在營運活動上的指引，但是要決定企業應利用何種形式在全球化市場中獲利還是得靠企業經理人本身的專業判斷。對於各個經理人來說，他們的任務就是要為專案、工作及方向模糊的職業生涯做好準備。企業組織也一樣，它們的挑戰在於預測改變並試著學習與模糊情境共處。在往後的章節中我們將會一一檢視國家、組織及經理人所會面對的挑戰。

本章關鍵概念

國際化營運和全球化營運之間的差異：國際化營運的定義是兩個或多個國家中的不同企業之間跨越國界的交易行為，所考量的是生意、貨品及資金在不同的國家之間的流動。因此企業營運活動的國際

化強烈受到企業所屬國籍的界定。相較之下，全球化的營運則視整個世界爲沒有國家及界限，貨品、資金及人員可以在其中自由流通。

國際化企業和全球化企業的差異：對於國內、國際化及全球化營運的了解，爲企業的字典帶來了許多新字。就算我們用的是一個相同的詞彙「多國籍企業」，其中所代表的意義也可能大不相同。在本書中，所謂的國際化企業是那些以本國爲資源取得的基地，並在國家界限以外進行營運的企業。相較之下，所謂的多國籍企業，其營運則是以很多不同的國家作爲基地，並且透過這些遍及全球的基地來取得例如人員、知識及其它不同類型的資源。國際化企業、多國籍企業及全球化企業只要從其總公司所在的地點、企業經理人的國籍、面對多元化所抱持的價值觀及所運用的政策、程序和科技的標準化程度就可以輕易地辨別出來。

不屬於任何國家的企業組織：所謂不屬於任何國家的企業組織，所代表的意義是企業營運的起源國不再是判別企業組織的主要依據。不屬於任何國家的企業組織通常會因爲它們所生產的產品或所提供的服務而著名，其起源國相較之下反而不受重視。

全球化的趨勢定義了我們的集體未來：當許多影響著企業組織未來及未來人類生活的事件逐漸突顯，我們也被無情地拉上全球化的舞台；因此，全球化的管理決策也不再是某些組織或個人所會遭遇到的問題，而是人人都會遇上的問題。

全球化企業的特徵：所謂的全球化企業會把整個世界視爲該企業的基地，這個企業會在一個或多個產業上建立全球化的知名度、在一個或多個利基市場上採用世界性標準或多區域策略，並且可以跨越其所對準的外部及內部界限。

全球化策略會以多種不同的形式出現：全球化策略並不見得就是全球化企業的同義詞。因為全球化企業可能會在某個產業上維持整合性的標準，而在其它產業上又受到區域性特色的影響。在本書中，多區域策略涉及結合世界性標準與因應各地文化特色；所謂的世界性標準化策略只有在產品及服務能標準化並能以世界性的基礎進行整合才有可能出現。一個企業可能會在某個利基市場中採用多區域策略或引入世界性標準。

全球化企業跨越不同的界限：全球化企業主要跨越了三種不同形式的界限，這三種不同形式的界限分別是：外部的界限例如國家、空間、時間及那些可以在某種程度上進行測量的界限；還有同時出現在企業組織內部及外部的那些較不具體又較不易測量的界限。每一個企業在重新塑造其所面對的內外部界限時，都有其不同的優先順序，因為這些企業不論在規模上、產業上、策略上、領導模式及其它不同因素上都有著很大的差別。

管理者在不同的歷史背景下會有不同的作法：因為企業組織所處的背景會隨著時間而改變，所以管理的實務及管理的研究也會隨著時間而改變。至少，全球化的世界對於現有的管理傳統將會造成新的改革。

全球化企業的內部考量：在全球化的環境下，企業組織面對的內部考量主要有下面三種：（a）人員；（b）程序；（c）組織結構。

六種全球化環境：在全球化的環境下，企業組織面對了六種不同的限制而對組織決策造成影響，這些限制分別是：文化的全球化、經濟的全球化、政治的全球化、產業的全球化、科技的全球化及自然環境的全球化等等。

　　傳統管理模式面對的全球化挑戰：全球化代表企業可以在全世界這個舞台上享有更多的營運機會，而在全球化營運下管理所帶來的經驗，使得許多管理者重新思考他們在用人及運作上的各種假設。全球化的管理需要在起源於各種不同文化下的工具及技術之間進行混合搭配，或許需要融合西方文化的財務管理技巧和東方的團隊工作技巧。儘管要改變系統及思考模式說起來相當容易，但要改變長久奉行的實務則頗為困難。

　　全球化造成了不同的吊詭：吊詭是指一項看來來自我對立的陳述或論點，但是往往是呈現事實的另一種解釋。全球化的趨勢在目前造成了許多不同的吊詭，這些吊詭分別是國家、組織、個人所必須面對的。其中與組織有關的一個重要挑戰，就是要在彼此相互衝突或競爭的目標之間達成平衡。

　　全球化企業組織所面臨的四個主要挑戰：全球化的企業組織目前面臨了四個共通的挑戰：它們都面對無法解決但是卻必須要加以管理的問題；它們的成功漸漸地來自於那些企業本身無法擁有的無形資產；領導者必須要管理各種不同形式的多元化問題，還有就是企業經理人及組織必須要扮演過去所未曾準備過的新角色。

　　對管理能耐的需求：傳統的管理能耐例如領導、控制、組織及規劃，在全球化的舞台上已經被那些較無形的事物例如態度和程序如促進步驟所取代。自我反省的能力對於全球化企業的管理也是非常重要。

問題討論與複習

1. 參考本章所提到有關全球化企業的特徵，判斷下面所提到的企業是否為全球化企業。而這個企業與馬丁大夫鞋的製造商R. Griggs又有何相同與相異處？

   想像一個包含有十二部六十呎長的印染機及八百部縫紉機的裝配線。你腦中的想像圖可以回溯到開始於一七七○年附近的工業革命，在曼徹斯特、英格蘭等地區迅速發展的紡織業，還有那些今天及每天發生在加勒比海、拉丁美洲、亞洲西南部及世界各地的一些工業化經濟體的景象。這個景象可能出現在泰國曼谷北邊的一家工廠，工廠裡有三千名婦女每天不斷地設計、剪裁、縫紉及運送那些有著米老鼠圖案的棉製品衣物。這些衣物上所顯示的是澳洲製品，但是其中的棉花來自於中國，縫紉機則是日本貨，資金的來源是歐洲，而米老鼠則是美國的產物。在一九八三及一九九二年，這隻老鼠已經在日本東京及法國巴黎的迪士尼主題樂園以外建構了第二個活動舞台。而那些商品，其最主要鎖定的目標是德國、日本及美國的青少年。

2. 福特汽車公司以全世界為基地進行的組織結構重整製造了一部全球化的汽車。請提出幾個案例說明這樣的組織結構重整對於福特汽車公司內部的成員和程序會有何種影響。對於組織結構的改變又會帶來哪些不同的問題及挑戰？

3. 試描述一個在你的日常生活中所會遇到的矛盾情況。面對這樣的矛盾你需要如何與矛盾共同生活的能力？

4. 當工作機會被創造出來或消失時，個人通常是第一個感受到全球化所帶來的衝擊。對於工作本身來說，當組織為了增進對環境的適應性，而用一些比較不熟悉的原則來取代傳統原則時，會體驗到全球化的衝擊。對於這樣的改變，為工作本身及工作所處的環境帶來了機會。對於個人來說，這樣的改變可能意味著必須要面對全球化這股龐大的力量。在未來的五年中，你看出了哪些工作機會上的改變？這些改變對於你的工作選擇又會造成何種影響？

5. 透過對美國企業實務的研究和經驗，產生了許多管理理論。這些理論對於企業面對全球化世界時造成了什麼樣的影響？試指出在本章中所提到的三個概念，並描述美國經驗對企業所造成的影響。

6. 對於企業變成了一個不屬於任何國家的企業，你認為有何優缺點？請由一個企業的觀點、一個國家的觀點及身為此種企業之員工的觀點分別加以敘述。

7. 如果說傳統上專注於國內是美國的典範，而最近出現的全球化心態則是一種針對未來趨勢的潮流，身為一個管理者，這對你有何種暗示？要想以更為全球化的心態進行思考，你必須要去發展何種技巧？在你目前所遵行的思考和工作模式上又必須作出何種改變？

8. 全球化企業：試利用本章所習得的資訊，選擇一個全球化企業作為研究的對象；你可能會發現到這對於你以往所瞭解關於一個企業運作方式的假設，尤其是這個企業的總公司所在地與你自己所處的國家有所不同時，可能會是一大挑戰。理想上，這個企業應該有其專屬的網站，並且該企業的年度報告也都可以取得。準備一個與該組織相關的兩頁報告，其中包含了對該企業的介紹及簡史。提供有關於該企業最新的資料，包括利潤、運作的國家或市場、世界上所有的員工數目等等。此外也要包含有關這個企業組織結構的資料，利用表2.5所提供的常用字彙，來描述該組織的組織結構或設計。

參考書目

Ashkenas, Ron, Ulrich, Dave, Jick, Todd, and Kerr, Steve. (1995). *The boundaryless organization*. San Francisco, CA: Jossey-Bass.

Bartlett, Christopher A., and Ghoshal, Sumantra. (1989). *Managing across borders: The transnational solution*. Boston, MA: Harvard Business School Press.

Bartlett, Christopher A. and Ghoshal, Sumantra. (1995, May/June). Changing the role of top management: Beyond systems to people. *Harvard Business Review*, pp. 132–142.

Beamish, Paul, Killing, J. Peter, Lecraw, Donald J., and Crookell, Peter. (1991). *International management*. Burr Ridge, IL: Irwin.

Boyacigiller, Nakiye A., and Adler, Nancy J. (1991). The parochial dinosaur: Organizational science in a global context. *Academy of Management Review*, 16(2): 262–290.

Brown, Juanita. (1992). Corporation as community: A new image for a new era. In J. Rensch (Ed.), *New traditions in business*, pp. 123–139. San Francisco, CA: Berrett-Koehler.

Campbell, Alexandra, and Verbeke, Alain. (1994, Apr.) The globalization of service multinationals. *Long Range Planning*, 27(2): 95–102.

Champy, James. (1995). *Reengineering management: The mandate for new leadership*. New York: HarperBusiness.

Daniels, John D., and Radebaugh, Lee H. (1992). *International business* (6th ed.). Reading, MA: Addison-Wesley.

D'Aveni, Richard A. (1995). *Hypercompetitive rivalries*. New York: Free Press.

Economic indicators. (1997, Sept. 27). *The Economist*, p. 119.

Evans, Paul, Doz, Yves, and Laurent, André. (Eds). (1990). *Human resource management in international firms: Change, globalization, innovation*. New York: St Martin's Press.

Garreau, Joel. (1992). *The nine nations of North America*. New York: Avon.

Ghoshal, Sumantra, and Bartlett, Christopher. (1995, Jan./Feb.) Changing the role of top management: Beyond structure to processes. *Harvard Business Review*, pp. 86–96.

Gumbel, Peter. (1994, Nov. 29). German bankers get busy catching up. *The Wall Street Journal*, p. A21.

Gumbel, Peter, and Davis, Bob. (1994, July 11). G-7 countries show limits of their power. *The Wall Street Journal*, pp. A3, A4.

Hamel, Gary, and Prahalad, C.K. (1985, July/Aug.). Do you really have a global strategy? *Harvard Business Review*, pp. 139–148.

Handy, Charles. (1994). *The age of paradox*. Cambridge, MA: Harvard Business School Press.

Heenan, David A., and Perlmutter, Howard V. (1979). *Multinational organization development*. Reading, MA: Addison-Wesley.

Henderson, Hazel. (1996). *Building a win-win world: Life beyond global economic warfare*. San Francisco, CA: Berrett-Koehler.

Hoecklin, Lisa. (1995). *Managing cultural differences: Strategies for competitive advantage*. Wokingham: Addison-Wesley.

Hofstede, Geert. (1983). The cultural relativity of organization practices and theories. *Journal of International Business Studies*, 14(2): 75–90.

Hordes, Mark W., Clancy, J. Anthony, and Baddaley, Julie. (1995). A primer for global start-ups. *Academy of Management Executive*, 9(2): 7–11.

Hout, Thomas, Porter, Michael E., and Rudden, Eileen. (1982, Sept./Oct.). How global companies win out. *Harvard Business Review*, pp. 98–108.

Hu, Yao-Su. (1992). Global or stateless corporations are national firms with international operations. *California Management Review*, 34(2): 107–126.

Kanter, Rosabeth Moss. (1995, Sept./Oct.). Thriving locally in the global economy. *Harvard Business Review*, pp. 151–160.

Kerwin, Kathleen. (1994, Nov. 18). Getting 'two big elephants to dance.' *Business Week*, Special Issue: 21st century capitalism, p. 83.

Lee, Chris. (1994). Open-book management. *Training*, 31(7): 21–27.

Levitt, Theodore. (1983, May/June). The globalization of markets. *Harvard Business*

Review, pp. 92–102.

Moran, Robert T., and Riesenberger, John R. (1994). *The global challenge*. London: McGraw-Hill.

Ohmae, Kenichi. (1989, Mar./Apr.). The global logic of strategic alliances. *Harvard Business Review*, pp. 143–154.

Ohmae, Kenichi. (1995). *The end of the nation state*. Cambridge, MA: Free Press.

Oviatt, Benjamin M., and McDougall, Patricia Phillips. (1995). Global start-ups: Entrepreneurs on a worldwide stage. *Academy of Management Executive*, 9(2): 30–43.

Phatak, Arvind V. (1992). *International dimensions of management* (3rd ed.). Boston, MA: PWS-Kent.

Pope, Kyle. (1995, July 7). Hip Dutch computer consulting concern bets merger would make it global player. *The Wall Street Journal*, pp. B1, B4.

Porter, Michael E. (1980). *Competitive strategy*. New York: Free Press.

Porter, Michael E. (1985). *Competitive advantage*. New York: Free Press.

Rhinesmith, Stephen H. (1993). *A manager's guide to globalization*. Homewood, IL: Business One Irwin.

Robinson, Richard. (1981, Spring/Summer). Background concepts and philosophy of international business from World War II to the present. *Journal of International Business Studies*, pp. 13–21.

Senge, Peter. (1990). *The fifth discipline: The art and practice of the learning organization*. New York: Doubleday.

Sera, Koh. (1992). Corporate globalization: A new trend. *Academy of Management Executive*, 6(1): 89–96.

Terpstra, Vern, and David, Kenneth. (1991). *The cultural environment of international business* (3rd ed.). Cincinnati, OH: South-Western Publishing.

Trompenaars, Alfons. (1994). *Riding the waves of culture*. Burr Ridge, IL: Irwin.

World Investment Report. (1993). New York: United Nations.

World Investment Report. (1997). Geneva: UNCTAO.

World Trade Organization. (1998, Jan. 12). After two outstanding years, world trade growth returned to earlier levels. www.wto.org/wto/intltrad/introduc.htm. Also see World Trade Organization. (1997, Dec. 19). WTO Annual Report. Geneva: WTO.

Wright, Richard W., and Ricks, David A. (1994). Trends in international business research: Twenty-five years later. *Journal of International Business Studies*, 25(4): 687–701.

Yip, George S. (1995). *Total global strategy*. Englewood Cliffs, NJ: Prentice Hall.

第三章

企業的全球角色

兩個全球產業巨人的故事：皇家殼牌集團和綠色和平組織

　　一九九四及一九九五年，由英國和荷蘭共同出資所成立的企業巨人皇家殼牌集團（Royal Dutch/Shell Group）以高達六十九億美元的利潤，名列富士比雜誌的全球前五百大企業。然而，在一九九六年底，皇家殼牌集團卻提出該集團獲利率下降的警訊，資遣了部分員工並取消了三萬個管理類職務，該集團也決定要將企業本身未來的營運焦點擺在流程品質提昇。雖然，該集團曾經預言在未來三十年內全球能源需求將會成長百分之七十以上，但是他們也意識到要想在充滿競爭性的全球化環境中生存，組織必須要取得新的技巧、採用新的營運流程並進行組織結構的重整。有兩項因素造成了該集團有這樣的體認，這兩項因素將詳述於下。

　　第一個因素：如同其他在石油製造及提煉產業中的企業一般，皇家殼牌集團的領導人體會到，其企業的成長有賴全球的員工及產出符

合全球需求，特別是在那些能源需求成長最為迅速的發展中國家。總公司的工作人員預期減少百分之二十五，也就是將近三千七百人；而企業流程的改造則代表組織規模的減小與重新調整。舉例來說，在一九九五年皇家殼牌集團總公司所採用的矩陣式組織結構，被認為過度的階層化已成為集團面對全球化市場問題時，反應速度慢的主要原因；因此這個組織結構被一項新的集權式組織結構所取代；在這樣的結構下，經理人員被指派進行全球分公司的監督工作。在殼牌化學公司（Shell Chemical）中所採行的則是一種五人式的企業管理團隊，以有利於對世界各地營運單位的領導人進行策略合作。此外，在皇家殼牌集團中那些利潤較小的分公司則一一出售，而屬於較高層次的石油提煉分支企業則受到總公司人員高度的重視，此外該集團也計劃在南海、中國及其它發展中的經濟地區進行新廠房的設置計劃。

　　成本及利潤所造成的競爭壓力，只是全球化所帶來的眾多挑戰之一。皇家殼牌集團也是如此，不管是集團所作的或是沒有作的事情都會受到社會大眾的監督，除此之外，集團也被要求公開該企業在兩個方面的決策結果。從兩個案例中，我們可以發現到世界上一個知名的非營利組織─綠色和平組織，已對大眾宣告了監督皇家殼牌集團之營運活動的重要性。從下面所要提到的兩個故事，及在故事之後所造成的餘波盪漾，讓我們可以清楚地體會到全球化的改變對於企業的運作造成很大的影響：企業被要求承擔越來越多的社會責任，此外有一些不屬於企業的組織在行事的風格上也漸漸有企業運作的味道。

　　在一九九五年二月，皇家殼牌集團悄悄地宣佈了一項政府認可的計劃，該項計劃將進行對布蘭特史帕爾儲油平台（Brent Spar）─皇家殼牌集團在北海的一個儲油平台的沉沒行動。布蘭特史帕爾儲油平台建立於一九七○年代，然而由於水底管線的興起，布藍特史帕爾儲油平台漸漸被淘汰，因此對皇家殼牌集團來說目前這個儲油平台不具

有任何功能。皇家殼牌集團基於平台會沉沒在距離水平面很深的地點，不會對於週遭的海洋生態造成影響的理由，因此打算要對這個儲油平台，還有其中因為多年的運作所堆積的一百噸的石油沉澱物進行沉沒的行動。因為對於這項計劃的反對，綠色和平組織本身進行了大規模的研究，研究結果指出，鑽油平台的沉沒可能對海洋生態造成的影響，遠遠超過之前所估計的大小；此外，綠色和平組織也對於皇家殼牌集團所提出將平台移到陸地上進行拆解動作的困難度及高成本提出質疑。當綠色和平組織所提出的質疑遭到皇家殼牌集團的忽略時，綠色和平組織內部的行動主義者決定要將提出的方案進行擴大化的動作；綠色和平組織的成員在四月登上布蘭特史帕爾儲油平台，並利用人造衛星及錄影監視設備在第一時間取得平台上的畫面，然而皇家殼牌集團的人員卻利用武力來驅逐綠色和平組織的人員進駐，並利用強力水柱來防止直昇機降落。皇家殼牌集團的領導人堅持拒絕與環境保護人士面談；不過因為皇家殼牌集團及綠色和平組織之間所採取的行動逐漸擴大，吸引了一群對這項議題感到興趣的群眾，也在德國、荷蘭、及丹麥造成了一股非正式的聯合抵制潮流；此外，皇家殼牌集團組織內部也出現了不同的意見，最後該集團決定要重新考慮對於布蘭特史帕爾儲油平台的沉沒計劃。從這兩個組織之間的衝突中讀者也可以看到，皇家殼牌集團在公共關係上的大失敗及綠色和平組織因為這個事件所帶來意外的好運氣。

對綠色和平組織的分析，我們可以發現，這個組織有絕佳的商業經營理念。不管是從該組織所進行的研究計畫，經濟上的聯合抵制，及利用衛星來傳送畫面以引發群眾的環境意識等等行動都可以明顯地看出，該組織的商業頭腦是如何的出色。對於生態環境不重視的皇家殼牌集團進行的抗爭，只是行動計劃的一小部份。綠色和平組織就像皇家殼牌集團一樣，組織運作的範圍是全世界；綠色和平組織在全世

界的三十個國家設有辦公室，而其全球知名度則更高。因為全年有著
一億三千萬美元的收入，綠色和平組織也逐漸了解到在運作中強調營
運效率的重要性。此外，綠色和平組織內部的義工及有給職的員工因
為受到官僚制度的僵化行事風格而使士氣大受影響，也導致綠色和平
組織進行了類似皇家殼牌集團的組織重整、架構精簡化及委外作業。
綠色和平組織決策的制定流程是由區域或國家的代表來進行，不過當
組織遇到受到世界關注的議題例如布蘭特史帕爾儲油平台事件時，也
可以聯合許多不同國家的代表來進行決策的訂定。在綠色和平組織
中，長程的策略及規劃可藉由結構上及作業上的機制來補強，並藉此
對於突發的危機進行快速回應。舉例來說，綠色和平組織在一九八六
年建構了一個全球化的網路，這個網路在布蘭特史帕爾儲油平台事件
中便發揮了強大的作用，此外在一九九五年的十一月，這個網路在少
數民族族長 Ken Saro-Wiwa 及其他八位民主運動發起人在奈及利亞遭
到絞刑危機時，也再度地被用來激起群眾對皇家殼牌集團的反抗意
識。綠色和平組織的國際執行長泰洛伯德（Thilo Bode）宣稱這些可
能會被處以絞刑的人乃是抗議者，因為要反抗在奈及利亞三角洲地帶
的環境破壞而遭受報復，而環境的破壞乃是由皇家殼牌集團所引起
的。此外，綠色和平組織內部的激進主義者感受到，因為皇家殼牌集
團對於奈及利亞的經濟有很大的重要性，因此可以利用皇家殼牌集團
來為 Saro-W iwa 說情。使得皇家殼牌集團接受了群眾意見的審判，造
成了在社會上及在金融上的結果。首先加拿大的多倫多否決了一項與
皇家殼牌集團的合約關係，而國際金融公司也取消了一項預定與皇家
殼牌集團共同參與在奈及利亞規模高達四十億美元的液態天然氣開採
計劃。在 Saro-Wiwa 事件中，皇家殼牌集團也被判定有共謀的關係。

　　根據後來出現在石油與天然氣期刊（Oil and Gas Journal）中的一
篇評論指出，對於皇家殼牌集團的控告及其它的後續事件清楚地指

出，國際性的石油公司越來越被要求對於地主國政府所進行的錯誤行
為負起責任。從本章所提出的證據中可以看出，日漸成長的大眾期望
要求全球化企業在未來的世界中扮演與傳統企業不同的角色。

　　簡單地說，由皇家殼牌集團的例子中我們可以看出一般大眾對於
企業組織在社會、政治，及環境上所必須承擔的責任越來越大。而從
綠色和平組織的例子中則說明了當前的非營利全球性組織利用了企業
組織常會運用到的技巧來解決面臨的全球性而非區域性或地方性的挑
戰。類似這樣的混合性角色，使得不同部門間的責任分配漸趨模糊
化，而從其中似乎也透露出，許多不同類型的組織，在全球化世界中
將被要求為它們的行為負擔起更大的責任。

　　來源：Adapted from: A new political risk （1996, Feb. 5）. The Oil
and Gas Journal, 94（6）: 25; Giant Outsmarted（1995, July 7）. The
Wall Street Journal, pp. A1, 4; Greenpeace means business（1995, Aug.
19）. The Economist, pp. 59-60; Layman, Patricia L.（1996, July 29）.
Chemical & Engineering News, 74（31）: 25-28; Still Sparing（1996,
July 20）. The Economist, P. 52.

第一部份　企業的傳統和挑戰

　　在第一章中，我們描繪出外部的事物例如全球化經濟、科技、文化、政治、環境及產業的全球化對於企業運作有著越來越大的改變作用。在第二章中，我們檢視了這些外部事物對於企業組織結構、流程及人員的重塑上所擁有的重要影響力；第二章也為全球化下了定義，並且檢視了全球化企業對於在企業外部、非企業本身所能立即進行控制的全球化改變所抱持的期望及反應。在本章中，我們用更貼近的角度來看看這些發生在企業外部的事物、全球化事件及企業內部的事物等等改變之間的相互關係，並檢視企業的領導人如何將這些關係加以概念化並針對全球化的相互依存關係採取行動。本章以三個出現在企業、政府和社會關係上的重大改變為開端，來呈現當前處於全球社群中的成員對於全球化企業應承擔的社會責任所抱持的期望。在本章的後半部分，我們將會探討到那些跨越部門的管理方式對於科學管理、日本式管理及西歐文化的企業傳統有何種意義。新近出現的企業營運個案及那些過去吸引有限注意力的企業傳統也會在本章中進行檢視，以提供給許多參與全球化商業者更寬廣的思維角度。對於企業採行及新出現的管理理論所進行的多重檢視，也例示了全球化為企業帶來的附加衝擊。本章的重點在於，群眾對於企業組織的新要求並沒有取代傳統上企業追求利潤、管理有形資產或以一貫的方式處理挑戰等等目標。最後本章將會以組織目前因應全球化而用來重塑組織結構、流程還有人員的理論及實務進行一個統整性的介紹，此外也將會檢視那些全球化的管理者及員工所必須具備的功能性技巧、能力和自我認知。

企業活動朝向集中化的趨勢

　　從一開始，企業就在它們進行營運活動的社會中扮演一個重要的地位；有許多人把企業、政府和社會視為文明的三個重要部分。在這三個不同部分之間的互動關係隨著國家的不同而有所差異。雖然這三個重要部分之間的區隔性隨著國家的不同而有所不同，但是在西方的傳統中往往把這三個部分視為彼此獨立的實體。舉例來說，在美國，宗教及政府部門之間的區隔受到法令的管理。相反的，在沙烏地阿拉伯及其它的伊斯蘭教國家中，政府機關乃是圍繞著宗教規範建構而成；然而目前不論在沙烏地阿拉伯及西方國家，部門之間的界限已經開始出現模糊的狀況，而這樣的狀況也使得企業在社會及政府部門中的角色扮演更趨重要，正如同以往分配給企業扮演的角色目前已漸漸地成為社會、政府及宗教組織的重要功能之一。綠色和平組織所採行的企業營運方式只是上述概念中的一個例子。許多人相信例如綠色和平組織及企業和企業之間組織角色扮演的變動，使得企業的實務更加接近人們的生活，而這樣的狀況主要是因為下面所描述的三個因素所造成。

企業的進取精神

大企業全球皆知

　　如同雀巢（Nestle）、卜內門化學工業公司（ICI）、聯合利華（Unilever）、新力索尼（SONY）和韓森集團（Hanson）這樣全世界

眾所皆知的企業，及其它相似的組織在全世界的製造、外銷及投資界中都扮演著重要的角色。這些不同領域的實務，乃是由企業在各個工業化及發展中國家設立總公司所持續進行而來的，這些企業在經濟上所形成的影響力十分可觀。根據理查巴耐特及約翰凱瓦納(Richard J. Barnet and John Cavanagh, 1994）兩位學者所作的調查，世界上的三百大企業就掌握了全球百分之二十五的生產性資源。根據商業週刊（Business Week）所作的全球一百大企業名單也列舉這些來自世界上大大小小國家中的企業，例如瑞士、新加坡等等；而這些企業所涵蓋的產業有汽車、製藥、軟體、消費性產品、日用品、銀行、投資及保健事業等等（請見表3.1）。

企業的營業額超過一些國家的國民生產毛額

除此之外，在世界上有一些大型的企業組織所產生的年度銷售總額甚至比許多國家的國民生產毛額還大。利用一九九五年世界各國國民生產毛額及企業全年銷售數字，政策研究協會（Institute for Policy Studies）的莎拉安德森及約翰肯納許（Sarah Anderson and John Canacagh）計算出世界上一百大企業中有五十一個企業乃是屬於全球化企業。如表3.2所顯示的，三菱企業（Mitsubishi Corporation）是世界上第二十二大經濟實體，在世界上的經濟規模只比二十一個國家小。小故事3.1中所提出的例子告訴我們，一個公司的經濟影響力對國家政策有著何種影響。

表3.1　商業周刊所選出的全球前五十大企業

1997 年排名	1996 年排名		1997年的市值 （十億美元）	1996年的業 績（百萬美元）
1	1	General Electric	198.09	79,179
2	4	Coca-Cola	169.86	18,546
3	2	Royal/Dutch Shell	168.99	128,174
4	3	Nippon Telegraph & Tele.	151.57	78,320
5	12	Microsoft	148.59	8,671
6	6	Exxon	147.15	119,434
7	15	Intel	124.08	20,847
8	8	Toyota Motor	108.67	108,702
9	10	Merck	108.49	19,828
10	9	Philip Morris	106.58	54,553
11	42	Novartis	93.48	29,310
12	18	Procter & Gamble	93.39	35,284
13	20	IBM	85.91	75,947
14	11	Roche Holding	83.51	12,915
15	5	Bank of Tokyo – Mitsubishi	80.90	46,451
16	40	HSBC Holdings	80.71	28,859
17	13	Johnson & Johnson	79.91	21,620
18	32	Bristol-Myers Squibb	73.38	15,065
19	16	Glaxo Wellcome	70.85	13,025
20	19	Wal-Mart Stores	67.68	106,147
21	25	British Petroleum	67.34	69,851
22	27	Pfizer	64.38	11,306
23	29	American Intl Group	63.57	28,205
24	28	DuPont	61.45	39,689
25	*	Deutsche Telekom	60.97	41,910
26	7	AT&T	59.71	74,525
27	24	PepsiCo	56.31	31,645
28	35	Walt Disney	55.28	18,739
29	30	Mobil	55.03	72,267
30	82	Lloyds TSB Group	53.85	20,372
31	65	SBC Communications	53.64	13,898
32	49	Berkshire Hathaway	52.98	10,500
33	48	Unilever	52.64	52,067
34	39	Citicorp	52.56	32,605
35	23	Hewlett–Packard	52.53	38,420
36	52	Eli Lilly	51.65	7,346
37	77	Gillette	49.52	9,697
38	31	Nestlé	48.93	48,932
39	56	American Home Products	48.92	14,088
40	54	Abbott Laboratories	48.73	11,013
41	47	Allianz	47.96	56,577
42	72	SmithKline Beecham	47.32	12,375
43	57	Fannie Mae	46.42	25,054
44	43	Chevron	45.74	38,691
45	53	British Telecom	45.55	23,695
46	38	BellSouth	44.98	19,040
47	63	Cisco Systems	44.96	4,096
48	33	Ford Motor	44.66	146,991
49	51	Amoco	44.17	32,726
50	16	Sumitomo Bank	43.40	22,810

*Deutsche Telekom 創立於1996年

來源：Ranking and market value from The Top 100 Companies.（1997, July 7）. Business Week, P. 53; revenues from Fortune Global 500.（1997, Aug. 4）; homepages from Microsoft, AIG, Eli Lilly & Cisco Systems.

表3.2　1995年世界前100大經濟實體

名次	國家或企業	國內生產毛額或銷售額（百萬美元）	名次	國家或企業	國內生產毛額或銷售額（百萬美元）
1	United States	6,648,013	51	*Daimler–Benz*	72,253
2	Japan	4,590,971	52	*IBM*	71,940
3	Germany	2,045,991	53	Malaysia	70,626
4	France	1,330,381	54	*Matsushita Electric*	70,454
5	Italy	1,024,634	55	*General Electric*	70,028
6	United Kingdom	1,017,306	56	Singapore	68,949
7	Brazil	554,587	57	*Tomen*	67,809
8	Canada	542,954	58	Colombia	67,266
9	China	522,172	59	*Mobil*	64,767
10	Spain	482,841	60	Philippines	64,162
11	Mexico	377,115	61	Iran	63,716
12	Russian Federation	376,555	62	*Nissan Motor*	62,618
13	Korea, Rep.	376,505	63	*Volkswagen Group*	61,487
14	Australia	331,990	64	*Siemens Group*	60,673
15	Netherlands	329,768	65	Venezuela	58,257
16	India	293,606	66	*British Petroleum*	56,992
17	Argentina	281,922	67	*Bank of Tokyo-Mitsubishi*	55,243
18	Switzerland	260,352	68	*Chrysler*	53,195
19	Belgium	227,550	69	*Philip Morris*	53,139
20	Austria	196,546	70	*Toshiba*	53,089
21	Sweden	196,441	71	Ireland	52,060
22	*Mitsubishi*	184,510	72	Pakistan	52,011
23	*Mitsui and Co.*	181,661	73	Chile	51,957
24	Indonesia	174,640	74	*Nichimen*	50,882
25	*Itochu*	169,300	75	New Zealand	50,777
26	*General Motors*	168,829	76	*Tokyo Electric Power*	50,343
27	*Sumitomo*	167,662	77	Peru	50,077
28	*Marubeni*	161,184	78	*Kanematsu*	49,878
29	Denmark	146,076	79	*Unilever*	49,638
30	Thailand	143,209	80	*Nestlé*	47,767
31	*Ford Motor*	137,137	81	*Sony*	47,619
32	Hong Kong	131,881	82	*Fiat Group*	46,467
33	Turkey	131,014	83	*VEBA Group*	46,278
34	South Africa	121,888	84	*NEC*	45,593
35	Saudi Arabia	117,236	85	*Honda Motor*	44,090
36	*Toyoto Motor*	111,139	86	*UAP-Union des Assurances*	43,929
37	*Royal Dutch/Shell*	109,853	87	*Allianz Worldwide*	43,486
38	Norway	109,568	88	Egypt	42,923
39	*Exxon*	107,893	89	Algeria	41,941
40	*Nissho Iwai*	97,963	90	*Elf Aquitaine Group*	41,729
41	Finland	97,961	91	Hungary	41,374
42	*Wal-Mart*	93,627	92	*Philips Group*	40,146
43	Poland	92,580	93	*Fujitsu*	39,007
44	Ukraine	91,307	94	*Indust. Bank of Japan*	38,694
45	Portugal	87,257	95	*Deutsche Bank Group*	38,418
46	*Hitachi*	84,233	96	*Renault Group*	36,876
47	*Nippon Tel and Tel*	82,002	97	*Mitsubishi Motors*	36,674
48	*AT&T*	79,609	98	*du Pont de Nemours*	36,508
49	Israel	77,777	99	*Mitsubishi Electric*	36,408
50	Greece	77,721	100	*Hoechst Group*	36,407

注意：企業的銷售額數字是1995年的資料，而各國的國內生產毛額則是1994年的資料。企業以斜體字表示。

來源：Anderson, Sarah, and Cavanagh, John. 1997. The top 200: The rise of global corporate power. Washington, DC: Institute for Policy Studies, calculated from data in Forbes magazine and World Bank, World Development Report 1996.

小故事3.1　貝里斯（Belize）的BHI公司

英國的億萬富翁麥克艾許克勞伏特（Michael Ashcroft）持有BHI公司百分之六十五的股份，BHI是貝里斯國內最大的貿易公司，該公司對於下列各個不同的企業擁有部分或全部的股份：貝里斯銀行（Belize Bank）（100%）、貝里斯長途電話公司（Belize Telecomm unication）（26%）、貝里斯電力公司（Belize Electricity）（20%）、貝里斯國際服務公司（Belize International Services）（50%）、貝里斯食品公司（Belize Food Holding）（27%），及大貝里斯製造公司（Great Belize Production）（38%）。把這些不同的企業集合起來，總共佔了貝里斯國內商業銀行百分之四十的存款總額，百分之五十的貝里斯冷凍橘子及葡萄柚濃縮果汁產量，及貝里斯國內全部的長途電信業務、商業用電力和電視台。在貝里斯，艾許克勞伏特先生被視為英雄，因為他為貝里斯境內的二十萬人口創造了許多工作機會，而他也是政府背後真正的操縱者，透過政府政策的訂定來創造出許多不需課稅的金融服務產業。

來源：De Cordoba, Jose （1996, Sep. 19）. Sometimes it's hard to be top banana in a small repub lic. The W all Street Jour nal, p. A14.

對於工作機會成長的貢獻

除了上面所提企業規模及企業組織在金融上的影響力之外，全球化營運的企業也是主要的雇主，在已開發國家中有六千一百萬名員工，在開發中國家則有一千兩百萬名員工（You ain't seen, 1994）。在開發中國家，大型國營企業對於工作機會的成長也是重要的貢獻者，因為它們對於資金來源的取得較為便利，也因此在它們進行營運的國家中，這些企業在經濟上及政治上的影響力也十分可觀。然而，這些在大企業名單中的企業，並不是全球化企業活動中唯一的參與者。舉例來說，本書第一章中就提出了私人企業及家族企業，還有那些稱為以全球為舞台的小型企業也都是全球化企業環境中的主要參與者。在表3.3中，我們可以發現有關那些較不為人知的大型企業逐漸為人所認識的證據。這些資料列出了亞洲地區財富估計超過十億美元的個人或家族，這些財富的來源散佈在銀行業、製造業、房地產到零售業等等。

迎向資本主義的熱潮

一九八九年柏林圍牆（Berlin Wall）的倒塌引發了全球性的資本主義熱潮，只有少數國家不受影響。這樣的結果使人們將焦點擺在消費主義、企業家主義，及與這兩個名詞在概念上有「親戚」關係並攫取了世界各地人們焦點，為了追逐財富這個目的而創設的：「企業」。從世界各地所發生的許多徵兆，我們可以感受到「企業」這股熱潮正以很快的速度朝向我們而來，例如：到商學院登記入學的學生數目大增、在各種不同行業中女性及少數民族的比例上升，還有許多在本質上並非企業的組織日漸邁向企業化運作模式等等。一九九六年

表3.3　五十億美元俱樂部中的亞洲億萬富翁

姓名	國籍	擁有的產業或企業
Sultan of Brunei	汶萊	石油及天然氣／汶萊投資仲介
Dhanin Chearavanont	泰國	多角化經營／TelecomAsia
Chung Ju Yung	南韓	多角化經營／大眾汽車
Robert Kuok	馬來西亞	多角化經營／Kerry 集團
Yoshiaki Tautsimi	日本	多角化經營／Seibu 鐵路
Li Ka-shing and family	香港	多角化經營／Cheung Kong 控股公司
Suharto family 蘇哈托家族	印度尼西亞	多角化經營／Satelindo
Tsai Wan-lin and family 蔡萬霖及霖園集團	台灣	保險／國泰人壽
Eka Tjiota Widjaja	印度尼西亞	多角化經營／Sinar Mas
Wonowidjojo family	印度尼西亞	香煙／Gudang Garam
Wang Yung-ching 王永慶	台灣	多角化經營／台塑企業

來源：At a crossroad：Asia.（1997, July 28）Forbes, pp. 106-115; Hiscock, Geoff. 1997. Asia's wealth club. London：Allen and Unwin; How to become a billionaire （1997, Aug.）Asian Business Review, pp. 33-49; The Forbes, 1998 list of global billionaires can be searched on-line at：http://www . forbes.com

的秋天，英國的牛津大學設立第一屆的企業管理碩士班；美國、歐洲、日本，及世界上其它發展中經濟體由女性所主導的企業數目逐漸增加；還有在一九九六年的六月，天主教教堂舉辦了一個對於文藝作品有嚴重影響的梵蒂岡複製品銷售會等等事件中，我們可以發現到企業經營的理念對於日常生活所產生的巨大影響。在稍後所提出的評論中，耶穌會信徒凱文洛克（Kevin Locke）認為類似這樣的行為，乃是以賺錢為主要的目標，並且只是為了達成牧師的職務而採用適當的商業手法（Gucci, Armani, and..., 1996）。

　　非政府組織借貸資金給那些未具備有公民權的人以創設屬於他們

自己的企業、大學內部的教職員被要求要把針對學校內部的顧客服務做好，還有政府組織在強大的壓力下必須提供客觀的的證據以證明其服務成效等等例子，我們都可以看出非企業組織目前必須採用以往與企業運作相關的金字塔型架構。也就是說，非企業組織面臨著強大的壓力去採用以往企業運作的模式來進行非營利行為。

　　儘管在發展中國家的企業曾經將力量集中在企業內部的主動進取精神，如今它們會越來越努力地去尋找突破國家界限來進行營運的方法。從許多的個案中，我們發現到那些新興國家，相較於一九九四年僅佔全球國內生產毛額的百分之二十四，在二〇一〇年這些國家將可以創造出全球國內生產毛額的百分之五十就是突破國家界限的最佳成績證明（Farrell, 1994）。雖然這股重視消費主義及企業活動的風潮已經吸引了前蘇聯及亞洲的發展中經濟體，例如中國、馬來西亞或印度等國家的目光；我們也不可以忽略掉那些拉丁美洲的國家也參與了這場戰爭，而且在其中還有許多國家都進行了重整的動作以加速市場經濟的運作。在拉丁美洲所進行的貿易活動，創造出來的業績已經從一九九〇年的四十億美金成長到一九九三年的八十億美金，這樣驚人的成長帶給拉丁美洲國家許多新的機會，並且也使這個地區成為國外直接投資（Foreign Direct Investment, FDI）的最佳目標。隨著這些國家在經濟上的逐漸發展，全球企業環境也變得越來越多元化，對於企業來說也創造出許多新的或以往所未見的要求。同時，在開發中國家中，因為企業及消費者之商業機會的增加，企業營運的集中化程度越來越高。這樣的集中化造成了下面所述的結果：人們對於企業在其所營運的國家中應扮演更主動角色，以有利於社會之重塑所抱持的期望越來越高。

部門界限的漸趨模糊化

擁抱市場經濟的熱潮也同樣在政府部門的活動中清楚地呈現出來。許多政府機構自願地將其部分公權力透過民營化的方式轉移到企業的手中；所謂的民營化就是把企業所有權從政府的手中轉移到私人的手中，而民營化的產業類別從服務性產業，例如航空產業、銀行業、能源業、長途電信業，還有從科技層面較低的紡織業到技術層面較高的航太工業等等製造性產業。根據彼得杜拉克在一九八七年的描述（Peter Drucker, 1987），當人們越來越仰賴由企業所提供的服務來到達工作場所、管理財物、為居住的房屋提供暖氣或與遠方的友人進行溝通等等活動時，這些企業對於社會大眾的影響力也會越來越大。藉著企業與政府之間夥伴關係的建立，政府可以把企業引入決策制定的流程中，而不再僅是由政治家來進行決策的制定。此外，政府對於加速企業形成的意圖也很明顯地表現在想要把企業、政府及公民的利益加以協調化的企圖。例如，當美國對於越南的貿易禁令獲得解除，位於越南河內的一所古老大學的地面，被用來作為描繪可口可樂廣告的場地，這個廣告在越南境內各個地方都可以看到；很快地河內傳統戲劇所用到的階梯，就被一對兩層高的塑膠瓶罐所取代，而這樣的現象也正是要對所有越南的居民宣告，「可口可樂回來了！」。

新興企業設立的數目不斷地增加、政府與民間部門間角色的變化，及外部界限的錯綜複雜，使得企業對於社會之實際上或感受上的重要性也不斷增加。面對這樣的狀況，企業的營運活動也因此受到社會大眾越來越大的監督，使企業組織必須對於那些給於支持的社會負起責任。百事可樂公司就經歷了這樣的一個真實的挑戰，也給於其它企業在廣告的時候一個難能可貴的「百事可樂」經驗（請見小故事

3.2）。

 小故事3.2　百事可樂面對的挑戰

　　在一九九二年的五月，位於菲律賓的百事可樂公司，提出了一個新的促銷方案，稱為「數字狂熱（Number Fever）」，在這個促銷方案中，百事可樂公司將提供一百萬披索（相當於三萬六千四百美元）給那些在百事可樂易開罐中發現到「349」這個數字的消費者。對於菲律賓國內百分之六十生活水準低於貧困線的居民來說，這是一筆不小的財富。

　　根據百事可樂公司代表的說明，因為電腦軟體的失誤，使得「349」這個數字被列印在很多易開罐中，更確實地說，總共有五十萬個易開罐上印有這個數字。百事可樂公司因此為了那些擁有印上數字349易開罐的菲律賓居民而忙得不可開交；經過百事可樂公司的計算，可能出現要求兌換獎金的金額將近十九億美元，在一九九二年這個金額相當於百事可樂全年銷售額兩百五十億美元的百分之八。因為體會到問題的嚴重性，該企業的領導人非常理性地解釋為電腦程式造成的錯誤。但是，可以想見的，那些可能獲獎的菲律賓居民對於這樣的解釋並不滿意，也因而組成了一個「349聯盟」與百事可樂公司進行抗爭。群眾開始進行集結的動作，也聘請了律師準備法律訴訟事宜；而百事可樂公司也因為口是心非的行為而面臨當眾受辱的壓力。群眾對於百事可樂公司提出解釋的激憤及懷疑逐漸升高，也因此百事可樂公司的卡車遭到爆炸破壞而該公司位於馬尼拉的廠房也遭到縱火。很有趣的

是，菲律賓警方反而以百事可樂公司僱用恐怖份子進行破壞活動以嫁禍給「349聯盟」為由，對百事可樂公司提出控告。百事可樂公司對於這樣一個龐大的錯誤必須要感到罪惡並付出代價嗎？菲律賓人是這樣認為的，也因此群眾對於百事可樂公司的譴責也持續進行著，對於菲律賓居民來說也形成了一股團結的氣氛，營造類似這樣的氣氛是一般事件所難以達成的。百事可樂公司的這個例子反映出，在全球化世界中，組織要進行促銷活動所會面臨的一個情況：變化急速地出現，複雜度不斷增加，企業所要面對的不確定性更是難以計數。

百事可樂所面臨的挑戰也就是全球化所帶來的眾多挑戰之一：全世界的企業組織往往在潛在性錯誤行為發生時，必須對那些可能產生的違法行為負起社會責任。在第九章中我們將會描述到，群眾對於企業及其活動的監督將會因為全球通訊技術的進步而成為可能。在小故事3.3中所提供的例子便足以證明這個觀點。

小故事3.3　民營化的開始

在許多公開及那些可意識到關於企業進行違法行為的報告，例如綠色和平組織揭發皇家殼牌集團的不法舉動，通常來自企業內部員工的告密者所提供的。通常，這些報告往往會被送往企業所屬的國家，企業必須在法庭上面對群眾的控訴並加以辯護。在這樣的混亂狀態中，對企業而言，本身的曝光比員工在其中扮演

的角色重要多了。

　　舉例來說，摩根葛瑞菲爾（Morgan Grefell） 資產管理集團原本要為旗下的高階基金經理妮古拉霍禮克（Nicola Horlick）進行晉升職務的動作，不過後來卻臨時取消，該公司提出的說明是妮古拉涉入了一項嚴重的違反授信程序行為。隨後，妮古拉便辭職了，但是隔天她改變心意，她帶著新聞記者回到辦公室，並提出要恢復其職務的要求。但是摩根葛瑞菲爾及其母公司德意志銀行股份有限公司（Deutsche Bank AG）表達了不想涉入新聞戰爭的意圖；然而事實證明該公司並沒有選擇的機會。新聞界把妮古拉捧成企業界的女超人，因為她獨立扶養五個小孩，而五個小孩中有一個患有嚴重的疾病，因此喚起了社會大眾對於妮古拉的同情。毫無疑問，在投資者的眼中，這樣的一場騷動會被視為一種警訊，他們開始會懷疑，他們的資產是否投資在一家確實涉入或可能涉入不法行為的公司中。

　　最後，如同在本章開頭所敘述的故事一樣，一些類似綠色和平組織這樣的非政府組織，開始對於大眾或政府的決定加以干涉，也慢慢地改變了全球社群對於政治及法令議題的重視。這些及其它類似的活動，在先前所提到的六個全球化環境中都可以發現，也因此企業在全球化的舞台上必須扮演的角色也越來越多樣化，社會大眾對於企業所應該擔負的社會責任要求也隨之越來越大。

　　在接下來的部分我們將會探究企業因扮演的角色逐漸擴大，對於企業與廣大的全球化社會關係的塑造上產生了何種影響，對於管理的慣例造成了多大的改變，又為了全球化世界帶來那些新的管理理論。如同先前所提出的，這些改變只是對於現今的管理理論附加上全球化

的觀點，並沒有因而取代了現有管理理論的存在價值。在思及下面這些與企業組織有很大關係的議題時，對於新理論及實務所帶來的挑戰就會變得更加明顯，這些議題是：什麼是企業應該要作的事？企業應該要對誰負責？在社會中企業應該如何進行運作？等等。

企業角色及責任的擴展性概念

在全球化舞台上進行營運活動的企業組織，開始被要求扮演社會性與企業性兩種不同的角色。這種狀況的出現有許多不同的原因，其中的一個原因就是人們相信企業組織是唯一可以達成社會改變所追求目標的實體。企業也因此慢慢的開始察覺到外部環境的改變。德國格寧集團（Gerling）旗下保險公司的高夫格寧（Golf Gerling）宣稱該企業在綠色和平組織的領導之下，將可以在日漸崩壞的社會環境中繼續存活。此外，在諸多跨國性集團的概念中，能夠解決世界所面對的問題者，也唯有企業組織而不是環境保護組織。

企業是變革的代理人

企業漸漸受到鼓勵去扮演承擔社會責任的角色，因為只有企業才有集體的影響力去保護全球的自然環境並解決在全球各地發生的社會問題（Hawken, 1993）。辦公家具製造大廠賀爾門米勒（Herman Miller）企業的總裁愛德華辛普森（Edward Simpson）堅稱，唯有企業才能夠有機會去從根本上改善世界上現存的不公平問題。全球的企業都受到鼓勵去成為全球社群中的一份子（Brown, 1992），甚至成為全球道義維護者（Roy and Regel-brugge, 1995）。從這些各式各樣不同

的要求，及發生在世界各地的事實中，我們可以相信，目前企業組織
所扮演的角色早就已經超乎企業的範疇之外了。企業在其中所付出的
心力有一些存有某種目的，而其它則不存有目的；舉例來說，美國電
話電報公司（AT&T）所贊助的非洲一號計劃（Africa One Project），
主要的目的是想把長途電話的技術帶到非洲的每一個角落；這樣的舉
動可能為從未使用過電話的非洲人帶來生活上很大的改變；不過，顯
而易見地，使非州居民日常生活產生改變在重要性來說遠遠低於美國
電話電報公司擴展業務的目標。威廉克雷福特二世（William Clay
Ford, Jr.）是福特汽車公司的繼承人，在營運活動的進行過程中，常
常表現出他對於環境議題的關注，而在一九九六年九月十三日華爾街
日報（Wall Street Journal）的一篇報導中，他也宣稱將會帶領福特在
設立學校、高速公路及醫院等等公益性工作扮演重要的角色，並帶領
發展中國家朝向工業化而努力。

社會責任的層次

克瑞格史密斯和約翰奎爾屈兩位學者（Craig Smith and John
Quelch, 1992）主張，在世界各地不同文化背景的人們，都有著三個
不同層次的責任，這三種責任分別是：避免造成危害、防範危害及作
有益人群的事。這三種不同層次的個人責任，也反映在世界各地企業
組織的活動上，並以下面的企業哲學加以表達（Smith and Quelch,
1992）：

（a）利潤最高化與避免承擔社會責任；

（b）利潤最高化並進行自我管制以符合最低的道德底限；

（c）將利潤的獲取作為必要的目標同時也要努力作有益人群的

事；

(d) 將利潤的獲取作為必要的目標，但是會透過主動參與相關的
　　公益活動以成為維護道德的企業戰士。

　　從上面的清單中，我們可以看出企業在面對社會責任這個議題時
所抱持的不同態度，不過處在全球化的舞台中，企業所擁有的選擇會
相對減少。接下來所要探討的是企業在全球化舞台上所面對的三個重
要的挑戰，透過這三個挑戰我們可以發現資訊科技、文化及政治活動
還有社會責任對於全球化舞台上的企業造成了多大的影響。

　　根據安東尼辛普森（Anthony Sampson）所著作的《企業人》
（Company Man, 1995）一書中所提及，當今企業組織的先驅者，乃是
在十字軍聖戰的過程中決定要平分國外投資的風險成本而達成協定的
歐洲商人。這些及其它在十七世紀早期的企業之組織章程都是爲了要
獲取利潤，並與經營者及其他股東共享利潤；那些在這段期間內得以
存活的企業也都是可以獲取利潤並分享給經營者的企業。那些較不成
功的企業則變成了海盜、其他競爭企業、地主國中拒絕殖民化的人
們、全球氣候及其它影響因素的獵物。根據約翰凱伊（John Keay），
也就是《一個令人景仰的企業：英國東印度公司的歷史》（The
Honorable Company: A History of English East India Company , 1991）一
書中所提及的，在十九世紀早期東印度公司的影響力到達了頂點，該
公司控制了企業王國中將近半數的世界貿易量，其影響的範圍包括了
從英國到印度還有整個亞洲區域。在同時，德國東印度公司也把自己
塑造成旗鼓相當的競爭者，並把企業的心力投注在提供香料及其它有
價值產品給歐洲市場。不管如何，財富的創造還是企業運作的一個重
要目標，但是如同本章後半部所述，全球化的改變重新定義了財富、
股東及企業自主程度的內涵，而其它各種不同的組織也被允許投入財

富創造的活動。

對於財富的評估

　　財富往往被狹隘地定義成那些可以馬上進行評估並具有實體的資產，包括：金錢、房地產、黃金、寶石等等。在企業的環境中，成功也往往透過投資報酬率、銷售額報酬率、及資產報酬率或其它相似且能夠反應出成功創造實體財富的評估標準。最近有一種新的企業績效評估法稱爲附加經濟價值法（Economic Value Added, EVA），之所以會這樣稱呼是因爲EVA乃是由企業營運的獲利減去資金成本而獲得。在禮來（Eli Lilly）公司的例子中（詳見小故事3.4），我們可以清楚了解到企業爲何及如何應用EVA來進行財富創造的評估。

 小故事3.4　禮來公司的附加經濟價值

　　要在製藥產業上獲得成功通常得仰賴科技的突破，特別是在那些可以減輕不舒服症狀的新藥和那些可以治療造成人類生活品質低落的疾病之治療法的突破。就像其它藥品公司一樣，禮來公司投住了相當多的資產在研究發展上，以發現上面所提出那些新藥或新治療法。在一九九六年該公司就在這方面花費了至少五億美元。如果要採用附加經濟價值（EVA）的衡量方式，經理人必須要問自己下面的問題：透過五億美元的投資，公司可以爲股東創造出多少財富？這個問題可以透過檢視資金成本及因爲資金投

入所獲得的利潤來加以回答。雖然在這個例子中，該公司並未採用附加經濟價值的衡量方式，不過在下面這個假設性的情境中，我們可以看看事情究竟是怎樣發生的：

如果禮來公司必須以百分之十的利息向一家銀行貸款五億美元，而因為這五億美元的投入，該公司可以提供給股東百分之九的利潤，在這樣的狀況下，該公司的營運將會失敗而無法產生任何的財富。事實上，如果該公司想要在百分之十的利息水準下仍然有獲利的空間，那就必須要有超過百分之十的投資報酬率才行。

禮來公司鼓勵經理人針對主要的資金投資計算附加經濟價值，並引入一項依據財富創造的多寡而發放的紅利計劃。該公司期望當附加經濟價值的概念在組織中廣為員工接受時，使這個計算投資是否具有獲利潛力的式子能夠讓更多的經理人使用。

來源：Eli Lilly is making shareholdersrich. How? By linking pay to EVA (1996, Sept. 9). Fortune, pp. 173-174

財富創造的零和（Zero-Sum）假設

不管使用何種評估方式來衡量財富，在許多傳統上以獲取利益為導向的企業往往都會假設，要想創造財富，企業就必須投入一種企業間所謂的零和遊戲（Zero-Sum Game），在這樣的遊戲中，一個企業的獲利必定會來自於其競爭對手的損失。用更具體的方式來說，如果財富可以當成一個派，我們可以想見的是，這個派所能夠被分割的方式

是有限的。而這個分割方式有限的派也就是零和遊戲的一種表達方式，因為一旦競爭者切走了派而留下空空的盤子，那麼其他在零和遊戲中的玩家就會毫無所獲。

財富創造總和無窮大的假設

在全球化的世界，財富不斷地成長，而對於財富的定義不但包括了那些較不具體也較無法精確衡量的資產，例如：生活品質、快樂或人類的進展等等；也還有如同前面所提到的例如投資報酬率等等有形的產出。將這樣的概念加到上面所述代表財富的那塊派上面，我們可以發現，不像那些有形的財富一樣具有數目上的限制，無形的財富往往沒有限制。例如快樂，就是一種取之不盡用之不竭的財富；而且理論上說來，快樂是每個人都可以得到的。不管是那些堅決反對延長工時的西歐社會、努力維繫家庭倫理關係以對抗企業活動的不合理措施的亞洲人、要求工作生活與個人生活之間達成平衡的美國人，還有那些期望家族成員可以透過實際的獲利來支援家族的擴展，而不是把那些金錢作再度投資的非洲人，我們都可以明顯地看到人們對於較不具體化的財產所作的承諾。在這個財富有多種不同定義的世界中，看清那些實體化及非實體化的財富在企業中所扮演的角色是很重要的。根據園藝零售商Smith and Hawken的創辦人保羅哈維克（Paul Hawken, 1993）的看法，下面的問題具有很大的重要性：如果企業運作的目的是要產生附加價值，那麼那些附加價值為何？面對這個問題時，另一種說法就是，企業的活動潛在上可以為社會群體創造出有形及無形的財富。

為企業結合上述兩種假設

當那些不具體的財富也成為企業成功的一種衡量時，許多不同的

挑戰也隨之出現。首先，績效的評估對於質性的測量遠比對那些較具體的產出例如投資報酬率來得困難。其次，擴展企業營運成果的範圍以包含那些不具體的財富，會強迫經理人進入那些新領域。最後，由於那些無形的財富可能無窮無盡，因此這個競爭性遊戲的特性也會因為財富定義的擴大而發生改變。在以往那個零和遊戲競爭中不是輸就是贏的情況，在現代可能被所謂的雙贏解決方案所取代，因為在這個競爭環境中的雙方都可能有所獲利，而獲利的大小也會因為財富總合的無限性而擴大。回到之前那個把企業獲利比喻成派的例子中，我們可把那個派視為在大小上會自行膨脹以供應給更多競爭者所需。除此之外，這個派的餡料也會因此改變使其口味及內容上更具多樣性，也因此就算只是一塊小小的部分，也足以提供給更多的人們享用；或許我們也可以假設有一些低成本甚至不需要成本的替代方案可以用來吸引更多的顧客一起分享這個派。例如，我們以一個企業為例子，假設金錢已經不足以作為激勵員工的誘因時，那麼或許給予員工精神鼓勵、認同或時間這樣的報酬會顯得更具吸引力。尤其是在那些人們已經擁有足夠金錢，卻沒有足夠時間去享受生活的社會中，這樣的狀況就更為普遍。在競爭性遊戲中類似這樣的改變，也為經理人帶來了不少挑戰，因為有許多經理人並不能理解這樣的雙贏局面，而致力於參與這個有許多勝利者卻沒有失敗者的遊戲。類似這樣的雙贏局面，我們可以從一九九六年美國汽車工人聯合工會（United Auto Workers, UAW）與美國汽車製造業者之間所達成的契約看出一個實際存在的雙贏例子（請見小故事3.5）。

小故事3.5　美國汽車工人聯合工會及美國汽車製造業者之間的雙贏

在美國，工會與企業關係敵對意味最為明顯的產業，傳統上就是汽車製造業。來自全球各地的競爭升高，造成了品質的提昇及汽車成本的下降。因為汽車之人工成本在美國產業中相當高，因此汽車業者開始注意到人工成本過高的問題；汽車工人這邊則是希望工作權能夠獲得保障，以保護他們在汽車製造廠關閉、委外加工增加或由非工會成員工廠進行加工的狀況發生時生活不致於失去依靠。在福特汽車及克萊斯勒汽車內部所進行的組織結構重整，已經使得他們的人工成本大為減低；但是在通用汽車公司中所出現生產力降低的問題，則使得該公司內部員工對其工作的保障感到悲觀。然而在美國汽車工人聯合工會與通用汽車公司進行會談以後，兩者間達成了一個雙贏的協定：在這個協定中，通用汽車公司獲得更大的彈性以維持它在全球市場上的競爭力，另一方面該公司的員工則取得先前所未預期的工作保障。在一九九八年為通用汽車員工所進行的契約條文更新中，通用汽車公司必須花費更多的心力來找出同時可為員工及管理階層接受的方案。目前通用汽車公司必須花費四十七個人工小時才能生產一部車，相較於日產汽車（Nissan）只用了二十八個人工小時就能夠生產出一部車，通用汽車所花費的成本比日產汽車公司—也是產業中最低水準的生產成本，足足高出了七百美金。相較之下，克萊斯勒要花費三十八個人工小時來完成一部車，而福特汽車在這方面則必須花費四十一個人工小時。

來源：Blumenstein, Rebecca, and Christian, Nichole M（1996, Dec. 9）. UAW contract appears to provide win-win situation. The Wall Street Journal p. B6; Vlasic, Bill（1997, June 23）. GM can't afford to budge. Business Week, p. 46.

對於企業的監督日漸提高及來自類似綠色和平組織這樣的看門團體，要求企業提供給社會有形和無形回報的企圖，顯示出這些社會組織也想在企業產出這塊大餅上分一杯羹。因此這些團體的行動也使這些組織看起來就像是企業內部股東以外的利害關係人一般。在本章的後半部分我們將會針對這個議題加以探討。

股東及利害關係人

所謂的股東，就是提供資金給企業作爲營運用途的人；股東可以是私人或法人。無論法人對於企業的投資是以股票或債券的形式，但是這樣的一般模式未必導出類似的股東行爲。舉例來說，在美國有許多企業的總裁不被法人或其他股東所認同，在小故事3.6中本書提出了一個發生在印度的故事，在故事中讀者將可以發現到差異。

美國企業股東所抱持的傳統及未來的趨勢

相較於上述小故事中所提到的印度股東，美國的企業股東往往較爲被動。傳統上美國的股東會對那些營運績效未達期望的持股加以清算，並買進那些在營運上較爲成功的企業股票。不過，類似這樣的傳統目前正在經歷一場大改變：目前美國企業股東的活動經常會演變成阻礙股東大會進行的局面、在總公司辦公室進行遊說、及公開或私下

小故事3.6　有關印度Reliance企業的例子

　　對於Reliance企業的股東來說，負責這家全印度成長最快的企業組織的總裁安班尼（Dhirubhai Ambani），在他們心目中的地位與其它國家股東對於企業總裁的看法有著很大的差異。對於該企業的六百七十萬名股東來說，總裁安班尼簡直就是英雄的化身，這些股東中有數以千計的人每年都會參加股東大會，最終的目的就是要見總裁一面。根據蘇曼杜拜（Suman Dubey）在一九九四年發表於華爾街日報（The Wall Street Journal）文章中的說法，Reliance企業的總裁安班尼在印度人眼中，簡直就是一個教派的精神象徵。

來源：Dubey, Suman（1994, Nov. 28）India's Reliance sees vision shift to Ambani sons. The Wall Street Journal, p. A9A.

的謾罵，使得企業的信用喪失甚至影響管理決策等等。法人的股東，尤其是那些掌管高額退休基金或共同基金的經理人，也漸漸地發出想要掌控企業運作的聲音。根據商業週刊（Business Week）在一九九五年十二月所進行的一項調查，有百分之四十五的大股東期望讓自己的影響力更為強大，而沒有任何人會希望自己的權利下降。在美國ITT工業集團、醫療儀器製造商巴斯特（Baxter International）及美國製鞋公司（United States Shoe Corporation）的法人股東就被認為對其握有股權的企業施壓以進行組織結構的重整並撤換高階經理人。美國的凱瑪百貨（K-Mart）總裁約瑟夫安東尼（Joseph Antonini）也因為反對

股東的煽動行為而導致地位受到動搖（Shareholder Activities, 1995）。

美國以外的股東所抱持的傳統及未來的趨勢

　　在歐洲，以往那些被期望會保持安靜的股東，因為體會到支付給企業經理人過高的薪水、不良的經濟表現及管理績效出現重大問題，已提出共同管理企業、並進行組織結構重整的要求（Viotzthum, 1995）。就如同在美國所發生的情況一般，公法人與私法人日漸提高的積極主動性在全世界造成了混合性影響。股東運動者肯哈溫格（Kkehard Wenger）就對德意志銀行（Deutsche Bank）提出訴訟，其理由是該銀行對於高階經理人所提供的股票選擇權方案過於慷慨；位於巴黎的蘇伊世聯邦金融公司（Cie de Suez）的股東要求進行公司的變革並要求阿爾卡特電信公司（Alcatel-Alsthom SA）主席皮爾史爾德（Pierre Suard）因為不當使用企業基金而須辭職；另外還有一群較小的股東團體在一九九三年一場銀行的扣押行動後以不當的管理風格為由控告西班牙信貸公司（Banco Espanol de Credito SA）的瑪利歐康德（Mario Conde），並中止對於西班牙建材公司 Cristaleria Espanola SA 企業董事會成員的加薪計劃，及取得西班牙普利維（Puleva SA）公司乳製品部門的控制權，以進行一項策略性的新計劃（Corporate Governance is bringing change, 1995）。股東要求共享企業管理權力的情況，在英國、日本、義大利及葡萄牙都發生過真實的例子；股東們在世界各地對於企業運作的監督情形也越來越普遍。舉例來說，在日本的企業中，傳統上外部影響力對於企業內部的運作並沒有多大的衝擊，如今企業必須承受來自利害關係人的強大壓力（Steadman, Zimmerer, and Green, 1995）。在小故事3.7中我們可以看到股東及利害關係人之間因為彼此利益衝突而出現緊張關係。

小故事3.7　當萊茵河模式對上盎格魯撒克遜模式

　　在一九九六年的十一月，阿姆斯特丹證券交易所（Amsterdam Stock Exchange）提出了一個研究報告，指出了兩個企業和股東之間的關係模式。所謂的「萊茵河模式（Rein）」就是把股東的利益擺在企業及其員工利益的後面，而「盎格魯撒克遜模式（Anglo-Saxon）」則是把股東的權益作為企業營運的第一考量。該報告中也指出在荷蘭的股東比較偏好盎格魯撒克遜模式，並且要求企業給予股東譬如影響股東大會舉辦日期或加入企業董事會的新權力。德國的企業則會在作決策時，以股東的利益作為制定的主要考量。舉例來說，飛利浦公司（Philips Electronics NV）就以股東價值作為企業重整的理由；而以製紙及包裝聞名的荷蘭企業KNP BT在決定因為經濟上的損失而宣告要收回對於位於奧地利的KNP Leykam分公司的財務支援時，也是以股東的利益為最高考量。

來源：Schffr in, Anya（1996, Nov. 1）. Dutch firms debate whether employees or shareholders should get priority. The Wall Street Jour nal, p. A7A

利害關係人

科技的進步，尤其是長途電信通訊技術的進步，使得資訊在各個國家間的流動幾乎毫無阻礙，也使得處於企業外部的群眾對於企業決策的監督和干涉成為可能。雖然那些想要干涉企業決策的人本身可能並未擁有企業的股份，但是這些人卻往往認為企業的決策對於他們自身的利益有所影響，因此我們稱呼這一群人為企業的利害關係人較為適當。廣泛地來說，所謂的利害關係人是指那些可能因為企業決策而受益或受損的個人或團體，例如：員工、勞工工會、股東及那些雖然不是直接投注資金於企業中，但卻仍然具有相當重要性的人們。那些可能會影響企業決策的利害關係人可能包括在工廠所在地附近的居民、或企業產品銷售範圍內的任何群眾，還有那些受到企業營運活動之影響的全球群眾。

雖然企業的股東可以預期會鼓勵企業創造利潤，但是對於利害關係人來說，企業是否能夠創造利潤可能不是那麼重要。利害關係人團體例如綠色和平組織會發動對於過度昂貴商品的聯合抵制、示威運動，並對於那些營運活動可能違反社會風俗的企業進行抗爭。例如，為了要抗議在緬甸所進行的軍事控制，美國的大學生在校園中集結進行示威活動，也因而造成了百事可樂公司撤出了在當地的投資，其它像阿莫科石油公司（Amoco）、李維牛仔褲（Levis Strauss）、麗詩加邦（Liz Claiborne）、艾蒂寶爾（Eddie Bauer）及銳步公司（Reebok International）也撤銷了對該國的投資以避免與抗議的群眾發生衝突。因為資訊的取得越來越容易，因此我們可以合理地期望未來企業的營運活動將會出現越來越多的利害關係人。此外，因為文化上的差異，那些所謂的「正確」或「良好」的行為也可能會為企業組織帶來更多必須處理的複雜問題。然而，企業對於這些問題並沒有避免或逃避的

可能，因爲這些問題都是屬於企業營運中必須擔負的社會責任。

在相互衝突的需求間取得平衡

　　根據約翰奈斯比（John Naisbitt, 1994）在一九九四年所出版的
《全球弔詭》（Global Paradox）一書中指出，要說服那些具有強烈社會
意識的利害關係人，保證企業會擔負起社會責任並且能夠不違反道德
風俗，對於全球化企業來說是一項重大的挑戰。更重要的是，企業可
能無法承擔這些角色。首先，要在全球化的環境中分辨哪些是恰當又
負責任的行爲本身就有一定的困難度。奈斯比認爲哈佛大學商學院的
學者約瑟夫巴德拉可（Joseph Badaracco, Jr）就體會到企業所眞正需
要面對的挑戰，並非來自那些清楚又明顯的正確或錯誤，主要的挑戰
反而在於要在各種不同的產品中作出選擇。如同下面的小故事3.8中
所提出的例子，企業對於要在眾多不同的產品中作出選擇並不會感到
陌生。

　　全球化的組織也面臨著相同的兩難，這些兩難的狀況發生於一國
之內的規範在全球化環境中出現相互牴觸的情形。因爲政治的因素而
從一個國家中撤資，不是造成了員工成本的流失，就是會讓剩餘的競
爭者有機可乘去搶食市場佔有率這塊大餅；拒絕僱用童工也會使得這
些未成年的兒童去尋求那些較不安全又有剝削勞力嫌疑的工作。任何
想要兼顧利潤及社會責任的交易，對於某些企業來說會顯得更爲困
難，然而對於其它企業來說卻可能是再簡單不過的事情。舉例來說，
美國的消費者商品大廠莎拉李（Sara Lee），是一家獲利情況良好的企
業，但是該公司的領導人則把獲利視爲對其所屬的群眾所作出的承
諾：該公司發放給員工百分之二的稅前利潤（一九九五年的業績大約
是一百八十億美金）、該公司也出資贊助一個多元化的方案以確保公
司中的女性及少數民族可以有機會爬上管理階層的位置、該公司也在

小故事3.8　Cadbury公司面對的兩難

　　吉百利史威皮斯（Cadbury Schweppes）公司的總裁艾得溫卡伯瑞（Adrian Cadbury），在一九八七年為哈佛企管評論＜Harvard Business Review＞寫稿時，描述了一個他的祖父所曾經面臨的兩難狀況。因為老卡伯瑞對於在非洲南部的波爾戰爭所抱持的強烈反對態度，他買下了在英國報業中唯一反對該項衝突的報社，並提供財務的支援。此外，因為老卡伯瑞反對賭馬，因此也取消了在報紙上提供有關賭馬資訊的服務。但是，由於客戶訂購量的大幅下降，老卡伯瑞不得不重新思考他所抱持的立場，因為他對於戰爭及賭馬所抱持的反對態度，使得該報社可能會出現財務危機。因此在比較了非直接性地參與賭馬活動，而僅是提供賭馬競賽結果給報紙的讀者，將會比報社無聲無息地破產而無法發出反對戰爭的聲音來得好一些。

來源：摘錄自 Cadbury, Adrian （1987, Sept/Oct.）Ethical managers make their own rules. Harvard Business Review, pp. 69-73.

旗下所有的工廠中實施美國的安全及環保標準，甚至該公司也要求部門中的高階管理者必須要參與志願性的服務工作。

由企業進行的慈善活動

　　所謂的慈善活動是指利用對於人們有實際利益的活動來表達對人們的熱愛之事業，而所謂由企業進行的慈善活動則包含了提供現金或其它服務以贊助類似教育、公園或藝術等等專案的進行，並提昇區域性或全球性的人類生活品質。隨著美國的企業慢慢的擴展到全世界，這些企業所帶給全世界的貢獻也越來越大。美國財富雜誌（Fortune）中所列出的前五百大企業中有超過半數已經增加或者在未來將會增加其企業慈善活動的範圍。企業慈善活動的概念及實行對於很多組織來說是一種新的體驗，但是隨著企業在全球化社群中參與度越來越高，許多企業也都把發展慈善活動作為獲利以外的一個企業營運目標。舉例來說，日本的企業慈善活動較不常見，不過根據報導在一九九四年大約有四百家日本企業在慈善活動方面對於海外的國家提供了平均超過四百萬美元的貢獻（Roy and Regebrugge, 1995, p. 10）。日立基金會（Hitachi Foundation）的設立，主要的目的就是要鼓勵全世界的企業參與社群活動。在小故事3.9中，我們提供了該基金會的成立宗旨，透過宗旨的陳述，我們可以發現到企業進行全球性慈善活動的承諾有日漸升高的趨勢。

　　上面提到有關慈善基金的例子，可以充分顯示出全球化企業在營運流程上的新體驗：企業除了要扮演自治的角色以外還必須要成為全球社群的一員。儘管類似皇家殼牌集團這樣的企業長久以來就了解到進行企業慈善活動所必須要的花費遠比因為社會抗爭而導致的時間、金錢及社會形象的損失來得低（Mescon and Tilson, 1987），從本章開頭所提出的個案，讀者們也可以發現類似這樣的思維模式並非每一個企業都能夠接受。然而，根據一九八七年由沃克許及史賓賽（Wokutch and Spencer）所作的研究報告中顯示，就算企業曾經涉入或

小故事3.9　日立基金會成立的宗旨

　　日立股份有限公司在一九八五年成立了非營利性的日立基金會（Hitachi Foundation）。這個基金會是一個慈善組織，其任務就是要透過對個人、組織及社群的支持以鼓勵全球企業有效地參與全球化的社會活動並擔負起企業的社會責任。在這個基金會中，每年慈善基金維持在二百三十萬美金，而基金會會把這些基金分別運用在教育、社群發展及全球化公民權的提昇計劃上。

來源：Hitachi Foundation, 1509 22nd St NW, Washington, DC, 20037-1073, USA

被認為涉入違法的行為，只要企業能夠積極地進行慈善的活動，那麼企業還是會有回報的。這個針對一百三十家大型製造企業進行的研究報告顯示，大眾對於企業負擔社會責任的體認，受到企業所進行的慈善活動之影響遠高過曾犯下的非法活動。

自主與社群

　　在珍格（Janger, 1980）所進行有關西方工業化企業參與國際合資企業的研究中顯示出一個關於自主的偏見，也因為這個偏見使得許多企業在合資企業營運時想與其它企業共同合作產生了極大的困難。這項發現與美國特質中的極度個人主義不謀而合，也因為這個傳統概念，許多企業都認為競爭乃是零和的遊戲，誰是贏家誰是輸家終究會

分得一清二楚。大部分在美國境內或來自美國的企業都比較偏好獨立進行營運，因為它們相信自主乃是能夠自我掌控影響勝敗因素的同義詞。根據克理斯布魯斯特（Chris Brewster, 1995）的說法，心理狀態的邊境（Frontier Mentality）反映在民營企業的文化中，就是一種相信企業本身擁有管理權力的信念，也因此該企業會賦予管理階層更多的權力。在美國企業中常見的勞資雙方對立狀況在歐洲國家並不常見，因為歐洲企業通常不具高度的自主權。相同狀況在日本也經常出現，因為日本的企業往往與政府有密切的內部關聯性，而企業間彼此也都有所謂的「經連（Keiretsu）」協定，就如同南韓企業往往都有參與企業聯盟一般。儘管了解到企業自主的程度會因為國家文化的不同而有所差異，我們必須謹記在心的是那些以追求利潤為目標的企業，在制定決策上往往掌握相當高程度的自主性。自主性、獲利目標及企業管理權的威脅三者之間有著全面性的關聯，因為它們會改變企業營運的理由與改變企業運作的方式。舉例來說，經歷了在天安門廣場與政府抗爭的失敗，中國的學生及勞工轉移他們的努力到企業組織中，他們要求較佳的薪資水準及工作條件，並且要在企業管理上扮演夠重要的角色（Lindorff, 1994）。

在現代的西方企業，以往那些重視利潤最大化的目標已經轉移為承擔更大的社會責任。同時，全球的影響力也鼓勵企業除了追求利潤的營運目標以外，也應該對於其他方面有所承諾，而常見的承諾就是社會責任的承擔。在某些例子中，海外中國企業的家族導向會因為利潤的追求而作出讓步；前共產主義國家的勞工完全僱用的情形也會因為企業對於資金的追求而產生改變；而共產主義的中國以往所抱持的集體利益理念，也因為企業的民營化而潰敗。在中國境內這股追求資本主義的熱潮在一九九七年二月前國家主席鄧小平死亡後迅速的展開。鄧小平在一九七八年的大膽改革把中國投入全球化的經濟中，也

創造了一個新的詞句「擁有財富才有榮耀」。因此，中國人民追求財富的興趣在鄧小平死後的隔天就開始受到考驗，而從實際的工作中也可以發現快速致富很困難。香港北京銀行的顧客持續把資金存入；在經歷了小幅的震盪以後，香港及上海的證券交易所在隔天重新收高，而幾乎所有的企業依舊以慣常的步調急速地運作著。由傳統經濟模式邁向市場經濟的壓力在印度的情形也非常明顯，在印度最大的軟體集團塔塔（Tata）公司的經理人傳統上都擔負著高度的社會責任以提供員工終身僱用保障、免費的房屋、教育及醫療的資源或在工廠附近的村落設立自來水廠或電廠以方便員工使用。但是Tata面對了一個挑戰是在社會責任及百分之三點七的利潤水準間找出一個平衡（India' s Mr. Business, 1994）。

　　總而言之，不管企業是自願性的或被迫接受一個較為擴大性的角色：例如：全球化社群的成員或領導者、成為可以對世界各地的外部關係人解決問題的人，或在企業內部設立類似追求無形利潤這樣的目標；這些新的角色扮演，在企業、政府及社會之間都增加了彼此的相互依存性及不確定性。此外，因為變革的步調進行快速，就算企業有再多處理挑戰的經驗也不代表必然成功。總結來說，所有的組織都必須在利潤的追求及其他因為全球化世界所帶來的社會性角色扮演之間取得一個平衡。在接下來的部分，本書將探討企業在全球化世界中因為要在衝突的要求中取得平衡，可能會從根本上改變組織生活中的每一部分。

組織的企業模式及社群模式

美國企業的主流運作模式

組織生活在美國的主流實務是企業模式的最佳範例（請見圖3.1）。在二十世紀早期相當流行的組織共同擁有的一個特性是，尤其

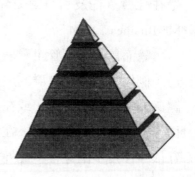

企業的商業模式
企業是一部運作狀況良好的機器
看起來就像是用不同的盒子堆積而成的金字塔
以書面的條文或規範來支持
內部的人員由隨時都可替換的人力資產組成
其中經理人負責規劃及執行對競爭者的侵略性攻擊
由總裁來負責發布命令
每一季都為企業的股東尋求報酬的最大化而努力

企業的社群模式
企業是一個動態的社群
透過網路將那些自我管理而具有多元化特色及天賦的人們組成相互依存的團隊
由共享的目標來引導
領導者承諾要進行持續性的學習及改善
為長期的顧客滿意最大化、員工與股東的致富及社會運作的健全而努力

圖3.1 企業的商業及社群模式（改編自：Brown, Juanita（1992）. Corporation as community：A new image for a new era. In John Renesch（Ed.）, New Tradition in business, pp. 123-139. San Francisco, CA ：Berrett-Koehler）

是在美國，組織的誕生是為了要改善效率。由佛瑞德瑞克泰勒
（Frederic Taylor）所遺留給世人有關科學管理的原則就是，科學管理
可以應用於分析並確認出完成工作的最佳方法（請見小故事3.10）。
一旦解決問題的最佳方法找到以後，員工就可以利用科學化的訓練來
重複這個找到的方法；不過在這樣的狀況下，員工就會像是他們操作
的機器一樣，成為生產流程中的一個小螺絲。

小故事3.10　科層結構的特色及科學管理

1. 專業分工的運作方式：員工被訓練成一狹小領域內的專家。
2. 工作標準化：可以用完全相同的方式來完成完全相同的工作。
3. 建立職權的層級。
4. 指揮的統一透過員工只對一個上司負責來建立。
5. 經理人的控制幅度加以限制，每位經理人旗下不超過七位下
   屬。
6. 直線管理者和幕僚各有不同的職責：直線管理者負責作決定，
   而幕僚則負責給建議。
7. 從企業內部的最低階層開始進行分權，但也兼顧對於重要議題
   的控制。
8. 企業內部架構的建立乃是依據目的、功能、地理位置或不同的
   顧客群來組織工作的內容並形成合乎邏輯的群體。
9. 經理人的主要活動包括規劃、組織、領導、協調及控制。

與泰勒同時期還有另一位學者亨利費堯（Henri Fayol）也致力於找尋一個任何企業都可以應用的方法，因此他投入了管理科學的研究。費堯被視為提出管理學五大概念的創始者，這五大概念分別是：規劃、組織、協調、控制及指揮，同時他也提出如何成功地執行這些管理功能的方法。舉例來說，指揮的能力可以透過一個每位員工只對單一上級負責的明確指揮線來促成。很有趣的是，不管是泰勒或費堯，在他們的理論中，都相當重視團隊合作的重要性，不過對於團隊合作的描述並沒有如同科學管理的工作體系來得詳盡。

馬克斯韋伯（Max Weber）認為官僚系統（Bureaucratic System）可以把全部的工作凝聚成一個整體，因此可以用來輔助與擴展工作合理化的科學概念。官僚體制模型中的金字塔架構到現在還是非常受人歡迎；因為在官僚體制中，有非常明確的分工、授權及控制機制，並且透過明確訂定的條文及規定的輔助來維繫組織運作。

企業的商業模式之特徵可能較不明顯的是：這些特徵大部分具有可測量性，大部份是具體的；更重要的是，組織內部成員對於其組織架構都有通盤或初步的了解。在組織中的員工人數、員工的工作、領導者的集權化指揮模式、在命令和溝通上所呈現的金字塔架構、還有每一季的營業利潤等等都是屬於可以測量的組織特徵。所有這些特徵都在一個穩定的狀態下有明確的界限。

由布朗（Brown）所進行的企業社群模式分析中，提出了一個傳統管理理論必定會認同的觀點。這個觀點就是：企業之商業模式的穩定性將會因為組織內部的社群模式所固有的動態性而首先大受威脅。此外，比較商業及社群兩種不同的模式，透露出前者的特徵往往具體而便於測量，然而社群模式中的特徵往往較不具體而難以辨認，更別說是要測量了。不過，對於企業來說，要結合這些明確、可客觀測量又為企業內部人員皆知的特徵，與那些較不明確、不易測量的特徵，

是邁向全球化過程中所會遇到的第二個困難。最後,由於商業模式存在已久,因此其理論或實務都已經被充分了解及表達。

　　組織的社群模式則無法享有這樣的優勢。對於社群模式來說,不管是網路工作的概念或多元化的特徵要在不同組織間作出區隔都有困難,因為由清楚且共享的名詞定義和意義所建立的界限尚未完成。類似「企業環境掃瞄」這樣的實務尚未為全球化世界中的成員清楚了解,而類似「工作豐富化」或「更大環境的健康」這樣的結果也不清楚。在定義和概念上界限的模糊與缺乏,不管是理論或實務都對於美國及世界上其它國家的企業系統帶來很大的挑戰。

亞洲的主流企業運作模式

　　上述以社群為基礎的企業模式,可能是一個全球化企業在某種程度上會採用的模式。比較過這個模式在西方國家,尤其是北美洲國家的傳統模式在正式化、專業分工及集權化等方面的差異之後;與亞洲的工業化國家,例如日本、南韓及台灣等等國家進行比較也是非常重要。就像在美國的企業一般,這些國家的企業因為在理念及實務上的區域性差異,因此也無法用一個單一的亞洲團體就能為它們進行歸類。不過,對於全球化企業來說,有許多較容易確認的特徵來自歸納日本成功的全球化企業;透過對這些日本企業行的檢視,我們可以發現到社群的存在對於企業在效率、彈性、適應性、穩定性的達成及社會責任的承擔有著相當大的影響。

　　相較於美國企業所普遍重視的個人主義,大部分的亞洲企業會比較以團體為主要的考量。根據Yasutaka Sai(1995)的說法,日本人從小時候就開始經歷社會化,並把自己視為團體中的一分子。在工作場所,群體的概念因為下面的機制而更加強其影響力,這些機制是:

1. 在個人的層次：在一個群體中永久員工每年都會招募一次；個人會被指派到一個工作團體而不是一項工作；個人的績效評估是以整個工作團體為基礎。

2. 在組織的層次：日本的企業運作通常會採取兩種方式，第一種方式就是水平整合的企業團體與其他不同產業內的公司進行合作；第二種方式就是利用垂直整合的「經連（Keiretsus ）」來結合相同產業中買方與賣方的力量。在商場上的激烈競爭並不著重於征服對手，而比較著重在價格、產品品質及運送上的勝利。

因為羨慕日本企業的成功，因此有許多企業開始採用日本企業的營運模式：「以員工年資為基礎的共識性決策模式。」舉例來說，台灣的長榮航空公司就採用日本式的管理模式，而南韓的企業聯盟和大型企業集團也反映出採行集體主義的思考模式目前正是南韓企業營運模式的主流。儘管這樣的模式與南韓的傳統文化並沒有完美地結合在一起，但卻是與企業和南韓政府必須要共同合作的前提一致，更是達成國家經濟目標的最佳途徑。

對於團隊合作的堅持，是日本企業一貫的核心信念。Sai 也提出了許多利用社群模式來進行企業營運活動的一些特色：

1. 將員工教育和知識發展視為企業經營的重要考量；將工作視為生活中心的信念；身為團隊的一份子一定要堅持而且永不放棄任何完成工作的機會；對於團隊所面臨的困境要以堅忍不拔的態度來克服。

2. 在團隊合作的過程中，完美地達成一項任務是深具價值的；類似這樣的一個面對工作的態度，讓日本的顧客對於品質的要求日漸提高，而日本的企業也更加致力於完美的追求，不會放過

任何小細節。

3. 對於創新的好奇和重視，讓團體的績效可以有所改善，並促成持續性的進步。

4. 對於企業內部高層對於團隊運作所給予的評價有絕對的尊重，也相信必先付出相當的心力才能獲得組織的獎勵與認同。

5. 在企業內部各個工作團體之間存在著競爭，對外則與競爭者爭勝，主要放在市場佔有率。

集體主義

霍夫斯提（Geert Hofstede, 1980）發現到日本企業所具有的集體主義，實際上在許多亞洲國家中都十分常見。就像在北美洲企業中常見到的個人主義偏愛以個人為單位來進行任務；在集體主義者的眼中，與企業內部的其他員工一起進行工作是比較具有生產力的方式。許多人認為，集體主義的根源可以追溯到儒家學說，而霍夫斯提及彭兩位學者（Hofstede and Bond, 1988）則把亞洲國家中許多經濟上的成功，視為企業遵行儒家學說的結果。

孔子學說

根據基督教文獻的記載，思想家孔子大約生於西元前五世紀。孔子是一個充滿智慧的精神導師；他對於人生的想法，在論語這本書中有詳細的紀錄，而他的學說在亞洲也普遍被個人與企業認同。他的核心思想包含有：對倫理關係的重視、致力於和諧的促成、個人行為符合社會期望、遵行道德規範而非肢體上的強勢、調和與他人的意見不合而非專注於個人的思維模式等等。在孔子的理論中五倫代表了人與人之間的互動關係，其中包括了：君臣、父子、夫婦、兄弟及朋友這

五種關係的形式。在組織環境中，所謂的君臣關係就是員工必須時時刻刻對於雇主，或企業所有人表達敬意與尊重。類似這樣的上下關係，我們在全世界的企業中都可以察覺到，而那些移居海外的中國人，儘管已經離開中國數十年甚至數個世紀，依舊十分重視也把下面的這些美德視爲處世之道，這些美德包含了：節儉、教養、勤勉、家族凝聚力及對教育的重視等等（Tanzer, 1994）。在表3.4中列出儒家學說在中國及在日本所流傳的不同版本，儘管這兩個地區的儒家學說根源一致，但是因爲地理位置及國家民情的差異，爲了適應區域的差異而有了不同的改變。

歐洲企業的主流運作模式

位於歐洲的全球化企業，最初的根據地是在歐洲的西部。儘管這些企業的集體主義特質較美國來得強又較亞洲來得弱，但是這些企業之間仍然存在著非常多樣化的差異；不過，我們依然可以從歐洲企業及歐洲經理人身上確認出主流的特徵。以往歐洲的集體主義僅侷限於對本身國家的認同感，但是今日的集體主義還包含了身爲全歐洲一份子的驕傲。然而這樣的一種感覺卻不是穩定與發展良好，其中以在英國最不明顯；在歐洲的其它小國家，因爲可以從歐洲其它國家身上得利，因此這樣的認同感最大。在歐洲西部的企業，透過營運上的實戰經驗，體會到集體主義帶來的影響，例如：與集體談判團體及其他利益關係人合作；此外，德國的勞資協同經營制度、愛爾蘭的合作企業制度、法國工會和政府之間的敵對關係等等，都爲這些企業帶來深刻的體認。在同時，許多歐洲國家的傳統還包括反映在君主政體名義上領袖的階層關係，及民眾對莊園領袖的態度等等。舉例來說，法國境內的階層體系依然居於主流地位，而國家內部正式的控制系統並無法

表3.4　在中國及日本有關儒家價值觀的證據

	中國人的價值觀	日本人的價值觀
家族	因血緣關係而連結；家族的力量隨著分支的擴大而增強；傳統上父子的關係是最緊密的。	因為社群關係而連結；為了讓家族有男性的繼承人，可以利用收養的方式來達成；對於長輩要絕對的忠誠及服從。
對於選擇的忠誠	凡事以家族利益為優先；家族及儒家思想深入企業組織的內部，造成人人都重視家族的利益。	凡事以組織及上司的利益為優先；發揚組織並重視對組織最有利的選擇；強調績效及忠誠度。
五種美德	最重視仁德、公正、禮節、智慧及信任。	最重視忠誠、禮節、勇氣、信任及誠實。

來源：Hall, Richard H., and Xu, W eiman（1990）. Research Note ：Run silent, run deep - cultural influences on organizations in the Far East. Organizational Studies, 11（4）：569-576.

有效地執行，類似這樣的現象都是為了要降低社會環境中所存在的不確定性及複雜度（Sorge, 1993）。類似法國的情況與歐洲北部的國家例如瑞典、丹麥或挪威形成強烈的對比，在後者的國家中，輿論和互助合作往往才是組織行動的指引。

在歐洲西部，企業和政府之間的連結性較美國企業來得緊密，但是與亞洲的企業比較起來則較為薄弱；這樣的狀況或許是因為歐洲的居民長期以來都把維持生活品質的目標，視為較企業獲利目標更為重要的緣故。因此歐洲的居民希望在平衡個人興趣及較不具有社群性的組織興趣過程中，政府能夠扮演擁護者的角色。在圖3.2中，我們可以看到以利潤或以社會責任為思考模式的出發點，會造成何種不同的結果；有許多西歐的國家通常都會像是圖3.2中的第二個部分一樣，

以獲利的動機為出發點：

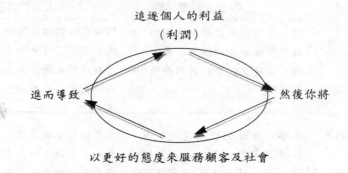

以社會責任的動機為出發點：

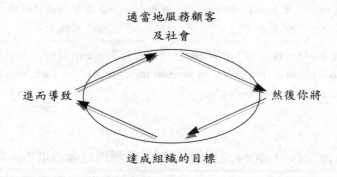

圖3.2　流程從結束的地方開始（Hampden-T urner, Charles, and Trompenaars , Alfons（1993）. The seven cultures of capitalism, p.14. New York: Currency/ Doubleday）

以維護社會利益的動機作為出發點，也因此這些國家的態度會反映在西歐的企業營運上。此外，由於在歐洲有許多企業都屬於小型企業，例如德國的中型企業，或在葡萄牙、義大利及西班牙的一些區域性企業，因此這些企業對於與政府建立關係的意願較高；而在美國的小企業因為對國內經濟發展的影響力不如其它大型的企業，因此與政府建立關係的意願自然也就不高。

　　總而言之，上述工業化國家企業的主流運作模式在優先順序、偏好、興趣及實務的差異各不相同，另外還有一些主要的差異可在在表3.5中看出。

新興全球化參與企業的主流運作模式

　　在看過美國、亞洲及西歐的主流企業運作模式以後，我們也不可忽略在全球化這個舞台上的一些新興國家中主流的企業運作模式。這些屬於少數族群的代表並沒有如主流的傳統一般，而是將其企業運作的重點擺在社群、對於傳統假設的質疑，及拋棄其傳統的運作方式上。

南美洲的傳統

　　在南美洲國家的企業運作模式，通常來自世界各地的殖民者或移民等等開拓者自世界各個國家引入，但是其中也有少數的企業運作價值觀來自當地居民的傳承。雖然因為各種不同文化的出現及融合，就像在歐洲一般，在各個國家造成了特有的營運慣例，但是我們仍然可以發現共通性的存在：在企業運作的價值觀中，在南美洲國家，命運等等不可控制的力量，被認為主導著個人的生活；對於傳統的尊敬可以從社會和企業組織的階層化中清楚地反映；對南美洲的居民來說，工作上的成功除了要靠個人努力以外，命運的安排也是重要的因素；事物的結果不但與個人的處理態度有關也與個人的信仰有關；最後一個特色是要避免向權力挑戰，一方面是要維持個人的尊嚴，更可以藉此免除丟臉的困窘；家庭情感及友誼，是在南美洲國家中尋找工作並獲得晉升的主要因素。最後，在這個區域中，家庭對於個人存在的影響力更甚於工作，也因此個人對家庭的重視程度也更甚於工作

表3.5 美國、日本及西歐的企業模式

美國的模式	日本的模式	西歐的模式
重視給予股東的經濟報酬	重視長期的成長,股東只佔有很小或根本沒有任何影響力	重視文化及人道主義的價值;政府及其他利害關係人往往比股東具有更大的影響力
產品導向與顧客導向	符合顧客需求及持續改善的品質導向	不管是顧客或利害關係人都應該要極力滿足其需求
為了短期的經濟報酬而競爭	不管是在企業內部或在外部都積極地競爭以贏得市場佔有率	在全球及區域內同時進行競爭及合作,以有助於在短期及長期目標間獲得平衡
個人主義表現在組織的自主性及個人行為上	集體主義對個人產生的影響為企業及工作團體創造了主要的忠誠度	因為社群的生活品質而付出部分經濟上的利益是一種義務
文化的多元化被視為是一種正當的挑戰	文化的多元性被視為是一種威脅	文化的多元性被視為如企業一般平常
個人生活與職業生活相互關連	個人生活與職業生活是一體的	個人生活與職業生活是截然不同的

來源:部分改編於 Dufour, Bruno(1994, Winter). Dealing in diversity:Management education in Europe. Selections, pp. 7-15.

(Harris and Moran, 1996)。在圖3.3中我們可以看出個人和社群成員間的關係。從這個圖中我們可以看到個人在工作或其它事物的價值觀,乃是深植於延伸性家族的鏈結關係及社會族群的系統。然而,就像是小故事3.11中所提到的,這些拉丁美洲人所抱持的價值觀也可能因為全球化的出現而發生改變。

小故事3.11　西絲尼羅斯家族的價值觀

　　委內瑞拉的西絲尼羅斯（Cisneros）家族擁有一個私人的企業集團，在一九九五年該集團的年度銷售額高達三十二億美金。這個家族把本身的力量都放在全球性的成長，這也意味著該家族長久以來維持的關係必須面臨改變。舉例來說，在一九九六年的八月，委內瑞拉的易開罐製造商 Hit 放棄了五十年來與百事可樂集團的關係，這是為了長期的發展改投入可口可樂的陣營中。一夜之間，百事可樂在委內瑞拉的商店架上消失，而 Hit 公司的十八家廠房內所有的大貨車也都重新漆上可口可樂商標。隨後而來的官司，雖然判決的結果是要可口可樂公司及西絲尼羅斯企業必須繳交罰款，但是卻裁定讓這兩家企業的合作關係繼續維持。這樣的結果也迫使百事可樂公司必須與 Empresas Polar 進行策略聯盟，因為 Empress Polar 是委內瑞拉主要的啤酒經銷商，百事可樂公司期望藉由該公司的能力，重新獲得百事可樂在委內瑞拉的聲望並重建經銷管道。六個月後，西絲尼羅斯家族把與可口可樂的新投資案中大部分的股權賣給一家新的公司 Panamco，這個決定主要是因為該家族企業準備要慢慢退出零售及消費品市場並向全球化電信產業進軍的長程策略。西絲尼羅斯家族的決定，正好呈現了我們先前所提到的一個概念，那就是拉丁美洲企業在傳統上對於發展及維持長久關係的概念，會因為全球化的出現而慢慢的發生改變或被遺忘。

來源：Vogel, Jr., Thomas T., and Deogun, Nikhil（1996, Dec.

11). Venezuela fines Coke, Cisneros; Allows Venture. The Wall Street Journal, p. A16.

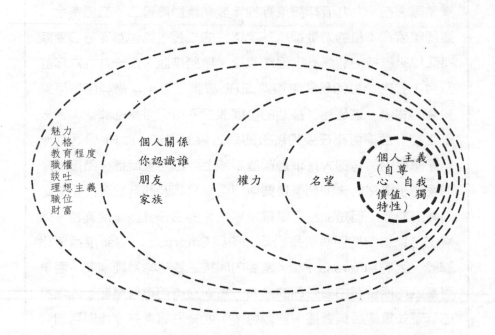

圖3.3 以層次的方式表達拉丁美洲人的價值觀（Spencer, Berkeley A（1991）.Understanding Latin American underdevelopment and tension with the United States ：A question of applying the right paradigm, p. 6. Provo, UT：David M. Kennedy Center for International Studies, Brigham Young University）

注意：位於核心者代表最重要的價值觀，越往外層的重要性越小，但卻是到達
　　　次一層所必備的。

吠陀（Vedantic）的傳統

在海外的印度人，因為印度境內高度的識字率，及印度人尋求在本國及國外的受教機會，在世界舞台上形成了一股新興的經濟勢力（請見圖3.4）。有許多不管是印度本土或在印度以外的印度人都在有著吠陀傳統的學校中接受教育，根據學者恰柯瑞伯遜（Sayan Chakraborty，1995）指出，在這樣的學校教育中，蘊含著學生們有下列的商業價值觀和行為：

1. 追求心靈的純淨遠比強調出眾的智慧來得重要，因為決策往往透過直覺而不是聰明才智造就的。
2. 企業組織的主要依靠不是系統或其他的架構，而應該以人為本。
3. 員工對於完成工作的主要驅動力不應該是對於利己條件的追求（例如獎賞）（p. 10）。
4. 由自己主導的決策或行為發生不良的回報，乃是因果報應所致。
5. 追求統一性和完整性才是個人真正的發展。

恰柯瑞伯遜相信，了解到這種願景的一致性，將會造成互助合作的企業關係，也可以減少企業在成長過程中過度貪婪及不當的營運手段；將企業的作法從全球化的手段轉移到重視區域的特徵，同時也會減少為了變革而進行變革（pp. 27-29）。

種族與部落

喬伊寇肯（Joel Kotkin, 1993）相信，跨國的種族團體或部落，例如海外的印度人或中國人擁有超越國家界限的能力，並指出透過世界

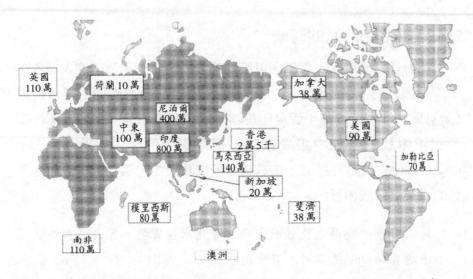

圖3.4　海外印度人分佈圖（Business Week,（1995, July 17）, p. 45; http://www.littleindia.com）

上相同種族共同持有的價值觀，可以孕育全球化企業，同時也是一股維持穩定的力量。根據寇肯的說法，這些可能在未來的全球舞台上展露鋒芒的種族包括：菲律賓人、黎巴嫩人、巴勒斯坦人、摩門教徒及來自歐洲東部的人們。來自這些區域或種族的人們，屬於全球化舞台上的新手，這些新血的加入也很有可能會爲全球化的經濟環境造成很大的改變。

女性在企業環境中扮演的角色

　　儘管女性對於構成強大凝聚性的種族並沒有任何意義，但是許多管理文獻均指出，因爲女性逐漸在職場中嶄露頭角，因此也慢慢的改變了全球化企業的面貌。因爲全球化企業中女性員工的數量越來越多，重塑著那些對女性影響至深的政策，例如懷孕就必須離職、兒童

看顧機制的建立等等，同時也改變了以往有關人員晉升的機會限制。女性員工人數逐漸增加，大約佔全球勞動生產力的百分之四十。女性也開始加入創業的行列，根據美國的調查，美國企業中由女性創設的數目從一九八七年到一九九二年共成長了百分之四十而達到六百二十萬家之多，而在所有美國企業中也佔了三分之一。從一九九一年到一九九四年，由婦女創設的企業成長了百分之十八，而這些企業所僱用的員工人數也首度超越了財富（Fortune）雜誌前五百大企業的總和（Women-owned Business, 1995）。根據一九九五年由女性企業主基金會（National Foundation for Women Business Owners）的研究報告指出，女性創業成長最迅速的就是那些傳統上以男性為主的產業，例如製造業、建築業、交通運輸業及金融業。根據日本在一九九三年所進行的統計，當年新成立的企業中就有六分之五由女性創立（Fisher, 1993）；在歐洲，那些以往受到限制而不能加入創業者行列的女性，在近年來也都致力於開創自己的事業；就算是世界上最貧窮的女性，她們的企業家精神也是為人敬佩（Human Development Report, 1995）。

在許多管理文獻中都提到，目前由女性主導的企業，在管理風格、興趣及企業運作上與世界各地傳統由男性主導的企業之間有著極大的差異（Gibson, 1995; Rosner, 1990）。具有開創行為的傾向是男性及女性在管理風格上呈現差異的一個指標，其他還包含了：長期性的獲利、參與式管理及在設計符合人們需求的流程與組織結構等等。雖然在傳統的企業系統中這樣的想法會被駁回，不過女性通常會展現出想要對於工作場所進行改變的意向。

在美國的狀況就像在世界上其它國家一樣，女性在職場上的表現越來越出色，也因此常常可以很快的晉升到企業內部主管的層級。在表3.6中我們提出幾個類似的例子。

表3.6 1997年及1998年女性在企業的職位

	所屬企業	職位
Jill Barad	Mattel	總裁
Lois Juliber	Colgate-Palmolive	北美、歐洲分公司的營運長及執行副總裁
Carol Bartz	Autodesk, Inc.	總裁
Christina Gold	Avon	北美分公司資深副總裁
Ellen Marram	Seagram	執行副總裁及 Tropicana 飲料集團的董事長
Karen Katen	Pfizer	製藥部門的執行副總裁
Kathy Dwyer	Revlon	美國 Revlon 消費者商品公司總裁
Linda Saoford	IBM	全球產業部總經理
Brenda Edgerton	Campbell Soup	杯湯分公司財務副總裁

來源：主要取材自 White, Joseph B., and Hymowitz, Carol（1997, Feb. 10）. Broken glass：Watershed generation of women executives is rising to the top. The Wall Street Journal, pp. A1, A6.

在世界各地女性發跡的例子並沒有一定的模式可循。舉例來說，在美國及其它歐洲國家中，消除男女性別角色之刻板印象須花費的努力較印度及日本等國家來得少，因為在日本及印度等國家，母親的崇高地位受到人們高度重視；另外，男女間機會的均等在美國是很重要的，然而在其它國家則未必受到重視。例如，許多日本的大企業就特別為內部女性創立雙軌制度以保障其擔任經理級職務或維持原職務的機會，不過男性則無法享受雙軌制的好處。在小故事3.12中就舉出了一個女性擔任企業領導者的例子。資生堂公司是一家在日本的化妝品

公司中居領導地位的公司，在全世界的化妝品產業也是一個可怕的競爭對手，從這個故事中我們可以體認到，女性如何成功地爲其所領導的企業設定新的營運方向。

小故事3.12　資生堂（Shiseido）化妝品公司的 Hisako Nagashima

　　有別於傳統日本女性所給予大眾害羞且對男性十分恭敬的態度，Hisako Nagashima，是資生堂化妝品公司在其一百二十五年的歷史中的第二位女性主管。她不僅被認為是資生堂公司成功地進行海外擴張行動最大的幕後功臣，也是使得日本數以千計的小型家庭企業透過販售資生堂商品而復甦的主要原因。除了帶領資生堂創造高度曝光率並搶食化妝品市場這塊大餅之外，Nagashima 小姐也是一個女性平權的倡議者。在一九七〇年代晚期，Nagashima 小姐提議應該給化妝品專櫃小姐更合理的薪資；當她發覺在資生堂工作的女性員工無法和男性員工一樣享有購屋貸款優惠時，她也極力促成變革的發生；這兩項政策也都如她所願的在企業內部形成了改變。從這個例子中我們可以了解到，只要有機會女性依然可以在職場中獲得公平的待遇。

來源：Shirouzu, Norihiko（1997, May 19）. How one woman is shaking up Shiseido. The Wall Street Journal, pp. B1, B6.

全球性的要求及傳統的限制

　　上述的全球化挑戰，爲企業組織在追求效率的過程中帶來了更多的壓力；讓企業更加體會到多樣性的價值；也讓企業經理人深刻地體認到培養管理有形及無形事物之能力的重要性；以及讓企業清楚地感受到在完成一項任務的過程中，並沒有多大犯錯的空間。在接下來的部分，從本書所提供給讀者的例子中，我們可以發現到傳統的系統在全球化的環境中，可能帶來優勢，不過也可能帶來弱勢。在這樣的情況下，企業的領導者須在流程、組織結構及員工的選擇上投注更多的心力。在下面的部份中，本書將爲讀者探究主流的企業運作實務有哪些優點和缺點。

美國主流理論在全球化環境中的限制

　　在外觀上呈現金字塔型的企業組織結構，反映出科學管理對美國企業界的影響。從金字塔型組織中，我們不難想像資訊及決策會像受到重力作用一般從組織的高層傳遞到低層。而管理者在全球化舞台這個不是主動攻擊就是被攻擊的環境下，也無可避免必須投入不是輸就是贏的零和戰爭中。最後，在必須應付每一季的財務數字表現的壓力下，企業經理人不只是需要爲企業構築一個美好的願景，還必須要顧慮到投資者的期望。在企業的商業模式中，人員及其它企業內部資源被視爲是企業在進行工業化的進程中可以互相替換，由管理者根據本章先前所提到的利潤追求模式加以控制與指揮。

　　約翰費爾南德茲（John Fernandez, 1991）舉出傳統階層性的企業

組織結構比較不可能產生效率的五個主要原因：

1. 在企業運作的規定中未曾顧及那些無法預期的事件，因此缺乏彈性；

2. 企業運作的規定會扼殺創造力及創新的產生；

3. 企業進行思維的必要性也會因為分工專業化而受到限制；

4. 官僚體制往往不鼓勵合作、團隊運作及開放式溝通；

5. 官僚體制會在企業內部造成互相競爭的狀態，使得零和衝突在組織內部出現。

　　在小故事3.13中有關於伊士曼化學公司（Eastman Chemical）的例子，指出運用相同管理系統例如科學管理的企業，就算在同一個國家中進行營運，出現的結果可能還是不一樣。從這個例子中我們也可以發現，企業實務的多元性，並非只有在不同的文化之間會出現差異，就算是在相同的文化中，也是有可能會出現截然不同的狀況。因此我們可以明白，要因應全球化的挑戰，須探討海洋另一邊與週遭企業的實務。

亞洲主要理論在全球化環境中面臨的限制

　　儒家思想的理念、集體主義及其它在工作上給予支援的機制都呈現重視流程的傾向，也使得資訊分享、意見一致及團隊協力完成工作成為可能。勤勉及努力使得員工有著更強大的工作意願，並將報酬視為次重要的考量；追求專業的結果也造就了日本商品不斷地改善及高品質的聲響；父權主義的領導也使得企業員工有高度的忠誠。這些限制與其他程序包括在產業界或工作團體中有跟隨領導者的傾向、對於個人創新的抑制與反對、完美主義延誤行動、以及注意力放在內部的

小故事3.13　伊士曼化學公司：過去與現在的衝擊

　　伊士曼化學公司是父權傳統的堡壘。不同於當今所流行的美國化企業營運思維，伊士曼公司一直以來都認為員工、社群及股東對於企業來說有著相同的重要性。該公司的員工可以自由地在其所屬的露營地愉快地度過假日時光、公司內部也設有電影院提供員工免費的電影欣賞，此外該公司在近五十年來完全沒有解僱任何一位員工也令公司員工體會到無比的安全感。至西元兩千年該公司一連串的計劃使人事成本產生了三億兩千五百萬美元的節約，這一連串的改革包括再訓練、員工調動及利用退休員工進行委外加工等等，但是並不包含任何員工資遣計劃。

來源：Berkeley, Fred R.（1997, Jan. 16）. A Bastion of Paternalism Fight against Change. The Wall Street Journal, p. B1, 2.

挑戰。在某些例子中，與諸如集體主義有關的實務，將發現到和美國的階層式組織一樣缺乏彈性；此外，依照年齡來判定的年資與薪酬制度也會大大壓制員工的創新。從亞洲的豐田汽車（請見小故事3.14）、宏碁電腦及日本野村（Nomura）等企業在進行營運時所投注的努力，我們都可以發現到他們想要在全世界的舞台上破除傳統束縛的意圖。以台灣的宏碁企業總裁施振榮所進行的資遣員工及避免僱用自家人的兩個例子，我們就可以和以往中國傳統式的管理模式做出很

鮮明的比較。而類似這樣的政策操作，也期待可以改善生產力並指出該企業是以能力而非以親屬關係來任用人才。最後，在一九九○年代中期，野村這家經紀公司因為遭到毀謗而受害，該公司的新總裁Junichi Ujiie為了要去除過去官僚組織的設計過失，而進行組織扁平化及透明化的改革，使企業內部的資深經理人可以清清楚楚地看清過去產生弊端的組織活動。

 小故事3.14　品質改善永遠沒有終點

　　在一九九五年，奧田碩（Hiroshi Okuda）成為豐田汽車公司成立以來第一位非豐田家族成員的總裁。奧田碩先生上任的首要目標就是要使豐田企業邁向全球化，而不再只是一句口號。這也代表著傳統上在豐田汽車所遵行的營運規範必定會經歷一場大變動，其中也包含了要求企業內部多多重視其他企業的成功而非僅自滿於豐田汽車本身的成功。例如競爭對手賓士公司在設計上的成就，通用汽車公司對現金及其它資產的卓越管理能力都是豐田汽車公司內部員工可以效法的典範。然而，所謂的改變並不止於此，其中還有行為上的改變；奧田碩先生也致力於激勵企業內部員工朝向本身所訂定的目標前進，並且在過程中幫助年輕的員工培養更寬廣的新觀點。

來源：Changing Gear at Toyota (1996, Oct. 5). The Economist, p. 68.

　　在中國傳統企業集團中常見到的家族結構，在面對全球化的壓力下也不得不進行改變，其中有一些企業主已經開始進行組織結構重整，以有助於適應全球化的衝擊。要進行這樣的改變，最有效率的方法就是找出企業集團中可辨認的企業單位，並且透過公開上市來募集資金。這樣的策略，不但可以降低企業集團所擁有的異質企業數目，同時也可以募集到企業邁向全球化所必須的資金。例如，香港陳氏家族在其固有的旅館、房地產及長途電信事業外，設立一家新的公司以專注於香港的房地產市場。企業集團所關注的焦點也會因為各個不同的企業獲得資金及管理上的獨立性而在需要快速回應的全球化舞台上獲得改善。因為相同的理由，香港的蘇氏家族除了在其獲利性極高的公共汽車公司 Citybus 以外，投注了更多的心力在擴展家族本身的化妝品產業，此外該家族所擁有的一家珠寶及房地產公司慶豐集團也積極地為其金飾產業尋找新市場。類似這樣的改變，提昇了傳統中國家族企業的效率性，不過同時也消弱了家族對於企業的控制權及在管理上的影響力。

歐洲主要理論在全球化環境中所面臨的限制

　　當美國式的階層化組織與亞洲管理者所慣有的父權主義相結合，往往個人創造力的展現被壓抑到最糟的狀況。在最好的情況下，工作團體的力量在明確及易於了解的控制下而釋放出來。歐洲西部的全球化企業已經見識到了這兩種結果，因為它們展現出很多不同的管理風格。在小故事3.15中所提到的例子指出了歐洲西部企業所面臨的挑戰往往跟該企業所來自的國家有關。

小故事3.15　德國傳統的界限

　　大型的德國企業，尤其是那些以往受到德國法律保護的企業，常常會發現到企業本身難以適應全球化的衝擊。七層甚至八層的階層化組織使得這些企業無法快速回應全球化舞台上的動態事件。而高額的勞動成本卻又使得這些企業不得不在德國以外的地點進行製造作業，因為企業本身與德國政府之間的緊密連結，使得德國企業無法減少本國的員工人數；至於德國文化傳統上對於精確性的要求也使得企業的資源常常耗費在研究及工程上，對於行銷等部分則往往遭到忽視。

　　有許多成功的全球化企業是來自較小的國家例如瑞士及荷蘭；這可能是因為這些國家的大小所致，其企業必須在大型國家的企業進行全球化以前先行搶佔市場。結果，小型國家的企業享有創造混合性組織以迎合多樣化市場的優勢。在下面的小故事3.16提供了聯合利華公司（Unilever）的經驗，從這個故事中我們可以看到企業在形成混合性全球化組織時所可能面臨的挑戰。

　　總結來說，不管是在美國、亞洲或歐洲國家的企業，集體主義雖然有助於決策的的共識，但是卻會扼殺創意；個人主義的提倡雖然可以有助於創意的產生，卻會對團隊合作形成阻礙；而階層化的組織結構雖然會導致彈性的缺乏，但是過度彈性化的系統卻會造成權責區分的混淆及利潤的降低。對於效率及彈性、適應性及穩定性、獨立性及依賴性、社會責任及企業利潤等等同時存在的要求，使企業要想僅依靠舊有的傳統來進行全球化的營運是一項不可能的任務。

小故事3.16 聯合利華公司的例子

聯合利華公司的前總裁麥克派瑞 (Michael Perry) 先生相信，面對當前世界經濟機會快速的改變，公司內部的組織結構也必須進行變革。因此該公司為了要有利於區域的發展，取消了笨重的行政及產品協調的矩陣式結構，這樣的改變將可以有助於企業將焦點集中在各個不同的區域。類似這樣的焦點集中化行動，將有助於消除企業總部、品牌經理及區域經理之間在產品發展及行銷策略訂定上所可能出現的不和諧問題，對於企業整體的發展也會有所助益。

　　根據一項對全球五大洲資深經理人所做的調查指出，全球化產生許多沒有明確規則的挑戰，而這些挑戰在當前的時代卻有著決定性的地位（Ettorre, 1994）。儘管有許多人認為一個新時代，通常被稱為後福特主義（Post Fordist）、後現代主義（Post Modernist）或後史隆主義（Post Sloanist）已經來臨，但是正確地說，這個新的時代是要求企業經理人必須要培養足夠的能力以找出福特主義、現代主義及史隆主義的精髓，並與其它各種新興的管理思維做出整合。結合這些各不相同的理論，就像是要製造一個混合性的組織，而不再像是以往一樣的單純型組織。因為這一類的混合式組織往往由企業進行實驗而產生，所以有些會成功，有些則會失敗。舉例來說，結合階層化組織和水平化組織所形成的混合式組織可能會使得企業內部的員工同時是通才與專才，使組織同時有大企業和小公司的特質，使策略須同時兼顧全球

性和區域性等等。同時，協調也因爲彼此須相互了解而變得更爲困難；此外，混合性組織會因爲流程的不具體及難以描述而變得更難建立；這些組織因爲必須容忍不確定性的存在，因此無可避免地會產生混亂的狀況；而在最差的情形下，這一類的混合性組織可能會結合了多種系統最糟的特質，而不是各自最佳的特質。就像階層化組織和水平化組織所形成的混合性組織，可能會使得企業在決策制定上更爲分散，沒有人具有眞正制訂決策的權力，而人人卻都可能必須對決策的制定負起責任。

第二部分　全球化變化的理論與實務

全球化所具有的諸多特性例如：快速的變化、複雜度的提昇及高度的不確定性等等都需要有一定程度的彈性才得以因應，但是在傳統性架構、流程及人員的狀況下，這樣的目標似乎難以達成。但是，只要我們思及目前對於混合式組織的明顯需求，我們就不得不對於新近出現的全球化組織中與組織結構、流程及人員重建有關的理論及其應用進行檢視。在下面的部分我們將對於這些理論進行大略的介紹，在後面的章節中我們會有更深入的介紹。

企業組織結構面臨的挑戰

在一九九四年對於北美及歐洲主要企業所進行的一項研究中顯示，這些企業中有一半希望可以在三到五年之間進行組織結構的變革。根據華爾街日報（Wall Street Journal）針對這項研究所進行的報

導指出，這項研究是克爾尼（A.T.Kearney）的總裁斥資進行的，主要目的是要呈現出以往企業所抱持的自滿心態，在現代這個新環境中，必須轉變為積極地重建企業競爭力（Schellhardt, 1994）。新興的混合型組織被期望可以解決以往集權式或分權式組織結構所產生的問題；不過，就像前面曾經提到的一樣，這些方案本身也會造成新的問題。

在近十年間所提出的組織結構方案，主要是要維持以往企業最重視的效率問題，另外還加入了有關彈性的概念。這些不同的選擇方案中，有些強調企業內部的重建，有些則是比較重視企業外部的重建。這些新方案都強調較短較平滑的組織結構而非以往的金字塔結構、分散式的決策制定流程、人員之間保持著雙向而非單向的關係、希望可以區分出較重要及較不重要的功能等等；此外，這些不同的方案也十分認同資訊技術在這個時代的重要性。關於內部結構的重整包含了組織的扁平化及水平化，還有倒金字塔形組織、網路化組織、蛛網式組織、三葉式組織及虛擬式組織等等。有關組織結構方面的議題我們在往後的章節中將會有更進一步的敘述。而外部的重整則包含了策略聯盟、聯合行銷競爭及建立全球企業道德規範等等。

通常，想要為全球化企業提供一個清楚可見的組織結構配置模式是很困難的。此外，因為組織的社群模式所擁有的動態變化特性，可能描繪出來的組織結構圖墨跡還沒乾以前，那個結構就已經成為過時的昨日黃花。而且，類似蛛網組織或網路組織的概念，呈現出組織結構發展從簡單到複雜，也使得想描繪組織結構圖更加困難（請見圖3.5）。

上面所提到的這些有關於內部或外部的組織結構配置方案，可以提供企業在進行結構重建時參考之用；不過在大部分的情況下這些方案並無法完全取代企業現有的架構，而是居於輔助性的地位。傳統的階層化架構目前依舊是企業內部架構的主流，而那些想要採用新型態

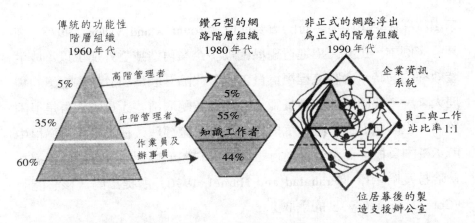

圖3.5　組織結構的演變（Eccles, Robert G., and Nolan, Richard L, （1993）. A fr amework foe the design of the merging global organizational structure. In S.P. Bradley, J.A. Hausman, and R.L. Nolan（Eds）, Globalization, technology, and competition, pp. 57-80. Boston, MA：Harvard Press; after Nolan, Richard L. （1992, Jan. 7）. Unpublished presentation given at the 'CEO Symposium' at the Harvard Business School）

架構的組織，也都會發現到舊有的架構仍有其存在的價值及理由。例如，福特汽車想要製造一台世界級的房車，使其研究、設計及生產小組的自主性不但沒有增加反而卻減少。而那些想要尋求全球性整合策略的企業也會發現到，採用企業功能集權化而非分權化的方式進行營運將更有機會達到規模經濟及運作的效率。

流程

　　對於效率及創新的雙重要求，迫使企業必須在因應顧客方面保持彈性，並且必須同時兼顧穩定性與動態性，這些不同的要求都足以顯

示出流程在企業中所佔有的重要地位（Boynton and Victor, 1991）。在某些案例中，企業因為進行組織縮編、企業再造或委外加工以達成生產效率的同時，會將流程視為員工的替代品。因為對於這些企業的經理人來說，要同時監督數量龐大的人員並聽取這些人員的報告是很困難的，也因此引進了員工賦權的作法來分擔經理人在制定決策過程中所承受的負擔。而企業在進行組織結構的變革時，往往會把焦點擺在普哈拉及哈米爾（Prahalad and Hamel, 1990）所提出的「核心能耐（Core Competency）」的爭取上。

在表 2.5 中，我們可以看到如全面品質管理（Total Quality Management, TQM）及其它持續性品質改善的機制、企業流程再造、核心競爭力、策略性思維、有效地運用知識等等管理上的名詞，正是許多學者專家建議全球化組織可以考量的。理想上，企業內部的每一個流程都應該能夠與系統的運作有良好的連結，而且各個不同的流程彼此間也可以相互協調，以有助於加強並改善企業的核心競爭力。對於相互協調及持續性加強的要求，正是流程與計劃或專案那一類可以在組織運作過程中隨時增減的元素之間最大的不同。在美國的企業中，我們常常可以看到業者把所謂的核心競爭力公告在各個辦公室中、製成小卡片讓員工隨身攜帶，甚至是像箴言般的朗朗上口。但是有些時候，有關於核心競爭力的知識卻只是表面而不實在；要讓核心競爭力的概念可以深入組織的內部，企業就必須要發展出足以支持核心競爭力的組織流程。

從百事可樂公司在菲律賓的經驗及皇家殼牌集團在處理布蘭特史帕爾儲油平台的經驗中我們可以了解到，企業可以也應該對於自身的行為負起完全的責任；不過正由於這些責任的承擔，企業可能在追求設定的目標上會遭遇到很大的困難。根據宏碁電腦公司施振榮的說法「在這個沒有疆界的企業環境，每一個國家或企業不應該想在每個產

業都插上一腳；相反地，企業應該要找到一個可以充分發揮效率及競
爭力的領域，並協同其他領域中的佼佼者共同努力（1995）。」確認
企業本身所具有的核心能耐及競爭力，是當前企業面對各方蜂擁而至
的要求時最佳的反應方式，也說明了爲何策略制定流程再度受到企業
經理人的重視。

策略制定流程

　　在一九八〇年代，策略制定的流程有一個主要的特色：找到企業
維持競爭力的解答。然而，在全球化的時代，競爭性策略所要爲企業
組織解決的問題就更爲廣泛了。如同小故事3.17中所呈現的，企業因
爲很多不同的目的而存在於現代的社會中，但是在一個全球化的世界
中，要想面面俱到幾乎不可能；對於當前的企業來說，最重要的就是
找出屬於自己的存在理由。組織的目的可以定義爲總公司的策略，因
爲它檢視了組織在社會中所扮演的主要角色；一家公司對於企業策略
的定義－不管是明確爲人所知或不明確－都應該告知員工，並且採用
表3.7的五階層模式來描述組織的策略。

　　儘管每一個企業都利用表中的五個階層來描述各自的策略，但是
在面臨應用問題時，各個企業採用了各種不相同的文字來呈現。此
外，在執行上往往也採用了較爲含蓄的方式來進行。類似在用字及在
策略表達上的不同選擇，我們可以從各家企業利用不同的字眼來描述
組織目的看出，例如：任務、願景、及價值觀等等；研究也發現，在
不同的國家中這些字眼也有著不同的意涵。舉例來說，我們比較英國
及法國的一些企業，可以發現在任務發展的流程上就有差異，而這樣
的差異也反映在任務的發展、內容及其影響上（Brabet and Klemm,
1994）。因此那些閱讀組織聲明的人們必須特別注意，也會發現到在

表3.7　策略定義的層次

總公司策略：我們在社會上運作的目的是什麼？為什麼我們要以組織的型態出現？

分公司策略：在現在及未來我們應該要參與哪些商業領域？我們的核心競爭力又是什麼*？

事業部門策略：在我們所選定的事業中，我們要如何與其他對手競爭或合作呢？

作業策略：我們要如何在不同的流程、人員及結構中互相協調以完成總公司、分公司及事各業部門的策略？

個人策略：個人應該要如何進行工作才能滿足組織對於不同單位、作業、事業部門、分公司及總公司的目標？舉例來說，在李維牛仔褲（Levi's）公司中以報酬為基礎的夥伴績效計劃，就是要讓每位員工與公司形成夥伴關係，以有助於將個人的目標與公司的全球事業計劃相整合。

---

*策略的表達反應出不同的意見。策略性問題的層次可以應用到各種類型的組織，從大型的聯盟到小型的單一商品公司。儘管對於一個集團或多角化企業來說，要在它們所有的事業部門中享有一致性的核心競爭力是很有可能的，但是較常見的作法是針對不同的事業找出各自的競爭能耐。同樣地，儘管在某些企業經理人眼中，願景和任務是各不相同的兩回事，但是卻也有人不這樣想。在這兩個不同的例子中，我們都可以看出對組織目標的核心信念就是，組織的目標應該要反映在各個不同的組織層級中。

確認五個層次對於策略的不同描述時，稍做推論是必要的。從小故事3.17中我們可以發現到很多對企業策略的描述，但是在名詞的採用上卻與我們之前所提到過的完全不同。

　　或許，那些能明白陳述並強化企業策略的組織領導人，將更能夠雇用到組織所需要的員工，並發展出可以輔助達成目標的企業結構。在小故事3.18的例子中就指出了這樣的一個觀點，在故事中萊恩哈德莫恩（Reinhard Mohn）發展出一套企業策略，並用以塑造組織內部

小故事3.17 企業的策略：我們的目的究竟是什麼？

【B. C. Forbes, 富比士雜誌（Forbes Magazine）創辦人】

我們參與企業運作的目的為何？ 我們參與企業運作的目的是要帶給他人利益。如果不是這樣，我們所參與運作的企業將不可能永遠地維持成功。所有的企業運作說起來只不過是一種互惠的過程；也就是為了要獲得某些東西而用某些其他的東西來進行交換。除非我們可以付出我們所擁有的，我們將不會獲得任何東西（富比士雜誌資料）。

【Jeno Paulucci, Chun King and Jeno's Pizza 創辦人】

不管你在哪裡，為了要證明自身行為的正當性，你終究必須對自己所屬的社群作出貢獻；在我的想法中，這些貢獻就是成長、進步及快樂（Simon, 1994）。

【Ben and Jerry's, Premium Ice-Cream 製造商】

企業應照顧員工，並尋求運用本身力量來改善生活品質。企業應尋求利潤並且致力於把精神上及社會所關注的議題融入日常的運作中。傳統的企業往往會以自身利益的狹窄觀點來行事，他們所重視的僅是利潤及品質的最佳化。但是現在我們加入了第三個因素：重視對於社群、消費者及員工的衝擊（Dreifus, 1994）。

【威廉史賓賽（William I. Spencer），花旗銀行（Citibank）總裁】

我們的任務是：在法令、道德及可以獲利的前提下，提供世界各

地所需要的金融服務（Dreifus, New York Times, Dec. 28, 1980, p. B22）。

【W. T. Gore and Associates 】
企業運作的主要目的就是要賺取利潤並在過程中獲得樂趣（Feb. 1994*）。

【Cargill, Inc 】
在提昇全球五十億人口的生活水平方面，我們一定是其中最棒的。Cargill 將會投入更多的資金以製造出更好的商品，並用較低的價格販售給消費者。這個願景將會提升世界各地人們的購買力與資本的形成（來自於Cargill 的願景：A View to the Future, July 12, 1990*）。

來源：上述所有關於企業目標的陳述都來自Graham, John（1994）. Mission Statement: A guide to the corporate and nonprofit sector, New York: Garland. pp. 130, 522-523. Simon, Jane（1994, Aug.）. Are you hungry tonight? Northwest Airline Traveler, p. 19.

的其他流程及結構，更重要的是藉此吸引那些抱持著與組織策略、及目標有著一致性想法的員工進入公司。

流程的組合

　　我們冀望許多上面提到的流程能成為整合性系統的一部份。根據高歇爾及巴特列兩位學者（Ghoshaland Bartlett, 1995）的說法，企業

小故事3.18 Bertelsmann AG公司的五層次策略

卡爾伯特斯曼（Carl Bertelsmann）在一八三五年創立了伯特斯曼股份公司（Bertelsmann AG）。他最大的孫子萊恩哈德莫恩在一九四七年從二次世界大戰退伍之後重新回到了自家的工廠，但是卻發現工廠已經跟廢墟沒有兩樣。五十年以後，這家經過重建以後的企業已經成為世界上第三大的媒體巨人，其中包括了班道德出版公司（Bantam Doubleday Dell）、唱片品牌RCA、還有歐洲最大的廣播公司。伯特斯曼公司共僱用了五萬八千名員工，並且在五十個國家進行營運，在一九九六年這個會計年度創造了五億七千一百萬美元的純利（大約九億五百萬馬克）。

萊恩哈德莫恩重建伯特斯曼企業秉持的一個最重要的策略，或許也可以說是目標，就是把對於社會的貢獻放在第一位，而不是僅專注於利潤的最大化。自從一九九七年以來，伯特斯曼基金會就捐出了大約四千八百萬美元的慈善基金，直到現在企業營運所獲得的利潤也以年度分配股利的方式與企業內部員工分享。企業的策略讓這個企業得以存續並且以降低風險來保護員工：任何企劃案都必須有強制性的百分之十五盈利率，以避免高成本的錯誤一再發生而導致裁員的後果：這樣的一個結果是伯特斯曼從未在資金許可下購併過一家企業。在電視產業上，伯特斯曼從合作而不是以肉搏戰的競爭方式來獲得成長，其中也顯示這個企業的策略是注重合作而不是強調競爭。作業性策略的重點在於達成不

同流程間的協調，員工及組織結構是採分權的方式，員工同樣也可以參與管理委員會的運作，在決策制定流程中培養經理人及員工間的夥伴關係。在個人策略方面，企業經理人都非常清楚他們扮演的角色是為社會及員工服務，而企業內部的員工也遵循莫恩的要求而表現出非常謙卑的態度，並在工作上分享團體的成果而不是僅僅專注於個人的雄心壯志。

來源：取材自Rohwedder, Cacilie.（1997, Jan. 15）. Reinhard Mohn：The quiet media mogul. The Wall Street Journal, p. A10.

運作的整合性系統必須管理一套重要的流程組合（portfolio）；依照兩位學者的說法，這個流程組合必須包括下列幾個要素：創業的流程、塑造競爭力的流程、及更新的流程。上述三個流程，有著下列的組織特徵：

- 強調能力的組織文化；
- 開放並互相信任的環境；
- 員工可以調和垂直及水平關係的組織結構；
- 一個較不依賴正式控制系統的組織結構一並非沒有規定，而是員工都同意遵守發展已久的規定；
- 員工會受到創意的刺激；
- 有天份及知識的員工會主動挑起那些自己控制能力有限的活動；
- 員工會挑戰既定的策略及其背後的假設；

‧ 高階主管樂於制定高難度的決策並分配資源加以支持。

　　有關於自我更新的流程，可能是由內部所引發或因為外部的壓力甚至是全球的競爭所導致。不過根據野中郁次朗（Ikujiro Nonaka, 1991）所做的研究，上面所提到幾項造成自我更新的驅力，在日本企業形成了下面四個不同的階段（詳見圖3.6）。混亂、波動或不確定性的介入，會為企業內部員工帶來緊張的氣氛，因為目前員工本身所具有的能力可能不足以面對環境的改變。因此造成了一股異質資訊的流入，透過組織內部員工的通力合作將可以找到面對混亂狀況所需要的知識並做出最有效的反應，最後就會造成組織內部知識架構的重建。在這個過程的後半部分，員工不僅能夠習得所需要的知識，也可以拋棄那些多餘的知識。日本恩益禧公司（Nippon Electronic Company Ltd., NEC）的格言「在不穩定的狀態中尋求穩定」，便明確地指出自我更新的流程在該公司已經成為一種規範，而不再需要管理階層的介入。

　　總括來說，上面所提到的流程在範圍上涵蓋了漸進式及革命式等不同類型，而這些流程涉及連結企業內外部垂直及水平的領域，有助於創造出混合式的組織。這些流程的引入也包括漸進與全面性兩種，

圖3.6　日本企業中的自我更新流程（Nonaka, Ikujiro（1990）. Managing globalization as a self-renewing process. In Christopher Bartlett and Sumantra Ghoshal（Eds）, Managing the global firm, p. 70. London ：Routledge）

也因此較上述所提更多更多的流程將不斷地在管理的字典中出現，不管是經理人或理論家都可能會產生一種過了一天，理論就會變動的態度。

然而，結果呢？

根據一九九三年所進行的一項年度研究，由 Bain and Company 及策略領導論壇（Strategic Leadership Forum）推動，針對四百六十三家企業所進行的研究中指出，大部分的企業最常用的管理工具就是使命宣言（有94%的受訪者採用），及消費者調查（90%），而全面品質管理則是第三位（76%）。不過，很有趣的是，研究中指出企業所採用的管理工具與企業的財務表現並沒有任何明顯的連帶關係，不過研究結果也發現，找到一個最適合本身的管理工具很重要。在一九九七年，Bain and Company 更新了之前所作的研究，新的研究結果顯示，世界上有許多企業，尤其是美國的企業都會一窩蜂的採用目前管理界所流行的工具，不過卻往往沒有出現令人滿意的效果：不管是文化或全球化都在這樣的現象中扮演重要的角色。首先，美國的管理者無時無刻不受到外部的壓力而必須為企業作出一些努力：管理界的風潮及組織重整的活動，正為莎藍習克（Salancik）及梅恩朵（Meindl）在一九八四年所提出「管理控制的錯覺」呈現出最好的例子。同時因為全球化的快速步調，也迫使企業領導人須尋求更好的方式使工作的達成可以更快、更好、更便宜。這些新的概念恰好吸引了採取靈巧策略或快步調的企業；然而，根據 Bain and Company 負責探討管理潮流的研究人員達爾瑞比（Darrel Rigby）提出的看法，追逐潮流往往會造成能量、資源的浪費，並創造出不切實際的期望，而且往往會導致企業內部的失和（Byrne, 1997, p. 47）。

在佛瑞迪西爾曼及雷克斯唐納森（Frederick Hilmer and Lex Donaldson）在一九九七年所出版的《補救管理：揭開可能危害企業

組織的管理潮流面紗》（Management redeemed ：Debunking the fads that undermine our corporations）一書中，兩位作者聲稱管理潮流並非一無是處，相反地，失敗的原因往往在於管理者並未將這些管理新潮流針對企業本身所處狀況進行調整所致。不管如何，並沒有所謂的萬靈丹可以適用於所有的企業，企業經理人在採行任何新管理技巧以前，必須能夠先確認組織本身具有的特性。總而言之，這些作者都強調一個早期就有的觀點：因為並沒有一個適用於全體企業的管理假設，因此企業組織的領導者必須確定什麼對其組織是重要的；此外管理者在資源、員工能力及熱情的運用上必須有效率。

　　總括來說，管理流程對於全球化組織來說越來越重要，然而新引進的流程往往因為不能與企業組織內的其他部分協調而導致失敗。舉例來說，日本的看板系統（Kanban System）和及時化存貨系統（Just In Time, JIT）在美國企業就較難達成，因為在美國，供應商和購買者之間的關係無法像日本一般緊密；而品管圈（Quality Circle, QC）在美國所造成的效果也有限，因為品管圈的宗旨和美國員工被期望的自主性相違背。在小故事3.19中的例子，更強化了管理者必須分析改變流程、人員及組織結構的提案，以配合現存的組織。

　　ABB 企業前領導人派西巴比尼克（Percy Barbenik）、奇異公司的傑克威爾許（Jack Welch, Jr）或福特汽車公司的艾力克斯特洛曼（Alex Trotman）等等全球化企業領導者所採行的作法，包含了徹底檢視企業組織並引入小型公司所具有的企業家精神及創新想法到其所管理的大企業中。同樣地，小型企業雖然富有企業家精神，不過他們也都尋求大型企業所具有的高效率。類似這樣的改變，必須要耗費大量的資源及時間，而可以擔負起這項重責大任的人員也非常重要。

小故事3.19　新技巧的引入需要經過調整

　　位於美國賓州專門提供政府用重型機車的零件製造商，在一九八七年進行了一個改頭換面的工程，來自日本先進的自動化概念，包含了機器人、電腦及其它高科技設備的應用。但是在引入新系統以後，該公司卻沒有享受到任何生產力的提昇，因為他們發現到，先進的設備需要耗費更多的成本來維護，而企業內部的員工也無法迅速適應生產方式的改變。因此在一九九二年，這家公司又引入了一個與本身較為搭配的新流程，以符合本身所需並反映顧客的需求。

　　奇異公司引入了一個新的員工訓練計劃來取代以往的品管圈活動，因為該公司發現美國的員工比較喜歡徹底改變的點子而不是由眾多品管圈所提出的漸進式之概念改變。

人員

　　全球的企業經理人幾乎都會同意，不管是流程或結構，都需要考量企業內部的人員來發展、執行及維護，而這樣的想法也使得人員在組織內部的重要性越來越受到注意。不管是美國的階層式組織、亞洲的父權主義或歐洲的階級優越主義都相信，企業內部最重要的人員就是經理人，特別是高階經理人。然而，在這個快速變遷的社會，彈性是一項非常重要的變數，資源的取得有限，以及組織內部由上到下不斷地學習及思考也變得越來越重要，因此就算是位於較低階層的員

工，在企業進行組織變革及發展的過程中也扮演相當重要的角色。在接下來的幾個部分，我們將會呈現出企業概念的改變，如何對於內部各階層的員工造成影響。

高階經理人

在階層式組織中，高階經理人被賦予權力，根據定義，這些高階經理人被期望扮演一個主張服從權力的人。然而在今日，經理人及他在管理企業的過程中所產生的畏懼和顫抖可能不是一個理想的經理人所具有的。奇異的總裁傑克威爾許（Jack Welch, Jr）相信，主張服從權力的人在奇異公司中往往不太可能晉升到高階主管的位置，他也描述了在奇異公司內部四種主要的領導人類型：

1. 可以在財務或其它方面許下承諾，並且持有公司價值觀的領導人會在公司中晉升。
2. 在某一項承諾中失敗，但是持有公司價值觀的領導人，往往被指派到另外一個小組或新任務而有第二次的機會。
3. 可以實現承諾但是未持有公司價值觀的領導者，例如會去恐嚇或壓制他人，其未來很難預測。
4. 在某一項承諾中失敗，並且未持有公司價值觀的領導者必須另謀出路（G.E. is no place for autocrats, 1992 ）。

在傳統上，企業的高階經理人往往獨自以策略性的思維去描繪企業的願景，而他們也正是那群可以清楚的感受到全球化變動正席捲各大企業的人。在一九九三年，Proudfoot Change Management調查四百位美國企業經理人後描述變動的幾個特徵：

1. 有百分之七十九在本身企業內部就發現到快速的變動。

2. 有百分之六十一相信變動的速度會越來越快。

3. 有百分之四十七相信自己的企業將可以應付變動所帶來的衝擊。

4. 有百分之六十二以保守或頑抗的態度來面對變動。

　　那些百分之六十二承認採用頑抗的態度面對變動的企業經理人，可能是因為發現到全球化的變動持續不斷地威脅著高階經理人的角色及行為所導致。在透過多語言進行跨國性問卷調查以後，李斯特孔恩（Lester Korn, 1989）發現到，在二十個國家中的一千五百位資深經理人有著共同的理念，那就是在面對全球化的潮流下，高階經理人的角色及行為將無可避免地會受到影響。

　　然而，其中也有少數的經理人認為，頻繁的溝通過程可能會影響傳統上企業經理人所具有規劃、授權、協調、組織及控制等等傳統管理功能。根據一項針對小型企業總裁所進行的研究調查顯示，企業總裁所最需要的五種管理技能包含了財務管理、溝通（包括告知、傾聽）、激勵他人、建立願景及激勵自己等等（Eggers and Leahy, 1994）；然而這些技巧要如何運用，基本上也與其定義有關。研究中也提出了幾個可行的辦法來取代那些獨裁的領導人所執行的功能，例如展望未來、團隊合作、捨棄舊習、降低衝擊還有建構理想等等。

　　根據一項由 Assessment Circle Europe 所進行的研究報導，理查霍爾（Richard Hall, 1994）發現到，歐洲經理人的幾項重要的特質（此處的經理人指在多文化組織中負有管理責任的人），其中包含了語言能力、溝通及社交技巧、傾聽的技巧、愛好社交的人格及團隊合作的能力等等。此外，這些歐洲經理人還必須要學習並發展主動進取的精神、獨立及強大的規劃技巧。這樣的改變我們可以從一些組織營運活

動中看到明顯的證據；飛雅特（Fiat）汽車花費了六千四百萬美元在其位於義大利巴西里卡塔（Basilicata）的廠房進行員工訓練課程，其主要的目的就是要在員工及工程師之間創造出獨立且富有多樣化技巧的工作團隊。

在亞洲的企業中，展望未來一向是經理人扮演的角色之一；然而，在面對外界的壓力下，經理人進行的步調確實有加快的必要。這樣的改變我們可以從日本的豐田汽車公司決定以總裁奧田碩來取代企業創始人的豐田家族中察覺出來。不管是在個人風範、處事態度或對組織的敏感度等方面，奧田碩先生都與西方的領導者所具有的健談、充滿競爭力及簡單俐落等特質相符，而與以往日本企業家所具有的圓滑、謙讓及以團隊為導向的傳統管理者，尤其是豐田汽車過去的經理人大不相同。在亞洲的大小企業都發現，要想利用以往的家族式經營理念來邁向國際化是十分困難的，其中也有許多企業感受到對於專業經理人的強烈需求，因為只有這些專業經理人才能夠跳脫家族企業的窠臼。歐洲也有著同樣的狀況，歐洲的企業越來越重視經理人的能力及態度；混合式的管理風格也因為企業廣泛地採用世界上各大企業的

表3.8 總裁的角色及行為

總裁的行為	1988	2000
與員工進行經常性的溝通	59	89
與顧客進行經常性的溝通	41	78
重視道德	74	85
傳達對於願景的強烈意識	75	98
制定大部分的主要決策	39	21

來源：Korn, Lester B（1989, May 22）. How the next CEO will be different. Fortune, pp. 157-159.

最佳解決方案而逐漸嶄露頭角。例如台灣的長榮航空公司就採用了類似日本的人事政策,在這樣的政策下,企業內部相當重視品質、禮貌、經理人間有私下的接觸並懷著強烈的個人責任感、簡化的文件工作、經常性的部門及海外分公司之間的輪調等等。

中階管理者

　　追求財務上的成果及外部關係的管理,以往通常是高階經理人的工作;不過,現在這樣的重擔也慢慢地落在中階管理者的肩上。類似這樣的轉變及企業組織的縮編,使得中階主管在企業經營中扮演的角色,及必須負責的事務範圍與以往比起來更大也更加重要(Floyd and Wooldridge, 1994; Kraut et al., 1989)。根據學者海瑞李文森(Harry Levinson)的說法,中階管理者就像是高階管理者一般,既屬於權力階級也屬於參與階級,唯有這些管理者能夠有效地運用本身知識才能夠扮演好這個雙重的角色。這些中階管理者所面對的挑戰包括:(1)在創造承諾的過程中與部屬密切合作;(2)了解各個部屬不同的人格特質;(3)處理較為重要的人格特質差異並解決更多的衝突。因為目前世界上各大企業之間互相依存的關係漸漸提高,因此在某種程度上說來企業的經理人也可以說是全球化的經理人,在未來的幾年他們可能必須要以全球化的觀點來管理他們的企業。在這樣的情況下,他們需要哪些技能呢?

處於全球化舞台的管理能耐：
以員工為導向的企業經理人

巴列特及高歐爾（Bartlett and Ghoshal, 1995）兩位學者相信，一個以員工為中心的企業管理哲學及風格是邁向全球化經營的必備條件，而《邁向全球化經理人手冊》（A manager's guide to globalization, 1993）一書的作者史蒂芬萊茵史密斯（Stephen Rhinesmith）也指出，具備有此一風格的全球化經理人將可以反映在六個能耐上：

1. 管理競爭力的知識：
2. 管理複雜性的概念化能力；
3. 以彈性及信任流程勝過組織結構來管理適應性問題；
4. 對於多元化具有強烈的敏感度並以此為管理工作團隊的依據；
5. 判斷及管理變革和不確定性的能力；
6. 自我反省並能以開闊的心胸來學習。

南西阿德勒及蘇姍笆瑟羅米爾兩位學者（Nancy Adler and Susan Bartholomew, 1992）相信，企業經理人想要擁有全球化能耐，就必須要能夠超越在國內甚至國際市場中的經理人。如下表3.9中所顯示的，這些技巧包含全球性的觀點、區域性的責任、綜效式的學習，透過這些技巧可以使得經理人與來自於各個不同文化的人們共同工作學習、及以平等的地位與其他人共同合作等等。

根據羅南卡羅里及布魯諾杜佛（Roland Calori and Bruno Dufour）兩位學者的說法，儘管歐洲地區的管理風格各不相同，但是歐洲式的管理風格和美國及日本的全球化管理者在下列的四個特質上有很大的

差異：

1. 強烈地把每個人視為不同個體的傾向；
2. 在上級及下屬間有較高程度的內部協商；
3. 對於管理國際間的多元化議題具有較佳的技巧；
4. 管理極端事物也有較佳的能力，例如短期目標與長期目標的管理等等。

表3.9　稱職的跨國性經理人

跨國性的技能	稱職的跨國性經理人	傳統的國際性經理人
全球性觀點	可以用全球的角度來了解全世界的企業環境	專注於單一國家，並致力於管理總公司與地主國之間的關係
區域性的責任	向不同的文化學習	成為單一文化的專家
綜效式學習	同時與來自不同文化的員工一起工作並學習	分別或依序地與來自不同文化的員工一起工作並對其施以訓練
轉變及適應	可以適應生活於多個不同的外國文化	可以適應生活於單一外國文化
跨文化整合	在每天乃至於職業生涯中運用跨文化的互動技巧	只針對派外任務運用跨文化的互動技巧
合作	以平等的基礎來與外國同事共同合作	利用界定明顯的階層化結構及文化優勢來進行互動
國外的經驗	為了職業生涯及組織發展而有跨國移居的行為	只為了完成工作而移居國外或移進移出

來源：Adler, Nancy, J., and Bartholomew, Susan（1992）. Managing globally competent people. Academy of Management Executive, 6（3）：54.

在面對類似「眞的有全球化管理者嗎？」及「這些經理人來自哪裡？」（Taylor, 1991）等問題時，前ABB公司的總裁派西巴比尼克回答：「全球化的管理者有著異常開闊的心胸，他們尊重不同國家處理事物的不同方式，並且盡力去體會這樣的差異。但是這些管理者也是十分敏銳，他們會努力去跨越文化的界限。全球化的管理者是培養而來並非天生就具有這樣的能力；只要你在世界各地的分公司進行員工輪調，並鼓勵員工在多元化的工作小組中發揮所長，你就能夠迫使他們建立起跨越不同界限的個人聯盟，因此混合式民族風格的出現並非偶然，應該要有效地利用（Taylor, 1991, pp. 67-68）。」

員工

以往被定義成管理上最不重要的員工，在全球化的年代他們可能是最大的角色變革。企業所採取的積極行動例如全面品質管理及學習型組織的概念，不斷地督促員工培養自我管理及管理他人的能力；這些以往習於團隊合作的員工，現在被鼓勵同時以個人的角度來進行工作及思維。在日本、韓國及台灣還有那些家族式企業，以往隨著年齡及資歷的增長便可以獲得組織及同儕尊敬的員工，現在可能要好好思考是不是有被資遣的可能，而被那些具有活力並渴望抓住全球化變動機會的年輕員工所取代。舉例來說，從一九九二年開始，日立公司、日產汽車、野村證券及三洋電機開始引入員工資遣的做法，也修正了終身僱用的制度。

個人選擇的定義

看似雜亂無章的全球化世界背後所具有的深遠特性與以往具有界

限的國家概念，對於那些能夠依照本身意志來選擇適合方案的個人來說有著特別的意義。來自外部的壓力也迫使這些人以更快、更好、更明智的方式來做好有關個人及組織的決定。未來學家威廉（William Van Dusen Wishard, 1995）相信，成功是沒有藍圖的，但是他也做出了下面幾點的建議：

1. 辨別哪些事物是永恆不變的；
2. 因為相互依存的生活將是未來的主流，因此我們必須學習如何去找出在人與人之間、事與事之間、及不同的生活族群之間的連結關係；
3. 我們也必須學會了解自己；
4. 我們必須要知道變化及科技如何影響著人們及企業組織；
5. 我們一定要放開心胸去體會那些難以了解、評價及控制事物的存在，在自我內心則應該要重視直覺；
6. 要以消除文化及種族間差異的方式與他人進行互動；
7. 個人應該要培養一種替未來創造出某種新事物的意識。

　　上述由威廉所提出的軟性議題在操作上並不容易，但是在以價值觀為基礎的管理風格、自我更新及潛能開發越來越受到關注的現代，這些軟性議題也變得更為重要。這樣的變動我們可以從史蒂芬科維（Stephen Covey）所重視的道德重建、彼得聖吉（Peter Senge）及其它概念的運用例如服務式的領導風格（Servant-leadership, Spears, 1995）、波爾曼（Bolman）及戴爾（Deal）所提出的精神領導（Leading with soul, 1995）等等概念看出來。這樣的領導品質從一九九四年由布朗（Brown）所進行的一個國際性管理調查中也可以發現到非常受到重視；在這項調查報告中，歐洲的派西巴比尼克被視為最受景仰的資深管理者，並用人道主義者、專家、有決心的人、願意貼近

員工的人及優秀的溝通者來描述他。最受景仰的資深管理者第二位及第三位分別是英國航空（British Airway）的科林馬歇爾（Colin Marshall ）及BMW汽車公司的布藍德（Brend Pischetsrider）。另外，在一項針對亞洲企業所進行的優良領導風格調查中（Selvajah et al., 1995），最重要的一項是誠實，接下來則是策略性的願景及體察他人的工作成果。從這些各不相同的研究調查中我們可以發現，企業經理人結合人際的技巧及其它不同的技巧對於邁向國際化是非常重要的。個人在經歷了如此的成長以後，將會有助於成功地與不同的人們互動、容忍不確定性及模糊性的存在，並可以創造出一個能扮演多種不同角色的組織；仔細的檢視自我及組織對於定義全球化舞台上的個人及策略是十分重要的。

　　總而言之，變動的強大威力對個人同時造成了利益及損害，也對全球化企業在結構上及流程上造成很大的影響。組織的領導者因此創造了混合式的組織來獲取利潤，同時維持在全球社群中受人歡迎。儘管對於成功及失敗的定義十分清楚，但是我們卻不能就此判斷這些經理人的成敗。對於全球化並沒有萬靈丹的存在，要想在全球化的過程中得到成功，就必須要了解個人、企業及員工所具有的能耐，並輔以組織的彈性及穩定性，重視多元化及同質性，並且在全球化企業所面對的多種不同選擇中加以權衡。在下一章的主題中，我們將回過頭討論全球化在文化上的變動對於組織所採取的行動將會造成何種影響。

本章關鍵概念

　　逐漸高漲的期望造成了社會責任：對於強大經濟實體的期望逐漸上升，這樣的想法背後所抱持的信念就是，不管企業規模的大小都必

須要對於其所服務的社會擔負起責任。企業所造成的錯誤不再輕易地為民眾容忍，世界各地的企業組織也常常必須承擔起實質或感受上的公共違法責任。在促進了全球化變動以後，企業在某種程度上被迫去承擔管理變動的責任。

社會責任的挑戰：對於全球化企業所面對的社會責任挑戰中，最大的挑戰就是要在下面三個領域中取得平衡：在有形資產及無形資產之間、股東及利害關係人之間的權益、及自主性和成為社群成員之間。

財富的創造並不只侷限於經濟上的財富：對於有形資產及無形資產的創造，重塑了企業對於零和遊戲及競爭性的基本假設。在全球化的世界中透過集體合作，產生的利益可能是無限的。

股東及利害關係人：企業組織的利害關係人並不只是那些與企業有直接利害關係的個人或團體，例如：員工、工會、股東等等，還有那些可能並非直接持有企業股份，但是卻被組織或其他股份擁有者認為十分重要的個人或組織。目前不管是股東或利害關係人的行動在世界各地都普遍地逐漸加溫中，而這兩股力量都為企業的決策帶來不小的壓力。

對於全球化舞台來說不夠完美的企業傳統：對於企業的比較，傳統上都是放在成功的經濟表現，但是對於全球化社群來說，這樣的評估方式並不適當。

混合式企業組織的出現：在創造一個適合於全球化企業運作的混合式組織的過程中，可能因為多元化傳統而造成失敗的例子遠比成功的例子多上許多。

　　混合式組織結構：因爲對效率及創造力的多重要求，因此也出現了結合階層式結構及扁平式組織內部元素的混合式組織，用來加強企業內部的橫向連結。儘管混合式架構比較能夠配合全球化的要求，但是卻也可能造成一團混亂的狀況，與傳統式的階層性結構比較起來也較難以描繪和敘述。

　　混合式流程：來自全球的多重要求增強了定義組織目標及策略管理等流程的重要性。制訂策略對於想要邁向國際化的企業最爲重要，他們需要發展出流程的組合；其它的流程還包括發展企業家精神的流程、自我更新的流程及學習的流程等等。

　　策略的層次：對於企業組織來說有五個重要的策略層次。總公司策略應該作爲分公司策略、事業策略、作業策略及個人策略的指引。

　　日漸重要的人力資產：對於全球化企業來說人力資源的重要性越來越高。要發展這一類的資產必須要高階經理人作出決策並授權。

　　管理能耐：管理能耐包含有各種軟式及硬式的技巧，這些技巧包含技術性和功能性的技巧，自我認知及與他人互動的能力等等。

問題討論與複習

1. 本章探討的議題是企業會影響他們所屬的社會。試找出一家你所屬的國家中擁有最多員工的企業，並試著運用本章所提到的概念；試想如果該家企業決定明天就結束營運，對於你所在的國家將會出現哪些立即及長期的影響？這樣的變化對於你的現在及未來生活又會造成何種改變？

2. 佛瑞德瑞克泰勒（Frederick Taylor）及亨利費堯（Henri Fayol）在他們的理論中都認為互助合作及團隊運作對於企業非常重要，但是對於大部分的人，這兩位學者最主要的貢獻在於理性思維及科學管理。請試著討論在當時的企業環境背景下，為何科學管理的原則比起最近在美國才較受到重視的團隊合作概念來得重要？

3. 根據一九九六年九月二十八日所出版的經濟學人雜誌（The Economist）中的一篇報導明日的第二性（Tomorrow's Second Sex）顯示，在北美及歐洲由女性主導職場的比率越來越高，相對下，男性則越來越少。在快速發展的亞洲國家中，女性的工作及教育機會也逐漸提昇；而在許多開發中的國家，女性也漸漸地找到工作的機會。試著分析這樣的狀況對於企業的工作環境有何影響？男性和女性之間的社會關係又會受到何種衝擊？總括來說，你認為這樣的改變是正面或負面？選擇其中的一個立場，並舉出實例來論證。

4. 在一九九七年二月，皇家殼牌集團宣佈該集團在一九九七年將可以在淨利方面達成百分之二十三的成長，不過分析家指出這樣的利潤榮景只是暫時的現象。該集團的董事長宣稱，皇家殼牌集團從一九九七年到二○○一年在全球石油及天然氣的產出每年將可以享有百分之七的成長率，但是並未提到有關原油產出的成長潛力、非石油輸出國組織（Organization of Petroleum Exporting Countries, OPEC）的生產擴充及伊拉克重新對外輸出原油等問題。試著從這些事件及在本章開頭所提到的例子，說明全球化的環境對企業增加了許多不確定性。

5. 全球化企業個案：針對你想要研究的企業，找出有關該企業對於其使命、願景、目的及理想的陳述，並回答下列的問題：該企業的目的為何，該企業要利用何種方式在全球化市場中達成其目的？核心能耐及長期競爭優勢的概念可能有助於回答上述問題。

參考書目

Adler, Nancy J., and Bartholomew, Susan. (1992). Managing globally competent people. *Academy of Management Executive*, 6 (3): 54.

Anderson, Sarah, and Cavanagh, John. (1997). *The top 200: The rise of global corporate power*. Washington, DC: Institute for Policy Studies.

Barnet, R.J., and Cavanagh, John. (1994). *Global dreams*. New York: Simon & Schuster.

Bartlett, Christopher, and Ghoshal, Sumantra. (1995, May/June). Changing the role of top management: Beyond systems to people. *Harvard Business Review*, pp. 132–142.

Bolman, Lee G., and Deal, Terrence E. (1995). *Leading with soul*. San Francisco, CA: Jossey-Bass.

Boynton, Andrew C., and Victor, Bart. (1991, Fall). The dynamically stable organization. *California Management Review*, pp. 53–66.

Brabet, Julienne, and Klemm, Mary. (1994). Sharing the visions: Company mission statements in Britain and France. *Long Range Planning*, 27(1): 84–94.

Brewster, Chris. (1995). Towards a 'European' model of human resource management. *Journal of International Business Studies*, 26(1): 1–21.

Brown, Andrew. (1994). Top of the bosses. *International Management*, 49(3): 26–29.

Brown, Juanita. (1992). Corporation as community: A new image for a new era. In John Renesch (Ed.), *New traditions in business*, pp. 123–139. San Francisco, CA: Berrett-Koehler.

Byrne, John. (1997, June 23). Commentary: Management theory – or fad of the month? *Business Week*, p. 47.

Calori, Roland, and Dufour, Bruno. (1995). Management European style. *Academy of Management Executive*, 9(3): 61–77.

Chakraborty, S.K. (1995). *Ethics in management: Vedantic perspectives*. Delhi: Oxford University Press.

Corporate governance is bringing change to the boardrooms of Europe. (1995, July 21). *The Wall Street Journal*, p. A5A.

Dreifus, Claudia. (1994, Dec. 18). Passing the scoop: Ben & Jerry. *New York Times Magazine*, p. 41.

Drucker, Peter. (1987). Social innovation: Management's new dimension. *Long Range Planning*, 20(6): 29–34.

Dubey, Suman. (1994, Nov. 28). India's Reliance sees vision shift to Ambani sons. *The Wall Street Journal*, p. A9A.

Eccles, Robert G., and Nolan, Richard L. (1993). A framework for the design of the emerging global organizational structure. In S.P. Bradley, J.A. Hausman, and R.L. Nolan (Eds), *Globalization, technology, and competition*, pp. 57–80. Boston, MA: Harvard Press.

Eggers, John H., and Leahy, Kim T. (1994). Entrepreneurial leadership in the US. *Issues and Observations* [Center for Creative Leadership publication], 14(1): 1–5.

Ettorre, Barbara. (1994). The experts rally: Tough leaders needed. *Management Review*, 83(9): 33–37.

Farrell, Christopher. (1994, Nov. 18). The triple revolution. *Business Week*, Special Issue: 21st century capitalism, pp. 16–25.

Fernandez, John. (1991). *Managing a diverse work force*. Lexington, MA: Lexington Books.

Fisher, Ann B. (1993, May 31). Japanese working women strike back. *Fortune*, p. 22.

Floyd, Steven W., and Wooldridge, Bill. (1994). Dinosaurs or dynamos? Recognizing middle management's strategic role. *Academy of Management Executive*, 8(4): 47–58.

G.E. is no place for autocrats, Welch decrees. (1992, Mar. 3). *The Wall Street Journal*, p. B1.

Ghoshal, Sumantra, and Bartlett, Christopher. (1995, Dec./Jan.). Changing the role of top management: Beyond structure to processes. *Harvard Business Review*, pp. 86–96.

Gibson, Cristina B. (1995, 2nd quarter). An investigation of gender differences in leadership across four countries. *Journal of International Business Studies*, pp. 255–279.

Gucci, Armani. . . and John Paul? (1996, May 13). *Business Week*, p. 61.

Hall, Richard. (1994). *EuroManagers and Martians*. Brussels: Europublications.

Harris, P R., and Moran, R.T. (1996). *Managing cultural differences* (4th ed.). Houston, TX: Gulf Publishing.

Hawken, Paul. 1993. *The ecology of commerce*. New York: HarperBusiness.

Hilmer, Frederick, and Donaldson, Lex. (1997). *Management redeemed: Debunking the fads that undermine our corporations*. Boston: Free Press.

Hofstede, Geert. (1980). *Culture's consequences*. Beverly Hills, CA: Sage.

Hofstede, Geert, and Bond, Michael H. (1988). The cultural connection: From cultural roots to economic growth. *Organizational Dynamics*, 16(4): 4–21.

Human Development Report. (1995). New York and Geneva: United Nations.

India's Mr. Business. (1994, Apr. 18). *Business Week*, pp. 100–101.

Janger, Allen R. (1980). *Organization of international joint ventures*. New York: Conference Board.

Keay, John (1991). *The honorable company: A history of the English East India Company*. London: HarperCollins.

Korn, Lester B. (1989, May 22). How the next CEO will be different. *Fortune*, pp. 157–159.

Kotkin, Joel. (1993). *Tribes*. New York: Random House.

Kraut, Allen I., Pedigo, Patricia R., McKenna, D. Douglas, and Dunnette, Marvin D. (1989). The role of the manager: What's really important in different management jobs? *Academy of Management Executive*, 3(4): 286–293.

Levinson, Harry. (1988). You won't recognize me: Predictions about changes in top-management characteristics. *Academy of Management Executive*, 2(2): 119–125.

Lindorff, Dave. (1994 , Nov. 18). Raised fists in the developing world. *Business Week*, pp. 130–132.

Mescon, Timothy S., and Tilson, D.J. (1987). Corporate philanthropy: A strategic approach to the bottom-line. *California Management Review*, 29(Winter): 49–61.

Naisbitt, John. (1994). *Global paradox*. New York: Easton Press.

Nonaka, Ikujiro. (1990). Managing globalization as a self-renewing process. In Christopher Bartlett and Sumantra Ghoshal (Eds), *Managing the global firm*, pp. 69–94. London: Routledge.

Prahalad, C.K., and Hamel, Gary. (1990, May/June). The core competence of the corporation. *Harvard Business Review*, pp. 79–91.

Rhinesmith, Stephen. (1993). *A manager's guide to globalization*. Alexandria, VA and Homewood, IL: American Society for Training and Development and Business One Irwin.

Rigby, Darrell K. (1994, Sept./Oct.). Managing the management tools. *Planning Review*, pp. 20–24.

Rosener, Judith. (1990, Nov./Dec.). Ways women lead. *Harvard Business Review*, pp. 119–125.

Roy, Delwin, and Regelbrugge, Laurie. (1995, Apr.). *Global citizenship: Gaining momentum and depth*. New York: Hitachi Foundation.

Sai, Yasutaka. (1995). *The eight core values of the Japanese businessman: Toward an understanding of Japanese management*. Binghamton, NY: Haworth Press.

Salancik, Gerald R., and Meindl, James R. (1984). Corporate attributions as strategic illusions of managerial control. *Administrative Science Quarterly*, 29(2): 238–245.

Sampson, Anthony. (1995). *Company man*. New York: Times Business.

Schellhardt, Timothy D. (1994, Oct. 28). Major firms in North America, Europe plan marketing changes, survey shows. *The Wall Street Journal*, p. A5B.

Selvarajah, Christopher T., Duignan, Patrick, Suppiah, Chandrseagran, Lane, Terry, and Nuttman, Chris. (1995). *Management International Review*, 35(1): 29–44.

Shareholder activists put CEOs on notice. (1995, Feb 20). *Fortune*, p. 16.

Shih, Stan. (1995, Nov. 3). On Asian competitiveness. *Asia Week*, 21(44): 30–32.

Smith, N. Craig, and Quelch, John A. (1992). *Ethics in marketing*. Homewood, IL: Irwin.

Sorge, Arndt. (1993). Management in France. In David J. Hickson (Ed.), *Management in Western Europe*, pp. 65–87. Berlin/New York: de Gruyter.

Spears, Larry. (Ed.). (1995). *Reflections on leadership*. New York: John Wiley.

Steadman, Mark E., Zimmerer, Thomas W., and Green, Ronald F. (1995). Pressures from stakeholders hit Japanese companies. *Long Range Planning*, 28(6): 29–37.

Tanzer, Andrew. (1994, July 18). The bamboo network. *Forbes*, pp. 138–144.

Taylor, William. (1991). The logic of global business. Reprinted in James Champy and Nitin Nohria (Eds), *Fast forward* (1996), pp. 61–88. Cambridge, MA: Harvard Business School Press.

Van Dusen Wishard, William. (1995). *We have crossed over the border of history*. Potomac, MD: Porter McGinn Associates.

Viotzthum, Carlta. (1995, July 21). 'Corporate governance' is bringing change to the boardrooms of Europe. *The Wall Street Journal*, p. A5A.

Wokutch, R.E., and Spencer, B.A. (1987). Corporate saints and sinners: The effects of philanthropic and illegal activity on organizational performance. *California Management Review*, 29(Winter): 62–77.

Women-owned businesses: Breaking the boundaries. (1995). New York: Dun and Bradstreet Information Services.

You ain't seen nothing yet. (1994, Oct. 1). *The Economist*, pp. 20–24, The Global Economy Survey.

第四章

全球文化

我要我的……MTV

以資本額一千五百萬美元創立的 MTV 台，於一九八一年八月一日凌晨十二點零一分開播後，馬上就成了電視和音樂史的重要部份。它最初的廣告形象是全球化的：一個太空人把 MTV 旗幟插在月球上。今天，MTV 的影像同樣玩世不恭，或許正反映其十八至二十四歲觀眾群不滿現狀的傾向。MTV 台是一個具有強烈文化個性的組織，全世界的音樂愛好者很容易就能辨認出屬於它的意像。觀眾不僅十分了解 MTV 所反映的文化，他們本身也成了一種正在興起的全球文化的一部份，這個全球化的文化結合了各種不同文化的文字、音樂和符號，而形成了本身的生命。

在世紀轉折之際，美國的 MTV 台加上印度的 DD2 都會台、英國的 VH-1 台和 MTV 亞洲台，將會囊括二億五千萬到五億的收視戶，而且目前觀眾人數在開發中國家比在美國更多。據 MTV 母公司 Viacom Inc 表示，有七千萬的用戶收看巴西、拉丁美洲、中文地區和亞洲的

MTV台。即使主持人（VJ）說的是地方性語言，他們會把全球化的詞彙自由地轉換成地方性語言（如英文的 cool 變成中文的「酷」），而其意義往往又是隨時間而改變的。另外，雖然源自英語世界，但是越來越多的音樂錄影帶使用世界其它地方的音樂。世界音樂的影響反映在華納唱片公司（Warner Music International）的銷售數字上：在一九八〇年，非美國歌手的銷量少於總銷量的 1/3，但在一九九四年，非美國歌手的銷量佔了 60%，營業額達六億三千萬美元。根據淘兒唱片公司（Tower Record）業務經理的說法，即使在美國，「所有的樂迷都往外國音樂部那邊跑。」

MTV台宣稱，它的營運目標是成為電視上最大的共享資源，以提供自由、解放、獨創性、無拘無束的樂趣和美好未來的強烈希望。MTV 總公司接待處的櫃檯是一個象徵搖滾樂的巨大塑膠石頭，這正反映了 MTV 的趣味性。在總公司的攝影棚內，電視總是鎖定 MTV台，員工中如果有人要求把音樂關小聲就會被認為太遜了。

MTV 的攝影棚是大學實習生和製作助理的天下，他們大部份都在 MTV 所要掌握的年齡層內。除了極少數的例外，老化和離開 MTV是同義詞。開發 MTV 節目或新的音樂錄影帶風格通常掌握在一個二十四歲左右的助理製作人手中，他必須能夠在星期一創造一個點子，星期二就「賣」給製作人，星期三完成企劃，星期四開拍，星期五剪接，然後在星期六播映。MTV 公司採用了水平式的組織結構，這樣可以提高決策效率，帶動流行，並不斷地為年輕人擴展新的樂趣。總而言之，MTV 訂下的目標、使用的語言、明確的意像符號和員工的態度，成了它在逐漸邁向全球化的社會裡的生存之道。

來源：La France, Robert, and Schuman, Michael （1995, July 17）. How do you say Rock 'n' Roll in W olof? Forbes, pp. 102-103; Seabrook,

John（1994, Oct. 10）. Rocking in Shangri-La. The New Y orker, pp. 64-78.

第一部份 文化的各種概念

　　全球化對於時間、空間、國家、經濟實體、組織與產業特性等疆域的跨越，目前已把焦點集中在文化的領域。透過蓬勃發展的資訊技術，世界各地的人們獲得了關於其它國家的文化習俗、價值觀和行為的訊息，因而越來越能夠以全球化的觀點或方式去思考甚至行動。在世界各地成年人皆急於投入營利性的商業活動中，文化全球化的現象尤為顯著。微軟公司一九九五年的口號「企業是社會的引擎」精確地掌握到全球化的這個面向，說明世界是一個組織在營利性商業活動上的單一社會。類似的全球化現象和商業活動受制於傳統的文化行為和信念，但它們同時也影響不同國家內的文化習俗與信念。傳統的文化習俗和信念是否會導向一個真正的全球文化正是本章要探討的主題。

文化的各種面向

　　文化研究在過去是文化人類學家專有的知識領域，但隨著全球商業活動在一九七〇和一九八〇年代的增長，商業研究人員發現，文化的概念其實可以提供商業活動兩種不同的解釋。首先，它可以讓我們了解到，不同組織之間在行為、思考模式和共同目標的設定等方面有所差異，乃是由於「文化」不同所造成的。一個組織如果擁有一個強而有力的企業文化，則對它發展和執行組織的共同目標將會有所幫助；反之，弱勢的組織文化會延緩目標達成的進度（Schein, 1992）。本章開頭介紹的MTV個案顯示，MTV擁有自己強大而豐富的組織文

化，它的員工共享一套獨特的行為模式、一套反映在他們使用的詞彙上的語言，及一套員工所共享的價值觀。

　　另一方面，隨著不同文化之間的誤解和衝突所造成的商業損失越來越顯著，文化概念也開始被應用在商業領域。在《國際商業中的謬誤》（Blunders in international business）一書裡，David Ricks（1993）描述了許多由於文化矛盾和誤解而造成的商業問題。舉例來說，Olympia 公司曾嘗試在智利推銷以ROTO為名的影印機，結果銷量極差，這可能是因為roto 在西班牙文裡的意思是「損壞」，而且在智利這個字也用來指稱下層階級。類似的失誤不只是因為語言上的差異也是因為大部份的文化因素是隱而不顯。圖4.1 說明了這種失誤如何發生。

　　圖中的「文化冰山」顯示，大部份我們所認識的文化是隱藏在行為或視覺所見的事物（What）之中。對於讀到的符號、聽到的詞語和看到的行為，屬於同一種文化的人們一般會作出相同的解讀。然而當不同的文化互相混合時，類似的理解則未必會出現；一個人耳聞目睹到不同文化中的某些事物（What）時，他可能並不了解該事物發生的原因（Why）。結果，外來文化所造成的行為可能會跟本地文化的規範和價值標準不符。通常，與文化不符的行為會被認為是反常的跡象；但在作出判斷之前，我們首先應該深入表層去追問，一個人為什麼會有這樣的行為。舉例來說，一個沙烏地阿拉伯人直接凝視他人的眼睛並非不尋常，因為阿拉伯人相信眼睛是人性特質的一扇窗口。不過，在奈及利亞，避開他人的眼睛才是尊敬的表示，尤其是當兩人身份地位不同的時候。

　　文化信仰的差異說明了為什麼會產生不同的行為。這「為什麼」在文化冰山中是較不明顯且位於文化水平線下的，它解釋了語言、行為、經濟制度、政治制度、技術應用、與自然環境的關係等等存在方

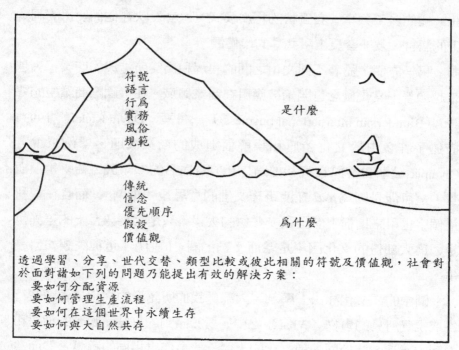

符號
語言
行為
實務
風俗
規範

是什麼

傳統
信念
優先順序
假設
價值觀

為什麼

透過學習、分享、世代交替、類型比較或彼此相關的符號及價值觀，社會對於面對諸如下列的問題乃能提出有效的解決方案：
　要如何分配資源
　要如何管理生產流程
　要如何在這個世界中永續生存
　要如何與大自然共存

圖4.1　文化：你眼中所見到的現象並沒有告訴你為什麼

式。這看不見的、潛在的文化價值標準可能擊垮一個跨文化的商業交易，就像看不見的冰山會擊沉一艘船一樣。不過，認識文化不只意味著認識他人的文化，也意味著認識自己的文化。因此，對於企業管理者來說，學習文化需要兩種技能：能分析隱藏在文化中的行為、規範、假設和價值觀如何形塑個人和組織，及能察覺文化如何重塑我們對工作、家庭生活、企業、政府以至全球化的假設。在接下來的章節裡，我們將對此加以說明。

定義文化

　　文化有著各種各樣不同的定義；單單在人類學界，「文化」一詞
的定義便超過兩百種。提起「文化」（Culture），農民所說的可能與土
地耕種和土地改良有關；生物學家可能會想成是一種培植微生物新品
種的方法；社會學家會把它描述成一代一代流傳下來的群體生活習
俗；也有些人會把它看作是高等教育或訓練的證明。這種種不同的定
義使我們有必要闡明「文化」在本書裡的用法。

　　Vern Terpstra 和 Kenneth David （1991）對文化下過一個廣泛的定
義，可應用於本章所檢視的全球、國家、企業和組織文化上。他們寫
道：

> 文化是一組習得、共享、強力、相互關聯的符號，這組符號的意
> 義提供社會成員一套導向與定位的能力。這套導向與定位能力在
> 社會面對各種問題時可以提供解決方法，讓社會繼續生存下去。

　　從定義來說，社會或文化是由一群人因某些目的而結合組成的。
這些目的可能大不相同，但不同的社會卻經常會面對相似的問題，並
且會用相同的機制去解決。譬如，所有的社會都必須設法解決人民吃
的問題。根據John Bennett和Kenneth Dahlberg（1993）的說法，在人
們集結而形成社會以滿足共同需求的過程中，文化的整合會有五次轉
折。

- 轉折一：在以狩獵和採集維生的社會裡，一個家庭單位加入其
　　它家庭單位形成一個更大的團體，團體的運作和組織由所有成

員共同執行。

- 轉折二：遊牧和狩獵的範圍縮小，人們定居在特定地理區域，並且建立一個以上的營區。
- 轉折三：村落社群逐漸興起，人們開始種植農作物和畜養動物。
- 轉折四：貿易和手工業的興起帶動城市革命，人們以群體的方式開始集中在城市或市鎮上。
- 轉折五：人們發現大量獲得、集中能源和其他資源的方法，導致形成可以平衡商業利益和社群利益的現代國家。

然而，全球化的世界代表第六次轉折：

- 轉折六：商業活動使人們能夠跨越地理和對國家忠誠的界限，滿足他們的需求。

文化協助化解的挑戰

語言、行為等因素是潛在價值觀的表徵，它們可以反映出一個文化系統及其中人們共同採納的優先順序和信念體系。這種共同的想法和目標可以幫助一個文化群體尋求共同的解決方案，以滿足低層次的基本資源需求，和高層次的人際關係與發展需求。這種習得、共享、強大、相互關聯的特性使文化不僅僅是一條條寫在紙上的規則。相反地，它是一個由各種行為、價值觀、信念和不須言明的假設所形成的密集網絡。解開這個網絡內部所存在的糾結是許多社會科學家窮集一生所進行的工作，通過文化研究他們對人類和組織行為的每一個面向都取得了可觀的洞見。

文化表達基本需求

Abraham Maslow（1954）提出的人類需求層級（Hierarchy of Human Needs）說明了全體人類基本上對食物、水、蔽護和溫暖的低層次生理需求；中層次安全需求；及較高層次對社會關係及歸屬的需求、名譽需求（如社會或工作地位）和自我實現或自我滿足的需求（詳見圖4.2）。對當今大部份的人來說，這些需求—從最基本而實際的到最抽象的—是透過國家獲得的，但這種情況慢慢地將會有所改變。

盧安達和厄立特利亞（Eritrea，衣索比亞的一個自治省）的戰爭

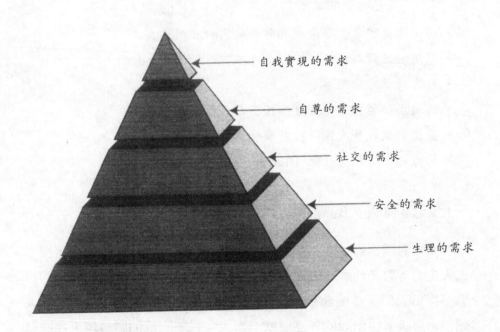

圖4.2　馬斯洛的需求層級

顯示，一個國家沒有能力提供足夠的食物和水，足以導致暴動、種族
衝突甚至種族屠殺。通過戰爭，特定族群試圖建立有能力提供他們需
要的資源的新社會或國家。恢復民主後，島國海地也隨即面對類似的
文化挑戰：「受盡貧窮、文盲、營養不足、疾病、暴力事件、貪污、
人口過多、急速都市化、砍伐森林和土地侵蝕等問題的折磨」
（Rohter，1994）之後，海地人發現他們很難再跟連基本需求也無法
提供的政府和諧共處。面對國內的紛亂，盧安達人和海地人沒有把自
己侷限在國界之內，而是尋求跨國界的解決方法。海地黑人向美國黑
人社群尋求經濟支援，而盧安達人則要求人權組織的協助。

　　滿足人民的基本需求，是民族文化可以化解的一個巨大挑戰，不
管它是建立在國家還是組織歸屬的基礎上。共同的文化規範能夠化解
的其他挑戰包括：

- 透過防衛和緊急應變機制防範敵人和自然災害；
- 兒童的撫育與教導；
- 人力資源的分配；
- 透過法律和監獄等社會監控機制控制偏差行為；
- 提供管道激發人民履行其義務；
- 權力的合法化和分配（Terpstra and David, 1997, p. 7）。

文化表達高層次的需求並定義價值觀

　　文化群體也對以下的問題提出共同的答案：為什麼我會在這裡？
人天生的本質是什麼？人和自然環境的關係應該如何？類似問題的答
案可提供人們一種價值觀，賦予生活意義，並且滿足 Maslow 在「人
類需求層級」中所說的「高層次」需求。以下的章節將檢視，在商業
領域裡，民族價值觀的不同如何造成行為上的差異。

價值觀是一套內化的規則，人們以此選擇及合理化各種行動，及對於自我、他人和事件作出評價（Schwartz, 1992）。國與國之間的價值標準總是有所不同。表4.1顯示，價值觀的差異會使信念和行為有所不同。舉例來說，在宿命論（Fatalism）vs. 自主論（Control）的爭論中，對立的兩方對於在大環境中的自主性表達了不同的立場。在一個相信宿命論的社會裡，工作或生活上所遭遇到的厄運會被認為是超自然力量（命運或運氣）在作祟。由於這些事件被認為是個人能力無法掌控，所以當它發生時，人們經常會採取默默承受的態度。相反的，若相信人可以掌控自己的命運，人們就會驅使個人的力量，努力扭轉劣勢。順著表4.1中間一欄所列的價值標準往下看，你會發現，是潛在的價值觀形塑了人們的假設、優先順序、信念、傳統及行為。

表4.1所列的各種不同文化信念顯示，有些文化相信過去和現在比未來重要，有些則認為未來比過去，甚至比現在更為重要。未來導向的社會可能比較注重規劃，而享受當下的歡樂和友誼—即使這種享樂與商業無關—則是現在導向的社會較為關心的。如果這兩種文化處於分離狀況，那麼像這樣的差異便無所謂。但在全球化的跨國企業裡，如果來自未來導向社會的策劃者看到來自現在導向社會的員工只顧玩樂而不是在工作，衝擊將會非常大。同樣地，來自現在導向社會的員工很快會得出結論，認為來自未來導向社會的策劃者太苛刻或對工作太認真。兩種行為在各自的社會裡都沒有錯，但這兩種文化規範顯然是衝突的，這種文化衝突會導致不同的行事作風，並且造成誤解甚至私人恩怨。

研究人員探討了國與國之間在價值觀上的差異，以確認個別國家的文化特性。一些跨文化研究也嘗試檢驗是否有一套適用於所有或大部份文化的普同價值標準。追尋普同性價值觀的理由有很多，有的是為了要嘗試解釋不同國家和文化的經濟發展，有的則是要了解不同文

表4.1 文化的比較

事物的結果受到命運或高層次的權力之影響	宿命論對控制論	個人控制自己的命運
人們應該要試著去接納大自然	和諧對支配	自然是一項可供人們運用的資源
傳統應受到尊敬並且可能成爲今日的借鏡	傳統對改變	大多數的改變都是符合眾人希望的
爲今天而生活	現在對未來	替未來作計畫
提昇人類的精神品質	生活的目標	創造物質上的富裕
生活是一獨立整體的一部份	了解的方式	生活是理性的
生活的品質決定了生活是否成功	成功的定義	個人所擁有的財富和地位就是成功
利用時間去建立關係	如何利用時間	利用時間去獲得資源
友誼是一輩子的	朋友所扮演的角色	友誼來得快也去得快
年老應受到尊敬	年老對年輕	年輕具有價值、年老的東西就應該拋棄
個人的身分來自群體的成員關係	身分的來源	個人的行爲定義其身分
個體依賴著群體	自我對群體	個人的獨立最重要
行動是因爲脅迫或外力的壓制	行動的原因	說服力及原因可以引導行動的發生
吹牛有損和諧的狀況	謙虛對吹牛	自我誇大是吸引眾人注意的唯一方式
犯錯是丟臉的表現	失敗的風險	失敗表示個人勇於嘗試
想辦法維持和諧氣氛及爲眾人保留顏面	對他人負責	就算事實甚具批判性也應該實話實說
合作可以獲得想要的成果	合作或競爭	獲勝是最重要的結果
以間接的方式避免魯莽	如何提出問題	直接提出想要知道的問題
避免衝突	如何管理衝突	勇敢地直接面對衝突
資訊就隱藏在當時的情境及言語中	訊息如何傳達	訊息就在言語中
傾聽並記憶	學習的方式	主動參與學習

來源：改編自：Thiedemann, Sandra（1991）.Bridging cultural barriers for corporate success. Lexington, MA ： Lexington Books.

化的人們間的差異。另一個潛在因素是想要了解，是什麼動機驅使人們去做某一件事情。從商業角度來說，釐清了這些價值觀，就更容易展開行動了。

國家價值觀

Hofstede 的國家文化面向模式

荷蘭研究人員 Geert Hofstede（1984）針對向來自超過五十個國家共十一萬六千人的問卷結果作了分析。該項研究的目的是要找出對跨文化管理有所助益的價值觀。表4.2列出了所有五十三個國家的得分。以下是Hofstede描述的民族文化的四個面向：

* **個人主義／集體主義**：這個面向反映了個人與他人應有的關係。高度的個人主義反映出一個人偏好獨立行動，而高度的集體主義則顯示出一個人比較喜歡跟他人合作。在家庭生活上，個人主義會跟核心家庭聯想在一起，而集體主義則比較跟大家庭有關。在工作方面，個人主義者喜歡獨立作業，和喜歡集體作業的人形成對比。

* **權力距離**：這個面向反映一個社會對於諸如權力應平均分配於社會各機構和組織之觀念的接受度。舉例來說，擁護君主制度和種姓制度，就是接受某些人天生比別人更有權力這樣的觀念。在權力距離大的社會，像這樣的不平等關係是可以預期並且被接受的。反之，在權力距離小的社會，人們相信身份地位的高低跟他們扮演的角色有關。大的權力距離，在行為上表現為對於被限定的身份之默認，在家庭中反映在清楚的層級關係上，在公司裡則表現在對誰領導對誰服從的明確界定上。在權力距離小的社會，不平等的情況被縮到最小，大家相信人人平

表 4.2　53個國家或區域之國家文化的分數

國家	權力距離		個人／集體主義		陽剛／陰柔		避免不確定性	
	指數 PDI	名次	指數 IDV	名次	指數 MAS	名次	指數 UAI	名次
阿根廷	49	18-19	46	31-32	56	33-34	86	39-44
澳洲	36	13	90	52	61	38	51	17
奧地利	11	1	55	36	79	52	70	29-30
比利時	65	34	75	46	54	32	94	48-49
巴西	69	40	38	27-28	49	27	76	32-33
加拿大	39	15	80	49-50	52	30	48	12-13
智利	63	29-30	23	16	28	8	86	39-44
哥倫比亞	67	37	13	5	64	42-43	80	34
哥斯大黎加 1	35	10-12	15	8	21	5-6	86	39-44
丹麥	18	3	74	45	16	4	23	3
厄瓜多爾	78	45-46	8	2	63	40-41	67	26
芬蘭	33	8	63	37	26	7	59	22-23
法國	68	38-39	71	43-44	43	18-19	86	39-44
德國（西德）	35	10-12	67	39	66	44-45	65	25
英國	35	10-12	89	51	66	44-45	35	6-7
希臘	60	26-27	35	24	57	35-36	112	53
瓜地馬拉	95	51-52	6	1	37	11	101	51
香港	68	38-39	25	17	57	35-36	29	4-5
印度	77	43-44	48	33	56	33-34	40	9
印尼	78	45-46	14	6-7	46	23-24	48	12-13
伊朗	58	24-25	41	30	43	18-19	59	22-23
愛爾蘭	28	5	70	42	68	46-47	35	6-7
以色列	13	2	54	35	47	25	81	35
義大利	50	20	76	47	70	49-50	75	31
牙買加	45	17	39	29	68	46-47	13	2
日本	54	21	46	31-32	95	53	92	47
韓國（南韓）	60	26-27	18	11	39	13	85	37-38
馬來西亞	104	53	26	18	50	28-29	36	8

表4.2　53個國家或區域之國家文化的分數（續）

國家	權力距離 指數PDI	名次	個人／集體主義 指數IDV	名次	陽剛／陰柔 指數MAS	名次	避免不確定性 指數UAI	名次
墨西哥	81	48-49	30	22	69	48	82	36
荷蘭	38	14	80	49-50	14	3	53	19
紐西蘭	22	4	79	48	58	37	49	14-15
挪威	31	6-7	69	41	5	2	50	16
巴基斯坦	55	22	14	6-7	50	28-29	70	29-30
巴拿馬	95	51-53	11	3	44	20	86	39-44
秘魯	64	31-33	16	9	42	16-17	87	45
菲律賓	94	50	32	23	64	42-43	44	10
葡萄牙	63	29-30	27	19-21	31	9	104	52
薩爾瓦多	66	35-36	19	12	40	14	94	48-49
新加坡	74	41	20	13-15	48	26	8	1
南非	49	18-19	65	38	63	40-41	49	14-15
西班牙	57	23	51	34	42	16-17	86	39-44
瑞典	31	6-7	71	43-44	5	1	29	4-5
瑞士	34	9	68	40	70	49-50	58	21
台灣	58	24-25	17	10	45	21-22	69	28
泰國	64	31-33	20	13-15	34	10	64	24
土耳其	66	35-36	37	26	45	21-22	85	37-38
烏拉圭	61	28	36	25	38	12	100	50
美國	40	16	91	53	62	39	46	11
委內瑞拉	81	48-49	12	4	73	51	76	32-33
南斯拉夫	76	42	27	19-21	21	5-6	88	46
東非	64	31-33	27	19-21	41	15	52	18
西非	77	43-44	20	13-15	46	23-24	54	20
阿拉伯國家	80	47	38	27-28	53	31	68	27

來源：Bangert, David C., and Pirzadas, Kahkashan (1992). Culture and negotiation. The International Executive, 34 (1) 43-64

等，並認為層級關係只是權宜性，並非不可改變。

- **避免不確定性**：這個面向檢視人們對生活中所面對的不確定性
  之偏好程度。避免不確定性高的人比較喜歡嚴謹的規範和絕對
  真理，而避免不確定性低的人則喜歡寬鬆的規範和相對真理。
  避免不確定性低的人喜歡在規範很少的情況下工作。反之，避
  免不確定性高的人比較喜歡明確的規範。

- **陽剛／陰柔**：這個面向是 Hofstede 之研究中較不完備且較難懂
  的地方。部份原因是，在不同的國家，像「陽剛」、「陰柔」
  這樣具有性別特質的字眼有不同的含義。根據 Hofstede 的定
  義，兩者跟性別角色沒有太大的關係，而是反映了社會上人們
  對事物的喜好。陽剛的社會注重金錢和物質，社會對於金錢和
  物質持肯定態度就越陽剛。相反地，陰柔的社會比較注重生活
  品質、人際關係和處事行為的涵養。

　　Hofstede 對於我們了解國家價值觀作出了重要的貢獻，不過也遭
到了批評。批評者的論點概述如下：

- Hofstede 之研究中談論的價值觀面向還不夠完整。
- 在問卷中，國籍選項只侷限於 IBM 設有分公司的國家，共產國
  家不包括在內。
- 所有的資料都來自 IBM 公司，其結果可能受 IBM 公司文化的
  影響。
- 資料是在一九六七和一九七三年之間所收集的，在那之後文化
  發生了重大的變化，並且變化還在持續進行中。
- 那些文化面向是以國家，而不是以個人為基準；個人的文化差
  異無法在整體國家所獲得的指數中呈現出來。
- 某些用於取得文化面向指數的項目在不同的文化中未必具有同

樣的意義（Bangert and Pirzada，1992）。

Trompenaars 的文化面向模式

在十年的時間內，Alfons Trompenaars （1994）進行了一項問卷調查，對超過一萬五千位來自世界各國的企業經理人發出問卷。以二十三個國家、每個國家超過五百份回收的問卷為基礎，他提出了以下的分析架構，用來比較國家的各種文化面向：

* 普同論／特殊論（Universalism/Particularism ）：普同論是指想法和概念適用於所有地方；反之，特殊論指的是，對事物的反應會受到環境的影響。

* 個人主義／集體主義（Individualism/Collectivism ）：如同Hofstede 的模式，這一點代表個人的傾向。在個人主義文化裡，人們把個人利益置於團體利益之上；在集體主義文化的情況則相反。

* 中性／感性（Neutral/ Affective ）：在中性文化中，人們通常被要求隱藏情緒；感性文化則認為情感的流露是正常的，並且認為情緒是溝通交流的自然成份之一。

* 明確型／擴散型（Specific/ Diffuse ）：明確型文化提供較大的公共空間和較小的私人空間；但在擴散型文化裡，公共空間和私人空間的大小相同。相對於明確型文化，擴散型文化的公共空間較小，因為它把空間讓給了私人領域。

* 成就／出身（Achievement/ Ascription ）：這個面向探討人們身份地位的分配，主要根據個人努力的成就，或根據天生的機遇例如出生年份、性別、種族、國籍等等。這個面向跟Hofstede的權力距離面向類似。

　　不同的文化面向表現在商業行為上，便容易形成文化衝突的根源。舉例來說，表4.3顯示了西歐國家裡不同的價值觀念所導致的行為差異。例如，較高的集體主義為德國帶來了許多由委員會決定的集體計劃和決策；在較個人主義的荷蘭，雖然集體意見獲得尊重，但個人決策的情形是存在的。

　　Trompenaars 的另一個結論是，不同的文化有著不同的時間概念；時間的利用屬於依序性或同步性，就是受這時間概念的影響。偏好依序性時間的文化強調當下和未來，重視約定和時間表。採取同步性時間觀的文化則注重過去與當下的關係，認為時間是彈性而非絕對的。另外，對待環境的文化態度也會造成不同的管理方式。這個面向在許多管理學作品中被稱為控制軌跡（Locus of Control），它包括外控—指管理者無法發揮影響力，因為事件發生在管理範圍之外；及內控——指管理者可以透過決策和行動來影響環境。根據Trompenaars的資料，在許多集體主義成份高的國家，包括中國、新加坡和日本，企業的管理軌跡被認為是外控的。

　　Trompenaars 和Hofstede 的民族文化面向模式是檢視不同國家裡人們的商業行為和偏好的有用工具。舉例來說，管理教育課程貧乏的情況通常發生在重視出身的國家，因為它們認為管理人員是天生的，是否有訓練和教育並沒有多大的差別。在重視成就的美國，以提高管理能力為目標的教育課程就很普遍，這就是為什麼美國會產生許多成功的領導者的文化因素之一。一般而言，對民族文化的研究集中在所謂的主流文化上，因為這是最多人所熟悉的。但是這並不是說，國家的文化就由主流文化的傾向所全面主導。在一個國家裡，除了主流文化，還有許多次要的文化。除此之外，每個人都同時參與地方、組織、家庭和其他文化。在本書裡，我們主要的焦點放在企業文化。

表4.3　從六個文化的面向做不同國家的比較

國家別	普同論 VS 特殊論	個人主義 VS 集體主義	中性 VS 感性	明確 VS 擴散	成就論 VS 出身論	時間的觀念
德國	普同論：重視規則，更基於關係，「交易就是交易」	集體主義：由委員會作出決定，群體的專案	在兩者的中點：可能外表保守但內心火熱，願意獻身給命令	某種程度的擴散性，正式的程序總是加以等重	成就論：高度的社經地位來自高度的成就	依序：未來導向、重視約會及時間表
英國	普同論：內在的驕傲、殖民帝國的歷史、適用的法令	個人主義：古怪的，反常、重視個人的成就、創造力	中性：感性主義者並且應該溫文有禮、紳士風範、不流不忙	明確：在正式場合會使用頭銜、建立有力的連結較為緩慢	成就論：極度重視企業階級、工作導向、目標導向	依序：未來導向、重視約會及時間表
荷蘭	普同論：殖民帝國的歷史、高度的結構化、重視程序	個人主義：在社會及知識之間尋求平衡、一致性重視受到重視	平衡主義：傾向於感性，一旦認識就很容易表達友善、容易與左鄰右舍打成一片、對於所知的事情很熱心	明確：長期創造了工作及家庭生活的連結、重視忠誠度	成就論：總是以天賦作為招募員工的依據、較不具野心、傾向從名校的精英中挑選員工	依序：現在及未來導向、每次只進行一項活動
瑞士	普同論：小心的遵循法則、系統化思考	平衡主義：重視社會契約	感性：外向、相當社交性	明確：朋友間有緊密的小圈圈	成就論：個人的成就很重要	依序：現在導向、準時精確

表4.3 從六個文化的面向做不同國家的比較（續）

國家別	普同論 VS 特殊論	個人主義 VS 集體主義	中性 VS 感性	明確 VS 擴散	成就論 VS 出身	時間的觀念
丹麥	普同論：君主政體、高度理想化、理想主義	個人主義：個人應該要對自己的行為負責，主動、獎勵到廣大的社會支援系統	中性：有效的控制情緒但自負受會接受批評	擴散：長期僱用（工作生活與私人生活通常關係密切）	成就論：高度重視教育、規模小卻有高品質的成就，積極的	依序論：準時赴約、依約的情勢進行活動但也重視未來
西班牙	特殊論：重視個人的關係、信任、體系，強調對於家庭及朋友的責任	個人主義：重視個人的成就；個人的責任，堅持很重要	感性：對於身體的碰觸較為開放及隨意，勇於口語的表達、強勢的身體語言	擴散：間接、避免正面的對抗，更為封閉、內向、連結工作及個人生活	出身論：社經地位與職務階級、年齡、學校及其他因素有關、較具同質性的員工	依序論：重視導向、會及時間表
希臘	特殊論：對於歷史及地理自身感到驕傲，以主觀意識，不以主觀對待任何人	集體主義：對於重視家庭及群體、教堂在社區中扮演極重要的角色	感性：非常開放且有信心、勇於表達	明確：開放、外向的、緊密的小圈圈	平衡主義：相信專家及其意養、傳統的家庭連結很強	同步：相同的，做人的歷史，時間並未定義

個人價值觀

如果 Hofstede 與 Trompenaars 把焦點放在國家的價值觀上，那麼我們就可以說 Schwartz （1992）是把焦點放在各國人民的個人價值觀上。根據其調查研究，Schwartz 的結論是，共有四種個人價值觀，它們分別形成兩個各有兩極的面向。如圖 4.3 所示，其中一個面向稱爲開放性（Openness to Change）對保守性（Conservation），另一個面向則稱爲自我提升 (Self-enhancement) 對自我超越 (Self-transcendence)。以下加以說明：

- **開放性對保守性**（Openness to Change versus Conservation）：這個面向形塑個人價值觀的方式是，前者促使人們爲了個人利益而不惜朝不確定和難以預測的方向發展；後者則促使人們抗拒改變，以維持現狀和現有與他人、組織和傳統的關係。

- **自我提升對自我超越**（Self-enhancement versus Self-transcendence）：這個面向形塑個人價值觀的方式是，前者促使人們不斷提高個人利益（即使傷害到他人的權益）；後者則促使人們超越私己利益而爲他人的福祉著想。在這方面，他人的福祉包括了親密和疏遠的各種關係，及對自然環境的關懷。

Hofstede 模式和 Schwartz 模式中重疊的一點是，前者所謂的「避免不確定性」在後者被稱爲「開放性對保守性」。那些避開不確定性的人同時也是想維持現狀和尋求安定、維護並因襲傳統的人。另一個有趣的重疊點是，兩位作者都認爲，個人利益和他人福祉（個人主義／集體主義）的衝突是普遍存在的。

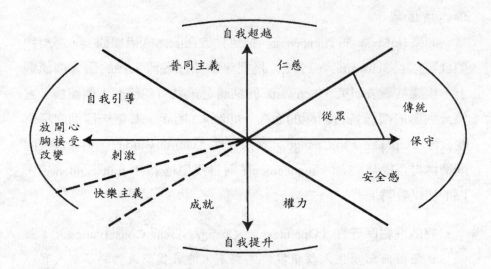

圖4.3　Schwartz 的激勵價值觀雙構面模式（Schwartz, Shalom H.
　　　　（1992）. Universals in the content and structure of values：
　　　　Theoretical advances and empirical tests in 20 countries.
　　　　Advances in Experimental Social Psychology, pp. 1-62）

組織文化的傳統資源

　　就像其所根源的社會一樣，企業是由一群解決共同問題的人集合
而成。如果說民族文化為社會所面對的問題提供答案，組織文化則是
為組織所面對的挑戰—譬如提供工作機會、創造財富或為生存而掙扎
—提供解決之道。跟國家一樣，企業也會發展出一套符號、行為、措
施、慣例、規範、價值觀、假說，甚至特定的語言，用以實現其目
標。同樣地，在容納主流文化的同時，它也能夠容納附屬文化，這些
附屬文化存在於專業小組、團隊或性別和種族群體中。這些分屬於文

化冰山的水平線之上或之下的各種不同影響力，共同塑造出組織的文化一也有人把它看作是組織的性格。在本章開頭的例子中顯示，MTV 公司擁有發展良好的文化特性，這反映在它的規範、行為和共同的價值觀中。舉例來說，辭退較老員工的措施加強了 MTV 公司專爲介於十八和二十四歲年輕人而設的觀念。一個組織如果像 MTV 公司那樣具有容易辨識的符號和習性，就可以視爲具有強烈文化的組織，從那樣的文化中我們可以預測其員工在公司內外可能的行爲。跟國家的情況一樣，組織文化可能無法滿足參與者的需求，這時它就會被迫自我改變或受到改變。例如，BBC 電台曾經爲了迎合聽衆要求和面對越來越激烈的全球化競爭而改變了它的使命（詳見小故事 4.1）。

 小故事4.1　BBC宗旨之演變

　　英國廣播公司（BBC）創立於一九二二年，其營運目的是要跟影響越來越大的美國大衆文化相抗衡。廣播節目的主要訴求是要使聽衆能夠自我提升：交響樂、歌劇和室內樂是其重要的節目，這些是電台認為聽衆應該聽，但卻未必是觀衆想要聽的。在越來越多的壓力下，促使它提供人們想聽的節目，還有在面臨越來越多全球化競爭的情況下，BBC 在一九九六年擴大其服務宗旨，「以便繼續在新的全球多媒體環境中維持競爭力」。

來源：Dignam, C.（1995, Mar. 2）. Media industry reels over BBC. Marketing, p. 9; LeMahieur, D.L.（1995）. British Broadcasting Corporation. Twenty-first century Britain ： An encyclopedia, pp. 101-104. London ： Garland.

　　就像BBC初創立時一般，只在國內運作的商業組織，其文化慣例和價值觀通常來自原來的國家。圖4.4所呈現的就是這種關係，它顯示一個國家的文化價值觀和信念通常會有一個共同的基礎，這個基礎在組織裡為組織成員所強化。亞洲工人的特色是忠於工作，甚至在日本有人會過勞死。所以，日本和其它信奉儒家工作倫理的國家之企業，都鼓勵員工為工作和組織獻身；在這種情況下，民族文化的特性也就成了組織文化的特性。

　　組織文化和民族文化一致將會產生同質性的組織；如果不同組織的人們在外觀、想法和行為上都很相似，他們便是在一個和民族文化具有同質性的組織文化裡工作。不過，組織的運作目前正逐漸跨越國界，維持同質性甚至繼續留在原來的民族文化內運作，也許已沒有人願意這麼做了。

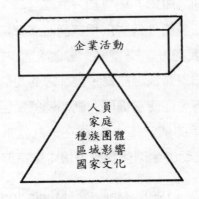

圖4.4　傳統文化對於企業組織的影響

文化全球化

轉變中的企業文化

使組織更加多元化通常必須對組織文化作某些改變，這種改變已經發生在許多全球營運的組織裡。IBM 放棄了它的「藍色制服」，允許員工穿斜紋棉布褲或休閒服上班，以減少公司人員之間和公司跟客戶之間太過拘謹的關係；賓士汽車公司（Mercedes-Benz ）以「賓士製造」取代原來具有民族自豪意味的「德國製造」標籤；而BBC也自我調整以適應全球化的世界。所以，不論是被動還是主動選擇，朝向全球化意味著，組織與過去比較起來，在反映它們本身的文化方面將更為弱勢。小故事4.2 中所提到關於 Samsung （三星）的例子正好說明這樣的狀況。

組織傳統的改變必然會造成組織文化的改變，但是在全球化的商業世界裡，這種改變也會回過頭來影響其源頭的文化。那些南韓大企業集團（如Samsung ，Sunkyong 和Daewoo ）對於提升品質的自發精神，激發了一般人自動自發和自我負責的動力，而不再被韓國傳統文化中服從權威的精神所約束。例如，Samsung 集團領導人李昆基堅持讓員工工作八個小時後即可離開，這樣的改變預示了民族文化的變化；當這些大公司實施一天工作八小時制，那些較小的供應廠商也會跟進。這情形在摩托羅拉公司於一九九五年在中國大陸實施每週四十小時工作制時發生過。如此一來，商業活動和企業扮演了文化全球化的推動者，本身同時也是各國文化的接受者。因此，在行為、規範、

小故事4.2　Samsung 的文化轉型

　　Samsung 是亞洲地區最大的非日本企業集團，它在一九九六年的總營業額高達五百八十億美元。為了提升 Samsung 的競爭優勢，領導人李昆基（Lee Kun Kee）致力於改變Samsung的組織文化，要求員工採行更具彈性的行動和開放性的思考，以形成具創意和全球化的公司形象。決策從高級主管手中轉移到受決策影響最大的員工手中。對於Samsung 這個處於遵守規章命令比突顯個人特質更受重視的組織文化和民族文化的組織來說，如此大幅度的改變顯然是很難執行。因此，為了鼓勵企業文化的轉型，李昆基也改變了Samsung 的結構，實施個人獎勵制度，並重新設計職責與功能。例如，會議時間限定在一個小時以內，而報告長度以一或兩頁為限。這種與原來發展良好的文化規範（遵守規章命令和簽呈批准的決策方式）背道而馳的改變，對其它韓國企業、對韓國人固有的工作習慣、甚至對政府的政策（當時南韓的政治人物們正為通過讓公司擁有僱用、解僱和賠償員工的自主權等法令而奮鬥），都產生了廣泛的影響。

來源：Kraar, Louis.（1994, Apr. 18）. Korea goes for quality. Fortune, pp. 153-159.

假說和價值觀可能來自國外的情況下，民族文化已經不再是行為和信念唯一的來源。這也意味著，隨著商業活動逐漸跨越國界，文化也變得「沒有國界」。這種關係的性質可由圖4.5得到說明。

　　目前，文化全球化的一個主要源頭就是商業活動。企業在為產品
尋找市場時，它們同時也傳播人們如何理解、說話、穿著、思考及感
受等等訊息。更多的市場競爭者提供相對於原有的規範和價值觀之替
代性文化訊息，兩者結合的結果是產生了較具全球化習性和價值觀的
個體。文化變遷的過程跟其他領域的全球化是同時發生的。市場經濟
的整合、越來越多教育程度高和成熟的消費者、逐漸增長的中產階級
及各種科技的進步，為文化創造了變遷的契機。舉例來說，在中國，
工時縮短、生活逐漸富裕和嚮往西式生活，都為西方娛樂產品創造了
高額的銷售數字。到了二○○○年，娛樂業在中國的投資額估計會達
到五十億美元，比一九九四增加了五倍（Darlin, 1994）。電影、電視
節目和音樂在中國的熱賣意味著一種不同的生活方式和滿足生活需求
的方式正在形成。也許對西方人來說這種方式顯得不太真實，但它們

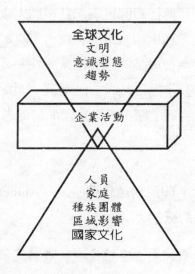

圖4.5　在全球化舞台上的企業活動

卻為世界各地開始擁抱市場經濟的人們提供一個典範。實際上，娛樂
媒體所呈現的消費文化為人們提供了行為模式的典範，它不只在中
國，而且在世界各地都受到模仿。最後，全球文化之所以會興起，是
因為民族國家裡的文化機制不能很好地處理相互依存的全球社會所面
對的問題和挑戰。

許多商業活動有潛力塑造全球化的文化規範。這種潛力將在以下
的章節裡透過對於兩種有影響力的全球商業活動—娛樂和旅遊—的檢
視來加以探討。

娛樂媒體的影響

娛樂媒體是文化全球化的一個主要源頭，它包括了電影、電視、
印刷媒體、遊戲和交流活動、現場和錄影表演，及其它諸如電影放映
會、主題樂園和體育表演等活動。和印刷媒體不同，電子影像和通訊
是較不受到限制的，其傳播範圍更廣，其視聽大眾同時包括了受過教
育和未受過教育的人。通訊和旅遊的發達、網際網路的推廣和工作型
態的改變是刺激娛樂消費成長的三大因素，在一九九四年全球娛樂銷
售和服務總額就多達一千三百二十億美元（"Battle for the couch
potato", 1995）。以下的例子顯示娛樂媒體如何促進文化全球化。

電影

在一九六〇年代，印尼前總統蘇卡諾（Ahmed Sukarno）對電影
的文化影響作了以下的概括：

電影工業提供了一扇開向世界的窗口，透過這個窗口望出去，受
殖民的國家看到了它們被剝奪的東西。也許一般人沒有意識到，

一台冰箱可能是一個革命的符號—對沒有冰箱的人而言。某個國
家的工人所擁有的一輛汽車，對連基本生活需求也受到剝奪的人
來說，可以是起義的符號。……〔好萊塢〕協助人們建立了被剝
奪與生俱來之權利的意識，此等意識對戰後亞洲的民族主義革命
運動扮演重要的角色。（轉錄自 McLuhan and Fiore, 1967）

　　如同其它形式的娛樂媒體，電影的影像傳達了文化訊息，而由於
美國電影佔了全球票房的80%（Auletta, 1993），大部份的文化影像所
呈現的是好萊塢式的生活。有趣的是，目前許多好萊塢的特效是在印
度拍攝的，因為那裡有優良的技術和相對之下較低的勞力成本。孟買
或「孟買塢」（Bollywood）是世界第二大的電影生產地，緊隨在後的
是香港。然而不管是在哪裡生產，電影的影像已逐漸跨越國界，成龍
和吳宇森的電影很容易便吸引美國和歐洲的影迷，就像美國電影可以
吸引其他國家的影迷一樣。在一九九七年四月的第三個星期，《絕地
大反擊》（Return of the Jedi）——一部跨越時空和國界的影片—在巴
西、英國、德國、埃及和美國都同時進入了票房排行榜的前三名。

電視

　　電視使五億三千八百萬人有機會看到人類第一次在月球上行走，
一個象徵資訊跨越地理疆界的事件。最早利用電視向上百萬人散佈商
業訊息的是美國的企業。今天，超過一半以上的非新聞節目來自美
國，而電視更是已經深入到八億戶人家。單單在亞洲地區，到了二○
○五年，電視收視戶預計將從一九九五年的兩億三千萬增加到六億一
千六百萬。以香港為基地的衛星電視成立於一九九一年，如今從約旦
到日本它擁有四千五百萬觀眾。觀眾數目增長的空間還很大，因為可
收到衛視的國家有三十八個，它們人口總計有世界總人口的一半即二

十七億人（Brauchli, 1994）。

傳送到世界各地的電視影像吸引了許多觀眾，有些人甚至為了取得這種科技產品而不惜犧牲財物。在埃及、喀什米爾和秘魯的窮苦地區，人們都從微薄的收入中擠出錢來優先購買電視。人們對電視的興趣是如此的深廣，以至於那些無力單獨購買電視的人會集合全家或全村人的資金去把它買到。

兒童節目

卡通和幻想故事的吸引力也是全球化的，世界各地的兒童都觀看同樣的卡通和幻想故事。在美國，兒童平均每個星期花二十個小時看電視，他們的許多知識是通過電視學來的。許多兒童都受了超能戰士（The Mighty Morphin Power Rangers）一組由日本開發，代表善良的力量對抗惡勢力的青少年卡通人物—的行為舉止的影響。像這樣的節目推廣了平等主義的價值觀，觀眾傾向於認同與這世界上的惡勢力進行戰鬥。它也影響了兒童的行為習慣：超能戰士們擅長踢、打和戰鬥，整個三十分鐘的節目裡充滿了這一類的動作。據報導，甚至學齡前兒童也「在遊樂場上互相伏擊和踢來踢去」（Caution, 1994），或者經常模仿超能戰士的行為，以至於從紐西蘭到歐洲的許多學校禁止這種行為。兒童節目不僅販賣價值觀和展示那些世界各地的兒童爭相模仿的行為，它也提供了一個銷售產品的場域，其中包括從超級戰士到Rug Rats等無窮無盡的玩具。這樣的商品陳列提早向兒童們展示商品文化，並為將來以消費為導向的全球化社會奠下基礎。

新聞

「世界上唯一的二十四小時全球電視新聞網絡」這個概念是由美國有線新聞網（CNN）所創立的。到了一九九三年，CNN已延伸到兩百個國家和百分之十六擁有電視的家庭（Auletta, 1993）。CNN把

每一個公民都視爲全球公民，不過要讓所有的公民都成爲全球電視新聞台的觀衆還需要一些時間。當 CNN 在一九八○年開播時，它只有一百七十萬訂戶，但那些向全世界廣播的新聞已開始建立起一種認爲每件事都攸關全世界的意識。透過對一九八九年天安門事件的報導，CNN 向世人介紹了在中國所發生的改變；透過 CNN 我們見證了柏林圍牆的倒塌；而 CNN 對波斯灣戰爭報導也讓我們看到了戰爭現場；也許意識到 CNN 可能會報導，世界各地的示威者經常會用英文把他們的訴求寫在標語牌上。

　　全球廣播的新聞事件無疑能讓人們感覺到它們的眞實性，縮短人們知識的差距，雖然未必能夠帶來更親密的了解。CNN 的成功吸引了全球各地的競爭者，它們包括 BBC、Reuters Holdings PLC、澳洲廣播公司（Australia Broadcasting）的 Asa 新聞台（Asa-News Channel）、Euronews 和 Sky News（Valente, 1994）。這正顯現出全球化的新聞廣播正逐漸興起。

音樂電視

　　在各種形式的大衆文化中，音樂電視也許最能夠反映現今的全球文化。它不僅擁有大量的全球觀衆，還能超越年齡的障礙，並且模糊了音樂和廣告之間的界線。再者，從前「耍酷」是一種自發和具地域性色彩的事件；如今，只要有錢，透過音樂電視人們便可以學到其他不同地方的時髦玩意，或吸收到全球化的時尙。因此，音樂電視擴大了與創造財富和消費相關的價值觀。音樂電視也模糊了眞實生活和幻想之間的界線。例如，MTV 播過一個叫「眞實生活」（Real Life）的節目，它記錄了一群替 MTV 錄影的年輕人在同一個屋簷下的生活。這是生活呢，還是……MTV？這中間難道有差別嗎？

　　音樂電視的概念是 MTV 發明的。它在全球七大洲—除了南極—

都吸引了許多觀眾，並且在美國以外擁有一千九百萬收視戶。即使歐洲的觀眾未必接受美國的電視節目，他們還是會經常收看MTV或類似的播道，譬如德國的VIVA音樂台和目前在亞洲地區發展蓬勃的衛視（STAR）音樂台。在廣告和表演節目中，音樂電視生動的影像和不斷重複的主題令人難以在它的內容、廣告和音樂之間作出區別。勉強區分音樂和廣告也許並不恰當，因為每一支音樂電視同時也是表演藝人本身的廣告。音樂、音樂電視和廣告實際上共同組成了一套鼓勵消費的節目。那些品牌不僅代表一種商品，也代表了生活品味的選擇。

音樂

　　也許是因為透過最先進的全球媒體—電視和廣播電台—傳播，音樂也變得全球化了。從一九九〇到一九九五年，許多國家的唱片銷售量增加了一倍，其中愛爾蘭、香港、奧地利、日本和挪威的成長率都超過100%。全球唱片總銷量在一九九四年達到三百五十億美元，在一九九六年更達到了三百九十八億美元。根據財團法人國際唱片業交流基金會（International Federation of the Phonographic Industry, http://www.ifpi.org）的數據，在一九九六年，唱片工業有70%的成長是來自開發中的拉丁美洲及亞洲市場。如本章開頭的例子所示，非美國藝人的唱片銷量正在全球各地以指數比例成長。這樣的改變代表了和MTV創立之初完全不同的趨勢，那時的主流歌手大部份來自美國和英國。英國獨立廠牌製作的音樂是非主流音樂向外攻佔英國以外市場的一個例子，而以電子舞曲（Techno）和浩室（House）曲風為主的歐式搖滾（Europop）則支配了歐洲的流行音樂界。到了一九九七年，具有節拍強勁、聲音扭曲、歌詞即興等特色的電子舞曲，在Chemical Brothers, the Prodigy和Goldie等最初成名於歐洲的樂團之帶

動下，在美國掀起一股熱潮。MTV 台對此趨勢作出反應，推出了稱為「Amp」的電子舞曲節目。在台灣，從國外引進的各種音樂類型擴展了本地製作人的曲風選擇，讓他們除了能夠製作原有的台語和中文曲風的唱片之外，也能製作美國、日本、歐洲和其它曲風的唱片。全球化不斷引介世界各地的新進歌手，從而改變了音樂工業的走向。在表4.4中就呈現出全球音樂市場及其中主導的唱片公司。

　　全球化的另一個指標是，越來越多的歌迷能夠接受和使用不同語言的歌手。塞內加爾歌手Youssou N'Dour用其瓦洛夫（Wolof）母語歌唱，但他的唱片在美國、歐洲、亞洲、非洲和拉丁美洲賣了超過一百五十萬張；印度歌手Daler Mehndi在全世界擁有廣大的歌迷；愛爾蘭歌手恩雅（Enya）唱的是蓋爾語（Gaelic），她的《牧羊人之月》（Shepherd Moon）仍然賣了八百萬張；羅馬人Eros Ramazotti的一張唱片在歐洲和拉丁美洲賣出三百五十萬張；西班牙語樂團Heroes Del Silencia 最新作品的銷量有超過一半是來自非西班牙語國家（La Franco and Schuman, 1995, 102-103）。Dangdut 音樂具有夢幻而令人激動的節奏，雖是源自印尼，卻在從日本到中東的許多國家擁有大批愛好者。這種歌曲具有強烈的伊斯蘭教思想，同時又有著印度電影和中東流行歌曲的味道（Cohen, 1991）。類似的情形也出現在錫克人（Sikh）的 Banqara 裡，這種由鼓聲、舞曲、饒舌樂和 Hip-Hop 融合而成的音樂在世界各地都有聽眾（Booth, 1997）。上述種種例子顯示，全球化的商業活動能夠跨越國界並且重新塑造購買和收聽音樂的習慣，甚至改變文化的價值觀。許多人擔心這是一種建立在通俗品味上的價值觀，但是從小故事4.3所提出的例子中顯示，相反的情形也可能發生。

小故事4.3 市場行銷的弔詭

由全球媒體巨人時代華納（Time Warner）和一家英國地方電台合資所成立的英國FM古典音樂電台（Classic FM）在一九九二年開播，到了一九九五年便開始轉虧為盈。利用大眾市場行銷人員所開發的廣告策略，加上以電腦建檔三萬三千首以不同情境、作曲家和長度分類的作品儲存庫，John Spearman成功地為古典音樂市場製作了許多分類精細的節目。這種古典音樂的經營方式首先在英國流行開來，然後藉著古典音樂的口碑和極少語言障礙的優點，又傳到歐洲大陸和美國。技術上的突破、古典音樂的全球市場、娛樂工業的全球化，及大眾市場行銷的新策略，使Classic FM成了一大贏家。

來源：Adapted from Marketing Mozart.（1995, Dec. 2）. The Economist, p.74.

旅遊的影響

旅遊也提供人們接觸外來文化的機會。有四種旅遊活動在文化的全球化上扮演重要的角色：商業、教育、旅遊業和網路遊覽。這類活動中有許多是由越來越趨向全球化的商業活動所帶動，或對於全球商業活動所產生的反應。

表4.4 流行音樂的全球化

唱片公司名稱	銷售額 （十億美金）	全球市場 佔有率（%）	主要歌手
寶麗金	4.7 （1994）	19	邦喬飛、大人小孩雙拍檔、史提夫汪達、王牌合唱團、張學友、MC Solaar
科藝百代音樂	3.35 （1995）	15	賈斯布魯克斯、法蘭克辛納屈、珍娜傑克森、羅克塞二人組、Yumi Matsutoya 、強西卡達、Mamonas Assassinas、巫啟賢
華納音樂集團	4 （1994）	18	瑪丹娜、混混與大白鯊合唱團、Laura pausini、朱哲琴、郭富城、路易斯馬吉爾
新力音樂 娛樂公司	4.9 （1995）	17.5	麥可傑克森、布魯斯史普林斯汀、珍珠果醬合唱團、TUBE 、Patricia Kaas
Bertelsmann 音樂集團	3.8 （1995）	13	惠妮休斯頓、Grateful Dead 、Masaharu Fukuyama 、Diego Torres 、 So Pro

來源：Dwyer, Paula （1996, Jan. 15 ）. The new music biz. Business W eek, pp. 48-51

商業旅遊

　　商業的全球化把商務旅遊者送到了世界各地，其中包括由公司強

制派駐海外的人員，及自願前往海外工作的人。因為旅遊的便利和資
訊的流通使得越來越多非專業人士自願移民到海外去謀生。例如，許
多菲律賓人在國外當船員、女傭、廚師和看護人員，他們為菲律賓貢
獻了4%的國民生產毛額（GNP）。

海外教育

　　相對以往較為便宜和便利的航空服務提高了國外旅遊，而另外一
些因素，例如全球所公認的教育是獲取知識以提升經濟地位的途徑，
因為國內缺乏高等教育的機會、有親戚住在國外、海外跟國內在通訊
和交流上的便利等等因素，也提高了人們前往海外求取高等教育的興
趣。在美國，有62%的工程博士學位是頒發給外國學生，幾乎同樣高
的比例也出現在數學、電腦科學和各種自然科學博士學位的頒發上。
在一九九六／九七年，外國學生總共為美國經濟帶來了大約七十億美
元的年收入（Institute of International Education, 1998 ）。受儒家尊崇教
育的影響，加上中產階級家庭收入增加及亞洲地區的高等教育名額有
限等因素，許多華人家庭都會把孩子送往美國去接受大學和研究所教
育。在一九九○年，超過10%的科學和工程學博士學位是頒發給來自
台灣、中國大陸和南韓的學生。其中有許多國際學生攻讀的是商業和
經濟。舉例來說：

- 在一九九五年註冊進入美國大專院校的四十五萬三千名國際學
  生中，有20%攻讀企業管理。
- 在倫敦經濟學院的六千名學生中，有一半是來自非歐盟國家。
- 許多芝加哥大學經濟系的畢業生在拉丁美洲國家的經濟規劃中
  扮演重要的角色（請見小故事4.4）。

小故事4.4 在美國受教育的政治人物

部份拉丁美洲國家的自由市場改革要歸功於畢業自美國主攻經濟學的研究生（Moffett, 1994），尤其是那些受教於芝加哥大學的 Arnold Harberger 教授—他培育了許多技術熟練、偏好自由市場和反對政府干預的決策人員—門下的「芝城小子」（Los Chicago Boys）。在美國受教育的拉丁美洲領導人包括 Pedro Aspe，前墨西哥財政部長；Alejandr a Foxle y，前智利財政部長；及 Domingo Cavallo，阿根廷經濟部長。

來源：Moffett, Matt.（1994, Aug. 1）. Key finance ministers in Latin America are old Harvard- MIT pals. The Wall Street Journal, pp. A1, A6.

根據《國際論壇報》（International Herald Tribune），有越來越多的亞洲中學生就讀於英國的公立學校（British Public Schools, 1994），而許多國家的領導人是在英國受教育，其中包括牛津大學畢業的印度財政部長Manmohan Singh。在《富比士》雜誌（Forbes）的億萬富翁名單上，也有許多不在本國受教育的人士。例如，日本最大的軟體批發商軟體銀行（Softbank, Inc.）的老闆孫正義畢業於加州大學柏克萊分校，而Olivetti 公司的老闆Marco De Benedetti 先是在衛斯理大學求學，然後在華頓學院（Wharton School）取得企業管理碩士。在一九九〇年，有超過八萬五千名日本學生在海外求學，這個數目是五年前的三倍。也有越來越多的美國學生前往海外讀書，而歐洲的商科大學

生通常會利用一些時間到國外學習語言和文化技能。在紐西蘭，大學生們會認為，沒有「海外經驗」的教育是不完整的。

　　遊客，更大部份是學生，促成了文化的融合，因為他們替本國帶來新的生活習慣，刺激本國企業引進國外的產品，助長國際美食餐廳的開設，創立自己的企業，從而使本國文化趨於多元化。另外，許多國家對於旅行者帶來的文化轉變反應良好，只要這些轉變可帶來經濟收益。《紐約時報》（New York Times）記者 Michael Specter（1994）對俄羅斯某個地方的描述說明了這種情況（請見小故事4.5）。

 小故事4.5　俄羅斯的伯力市（Khabarovsk, Russia）

　　一間著名的韓國外賣餐館開在托爾斯泰街和金日成街的轉角處。婦女們穿著來自邊界二十公里外的中國商販那裡買來的背心裙；一個來自西雅圖的旅客開了一家濃縮咖啡館；而在城裡「國內旅客酒店」──一家在大部份的俄羅斯城市都設有分店、看來跟一位老共產黨老闆具有同等創意的連鎖酒店──的頂樓，日本商人們正歡唱卡拉 OK，並品嘗著具有東京風味的壽司。

來源：Specter, Michael.（1994, Aug. 14）. A Russian outpost now happily embraces Asia. New York Times, Section 1, p. 12.

旅遊業

　　旅遊是一種全球化的產業，在一九九六年和一九九五年分別有五億九千二百萬和五億四千萬名國際遊客，而在一九九四年則只有三億二千一百萬名遊客（World Tourism Organization, 1997）。總體的航空旅遊人數預計會成長四倍，從一九九五年的十三億增加到二〇一〇年的五十二億，相當於現今全球五十八億人口的90%。在一九九五年，國際旅遊業的營收達到三千七百二十億美元，較一九九四年成長了7%，而一九九六的成長率則是4.6%。旅遊業對於許多經濟體越來越重要：旅遊業佔巴西國內生產總額（GDP）的7.8%，僱用的人數多達六百萬（Life's a beach, 1995）；俄羅斯人的旅遊貿易也使得伊斯坦堡阿克薩雷區（Istanbul's Aksaray District）的商店數目從一九九三年的一千家急速增加到一九九五年的四萬家。在美國，一九九七年的國際旅遊收入更高達七百五十億美元。

　　概括而言，跟旅遊相關的商業活動不僅刺激經濟成長，也促進文化的融合，因為旅遊者會把新的產品和觀念帶到其它文化地區，並從那裡帶回新的產品及概念。透過全球化的整合，尤其是越來越多的人際關係的流動，這些商業活動促成了文化之間的融合，也製造了許多必須以全球化觀點去面對的機會和挑戰。例如，根據人權觀察組織（Human Rights Watch）的一位發言人表示，「一個包括男性和女性的全球童妓市場目前正在興起，這個市場的導火線正是由遊客所點燃的」（轉載自 Shoup, 1994）。為了阻止全球童妓的逐漸增加，一些國家如瑞典已經主動採取措施控告涉及童妓事件的國民。儘管資訊的全球化使全球童妓市場得以興起，但它同樣也可以用來傳遞訊息和發起活動，以反擊這種踐踏人權的行為。

網路遊覽

　　網際網路是一種資訊交流的混合體，它一半是娛樂，一半是精神漫遊。只要有電話線和電腦，相對於其他媒體它並不算昂貴。它的使用越來越容易，連線方式也越來越進步，使得電子影像、觀念和資訊能夠跨越時間、傳統的規範和國界，以方便其流通。這種形式的資訊交流對文化的潛在影響難以估計，本書第九章會對其中一些影響作探討。其他對文化有巨大衝擊的科技突破包括電話通訊，它也促進了資訊的交流；這一點會在關於全球科技的章節裡再作進一步的探討。

全球文化融合的跡象

　　娛樂、旅遊及其他相關的產業對於那些可見的行為—即位於文化冰山水平線以上者—呈現了文化融合的高度潛能。以下的章節將提供全球化行為變遷的證據，探討其重塑價值觀的可能性，並勾勒出文化全球化的相關議題。

全球化的習慣

　　三十五年前意大利披薩肉餅在美國的大城市還是一種很新的食物，而里奇俄國餐廳（Ricky's Russian Restaurant）則是香港唯一比較像樣的西式餐廳。如今，披薩已成了全球化的食物，而在香港不只可以吃到披薩，還可以吃到各種西式餅乾、漢堡和熱狗，及泰國、日本、法國和美國西南部的料理。時尚和工作地點的全球化使人們對各國食物的需求增加，從而導致各國食物的引入，並使世界各地的飲食

習慣漸趨於同化。年輕人喜歡嘗試新的口味，而且喜歡追求跟其他地方的同年齡者同樣的時尚。在全球各地，越來越多婦女出外工作，加上很多國家單親家庭越來越多，因為沒有時間購物和下廚，因而三餐依靠快餐、外帶食物和冷藏食品的家庭逐漸增加。這也使得剩菜量增多；在小故事4.6中就報導了某個國家應付剩菜的方式。在全球各國中，每人平均快餐銷量最高的是大部份婦女都出外工作的美國。肯德

小故事4.6：南韓的剩菜大作戰

　　快速的經濟成長使南韓人有機會發揮其飲食文化習慣，而這也是南韓政府亟欲改變的，以減少南韓人每年丟棄的上百萬噸剩菜量。南韓的垃圾有32%是剩菜，加拿大和德國則分別只有25%和28%。文化習慣和經濟的繁榮使南韓人吃得很奢侈，餐桌上菜餚氾濫，通常有米飯、湯、燉菜、主菜和五、六樣小菜。政府的減少剩菜計劃包括制定條文和提供獎勵；許多公司也參與計劃，減少公司附設餐廳的剩菜量，甚至以讓員工難為情的方式逼使他們自動減少剩菜。例如，有一家化學公司會在所有員工面前為每個人的剩菜秤重。節省食物的原因同時有全球性和地方性：一方面是全球食物供應量正逐漸減少，另一方面則是，雖然南韓經濟的繁榮使人們可以儘量發揮「多就是好」的文化信念，但他們確實太浪費了。

來源：Jelinek, Pauline.（1997, Jan. 1）. South Korea motto：Clean your plate. The Seattle Times, p. A12.

基炸雞在日本比在美國更吃香，而在英國，外送披薩是成長最快的快餐類型。儘管像胡荽葉和晒乾的番茄這類食物在十年前的各大城市還是十分陌生，現在的美國人吃的是世界各地的食物。

如今，經濟、政治和科技的全球化改變看來正在促成飲食習慣和愛好的全球化。如前所述，全球年輕人對時尚美食的追求和上班婦女沒有時間每天購物及下廚，促成了飲食全球化。對於健康的關注及食品工業和技術的改變則是飲食習慣同化的另外兩個因素。技術上的突破讓各地的特有食品得以大量生產並足以供應給所有零售商，而國內農產品的生產也不會有問題，因為保存和運輸技術的突破讓那些產品可以快速運往世界各地。這種情況反映在重視食物品質的日本之進口食品銷量上：在一九九五年，美國食品的進口額提高了二十億美元，達到一百一十億美元。食物品味的同化也製造了商機。但是，如同達樂美披薩（Domino's Pizza）的例子（詳見小故事4.7）所顯示，商人通常需要混合不同口味來彌補不同文化間的差異，才能從這些商機中獲利。

零售業越來越激烈的競爭使商家們急於為消費者尋找新奇、有趣的產品。其結果是產生了許多文化混雜的食品，例如牛肉炸玉米餅（Moo Goo Tacos）、壽司油煎薄餅（Shushi Crepe）和陶氏西班牙菜（Taos-style Paella）。飲食習慣的改變也影響了其他國家的文化習俗：法國人如今把一天裡的主餐安排在晚上而不是先前的中午，日本和美國婦女只在週末煮家常菜餚，而單獨用餐幾乎已經是一個全球化的習慣了。全球的食品價格也逐漸提高，這不是因為需求量增加，而是因為全球各地食品工業的各個部門相互牽制造成供應量的下跌（詳見小故事4.8）。

除了這些食物和飲食習慣的改變之外，從前只有在少數國家才有的商業節慶也開始散佈了。例如，現在有很多國家都會慶祝西洋情人

小故事4.7 達樂美披薩在日本

一九八四年，夏威夷人Ernest M. Higa把達美樂披薩的概念帶到日本。達美樂集團的領導人原本對此計劃有所疑慮，Higa的家人也擔心披薩在日本不會賣得很好，因為文化偏好不同。日本人不習慣不用餐具吃東西，一般人並不喜歡乳酪，而且對非日本食物有所抗拒。結果證明，Higa對市場的解讀十分正確。日本年輕人已經準備好面對改變，並且很願意給披薩一個機會。另外，雖然老一輩的日本人對於改變仍舊小心翼翼，年輕人卻不僅喜歡改變，而且還有其他文化理由使他們去擁抱改變。全球化把更多的男性和女性吸引到職場，結果，就像工業化國家所發生過的，速食快餐—其中許多是授權販賣的快餐食物—的需求大量增加。達美樂是一個成功的例子。在一九九五年於東京市中心開設第一家店之後的十年內，達美樂已擴張到擁有一〇六家店，每年的營業額達到一億四千萬美元，擁有員工四千二百人。其販賣的披薩基本上保留原味，但作了一些文化上的調整，例如增加了鮪魚和魷魚配料，並且注重披薩的美觀以符合日本人「以眼睛吃東西」的信念。

來源：Steinberg, Carol.（1995, Mar.）. Millionaire franchisees. Success, p. 65.

小故事4.8 食品價格上揚

中國對糧食需求量的增加只是全球食品價格上揚的原因之一。其它因素包括：像世界貿易組織（WTO）那樣的政府聯盟使得提供給農民的補助和獎勵縮減，而天氣因素使農作物欠收以至於產量下跌，出口激增減少了國內的供應量以至於價格暴漲。由於需求增加和政府決定停止糧食補助政策，目前各國政府的糧食儲備量已達到歷史新低。

節。穿著風格和其他消費習慣，如使用手機和傳呼器，也更加全球化。最後，體育也會促成文化習慣的改變：美式足球在歐洲逐漸流行，而英式足球也在美國有了擁護者。體育的全球化是由各種全球化的環境所帶動的，小故事4.9的足球全球化例子對此有所說明。

這個例子顯示，體育界、政府、企業和科技界都聚集在足球壇上來擴展各自的商業利益，從而改變了足球的本質和人們對它的看法。類似的行為轉變在企業界裡也看得到。

全球企業

在全球企業領域裡，西裝、以多種語言印製的名片和握手是很常見的情況。守時和有效地運用時間也越來越為世界各地的人們所強調。艾文和海蒂·托佛勒（Alvin and Heidi Toffler, 1994）認為，在逐漸加速的財富累積系統裡，每一個節省下來的時間單位實際上比過去的一個時間單位更值錢，因為省下來的每一分鐘可以用來創造更大的

小故事4.9　足球全球化

　　衛星傳播的技術性突破為全球各地的民營電視台—例如英國的BskyB、法國的Canal Plus、德國的Kirch Group和義大利的Vediaset—創造了機會。這些電視台花費數十億美元購下足球賽的電視轉播權，利用足球在全世界的流行吸引新觀眾。許多國家也放寬條件讓非本國球員加入國內的球隊，使得各球隊可以網羅世界各地的優秀球員，而形成小小的聯合國。財團法人發現贊助球賽可以達到很好的宣傳效果，而一些公司如愛迪達和迪斯耐也開始生產與足球有關的周邊產品。隨著觀眾和贊助者的增加，球隊和球迷都更加注意言行，球員和球隊負責人也逐漸把足球視為一種商業，而不僅僅是運動。再者，隨著1990年世界杯足球賽以帕華洛蒂唱的（Nessun Dorma〈公主徹夜未眠〉）為主題曲，人們對古典音樂的興趣也有所提高，也證明了文化上某一方面的變化可以帶來其它方面的改變。

來源：Goodbye, hoodlums, hello big money.（1996, Sept. 23）. Business Week, pp. 66-68.

價值。MTV展現了全球化企業的速度：一個在星期一提出來的想法很快便被編寫和製作出來並在星期六播出。在法國、拉丁美洲、西班牙和許多太平洋沿岸的國家，商業會議中往往都會花上十分鐘到一個小時甚至更長的時間來進行社交聯誼，但這種方式現在已經被嚴守時間、強調「時間就是金錢」的規範所取代。舉例來說，秘魯人之間的

商業會議通常都會較晚開始，但如果有外國人出席就會很準時。

許多這一類的商業習慣的改變只是補充了過去習慣的不足，而不是完全加以取代。握手加鞠躬，名片背面加印其它語言，及在商業會議上穿插社交節目，是商業實務反映西方與非西方的習慣相互混雜的其中幾種情況。這些改變只是表面的，對原來的文化習慣或規範並不會造成威脅。一個穿西裝的日本人實際上還是日本人。眞正的改變並不是來自表面或行爲上的變化，而是來自文化內在價值觀的轉變。不過，行爲和價值觀是相互關聯的，其中一方的變化會導致另一方的改變。下面的例子正說明了這一點。

全球商業語言

在美國科學發展學會（the American Association for the Advancement of Science）於一九九五年舉辦的會議上，科學家們斷定全世界有大約六千種語言，但同時也預測其中一半以上會在二十一世紀裡逐漸消失（Haney，1995）。各種語言死亡的部份原因在於企業全球化，尤其是因爲許多（如果不是絕大部份的話）國際商業交易都是以英語進行，而且大部份娛樂節目採用英語表達。再者，越來越多的網際網路使用者都被迫使用英語，因爲大部份的全球資訊網站是英文的。因此，雖然事實上全球人口中以中文爲母語的人數最多，成爲全球化語言的卻是英語。根據一項統計，在全世界的五十三億人口中，有超過十億人說英語，雖然英語是其中大部份人的第二語言或外語（Newman, 995）。小故事4.10所提出的數據顯示出英語的普遍性。

很多人擔心商業英語會污染其它文化，因爲原來專屬於英語世界的觀念會搭乘語言的便車把其他文化原來的規範排擠掉。例如，在一九九四年的聯合國人口會議中，以英語書寫的「行動綱領」（Program of Action）包含了像「Empowerment 」（賦予權力）、「Reproductive

小故事4.10　英語的使用

- 超過85%的全球資訊網使用英文。
- 全球超過80%儲存在電腦裡的資料用的是英文。
- 超過60個國家以英文為官方或主要語言，而在另外75個國家英文的使用狀況也很普遍。
- 根據全球最大的語言學校—伯利茲國際語言學校（Berlitz International）的報告，在它每年所提供的五百萬種課程當中，有70%是英語。

rights」（複製權）、「Birth Control」（生育控制）這種很難翻譯成其它語言的字彙。行動綱領中所描述的「性活躍的未婚人士」（Sexually Active Unmarried Individuals）在回教法下可能會被判罪，而許多語言裡並沒有「Empowerment」的對應字，更何況是「Female Empowerment」（賦予女性權力）了（Waldman, 1994）。

英語詞彙及其挾帶的文化觀念大舉進入其它語言的現象，通常是不受到歡迎的。一六三五年成立、以貫徹法文的使用為宗旨的法蘭西學會（Academie Francaise）就曾通過一項法令，禁止英語字彙如le weekend（週末），le parking（停車）和le cheeseburger（起司漢堡）進入法文。這項條令後來被另一項法令推翻，但這個事件明顯地呈現了法蘭西學會認為民族文化和語言關係密切的看法。在美國，也有一個自稱為「英語美國」（English US）的組織曾遊說國會把英語定為官方語言，它們的做法其實也是建立在「語言侵蝕即是文化侵蝕」的信念上。

　　由於英語並非許多說英語的人的母語，因此在使用時經常會犯下錯誤。不斷地犯錯之後，這些錯誤反而被當成是標準版，以致在跨文化溝通上造成困擾。舉例來說，在俄羅斯，短期的政府票據（Government Bills）和較長期的公債（Bonds）的定義已有點錯亂，對打算前往投資的人會造成語言和投資上的問題。另外，由於許多人是透過特定的工具語言如電腦用語來學習英語，他們所學到的字彙可能跟大部份英語世界的人所使用的有別。

全球人口類別

　　在全球人口統計上，全球青少年（Global Teens）和全球精英（Global Elites）是兩個可以明顯區分的類別。表4.5呈現了這兩組的個別特色。全球精英是由那些富有、只在特定場所活動的人所組成，這個類別很久以前就有，不能算是新現象。無庸置疑的是，這些精英們把高級的享受和消費散播到世界各地，但他們的影響只局限在精英圈子裡。相反地，青少年所代表的是一種新現象，他們吸引了全球的注意，因爲他們屬於中產階級的一份子。全球青少年指的是十三到十九歲之間的人，他們共享一套行爲模式、興趣和價值觀，並會透過同樣的機制相互聯繫。青少年在歐洲、拉丁美洲、太平洋沿岸國家和北美洲總共有兩億兩千八百萬人，單單在美國他們每年就花掉超過一千零九十億美元，購買的東西從食品雜貨到CD都有。在中國，經濟能力越來越好的青年人也開始學習西方人揮霍的習慣（Young Chinese, 1996）。全球青少年都喜歡追求流行時尚，一九九五年他們熱衷於城市黑人街頭風，一九九六年則追求第五大道的流行風。全球青少年的衣櫃裡總是會有中性服裝、Nike球鞋、Levi's牛仔褲和Sega電視遊樂器。而且，這些青少年共享同一套價值觀：想要消除世界上的禍害，

表4.5　全球的人口統計群體

	全球群體名稱	
	全球精英	全球青少年
共享的價值觀	財富、成功、地位	成長、改變、未來、學習遊戲
從關鍵產品身上追求的利益	普遍受到認同、喜歡帶有聲望形象的產品、高品質的產品	新奇的、時髦的形象、流行的描述、新奇的品牌名稱
人口統計學資料	高收入、高社會地位、富旅行經驗、受到良好教育	大約12到19歲、富有旅行經驗、大量的接觸媒體
媒體與溝通管道	高階的雜誌、由社交關係所選擇的頻道（例如黨派）、直接銷售、全球電話銷售	青少年雜誌、MTV音樂台、廣播、錄影帶、同儕團體、角色楷模
分配的管道	選擇性（例如較高階的經銷商）	一般的品牌經銷商
價格的範圍	高價的	負擔得起的
視之為目標的企業，例如：	賓士汽車、沛綠雅、美國運通、羅夫羅蘭的POLO	可口可樂、班尼頓、帥奇錶、新力索尼、百事可樂
相關的小群體或族群	富太太、高階主管、受到高等教育的專家、專業運動員	青少年前期、少女、少年、青少年
促使該群體出現的影響因素	增加財富、到各地旅遊	電視媒體、國際性教育、旅行、音樂

來源：Hassan, Salah S., and Katsanis, Lea Prvel（1994）. Global market segment strategies and trends. In Salah S. Hassan and Erdener Kaynak （Eds）, Globalization of customer markets：Structures and strategies, p. 58. Binghamton, NY：International Business Press／Haworth.

並成爲其它文化的一份子，及透過網際網路和他人溝通（The Universal Teenager，1994）。他們表達的期望和夢想是全球化的，但並非每個青少年都能進入這個共同文化。另外，在消費習慣上，少男和少女類似，但也並不完全相同。

全球青少年爲企業提供了許多商機。MTV 公司就曾善加利用這些商機，其它公司也同樣的把產品和廣告的對象設定在青少年。例如，班尼頓（Benetton）的廣告就把焦點放在全球青少年關注的兩大課題上：愛滋病和全球衝突。MTV 的廣告「解放你的心靈」（Free Your Mind）同樣也是鼓勵觀眾擁抱不同的種族、宗教和生活方式。簡言之，全球青少年文化現象爲全球各地的企業提供了機會，讓他們能夠調整廣告策略和產品內容來吸引年輕人。青少年族群的形成顯示，隨著商業活動，文化的融合正在發生。

到目前爲止我們檢視了大部份是屬於行爲上的文化變動。商業文化的全球化所面對的是更大的挑戰，因爲各種行爲和動作底下所蘊涵的是原來文化中較不明顯而持久的部份。全球青少年的共同價值觀代表了這方面的一種改變，其它價值觀構面的文化挑戰會在下面加以探討。

全球化的價值觀

文化全球化之所以會形成是因爲世界上大部份的人都能取得同樣的資訊，並接觸到形式相同的流行文化如音樂、電視和電影。資訊的流通所造成的一個結果是，全球各地的人們對個人機會的課題更加關注，野心也更大。文化全球化的這個面向對全球商機產生了深刻的影響。下面的章節將爲價值觀作出定義並檢視民族價值觀和個人價值觀跟全球化的管理價值觀之間的異同。

個人主義和集體主義

　　大部份關於個人主義及集體主義課題的商業研究都把焦點放在個人主義或集體主義在促進經濟發展或加強商業活動方面所發揮的作用。航空業的一個例子可以顯示企業如何利用這些資訊。根據波音集團（Boeing Commercial Airplane Group）的觀察，個人主義較高的國家擁有較低的飛機失事率，個人主義高、集權指數低的國家的飛機失事率比個人主義低、集權指數高的國家低2.6倍（Phillips, 1994）。雖然這需要進一步的研究，但對於這個現象的一個可能解釋是，在發現到問題時，那些比較個人主義的駕駛員和相關的負責人會即刻做出反應，而比較集體主義的人則會先跟其他人商量之後才採取行動，以至於錯失避免災難的時機。一個針對企業家所作、探討個人主義和集體主義商業行為之間的關係之研究建議，最好的方式是平均結合這兩種互相矛盾的價值觀。研究發現，企業家精神在個人主義和集體主義取得平衡的情況下最能獲得發揮，太過個人主義或集體主義則會導致企業家精神的低落。該研究的結論是，在個人主義和集體主義相對平衡的情況之下，企業家精神最能彰顯（Morris, Avila, and Allen, 1993）。南非的一個例子也顯示，高度個人主義或集體主義都被認為是不正常的企業行為（Morris, Davis, and Allen, 1994）。

　　個人主義價值觀和集體主義價值觀經常相互混淆，尤其是在年輕人身上的情況更為嚴重，但這也是商業活動自然衍生的結果。Emnid Institute 為德國 Der Spiegel 雜誌進行的民意測驗顯示，德國青年（十四至二十九歲）喜歡個人主義和追求自我，更甚於對國家政治、思想和價值觀的重視。這種個人主義的轉向不僅影響了德國的政治生態，也對企業產生了作用。例如，為了擴展其品牌以吸引越來越趨向個人主義和分散的九十年代市場，德國服飾製造商 Hugo Boss AG 的領導

人決定重組公司，把生產線移到德國境外。類似的偏離民族主義和集
體主義的情況也發生在其它地方的年輕人身上。例如在日本，許多
「新人類」離開了給薪的工作去追求個人興趣，而美國的X世代則比
他們的父母們更關心如何平衡工作和個人生活樂趣的差異，當中許多
人還可能會因為個人利益而犧牲工作。簡言之，年輕人的價值觀會有
匯合的趨向，至少就個人主義而言是如此。

管理價值觀

　　全球價值觀融合是《哈佛商業評論》（Harvard Business Review）
在一九九一年進行的調查所關注的課題（Transcending Business
Boundaries, 1991），這項調查顯示，相似的管理上的緊張和衝突在全
球各處發生。該調查包含五個主題的九十一個問題，問卷在六大洲二
十五個國家發出，結果獲得大約一萬二千名企業經理人的回覆。回覆
者中最典型的具有以下特徵：四十歲、已婚、通兩種語言的男性資深
經理人，受雇於制度化、擁有數千名員工的中型民營機構。

　　主要影響那些經理人的觀念是文化上的相似性，而不是地理上的
接近性。例如，英語、西班牙語和西北歐國家都呈現相似性。該項調
查關於管理上的緊張關係之發現如下：

- **企業的社會責任**：全球的經理人都同意，教育和環保是企業的
  重大社會責任。
- **工作場所因素**：這些經理人比十年前的員工在技術上更佳且更
  積極。一般工人比經理人更具團隊工作能力，但經理人的跨職
  務知識提昇得比非經理人快。在世界各地，經理人的效忠對象
  已從組織轉移到職業身上。
- **聯盟的焦慮**：許多回覆者表示，全球化所造成的組織之間界線

的模糊化，比組織內部界線的挪移來得更快。回覆者大致上都傾向於提供給客戶滿意的服務和與供應商建立良好的關係。在較個人主義的國家裡，強調內部組織的公司會比較多。

- 生產力和員工照顧：許多經理人表示需要提高組織的生產力，但對於同時滿足組織和員工的要求經常會感到為難。

- 國際主義對愛國主義：這些回覆透露了在全球化的世界裡法人和國家的利益如何相互衝突或重疊。例如，許多回覆者自稱是支持自由貿易的「國際主義者」，不會偏袒政府或特別支持國內企業。同時，超過三分之一的人卻希望企業多支持國內市場一點。

　　這項針對全球商業習慣和價值觀的調查顯示，某種程度的文化融合已經發生，因而在全球企業界才會產生類似的行為和價值觀。其中的部份改變，尤其是行為上的改變，顯然是附加在民族習慣上，而不是加以取代。不過，部份文化上的改變總是會引發其他部份的變化。在小故事4.11中，一項針對Kikkoman公司的索賠案件可說明此點。

 小故事4.11　Kikkoman公司

　　日本Kikkoman公司的美國律師團同意和七十二歲的日本商人 C. Sugihara 達成一項庭外和解。這位商人宣稱他有權獲得該醬油帝國的部份收益，因為在一九五七年他和該公司口頭協議在美國設立Kikkoman公司。陪審團承認協議的形式和遵守協議的方式因文化而異，但此等協議在世界各地都應該受到尊重。

這例子，及先前在討論文化面向時所舉出的其他例子，顯示有些價值觀會在全球化的層面上融合。在下面的章節裡，我們將探討行爲和價值觀的改變可能造成的結果。

文化全球化的挑戰

很多人擔心以英語作爲商業語言和以幼稚化的通俗文化爲主的文化全球化情形會對民族國家和其中的人們造成威脅。舉例來說，酒吧愛好者擔心傳統英國式酒吧那種家的感覺和它的歷史意義會隨著原來的業主把它賣給酒吧連鎖商之後跟著消失（Parker -Pope, 1995）。在馬來西亞，父母們擔心消費文化的增長會讓他們更難管教子女（Richardson, 1994）；而在俄羅斯，人們對工作的熱衷已導致許多在蘇維埃時代維持良好的友誼破裂（Stanley, 1995）。鑒於這樣的分裂狀況，許多人對全球文化融合所造成的人性扭曲和衝突感到憂心忡忡。

文化衝突

許多人對文化全球化抱持負面看法，對於全球越來越多的文化暴力、文化帝國主義所引起的過度反應，及消費和自我中心所造成的精神價值觀和社區價值觀的轉移，都感到悲觀。恐怖主義、非法抗爭行爲和極端主義是三種因文化衝突所引起的暴力反應，也正代表著文化變遷過程中敵我二分的回應方式。

杭亭頓（Samuel Huntington, 1993）區分出七或八種文明—即西方、儒家、日本、伊斯蘭、印度、斯拉夫—東正教、拉丁美洲文明，可能還有非洲文明—並相信文化是這些文明之間發生衝突的主要因

素。根據杭亭頓的說法，文明之間衝突的起因可能來自各個文明對重大的社會議題，如平等、個人化和人權，有不同的文化闡釋。對其他文明的接觸和瞭解越多，文明之間的價值觀差異越會被突顯，使得各個文明向內尋求對本身的認同。這會加劇文明衝突，尤其是目前的經濟有區域化的趨勢，而這種趨勢又給人一種印象，似乎文化的相似性是區域經濟繁榮的重要因素。Benjamin Barber（1992）也認為，像「聖戰對麥當勞」（Jihad vs McWorld）的文化對立會讓文明行為消失無蹤。這些觀點也暗示著，文化的包容性十分有限。

文化複雜化的跡象

民族文化、區域文化和類似宗教那樣的歸屬性文化會被全球文化所取代嗎？很少人願意放棄自己的價值觀，更多人則擔心傳統價值觀會受到侵蝕。當電視、網際網路和其他影響滲透了法律和價值觀的鉗制進而侵蝕傳統價值觀時，越來越多人憂慮塑造下一代人的價值觀的會是全球化的媒體，而不是家庭或民族。甚至有人擔心美式價值觀會取代多元化的價值觀和行為，因為大部份的節目都是來自美國，從而導致全世界都被西方價值觀所同化。

我們先前討論過的一些論點恰好可以反駁這些憂慮。首先，我們認為文化全球化會產生一定數量的企業結合，不過這種改變大部份僅止於表面，是附加於傳統，而不是完全取代它。娛樂和旅遊的全球化的例子證明，相較之下選擇變得更多而不是更少。其他例子也說明同質化不會是全球化的結果。

暴露刻板印象

從前，通俗文化只讓美國人看到其它文化的刻板形象，比如「日

本的藝妓，拉丁美洲的毒販或騎著驢子兜售咖啡豆的人，綁著辮子溜冰的荷蘭人，及像芭比娃娃那樣穿著康康舞裙的法國女郎」（Finel-Honigman, 1993, p. 125）；在外人的刻板印象中，美國則是一個謀殺案層出不窮、槍枝氾濫、充滿惡棍、毒販、年輕人性飢渴的社會。更多的通俗文化資源在市面上流通之後，這些刻板印象便被證明是不正確的。

面對新的情勢，許多刻板印象慢慢地被修正。例如，《經濟學人》（The Economist）的編輯指出，尊敬長者、集體主義較個人主義受重視的亞洲價值觀其實不只在亞洲國家才有，在其它國家（包括亞洲和亞洲以外的發展中國家）也被奉行（Japan and Asia, 1995）。我們可以進一步推論說，在每一個國家都會有一部份人擁護這種價值觀。像這樣的知識增長讓我們對全球市場擴大人類總體知識保有一絲希望。對本國以外的文化認識更深，則我們會發現他們實際上比刻板印象中所顯示的更為類似，並且認識到，那些共同點和差異不管是在文化內部或在文化之間都是常有的。同時，隨著女性、弱勢團體和少數族群逐漸嶄露頭角，我們也會瞭解到，國家內部的差異實際上比我們想像中的還要大。

文化影像四處流通

如今，文化影像來源眾多，而且東方影像對西方影像會產生一定程度的影響，反之亦然。隨著九四年世界杯足球賽的全球電視轉播，足球在美國越來越受歡迎；歐洲的中文台（Chinese Channel/CC）吸引了許多歐洲人學習中文和中國文化；而發展中國家和新進已開發國家的高經濟成長則使得這些國家對全球文化的影響越來越大。來自中國的導演張藝謀和陳凱歌把中國影像普遍化了，成龍成功地打進美國的電影市場，吳宇森有機會導演好萊塢影片，台灣的電影人也在世界

各地找到觀眾。舉個具體的例子：楊德昌融合中國和西方的工作和個人價值觀的作品 (A Confucian Confusion) 獲得很大的迴響，因為這種混合與對應對許多人來說是真實的。文化和環境的互動效果在小故事4.12裡有所說明。

組織歸屬的選擇更多

國家和可歸屬族群數目不斷增長，顯示歸屬的選擇越來越多，而不是越來越少。在二十一世紀，國家的數目可能會從三百增加到一千

 ## 小故事4.12　全球電視娛樂

衛星技術和消費型態的改變是刺激全球娛樂市場成長的兩大因素。有趣的是，其他國家的政府放鬆或取消對電視節目的控制促進了美國電視公司的成長。電視節目的限制減少之後，電視頻道的數目增加了，這時候只有美國的製片商可以迅速填補空缺：在一九八八年到一九九三年之間，英國的電視頻道從四個增加到三十三個，而法國則從三個提高到二十二個。不過，這些新的放映管道也刺激在地製片商製作出不只是可以在國內銷售，也可以販賣到全世界的電視節目。結果使得美國電視公司在面臨新競爭者眾多的情況下轉而更為注重國內節目的製作，從而使全球娛樂工業發生了轉變。其中一個轉變的例子發生在德國：在一九八〇年代，由於沒有本地推出的電視劇，觀眾都很喜歡美國肥皂劇；但到了一九九七年，收視率前三名都是德國製作的電視劇，美國製作的電視劇也不再安排在黃金時段播出。

以上（Outlook, 1994），而宗教、性別和種族團體可能會在世界各地吸引人們的興趣。再者，世界各地事件消息的流通很可能產生一個全球化的公民社會。全球新聞的播報會推動人們參與非政府組織或遊說政府組織致力於解除戰爭的禍害。電玩遊戲或電影裡所反映的暴力文化也使得人們要求對這些暴力訂立管制規範。例如，在一九九四年，在歐洲販售的電玩遊戲的包裝盒上開始出現了電玩遊戲業者本身對其產品的分級標示，而美國的Wal-Mart 公司也對電玩遊戲業者作出額外要求，堅持電玩遊戲產品必須有分級標示才得以在其門市販售。在一個全球化的世界裡，消費者有更多的選擇，所以文化全球化不只讓世界成為一體，同時也讓文化更為歧異和多元（Kahn, 1995）。漸漸地，「對地球和人性的界限和有限性之察覺並不會造成同質化，而是讓我們對多元性和各種各樣的地方文化更加熟悉」（Robertson, 1995, p. 86）。

　　文化全球化的弔詭及其挑戰是，個別文化內部本身想尋求更大的同質性，但人類的旅行和資訊的流通卻增加了異質性。當時間和空間的收縮讓我們發現世界逐漸一體化，我們同時也發現世界正漫無止境地多元化和異質化。其中的張力創造了許多機會，也讓民族國家付出代價。跟民族國家一樣，商業組織也必須在同質化和異質化之間取得平衡。管理公司營運所需的共同文化，會跟外來因素所要求的多元化之反應能力相互抵消。一直以來，組織結構是用來規範或控制差異性；例如，設立層級制度是為了規範、統一和加強相似性。在組織裡，視覺上和觀念上的差異會刺激創意，但同時也對秩序、結構和「我們的做事方式」形成威脅。這壓力會讓組織付出代價，但也可能為組織帶來許多機會。第二部份將探討組織如何處理這種情況。

第二部份 組織與全球文化

在本章的前半部分曾提出的證據說明了全球企業如何影響文化全球化。比如說，MTV 明確訂下的使命便是要影響全球文化。在第二部份裡，我們將檢視文化全球化的過程中，組織如何受到影響而發生改變。舉例來說，MTV 的全球觀衆對它們所看到的影響會有所反應，其他競爭者也會做出不同的回應，使得MTV 必須調整其內部文化、製作過程和人事，以便可以製作出新節目來迎合全球潮流的各種要求，其中包括在地方節目中加入全球音樂影像。在這樣的調整中，像MTV 這樣的組織同時是改變者和被改變者，因爲來自組織內部和外部的力量會結合而重新塑造組織和民族文化，進而發展出全球化的企業文化。

發展一個以共同性和持久性爲主題、同時具有高度彈性和適應能力的組織文化並非易事。重新回到獲利水準以上之後，克萊斯勒公司嘗試「自我塑造成一個在財務上態度保守但仍然由創意十足的汽車愛好者經營的『精神分裂』似的公司」（Templin, 1995, p. B1）。同時呈現兩種價值觀意味著克萊斯勒的組織文化已經改變了，而這也影響了它的人事和組織結構。例如，過去在發展新款車型時的主力在於設計工程師，現在最重要的則是平臺製造工作小組，以便可以更快速地製造出新車來。這項變動是由Robert Lutz領導的。競選克萊斯勒公司總裁失利後，Lutz 一反慣例留下來當總經理，證明了「失去」某個職位反而可能爲組織和個人帶來新的收穫。這個例子也說明傳統是可以改變的。下一個章節裡我們將探討結合傳統和創新作風來創造一個共同的、全球化的文化所可能面對的挑戰。

全球化的組織是借助各種文化裡的最佳實務方式和新觀念而成形的。在混合各種差異的同時，它也尋求統一性和一個共同的方向。為了達到這個目的，它通常會採取全球一致的程序和結構，而這種方式是否成功則端視人們的意願。當組織艱難地學習和發展一個可以應付全球化變動的文化時，人們支持或推翻它的新程序或結構，將決定它變成一個全球組織的努力是成功或失敗。

Lynne McFarland, Larry Senn 和 John Childress（1993）訪問了一百位全球化組織和學術機構的頂尖領導人，嘗試去歸納出這些領袖賴以統合人力的核心價值觀。誠實和正直、開明和信任、團隊精神、愛心、客戶服務、尊重個人及其差異性、創新性、社會責任及協調的生活，都是這些頂尖領導人所不斷提及的價值觀。三位作者把這些價值觀跟較傳統性的組織價值觀相互比較，得出的結果如表4.6所示。不管他們的焦點是放在客戶服務、創新性、差異性、誠實還是其他價值觀，他們對核心價值觀的陳述都很簡單、易記和直接。這些特色在下面的例子中顯而易見：

- 麥當勞公司十分注重其組織文化特色如客戶服務，嘗試以此取得公司的一致性。這項共同價值觀或取向讓整個組織得以同心協力，即使各地分店的客戶服務方式有別。
- 全球化的零售商 Makro 透過強調誠實和信任的核心價值觀來加強其組織文化。
- Motorola 的主要信念包括堅守對人的尊重和誠信。
- Guiness 的「五角星系統」（Five-point Star System）強調品質、安全、人、生產力和資訊為其重點。

美國運通集團（American Express Consumer Card Group, US）的總裁 Kenneth Chenault 相信，在全球社會裡堅持某些信念是很重要

表4.6 文化的障礙 VS 勝出的共享價值觀

文化的障礙	勝出的共享價值觀
階層式領導	分散式領導
隱藏的議程、不誠實及缺乏開放性	開放、誠實、順暢的溝通
重視短期的利益	重視長期的品質、服務及追求卓越
任務導向	顧客及市場導向、往外看
帶著偏見及批判	擁抱多元化及差異性
嚴苛的規定及僵化的政策	強調彈性、快速的回應
不是贏就是輸的遊戲	雙贏的遊戲、為整體組織更大的勝利而努力
只對股東的權益負責	重視社會責任、社區責任、及對於股東的責任

來源：改編自：McFarland, Lynn Joy, Senn, Larry E., and Childress, John R. （1993）. 21st Centry leadership, p. 155. New York ： The Leadership Press.

的，認為組織必須創造廣泛得足以對社會有所支援的共同價值觀，同時也認為，「在我們的國家和世界有著很大的差異性時，最重要的是這些價值觀可以為我們的思維和行為提供規律」（McFarland, Senn, and Childress, 1993, p. 130）。概括而言，員工之間的共同價值觀是全球組織取得一致性的重要基礎。那些價值觀本身可能很簡單，但就像小故事4.13中有關Bechtel的例子所顯示的，推行共同的組織價值觀並不簡單。

Lisa Hoecklin（1995）注意到，文化差異對各地的公司價值觀會有影響，並描繪了三種組織如何從這些差異性中取得全球一致性的方式：

小故事4.13　Bechtel建立全球化的願景

　　在一份叫做「邁向二○○一」（Toward 2001）的文件中，舊金山建築公司Bechtel 的總裁Riley Bechtel表達了一個全球化的願景及其價值觀，想讓他公司的組織文化有能力應付全球化的挑戰。其重點放在程序上的改變。首先是要收集資料，二萬二千名員工被要求填寫一份有一百零二個問題的問卷。接著是向超過兩百個焦點團體取得進一步的資料，這需要有一個溝通管道如發行通訊等方式把訊息散佈到組織裡的各個層級。這計劃從一開始就牽涉到人及他們對文化變動的看法，因此就會造成組織結構的改變，其中包括把從美國境內營運轉換到全球營運所遇到的障礙排除掉。在特別設立來執行特定任務的專案團隊努力下，如今所有工作已經完成。這項工作，及在過程中完成的組織權力下放，讓Bechtel 的員工更具機動性，且能更迅速應付新的任務。Bechtel 這個例子顯示，為了達成全球化的願景而進行的文化變動，通常也需要有改變組織結構及人們處理工作的方式來加以配合。

來源：Solomon, Charles Marmer.（1993, Oct.）. Transplanting corporate cultures globally. Personnel Journal, pp. 78-88.

1 允許對價值觀陳述作在地化的闡釋；
2 在作價值觀陳述時加入在地化的觀點；
3 執行一項正式的程序來討論價值觀應如何作在地化的闡釋。

　　較早有關文化學習的討論已經顯示，我們是透過直接的媒體如語言，或間接的媒體如行為及其後果、行動和事件，來學習自己的文化。組織裡的人員也是透過直接和間接的方法，即Nonaka和Takeuchi（1995）所謂外顯的知識（Explicit Knowledge）和內隱的知識（Tacit Knowledge），來習得組織文化的。文化中外顯的知識可以具體陳述，其價值觀、信念或使命可用文字印刷的方式流傳。但組織裡的許多文化價值觀是不明確的，它隱含在行事過程中，而不是以言語的方式流傳。組織領導人應該言行一致，否則其他人會覺得組織說的是一套做的卻是另一套。這一類的規範或內隱的知識在組織裡到處都是，而且在塑造組織文化方面扮演著重要的角色。

全球文化中的人

　　在同質性的組織裡，僱用一個人就暗示著那人跟組織裡原有的人是「同一類型的人」。在一九八〇年代末期，組織裡強烈的同質性被稱為「強勢文化」（Strong Culture）。有趣的是，《追求卓越》（In Search of Excellence, Peters and W aterman, 1982）這本書認為強勢的組織文化是成功的主要因素，但幾年之後那些被Peters和Waterman列為具有強勢組織文化的公司便不再有良好的表現。這讓許多人得出一個結論，即強勢文化的凝聚力也可能是一種弱點，除非其組織文化能夠跟更廣大的世界變動相符。例如，IBM公司就發現，早年可以為組織帶來成功的強勢文化和標準，到了全球化的時代就需要做出調整並具備更大的彈性。同樣地，雖然狄斯耐公司的組織文化在日本受到熱烈的歡迎，但是在法國就受到強烈的抗拒。此外，法國工人似乎比較不願意跟公司強制規定的個人服裝和工作習慣妥協。

　　產品和市場的增加所形成的同質性壓力主要來自於人，而全球組織面對的嚴峻挑戰在於如何使文化的價值觀、假設和行為等差異獲得解決。許多管理概念希望能夠協助組織做出轉變，這些轉變主要圍繞在人力資源的利用，其中包括全面品質管理、學習機制、企業流程再造和差異管理。所有概念都主張，組織的未來有賴組織資源的集合和運用，尤其是人力資源。

　　透過聘請各式各樣的人來改變組織文化只是差異管理的其中一個步驟。很重要的另一點是，組織裡的人員應該受到鼓勵把這種改變視為正面且對組織和他們個人的未來是有利的。超越內在的界限（包括對「我們是誰」的狹義定義）是困難的，尤其當包容異質性的努力僅止於表面。跟以往的文化一樣，新文化必須根植於程序和結構之中，以刺激人們改變其行為和思考方式。要吸收差異性，單單聘請各式各樣的人是不夠的；它必須包括招募新成員、訓練，及把組織的觸角延伸到社區裡，從而使公司成為一個資源多樣化、善於任用和提拔各種人才的組織。組織文化的轉變也涉及到管理者和其他員工對於定型化思考做出改變，才能包容更大的差異性。

　　從組織管理者到普通員工，差異管理必須從認識和瞭解文化的重要性開始。其關鍵是，人們必須瞭解各自的民族文化，並評估它在全球化世界裡的優缺點。在組織內部，重要的是要去突顯組織文化的特點，並且要像在程序再造過程中會問到的問題那樣追問：我們在做什麼？為什麼我們要以這種方式做？

訓練

　　訓練的目的是要促進對於外來文化的瞭解，而這種跨文化訓練的類型、成本和複雜度有很多種。在歐洲、日本和美國調查了國際管理

訓練計劃之後，Rosalie Tung（1982）發現目前的訓練方式有六種：

1. 環境簡報（Environmental Briefing）通常提供關於一個國家的說明，其中包括氣候資訊、地形、基礎建設、人口和住宅。
2. 文化導向（Cultural Orientation）一般提供關於一個國家的文化機構、習俗和價值觀—這些資訊通常限於主流文化。
3. 透過文化同化物（Cultural Assimilator）讓參與者獲得適當的跨文化接觸。
4. 語言訓練（Language Training）。
5. 敏感度訓練（Sensitivity Training）協助人們認識到價值觀如何影響行為。
6. 實地經驗（Field Experience）是指讓人們住在指定的國家裡並體驗實際的各種挑戰。

　　相對來說，舉辦與國家人口統計資料或價值觀和行為相關的講座或簡報通常都不會太貴，因為在相對較短的時間內有很多人可以受益。要是訓練涉及模擬、角色扮演、意見回應、實地旅遊和訪問，或到國外作長期的文化洗禮，活動費用和複雜度就會比較高，不管該項訓練是為了讓受訓者到國外工作或瞭解組織內部的差異性。就像英特爾公司的例子（請見小故事4.14）所顯示的，有些組織利用各式各樣的訓練計劃來提昇跨國或組織內部的跨文化知識。

　　提供資訊的訓練加強了受訓者的知識且讓他們對行為差異更加警覺，但要瞭解更深層的文化則須要更密集（也更昂貴）的文化學習。通常這些較為密集的文化學習方式（例如敏感度訓練）會受到抗拒，因為受訓者在跟其它文化的人互動時必須不斷地深入挖掘自己，並同時檢視其文化中正面和負面的價值觀和行為。

小故事4.14　英特爾公司的跨文化訓練

- 跨文化察覺：管理者和員工獲得的資訊是關於不同文化的員工如何看待企業結構、措施和程序。
- 多元文化整合：為外國出生的專業人士提供一系列關於技術習得和事業發展的講習會。
- 特定文化的訓練：某個小組將要和其他具有特殊文化的小組一起工作之前，組員會獲得訓練，以便更加瞭解本身的文化及與其他小組的文化差異。
- 國際任務訓練：通常會有一個已在指定國家工作和生活過的訓練顧問來對新派遣人員講解關於該國的語言、文化和生活習俗。
- 團隊訓練：相關的顧問會被請來當聯絡員、翻譯員或斡旋者，以激勵來自不同文化的員工以積極的方式共同作業。

來源：Odenwald, Sylvia.（1993, July）. A guide for global training. Training and Development, pp. 22-31.

全球化世界中的管理態耐：文化敏感度

　　全球管理者可以是一個不住在本國的人，但較為重要的是，這位管理者在工作時可以把他對國家的擁護擱置一旁。大前研一（Kenichi Ohmae, 1990）認為全球管理者可以身處各種各樣的民族文化，但不

屬於任何一個，因爲她或他對組織的全球使命及其文化有著最大的忠
誠。這位全球管理者可以來自任何一個國家，但必須懂得流利地說超
過一種語言，且擁有在超過一個國家居住和工作的經驗。他們通常擁
有超過一個國家的護照，而且子女們經常有不同的國籍。全球管理者
對公司及其運作必須有宏觀的展望，同時要瞭解公司本身的業務、所
處國家和功能性任務（Barlett and Ghoshal, 1992; Reich, 1991）。第三
點，全球管理者須要加強他們的文化敏感度，這方面的難易度因人而
異。那些來自兩種文化或者曾在其他國家或本國多元文化社區居住和
工作的人，也許比起那些沒有多元文化經驗的人在提高文化敏感度方
面較爲有利。

培養文化敏感度

　　根據Milton Bennett（1993）的說法，剛開始時很多人會抗拒文化
差異的說法，認爲人們都是一樣的。接著是自我保護，通常顯現爲
「我們對他們」（Us vs. Them）的思考模式。第三階段是承認並接受表
面的文化差異如飲食習慣，但認爲所有人們都一樣的觀念仍舊強烈。
在第四階段，文化敏感度更強，開始接受文化差異的說法。接受這差
異之後便進入第五階段，就是讓自己適應這些差異。最後，在文化敏
感度的第六階段，人們會統合這些差異，瞭解它們並加以內化。
Bennett 的這個模式是從流亡者和旅居者身上發展出來的，但同樣適用
於那些在一個具有差異性的組織和世界文化裡生活的全球管理者。在
第二章裡所提到的十二項重要的個人和組織能耐中，有幾項屬於文化
上，其中包括對本身文化的價值觀及假設的瞭解，及避免犯下文化錯
誤的能力。那些有能力評估和調整其文化敏感度的管理者必然都能滿
足這兩項條件。

程序

調整行為、慣例、實務和規範

洗澡的頻率、飲食料理和偏好、穿著方式、工作習慣及對批評的反應方式，都是重要的文化習慣，目前在一般公司裡也受到重視。如果違反了一般認為「正常」的行為，通常就會獲得不好的評價。例如，在美國男性中大多數較為開放的表現，到了傾向內斂的法國就常會被認為粗俗和衝動。美國的管理者也可能對法國人的深思熟慮有所懷疑，認為他們猶疑不決和誠意不足。換句話說，那些不依文化規範行事的人不會被認為正常；他們會被列為不正常的人，並且被排除在與之建立友誼、工作或其他關係的名單中。這樣的假設不管對組織外部的買賣關係或對組織內部的其他關係都適用。舉例來說，在友誼重於商業的社會，花三十分鐘左右的時間親切地交談並非少見；這是阿拉伯人「讓我們做朋友，然後我們就永遠會是商業夥伴」的態度，跟美國人較常見的「讓我們談生意，然後再來談友誼」的態度形成對比（Elashmawi, 1994）。由於對時間和工作的態度有所不同，友誼式的聊天對美國商人來說會是對珍貴的時間之浪費。

溝通程序

如同上面所討論過的，目前英語已是共同的商業語言，全球企業都會以英語為標準語言。使用英語作為商業語言所面對的挑戰如下：

- 共同的詞彙、拼法和意義會有一些限制。批評（Criticism ）在英國的俚語是「Slagging 」；在印度和英國，「Give a Tinkle」是「請來電」的意思；而西班牙英語（Spanglish ）、中國英語（Chinglish）和其它改造過的英語在詞彙和意義上都有差異。

- 《華爾街日報》（Wall Street Journal ）的一篇報導說，有一位英國婦女嘗試使用聲音辨識系統，但機器卻無法辨識，因為該系統設定為美式發音（Phillips, 1995）。所以說，英語其實並未標準化。

- 英語的另一個問題是它是一種不斷變動的語言，其中有許多俚語和成語及日常慣用語對那些英語非其母語的人，甚至母語為英語的人，根本不知所云。表4.7就列出了一些美國成語。

另一個在公司裡使用商業英語的問題屬於法律的層次，尤其是在美國，英語為單一語言的規定在法庭上受到了挑戰。有些組織的領導人相信使用單一語言是重要的，可以讓員工之間相互瞭解並更快滿足顧客的需求。對某些組織來說，例如醫療機構、化學工廠和煉油廠，清晰明確的溝通是必要的。為了提高業務效率，有些組織把英語中較複雜的部份移除，並以圖像或高度專業化（雖然限制很大）的語言來取代。

圖像語言

- 全世界的麥當勞員工在接受顧客訂單時只要按機器上的大漢堡、薯條或可樂的圖形鍵就可以了，而不必輸入文字或數字。電腦軟體會自動連接上價格和總數。

- 電腦程式通常是透過並非人人能夠理解的圖像或符號來運作。蘋果電腦發現，手掌向前、五指張開的符號在美國意味著「停

表4.7　所見非所得：某個語言中的特定辭翻譯成另一種語言通常都
　　　　會造成誤解

企業標語	在原有語言中所代表的意義	翻譯成另一種語言之後的意義
COORS- "Turn it loose"	放鬆、自得其樂	西班牙文是腹瀉的意思
BUDWEISER "king of beers"	在所有的啤酒中品質最佳	西班牙文是啤酒中的皇后的意思
PERDUE CHICKEN "It takes a tough man to make a tender chicken"	tender chicken指男性努力工作後的成果	在西班牙文表示爲了要讓雞的肉質鮮美必須要一個性致勃勃的男子才能做到
BRANIFF "Fly in leather"	皮革面的座椅較布面的座椅爲佳，也顯現出一種特殊的享受	西班牙文是指裸體飛翔的意思
PEPSI-COLA "Come alive with Pepsi"	百事可樂讓你整個人覺得活了起來，持爲你生活中重要的一部份	德文是指從墓穴中爬起的意思

來源：Helin, David W.（1992, Feb.）. When slogans go wrong. American
　　　demographics, 14（2）：14；and Risks, David（1983）. Big Business
　　　Blunders. Homewood, IL；Dow Jones-Irwin.

止」，但在希臘則有不同的含義。東歐人很少使用文件夾，所
以代表文件夾的圖形對他們沒有多大的意義。

　爲了簡化電腦的使用，許多公司利用圖形或圖像來引導使用者，
但許多公司發現有些圖形不僅在不同的文化裡，甚至在組織內部都可

能有不同的意義。圖4.6說明了這一點。

特殊語言

- 美國之聲（Voice of America）在大約四十年前倡導了這個概念，利用特別英語（Special English）向英語非母語的人士傳達訊息。
- Caterpillar 公司發展了一套稱為「Caterpillar 基本英語」（Caterpillar Fundamental English／CFE）的印刷語言。那是一

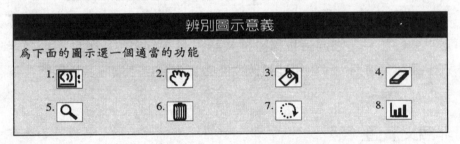

選項	答案
(a) 填滿顏色	8-(g) 繪圖（顯示柱狀圖及圓餅圖）
(b) 旋轉圖形	7-(b) 旋轉圖形（順時鐘箭頭方向旋轉）
(c) 刪除圖形	6-(f) 刪除檔案（垃圾桶）
(d) 變更音效	5-(h) 放大及縮小顯示（放大鏡）
(e) 在文件內移動	4-(c) 刪除圖形（利用橡皮擦來做刪除的動作）
(f) 刪除檔案	3-(a) 填滿顏色（顏料可以從桶子中傾倒出來）
(g) 繪圖	2-(e) 在文件內移動（移動的手勢）
(h) 放大或縮小顯示	1-(d) 變更音效（喇叭的標誌）

圖4.6 辨別圖示意義（修改自Kansas, Dave.（1993, Nov. 17）. The icon crisis：Tiny pictures cause confusion. The W all Street Journal, p. B1）

種扼要、簡化和特殊的英語，其基本的、少於一千個的字彙讓
非英語的 Caterpillar 機器使用者足以看懂機器的保養說明。

• 劍橋大學的 Edward Johnson 發明了一種供海上行船使用的操作
性語言，且目前還在發展約五千五百種的全球「警察用語」。

對於商業領域來說，上述的方法都不是理想的溝通方式。首先，
簡化的語言難以表達複雜的想法，而複雜性卻是全球組織的一個特
性，簡單的方法並不能獲取豐富的知識。第二，語言背後所蘊含的訊
息不止於字面意義：語言交流中的非文字面向，如沉默、停頓、肢體
語言和面部表情，也會傳達意義。意義也會透過非語言的方式來傳
達。如小故事4.15的例子所呈現，非語言訊號正漸漸由電腦所取代，
就像在某些情況下文字被圖形取代一樣。有趣的是，雖然電腦能夠傳
送更多的訊息，它同時也抹除掉非語言溝通方式中所蘊含的細微差
別。非語言溝通方式的重要性因文化差異而有所不同，其原因將在下
一節裡探討。

非語文溝通

在斯堪地那維亞國家、北美洲、瑞士和德國，大部份的資訊交流
是以語言文字進行。根據Edward Hall（1976）的說法，這些言語是
「低語境」的，因為文字就等同於意義。舉例來說，低語境片語「時
間是金錢」的商業意義被認為是，時間是賺錢的重要資源。跟英文或
德文相反，「高語境」的語言如中文和其它腔調性的語言傳達的意義
遠超過文字本身。在高語境的語言中，大部份的訊息不只是透過文字
來傳達，也透過溝通的過程：例如是誰在說、誰在聽、文字如何組
合、音調有無轉換等等（Hall, 1976）。對溝通場景的警覺，說話者之
間的相對地位，過去的經驗及歷史背景在高語境文化中也十分重要。

小故事4.15　美國證券交易所：電腦取代手勢

　　美國證券交易所使用的手勢始於一八八○年代，當時的交易所在一個靠近曼哈頓布洛德街（Broad Street, Manhattan）的戶外市場。街上的交易人和廣場四周辦公室裡的經紀人之間用手勢溝通十分有效，而這種方式在一九二○年代當交易所遷到室內之後仍獲保留。如今，電腦也可以完成同樣的工作，雖然交易人沒有被要求不要再使用手勢而代之以電腦，大部份人還是會選擇電腦，因為它在溝通上更快且更為精準。手勢很快就會從美國證券交易所中消失，成為電腦化的另一個犧牲品。

來源：Davies, Erin.（1996, Oct. 28）. The Amex's old hand signals give way to computers. Fortune, p. 52.

說與聽

　　馬自達汽車公司（Mazda Motors Corporation）的日本總裁估計，在他跟美國夥伴福特汽車公司的代表開會時，有百分之二十的意義在他跟翻譯員溝通的過程中流失。另外的百分之二十則流失於翻譯員跟美國代表之間。這種情況也可能發生在來自不同文化的人說同樣的語言時。ABB的前執行主席Percy Barvenik表示，他有時候跟員工溝通時會有聽力障礙，雖然英語是他們的第二語言。他承認要花時間聽他們說話會令他不耐煩，同時也擔心不耐煩會無意中造成誤會。

　　母語爲英語的人通常來自低語境的文化。當高、低語境的人互相溝通時，如果低語境者比平時較爲仔細聽和觀察，而高語境者較注意語言本身而不是語境，跨文化的誤解就會減少。提供一個良好的文化瞭解和交流的環境是全球企業應有的一個程序。

管理多樣性的程序

　　對許多組織領導人而言，多樣性帶來的第一個挑戰是如何定義它。一般組織定義多樣性時都是先把焦點放在看得見的面向，比如性別、種族、國籍、年齡和體格。通常，對多樣性的外在形式的重視會掩蓋掉比較不明顯的差異，如冒險精神、技能、企業家精神、資歷、性傾向、家庭關係，或價值觀和信仰。所有這些差異對組織而言是重要的，因爲它們對員工來說很重要。例如，如果有個員工認爲他或她對組織的價值沒有其他人來得大，該員工的表現可能就會低於他或她原本應有的水準。下面的表4.8說明了組織裡的各種多樣性。

　　很多企業領導人相信多樣性對他們的未來十分重要：

- 福特公司的領導人相信，到了二十一世紀，多樣性是推動公司創造力的引擎。福特公司在二○○○年推動組織文化變革的重點是善加利用組織裡的人與人之間的差異。
- 杜邦公司把多樣性管理看作是提高全球競爭力的方法。
- 雅芳公司（Avon）的領導人相信多樣性管理是一個商業課題，而不是社會責任的課題。根據雅芳執行長的說法，處理多樣性「並不是因為它很好，而是因為它符合我們的利益」（Dreyfuss, 1990, p. 168）。

　　定義多樣性或者相信多樣性很重要只是讓多樣性成爲優點的初步

表4.8 工作場所多樣性的來源

可見或可推斷出的差異	較不可見也較不易推斷出的差異
年齡	婚姻狀況
性別	教育
民族、種族或膚色	經濟地位
國家的內部區域，包含腔調、穿著等等	宗教、性取向
吸引力	價值觀
身高體重的比例	人格特質
在組織的職位	兵役狀況
身體的能力	生活方式
智慧的能力	政治的傾向

手段。不過，多樣性的優點有時很難達成。Lisa Hoecklin（1995）認為，全球化的領導人必須認識到文化差異可能同時為組織帶來問題和利益。平衡其利益和代價的不同手段產生了不同的多樣管理方法。根據一項由David Thomas和Robin Ely（1996）主持的研究計劃，企業領導人傾向於採用以下三種觀點之一來處理組織裡的文化差異。

1. 歧視與公平典範（Discrimination and Fairness Paradigm）在美國組織裡最常用；這個方法是認為偏見會讓組織裡部份的人受到排擠，而這種情況可以透過強調機會平等、公平待遇和遵守「工作機會平等法」來彌補。採行這種典範的補救方法比較贊成同化和順從，也就是說新來者要變得跟原來的員工一樣。

2. 進入與正當性典範（Access and Legitimacy Paradigm）是在一九八○和一九九○年代企業競爭激烈的環境中出現的，比歧視與公平典範更能夠接受和欣賞多樣性，而且通常會認為組織內

部有差異才能應付組織外部的差異。這個典範的其中一個限制是它接受多樣性，卻沒有真正了解到多樣性如何改變工作的進行方式。雖然這個典範可以超越對多樣性的接受，但彼此瞭解的界限依然存在。

3. 興起中的典範（Emer ging Paradigm）只在少數幾個組織裡出現。它主要的特色是強調要了解如何把員工的觀點納入到組織的主要運作中。這種觀點不只重視多樣性對於招徠新顧客或保留原有客戶的能力，也認識到正面的多樣性可以改變組織文化。這種多樣性的觀點必須透過組織所有員工共同學習才能成立。它跟歧視與公平典範一樣強調機會同等，也跟進入與正當性典範一樣承認文化多樣性，但它超越二者，因為透過學習，組織能夠積極的團結在多樣性之上，而不是消極的抹除多樣性。

成功的多樣性管理作法

Ann Morrison 在《新領導人：企業多樣性領導指南》（The New Leaders： Gidelines for Leadership Diversity in Business, 1992 ）指出，組織裡成功的多樣性管理作法包括以下幾點：

1. 高級主管宣導多樣性的必要性。
2. 非管理人員被安排擔任管理職務以增加管理層的多樣性。
3. 成立內部倡議團體以提倡多樣性。
4. 公布公司的一些統計圖表讓它們建立多樣性的基準。
5. 把公司的績效評鑑與多樣性連結。
6. 變更升職條件和程序。
7. 修訂人事繼任計劃以包含多樣性。

8. 進行多樣性訓練。

9. 發展非正式的網絡和支援團體。

10. 發展工作／家庭政策。

創造重視多樣性的文化

　　把多樣性納入組織思維裡的最後一步是實際執行具體的步驟來落實各種多樣性概念，而不只是口頭談論而已。言行合一證明領導人對於多樣性是認真看待的，而且可以加強組織的團結，這對一個全球性的組織十分重要。我們有必要認識到的一點是，顯示組織內部人口統計資料或市場的多樣性雖必要，卻仍不足以確保組織就可以從多樣性中獲得優勢，因為優勢並非來自多樣性本身，而是來自組織對多樣性和同質性同等的尊重。要做到這一點包括要提出一個清楚的價值觀來說明，並鼓勵各種跨越橫向與縱向障礙的多樣性。根據Conference Board（Winterle, 1992）的說法，「除非組織能夠發展出一種了解、尊重和重視多樣性的文化，否則多樣性很可能會減低組織的效能」（p. 19）。在表4.9中列出了公司領導人嘗試從多樣性中獲益的各種方法。相關程序的一般性建議如下：

（a）在組織內部的各個層級發展出一個能夠說明多樣性的政策；

（b）練習檢查決策背後的假設，同時也要求別人這麼做；

（c）創造一個高度互信的工作環境，不鼓勵輕蔑的笑話或批評，增加員工之間互動的機會，在計劃和工作程序中採納各階層的人員；

（d）把每個人視為一個主體，並嘗試去了解他們的觀點；

（e）期望同時能夠教導和學習多樣性；

（f）認識到要改變原本同質性的文化可能會遭遇到的抗拒和不

表4.9　企業對多樣性的作法

溝通	教育以及訓練	員工參與	發展及規劃	績效及責任	文化變革
由總裁及資深經理人發表演說	課程、演講及研討會	任務小組	高潛力員工的確認程序	連結多樣性績效及企業的其他目標	執行企業內部的診斷研究—女性升等機會監督、股票權益研究、多元文化監督等等
由總裁製作錄影帶・	資深管理者的多樣性簡報	工作團隊	持續性的規劃	發展質量並重的多樣性績效評估測量	
電傳視訊會議	企業主管教育的多樣性整合	問題研討小組	延伸職位空缺的尋才公布至副總層級	將多樣性整合到目標管理中	
內部封閉迴路電視		焦點團體	生涯發展路徑計畫		在員工態度調查中加入有關多樣性的項目
執行討論會	企業董事會的訓練	多元化評議會	EMBA課程	定義並獎勵強化多樣性的行為	
企業願景描述	對管理者及員工的有意識訓練	企業諮詢委員會	發展性的任務指派—橫向輪調、特殊短期小組、任務小組	監督與報告流程	以其他企業作為標竿
多元化使命描述	對管理者及員工的多樣性察覺訓練	企業營運委員會			發展企業的多樣性策略
多樣性政策	針對性騷擾的訓練	事業單位的營運委員會	企業內部實習	評估企業單位的績效	整合多樣性至全面品質策略中
來自企業總裁的多樣性信件及備忘錄	新進經理人訓練	網路團體	自我發展計畫	評估經理人的績效	
資深經理人員的行為塑造	主要核心課程訓練		企業網路電話簿	評估所有員工的績效	建立獨立的多樣性職位
多元化的小冊子	融合主要課程於其他多樣性訓練		對非傳統性員工的發展計畫	連結多樣性的績效於—事業單位主管的報酬、事業單位的紅利計畫、個人的獎勵計畫、直接報酬、其他的獎勵	為EEO及AA的職務加入多樣性的責任
員工指導手冊	全球性的訓練		以英語為第二語言的課程		重視直線經理人的控制權
員工報紙或定期刊物	針對訓練講師的訓練課程		矯正性的教育		採用彈性的管理風格而不是只有一種風格
特殊的多樣性報紙或狀況報告	變革代理人研討會				重擬政策及利益以支持多樣性
第二外語溝通	跨種族及性別的訓練團隊				
新進管理者的引導	與企業內部訓練者及外部諮詢者建立夥伴關係				

來源：Special Advertising Section, 'Diversity:Making the Business Case' appearing in the December 9, 1996 issue of Business W eek by special permission, copy right (c) 1997 by the McGraw-Hill Companies, Inc.

滿；

（g）對小成就和進展也提供獎勵；

（h）聘請有才幹的訓練員或鼓勵員工參加訓練課程；

（i）在公司內外都鼓勵人們成立互助團體和學習多樣性；

（j）把計劃好的變動貫徹到每一個程序和結構裡。

組織結構

團隊作業

如果能夠把幾個人的洞察力、才能和技術結合起來，一個組合就得以從不同的思考中獲得最大的優勢。Jon Katzenbach 和 Douglas Smith 在《團隊的智慧》（The Wisdom of Teams）一書裡承認許多團隊沒能很好地運作，但他們相信以下幾個要點可以帶來成功：

（a）團隊不要太大，最好是少於十人；

（b）把專業技術和解決人事問題能力呈現互補的人編排在一個團隊裡；

（c）把一個實際可行的目標交託給該團隊；

（d）訂立一個明確的績效目標。

對團員來說，其中一個挑戰是要如何跟其他人共同作業；對管理者而言則是學習如何召集員工，指導他們工作程序，及提高團隊的成就。根據管理學者的說法，每一個成功的計劃團隊都會經歷五個階

段：

1. 形成階段的特色是樂觀但具有不確定性，這時候每個人開始互相了解，並確認計劃的細節及每個人所扮演的角色。通常大家都很樂意一起工作，不過有些人急於開始著手工作，有的則想要先建立互信基礎。這兩種需求必須在這個階段協調好，所以有必要花時間把各自的興趣和關注的焦點說清楚，坦誠地面對各種限制，並且說出各自的團隊經驗，以便大家可以共同研擬出學習事項的優先順序。很多團隊是由那些個人技術和能力都足以獨力完成指定任務的人所組成，但往往他們缺乏社交能力，因而導致團隊工作的失敗。

2. 在協調階段，每個人表現出各自的處事態度、想法、興趣和性格。很多人對於矛盾會感到不自在，因此會嘗試撫平它。不同文化解決矛盾的不同方式要提出來並加以協調，以確保所有人都有機會全力奉獻給團隊。

3. 在規範化階段，團員們形成一個整體，每個人對其他人都有或隱或明的期望。在這階段，重要的是每個人要跟他人分享對眾人的期望，並建立一個績效評估系統。後者較不容易達成，但它是一個可以解決將來可能產生的問題之機制。會議主持人或其他職位由隊員輪流當，可以讓每個人了解其他人的工作。

4. 在執行階段，團隊逐步完成任務並達成訂立的目標。這時候團隊是以規範化階段所制訂的評估標準來衡量它的表現。

5. 在終止階段，有些人會因完成了任務而洋洋得意，其他人則會因工作結束而覺得失落，團隊應該要想辦法緩和這兩種情緒。

Sun Microsystems（詳見小故事4.16）的例子顯示，即使超越了顯而易見的外在差異，一個團隊還有許多問題需要解決。要管理這些

小故事4.16　團隊裡的文化差異

　　在一九九三年，Sun Microsystems 公司的工程部門裡的 Khanh Vu 並沒有多少前例可以讓他參考，以便管理來自十一個國家的三十五個工程師（Lewis, 1993）。所有的工程師都擁有同樣的專門技術，但只有少數幾個了解美國文化，而能夠了解Sun Microsystems 公司所處的加州矽谷的文化者更是少之又少了。於是，Vu 和他的團隊必須創造自己的未來，並且面對各種各樣的挑戰，因為在邁向未來的道路上障礙重重。例如，許多工程師來自亞洲文化，在那裡，開會時產生摩擦和提出批評是難以容忍的。他們不明白為什麼批評一個人的工作跟批評一個人是可以分開的。Vu 自己也不太能夠理解為什麼有人能夠在會議中對著另外一個人大聲咆哮，會議結束後雙方還是朋友。作為一個團隊，工程師們了解到有些課題在文化上是十分敏感而不能以聊天的方式談論的，其中包括性、宗教、政治、金錢和關係。

來源：Lewis, Marilyn. 1993, Feb. 3）. Multicultur al companies invent the future as the y go. The Seattle Times , p. E9.

動態的力量需要有一個擁有不只是技術能力的團隊領導人；同樣重要的是個人能力如耐性和毅力，及跟工作有關的技巧如詮釋跨文化商業線索的能力。在表4.10 中列出了一個全球團隊領導人所應具備的個人、工作和知識／社方面的技能。

表4.10　成功的全球性團隊領導者之特質

個人方面	工作方面	智力方面／社交方面
耐心／毅力	系統化思考的能力	好奇
穩定的情緒	可在模糊的狀況下做決定	可以與人形成個人的關係並建立密切的往來
願意接受失敗	可以突破文化的界限	對於歷史及目前的社會發展有相當的認知
開放的心胸	可以表現出各種文化環境所重視的行為	對於每個人的價值觀有強烈的敏感度
具幽默感	可以辨認跨文化的商業線索	謙遜的
具想像力	可以適應管理風格的切換 具有技術	喜愛跨文化的工作

來源：O'hara-Deveraux, Marry, and Johansen, Robert（1994）. Globalwork,
　　　 p. 106. San Francisco, CA ：Jossey-Bass.

減低企業合併時的文化衝突

　　由於有潛力發展成全球企業的公司渴望更快速地擴展，企業收購、合併和合資的數量在一九九○年代有了顯著的成長。金融、電信、娛樂、化學和藥物公司只是其中的一部份，它們希望透過結構性的重整來擴展成全球化的規模。跨越國界的結構性改變經常會造成文

化衝突。一項關於民族文化和企業文化在企業收購或合併的過程中是否相容的研究結果顯示，在預測合併所造成的壓力和負面影響方面，及在實際合作上，民族文化的因素較為重要。Yaakov Weber, Oded Shenker 和Adi Raveli（1996）也斷言，在企業合併與收購的結構性重組過程中，民族和企業文化是必不可少的考量因素。小故事4.17 說明了在一項合併案中，文化衝突是如何獲得處理的。

　　Pharmacia/Upjohn　合併案或其它合併案中所面對的跨文化融合所經歷的文化衝突是可以減少或化解的，只要管理者對於文化對工作場所的衝擊具有足夠的敏感度。所以，在處理文化問題時，主動管理文化衝突的計劃可能比被動式的反應更為有用。

文化與虛擬組織（Virtual Organizations）

　　和組織文化相關的結構性變化，這裡要補充的最後一點是關於虛擬公司——一種存在於電子媒體和私人連結網絡上，而不是地理空間上的組織。虛擬組織的概念借自「虛擬記憶」（Virtual Memory）這個術語，指的是一種讓電腦以比它實際擁有的更大容量運作的配置（Byrne, 1993）。應用在組織及其結構上，這個概念說明了，一個組織也可以比它客觀存在的形體擁有更大的空間。虛擬組織被賦予無數的面貌，比如：「精簡的」（Lean）或「扁平的」（Flat）；一群人為了短暫的目標而聚合起來的公司；或垂直整合的實體（Davidow and Malone, 1992）。IBM的經驗顯示了一種虛擬組織形成的方式（詳見小故事 4.18）。

　　Ambras 的例子顯示，虛擬組織不必存在於實體空間裡，但通常還是需要一個核心團體來處理策略的優先順序。員工都是約聘人員，通常是在家透過電信科技獨立工作，完全不受時間和地點的限制。透

小故事4.17　Pharmacia/Upjohn 合併案

　　這兩家藥物公司在一九九五年進行合併，以擴大規模並加強合作。Pharmacia 的母公司在瑞典，但在義大利有頗大的業務，而 Upjohn 的根據地則是美國。為了創造出一個獨特的企業文化以減少特定的民族傾向，它們採取的一個重大措施是把總公司設在倫敦，同時在密西根、斯德哥爾摩和米蘭設立業務中心。其員工分別有三種不同的民族文化，相互之間要準確地溝通並非易事，所以高層執行人員決定跟不同文化的員工們見面和談話，以促進彼此之間對其它文化的認識。

來源：Flynn, Julia, and Naughton, Keith.（1997, Feb. 3）. A Drug giant's allergic reaction. Business W eek, pp. 122-124.

過電腦和電信科技的整合，這些約聘人員變成一個大實體的一部份，這個大實體幾乎是隨時可以立即聚合或解散。當人們是在世界各地不同的地點和不同的時區一起工作，要創造出一個強調共同組織目標的文化將會更加困難。結構性的變化會改變虛擬組織裡的人及其運作程序，這使得文化方面的挑戰更加艱鉅。模糊了對傳統組織模式的期望之新組織形態的興起，對管理學者已形成新的挑戰。這一點將在以下關於團隊如何在虛擬組織裡運作的章節裡探討。

小故事4.18 虛擬的Ambras

IBM的子公司Ambras採用虛擬公司結構來銷售IBM個人電腦相關商品。該公司靠著六家各自獨立的公司之授權，製造各式各樣的產品供應給市場。它的管理層設在美國北卡羅來納州，設計師在新加坡，而電信行銷、接訂單和最後的裝配則由其他公司來執行。

來源：Goldman, Samuel.（1994, July）. Agile competitive beha vior ：Examples from industry. Agility For um Wor king Papers, pp. 1-30.

虛擬組織的團隊作業

虛擬組織的一個好處是散佈世界各地的人都能為同一個專案服務，但這個好處也帶來了很大的挑戰。本章先前所列的全球性團隊工作要點對於虛擬組織而言尤其是一大挑戰。根據Michael Kossler和Sonya Prestridge （1996）的看法，這些挑戰在於溝通、矛盾的化解、決策，及如何讓成員意識到團隊的統一性十分有助於其成功。這兩位作者區分了他們認為只是暫時性的虛擬團隊，及相對較具固定性散佈於各地的團隊（Geographically Dispersed T eams，簡稱GDT）。這樣的區分方式暗示了虛擬團隊跟一般暫時性團隊有著同樣的問題，那就是成員對團隊缺乏奉獻精神或注意力分散；而GDT 則可能比較近似永

久性的團隊，其成員比較願意做出承諾，因為其存在較長久。我們可以得出一個結論，即虛擬團隊是有一些難題，但如果該團隊是永久性而不只是暫時性，部份的難題就有可能化解。Kossler 和 Prestridge 針對 GDT 提出的其它建議包括：

（a）成立之初舉行一次面對面的會議；

（b）團隊成員之間建立起相互依存關係；

（c）排訂固定舉行面對面會議的時間表；

（d）針對成員之間在什麼時候把什麼訊息以什麼樣的方式共享，及成員如何對共享訊息做出回應達成共識；

（e）設定規範和條例來處理可能出現的想法和矛盾；

（f）釐清 GDT 成員之間該如何互惠並建立互信關係；

（g）認識和尊重文化差異。

總括而言，本章檢視了各種文化概念，主張全球化使得全球化企業在傳播文化習俗和規範方面扮演著更為重要的角色。扮演這樣的角色必然涉及到組織文化的改變，而公司在這過程中也面對跟改變一個民族文化同樣的痛苦和難題。跟民族國家不同的是，公司被迫不斷快速地改變其文化以因應全球化，這造成了員工的焦慮，也對於應付文化改變方面經驗不足的管理者形成困擾。多樣性管理的例子顯示了要員工跨越思想和實務的界限，以創造出能夠因應全球化要求的組織文化是多麼困難。

我們可以總結說，文化全球化提供給我們各種各樣的選擇，其涵蓋範圍從日常的選擇食物，到較為重要的選擇能夠豐富我們生活的朋友和工作。最重要的是，本章主張人們可以選擇他們想要的文化習俗，也有可能同時自在地生活於地方文化和全球文化中。就像現今人們可以同時生活在有時候相互衝突的家庭、家族、宗教、團體、地區

或民族文化裡，想要順利悠遊於組織、民族和全球文化，在技術上來說是可行的。不過，由於全球文化出現得太快，有些人覺得他們缺乏足夠的知識去面對，而另外一些人則覺得要過渡到另一個新的文化是痛苦的。

本章關鍵概念

文化影響企業實務和組織：國際商務越來越重要，使得學者和企業領導人開始探討文化的兩個面向。第一，組織有其本身的文化；第二，對文化假設和行為的衝突性看法如果不能調和的話，不同國家的企業之間的貿易往來可能會瓦解。

文化提供共同問題的解決之道：文化的其中一個目的是提供社會解決問題之道。社會面對的問題包括了取得和分配資源，保護公民，還有維持秩序等等。

民族文化協助人民滿足基本和高層次的需求：由民族國家架構形成的社會會發展出一種文化，以解決人民的各種問題，包括基本需求如食物、水、住所和熱能，及高層次需求如建立關係和尋找生命的意義等等。

文化的定義：定義文化的方式有很多，但其主要的意義是，文化代表高度整合、密切相關的一組習得的符號和價值觀。文化符號和規範之間的互動十分重要，因為它讓人們可以了解一個人的價值觀、信念和行為。

刺激文化改變的因素：雖然文化不會迅速變動，但當社會問題的

主要解決方法不再有效時，它就會開始改變。其中一個結果是個人和組織會開始以新的、不是那麼常見的方式行事，以便尋找新的方式來解決社會問題。全球文化之所以會興起是因為在這相互依存的全球世界裡，民族國家的文化機制已越來越不能應付或處理社會所面對的問題了。

由民族國家架構形成的社會擁有不同的文化：大部份的社會是根據民族國家的架構形成的。每一個社會的文化不僅反映在社會中的個人如何行動和反應，也反映在政治和經濟體系如何形成、天然資源如何分配、科技如何被使用，及工業和工作環境如何塑造等方面。

民族國家裡包含主流文化和次文化：大部份國家都有主流文化和次文化，而大部份人同時屬於各種各樣的文化—民族文化、區域文化、組織文化、家庭文化—並不斷學習如何有效地置身於這些文化之中。

文化變化是跨越國界的結果：文化群體過去主要是受民族國家架構的影響，如今跨越國界十分容易，使得全球化的商業語言、習慣、規範和行為逐漸興起，組織也越來越全球化，而不只限於在國內運作。

全球企業是文化傳播的管道：全球商業活動改變了傳統上組織和民族國家的關係。傳統上組織受到民族國家的價值觀之影響，今天組織及其商業活動卻比較是全球文化的引導者，而不是民族文化的接收者。

大眾文化的衝擊：各種形式的大眾文化，如體育、娛樂、電視、電影和電玩遊戲等，是對世界各地的文化轉變有重大影響的全球商業

活動。音樂電視可能是最全球化的大眾文化媒體。它模糊了內容、廣告和音樂的區分,對各年齡層的人都具有吸引力。它模糊了想像和現實生活的界線,且讓全世界的年輕人覺得同屬一個潮流。

文化和政治相互依存:很多人擔心美國的文化帝國主義,因為散佈大眾文化的媒體大多是美國製造的。不過,也有證據顯示,隨著廣播法令的鬆綁,世界各地的公司有了新的動機參與全球娛樂商品的製作。證據也顯示,這些新加入市場的公司也足以左右市場,因而文化變化變成互動式。

文化帝國主義:文化帝國主義跟政治帝國主義不同,因為它的動因是贏得視聽大眾的心,而不是征服他們。有證據顯示,如果可以選擇的話,人們未必會選西方媒體。

組織作為文化變化的熔爐:在全球化的世界裡,組織所面對的挑戰包括成為讓價值觀、假設和行為上的文化差異自由呈現的熔爐。融合各種文化充滿挑戰性且困難,因為哪些行得通哪些行不通並非一目了然。因此,跟先前只須根據一個國家的文化規範行事的情況比起來,全球性組織的領導人可能更難為。

文化衝突:不管是在國內還是跨國,一般人在處理文化變化時所面對的挑戰包括文化衝突(有時含有暴力色彩),變化的規律不清楚,及人們對全球文化的適應性各有不同。

避免文化衝突:適應性強的組織會找出各種方式來面對文化全球化,包括密切關注成長中的消費社會,研發新的組織模式,及結合傳統和非傳統的管理技術以創造出新的方式來管理全球市場上的結構、程序和人事問題。

文化變化帶來機會：國家和人民從全球化的文化中可獲得的好處包括有機會跟新的認同團體建立關係，增長知識和對事物的了解，及發現先前不存在的選擇。

組織和人可以在一個以上的文化裡成功運作：就像人們發現有可能生活在一個國家而又同時在家庭、宗教、族裔、國家等面向擁抱不同的文化理念一樣，想要同時自在地處於全球商業文化和民族文化中是可能的。

管理者必須對文化敏感：文化的感受和調適模式通常從排擠差異到融合差異。透過這樣的轉變，管理者會更有自覺，從而避免犯下文化錯誤。

問題討論與複習

1. 想一想你的「工作倫理」或你對工作的定位。把這工作倫理追溯到你跟家人、朋友和組織相處的文化經驗。利用這個例子來證明文化是習得、共享及相互依存的。

2. 描述你所經歷過有關工作上的行為、慣例和規範（或者你所觀察到的別人經驗）。試說明這些文化的外在表現跟你本身或其他文化的價值觀有何種關係。

3. 透過閱讀和親身經歷描述一個組織的結構、程序和人事，說明該組織是否與其所處國家的文化或全球文化一致。

4. 除了本章所說明的之外，文化全球化還有什麼其他的問題和機會？

5. 一九九二年夏天，全球各地的青少年，不管是在英國、荷蘭、匈牙利還是美國，穿的幾乎是同樣款式的牛仔褲和短袖T恤。T恤上通

常印有社會未必能夠接受的文字。男孩子甚至在一邊耳朵上戴著同樣款式的小圓圈耳環。試將這些現象跟你在各國所見的情況做比較。是否有所謂的「全球青少年」？這種現象的分佈有多廣？

6. 本章主張所有人都是生活在好幾種不同的文化裡，這些文化包括主流文化和家庭、朋友、族裔、宗教和區域性次文化。試說明主流文化及其平行的次文化的重要性，並陳述你贊成或反對的意見。

7. 根據本章的說法，全球企業文化之所以會興起，是因為原有的民族文化機制已不太能夠應付相互依存的全球社會所面對的問題。民族文化機制失敗在什麼地方呢？全球相互依存的社會所面對的問題是什麼？企業如何及為什麼會牽涉在這些問題裡面？

8. 全球企業專題：本章論及了全球性組織所面對的主要課題：無法解決的問題、如何估計無形資產、如何評估多樣性、如何應付組織和管理者都還很生疏的新問題。從你自己選擇研究的關於全球企業的資料中舉出兩個例子，說明組織如何處理至少一個類似的難題。你可以用兩個例子來說明上述四個挑戰中的其中兩個。

9. 全球企業專題：找出一些例子，以支持本章所論及的關於文化全球化的各項概念，或者說明你所研究的全球企業如何形塑或被形塑其文化價值觀。

10. 如果教授要求班上同學做小組作業，以下的建議可以幫助你們準備一份行動計劃：

　　小組面對的主要挑戰是明確說明其任務和進行方式。試加入一個小組，參與準備一份包括以下幾點的書面計劃：

　(a) 準備一份整體願景／任務的聲明，其中概述共同目標和期望獲得的結果。例如，就過程和成果而言，你希望從該課題和團隊工作中獲得什麼、你想做出的貢獻、及你想達到的成

就。

（b）概述該計劃特定的、重要的目標，例如：如何及什麼時候通過五個團隊工作階段的每一階段？完成每一階段的步驟是什麼？

（c）決定支援方式和每個人的角色：什麼人做什麼？什麼時候做？用什麼格式（例如，用 Word 或 Powerpoint）？

（d）設定一套共同承擔義務的模式，及評估每個人投入的心力及產出的方法。

參考書目

Auletta, Ken. (1993, Dec 13). TV's new gold rush. *The New Yorker*, p. 84.

Bangert, David C., and Pirzada, Kahkashan. (1992). Culture and negotiation. *The International Executive*, 34(1): 43–64.

Barber, Benjamin. (1992, Mar.). Jihad vs. McWorld. *The Atlantic Monthly*, pp. 53–61. (See also *Jihad vs. McWorld*. New York: Ballantine Books, 1996).

Bartlett, Christopher, and Ghoshal, Sumantra. (1992, Sept./Oct.). What is a global manager? *Harvard Business Review*, pp. 124–132.

Battle for the couch potato. (1995, Jan. 9). *Business Week*, p. 91.

Bennett, John W., and Dahlberg, Kenneth A. (1993). Institutions, social organizations, and cultural values. In *The earth as transformed by human action*, pp. 69–85. New York: Cambridge University Press.

Bennett, Milton. (1993). Towards ethnorelativism: A development model of intercultural sensitivity. In Michael R. Paige (Ed.), *Education for the intercultural experience*, pp. 21–71. Intercultural Press.

Booth, Gregory D. (1997, Aug. 21). World comes to a rockin' Punjabi party. *New Zealand Herald*, p. B5.

Brauchli, Marcus W. (1994, May 16). Star-struck. *The Wall Street Journal*, pp. A1, A7.

British public schools start to look East. (1994, Nov.). *International Herald Tribune*, p. 5.

Byrne, John. (1993, Feb. 8). The virtual corporation. *Business Week*, pp. 98–103.

Caution: 'Morphing' may be harmful to teachers: Teen rangers have the power to transform tykes. (1994, Dec. 7). *The Wall Street Journal*, pp. A1, A8.

Cohen, Margot. (1991). The whole archipelago's doing the dangdut. *The Wall Street Journal*, p. A14.

Darlin, Damon. (1994, Dec. 19). Hollywood with a Confucian touch. *Forbes*, pp. 110–120.

Davidow, William, and Malone, Michael. (1992). *The virtual corporation: Structuring and revitalizing the corporation for the 21st century*. Burlingame, NY: Harper.

Dreyfuss, J. (1990, Apr. 23). Get ready for the new work force. *Fortune*, pp. 165–181.

Elashmawi, Farid. (1994, Sept./Oct.). Managing culture conflict in the Arab world. *Trade and Culture*, pp. 48–49.

Farney, Dennis. (1995, Apr. 27). Emergence of extremist groups reflects changing U.S. society, researcher says. *The Wall Street Journal*, p. A4.

Finel-Honigman, Irene. (1993). Popular culture in the global economy: Antithesis or reconciliation? In Ronald R. Sims and Robert F. Dennehy (Eds), *Diversity and differences in organizations*, pp. 123–133. Westport, CT: Quorum.

Fuller, Thomas. (1994, Nov.). Chinese channel beamed to Europe. *International Herald Tribune*, p. XV.

Hall, Edward T. (1976). *Beyond culture*. New York: Doubleday/Anchor.

Haney, Daniel Q. (1995, Feb. 19). Experts say world may lose half its languages. *The Seattle Times*, p. A1B.

Hoecklin, Lisa. (1995). *Managing cultural differences*. Reading, MA: Addison-Wesley.

Hofstede, Geert. (1984). *Culture's consequences*. San Francisco, CA: Sage.

Huntington, Samuel. (1993, Summer). The clash of civilizations. *Foreign Affairs*, pp. 22–49.

Institute of International Education. (1998, Jan. 9). Open doors 1996/97: Foreign students in the US. http://www.iie.org/opendoors/forstud1.htm

Japan and Asia. A question of balance. (1995, Apr. 22). *The Economist*, pp. 21–23.

Kahn, Joel S. (1995). *Culture, multiculture, and postculture*. Beverly Hills, CA: Sage.

Katzenbach, Jon R., and Smith, Douglas K. (1993). *The wisdom of teams*. Cambridge, MA: Harvard Business School.

Kossler, Michael E., and Prestridge, Sonya. 1996. Geographically dispersed teams. *Issues and Observations*, 16(2/3): 9–11 (a publication of the Center for Creative Leadership, Greensboro, North Carolina, USA – http://www.ic.ncs.com/cds).

La Franco, Robert, and Schuman, Michael. (1995, July 17). How do you say rock 'n' roll in Wolof? *Forbes*, pp. 102–103.

Life's a beach. (1995, Apr. 8). *The Economist*, pp. 59–60.

Maslow, Abraham. (1954). *Motivation and personality*. New York: Harper & Row.

McFarland, Lynne Joy, Senn, Larry E., and Childress, John R. (1993). *21st century leadership*. New York: The Leadership Press.

McLuhan, Marshall, and Fiore, Quentin. (1967). *The medium is the massage*. New York: Bantam.

Morris, Michael H., Avila, Ramon A., and Allen, Jeffrey W. (1993). Individualism and the modern corporation: Implications for innovation and entrepreneurship. *Journal of Management*, 19(3): 595–612.

Morris, Michael H., Davis, Duane L., and Allen, Jeffrey W. (1994, 1st quarter). Fostering corporate entrepreneurship: Cross-cultural comparisons of the importance of individualism versus collectivism. *Journal of International Business Studies*, pp. 65–89.

Morrison, Ann M. (1992). *The new leaders: Guidelines for leadership diversity in business*. San Francisco, CA: Jossey-Bass.

Newman, Barry. (1995, Mar. 27). Global chatter. *The Wall Street Journal*, pp. A1, A18.

Nonaka, Ikujiro, and Takeuchi, Hirotaka. (1995). *The knowledge-creating company*. New York: Oxford University Press.

O'Hara-Devereaux, Mary, and Johansen, Robert. (1994). *Globalwork*. San Francisco, CA: Jossey-Bass.

Ohmae, Kenichi. (1990). *The borderless world: Power and strategy in the interlinked economy*. New York: HarperBusiness

Outlook '95. (1994). *The Futurist Magazine*, p. 7.

Oviatt, Benjamin, and McDougall, Patricia Phillips. (1995). Global start-ups: Entrepreneurs on a worldwide stage. *Academy of Management Executive*, 9(2): 30–43.

Parker-Pope, Tara. (1995, July 10). God save the pub: Lather over names has Britain foaming. *The Wall Street Journal*, pp. A1, A6.

Peters, Tom, and Waterman, Robert, Jr. (1982). *In search of excellence*. New York: Harper & Row.

Phillips, Michael M. (1995, Feb. 7). Voice recognition systems work, but only if you speak American. *The Wall Street Journal*, p. B1.

Phillips, Don. (1994, Aug. 22). Culture may play role in flight safety. *The Seattle Times*, pp. E1, E3.

Reich, Robert. (1991, Fall). The stateless manager. *Best of Business Quarterly*, pp. 84–91.

Richardson, Michael. (1994, Nov.). With more money, fewer values? *International Herald Tribune*, p. 4.

Ricks, David. (1993). *Blunders in international business*. Cambridge, MA; Blackwell. (See also *Big business blunders*, Homewood, IL: Dow-Jones-Irwin, 1983.)

Robertson, R. (1995). Glocalization: Time–space and homogeneity–heterogeneity. In M. Featherstone, S. Lash, and R. Robertson (Eds), *Global modernities*, pp. 25–44. London: Sage.

Rohter, Larry. (1994, Aug. 14). Haiti is a land without a country. *New York Times*, Section 4, p. 3.

Schein, Edgar H. (1992). *Organizational culture and leadership*. San Francisco, CA: Jossey-Bass.

Schwartz, Shalom H. (1992). Universals in the content and structure of values: Theoretical advances and empirical tests in 20 countries. *Advances in Experimental Social Psychology*, 1–62.

Shoup, Mike. (1994, Sept. 18). Tourism's ugly side: Child prostitution. *The Seattle Times*, pp. K10–11.

Stanley, Alexandra. (1995, Jan. 1). A toast! To the good things about bad times. *The New York Times*, pp. E1, E4.

Templin, Neal. (1995, Apr. 4). Passed over for the No. 1 job at Chrysler, he parked his pride and thrives as No. 2. *The Wall Street Journal*, B1.

Terpstra, Vern, and David, Kenneth. (1991). *The cultural environment of international business*. Cincinnati, OH: Southwestern Publishing.

Thomas, David A., and Ely, Robin J. (1996, Sept./Oct.). Making differences matter: A new paradigm for managing diversity. *Harvard Business Review*, pp. 79–90.

Toffler, Alvin, and Toffler, Heidi. (1994). *Creating a new civilization*. Atlanta, GA: Turner Publishing.

Transcending business boundaries: 12,000 world managers view change. (1991, May/June). *Harvard Business Review*, pp. 151–164.

Trompenaars, Alfons. (1994). *Riding the waves of culture*. Burr Ridge, IL: Irwin.

Tung, Rosalie. (1982). Selection and training procedures of US, European, and Japanese multinationals. *California Management Review*, p. 62.

Tuttle, Alexandra. (1993, Oct. 5). Steamy Russian soap with a capitalist message. *The Wall Street Journal*, p. A14.

The universal teenager. (1994, Apr. 4). *Fortune*, p. 14.

Valente, Judith. (1994, Aug. 19). Global TV-new races heats up – but is payoff there? *The Wall Street Journal*, pp. B1, B2.

Waldman, Peter. (1994, Sept. 13). Lost in translation: How to 'empower women' in Chinese. *The Wall Street Journal*, pp. A1, A8.

Weber, Yaakov, Shenkar, Oded, and Raveli, Adi. (1996). National and corporate cultural fit in mergers/acquisitions: An exploratory study. *Management Science*, 42(8): 1215–1227.

Winterle, Mary J. (1992). *Work force diversity: Corporate challenges, corporate responses*. New York: Conference Board.

World Tourism Organization. (1997, Feb.). Global overview. http://www.12world-tourism.org/ESTA/highlights/prelres.htm

Young Chinese loosen the purse strings. (1996, July 15). *The Wall Street Journal*, p. A8.

Zha, Jianying. (1995). *China pop*. London: New Press.

第五章

全球經濟：貿易、國外直接投資、資金

過多的資料、太少的資訊：霸菱銀行

　　霸菱銀行（Barings Bank）第一次進行衍生性金融商品投資，是在一九九三年一宗合資企業中的部份業務。彼得霸菱（Peter Baring）是這家由霸菱兄弟所創設，具有保守經營風格的霸菱銀行主席；在某一次的公開場合中他曾經說到「我們相信衍生性金融商品必須要好好地加以控制及了解，我們相信霸菱銀行已經做到這一點。」然而，在一九九五年的春天，霸菱銀行卻面臨了破產的命運。這個故事告訴我們，單純因為一項有關未經授權的衍生性金融商品交易，使得一個營業員搞垮整個霸菱集團的慘痛歷史。從許多不同的方面看來，霸菱銀行破產的例子也告訴我們很多故事，例如：衍生性金融商品是危險的、產業變化的速度往往不是個人所能掌控，及金融市場逐漸邁向全球化等等。總結來說，這是一個有關全球金融市場對企業帶來的機會及挑戰的故事。

　　直到一九九五年的春天，二十八歲的尼克李森（Nick Leeson）一直是霸菱銀行新加坡分行期貨部門的營業員。根據公開資料顯示，李森在霸菱銀行工作期間，有許多次成功的期貨交易紀錄，因此在一九九二年被指派到新加坡分公司的清算部門擔任領導工作。一般認為在一九九五年，李森在以日本及新加坡為基地的衍生性金融商品中進行套利的交易，這項套利交易包含了在日本買進日經225指數期貨合約，並在新加坡的金融交易所賣出這些合約。不過，實際上李森所涉入的不當行為並不僅於此；在一九九二年到一九九五年間，李森除了登上清算部門領導人的位置外，他也接受拔擢而晉升到貿易部門主管的層級。藉由這個雙重角色的扮演，使得李森有機會可以掩飾他曾經進行衍生性金融商品套利交易的證據，也就是利用購買日經證券交易市場上的期貨及選擇權合約來進行套利。如果李森要想在他所購買的期貨及選擇權合約上獲利，日本證券交易市場的指數就必須落在一萬八千五百點到一萬九千五百點這個區間之內；不幸的是，一月十七日在神戶的一場大地震，深深地憾動了日本，幾天之內這樣的影響就傳到了東京：日經證券交易指數下跌了一千點來到了一萬七千八百點以下的位置。霸菱銀行一大部分的紅利被謹慎地投資在February 24指數上，因為這個指數的下跌使得李森損失了原有四十五萬英鎊的獲利，為了要彌補這項損失並挽救正逐步下滑的日經市場，他決定投入更多的資金到日經期貨上。然而，李森失敗了；最後，霸菱銀行的損失高達九億英鎊（相當於十三億美金），在創立二百二十三年之後，英國歷史最悠久的商業銀行面臨破產的命運。然而，在這樣的狀況下，我們必須要問：究竟是什麼原因，使得李森在進行衍生性金融商品投資時面臨了如此大的風險，卻不需要先知會霸菱銀行的行政高層？

　　有一些事實十分明顯，這些事實也因此闡明了那些在銀行業所發生的全球化改變，使得霸菱銀行的瓦解成為可能。首先，霸菱銀行一

向以銀行機構而知名，其聲譽主要來自該銀行的小心謹慎及保守的操盤手段，例如企業融資及資產管理等等。然而因應全球化市場的機會，銀行業者不得不作出回應；就像其他銀行一樣，由於客戶可以從其他不同的金融機構獲得更好的融資條件，霸菱銀行必須要放棄一些傳統的獲利來源。因此，就像其他銀行一般，霸菱銀行開始積極地擴展業務範圍。越來越多保守的商業銀行與霸菱證券進行合併，而銀行內部經驗不足的成員也就必須追逐越來越多的高風險性機會來獲取利潤。衍生性金融商品是一種價值直接聯結或衍生自某種資產的合約，也是銀行業期望的一種高風險性投資機會。而選擇權、利率交換及期貨合約也是這一類可用來以小搏大的高風險性投資機會。不過可以想像的是，如同其具有的高報酬性，一旦投資失利造成的損失也十分巨大。

　　相較於傳統的銀行家，通常衍生性金融商品的經理人對於風險的容忍度較高。除此之外，通常這一類經理人都像李森一樣，是屬於較為年輕的族群；這些人常常會擁有或假裝擁有其他經理人所不具有的知識。由於行事風格及擁有知識的差異，使得傳統的銀行家常常不能了解或管理這些衍生性金融商品的經理人。不過可以確定的是，不論是霸菱銀行或李森本人，都因為衍生性金融商品潛在的巨額報酬可能成真而受到鼓舞。此外，霸菱銀行在一九九三年到一九九五年之間增加的全球員工數目高達百分之三十，因為急遽的人員成長，使得霸菱銀行的管理結構呈現了空洞的狀況，只有少部分的經理人卻要管理世界各地分支機構過度膨脹的員工是十分艱鉅的任務；除此之外，我們也可以明顯看出在霸菱銀行的內部控管方面有著嚴重的問題存在。就在霸菱銀行宣布破產的前幾個月，基金部門的主管才向總裁抱怨過「要取得確實的資料是一項嚴格的考驗」、「很明顯地，霸菱銀行內部的系統及控管的文化十分奇特且古怪」（Seeger, 1995）。根據英國銀行

（Bank of England）對於這項破產聲明所提出的報告，霸菱銀行的高層人員都會定期把大額的資金匯到霸菱銀行位於新加坡的分公司，然而霸菱銀行的經理人卻完全不了解匯出的款項由誰管理或要進行何種投資。直到銀行破產宣告發出的時候，霸菱銀行匯到新加坡分行的金額已經接近銀行本身所有的股份資本及儲備金。實際上，霸菱銀行的高層人員當然不可能不知道銀行匯款到新加坡分行的事實，也不可能不知道匯到新加坡分行的資金已經接近銀行本身總資產的數額；不過他們卻不清楚尼克李森涉入高風險性未經授權之衍生性金融商品的套利交易。

　　世界各地對於霸菱銀行的破產事件所產生的反應十分快速。有些人擔心霸菱銀行的鉅額虧損會對於全世界的金融市場造成混亂的狀況，或引起其他金融機構的連環倒閉事件；有些人則認為強力的規範有制定的迫切性；也有些人認為英國政府應該介入這個事件以挽救霸菱銀行；更有些人把這個事件解讀為衍生性金融商品具有高度的危險性。然而，衍生性金融商品的市場卻未因此而封閉，在一九九四年衍生性金融交易市場的交易量高達二十二兆美元。英國政府也未干涉霸菱銀行的破產事件以挽救這個擁有二百二十三年歷史的古老商業銀行，這個事件對於全世界的銀行家也帶來了一個啟示：對自己的行為造成的結果負責。這個事件也使得一些私人銀行馬上著手檢視本身金融控管系統的健全性。最後的結果就是沒有其他銀行再度因此而破產，也沒有造成金融市場一片混亂的狀況。但是，如果我們回過頭去看看這個因為快速的獲利機會超越霸菱銀行所能掌控的例子，我們就會發現有著大量的資料，卻無法利用這些資料來提供有用資訊的狀況，在現代社會中確實可能存在。

　　當李森了解到他造成的鉅額虧損再也無法掩蓋時，他決定在虧損消息曝光之前逃離新加坡，不過在邊界警察找到他並且把他抓到法蘭

克福監獄以前他只逃到德國。理所當然的，他第一次對這個事件發表的正式評論是在一個電視訪談上，李森在訪談中提到自己進行非授權衍生性金融商品交易的原因，是因為霸菱銀行在倫敦的高層主管並不了解衍生性金融交易市場的生態所致。他也表示對於可以被逮捕入獄感到高興，因為他再也不必與不確定性共同生活，也可以避開進行衍生性金融商品交易時所面對的壓力。

在新加坡的監獄裡，李森必須為其進行的詐欺行為服刑六年半，在獄中的李森也認為霸菱銀行的經理人貪婪而笨拙。由英國銀行對於霸菱銀行的鉅額虧損事件所進行的調查報告顯示，該銀行內部的經理人員必須對於無法有效監控李森的套利行為負責，然而其中有一位經理人也對其同事提出與李森共謀的指控。在一九九五年的三月，霸菱銀行由德意志銀行及保險界的巨人荷蘭國際集團（International Nederland Group, ING）接管，同時資誠會計師事務所（Cooper & Lybrand）及眾信聯合會計師事務所（Deloitte & Touche）在新加坡也遭到管理疏失的宣告；新加坡的國際金融交換中心也修正了有關的風險管理程序；同時英國銀行也強烈譴責霸菱銀行的經理人。因為李森的投資失利造成十三億美金的損失與一九九五年九月日本大和銀行（Daiwa Bank）的十一億美金、住友集團（Sumimoto）因為未授權的銅交易損失二十六億美元，安魅市證券（Yamiichi）二千四百萬美元破產損失相較之下可能金額或許並非很大。這些各不相同而受到指責的例子顯示出，霸菱銀行的破產並沒有對於這些機構造成多大的示警作用，這也明確地告訴我們，充足的資料並不一定就能產生足夠可用的資訊。

來源：Bank of England report on Barlings.（1995, July 18）. London：Bank of England；Bray, Nicholas.（1996, July 22）. Ex-boss of Barling's Lesson fights back. The Wall Street Journal, p. A8；The collapse of Barlings.（1995, Mar. 4）. The Economist, pp. 19-21；Lesson, Nick with Edward Whitley.（1996）. Rogue trader. New York：Little, Brown；Seeger, Charles M.（1995, Aug. 8）. How to prevent future Nick Lessons. The Wall Street Journal, p. A15；Who lost Barlings？（1995, July 22）. The Economist, p. 16.

霸菱銀行的例子顯示出全球化企業要與快速的全球化改變同步所必須面對的挑戰。在全球化的經濟中，那些以往在解讀經濟事件時看來合理又穩健的規範，在解釋當前的全球化事件時似乎已無法有效掌控全局；此外各種界限的逐漸模糊化，也為全球化經濟的各方面帶來了更大的複雜性及更多的不確定性。在這個新興的全球化經濟中，許多市場都變得更具全球化的特性，越來越多的個人及組織開始受到全球化經濟事件、趨勢，及國際性事件的影響。本章的開始會先進行國內經濟的檢視以為稍後進行全球性變動所造成國內及國際間的緊張情勢，提供背景資料的描述。當現有的機制逐漸出現動搖和衰敗之際，對於經濟及企業運作的假設也應該要重新進行檢視。

第一部分　逐漸成長的全球化經濟創造了新的挑戰

經濟系統提供了在一個社會中生產及分配資源的方法。而這些經濟系統也受到傳遞商品以滿足需求的分配系統所支持；例如金融系統用來作為交換的媒介；而透過銀行及其他的企業使得資源的產生及分配得以加速進行。直到二十世紀，世界上仍有許多國家的經濟都還是屬於封閉而不是開放性的經濟，在這樣的經濟體中人們利用相同的貨幣、相同的分配系統、相同的金融機構，同時也仰賴國內的企業來產生經濟上的財富。在類似這樣的封閉經濟系統中，經濟指標最主要的功用，就是要能反映出國內各種經濟活動的健全性。

工業化的結果，許多原本範圍僅侷限於國內的經濟活動在與其他經濟體接觸後，開始變得較為開放，也因此慢慢地進入了一個主動的國際貿易時代；不過同時也帶來了許多新的問題需要各國之間相互協

調以產生有效的解決方案，例如：薪資問題、資源取得及分配問題等
等。舉例來說，在國際貿易過程中所取得的貨物必須要進行付款的動
作，不過當時的國際貿易並沒有共同認可的貨幣存在，因此企業在進
行交易時會造成困擾。正因為這種困擾的存在，新式且更具國際化的
系統也逐漸發展出來，用來管理進出口貿易的問題、用以計算不同國
家之間進行交易時金額的平衡、設定金融交換的匯率並促進國外直接
投資的進行。這些系統逐漸演化以管理國際化的商務並持續在充滿變
化的世界中促進全球商務的進行。類似這樣的變化，也改變了我們對
經濟的思考及言論。例如，以往被視為工業化的國家，慢慢地在工業
能力上出現削減的現象，並且被描述成較先進的經濟體；而那些致力
於邁向工業化或後工業化的國家現在也常被稱為新興工業化國家或發
展中的經濟體。

市場經濟

　　全球的商業活動由幾乎充斥在世界各地的市場經濟所促進。從定
義來說，所謂以市場為基礎的經濟，就是把一群人聚集在一起並交換
其所擁有的商品或服務。自由市場背後所依據的基本假設包含了下面
幾個要點：經濟的決策由市場而不是政府決定；買方及賣方可以自由
進出市場；在市場內的所有成員都可以毫無阻礙的獲得有關價格、數
量或其他市場成員所進行活動的資訊。市場資本主義更進一步假設參
與者的行為合乎理性，認為這些參與者所下的決策都是以個人的偏好
為基礎。理論上來說，個人或家庭單位再加上一些組織性實體，會做
出許多獨立的消費決策，因而創造出許多供給及需求，市場上的參與
者也會對於這些需求與供給做出反應。比方說，如果獨立的決策最後

是要個人停止採購商品的行為，商品的製造者可能會採行的回應措施就是降低價格或乾脆停止生產。相反地，如果每一個人都想要購買相同的商品，那麼將有可能會造成一股追逐稀有性商品的風潮，製造商也可能因此哄抬價格。當價格上升，對於該項商品的熱愛將會逐漸降低，消費者也會開始尋找替代性商品。這種在商品可得性及價格的高低變動，就形成了所謂的供需法則；然而，要想準確地預測供需之間的變化很困難，因此經濟學家常會將在背後操縱的那股力量稱為「一隻看不見的手」。市場往往被成本、價格及利潤所支配，但是影響這些力量的因素往往不可見，也較難預測。

有許多歷久不衰的市場經濟格言在一七七六年由亞當斯密（Adam Smith）所摘錄下來。李奧納席克（Leonard Silk）轉述了亞當斯密的言論寫出了下面的文字（1976）：

> 經濟是有關財富創造的學問。財富創造決策的制訂會（也應該）
> 比較時間、勞力、資源及資金的投入與投資後的報酬之間的差
> 異，及考量其他投資方案或生產的組織等等。

透過自由市場經濟來創造經濟上的財富是經濟全球化的主要驅動力。根據一九九七年由Heritage House所做的統計，具有較高經濟自由度的國家通常都有著較高的人民生活水準，而那些人民生活水準較低的國家通常在經濟自由上的限制也會較多。一項由Heritage House所贊助，在一九八○年到一九九三年針對具有不同經濟自由度的國家所進行的國內生產毛額（Gross Domestic Product, GDP）成長率的比較顯示，大部分經濟較自由的國家經過進行調查的幾年間，在GDP方面有著百分之二點八八的成長率，而那些經濟受到壓制的國家則在這方面有著百分之一點四四的負成長。在表5.1中列出了一些在經濟上較為自由及較不自由的國家；不過讀者必須謹記在心的是，在表中受

到評估的是經濟上的自由而不是政治上的自由。

經濟往往因為國家的出現而逐漸組成。在一個國家中進行活動的各個不同的要角定義了國家的經濟，這些仰賴自由市場經濟來制訂獨立決策的要角包含企業、個人、家庭及政府單位等等。在接下來的部分，我們要檢視開放式及封閉式的經濟系統在全球經濟中的參與，進而確認出重要的經濟評估指標，並指出為何開放式的全球化經濟體系將會降低一個國家在經濟上的自主權。

表5.1 經濟自由度指標，選自1997年的排名

自由	大致自由	大致不自由	受壓制
1 香港	9 巴哈馬、荷蘭	73 吉布地、南非	140 緬甸
2 新加坡	15 加拿大、比利時、阿拉伯	85 宏都拉斯、波蘭	142 亞塞拜然
3 巴林	27 挪威、南韓、斯里蘭卡、瑞典	87 斐濟、奈及利亞	143 伊朗、利比亞、索馬利亞、越南
4 紐西蘭	43 貝里斯、約旦、烏拉圭	94 巴西、象牙海岸、墨西哥、摩爾達維亞	147 伊拉克
5 瑞士、美國	64 匈牙利、祕魯、烏干達	115 阿爾巴尼亞、賴索托、蘇聯	148 古巴、寮國、北韓
7 英國、台灣		123 剛果、烏克蘭	

來源：1997 經濟自由度指數，New York : Heritage House and the Wall Street Journal.

國內經濟績效的衡量

封閉式經濟系統

　　國內經濟指標的主要作用在於衡量一個國家經濟體質的健全與否。這些指標包括個體經濟的活動例如：個人收入、企業在資金及設備的投資等等，另外也包括總體經濟活動以反映整體的經濟狀況，例如整體的就業率及國內的物價膨脹等等。此外，國內經濟的衡量反映出那些由公共機構或政府機構所贊助的活動，其中包含了以稅務形式來獲取經濟系統內部資產的財政政策，還有利用給付的移轉及補助金的方式來進行資產的重分配等等。此外，政府機構在經濟系統內部也可以藉由貨幣政策的推動影響到個人經濟決策的制訂，因爲這些攸關於貨幣供應的政策可能會影響到利率的波動。

　　假設一個國家內部的供需系統如上述，一般是屬於封閉式系統，系統外部的事件將不會影響到系統內部，相同的，系統內部發生的事件也不會影響到系統外部的其他單位。在圖5.1中所呈現的就是一個封閉式系統，在小故事5.1中讀者可以看到一些評估其經濟績效的指標。國內生產毛額所要評估的，就是一個國家內部所產出的商品及服務的總價值。在一個封閉式經濟系統中，對於企業組織的投資可能會變成國內的投資或儲蓄兩個不同的結果，而個人的收入最終一定會變成國內的儲蓄、投資、稅賦或消費。試著回想早期發生在不同國家之間的國際貿易，你可能會發現類似圖5.1的狀況並沒有反映出真實的現象，但是我們可以從圖中獲得一個很有用的推論，那就是在一個封

小故事5.1　封閉式經濟系統的經濟指標

　　適用於封閉式經濟系統的整體國家產出評量指標是國民生產毛額（GNP）；在這一個評量中包含了所有在國內生產的所有商品（不包含外國廠商在國內生產的產品），及本國廠商在國外生產商品的總額。本國收入的衡量包含下面的項目：

國內的交易：

• 個人所得；

• 家庭所得；

• 可自由支配所得；

• 個人及組織的存款率；

• 投資；

• 新房屋的建築案；

• 生產率；

• 就業率及失業率；

• 政府活動；

• 政府的消費；

• 貨幣供給及利率的變動；

• 聯邦盈餘或赤字；

• 政府（包括中央、地方及社群）的消費；

• 國防費用。

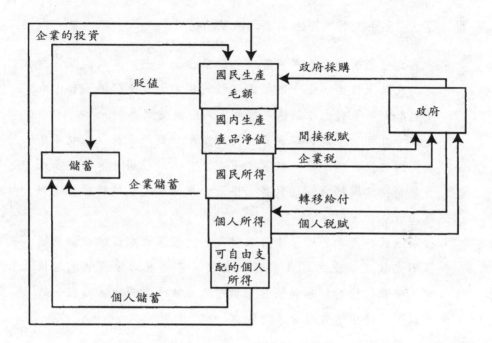

圖5.1　封閉式的國家經濟系統

閉式經濟系統中，要想致富，唯一的方式就是仰賴系統內部各種不同的經濟活動。

開放式經濟系統

　　先前提到在一九九七年所做的經濟自由度指標評估了從阿爾巴尼亞到辛巴威等等一百五十個國家，這項評估檢視了生活水準及經濟自由度之間的關係。在所有的評估要點中包含了十個主要的關鍵項目：貿易政策、稅務政策、政府干預、貨幣政策、資金流動及國外投資、金融政策、薪資及物價控制、資產所有權、法令規範、及黑市交易活

動等等。這項研究最後提出了下列幾項結論：

- 只有九個國家被認為具有經濟上的自由；有七十二個國家被判定為大致上自由、七十八個國家被判定為大致上經濟不自由或受到壓制，及有十八個國家被判定為經濟受到壓制。

- 比較一九九七年進行經濟自由度判定所得到的資料及在幾年前所得到的資料後顯示，當國家逐漸富有，政府將會加入許多社會福利措施與社會輔助計畫，不過如果國家越來越貧窮這樣的狀況就不會出現。

- 從歐洲西部國家的例子中可以發現，一個國家經濟的自由會隨著國家貧富狀況的起落而有所變化。當國家的經濟狀況較佳時，政府機構的控制及社會福利措施都會逐步提出，在相反的狀況下，這些措施就會遭到刪減。

　　如果我們檢視世界上各個自由市場及國家貧富狀況二者之間的關係時，可以從圖5.2看到國內經濟現狀更為真實的呈現。在圖5.2中圍繞在國家經濟外部有關生產因素之間清楚又明確的界線將會逐漸變得模糊，例如：人員、資金、設備等等都可以在國家內部，甚至是不同的國家之間自由的流動。這些不同因素的流動包含了政府轉移撫卹金給已退休卻居住在國外的民眾，或政府對於在國外工作的國民徵稅等等；但是，在各種不同的生產因素移動中，有一大部分是企業所進行與貿易相關的活動，及對於國內或國外的直接投資，包含進出口貿易活動、年度進出口貿易之間的餘額、對於其他國家的直接投資及貨幣交換匯率等等。把國內生產毛額及先前所提到與國內經濟相關的國際性交易一起考量，就可以形成一組足以反映國家在世界舞台上運作的經濟健全程度。有關國際性交易的經濟指標在小故事5.2中有詳細的清單，其中各項指標說明如下。

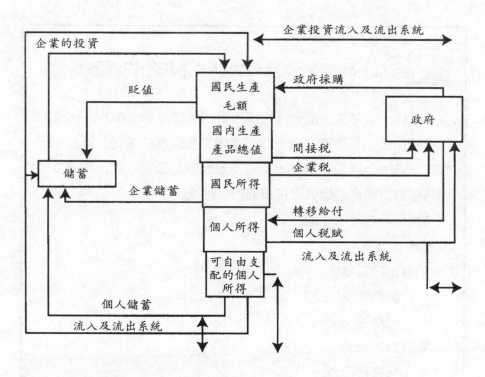

圖5.2 國家經濟系統的開放式觀點

貿易及貿易的餘額

　　國際貿易總額的計算包含了貿易進行過程中可見的商品，及不可見的服務等等。國際貿易的商品包含牛仔褲、可樂汽水及其他具有高度可視性的消費商品等等；不過，其中也包括一些較不具有可視性卻也不是不具體的商品，例如：銀、金、糖及大部分的農產品，還有包括從飛機到機械設備甚至家俱等等商品。可視性商品的貿易是國際收入的主要來源，也是許多國家支出的主要部分。貿易也包括從會計、旅遊甚至個人服務等等較不具體化的部分，在一九九六年全球商務服務的總額高達一兆二千萬美元，同年度全球商品貿易的總額則是五兆

小故事5.2　開放式經濟系統的經濟指標

首先，衡量產出的最佳指標是國內生產毛額（GDP）：這個指標所衡量的是所有在同一個國家中生產完成的產品及服務。在該國投資的外商公司所產出的產品及服務也包含在內，不過並不包含該國公司透過國外直接投資的任何產出。

第二，GDP比GNP多了：

- 國際性交易：
  - 進出口貿易：
    - 製造商品的交易：
    - 服務的交易：
  - 貿易的餘額：
  - 國外直接投資：
    - 普通股的投資例如證券及基金等：
    - 在固定並具有生產力資產上的投資，例如廠房及設備等等：
  - 貨幣交換：

美元：概括而言傳統上全球貿易總額中有百分之七十由工業化國家進行的活動造成。此種形式的貿易需要支付報酬，而各個不同國家之間獲得報酬的差異造成了一個國家的貿易餘額。

貿易餘額的計算是一個國家在某段期間中從出口貨品或服務所獲取的報酬減去同一期間內因為進口商品或服務所造成的成本而得，其中所謂的期間可以是一年或一季。如果得到的值是負數，就表示在該

段期間內一個國家透過進口的商品價值高於出口的商品價值；這樣的結果會產生貿易逆差。相反地，如果所得到的值是正值，那就表示在這段期間內出口商品的總值大於進口商品的總值，也就是順差。通常一個國家的貿易報告中只提供一個數字來表示在某一段期間該國的貿易餘額是順差或逆差，但是國與國之間的貿易餘額往往也用來呈現兩國在貿易上的不平衡狀態。舉例來說，美國和日本之間貿易的餘額顯示，美國對日本的商品採購總額高於日本對美國的商品採購總額，類似這樣長期不平衡狀態可以提供給政治家作為談判的籌碼，要求日本在多方面降低貿易障礙。

國外直接投資

所謂的國外直接投資在廣義上指的是投資在任何位於國外的企業。當個人或法人為了其投資組合或營運活動所需，透過購買股票的方式來投資位於國外的企業時，就可以視為全球國外直接投資的一部分；實際上，成長速度越來越快的個人及法人機構投資者正是目前國外直接投資急速成長的原因之一。不過國外直接投資金額的急速成長還有一個更為重要、金額也更加龐大的因素，那就是由企業所進行的國外直接投資。不過在這樣的狀況下，國外直接投資的定義就比較狹隘，這個狹隘的定義就是一個企業利用購買位於另一個國家的企業股份百分之十到百分之二十五，以對該公司的所有權進行掌握，而這也包含了部分或整體國外生產要素例如工廠或設備等等的掌控。也就是說，一個企業的國外直接投資手段包含了購買股票或購買生產設備等等不同的方式。企業利用不同的方式進行國外直接投資的原因很多，其中包括該企業想要擴展新市場、獲取國外的資源、藉由併購來增強其國際上的地位，及甚至是想要得到在地主國的政治影響力等等。

貨幣交換的匯率

　　所謂的貨幣交換匯率，就是指利用某種貨幣來換取另一種貨幣一單位所需要的單位數。匯率的變動不管對於企業或對於個人都有著價格上的涵義，此外，這樣的狀況不管在我們進行貨幣交換或購買商品等等牽涉到貨幣轉換的行為時都十分明顯。由位於美國威斯康辛州的洛契斯特管理顧問公司（Runzheimer International）所提出的全球商品售價比較表清楚地呈現了這樣的狀況。在表5.2中我們可以發現到在世界各地不同的城市販賣的阿斯匹靈藥片在價格上的波動範圍，從表中我們可以發現，阿斯匹靈藥片一百顆的價格最高是在東京三十五點九三美元，而最低的價格則是在墨西哥市的一點一六美元。如果一個遊客正好在東京旅行，那麼他就別無選擇得花費較高的金額購買阿斯匹靈藥片，不過由於金額的付出也會使得他購買其他商品或服務的預算減低。貨幣交換匯率的變動使得成本發生變動的情形，對於企業來說也是如此；因為這些變動使得企業在成本的估算上發生困難，而這些變動也必定會對於企業的獲利造成影響。舉例來說，日圓對美元的匯率在一九九六年的四月到達高峰，日本的汽車製造業者開始在美國大興土木建造自動化生產的工廠設備，因為在當時的匯率狀況下，以相同的日圓可以購得較以往更多的房地產、工廠、設備及僱用較多的勞工。在一九八五年，日圓對美元的匯率是兩百五十八日圓對一美元，然而在一九九六年，日圓對美元的匯率則是每七十九日圓對一美元。實際上，相較於一九八五年，在一九九六年每一美元所能購買的日圓金額減少，相反地每一日圓在美國所能買到的商品則較多。但是大逆轉的情形也同樣發生過；在一九九六年底到一九九七年間，美元逐漸走強，因此之前在美國設立工廠的合約就必須要付出更多的日圓來因應匯率的變動，因為在一九九七年的三月，一美元可以換到一百

表5.2　特定商品及服務的全球物價比較（以美元計價）

地點	蘋果 （一磅）	阿斯匹靈 （100顆）	棒棒糖 （1枝）	小點心 （8盎司）	牙膏 （6.4盎司）
香港	0.72	9.61	0.71	2.15	2.57
倫敦	0.80	9.69	0.35	2.22	3.63
洛杉磯	0.83	7.69	0.48	1.56	2.42
墨西哥市	0.69	1.16	0.45	0.97	1.08
巴黎	0.77	7.91	0.75	1.42	3.54
里約熱內盧	1.32	7.23	0.63	2.28	2.91
雪梨	0.89	7.43	0.58	2.70	2.08
東京	3.96	35.93	1.06	2.62	4.24
多倫多	0.94	5.00	0.60	1.33	1.88

來源：所有的研究都由 Runzheimer International the Rochester Wisconsin-based
management consulting firm specializing in travel and living costs 提供。
Based on Runzheimer analyzes goods and services worldwide.（1996, July
22）. Rochester, MN：Runzheimer International press release.

二十一日圓。在圖5.10中可以看到美元及日圓有如直昇機起降般的匯率變化。在接下來的部分，我們將探討一些造成匯率變動的歷史事件。

布列敦森林協定（*Bretton Woods Agreement*）

　　在布列敦森林協定出現的一百五十年以前，世界各地不同貨幣之間的匯率計算乃是採用黃金本位（Gold Standard）制度，而所有的運作是由一家私人銀行—英倫銀行（Bank of England）來負責進行。這個黃金本位的系統，因為兩次毀滅性的世界大戰而遭到摧毀。來自四十四個不同國家的代表，因為擔心世界大戰所帶來的經濟不穩定狀

況，在一九四四年聚集在一起討論有關布列敦森林協定的事宜，決定要建立一個適用於全世界的穩定性貨幣匯率交換系統。對於貿易及經濟復甦來說，穩定性非常重要。最後這些代表們決定用一個固定的貨幣來與黃金作標準的價值交換，也就是以美金三十五元的價值來比照一盎司的黃金。

一九四七年全世界所擁有黃金總數中有百分之七十保存在美國，以作為布列敦森林協定成員的保證。於是，各個協定參與國成員把自己的貨幣以黃金和美元的方式來呈現。不過，因為利用紙幣來進行貿易遠比利用黃金來得方便，因此政府機構及企業組織假設美國政府會以黃金來因應美元需求的成長，而大量的使用美金而非黃金來進行交易活動；在一九七一年這個固定匯率系統首次出現警訊，其中的主要原因是美國順差的降低及美元的貶值，因此世界各國對於利用美元為基礎作為世界貨幣交換標準的系統開始出現質疑。然而，美金在全球經濟上所具有的重要地位依舊無法撼動；對於這個角色的適合性我們將在本章的後半部分進行探討。

設定貨幣交換匯率有主要的三個方法：第一種方式是利用一種或多種主要的貨幣估算相同數量的商品，以固定貨幣的交換匯率，第二種方式是允許貨幣交換匯率在某種相關的穩定貨幣標準之間波動，第三種方式則是讓貨幣隨著市場狀況的變動自由波動。全球化的變動使得世界上大部分的國家（63.5%）逐漸由以固定匯率為主的情況改為其他不同的方式進行匯率的設定；到了一九九四年底，全球一百七十八個國家中只有百分之三十九點九的國家採行固定匯率，有百分之三十二點六的國家採行浮動匯率。這樣的變化在圖5.3中可以清楚看出。

各國的中央銀行建立了固定的貨幣交換匯率，但是自由波動的貨幣交換匯率則是由各種不同的市場因素所共同決定，而世界市場在買

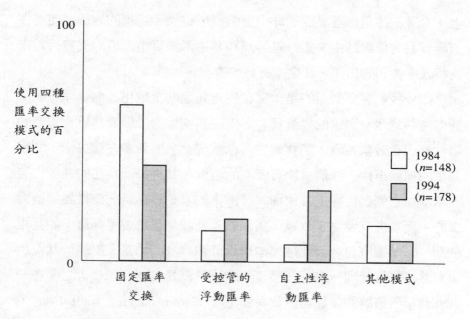

圖5.3　固定匯率與浮動匯率（改編自 Fix ed and Floating Voters .
（1995, Apr. 1）. The Economist, p . 64）

賣雙方進行金融活動時，會有變通、違法不道德、及各種投機行爲出
現。根據葛羅利米爾曼（Gregory Millman, 1995）的說法，貨幣市場
的投機者對於貨幣價值的決定扮演著重要的角色，因爲這些投機者聚
集在一起進行的賭博性行爲將有可能導致貨幣市場的波動。這些投機
者在期貨及選擇權市場上的影響力有時候甚至超越單一國家的中央銀
行，而且也常常會造成經濟的恐慌，就算是經濟上具有強勢力量的國
家對於這些投機者也無可奈何。當如同本章一開始所描述有關霸菱銀
行所面臨的大災難尚未引發恐慌時，許多銀行家就擔心李森在衍生性
金融商品投資上的挫敗可能會引發一場全球性的經濟恐慌，對於銀行
所擁有的資產也會造成危機。米爾曼認爲，在世界各國的金融市場

上，金融紀律是由貿易商而非中央銀行所提供；這樣的看法也使得在國際貿易方面對於中央銀行是否應該藉由國際貨幣市場的買賣行為來進行匯率控制的做法，產生了分歧的意見。

如今我們想要知道的是：當世界逐漸邁向全球化，而全球化的影響力遠勝過單一國家的經濟實力，使得該國家對於影響其社會繁榮的事件無法有效掌控時，將會發生何種狀況？只要看看在過去十年間所發生的種種事件，我們就能有深刻的理解。當過去及現在的共產主義國家增加它們與世界上其他國家經濟上的互動關係時，全世界經濟力量的平衡狀況就發生了改變；這樣的互動關係也造成了經濟上的互相依賴，一個國家也會因此越來越難以仰賴自身的力量來對經濟狀況加以有效控制與管理。有一個很實際的例子就是美國與加拿大之間在一九九八年所簽訂的美加自由貿易協定（US-Canada Free Trade Pact），使得這兩個國家的經濟狀況更容易受到對方的影響。在一九九四年，加拿大因為美國在木材、電腦及汽車的訂單而享受到經濟成長的甜美果實，但是當美國的聯邦準備理事會為了要減緩美國經濟的成長而進行調降利率的動作時，加拿大的經濟也因此受到影響。也就是說，當經濟上互相依賴的情形加重，一個國家對於自身經濟狀況的掌控程度也會因此而降低。在這樣的狀況下，要想評估並比較國家經濟進展狀況也會變得困難。在下面的部分我們以全球經濟上最常用到的指標－國內生產毛額來解釋這個觀點。

在全球經濟下的國內生產毛額

作為評估社會福利狀況的指標，國內生產毛額所要評估的是在一個國家內，不管是由本國或外國資金所產出的一切商品及服務；這個

指標的基準就是完成所有生產步驟的商品或服務。舉例來說，一塊麵包只有在其被購買以後才會列入國內生產毛額的計算，而其價格則是由小麥種植者、磨坊業者、製造商、配銷商及其他對於成品有所貢獻者加總而成。因此當企業要進行對外直接投資的決策時，組織領導者的目標應該放那些有顯著經濟成長或有高度成長潛力的國家。

在一九九七年全球GDP總合大約是二十九兆美元，一般認爲到了西元兩千年全球GDP總合將會以每年百分之二到百分之四的速度成長。根據估計，美國在一九九七年的GDP加總大約是七點五兆美元（也就是說幾乎佔全球GDP總和的四分之一），正是因爲這種種的因素，許多投資者決定要在美國進行對外直接投資而不去世界上的其他國家。然而，美國也慢慢發現到越來越難以追蹤經濟資料的問題；根據美國商業部（US Commerce Department）的數據指出，在所有進行GDP估計的資料中僅有百分之三十的統計數字正確可靠（Mandel, 1994）。也因此美國政府在一九九五年改變了計算GDP的方法，但是全球經濟狀況的迅速改變使得美國及任何其他的國家在匯集並比較世界經濟資料上要想達到高度的正確性，成爲一項不可能的任務。除此之外，計算GDP過程中所使用的評估指標或許也無法對於全球經濟活動作出眞實的呈現。對於這些觀點我們將在下面的部分逐步介紹。

計算全球GDP及其他經濟活動，有著許多障礙。首先，許多可以反映國家經濟健康狀態的活動並未列入計算；舉例來說，根據聯合國的估計，全球非正式的勞工薪資在一九九五年總計高達十六兆美元，而這些非正式的勞工薪資幾乎完全沒有列入經濟分析的數據中。如果將這些非正式的勞工列入經濟分析的數據中，不管是全球經濟或某些國家的經濟大部分都會出現巨幅的變化；舉例來說，開發中國家的經濟將會遠高於目前所報導的數據。其中利用社會福利、補償金或禮物來替代工資的轉移性支付，或其他經濟活動的指標都被有意地排除在

GDP 的計算之外。除此之外，一個國家的 GDP 往往會受到那些不是針對增加生活水準的活動而發生膨脹的狀況；舉例來說，在美國為罪犯辯護的成本是 GDP 數字計算的一部分。另外，要追蹤全球經濟狀況也因為各個國家利用不同的方式進行經濟資料的準備及報告而增加不少困難度；也因此在不同國家間進行比較更加不容易。

第三個衡量全球經濟活動的挑戰在於，就算各國經濟報告的數據統一，這些在全球舞台上的國家及經濟活動的參與者也會因為某種因素而提供不正確的資料。下面就提供了在不同理由之下出現這些情況的例子：

- 在蘇聯，一般估計 GDP 的數字會比一九九四年由 Goskomstat 所統計的正式數據高出百分之四十，其原因不只因為在共產主義下所發展出來的報導機制並不足以追蹤市場經濟的各種活動，另一個因素是由於許多蘇聯人對於報導真實經濟活動抱持頑抗的心理所致。舉例來說，在一九九三年蘇聯報導其進口金額高達兩百七十億美元，但是根據其貿易夥伴表示，在一九九三年共出口了三百三十億美元的商品進入蘇聯；所以那消失的六十億美元可能沒有呈報給政府。世界銀行（World Bank）的統計顧問米歇貝肯達（Misha Belkindas）描述這樣的狀況是舊有統計系統崩壞卻沒有新統計系統來取代所致（Rosett, 1994）。
- 在安哥拉，根據估計地下經濟的規模比正式的 GDP 報告還要高出許多。
- 在一九九五年烏克蘭正式報導的 GDP 金額高達三百二十億美元，不過根據世界銀行的估計還有未報導的三百億美元應該列入 GDP 的計算內。

- 根據一九九四年由中國官方所進行的調查發現了六萬件刻意竄改或錯誤的財務數字，其中的大部分都與 GDP 的計算有直接相關。

- GDP 的計算各個國家都不相同，有一些是不常被報導的，也有一些是並未列入評量的，有的也反映出各個國家會計實務及優先順序的不同。

　　最後，透過 GDP 及其他的經濟報導可以告訴我們很多關於一個國家之經濟活動的故事。舉例來說，如果我們僅僅藉由觀察 GDP 的數字來判斷，美國無疑是具有最強大經濟實力的國家，但是如果我們用來衡量的基礎是每人平均的 GDP，那麼獲得第一名頭銜的國家可能就會變成另外一個。如同表 5.3 所顯示的，絕對 GDP 和每人平均 GDP 的排名，可能會讓你對於國家的富裕狀況有著完全不同的認知。舉例來說，法國在一九九六年的整體 GDP 在全球排名第四，不過假使根據未調整過的所得平均來進行 GDP 的排序，法國將會排名第六，在瑞士、日本、挪威、丹麥及德國之後。

　　對於每人平均 GDP 的深入檢視，我們也可以輕易地發現這些數字本身對於一個國家的富裕程度就是一個錯誤的評估。根據伊波特森及布萊森（Ibbotson and Brinson, 1993）的說法，每人平均生產毛額所計算的僅是一項平均的數值，並無法反映出一個國家中同時擁有高級住宅區及貧民區的事實。此外，這兩位學者也指出，金錢所得並不一定是實際富裕程度的最佳指標，這項指標可能應包括個人享受生活與有能力享受生活的程度。在我們檢視過如何調整過高或過低的 GDP 評量方法以後，將回過頭繼續探討這個問題。

表5.3　看經濟指標如何計算得出

	1996年每人平均GDP	經PPP調整後的每人平均GDP	1996年當期價格的GDP（十億美元為單位）	1997年的人口估計（以百萬為單位）	1995-2000年的人口成長估計
瑞士	43233	24800	292.9	7277	0.67
日本	40726	21795	4578.2	125638	0.22
挪威	33535	22672	156	4364	0.35
丹麥	33144	21529	174.3	5248	0.19
德國	29542	20497	2354.2	82190	0.27
法國	26445	19939	1544.7	58543	0.33
美國	26348	26438	7263.2	271648	0.79
荷蘭	25597	19782	392.5	15661	0.50
阿拉伯	NA	20654[a]	29[b]	2308	2.01
加拿大	18915	21031	577.9	29942	0.85
英國	18777	17756	1140.2	58201	0.09

a 1994年的資料
b 根據1985年美金常數
來源：Data from 1997 OECD National Accounts ；UN indicators on population ；
　　　 Fortune, Global economy, 1995.

購買力的平價模式

　　一般說來，居住在一個較為現代化或工業化的經濟社會中往往比居住在一個開發中經濟社會耗費較多的資金，然而在進行不同國家間GDP的比較時，注意到類似這樣的差異性是很重要的。舉例來說，要做成一個完整的投資決策，我們可能會想利用GDP去比較不同國家之間每個蘋果的價格，但是如果我們只專注於原始資料所呈現的數據，

而忽略了在不同國家間生活成本的調整，那麼可能會讓我們的比較變成了蘋果跟橘子間的比較而造成失眞。因此，GDP的比較往往會經過統計上的調整。其中最具知名度的調整方式就是購買力平價模式。購買力平價模式的基本假設是，不管世界各地的生活水準差異爲何，相同的商品應該具有相同的價值。如果麥克漢堡在美國的價格是二點四二美元，而在日本麥克漢堡的內容物與美國一模一樣，那麼在日本的麥克漢堡價格應該是相當於二點四二美元的日幣價格。然而，這樣的狀況卻很少發生，在表5.4中列出這些過高或過低的價格變化。因此購買力平價模式的作用就在於檢視商品的成本究竟是高於或低於預期；而這樣的資訊在純粹的GDP數值中並沒有辦法呈現。不過購買力平價模式的優點卻因爲某些限制而被抵銷掉；舉例來說，有些人認爲購買力平價模式理論只有在理想中或抽象的世界中才能發揮功效，因爲在那樣的世界中不會有任何貿易限制的出現，也不會有不斷發生變動的不動產、勞動成本、租金及通貨膨脹等問題；在眞實的世界中，購買力平價模式所產生的數值會有過高或過低的情形出現。不管如何，購買力平價模式比起原始未經調整的GDP數值，是屬於較佳的經濟績效比較模式。

全球GDP的來源

在一九九三年，北美、西歐及日本－也就是所謂全球三大經濟實體－就佔去了全世界GDP的百分之六十五。這些國家到了二〇〇二年將會佔全世界GDP的百分之五十五（其主要原因是工業化或已開發國家在經濟成長上已經達到或漸趨穩定）。在一九九四年這些國家的經濟成長率平均值爲百分之三，其中日本是百分之八，而加拿大則是百分之四點三。對於這些已開發國家在一九九六及一九九七年的經濟成

表5.4 漢堡價格的標準

	麥克漢堡價格		經PPP[a] 調整後的 美元價格	實際的美元 交換匯率 （7/4/97）	當地貨幣價 值高／低於 評估值的百 分比[b]
	當地貨幣	美元換算			
美國 **c	$2.42	2.42			
阿根廷	Peso 2.50	2.50	1.03	1.00	+3
澳大利亞	A$ 2.50	1.94	1.03	1.29	-20
奧地利	Sch 34.00	2.82	14.0	12.0	+17
比利時	BFr 109	3.09	45.0	35.3	+28
巴西	Real 2.97	2.81	1.23	1.06	+16
英國	£ 1.81	2.95	1.34**	1.63**	+22
加拿大	C$ 2.88	2.07	1.19	1.39	-14
智利	Peso 1200	2.88	496	417	+19
中國	Yuan 9.70	1.16	4.01	8.33	-52
捷克共何國	CKr 53.0	1.81	21.9	29.2	-25
丹麥	DKr 25.75	3.95	10.6	6.52	+63
法國	FFr 17.5	3.04	7.25	5.76	+26
德國	DM 4.90	2.86	2.02	1.71	+18
香港	HK$ 9.90	1.28	4.09	7.75	-47
匈牙利	Forint 271	1.52	112	178	-37
以色列	Shekel 11.5	3.40	4.75	3.38	+40
義大利	Lire 4600	2.73	1901	1683	+13
日本	¥ 294	2.34	121	126	-3
馬來西亞	M$ 3.87	1.55	1.60	2.50	-36
墨西哥	Peso 14.9	1.89	6.16	7.90	-22
荷蘭	F 15.45	2.83	2.25	1.92	+17
紐西蘭	NZ$ 3.25	2.24	1.34	1.45	-7
波蘭	Zloty 4.30	1.39	1.78	3.10	-43
蘇聯	Ruble 11000	1.92	4545	5739	-21
新加坡	S$ 3.00	2.08	1.24	1.44	-14
南非	Rand 7.80	1.76	3.22	4.43	-27
南韓	Won 2300	2.57	950	894	+6
西班牙	Pta 375	2.60	155	144	+7
瑞典	SKr 26.0	3.37	10.7	7.72	+39
瑞士	SFr 5.90	4.02	2.44	1.47	+66
台灣	NT$ 68.0	2.47	28.1	27.6	+2
泰國	Baht 46.7	1.79	19.3	26.1	-26

a 購買力平價模式：以當地價格除以美國價格
b 相較於美元
** 紐約、芝加哥、舊金山及亞特蘭大的平均
c 每磅的美元價格
來源：The Economist.（1997, Apr. 12）. p. 71, using data from McDonald's

長率估計是，每年百分之一到百分之四（Richman, 1995）。相較之下，許多開發中國家在這段期間正面臨急速的經濟成長。東南亞的許多國家從一九九四年到一九九六年，每年的GDP成長都在百分之五到百分之十一之間。排除因爲經濟風暴而導致成長趨緩的一九九七年不說，在亞洲的大部分國家都相信在一九九八年及往後的幾年，各國都將繼續享有高度的GDP成長率。有趣的是，正當一九九七年許多快速成長的經濟體例如泰國、印尼及馬來西亞經歷了經濟成長趨緩的陣痛時，許多位於拉丁美洲的國家卻出現始料未及的高度經濟成長。也因此，全世界的經濟狀況，總體來說依舊是持續成長（請見表5.5及表1.1）。

在先前所提到對於GDP評量的檢視，描述了這些數據如何反映一個國家的經濟健全性及這些數字如何計算獲得。這些數字也呈現出GDP的成長是集中在哪一個地區，而我們也檢視了一些利用GDP來評量絕對性或相對性國家繁榮程度時所必須注意的事項。在接下來的部分，將提出一些利用GDP來評量世界財富及繁榮程度時所必須注意的事項。

財富的延伸性定義

國內生產毛額所反映的是一個國家內部的經濟活動。然而，就像先前的章節所提到的，世界各地許多國家的經濟活動可能因爲種種內外部因素，導致沒有被報導出來或發生嚴重低估；更重要的是，GDP並不能評量經濟活動的未來成本。雖然經濟活動對於現有自然資源的消耗所發生的成本屬於GDP計算的一部份，不過那些不可能再生的自然資源，例如河川的污染或土地的侵蝕等成本，並沒有列入GDP的計

表5.5　實質 GDP 成長，年平均值（%）

	1974-1993	1994-2003
全世界	3.0或更少	4.2
已開發及工業化國家	2.9	2.7
開發中經濟體	3.0	4.8
東亞	7.5	7.6
南亞	4.8	5.3
拉丁美洲	2.6	3.4
東歐及前蘇聯	1.0	2.7
非洲	2.0	3.9
中東及北非	1.2	3.8

來源：World Bank, 1994 ；IMF World Economic Outlook, 1997.

算中。由於這些因素並未在計算經濟指數的輸入變數中，因此對於生產商品的實際成本就會有低估的現象，這也使得企業在進行營運活動時不會把這些因素列為成本之一。另外一個不可忽視的考量就是，經濟活動只不過是眾多衡量財富及人類繁榮程度的眾多指標之一。

人類發展指數（Human Development Index）

聯合國發展計劃（United Nations Development Program）在一九九〇年提出了一個替代性的財富衡量尺度，稱為人類發展指數（Human Development Index, HDI）。HDI 主要衡量下列五個元素：壽命期望值、成人的識字能力、平均受教育年數、教育的成就及調整後的薪資水準。這個評量指數是根據下面的哲學觀點：

人類的選擇往往不只有經濟上的富足。人們可能會想要享受較
長且較健康的人生、獲取更為高深的知識、自由自在的參與社
區內的生活、呼吸新鮮的空氣、在乾淨的環境中享受生活的簡
單快樂等等（Human Development Report, 1994, p. 15 ）。

在一九九三年評量所得的HDI及調整後的GDP比較之後，產生了
類似的結果。但是這兩個數字並不是完全相同，在許多開發中經濟國
家例如馬來西亞、土耳其、南非及印尼等國家，人類發展指數有高過
調整後GDP數值的現象。到了一九九四年，只有少部分的國家出現
HDI高於GDP的狀況。根據一九九四年對於HDI及GDP的比較發現
（請見圖5.4），這兩個指數之間的差異已經逐漸變小，不過就如同在
先前幾年所發生的狀況一樣，這兩個指數之間的差異在已開發國家中
最小，而在開發中國家則差異最大。在一九九三年一個有趣的發現
是，已開發經濟體在人類發展指數上所獲得的數值是開發中國家的一
點六倍，然而在GDP的差異上已開發國家卻是開發中國家的五倍甚至
更多。從這個現象我們可以推斷出，如果把財富視為一種含有相當多
樣化的經驗及價值的觀念，那麼GDP就不是一個完整的評量方式。較
高的GDP數值及人類發展指數是可以共存的，許多開發中國家也具有
足夠的人力資源去完成經濟的發展。

正如前段所提及的，經濟及人類的發展共存是可能的，但這並不
表示這兩個指數可以齊頭並進。根據一九九六年的人類發展報告
（Human Development Report）指出，從一九八〇年以來，人類的生活
品質改善了百分之四十四：人們吃得更好、飲用更清潔的水源、更高
的兒童存活率，而受教育的機會也有著高度的成長；然而，在同一段
期間內，經濟成長的狀況對四十三個國家的人們來說卻較為糟糕。根
據一九九七年的人類發展報告，有三十個國家的HDI發生降低的狀

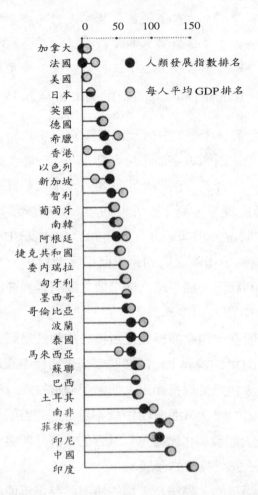

圖5.4 人類發展指數：國家排名（經挑選過後的國家），1994（The
Economist.（1997, June 21）. P. 108, 採用聯合國發展計畫
的資料）

況，其中主要是因為壽命期望值或每人平均GDP下跌所致，而這樣的
狀況出現在大部分的國家都享受著經濟快速發展的甜美果實時。在一
九九七年，聯合國發展計劃又創造了另一個評估人類發展的指數，而

這個指數的獨特之處在於對貧窮方面的檢視而不是僅止於收入的衡量。人類貧窮指數（Human Poverty Index, HPI）主要用來反映三個變數：在各個國家中人民壽命達到四十歲成年人佔全部人口數的百分比；藉由識字人口的比率來作基礎教育的評量；最後一個重點是一個綜合性的評量，這個評量主要探討各國人口中有多少百分比可以獲得私人或公共的資源，又有多少百分比的人口無法取得醫療健康服務、安全的水源及合理的營養補給等等。在比較過 HDI 及 HPI 兩個指數之後發現，隨著經濟的發展，HDI 指數也有長足的進步，但是同時也可以發現人類貧窮的狀況在不同的國家中變異很大。舉例來說，儘管巴基斯坦和埃及已經降低為百分之二十的低收入狀況（以貧困線衡量，即每日一美元），這兩個國家的 HPI 仍舊有百分之三十五。這表示，有更少的貧窮人口可以取得安全的水源、醫療健康服務及合理的營養補給；同時我們也可以發現，低收入與貧窮人口之間並沒有同步變動的狀況。總結來說，GDP 是國家繁榮狀況一個較不完美的評估指標，而 HDI 也是一個對於人民生活品質不完整的評估指數。

世界銀行的國際資產負債表

在一九九五年的秋天，世界銀行為一項建議案提出第一次的報告，在報告中世界銀行把一個國家的自然、地理、人文及社會資源，與人民所得的公正性或民主性列入國際資產負債表中。將這些不同形式的財富列入計算以後，以往透過 GDP 的方式衡量一個國家繁榮狀況的模式將會面臨重大的改變；類似礦物及森林等在加拿大及澳洲十分常見的自然資源就把這兩個國家提升到國際資產負債表上的前兩名，盧森堡、瑞士及日本緊接在後；瑞典和冰島則排名第六和第七，但是假如以傳統 GDP 的模式來進行評估，這兩個國家則分別排名第二十和

第二十一。

　　這些新近出現對於國家財富多寡的替代性評估模式，正顯示以往利用GDP模式進行評估會造成錯誤的認知，各個國家之間的比較也是促使這些評估全球財富及繁榮程度的替代性評估指數出現的原因。如同我們所看到的，因為GDP本身的缺陷，使得在評估國家經濟財富及比較全球性的經濟財富時，成了一個較不具代表性的指標。這樣的情形為企業帶來的暗示就是，GDP可能無法在做成投資決策時給予企業足夠的資訊，及利用GDP來作為企業在全球化舞台上擴張勢力的指引也會帶來高度的不確定性。未來學者海瑟韓德森（Hazel Henderson）運用類似GDP的方式以另一種思考觀點來進行市場發展的評量。如同圖5.5所呈現的，韓德森相信市場經濟在人類發展的整體過程中是屬於較早期的階段，因為市場經濟是以國界為基礎的模式，用以區別不同國家或族群的人們。她也主張，以往市場經濟對於金錢、財富、生產力及效率的認知，乃是「根源於心智的不成熟與幼稚，容易被政客及廣告行銷者所操弄。」（Henderson, 1996, p. 153）她也指出，當人們開始擴展對於人類興趣的範圍並納入一些社會性目標時，人類這個族群就會慢慢地超越以往那種具有區分性、界線性的忠誠觀念，而邁向全球認同的階段。雖然我們很難想像全球性認同將如何跨越市場、公平性及生存等議題，不過這正挑戰著企業領導者和政治家重新思考對市場的假設。

全球經濟的評估

　　總括來說，企業的決策者在評估全球性經濟機會時會面臨多重的挑戰，例如：（a）產品或服務的貿易，包含那些以必須與最終顧客進行個別接觸的工作，如銀行或醫療保健等等；同時也包含了那些需

要處理資訊的工作，如娛樂事業、電腦業還有高等教育等等；（b）投資活動的全球性流動；（c）貨幣的全球性流動；（d）勞動人口的全球性流動等等。有關勞工的問題是第六章探討的主題。在本章我們將重點擺在產品及服務貿易的全球化、對外直接投資及資金的全球性

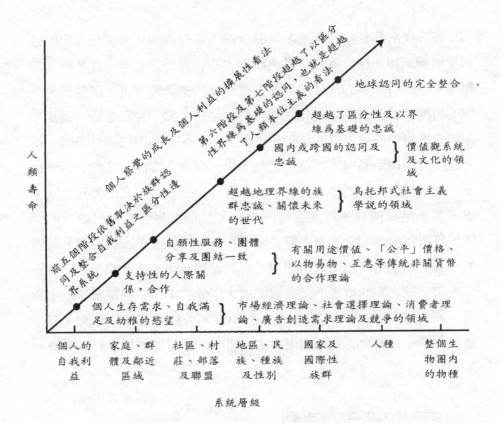

圖5.5　自我利益的擴展（Henderson, Hazel（1996）. Building a win-win world, p. 154. San Francisco, CA: Berrett Koehler Books; Original Appeared in Henderson's The politics of the solar age; alter natives to economics（1981, 1988）. Garden City, NY: Anchor/Doubleday.）

流動，用以闡明在全球經濟的各個部分中企業組織可能面臨的挑戰及
機會。

產品的貿易

　　有形商品及貨物的貿易，對於全球大部分的國家來說是主要的獲
利及消費來源，在世界的貿易金額中大約占百分之七十。許多國家的
領導者往往將較多的注意力放在實體商品的統計數字上，這些商品具
體的特性使其貿易金額的計算較容易，也較可靠。實際上每一個國家
都涉及實體商品進出口的活動。世界上最大的商品出口國是美國；在
美國所有出口商品中，有百分之七十由大型企業提供，其他的百分之
三十由中型及小型的企業提供，其業績介於一千萬至五億美元之間。
儘管其土地面積只達美國的三分之一，身為世界第二大出口國的德
國，每年所出口的貨品幾乎與美國不相上下。依照美國的定義，所謂
的小型企業是指員工人數不超過五百人而每年的銷售金額在五十萬到
一千萬美元之間的企業，而德國境內大部分的出口商都是屬於小型企
業。表5.6列出許多小型的企業，其中大部分屬於德國的企業，但是
這些企業在其所屬的利基市場中佔有重要的地位而成為世界貿易舞台
上的巨人。

具有附加價值的活動

　　要計算企業為其商品所附加的價值，我們必須將商品的售價減去
所有在製造過程中所發生的成本，例如：勞工、原料、行政費用及銷
售支出等等。所謂低附加價值商品就是指商品的售價與其成本之間相

表5.6　隱藏的優勝者

企業		銷售額 （百萬美金）	員工數	利基市場的 世界排名
Brahler	研討會翻譯系統租賃	45	390	1-2
Carl Jager	香塔及檀香	3	10	1
Soring	超音波防護傘	3	20	1
Grenzebach	電腦控制漂浮玻璃生 產管理系統	67	450	1
Carl Walther	運動槍	17	200	1

來源：Simon, Hermann.（1996）. Hidden champions, pp 20-21. Boston, MA：
　　　Harvard Univ. Press.

差不多；而所謂的高附加價值商品就是指商品的售價高出其成本很多。來自開發中經濟的國家準備建立貿易關係的初期，傳統上他們會先出口一些低附加價值的商品，例如：紡織品或農產品等等。今天，來自開發中經濟的國家同時也具備有高附加價值的產業，而且其中有一些國家在邁向已開發國家行列的過程中，也有著突飛猛進的成果；在這些國家的工業生產活動中，有許多也包含高附加價值的企業營運活動，例如：飛機、重裝備、電子零件、汽車及電腦的生產等等。台灣的神基科技及宏碁電腦在一九八九到一九九三年間的出貨量幾乎是韓國三星電子的兩倍，也因此成為世界上價格便宜而可靠度又高的個人電腦製造商（Kraar, 1994）。由印尼航空公司在美國進行的最終組裝及銷售的雙推進器飛機，其中也有部分的裝配作業是在印尼完成。

　　根據世界銀行的報導指出，從一九七〇年到一九九三年，世界出口總額中由開發中國家貢獻的部分從百分之五急速成長到百分之二十二。從一九八五年到一九九六年的資料中顯示，開發中國家出口貿易

的實際成長高達百分之兩百一十七，相較之下已開發國家在這段期間的實際出口成長率僅達到百分之六十九點六（Emerging Nations Win, 1997）。全世界出口貿易的轉移顯示，已開發國家將從開發中國家進口更多的商品。從一九八一年到一九九〇年，北美、歐盟及日本都增加了製造業對於開發中國家出口商品的採購金額。舉例來說，北美在一九九一年對於開發中國家的製造業商品進口金額佔整體金額的百分之四十二，遠高於一九八一年的百分之二十二。比起一九八〇年代的百分之二十二，開發中國家在一九九五到二〇一〇年間對於世界產出的成長將有百分之三十八的貢獻，一般相信到了二〇一〇年，開發中國家將佔有全球消費及資本形成的百分之五十五。更進一步的說，到二〇一〇年，這些開發中國家將超過十億個消費者，每人每年平均所得將會超過目前在希臘及西班牙這兩個國家人民的每年平均所得（Reverse linkages, 1995）。

　　一旦擁有較大的經濟財富，這些開發中國家也可以同時增加他們的進口活動。在一九九〇年到一九九三年間，這些開發中國家的進口金額成長了百分之三十七，遠遠超過全世界其他國家進口金額的成長率（The missing link, 1994）。這些商品除了來自那些GDP中有百分之二到百分之五十仰賴商品出口貿易的工業化世界以外，也來自其他的開發中國家。拉丁美洲的各個國家現在彼此之間的貿易金額遠遠高過以往，東南亞國協（Association of Southeast Asian Nations, ASEAN）的成員國間彼此的貿易金額也高過和其他已開發國家進行貿易活動的金額。舉例來說，泰國對於其他六個ASEAN成員的出口商品金額在一九九五年就增加了百分之三十四。

服務業的貿易

服務業的貿易例如：旅遊、交通運輸、娛樂事業、廣告、證券投資及長途電信服務等等在近年來都有著高度的成長；關於這些現象的其他實證可以在第四章和第九章的例子中明顯看出。還有一些成長較不明顯的服務業活動，例如：顧問諮詢、保全服務、工程服務、稅務及會計服務，以及其他大量的企業活動都列在彼得迪肯（Peter Dicken, 1992）整理的圖5.6中。

， 在已開發國家中有百分之六十到七十的經濟仰賴服務業貿易，而隨著越來越多的人們加入了定期給付工資的勞動階級，這些人也越來越需要可以為他們節省時間的服務，例如：幼兒看護、個人購物及衣物送洗等等。有關服務的國際貿易佔世界總出口金額的百分之六十。美國在光是一九九四年在服務業貿易方面就造成了一千七百八十億美元的產值，幾乎是世界總額的百分之十七；法國則是第二大的服務業出口國，緊接在後的是荷蘭、義大利、英國及日本（After two outstanding years, 1998）。貿易總額中服務業的成長佔了很大的一個部分：根據世界貿易組織（World Trade Organization, WTO）的估計，全球貿易光是在商業性服務，例如會計、諮詢、工程與其他專業服務，以及旅遊、通訊及銀行業務等等，在一九九五年就成長了百分之十四，總金額接近一兆兩千億美元，為商品貿易的四分之一。這些非實體的貿易形式在計算上較不容易，而且也較不易獨立衡量。就如小故事5.3所呈現的，將服務業貿易的因素納入整體貿易總額計算的公式中，將會得到與單獨計算商品貿易金額完全不同的結果。

營建服務
場所準備 新建築專案 設置及組裝工作 建築作業完成 固定結構的維修

運輸服務
貨運服務 旅客運輸服務 租賃服務 運輸輔助服務（包含貨物搬運及儲存） （旅行社及旅遊服務） 運輸工具的租賃服務

金融服務
銀行服務（商務及零售服務） 其他信用服務（包含信用卡服務） 與金融市場管理有關的服務 與證券市場有關的服務（包含經紀服務及投資組合管理等） 其他金融服務（包含外幣交換及金融顧問諮詢服務）

企業服務
設備的租賃服務: 房地產服務 建置及組合作業 專業服務（包含法律服務、會計和管理服務、廣告、市場研究、設計服務、電腦服務等等） 其他企業服務（包含清潔、包裝及廢棄物處理等服務）

交易服務； 旅館及餐飲服務
批發交易服務 零售服務 與銷售相關的經紀費用及佣金 旅館及類似的住所服務 食物及飲料的服務

通訊服務
郵政服務 快遞服務 長途通訊服務（電話、電報、資料傳輸、遠端遙測、無線電及電視等等） 影片配銷及相關服務 其他通訊服務（包含新聞及報刊代理人、藏書及檔案服務）

保險服務
貨物保險 非貨物保險（包含人壽、撫恤金、財產及債務保險） 輔助保險的服務（包含經紀、顧問諮詢及精算服務） 再保險的服務

教育服務

健康相關服務
人類健康服務（包含醫院服務、醫療及牙齒服務） 獸醫的服務

娛樂及文化服務

個人服務
並未包含在其他的部分 例如房屋清潔及維護服務、護理服務及日間托嬰服務

圖5.6　服務性產業（Dicken, Peter.（1992, 2nd ed.）. Global Shift, p. 351. New York／London: Guilford Press）

小故事5.3　交易帶來的工作機會

　　在一九九五年，根據美國商業部（Department of Comm-erce）的估計，平均每十億美元的商品出口，可以提供一萬四千兩百個工作機會。如果把服務加入考量的話，那麼由商品及服務的出口所創造的工作機會高達一千一百萬個，超過全民就業率的百分之十。

　　亞洲實體貿易急速成長的現象同時也發生在較非實體的全球服務貿易中。台灣籍的長榮航空及新加坡航空在商務旅遊市場冠軍寶座的競爭過程中是成長率十分可怕的對手；新加坡的Y.Y. Wang更是全球許多販售長途電信服務及家庭娛樂服務的亞洲企業家之一。更進一步地說，全世界對於品牌商品意識及慾望的成長，同時也增加了有關販售有形商品經銷權、特許營業權、費用及權利金等等有關的服務貿易活動。

　　正如同這些例子所顯示的，貿易的金額、進行的方式，及企業的活動等等在二十世紀的最後二十五年經歷了重大的改變。從一九八五年到一九九四年，世界貿易總額對全球GDP的比率較前一個十年整整高出了三倍。從圖5.7中所呈現的趨勢可以看出，除了非洲的撒哈拉區域以外，世界各地的每一個角落在十年內在貿易上都經歷了急速的成長。

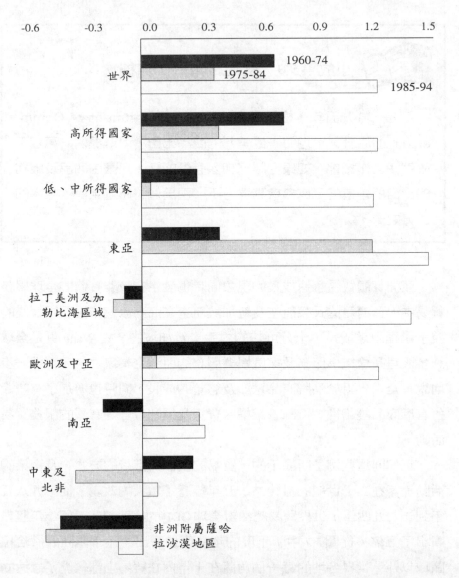

圖5.7 實質貿易金額對實質 GDP 比率的變化, 1960-1994 （%）
（Disparities in global integ ration and in g rowth. World Bank
and Policy Research Bulletin.（1996, Apr.-J une）.pp. 1-4,
After World Bank（1996）Global Economic Prospects and
the Developing Countries 1996. Washington, DC: World
Bank）

國外直接投資

　　所謂的直接投資包含對企業的股票投資，例如企業股權的購買；此外，對於國外生產設備的購買及發展也包含在國外直接投資的範圍之內。上面所提到的幾種不同形式的國外直接投資在世界各地急速成長，在一九八五年到一九九四年之間，國外直接投資的金額佔全球GDP的比率也因而倍增。亞洲的南部、東部及東南部各國吸引了高額的直接投資，緊接在後的區域是拉丁美洲及加勒比海區域。儘管有著貿易自由的問題，非洲依舊吸引了金額驚人的國外直接投資，每年流動於整個非洲的國外直接投資金額高達三十億美元，只比一九九〇年代每年投資於馬來西亞的金額少一點點（World Investment Report, 1994）。在表5.7中所列出的是從一九八一年到一九九三年間，國外直接投資資金的規模及投資的流向，從表中所提供的資訊我們也可以看出國外直接投資在開發中國家，不管是資金流入或流出都有增加的趨勢。在一九九二年到一九九四年之間，開發中國家總共吸引了全球國外直接投資大約百分之四十的流入，而在一九八〇年代其所佔比例僅達百分之二十三。此外，在開發中國家的國外直接投資金額大幅成長可能是因為從一九九一年到一九九四年間投資報酬率高達百分之二十一，在同一段期間內美國投資於其他六大主要工業國家的投資報酬率僅為百分之八（Reverse linkage, 1995）。類似這樣在開發中國家及工業化國家之間的反向連結，為企業組織帶來了營業活動的挑戰，因為企業開始學習如何在新的地點做生意。

表5.7　全世界直接投資金額的流動（以十億美金為單位）

國家	年度平均[a]							
	1981 〜 1985	1986 〜 1990	1988	1989	1990	1991	1992	1993[b]
已開發國家								
流入	37	130	131	168	176	121	102	109
流出	47	163	162	212	222	185	162	181
開發中國家								
流入	13	25	28	27	31	39	51	80
流出	1	6	6	10	10	7	9	14
中歐及東歐[c]								
流入	0.02	0.1	0.015	0.3	0.3	2	4	5
流出	0.004	0.02	0.02	0.02	0.04	0.01	0.03	..
所有國家								
流入	50	155	159	196	208	162	158	194
流出	48	168	168	222	232	192	171	195

a. 複合成長率估計，根據半指數回歸方程式計算（Semi-Logarithmic Equation）
b. 根據初步的分析
c. 前南斯拉夫包含在開發中國家之中
注意：所有國家的流入與流出在理論上應相等，但由於幾項原因，在實務上並
　　　未相等。這些原因包括各國對於國外直接投資在定義與評價方面有若干
　　　差距，對於未實現的資本利得與損失之處置不同、以及其他帳上紀錄的
　　　出入與認定。

Source: World Investment Report 1994: Transnational corporations, employment and the workplace. An executive summary. (1994, Aug.). *Transnational Corporations*, pp. 73–113, after UNCTAD, Division on Transnational Corporations and Investment, *World Investment Report 1994: Transnational Corporations, Employment and the Workplace* (United Nations publication, Sales No. E.94.II.A.14).

廠房及設備的國外直接投資

　　根據一九九五年的世界競爭力報告（World Competitiveness Report）指出，該年度共有兩千兩百六十億美元的國外直接投資，而最大的受惠國是美國，總直接投資金額爲四百九十億美元。在一九九三年，由國外直接投資所設立的多國籍企業更貢獻了五分之一的美國總出口金額（Kogut and Gittelman, 1994），這樣的狀況比起一九七七年國外直接投資對於美國總出口金額僅達到百分之四的情形比較起來，有著天壤之別。接近百分之二十的數字，使得美國與歐洲大部分的國家有著相同的狀況，因爲歐洲的多國籍企業爲製造業的出口創造了百分之二十到二十五的貢獻（Chetwynd, 1994）。在過去，到美國進行製造的原因是爲了要規避關稅、進口配額及降低貨幣交換的風險；然而最近在美國進行製造的原因則是爲了要更接近顧客及競爭者，並且要成爲科技發展的參與者。舉例來說，韓國的三星電子股份有限公司在美國德州投資了十三億美金建立了一座半導體廠房，以求貼近並能快速的反應美國市場的需求。該公司的企業規劃經理Chanhee Joe表示「本公司將要朝著成爲美國企業的方向前進，雇用美國的勞工、利用美國的機械及美國的設備，以期能在美國市場上具有競爭力」（摘錄自Foreign executives see, 1997, p. A1 ）。

　　已開發、工業化及開發中的經濟體，對於以美國爲目標的國外直接投資成長都作出了很大的貢獻。亞洲、拉丁美洲及東歐的企業開始進行國外直接投資以分散風險、降低成本，並藉由世界經濟的發展而獲利。正如同我們在探討貿易運作的情況一般，許多開發中國家都積極進行彼此間的相互投資以刺激成長。根據一九九四年安德生會計師事務所（Arthur Anderson）所進行的調查，拉丁美洲的企業經理人一

般都相信,最具吸引力的國外市場並不只包含那些經濟連結存在已久的工業化國家,也包含了那些正逐步發展其經濟實力的拉丁美洲國家。在圖5.8中所呈現出的正是對這些期望的強度。

股票及公司所有權的國外直接投資

上面探討的國外直接投資主要著眼於具有生產力的廠房及設備的投資,但是所謂的國外直接投資有時候也會透過併購或購買股權的方式來進行。從這一個方向來看國外直接投資,我們將不難發現全球正趨於整合的事實。觀察那些透過股權購買來進行全球整合的例子,我們就可以發現企業成長的痕跡及企業在成長過程中在來源上的改變。舉例來說,在一九八○年全世界登記上市的股票及債券總額只有五兆美元,但是到了一九九二年底卻劇烈成長到三十五兆美元(Edmunds, 1996)。根據愛德蒙斯(Edmunds)的說法,人數逐漸成長的中產階級所累積下來的儲蓄金大部分都投入股市,主要原因除了投資報酬率較高以外,高度的流動性也是原因之一。在一九九七年,每天在證券交易市場流動的金額將近一兆兩千六百億美元,其中有一大部分更是由發展中國家所貢獻的。舉例來說,在一九七○年世界上證券資本額中有百分之六十六來自美國的證券,然而到了一九九五年美國證券只佔了百分之三十八。這樣的狀況是因為許多非美國籍的企業,現在以直接登記上市或利用發行美國存託憑證(American Depository Receipts, ADR)的方式進入美國的市場。所謂的美國存託憑證就是以美金為計價基礎,而由國外證券在美國發行由受託者保管的憑證。在美國的證券交易市場上有超過一千三百種ADR可供投資人選擇。根據紐約銀行(Bank of New York)所發行「優秀的ADR計畫經理人報導」指出,光是在一九九六年的前半年,就有六十二家非美國籍的企

應答者認為對國際企業營運最重要的
外國市場（多重選擇）

阿根廷的經理人
巴西　51%
美國　43
智利　26

巴西的經理人
美國　60%
阿根廷　51
德國　26

智利的經理人
美國　57%
阿根廷　40
玻利維亞　20

哥倫比亞的經理人
美國　57%
委內瑞拉　29
厄瓜多爾　29

委內瑞拉的經理人
美國　51%
哥倫比亞　49
英屬厄瓜多爾　14
及加勒比海小島

應答者認為在五年內對拉丁美洲最重
要的貿易關係

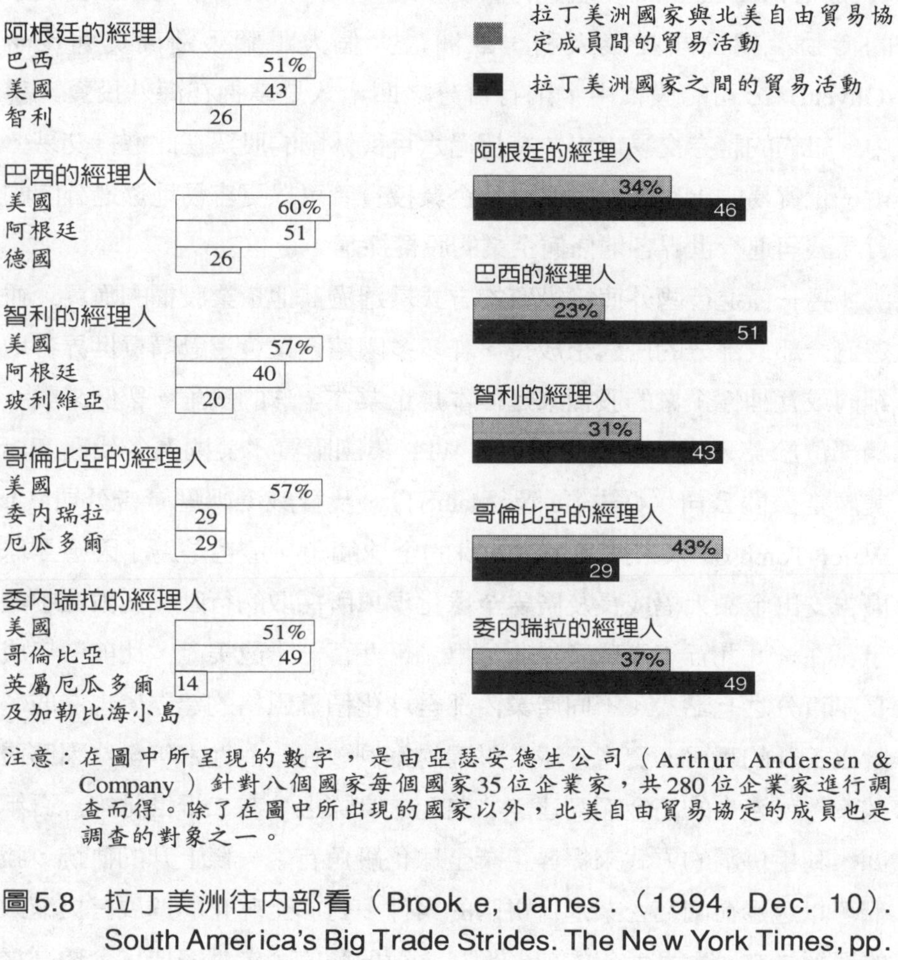

■（淺）拉丁美洲國家與北美自由貿易協
定成員間的貿易活動

■（深）拉丁美洲國家之間的貿易活動

阿根廷的經理人
34%
46

巴西的經理人
23%
51

智利的經理人
31%
43

哥倫比亞的經理人
43%
29

委內瑞拉的經理人
37%
49

注意：在圖中所呈現的數字，是由亞瑟安德生公司（Arthur Andersen &
　　　Company）針對八個國家每個國家35位企業家，共280位企業家進行調
　　　查而得。除了在圖中所出現的國家以外，北美自由貿易協定的成員也是
　　　調查的對象之一。

**圖5.8　拉丁美洲往內部看（Brook e, James .（1994, Dec. 10）.
South Amer ica's Big Trade Strides. The Ne w York Times, pp.
Y1, Y27）**

業及十一家政府機構，利用美國存託憑證計畫募集了將近六十七億美
元，較前一個年度成長了百分之七十五。許多企業也在世界各地販售
其股權，透過這個方式可以把企業對於一個國家的依賴轉移到全世界

的不同國家。早在一九八五年，富豪汽車（Volvo）的培爾吉林漢默（Pehr Gyllen-hammer）就進行讓更多瑞典以外投資者持有該公司股票的活動；總公司在義大利、歐洲最大個人電腦製造商奧利伐蒂(Olivetti) 公司的股權中，則有百分之四十八是掌握在海外投資人手中。紐約的證券交易市場，有超過六百種外國的股票在此進行交易。電子化貿易的出現，使得個人及企業投資者可以更容易地透過公開的貿易公司進行世界各地任何企業的股權採購。

另一種進行國外直接投資的方式是透過其他企業股權的購買，並透過全部或部分的併購來成長。許多多國籍企業會透過購買世界各地相同或互補性企業的股權來延伸本身企業在全球的觸角。舉例來說，總部位於英國的全球廣告業巨人WPP 集團購買了美國廣告代理商奧美廣告公關公司（Ogilvie ＆ Mather）、及智威湯姆遜廣告公司（J. Waler Tompson）來擴展企業本身的全球觸角。這也是為了因應全球廣告支出金額大幅成長及廣告全球化現象所採取的行動。從數據中顯示，在一九九五年全球廣告收益為二千九百一十億美元，比前一年成長了百分之七點八。不同產業內部全球化領導風格的建立，也造成了數以千計的購買、資產分派及併購的案例，在一九九六年全球因為這些案件所產生的總金額高達一兆美元。實際上，在二十世紀的一百年間，利用併購的方式來提昇企業全球化觸角有著一條上升的軌跡。我們可以透過荷蘭籍企業進行併購的案件，對於全球化的擴展有更深入的了解。在一九九六年的前九個月，荷蘭籍的企業就完成了金額高達一百一十億的跨國界企業併購案件。消費者商品大廠聯合利華公司（Unilever）、商品儲存大廠Royal Pakhoed NV、影印機製造大廠Oce-van der Grinten NV 、DAF Trucks NV 及其他不同的企業分別提出併購或多角化投資的聲明，透過專注於一項到兩項核心事業，期望能夠在全球化舞台上獲得成功（Du Bois, 1996）。

小故事5.4　二十四小時交易

　　儘管紐約證券交易市場（New York Stock Exchange, NYSE）只有在上班時間進行交易，但是越來越興盛的盤後交易（After Hours）為許多投資人提供了很多交易的機會。根據華爾街日報（Wall Street Journal）的報導指出，目前每天有數以百萬計的股權在證券市場結束營業後進行交易，甚至在一週七天中的任何一天進行交易。舉例來說，佛羅里達州的陪審團裁定一家煙草公司以星期五收盤價美金一百零二美元買入菲立浦莫里斯（Philip Morris）公司股票的交易為違法，因為在星期一的早盤開盤價跌至美金九十五美元。因為有關盤後交易結果的資訊並未廣泛流通，因此只有少數的買家及賣家能夠得到週末期間證券價格的波動情形。那些仰賴星期五收盤以後所公開的結果進行投資決策的投資人將會對於在短短的週末期間，所買進的股票價值就下跌了七美元可能會大吃一驚。

來源：Kansas, Dave.（1996, Aug. 12）. Nicked at night ：Even after the market close, stock prices can take wild swings. The Wall Street Journal, pp. A1, A8.

　　在一九九七年，全世界與併購有關的交易金額高達一兆六千三百億美元，相較於一九九六年共成長了超過百分之四十八（Lipin, 1998）；併購的對象囊括了航空業、銀行業還有通訊產業，其中包括世界通訊（WorldCom）購買MCI通訊公司高達三百七十億美元的併

購案件。併購案件的成立使得企業在全球觸角的擴展上有立即性效果，而每一項併購案件的公佈，似乎也引領著另一項併購案件或投資機會的出現，併購的金額也是越來越高。舉例來說，會計業的兩大巨人安侯會計師事務所（KPMG Peat Marwick）及致遠會計師事務所（Ernst & Young）就緊接著建業會計師事務所（Coopers & Lybrand）和資誠企管顧問公司（Price Waterhouse）併購案成立之後也公開了雙方合併的決定。規模龐大的瑞士聯合銀行（United Bank of Switzerland）是由瑞士銀行（Swiss Bank）及瑞士聯邦銀行（Union Bank of Switzerland）合併而成，也因為其中潛在的商機龐大，促成許多其他歐洲銀行合併購件的出現，就如同史克美占大藥廠（SmithKline Beecham）與製藥大廠禮來藥廠（Eli Lilly），華納蘭茂藥廠（Warner-Lambert），先靈葆雅藥廠（Schering-Plough）還有美國家庭用品公司（American Home Products）之間有關未來合併的討論，金額高達六百億美元，並引發一陣混亂的投資機會一般。

　　股權的出售已經證明是使企業私有化的一種有效方式，而全球市場上成長驚人的私有化風潮，也使得美國市場上非美國籍的企業越來越多。此外，世界各地的證券交易市場也相繼出現，使得證券交易的時空地點可以從東京延伸到倫敦甚至是紐約。在一九九六年的六月，世界銀行所屬的國際金融股份有限公司（International Finance Corporation）每天必須要準備二十七個國家的證券市場資料，其中包含蘇聯、摩洛哥、及埃及的證券交易市場；除此之外，國際金融股份有限公司每個月還必須要追蹤全球五十八個新興的證券交易市場，例如立陶宛、波紮那等等，而使得該公司必須進行監控的證券市場高達八十五個。從圖5.9中可以看出，在一九九七年這幾個地區不同的證券市場各自享有不同程度的勝利。不管如何，這些地區的證券交易所讓世界各地更多的人們得以參與企業股權的買賣活動，也因為世界各

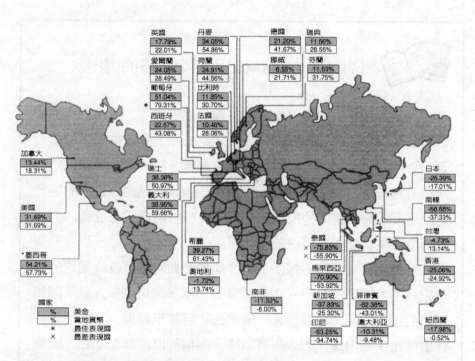

圖5.9 道瓊世界證券市場指數的績效（Stock investors had their fill of the good, the bad, and the ugly . （1998, Jan. 2）. The Wall Street Journal, p. R10）

地的時差問題及電子通訊技術的提升，使得世界各地的人們可以透過電子市集日以繼夜的進行交易。在小故事5.5中所呈現的，只是眾多全球證券交易所帶來的改變之一。

　　總而言之，這些資料顯示由於出口及國外直接投資的活動，產生了經濟的快速整合。也正由於這樣的整合情況，使得國家越來越難以獨立地進行財政及貨幣政策的制訂而不受到外部國家的影響。接下來我們對全球的資金所進行的檢視也呈現出這個全球經濟的第三項指標慢慢變得更為複雜、降低了國家的自主性、不斷在世界各地自由移動

小故事5.5　阿爾巴尼亞金字塔的倒塌

　　身為最後一個擺脫東歐共產主義統治的國家，也是最窮的一個國家，阿爾巴尼亞在邁向全球化經濟的路上舉步維艱。因為投資知識的有限，再加上不講道德的企業家，在一九九七年就向個人投資者掠奪了將近十億美元，將近是阿爾巴尼亞GDP的百分之四十三。為了要吸引投資人的興趣，位於阿爾巴尼亞國內的金字塔型方案承諾可以提供短期高報酬的回饋。在初期，這些投資人的確得到相當可觀的報酬，也因此他們對親朋好友奔相走告這個投資的大好機會並投入更多的資金。隨著越來越多人投入阿爾巴尼亞內部的這個投機方案，這座金字塔越來越龐大，並且允諾在這個金字塔內運作的人員可以得到高額的財富作為回報，直到他們瞭解這些報酬無法兌現的那一天來臨。那些在金字塔內運作的成員後來潛逃出境，成為唯一的獲利者。阿爾巴尼亞人之所以被說服去進行投資，並不只是因為先前投資者的成功造成的影響，還因為這些投資者想要和那些資本家一樣快速地致富；然而，只有少數人知道證券市場的運作情形，大多數的人都是被伶牙俐齒的營業員或複雜的電視廣告所瞞騙。當阿爾巴尼亞整體的金字塔方案開始崩壞，政府機構開始逮捕那些在金字塔內運作的成員，並凍結銀行的帳戶。然而，對於大多數的阿爾巴尼亞人來說，這些動作為時已晚，他們累積已久的儲蓄已經賠光了，這些人成了貪婪、天真及因為不了解市場運作機制而失敗的受害者。混亂繼續蔓延，事實上這場混亂造成了阿爾巴尼亞政府機制及國內社會的崩壞。

來源：Wood, Barry D.（1997, June）. A tidal wave of anger sweeps over Albania. European, pp . 30-31.

資金的能力也增加了企業運作的不確定性等等現象。因為這樣的不確定性，想要跨越國家的界限進行企業營運活動也變得更為困難，就像小故事5.5中所提金字塔型投資方案的狀況一般；此外，特別是對那些剛進入投資市場的新鮮人來說，這樣的不確定性也超越了個人交易商所擁有的專業知識所能掌控之外。同時，從這個例子我們也可以了解到，來自全球各地的投機者如何聚集政治、經濟、文化及科技的趨勢來創造機會，也從那些進入投資市場的新手身上獲取大量的資金。

貨幣及金融市場

　　在一九九一年，世界的財富主要以下列幾種不同的形式出現：（a）證券（佔總金額的百分之二十五點五，十一兆一千六百三十億美元）；（b）債券（佔總金額的百分之十八點六，八兆兩千八百四十億美元）；（c）房地產（佔總金額百分之四十八點八，三十二兆四千一百一十億美元）；（d）現金（佔總金額百分之三點九，一兆七千億美元）；（e）貴重金屬（佔總金額百分之三點八，一兆三千零七十億美元）。從影響財富的各項因素中我們可以了解到，在全球市場上最重要的大概就是流動資產或現金了，因為這些流動性較高資產的累積可以促進成長。在世界各地，對於流動性資產的需求及競爭是極度激烈的。

　　以現金或貨幣型態存在的資本要在世界各地移動十分容易。來自

世界各地的投資人，尤其是那些在嬰兒潮時期出生目前正盼望著退休時機來臨的人，都非常願意承擔高度的全球性風險以獲得高額的潛在報酬；退休基金在世界各地積極尋求資金的投資機會；加上拜科技所賜，世界各地的投資人可以利用電話或數據機在一天當中的任何時間、在世界上的任何地點進行交易。因此，我們可以說，利用資本在全球各地進行交易不僅跨越了國家的界限，同時也跨越了時間的界限。只要世界各地資本的流動機制未受阻擾，對於資本市場或證券市場的需求就不可能消失。在小故事5.6中關於全球電子交易系統（Globex）的例子正顯示了這樣的機制如何出現在市場上，並帶動這股永無止盡的需求；在這個例子中同時也呈現出不同文化的慣例及貿易的常規，對於新科技的出現有著何種因應。

　　不管是全球電子交易系統Globex 或芝加哥期貨交易所（CBOT）所推出的電腦撮合交易系統A專案（Project A），都顯示在世界各地日以繼夜進行證券、期貨、選擇權或其他金融交易的潛力。在系統運作過程中為了要持續支援交易進行所面對的挑戰，所推出的因應措施將會在本章接下來的部分進行討論，在討論的過程中，我們也可以看到一些已經參與全天候或全年無休的投資市場之企業組織案例。

 小故事5.6　全球電腦交易系統（GLOBEX）

　　由芝加哥商品交易所（Chicago Mercantile Exchange, CME）及路透社控股有限公司所合力開發的GLOBEX 成為世界上第一套電腦交易系統。這個系統因為促進了跨國界二十四小時交易而

被視為未來交易模式的典範。在一九九七年，位於巴黎的期貨與選擇權交易中心（Marche a Terme International de France）（Matif）宣告該中心將放棄採用GLOBEX系統，而恢復到以往由投資者在交易大廳利用大聲喊叫買賣價格進行開放性議價的模式。對於在大廳上的交易者來說，採用大聲喊叫的方式比起電子交易方式是較受歡迎的，而對於Matif來說，跨國界的交易金額從來就沒有超過總交易金額的百分之二。儘管新穎的科技近在眼前，但是交易的文化及傳統的交易模式在法國被證明比二十四小時進行交易來得具有吸引力。回過頭來看芝加哥證券交易所（Chicago Board of Trade, CBOT）的情況，在夜間放聲大喊的交易模式則可能會被電子交易所取代。A專案（Project A）利用圖形化的方式，加強了顧客下單及場內交易者在市場中扮演的角色，也因此使得午後及午夜的盤後交易如雨後春筍般的出現，光是在一九九六年就成長了百分之三十三。在世界各地的期貨及選擇權交易市場上，電子化交易在一九八九年成長了百分之七，而在一九九六年各種不同類型的交易透過電子化系統完成的百分比更是大增了百分之十八。從這些例子中我們可以發現到，電子交易系統及傳統式的放聲大喊交易模式之間的拉鋸戰，壓力正持續地升高。

來源：Lucchetti, Aaron. （1997, Feb. 27）. Some traders cry, but CBOT after dark is high-tech. The Wall Street Journal, pp. C1, C17.

全球貨幣

　　資金可以從世界上各個角落透過電子傳輸或電腦科技的輔助立即轉移到任何地點。目前每天在世界各地的貨幣市場上有相當於兩兆美元的金額在進行交易，其中有大約百分之六十是以美元的形式出現。在一九九五年，光是花旗銀行每天就以美元的形式透過電子傳輸的技術轉移超過五千億的資金。

美元

　　在所有的外匯儲備金中，美元所佔的比率大約是百分之六十一，差不多是世界上所有私人金融機構財產總和的一半，也將近世界貿易額的三分之二（The damned dollar, 1995）。正因為世界上對於美元的廣泛使用，使得美國的經濟狀況無可避免地與世界整體經濟狀況發生連結。舉例來說，在三千六百億美元中，三分之二掌握在美國以外的國家手上。從小故事5.7中我們可以了解到，儘管美國因為美元成為世界性貨幣而享受到一些便利性，不過也因為美元的重要性使得美國的經濟受到世界上其他國家的嚴密監督。更重要的是，在全球的關注之下美國的策略制定者在擬定長程的貨幣或財政政策時更加困難，尤其在這些政策擬定者面對短期可能影響美國經濟實力的問題時則更為嚴重。此外，因為有許多交易都用美元計價，因此美元在貨幣市場上的強勢或弱勢也會對於世界其他國家直接或間接造成影響。在這個不管發生在地球的哪一個角落、規模多大、金額多高的全球性動態市場上發生的任何交易都可以在短時間內就完成，造成的衝擊也就更為劇烈。舉例來說，就像圖5.10中所呈現的，從一九九二年到一九九八年，美元對日圓的匯率變動就像搭直昇機一般忽高忽低。因為這樣的

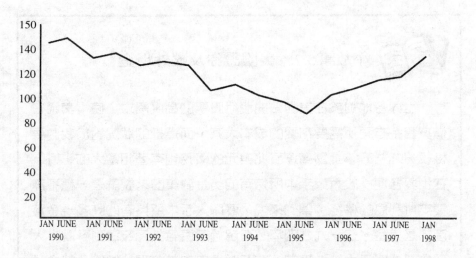

圖5.10　美金對日圓的匯率波動, 1990-1998（OANADA Inc.（1998, Jan. 5）. 164 currency converter. http://www.oanda. com/cgi-bin/ncc）

匯率變動，使得企業要進行外幣交換的避險變得更為困難，對於作出進出口及國外直接投資的國家排名之優先順序時也會產生困擾。隨著國際貨幣基金（International Monetary Found, IMF）在一九九七年對泰國及南韓的緊急援助，印尼盾對美元的匯率波動也受到多方的矚目，而這些關注的眼神來自政治、文化及經濟上的考量。在經濟方面，印尼在一九九〇年代的成長主要因為來自國外的低利率投資基金所促成。由於先前印尼盾在貨幣市場上的穩定表現，儘管美金具有的流動性較佳，企業仍舊願意承擔印尼盾的負債。但是當印尼盾對美元的匯率開始貶值，企業在進行換匯以支付債務時就會造成龐大的損失。此外在印尼國內，大多數的人也都傾向以美金計價而不再利用印尼盾來進行消費；許多商品、大多數的旅館、旅行團及到印尼旅遊的行程，儘管支付金額時採用印尼盾，但都以美金計價。類似這樣的文

小故事5.7　美國證券及國外現金

　　世界各地對於在美國公開發行股票的高度需求，使得美國在借貸資金方面所需要花費的成本大減，而這樣的狀況對於我們要檢視一九九五年美國高達五兆美元的債務也有著相當大的影響。在世界各地一般大眾手中所持有的美金對美國來說就是一種不需要支付利息的債務。舉例來說，蘇聯人手中所持有的許多現金資產都是美金。在一九九四年，有超過二百億美元被送到蘇聯，大部分都是百元大鈔。現在，在蘇聯境內的美金現鈔供給，總金額可能跟盧布不相上下。

來源：Efron, SOnni.（1995, July 15）. US$100 bill coming in Russia. The Seattle Times , p. A2.

化實務告訴我們，在印尼當地就算是最簡單的玩偶製造商都體會到印尼盾所面臨的災難，同時也有許多投資人開始利用買進及賣出美金來進行套利的行為。

　　美元的中心地位及易變動的特性，在全球市場上不但是一項歷史的軌跡，也表達出世界各地對於全球性貨幣的高度需求。換句話說，目前美元在世界上所扮演的角色就是一種全球性的貨幣，然而這也是美元所最不願意扮演的角色。隨著世界各地不同的經濟事件不斷地發生，有關把美元視為全球性貨幣的角色所引發的問題也就變得更為明顯。全世界各地的交易將可以因為全球性貨幣的出現而得以加速進行，因為匯率交換造成的獲利或損失的問題會因此而消失，企業組織

也可以更不費力地進行貨款的計算，以及在世界各地的旅遊者也可以拋掉他們手上的匯率交換表及計算機。全球性貨幣的出現，企業的領導者再也不會因為匯率的大幅變動而訝異，以及整體來說，旅遊者也較不會因為匯率交換的風險而蒙受損失。

歐元

　　因為缺乏真正的全球性貨幣，美元成為世界上最能作為銀行擔保的流通性貨幣。最近新出現的跨國性通用貨幣包括由經濟貨幣聯盟（Economic Monetary Union，目前的歐盟）所提出的歐元（Euro）及由日圓聯盟所提出以日圓為通用貨幣的建議案。在一九九九年，通用貨幣歐元將可以廣泛地在市場上流通，而硬幣及紙幣則會在二○○二年才問世，從這個第一次提出的通用性貨幣版本中，我們不難發現歐盟（EU）想要達成無國界限制的期望。在單位為一、二及五歐元的硬幣正面所呈現的是歐洲在全球佔有的位置，而以星星為背景襯托，單位為十、二十、五十的歐元硬幣上所描繪的是歐盟由許多不同國家組成的概念；此外在單位為一及二歐元的硬幣上也呈現出歐洲無國界限制的概念。要把歐元及其設計背後的終極涵義推廣到市場上必須面臨的問題，基本上是一項重大的政治角力，因為通用性貨幣的出現將會降低會員國在財政及貨幣政策上的自主性。一旦歐元被大眾接受，一項單一的歐洲貨幣就由此誕生，對於消費者來說進行物價的比較將會更為容易，對於企業來說也消除了在歐盟進行營運時所可能遭遇的匯率交換風險。同時，歐元的出現也可以大幅減輕銀行在外匯業務上的負擔；對於企業來說，因為消費者比價容易，獲利空間會因此受到壓縮，調整會計、資訊、控制系統也會伴隨著一些行政管理成本。

日圓聯盟

另外一項關於通用性貨幣的建議案就是日圓聯盟的成立。日圓聯盟的會員國可以統一地利用日圓作爲其國際營運的貨幣，藉此降低各個國家曝露在美元波動下所承擔的風險。根據日本政府智囊團經濟貿易和產業研究所高級研究員 CH Kwan 的說法（1996），日圓聯盟的成立是有必要的，因爲傳統上採用美元進行交易的理由目前已不復存在。舉例來說，亞洲國家對於美國的依賴性較低，在經濟成長方面對於彼此間的依賴度反而較高。對於推廣日圓聯盟的障礙、推廣歐元的障礙及推廣各種通用性全球貨幣的障礙都是一樣的：在世界貿易市場上的參與者無法認同他們未來必須遵守的遊戲規則。

因爲單一通用性全球貨幣不存在的緣故，世界將可能會從我們目前由單一貨幣系統主宰世界經濟運作的年代（也就是美元目前所扮演的角色），轉移到一個多重貨幣系統的年代，或許未來德國馬克及日圓在全球貿易上扮演的角色會比現在重要。然而也有一些人提出回到金本位制度的要求（Shelton, 1994），但是這樣的構想存在著一個問題，全球經濟的成長，遠遠地超過目前每年以百分之二速度成長的黃金供給量。簡單地說，對於全球性通用貨幣的需求，採用金本位制度、美元或其他現存的貨幣，都無法完全滿足。

金融機構

根據一九九五年推出的廣告，美林投資公司（Merrill Lynch）發現，把跨越國界及跨越貿易障礙二者必須耗費的資金進行比較，跨越國界有時候必須耗費的成本較高，這樣的情況對於全球企業面臨的機會來說有著重大的啟示；特別是對於全球資金的流動而言，在全球各

地文化、經濟及政治上的障礙有著創新性及漸進式的降低（Merrill Lynch Advertisement, 1995）。對於銀行業及證券業來說，跨越各式各樣的障礙造成了全球的競爭，也使得金融機在執行其擁有的特許權發生很多的困難。在本章開頭所提關於霸菱銀行（Barlings PLC）的例子所顯示的，僅僅是那些私人的金融機構要跟上全球金融市場的快速變遷過程中，可能面臨的問題的一小部分。

　　全球變動對於資金來源及使用上所造成的影響，使得金融機構在早期想要與全球化變動並駕齊驅產生困難；對於企業組織及其他成立已久的機構來說，要管理貨幣、證券及債務的流動也有著相當的困難度。在接下來的部分，我們對於中央銀行、世界銀行、國際貨幣基金及民營業者的描述將會呈現出，儘管這些組織目前可能擁有某種特許權，但是沒有任何組織可以完美地因應全球化經濟所帶來的要求。

中央銀行

　　類似美國的聯邦準備銀行、英國銀行、德國銀行及日本銀行等不同國家的中央銀行，擁有在該國境內管理貨幣政策的特許權。在這樣的角色扮演下，中央銀行可以決定並調整貨幣的供給量，也可能利用介入在公開市場上的貨幣買賣行為來操縱匯率的波動。不過因為全球化投資規模的成長，中央銀行對於貨幣供給及匯率的掌控能力逐漸受到侵蝕。中央銀行不能在具有相對穩定性且受到各種法令限制的環境下營運，有些國家的中央銀行甚至會覺得是在一個全新的領域進行營運，只因為過去習以為常的實務已不復存在。慢慢地，如果中央銀行想要繼續享有過去掌握的影響力，那麼就必須聯合其他的中央銀行以形成一個超級中央銀行。不過，儘管如此也不一定就能保證成功；舉例來說，為了要穩住在一九九五年一月到五月間美元的頹勢，日本、德國及美國的中央銀行同步買進美元（分別是二百四十七億美元、三

十六億美元及十四億美元），但是美元對日圓匯率依舊下跌了將近百分之十七，對馬克也下跌了超過百分之十一（Sesit, 1995）。儘管各國中央銀行採取一致的行動，但是這些活動依舊不足以扭轉世界各地獨立投資人所形成的力量，畢竟這股力量每天所進行的交易金額高達一兆美元。

全球市場的力量逐漸超越並威脅到中央銀行對於貨幣供給及匯率控管的能力，也造成了全球市場在金融上的一大挑戰，究竟是中央銀行會在控管市場秩序上獲得勝利，還是那些變化無常的全球投資人會在構建和破壞全球金融市場上贏得勝利，已成為眾人矚目的焦點。許多人擔心，沒有中央銀行則金融市場的變動性將會失去控制，因此他們極力要求增加中央銀行負有的公權力（Solomon, 1995）。在小故事5.8中所提到的熱錢（Hot Money）正可以解釋為何有很多人會反對資金在未受控管下任意流動的原因。

世界上第一個跨國性中央銀行，將會在經濟聯盟（Economic Union, EU）通過馬斯垂克議案（Maastricht Proposal）以後出現。這個坐落在德國法蘭克福的跨國性中央銀行稱為歐洲中央銀行（European Central Bank），它將會取代並削減歐盟內部各會員國之中央銀行所具有的權力及各自扮演的角色。根據馬斯垂克條約，各個歐盟會員國的領導人將可以指派四到六個人到歐洲中央銀行的董事會中，這些成員將與各中央銀行的主管共同制定歐盟內部的貨幣政策。然而，實際上這個跨國性的中央銀行要如何運作目前尚未明朗化，從歐盟各會員國間在文化、政治及經濟政策上的差異，我們可以很明顯地發現在推行通用貨幣政策、歐元的推廣、及建立歐洲中央銀行的過程中，將會遭遇到很多的問題。

小故事5.8　熱錢

　　根據《Footloose & country free》一書的作者朗科文（Ron Kwan, 1996）的說法，資金的自由移動應該要受到控制，以提供如一九八○年代早期一般的保護。他認為，當中央銀行及一般的私人銀行採行金融性資產的控制手段時，也意味著他們遵循著保守性的金融政策。目前的資金市場已逐漸被美國共同基金及找尋套利機會的投資者所掌控，資產總額高達三兆美元。相較於之前提到的中央銀行及私人銀行所抱持的保守性心態，這些投資者追求的是快速的回本策略，也因此創造出在私人退休金帳戶中隨時隨地都可以在全球市場上進行投資的熱錢。根據科文的說法，熱錢的出現把本國的債務轉移到外國手中，也因此降低了本國經濟的自主性，也因為這種人為的影響造成了一些較為熱門的股票及債券的價格出現膨脹的現象，此外也因為資金不斷地流進流出增加了市場的變動性。一般相信，墨西哥在一九九四及一九九五年所發生的經濟緊縮現象之所以會如此嚴重，正是因為熱錢快速又大量的流進墨西哥，卻很快的又被投資人抽離所導致。把熱錢從墨西哥抽離並不是獨立的事件：全球的資金經理人幾乎都有從世界各地那些財政較為弱勢或背負龐大外債的經濟體中，抽離貨幣、股票或債券的資金，也使得這些國家遭遇到如同墨西哥一般的災難。受到一九九四到一九九五年間經濟危機之後快速復甦的吸引，熱錢在一九九七年再度的流進墨西哥，也一度造成其貨幣的強勢升值。

來源：Kwan, Ron. (1995). Footloose & Country free. In Marc Brewlos, David Levy, Betsy Reid and the Dollars and Sense Collective（Eds）, pp. 18-22. Real World International, 2nd ed. Somerville, VA：Dollars and Sense.

世界銀行及國際貨幣基金（IMF）

世界銀行（World Bank）及國際貨幣基金（IMF）在管理全球債務及財富創造上具有特許權。在這兩個部分的操作，都是布列敦森林協定 (Bretton Woods Agreement) 的內容之一。世界銀行原本成立的目的是要透過融資給二次大戰後各國進行重建工作以維持世界經濟的穩定；國際貨幣基金也是為了要對於當時僵化的貨幣交換匯率進行控管而成立。全球化的挑戰對於這兩個機構來說是雙重的；第一，世界各地對於資金需求的增加逐漸轉向私人金融機構，而不再只是仰賴這兩個機構作為主要的資金來源；開發中國家對於資金的需求方面，私人資金已取代了世界銀行及國際貨幣基金的控管。第二，開發中國家的政治家對於那些設計來符合外來文化及不同經濟發展模式的規定感到非常不滿。在一篇名為「區域性誤差：世界銀行犯下的錯誤（Region of errors: The World Bank's wrong）」的文章中，作者華頓貝羅（Walden Bello）及席亞科寧翰（Shea Cunningham）指出，結構調整計劃（Structural Adjustment Programs, SAP）對於開發中國家的經濟停滯及世界經濟的失衡幫了許多倒忙，因為SAP的準則降低了國家的自主性並且阻礙了許多國家優良政治家可能採行的措施。除了那最受人詬病想要一體套用的經濟政策之外，世界銀行內部的人員也因為在幫助社會主義國家邁向市場經濟的過程中緩步不前而遭受強烈批評，

而這樣的狀況也可以從世界銀行較不願意提供資金給那些風險性較高的開發中國家而清楚地看出。除了上述兩者以外，世界銀行在開發中國家的專案，例如女子教育、家庭計畫及輔助中小企業等等投資較少也是例證之一（It's time, 1994）。

　　儘管如此，似乎大家都同意國際貨幣基金及世界銀行因為已經發展到某種程度，而不再適合去擔任當初布列敦森林協定內容中所規劃的角色，然而對於這兩個機構未來可以及應該要扮演何種角色，目前也不是很明朗。一般對於國際貨幣基金可以扮演的角色有下面幾個建議：作為避免金融危機的監督人（Why can't a country, 1995）、全球各國的中央銀行、成立全球證券及匯率交換委員會並對各國政府施加壓力以揭發國家金融健康的真實狀況（Foust, 1995）、扮演類似七大工業國（G7）永久幕僚的角色（Magnusson, 1994）等等。由於一九九五年的經濟崩潰，國際貨幣基金提供了一百九十億美元幫助金融秩序的重建、在一九九五年借貸一百億美元給蘇聯及烏克蘭、一九九六年另外又借貸了一百億美元給蘇聯，在一九九七年國際貨幣基金借貸給泰國、南韓及印尼的總金額高達一千一百四十億美元，其主要目的就是為了要穩定印尼的經濟狀況。在所有的貸款案例中，都有著下列的附帶條件：重建過程完成以後必須要盡力消除企業營運缺乏效率的狀況，及要求企業交易的透明化。

　　對於世界銀行可以進行的全球性活動包含了發展生活品質計劃，另外也有一個建議是讓世界銀行民營化（Eberstadt and Lewis, 1995）。多變的全球經濟可能需要新的方法來進行經濟發展的管理，但是目前這些新方法是否可以透過國際貨幣基金及世界銀行過去的協議來進行還是未定之數。

民營業者

企業進行跨國營運時所需要的外匯交換及商業銀行業務，是傳統私人機構所提供類似於銀行的功能。商業銀行及外幣交換仲介業者具有加速貨幣交換的功能，此外商業銀行也提供企業融資、證券交易及處理企業戶頭與個人戶頭。

在一九八〇年代刺激銀行業務及投資產業成長的因素包含：全球化的併購事件、新興市場及舊有市場證券交易量的成長、國外直接投資層次的提高、套利行為－特別是貨幣市場的套利行為也大幅成長。所有的因素都為銀行及投資產業帶來機會同時也造成威脅，在本章開頭所提到有關霸菱銀行的例子，只是眾多在自身所處產業營運失敗的企業組織之一。投資機構同時也面臨著持續性的改變，而變動下的一個產物就是在成功和受到質疑或違背道德之間的角力戰。在小故事5.9中所提到有關 Triangle Corporation 企業醜聞的例子，正說明了隨著全球化的普遍，企業的道德考量也成為一個跨越國界的議題。

透過對於 Triangle Corporation 事件及其他投資活動的事後分析，透露出許多違背道德及法令規範的活動：一位在英國摩根建富銀行（Morgan Grenfell）任職的員工被發現間接參與違法的併購活動；在美國的波士頓銀行（Bank of Boston）被逮到進行違法的洗錢交易；德國一名在德意志銀行（Deutsche Bank）工作的職員涉及內線交易；日本工業銀行（Industrial Bank of Japan Ltd）則被指稱參與利用詐騙的手法獲得融資；在澳洲一位曾任商業銀行管理部門的經理也因為內線交易而遭到指控（Vogel, 1992）。除了貪污及墮落之外，這些違背道德的行為可能因為多種因素而造成。對於銀行這個全球性產業來說，其定義尚未明朗化，在一個國家可以被接受的操作手法，在地球上的某些國家可能會無法適用。其他的違規行為可能因為一項合乎情理的

小故事5.9　Triangle公司

　　在法國、盧森堡及瑞士的投資人，在Triangle 公司被法國國營的鋁製品公司皮切尼（Pechine y）收購前不久，購買了Triangle 公司超過二十萬股的股票。股票的交易是在美國進行，不過因為美國證券交易委員會（US Securities and Exchange Commission）的通報，引起法國政府的注意。

來源：Vogel, David. (1992, Fall). The globalization of b usiness ethics. Calif ornia Management Review, p. 32.

試驗中某一小部分的錯誤而造成，也可能因為要測試全球各地新興投資產業的無心之過。芝加哥大學法律教授丹尼爾費薛爾（Daniel Fischel）（1995）聲稱，金融家麥克米爾肯（Michael Millken）因為or創造了全球投資產業的規矩而成為受害者。費薛爾認為米爾肯之所以入獄，並不是因為他犯了罪，而是因為美國大眾及政府想要為一九八〇年代貪心的金融投機者找到一個代罪羔羊罷了。各種新的活動因為全球化投資而成為可能，整個投資產業幾乎在一夜之間就發生了全面的改變，提供了許多人定義新領域的機會，同時也提供給其他人可以重新繪製傳統的金融領域。銀行投資活動的快速變革，也使得許多改變該產業傳統的「實驗」——出現；舉例來說，為了要達成全球市場滲透率的目標，瑞士信貸（Credit Suisse）打破了瑞士銀行界傳統的保守操作態度，參與了在中國及蘇聯的風險性投資計畫，也成為瑞士

銀行業中第一家涉及惡性接收（Hostile Takeover ）案件的銀行。通常，違背法令操作行為的發生是因為市場機會的出現往往比政府法令規定出爐來的快速許多，也因此這些實驗性的操作有可能會導致成功、失敗，當然也可能會使銀行陷入財務危機。因為這些事件造成的結果就是，國際銀行的G-30 小組在一九九七年聲稱要起草一項全球性的標準，用以規範多國籍銀行集團，並讓各國的管理者可以更容易地與全球銀行業者合作。

對於資本主義市場經濟觀點的挑戰

先前提到有關商品、服務、國外直接投資及資金，顯示全球經濟的三個主要的部分可能為企業造成財務上的挑戰，其中包括：更高度的變化性、更大的複雜性、還有更多的不確定性。就某種程度來說，或許全球性的經濟整合可以促成一個人人都可以自由參與的市場，在這個市場中有著一隻看不見的手，使得市場內部的參與者想要計劃或預測未來事件成了不可能的任務。市場的變化性有一部份奠基於全球市場轉換的假設。眼見全球經濟市場每天都發生那麼多的變化，經濟學家們也面臨很大的壓力去思索以往對於市場和貿易的假設是否有必要進行修正。根據彼得杜拉克（Peter Drucker, 1989 ）的看法，目前的經濟理論已經不足以解釋交易市場、企業及其間所牽涉的複雜關係，因此有必要找出新的理論來因應。接下來我們要進行討論的部分正好與彼得杜拉克的觀點相呼應。從下面的討論中，我們也可以清楚地瞭解到，為何現在的企業難以在全球化經濟市場中既完美又理性地扮演其所代表的角色。

資訊隨處可得

　　現代社會中，在我們的身旁充斥著資訊；從許多方面看來，資訊的取得與以往比起來更為方便而且通常是免費的。然而就像我們在檢視貿易金額、國內生產毛額報告及其他市場資料時所提到的，容易取得的資料通常不正確。同時資訊的流動也因為某些因素而有著諸多的限制。舉例來說，霸菱銀行在倫敦的經理人有許多的資料，但是在他們的知識庫中卻沒有衍生性金融商品的相關知識。尼克李森對於資金的要求遠超過霸菱銀行的儲備金，但是遠在倫敦的高階主管卻還是持續不斷地把資金匯到新加坡的分行，李森就是許多控制資訊流動而違反市場假設的例子之一。然而，就算資訊可以自由地流動，也可能因為缺乏處理或解釋大量資訊的機制，而讓這些資訊失去提前告知的作用。

經濟上合乎理性的行為

　　諾貝爾獎得主同時也是經濟學家的道格拉斯諾斯（Douglass North）相信，經濟上的選擇並不只代表著個人利益的合理化，同時也是在相同的文化群體中身分認同的一種方式。一個團體在文化上的特質會引導團體成員的行為，然而這樣的行為並非總是與個人的利益或財富最大化的原則一致。在小故事5.10中有關共產主義社會價值觀的例子正好呼應了上述的觀點。

　　在小故事5.10中，高菲先生（Mr. Koffi）作出了放棄自身利益的選擇，顯示在象牙海岸這個國家經濟的理性行為和社群的身分認同之間有取捨互換性。他所作出的決定可能對於其經濟利益並無法達到最

小故事5.10　財富的價值？

象牙海岸的裁縫師李察高菲（Lazare Koffi）表示，他可能必須要多開兩三家裁縫店甚至要另外開設一家商店，才能在付出租金及其他個人生活所需之後，能夠有餘額供給他的家族成員花用。拒絕幫助自己的家族成員必須要承擔遭受詛咒的風險，因此在象牙海岸一般人都會義務地與自己的家族成員分享財富。

來源：French, Howard W.（1995, Jan. 14）. Does sharing wealth only promote po verty? The Ne w York Times, p. A4.

佳的程度，但是與歸屬家庭群體一份子的利益相比，很顯然成員的認同感略勝一籌。從這樣的行為模式我們可以看出，文化規範與經濟行為之間有相互關係。諾斯及其他研究人員檢視所謂的不合理的經濟選擇，並將之稱為行為經濟學，因為這些研究人員是以承認複雜性及動態性的前提下進行經濟行為的檢視。當檢視過越來越多經濟行為背後的複雜理由之後，經濟學家慢慢地使用類似管理理論學者的角度來解釋經濟行為。也因為在這個部分所花費的心力，使得在經濟行為上的研究與以往傳統假設「其他條件不變下」所進行的經濟統計數字產生背離。隨著這些不屬於已開發國家的經濟學者開始參與全球經濟理論的研究，一窺經濟行為內部世界的機會也因此大增。

開放性市場

　　所謂自由經濟市場理論是指，市場開放給所有潛在的購買者和銷售者，交易的兩方可以在相當自由而且不必擔心政府干預的市場中操作。不過在少部分的國家中，政府可能會利用一些市場機制來矯正固有的市場缺陷，例如：

1. 市場可能不足以保障未來的權益及利益。
2. 市場並未提供某些公共財例如道路或乾淨的空氣。
3. 市場的出現造成副作用，這些副作用可能造成正面或負面的結果；正面的結果是指企業的研究發展有利於社會，而負面的結果是指產品製造商未能為空氣污染支付全部的成本等等。
4. 市場不能保證高就業率、價格穩定或社會期望的成長率。
5. 市場運作的結果可能違反社會崇尚公平正義的價值觀（Marcus, 1993, pp. 215-218）。

　　在後續的幾個章節中，我們將探討關於政治全球化及自然環境的全球化等議題，透過對這些議題的檢視，我們將可以看到政府機關和其他團體如何扮演仲裁者的角色，以矯正上述與其他類似的市場缺陷問題。在此我們必須先說明的一個重點是，不論在任何開放性的市場，都不可能自由地進行操作而不會受到任何妨礙的牽制。

　　世界各地的不同國家中，居住著各種購買者及銷售者，而各個區域性聯盟組織也可能會影響到市場的進出，也就是說並非任何人都可以自由的進出市場。在全球市場上，大部份的決策都來自那些採行市場資本主義的國家，因此對於那些正處於轉變期的經濟體，例如波蘭及阿根廷來說，就可能有潛在的進入問題。最後，從我們探討衡量國

家財富的新指標中顯示，以往對於經濟上理性行爲的假設並非通用於世界各地。對於市場假設的違背，使得世界上所有國家無法採用完全一致的市場系統，也因此在世界各地造就出多種市場系統。這個觀點我們可以從資本主義的多種文化中得到印證。

資本主義的文化

全球經濟的整合有賴以市場經濟爲全球的標準。這種形式的經濟安排似乎不是那麼單一化。資本主義在不同的國家、不同的地點已經發展出許多不同的面貌，並且圍繞著文化、政治及各國不同的傳統而形成，較不是圍繞著新興起的全球市場。企業要想與那些轉變中的經濟體或那些以往是封閉式、不吸引人的國家進行貿易活動，或進行國外直接投資活動時，就必須事先了解各種不同形式的資本主義之差別。

新資本主義（Frontier Capitalism）

在一九九四年，某一期的商業週刊（Business Week）有著一篇名爲「二十一世紀資本主義（21st Century Capitalism）」的文章，作者克里斯多福費爾（Christopher Farrel）指出，經過以往封閉式經濟時期，現在的資本主義有了全新的面貌。在蘇聯及中國所發現到的新資本主義，以三階段演進爲重要的特色。首先，隨著國營經濟體制的轉變或崩潰，黑市甚至幫派獲得龐大的利益，而政府組織的腐敗則持續擴散；在新資本主義的第二個階段，擁有少量資本的獨立商人或企業家開始出現。由於商業法規尚未發展成形，企業家所發展的營運標準慢慢地就形成了商業運作的法則；最後，在新資本主義的第三個階段，經濟成長開始興旺了起來，金融市場也開始演化。這樣的狀況吸

引了想要獲得高額報酬的國外投資者進入市場，也因此刺激了更明確的法令制度誕生。

亞洲資本主義（Asian Capitalism）

　　根據經濟學人雜誌（The Economist）編輯群的看法，亞洲地區主要有兩種不同形式的資本主義。東南地區運作的亞洲資本主義，主要是在一九九〇年代早期經濟較爲強勢的國家例如新加坡、泰國、馬來西亞和印尼等，在這些國家中不只出口商品，還出口創意；除此之外，這幾個國家在實際運作上，比起亞洲東北部的國家例如日本及南韓等等，有三個主要的差異：開放外國的國外直接投資、不像日本及南韓有所謂政府主導的產業政策、這些國家允許金融市場發展（Asia's competing capitalism, 1995）。舉例來說，新加坡就是霸菱銀行的尼克李森進行他惡名昭彰的衍生性金融商品交易的地點。目前有一項在今日的亞洲尚未找到答案的問題就是：沉睡中的巨人，例如：中國及印度，還有周遭其他小型的國家例如越南等等，是否會遵循亞洲東北部或亞洲東南部的資本主義前進。

三巨頭的資本主義（Triad Capitalism）

　　經濟學家李斯特梭羅（Lester Thurow, 1996）相信，最強的資本主義經濟體在未來幾年所面臨的危機，將會造成這些經濟體的改變。在美國，近二十年來按時計酬工作者實際薪資的減少及平均所得在前百分之二十的工作者收入大增，引起了激動的指責、經濟上代罪羔羊的聯想及極端主義的出現。日本經濟的繁榮主要奠基於大量的貿易餘額，但是在世界各地有越來越高的呼聲要求日本開放本國市場，並發展其國內的經濟。在歐洲西部國家，持續性的高失業率及高薪資，使得世界各地的投資者將資金轉移到歐洲以外的地方，放在一些未來可

能會大放異彩的產業上。如果西歐、日本及美國的資本主義要生存，那麼這些危機就必須重視。梭羅相信這三個地區的國家，未來絕對不會是經濟、政治或軍事力量的主導者，但是他們也應該不會在世界舞台上消失。

合作性資本主義（Cooperative Capitalism）

美國的企業強調競爭，也強調個人主義式的資本主義；但是馬格利特夏普（Margaret Sharp, 1992）相信，世界需要更多強調團體和諧及共識這兩個特色的合作性資本主義，就像在日本、德國及瑞典所運作的資本主義一般。根據夏普的說法，所謂合作性資本主義是指：

> 包含新型態的合作方式，特別是生產者及使用者、消費者和承包商之間的垂直合作，例如及時化生產（Just In Time）及品質控制等等。在這種情況下，企業需要新的會計標準，用以認定企業投資在研究與發展、教育及訓練等活動所具有的長期價值（pp. 25-26）。

夏普所建議的合作性資本主義正好與本書第三章的圖3.1中所提到企業社群模式一致，不過卻與目前大多數美國組織帶到全球市場上的企業運作模式形成強烈的對比。同時，以日本式管理實務及歐洲西部管理風格為基礎的企業將會發現，要把自身企業或世界的經濟利益擺在國家經濟利益的前面會很困難。

總而言之，經濟因素的全球化將會要求各個公共團體及經濟實體，對於各不相同又具有多變性的挑戰能夠加以因應；此外，由於這些挑戰具有多樣化甚至互相衝突的特性，經濟及社會正義的問題就會隨之而生。在全球市場上主要的挑戰有：是否世界經濟必須要遵循自身利益優先的法則運作、在某些人的需求得到滿足而某些人的基本需

求無法滿足時，社會資源應該要如何分配等等。全球化對於經濟所帶來的挑戰，同時也發生在經濟學家、中央銀行業者、企業領導人及經理人、還有那些正在學習全球化企業運作的學生們身上。全球市場的複雜性及不確定性、無法預測的體驗、傳統及新興企業理論及實務的出現等等因素所造成的影響，使得要為全世界的企業管理發展出一個具有凝聚性的理論更加困難。經濟全球化的事實，同時也使得要找尋企業在進行全球化管理時，需要兼顧效率及效能的運作模式成為一項迫切的任務。對於企業來說，挑戰不僅來自於要因應全球市場而進行企業內部結構的重組，也來自於企業必須要為那些可能會影響企業決策的市場變化作出反應。

第二部分　組織採取的行動

貿易、國內生產毛額、及其他可以反映經濟成長的指標都與企業的決策息息相關，因為透過這些指標，企業可以找出獲利前景最佳的海外投資機會。同時，透過多角化而將企業的版圖擴展到世界上其他不同國家的企業，也將會有很多機會發現他們可能面對的多種不同狀況。舉例來說，摩托羅拉（Motorola）公司在中國大陸有一項重大的投資計劃案，該投資計劃案每年可以享有超過百分之十的成長率，但是儘管目前美國每年經濟長率可能小於百分之四，該公司卻也並未放棄在美國設廠的機會。越來越多類似摩托羅拉的企業發現，透過跨越國界進行企業運作，一家公司可以把以往習慣的美式管理風格帶到國外，並且可以把在其他國家中成功運作的管理模式帶回美國。摩托羅拉公司進行類似奧林匹克比賽的內部品質提昇活動，鼓勵該公司來自世界各地的運作團隊將其管理手法轉移到公司內部的其他部門，並藉

著金牌獎勵的獲取，告訴企業內部的其他成員該小組如何減少產品缺點、加速產品上市程序、及達成預期目標的步驟。同時，在兩個不同國家進行運作的企業，其經濟前景不僅會受到這兩個國家經濟狀況的影響，也會受到世界其他國家經濟的影響。隨著現有及新興企業相繼投入全球化投資的行列，以往僅限於單一國家或單一產業的企業將會慢慢發現其暴露在全球各地投資人的嚴格監督之下，而不同企業間的共通點及相異處也會越來越明顯。

在本章前半部分所討論的那些由西方世界所定義，並圍繞在市場經濟及資本主義文化的相關經濟理論，可能不足以解釋全球的經濟活動。不同的經濟需求會造成不同的作法，而不同的作法也導致對經濟評量的不同；甚至從我們對於資本主義文化的討論中可以發現，在全球經濟環境中，資本主義者的動機也每每不同。這些差異對企業是有涵義的。

程序

資本主義的運作文化

在查爾斯漢普敦透納（Charles Hampden-Turner）及愛爾凡川普那爾（Alfons Trompenaars ）二人合著的書《資本主義的七種文化》（The Seven Cultures of Capitalism, 1993）就舉出了美國、日本、德國、法國、瑞典、荷蘭及英國等不同國家獨有的文化價值觀，及因為這些價值觀所導致不同的致富方法。漢普敦透納及川普那爾兩人認為，有關財富如何創造的問題，可以透過檢視各個不同的國家在面對

七種不同的困境時所採行的管理措施而得到答案：

1. 普同論 VS 特殊論：當面臨一項例外的案例而沒有適當的法律、規定或準則可以引用時，應該要採用最相關的法則（普同論）或援用該案例獨特的面向來作決定（特殊論）？

2. 分析 VS 整合：究竟管理者在分析資料時，應該將這些資料打散成各個不同的部分，還是不要把這些資訊分離並試圖去找到一個可以解釋整個資料的型態或串聯的主題。

3. 個人主義 VS 集體主義：財富的創造應該要著重於個人或群體、社群及國家？

4. 內在 VS 外部導向：經濟的選擇究竟應該要受到內在價值觀的引導或要能夠反應外部持續不斷改變的世界？

5. 時間的依序性 VS 時間的同步性：究竟要在一段有限的時間內完成越多的工作越好，還是投入同步性的努力讓所有的工作可以相互協調？

6. 成就的狀態 VS 歸屬的狀態：這涉及員工狀態的取捨。成就的狀態著重在因績效而來的報酬，而歸屬的狀態著重在那些對組織也許很重要的其他特徵，例如：教育、職位及策略性角色等等。

7. 平等性 VS 階層性：這個困境主要是關於以平等的態度面對員工或以階層性組織結構面對員工這二者間的平衡或取捨。

決策制定

從企業解決上面七種困境所採用的不同方法，我們不難想像為何傳統上世界各地企業內部的工作會以不同的方式進行組織及管理。在

本章開頭所提到的例子就是關於資訊管理的個案，現在我們回過頭來想想這個例子，並且看看不同的國家可能會用哪些不同的方式來管理資訊。如同上述第二項困境所提到的，很明顯地，霸菱銀行的經理人無法找到一個型態或統合模式能解釋手邊的資料；相反地，這些經理人將個別資料打散，並採用一步接一步的依序方式來管理資訊。在西方國家的企業中，類似這樣的分析思考模式十分常見。然而，許多與理性決策過程有關的重要假設，在全球化的舞台上卻常常出現違背的狀況：面臨的問題有爭議性、許多替代方案未知、消費大眾的偏好不確定或多變，另外還有時間限制等等。

因此，合乎理性的假設，例如單一決策制定程序、替代方案的徹底搜尋、衡量成本及利潤的數量方法、還有企業內部由上到下的規劃及執行控制等等假設，可能與企業在全球化舞台上所面臨的情況在邏輯上形成強烈的對比（請見表5.8）。當政治程序為企業運作的規範時，那麼企業的決策可能會分配給多個有力的政治團體、替代方案可能會侷限在那些可以協商的選擇內，以及利益團體的存在使規定不敵這些團體的利益。根據有限理性（Bounded Rationality）理論的提出者賀伯特賽門（Herbert Simon）的說法，對於任何問題而言，理性行為只會在簡化的環境中出現，對於大多數的組織來說，決策制定的過程往往會受到多方面的影響、資訊的取得也會受到諸多內外部的限制，以及決策制定者也會在市場資訊不充分的狀況下，尋求可接受的替代方案而不是最完美的替代方案，以滿足該情境下所有的利害關係人。此外，當政府組織在企業的決策制定上扮演重要角色時，政治程序與決策制定之間的關係就會比理性的經濟模式來得密切許多。在表5.8中，我們可以看到三種不同風格的決策制定模式，在各種決策制定模式中我們還可以看到各不相同的假設：決策制定者、替代方案的搜尋、選擇替代方案的原則、及執行決策的方式等等。

表5.8　制定決策的取向

	理性程序	組織程序	政治程序
決策制定者	在陡峭的階層式組織通常只有一位最高階的決策制定者	平均分配於所有程序參與者	平均分配於主要的聯盟
尋找解決方案	對於單一最佳解決方案的徹底搜尋	搜尋可接受的解決方案（在合理界限內）	權力決定何者正確；有力者具有說服力
選擇替代方案的基礎	可以計量的：最大化利潤、最小化成本	滿足環境中的重要角色	滿足重要的參與者
執行的方法	注重規則、由上到下的層級、正式的規劃及績效評估	提供充足的誘因以促成理想的貢獻	訴諸個人或群體的利益、減少強調規定

　　在全球的各個角落，以原始資料狀態呈現的資訊隨處可得，但是要把這些資料轉換為知識，對於充滿變動性及不確定性的全球化世界就比較困難。因此線性及理性的決策制定模式可能無法一體適用於所有的情境，高度程序導向的思維模式對於發掘資訊之間的關聯性可能較有幫助，至於與選擇替代方案相關的政治察覺力也是非常重要而不可忽略。表5.8中提到的後兩種決策制定模式，比較不依賴技術性的知識而對於個人主觀的技術及能力較重視。因此組織需要具有洞察力及直覺的人員來進行轉換資料為有意義知識的工作。布爾曼和代爾（Bolman and Deal, 1991）相信，延伸的管理思維應該要包含下列幾個要點：

1. 鼓勵探究一定範圍之內的所有議題而非一次專注於一項議題的
   整體架構；
2. 對於決定於技術的替代方案及決定於類似議價等能力的替代方
   案必須有所察覺；
3. 創造力及承擔風險的意願；
4. 提出正確問題的能力比起找到正確答案的能力更為重要；
5. 對外部事件能保有彈性的能力。

建構全球性企業

進入國外市場的模式

　　企業決定要將其版圖擴展到國外的市場必須要作許多選擇，而進入的模式就是眾多選擇之一。對於許多企業來說，特許經營權及代理權是很有用的兩種方式。所謂的代理權，通常是指母公司藉由收取固定的費用，允許代理商在某個地理區域內進行生產、行銷或採用商品品牌名稱的權利。舉例來說，美國的零售業巨人潘尼百貨（**JC Penny**）就利用代理權的方式將其業務擴展到阿拉伯聯合大公國、新加坡、葡萄牙、希臘及墨西哥，並砸錢分享本身的優勢，例如舉辦商品發表會、及配掛低成本的私人標籤等等。有時候，代理權可以保護既有的品牌。在一九八○年代，古奇公司（**Gucci**）決定要出售該公司在墨西哥的代理權，以對抗那些在墨西哥隨處可見卻未具有代理權的仿冒商品。

　　麥當勞及其他速食店業者對於利用特許經營權來快速擴展企業版圖方面提供了良好的示範。只要付出一定的費用及每年固定比率的利潤，出售特許經營權的廠商會提供符合母公司標準的設備，並提供商品、資訊、行銷及其他支援協助特許經營權廠商邁向成功。如同代理權協議一般，特許經營權的協定允許母公司以有限的財務資源投資，這提高了特許經營的廠商獲利的機會，也擴展母公司本身的企業版圖。這兩種方式保住了母公司的資源，也使母公司能控制作業程序、行銷及其他有關商譽的資源。儘管類似麥當勞這類的企業透過特許經營權的方式積極地擴展企業版圖，不過他們也能選擇直接投資直營商店。舉例來說，麥當勞雖然擁有許多的特許經營分店，他們也擁有許多股權百分之百的分店，及一些透過合資方案共享經營權的分店。這些直接投資的決策引發了如何建構海外分支企業的相關決策。

產品生命週期及全球論

　　海外分支機構運作的結構，某些部分與企業的策略及領導者對於海外市場未來發展潛力的看法有關。雷蒙佛南（Raymond Vernon, 1996）曾經在一九六〇年代寫了下面這段文字「國內市場成長的限制會促成美國的企業採行線性模式，基於產品生命週期的階段進行海外市場的擴張。」

1. 在產品的導入階段，產品的銷售成長不確定，生產機器的運作也十分有限；在這樣的狀況下，企業會利用多餘的國內產能進行製造，並將這些產品輸出到經濟發展程度相當的國家。

2. 在產品的成長階段，企業會增加出口到開發中國家的產品數量，以進一步擴張市場與舒緩國內市場逐漸成長的競爭狀態。

3. 當產品邁向成熟的階段，市場的競爭越來越激烈，成本會逐漸成為一項較為重要的考量，在這個階段企業將會利用在成長階段所發掘的程序技術，並在國外生產較多的商品而不再仰賴出口；在國外所進行的生產通常會先出現在其他的工業化國家，之後才逐漸擴展到開發中國家。

4. 在產品生命週期的衰落階段，幾乎所有的生產步驟都已經轉移到其他經濟發展較緩的國家，並以這些地方為基地進行全世界的商品配銷中心。

　　許多知名的企業就是採用佛南所敘述的方式，將企業版圖由工業化國家轉移到開發中國家，然而全球化可能對這個理論的實務造成很多挑戰。第一，進步的溝通方式可能會使得全世界幾乎在同時對於新產品創造出高度的需求，也因此想要透過漸進的方式推廣產品可能會降低產品成功的機會。同時，透過產品的改進及創新也可以逐步延長產品的生命週期。吉列（Gillette）就在其所生產的某些消費者產品上享有這樣的優勢，並且透過將產品從一個國家轉移到另外一個國家，以增加其生產設備的生命。有些企業甚至因為其產品在某個國家的需求量居高不下，而將企業的總部移到該國。舉例來說，美國商業機器公司（IBM）就把該公司的網路系統從美國轉移到英國；西門子將其超音波子公司轉移到美國；杜邦公司（DuPont）也將其電子事業部門轉移到日本；而現代電子（Hyundai Electronics）則將旗下的個人電腦事業部轉移到美國。

　　儘管對於娛樂性相關商品來說，延遲上市的時程可以辦到，不過類似電視、工程及通訊等與服務相關的全球產業，想要利用類似上述國家轉移的方式相較之下就比較困難。舉例來說，電視劇達拉斯（Dallas）最先放映的地方是美國，之後是歐洲，最後才是亞洲；電影

通常會先在本國市場上映，之後才慢慢到國外上映，也是一種服務延遲上市的例子。對於採用產品生命週期理論的第三項挑戰是，目前世界上有越來越多設置在亞洲及拉丁美洲的企業，會略過國內市場而僅在那些已開發國家進行商品的生產。舉例來說，印尼的**IPTN**航空公司就以美國爲基地進行中型飛機的生產。總而言之，全球性的出口及生產可以在這個產品生命週期理論找到實務的應用方式，不過企業在出口及國外生產上也可能探行不同的路徑。因此，這項理論的適切性可能只針對特定的狀況，而非適用於所有的狀況；對於企業的領導者來說，仔細思考這項理論與本身業務的適切性是非常重要的。

多國性建構的階段模式

根據李夫米林（Leif Melin, 1992）的說法，反映在產品生命週期理論的線性思維模式，也出現在多國性建構的研究中。一九六○及一九七○年代的階段模式，不但可以解釋國際化階段企業早期的擴張活動，而且大部分具有時效性，就像佛南所提出的產品生命週期理論一樣。隨著階段模式之後是有關於重視策略及結構之連結的研究，還有最近由米林所領導有關管理程序模式（Management Process Model）的研究。米林相信美國的研究人員忽略了早期整合非線性策略思維所付出的努力；舉例來說，他發現史托普福特及威爾（Stopford and Well, 1972）對於策略及結構之間關係的研究，較令人印象深刻的是策略及結構之間的緊密連結，而不是兩位學者對於矩陣結構可以減低界限、引入模糊不清的關係、較爲仰賴管理技巧及能力而非結構的配置等等發現。如表5.9所顯示的，全球化策略的協調機制會依據企業活動是要跨越組織內部界限或不同組織之間的外部界限而有不同。在接下來的部分我們會探討其理由。

表5.9 跨越界線的活動

活動	組織界限			
	跨越組織內部的界限		跨越組織之間的界限	
進入模式	A 全球化階段模式			B
交易	國際化；交易成本； 組織內部的交易活 動；移轉價格	C	國際貿易；國際行 銷；國外直接投資； 國際企業網路	D
	技術的移轉 E 全球化策略			F
協調機制	結構的形式、正式的 控制系統、非正式／ 社交性的整合及協調		策略聯盟及合資、與 地主國政府的關係	

來源：Melin, Leif.（1992）. Internationalization as a strategy process. Strategic Management Journal.

國外直接投資的建構

一旦作出要擴展海外市場的決定，企業就會面臨有關母公司及海外子公司在運作關係上的協調及控制問題。有一些公司會採行集中控制，由總公司作出大部分的重要決策；也有某些企業會採行分權管理，希望海外分公司的經理人可以自行判斷並作出重要決策。全球化的企業例如萬克隆（Makro）及長榮航空所採行的是分權式架構，因為這兩個企業的高階經理人認為，區域經理人應該可以掌握更多當地的資訊來作出重要的決策。舉例來說，萬克隆企業的保羅凡威利斯珍（Paul Van Vlisingen）就決定要在這個零售業的巨人企業實施分權化管理，允許區域經理可以獨立作出日常運作的決策，而不必事事都得經

過總公司的同意。瑞典的宜家家具（IKEA）基本上也採用分權式管理，大部分利用人際間的溝通及其他媒體來進行資訊的交流。相反地，福特汽車所採用的決策模式是集中式管理，因爲這樣的方式更能在全世界整合策略；而荷蘭飛利浦公司（NV Philips）所採行的則是綜合兩種不同的方式：先進行分權化再進行集中化，以增進該公司在降低勞動力方面的協調及控制。在某種程度上，企業要做出集中或分權的決定與其所採取的策略有很大的關係，除此之外也與企業海外分公司的類別有關。在接下來的部分，我們將要討論兩種不同進入國外市場的方式所必須面對的各種選擇，第一種方式是設立完全自有的海外分公司，第二種則是透過策略聯盟來進入國外市場；在這兩種模式中，後者的選擇比較受到限制。從這兩種不同的市場進入模式中，我們可以看到兩種不同的緊張關係，第一種緊張關係存在於線性及較程序導向的決策之間，而第二種緊張關係則是存在於分權化及集中化的管理模式之間。

完全自有的子公司結構

　　當企業對於其子公司具有完全的擁有權並且對子公司的決策制訂握有完全的掌控，那麼就是所謂完全自有的子公司。對於國外直接投資來說，傳統上這是最受到歡迎的一種方式。對於利用建構完全自有子公司的方式來進行海外市場的擴張，在結構設計上有許多不同的建議，例如：功能性、區域性及矩陣式的結構。不管採用哪一種建議，這些結構的目的都是爲了要讓母公司及海外子公司之協調及控制得以順利運作，不過因爲沒有完美結構的存在，因此各種不同的結構模式都有其優缺點。

全球化的功能性結構

　　所謂功能性結構是指將企業內部的工作依照主要的功能，例如：行銷、會計、作業及研究發展等等進行劃分，並就此進行協調與管理（請見圖5.11）。這樣的方式對於全球性企業有下列數個好處：高階經理人或領導者可以就不同功能領域進行協調以避免工作出現重複的情形、企業的所有成員都了解自己擔任的功能，因此在責任的歸屬上可以把混亂的情形降到最低，此外，在這樣的結構下企業可以充分運用技術人員及專業工作者的知識和技能。然而類似這樣的功能性組織一旦移到國外卻可能會出現問題。舉例來說，由單一的領導者協調各個不同功能的負責人員會有點吃力、當企業內部資源並未按照比例分配時，具有特殊專長的員工可能會導致忌妒的情況，另一個狀況就是在長距離及國情不同的問題下，要在各個不同單位間進行協調也會有所困難。舉例來說，成本的計算要想在全球各地的分公司相互協調而達

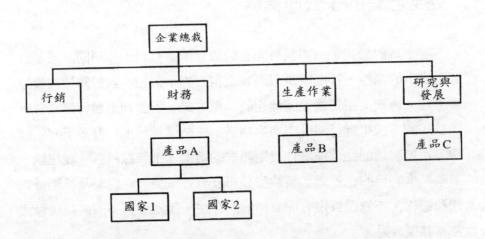

圖5.11　全球化的功能性結構

到一致化是很困難的，因為在不同的國家所採用的規範各不相同，會計業務的運作也有別。

全球化的分部型結構

企業組織可以依多種不同的方式作分部型的劃分（請見圖5.12），例如：產品線、地理位置（例如北美、南美等等）、客戶類型（例如商務使用者、一般用戶及政府機構等等）。利用分部的方式來架構企業組織可以得到下列的好處：可以在任何需要的地點找到具有特殊專長的人員，而不是將這些人員安置在特定的地點、把企業的焦點擺在那些最重要的分部上，同時也能兼顧其他分部的重要性，還有可以根據不同的分部進行績效評估等等。然而，就像是任何類型的結構一般，全球化的分部型結構除了優點以外當然也有缺點。缺點包含下列幾項：在不同的分部間進行協調往往需要更多的人力、各個分部有

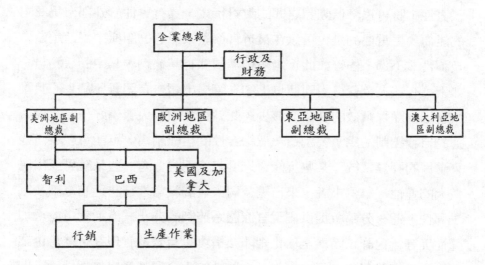

圖5.12　全球化的分部型結構

其各自的功能性部門時冗員的存在就是一個大問題（比如人力資源部門等等），另外當分部可能因為具有特殊的競爭力，或因為距離的關係而使得總公司與分部間的溝通發生困難時，分部就會變得更為獨立自主。

全球化矩陣結構

　　所謂的矩陣結構就是結合了功能性結構及分部型結構的優點所形成的綜合性結構，理論上可以達到各分部運作的彈性及企業在全球整合上的控管。正如同圖5.13所表示的，一個在地理位置上屬於北美分支機構的人員可能同時也是汽車部門的人員。在矩陣式結構中水平連結的存在，可預期地企業便能在產品製造的過程中加入全球化導向的概念；而垂直連結的存在可以鞏固各個分部間的協調機制。更進一步來看，擔任核心職務的經理人（例如北美汽車部門經理），無可避免將會成為不同功能之間的協調者。不同功能之間的整合及跨越團體的代表性，將可以降低團體之間的敵對行為、具有專注於外部市場要求的能力，更重要的是，可以在具有官僚體系氣息的組織中促進創造力及彈性。不過，儘管如此，矩陣結構依然有其缺點，其中的缺點包含如下：有些人會覺得對兩個以上的主管提出報告有困難、個人的獎勵將會因為團隊績效的評量而減少，此外大多數的人較偏好穩定及對命運的自我控制。為了要創造一個綜合性的組織結構，可能會產生一些實驗性的評量系統，某些可能會過度官僚而也會有一些系統可能出現較大的彈性。舉例來說，來自總公司人員的經常性造訪還有電話及電子郵件，還有分部所提供擺脫官僚體系控制的非正式溝通管道能增加彈性等等。也許正因為全球化矩陣結構可以有效地管理在全球化企業中常見的複雜現象，目前有許多全球性的大企業都採用這種結構，例如福特及ABB工程集團等等。然而，經過了數年在複雜的矩陣中進

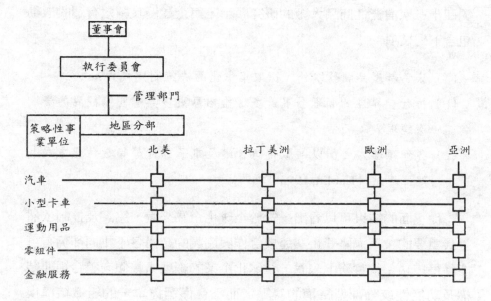

圖5.13 全球型的矩陣式結構

行管理之後，福特及 **ABB** 集團都不約而同減少矩陣設計中要素的數目。有趣的是，隨著企業進行併購而逐漸成長，矩陣結構的複雜度也跟著增加。

在本書中，我們對於全球性組織建議的一種結構是，在集中化的決策制定結構中融入全球化產品分部的結構。這樣的建議可能會鼓勵那些即將成為全球化企業的公司進行結構的重整，不過根據一九九三年由麥肯錫管理顧問公司（**McKinsey & Company**）所進行有關組織變革與企業成功之間的關係研究顯示，組織結構的方式對於優越的企業績效來說並不是重要的因素。同時，全球分支部門的構建、追求卓越中心的設置、國際企業單位的建立、跨國性勞動力的尋求、及全球整合的管理資訊系統也都不是優越績效的重要因子。根據這項針對美

國四十三家消費性商品大廠的研究顯示，與企業優良績效有關的活動包含下列幾項：

(a) 除了新產品開發以外，採取集中化的決策制定模式；

(b) 推行世界性的管理發展計畫，並招募更多具有國際觀點的資深經理人；

(c) 各個經理人之間以類似視訊會議及電子郵件等等數位化方式建立連結（Lublin, 1993）。

　　從上面的結果可以看出，對於全球化企業來說，協調及控制依然是最重要的，不過儘管企業達成合作與協調的結構各不相同卻仍有可能獲得成功。就實務上來說，全球化企業的經理人較傾向整合矩陣結構及功能性或分部型結構的優點，而不會僅選擇單一的組織結構模式。雖然這樣的方式使得企業的組織結構圖可能會比先前所看到的圖5.11、5.12 或5.13 來得複雜許多，但是透過這樣的結構，企業可以在任何需要的部分多加著墨。舉例來說，皇家雅霍德集團（Royal Ahold）進行採購時會以集中化的方式來取得成本的規模經濟，不過在管理決策上，該企業就以分權化的方式來滿足不同分部的特殊興趣及需求。

　　對於混合式結構最大的挑戰是，這樣的結構在管理上必須面對的情況較為複雜，此外，在平衡協調與控制方面則依舊不夠完美。這些挑戰並不只是實務的變更設計，還需要在與協調及控制有關的思維進行根本性的轉變。根據羅伯特莫倫及約翰瑞森保（Robert Moran and John Reisenberger, 1994）的說法，思維上的轉變包含下面幾個項目：

1. 把集中化管理模式專注於關鍵性決策，但是在適當的領域應該給予各部門相當的自主性。

2. 企業的願景必須隨時間慢慢演化，並且必須與世界各角落的員

工溝通。

3. 當所有的員工願意分享並接受全球化的策略願景時，企業內部的合作將會有所提昇。

4. 分公司之間及分公司與母公司之間有關知識的轉移及學習應該發生。

5. 決策的制定應變得更具有分享性與更為複雜（pp. 170-176）。

　　莫倫和瑞森保也相信，企業的策略性焦點、合作協調機制、及決策制定等等的改變，必定會改變結構的導向。兩位學者認為，要得到世界性競爭優勢的舊典範在於集中化管理模式和規模經濟；在新世紀中要取得競爭優勢，則包括同時協調性地進行集中管理及各局部地區的因地制宜。這種多方並進的方式與全球化的挑戰在結構上並沒有單一最佳解決方案的理念一致。總而言之，全球化的到來，給了我們很多理由去進行組織結構的設計變動，但是伴隨這些結構變動而來的，是人員在思維上的轉變。在接下來的部分，我們將要介紹另一種企業進行全球擴展的方式－策略聯盟。在介紹的過程中，讀者將會發現策略聯盟相同地為全球性企業帶來有關控制的議題，企業的願景也會跟著變化。

策略聯盟

　　在最近的二十年來，因為企業所有權及控制權的混淆，策略聯盟成了組織結構的一種新選擇。詹姆斯及魏登保（James and Weidenbaum, 1993）對於策略聯盟的描述是「一種兼具合作性及協調性的企業結構，其形成原因是企業間利用合作的方式，在具有不確定性的市場中達成分享利潤、追求一致性目標等等共同需求（p. 61）。」

除了成長及擴展業務必須付出的高昂成本考量之外，要在新國家中開發業務，企業還必須付出在新國家內學習文化、當地狀況、政治、經濟及人力資源管理相關的成本。不管是經濟上或學習上所必須付出的成本，都是企業願意採行策略聯盟這種方式來擴展業務的理由之一。根據法洛克康垂克特及彼得羅倫奇（Farok Contractor and Peter Lorange, 1988, p.9）兩位學者的說法，企業決定建立合作關係的其他因素還有：

(a) 降低風險；

(b) 規模經濟及合理化；

(c) 技術的交換；

(d) 吸收或阻斷競爭；

(e) 克服政府命令、貿易限制及投資障礙等難題；

(f) 加速較不具經驗的企業進行初步的國際化；

(g) 透過連結價值鏈中互補性企業的貢獻以獲得類似垂直整合的優勢。

　　另外，根據派克和艾立歐（Pekar and Allio, 1994）這兩位學者的的說法，策略聯盟可以包含各種與股權有關或無關的協議，例如以國際性合資企業形式出現的獨立運作機構，或企業間在廣告、研究發展以夥伴關係及代工等多方面的合作。

　　或許正因為經驗不足的關係，企業在進行策略聯盟時在結構和管理上會遭遇許多挑戰，例如：評估內部需求、策略夥伴的能力、夥伴的選擇、關係的建立、規劃及評估等等都是來自策略聯盟的挑戰。除此之外，在策略聯盟的實務上也遭遇到不少問題，因為來自不同國家的經理人會因為國家及組織文化的差異，對於哪些狀況正常、自然或正確會抱持不同的看法。除此之外，有關控制方面的議題往往也是很

大的難題，文化價值觀的差異也常會使經理人對人員及程序的管理發生意見相左的狀況。從很多案例中我們可以發現，策略聯盟的成功往往是因為質的因素，例如信任及關係的建立等等；可惜的是，在國籍及文化具有高度差異性的狀況下，要創造信任及關係非常困難。因此，就算建立了策略聯盟也並不能保證成功。更進一步地說，策略聯盟的成功較仰賴管理的軟性層面，例如文化的管理，而不是硬性的技能例如財務的敏銳度或專家技術等等。因此，企業採行線性模式的決策制定在百分之百擁有的分公司可能較容易進行，並可以透過文化程序來加以搭配；不過在跨國性的策略聯盟中，非線性的問題解決模式可能較行得通。在小故事5.11中，我們可以看到文化的衝擊將如何影響企業的運作。

由豐田及通用兩大汽車公司所合資設立的NUMMI（New United Motor Manufacturing Inc.）最近非常的出名，這家公司的設立是想要結合日本及美國兩大知名品牌在汽車製造及銷售上的優勢。然而，隱藏在背後的事實卻是，通用汽車公司無法透過合資來矯正本身的弱點。在美國，由NUMMI所製造的汽車，如果掛名豐田汽車將可以售出較掛名通用汽車者多出六倍的數量。相反地，康寧（Corning）就創造並維持了策略聯盟的架構，而該公司也把自己定位為網路型組織。康寧成功的部分因素，是由於該企業內部的高階經理人將策略聯盟視為一種長期的承諾；康寧尋求具有類似價值觀及文化的夥伴，並鼓勵以各佔一半所有權的方式進行合作；策略聯盟企業與母公司之間也有清楚的差異存在。換句話說，當策略聯盟成為企業長期願景的一部份而不是短期財務報酬的貢獻者時，將較有可能會成功。

在這個部份本書所要提出的建議是，在全球化舞台上管理結構較切實可行的方式應包含混合及搭配管理原則或國際企業的原則，這些原則有些部分來自傳統企業實務的概念，也有些來自較非傳統的理論

小故事5.11 三大企業的文化衝突

　　西門子德國分公司、日本的東芝企業、及美國的國際商務機器公司結合了三個公司的力量組成了一個三合一的企業，主要的目的是要開發出一種劃時代革命性的記憶體晶片，但是工程師及研發科學家之間的文化衝突，使研發的進度大幅落後。因為不同國籍所形成的小團體，在組織內部造成了一股「美國人與其他人」的氣氛；此外，在組織內部採用英文作為溝通語言的做法也讓很多人覺得不太舒服，以及組織成員的工作習慣也不太相同。舉例來說，通常日本人習慣在開放式的空間工作，而德國人則習慣在窗戶旁邊工作，但是這個三合一企業的員工都被指派到各自獨立卻沒有窗戶的工作室進行工作。對於一向習慣於美式風格的工作者來說，這些措施可能並不會造成任何困擾，不過對於其他人來說可能就大有問題；而溝通的風格對其他人來說並不太能夠適應，甚至會造成資訊交流的障礙。因此，這個特別選定的組織結構，反而因為工作程序的設計不佳反過來影響了在內部工作的人員，最後造成了任何人都不想見到的結果。

來源：Browning, E.S.（1994, May 3）. Computer chip project brings rivals together, but the cultures clash. The W all Street Journal, pp. A1, A11.

架構。舉例來說，過去在科學管理時代重視效率的傳統原則並不鼓勵企業在某些重要決策之外，進行全面的集權管理；然而就像麥肯錫管理顧問公司所作的研究結果一般，企業績效的成功除了新產品開發之外與集權管理並沒有絕對的關係。從這些混合及搭配的訣竅中我們可以發現到，要在全球化經濟下進行管理是很困難的，除了因為面臨的狀況具有高度的複雜性之外，企業經理人也必須要在相衝突的目標之間充分地協調；另外，經理人也必須要在線性及程序導向的決策制定上展現技能。在接下來的部分，我們把焦點轉向到個人及管理層次上的決策制定。

人員

動機

　　所謂的動機就是努力工作以達成既定目標的意願，通常企業會調整報酬以符合員工期望，並激起努力工作以達成目標的氣氛，透過這樣的方式將員工的精力以生產力的方式呈現。在美國，根據經濟理性的假設，有形的金錢報酬往往是刺激績效成長的基礎。然而研究人員發現，有形的金錢報酬在其他地方與績效可能沒有類似的關係。舉例來說，在一項針對俄國工作者所作的研究中，威爾許、盧森及沙馬（Welsh, Luthans and Sommer, 1993）發現，因為來自西方國家的消費性商品在俄國難以取得，利用這些商品來刺激績效成長具有比盧布更好的效果。人們透過努力工作所想要達成的目標隨著國家文化的不同而各有不同。在家族企業中，取悅家族通常會比達成高經濟報酬來得重要。在拉丁美洲的國家，與家族及社群之間的聯繫是重要的規範之

一，幫助一個朋友找到工作遠比個人對組織的貢獻來得重要。根據羅伯特莫倫及約翰瑞森保（Robert Moran and John Reisenberger, 1994）的說法，因為國界的概念逐漸模糊，而員工在面對何處為家及該對誰效忠的挑戰時，刺激全球員工追求卓越的過程中就會出現問題。他們認為這樣的問題將可以在員工獲得授權的情況下得到解決，也相信能授權給所有員工是企業總裁應完成的工作。然而，對於獲得授權的慾望可能與員工是否處於鼓勵自主性的國家有較高的相關性，而與個人在特定小組中是否具有高度重要性較無關。從不同國家及不同個人在激勵上的差異所得到的啟示就是，經理人在管理員工時必須要在不同的需求及慾望之間取得平衡。工作與家庭、忠誠的交換、價值觀、信念及優先順序的平衡等等，都是企業經理人在全球營運的管理過程中會遭遇到的挑戰。察覺這些與工作有關的種種變化比起假設所有的員工都具同質性更為吃力，而察覺這些變化並培養與這些員工共事的技能，只不過是全球化經理人必須要面對的諸多挑戰之一。

在一九九五年一項由產業雜誌（Inc）贊助的蓋洛普市場調查中顯示（Seglin, 1996），對美國的工作者來說，工作滿意及工作績效不只決定於員工可以獲得擅長工作的機會，還在於員工有個人成長的機會、個人對於工作具有相當重要的感覺、個人的意見受到重視，最重要的還有類似家庭一般友善感覺的工作環境。有趣的是，根據兩項不同的研究顯示，日本的員工不管是在工作滿意度或工作忠誠度上，都不如美國及歐洲西部的國家。根據一項由國際調查研究組織（International Survey Research, ISR）所進行的研究結果顯示，在八千六百位日本員工中，只有百分之四十四表示：綜合各方面來說，身為公司成員的一部份令我感到十分滿意。而在同一份調查報告中，有百分之八十二的瑞士員工、百分之七十二的墨西哥員工、百分之六十六的德國員工及百分之六十五的美國員工表示對目前的工作狀況十分滿

意。從一項針對員工忠誠度所進行的研究顯示，與加拿大、芬蘭、西班牙、美國與南非等國家的員工比較起來，日本員工對於所屬公司的忠誠度明顯低很多。

全球化舞臺上的管理能耐：理性與直覺

全球化的經理人應該運用所有可得的資源來管理伴隨全球化而來的挑戰。就像一九九三年霸菱銀行內部的經理人一樣，全球化的經理人所面對的資料量非常龐大，但是對於這些資料是否正確無誤卻難以證實。電子化資料庫系統特別容易因為謠言或蓄意詐騙的資料而受到破壞，根據這些資料庫內部資訊所制定的企業決策，將無可避免地出現錯誤的狀況。然而，全球化企業的快步調可能會使得企業內部的人員忽略了驗證資料的工作，或鼓勵企業經理人在症狀尚未出現明顯證據之前忽略問題的存在。從霸菱銀行的例子中我們可以知道，因為正確的資訊來得太慢，將可能使企業失敗的命運難以挽回。

所謂的直覺，是認知的另一種呈現方式，它可以定義為非仰賴有意識的理性或線性思考程序的認知過程。在美國的企業經理人，在面對問題時通常會利用才智而非直覺。然而，根據丹尼爾伊森柏格（Daniel Isenberg）的說法，直覺對於企業經理人具有相當程度的重要性，因為直覺可以幫助經理人：

(a) 發現問題的存在；
(b) 可以迅速地表現出學習良好的行為；
(c) 綜合獨立的資料而形成整合的圖像；
(d) 超越對於理性的過度依賴。

　　威利斯哈莫（Willis Harmon, 1993）認爲，科學理性對於探究外
在物理世界是非常有用的假設，不過在探究那些以往對於人們及社會
能夠衍生出意義與價值的內心經驗就較不適合。哈莫進一步主張，依
賴理性所制定的企業決策將會導致：企業浪費不可再生的資源、污染
環境、威脅地球的生命支援系統、殘忍地剝削各地的人民、造成長期
的貧窮與飢餓，同時也會危害到地球上公民社會的未來；在這些組織
中的員工都很清楚這些決策非常不智（p. 226）。

　　哈莫相信，企業對於直覺扮演的重要性已經慢慢覺醒，他也相信
這樣的轉變對於企業組織及人類社會都具有正面意義。根據他的說
法，利用這樣的方式進行企業決策具有很多好處：利用大量的人類知
識來提供企業重新評估本身在世界中扮演角色的方式，改變以往塑造
人類生活的假設也有全球性的涵義。哈莫也指出，目前世界各地所遭
遇到的恐怖主義及種族滅絕的問題，與我們以往過度仰賴科學而忽略
人類價值觀有關。

　　霸菱銀行的經理人看來似乎不具有綜合資料成爲資訊的能力，很
明顯地他們也沒有發現到那些可能造成銀行倒閉的威脅存在。理性的
作用可能會影響他們對於假設的認定，相信霸菱銀行所具有兩百二十
三年的歷史會支撐他們渡過危機。相反地，在日本則有過度仰賴質性
資料的傾向，厭惡使用電腦或發展政策擷取系統（policy-capturing
system）來將決策中的某些部分加以合理化。舉例來說，住友銀行
（Sumitomo Bank）就因爲員工未經授權的銅金屬交易，而蒙受高達二
十六億美元的損失。根據外部觀察家表示，這樣高額的損失有部分的
原因應該要歸咎於該銀行高階經理人不願意使用電腦的態度。透過這
些主管偏好的紙上作業進行追蹤，其速度太慢而無法挽回造成的損
失。從這些例子中我們可以發現，不管是理性或直覺對於企業的決策
制定來說，都是十分重要的部分。在此我們必須再次強調，全球化的

挑戰只是把過去的概念加以結合，而不是以新的理論來取代過去的理論。

　　在本章對於全球化經濟的檢視中，我們看到了一些有關管理全球貿易、國外直接投資及資金的挑戰。以往假定只在美國運作的經濟理性，現在也以不同的方式在世界各地運作著，也因爲這樣需要不同的混合式結構、決策方法及激勵方式。在下一個章節中我們將要討論企業員工的全球化，我們將會從員工的角度來看看全球化帶來的經濟挑戰。

本章關鍵概念

　　經濟系統的目的：經濟系統在於提供社會一個產生資源及加以分配的手段。經濟系統的主要支援有下列幾項：分配系統（轉移商品以滿足需求）、貨幣系統（提供交易的媒介），此外還有銀行和企業以加速資源的產生及分配。

　　市場經濟體系的定義：市場經濟體系是一個讓群眾得以聚集並進行交換商品及服務之所有權的廣場。自由市場的假設包括下列幾點：買賣雙方可以自由進出市場、在市場上的參與者能取得有關售價、數量及其他活動的完整資訊。在一個國家中所有市場上所有角色所進行之活動的總合定義了該國家的經濟，而這些活動包括個體經濟的活動及總體經濟的活動。

　　國民生產毛額及國內生產毛額：所謂的國民生產毛額就是評量一個國家人民不管在國內或國外所生產之商品及服務的總值。國內生產毛額則專指在一個國家內所生產之商品及服務的總值，其中也包含外

商公司所生產的商品及服務，不過不包含國內企業在本國以外的其他國家所生展的商品及服務。

國家經濟財富指標：商品及貨物的貿易、貿易餘額、國外直接投資及貨幣交換等等，已隨著世界經濟的加速整合成爲重要的國家財富指標。

全球經濟活動難以衡量的理由：因爲全球化的經濟狀況變動迅速，許多現有的經濟活動之評量方法不夠完備，因此在全球化經濟下要衡量經濟活動很困難。

衡量財富的替代方案：根據某些學者所提出的理論，經濟活動僅是衡量眞實財富及人類資產的方法之一。這些學者認爲合併其他衡量財富的方式於經濟財富的評量中，才可以對於一項國內或跨國的投資方案的獲利潛力作出完整的評估。

全球商品及服務貿易的定義：對於大部分國家來說，有形商品及貨物的貿易是國際收支的主要來源；全球貿易大約有百分之七十是商品交易的貢獻，不過類似旅遊、運輸、娛樂及長途電信等服務的貿易在全球化經濟的推動下已快速地成長。

全球國外直接投資的定義：以股權或資本投資之形式的國外直接投資近年來急速成長，在開發中及工業化國家之間，直接投資資金的流入及流出也有著相當明顯的趨勢。

管理全球的投資資金：全球對投資資金的競爭十分激烈。從世界銀行、國際貨幣基金、中央銀行及私人借貸機構所付出的努力可以看出，要在全球化的規模下管理這一類的競爭，帶來了許多前所未有的機會及挑戰。

全球貨幣：在缺乏實質全球貨幣的狀況下，美金成了世界上唯一可以作為銀行擔保的貨幣。不過對於全球貨幣的強烈需求，促成了歐元及日圓聯盟的出現。

市場的假設受到全球化經濟的測試；在全球化經濟中，有關自由經濟的假設，例如資訊的可得性、經濟行為合乎理性、還有參與者可以自由不受拘束的進出市場，只有在很特殊的條件下才能成立。

資本家面對市場採行的不同模式：資本家進入自由市場的模式除了在三大工業國所常見到的競爭性模式外，還包括了新資本主義、亞洲資本主義及合作式的資本主義。

全球化世界中的線性決策模式：根據線性、理性所進行的決策制定以往在美國的企業中十分常見，不過最近這樣的方式融入了一些較具有程序導向的思維。

建議的全球化企業結構：全球化企業可以採行的組織結構除了以往符合自主性及理性決策制定程序的階層式結構之外，還有較仰賴分散性及分享決策的策略聯盟。

在不同的文化下激勵員工不同的需求：要想激勵具有不同需求及價值觀的異質性全球勞工，經理人必須要善於了解激勵在不同文化下有不同的差異。

管理能耐：對於管理全球化企業的人而言，除了仰賴經濟行為的理性已外，對於直覺及理解有關影響決策的政治程序也越來越受到重視。

問題討論與複習

1. 在探討過經濟全球化的狀況之後，請評量國家經濟力的衰退會受到世界企業營運狀況之衰退影響的程度。全球經濟為何會造成國家之間的相互依賴？

2. 全球化的經濟事件及其他環境因素為何會影響投資銀行的運作？銀行傳統中的哪一個部分變動性較大？這些變動性又如何反映出全球化銀行營運時代的到來，而不像以往只在單一國家境內營運。

3. 請提出建立全球通用貨幣的理由。對於全球貨幣來說，當前及潛在可能阻礙其建立的因素又是什麼？

4. 試仔細考量建立海外完全自有分公司的決策因素。這些因素與透過策略聯盟的方式擴展海外市場又有何差異？

5. 全球經濟整合的主要來源是什麼？我們要如何又為何需要計算購買力平價模式（PPP）？國民生產毛額（GNP）及國內生產毛額（GDP）的差別在哪裡？

6. 當企業的領導人利用GDP的數字作為海外擴展的比較基準時，在比較GDP及每人平均GDP時有哪些因素必須加以考量？如果這些資料不能相互比較，還有哪些資訊來源可以用來支援決策的制定呢？

7. 全球化企業個案：試舉出幾個事件證明你所研究的企業可以充分地反應全球化經濟的變動。如果你所研究的企業有在證券交易市場上掛牌，請追蹤過去幾年來的股價變化（將股價的數字轉換成你所使用的幣別，使用現有的資料並提供匯率兌換值）。該企業的哪些營運活動與在全球化經濟舞台上進行管理有關（例如直接投資、進出口行為、原物料取得模式等等能說明成本及利潤的活動）？該企業

明顯採行的決策模式爲何？

參考書目

After two outstanding years, world trade growth returned to earlier levels. (1998, Jan. 12). http://www.wto.org/wto/intltrad/introduc.htm

Asia's competing capitalisms. (1995, June 24). *The Economist*, pp. 16–17.

Bello, Walden, and Cunningham, Shea. (1994, Sept./Oct.). Reign of errors: The World Bank's wrongs. *Real World International*.

Bolman, Lee, and Deal, Terrence. (1991). *Reframing organizations*. San Francisco, CA: Jossey-Bass.

Chetwynd, Josh. (1994, Dec. 1). Foreign firms produced 20% of '93 U.S. output. *The Wall Street Journal*, p. A8.

The collapse of Barings. (1995, Mar. 4). *The Economist*, pp. 19–21.

Contractor, F.J., and Lorange, Peter. (1988). Why should firms cooperate? The strategy and economics basis for cooperative ventures. In F.J. Contractor and Peter Lorange (Eds), *Cooperative strategies in international business*, pp. 3–30. Lexington, MA: Lexington Books.

Dicken, P. (1992, 2nd ed.). *Global Shift*. New York/London: Guilford Press.

Drucker, Peter. (1989). *The new realities*. New York: Harper & Row.

Du Bois, Martin. (1996, Oct. 22). Cross border deals boom in Netherlands as Dutch firms seek global leadership. *The Wall Street Journal*, p. A19.

Eberstadt, Nicholas, and Lewis, Clifford, M. (1995, June 26). Privatize the World Bank. *The Wall Street Journal*, p. A12.

Edmunds, John C. (1996, Fall). Securities: The new world wealth machine. *Foreign Policy*, pp. 118–134.

Emerging nations win major exporting roles. (1997, Feb. 24). *The Wall Street Journal*, p. A1.

Farrell, Christopher. (1994, Nov. 18). The triple revolution. *Business Week*, Special issue: 21st century capitalism, pp. 16–25.

Fischel, Daniel. (1995). *Payback: The conspiracy to destroy Michael Millken and his financial revolution*. New York: HarperBusiness.

Foreign executives see US as prime market. (1997, Feb. 3). *The Wall Street Journal*, p. A1.

Foust, Dean. (1995, Feb. 20). What the IMF needs is a good alarm system. *Business Week*, p. 55.

Hampden-Turner, Charles, and Trompenaars, Alfons. (1993). *The seven cultures of capitalism*. New York: Doubleday.

Harmon, Willis. (1993). Intuition in managerial decision-making: Codeword for global transformation. In Brenda Sutton (Ed.), *The legitimate corporation: Essential readings in business ethics and corporate governance*, pp. 224–235. Cambridge, MA: Blackwell Business.

Henderson, Hazel. (1996). *Building a win-win world: Life beyond global economic warfare*. San Francisco, CA: Berrett Koehler Books.

Human Development Report. (1994). New York: Oxford University Press.

Human Development Report. (1996). Cary, NC: Oxford University Press.

Human Development Report. (1997). Cary, NC: Oxford University Press.

Ibbotson, Roger G., and Brinson, Gary P. (1993). *Global investing*. New York: McGraw-Hill.

IMF. (1997, Oct.). *World economic outlook*. Washington, DC: International Monetary Fund.

International Survey Research. (1996). Reported in International morale watch. (Jan. 13), *Fortune*, p. 142; and Satisfaction at work. (June 24), *Business Week*, p. 28.

Isenberg, Daniel J. (1984, Nov./Dec.). How senior managers think. *Harvard Business Review*, 62(6): 81–90.

It's time to redefine the World Bank and the IMF. (1994, July 25). *The Wall Street Journal*, p. A1.

James, H.S., and Weidenbaum, M. (1993). *When businesses cross international borders*. Westport, CT: Praeger Publishers.

Kogut, Bruce, and Gittelman, Michelle. (1994, Nov.). *The largest foreign multinationals in the United States and their contribution to the American economy*. Philadelphia, PA: The Wharton School.

Kraar, Louis. (1994, Aug. 8). Your next PC could be made in Taiwan. *Fortune*, pp. 90–96.

Kwan, C.H. (1996). A yen bloc in Asia. *Journal of the Asia Pacific Economy*, 1(1): 1–21.

Lipin, Steven. (1998, Jan. 2). Murphy's Law doesn't apply. *The Wall Street Journal*, p. R6.

Lublin, Joann S. (1993, Mar. 22). Study sees US businesses stumbling on the road toward globalization. *The Wall Street Journal*, p. A7B.

Magnusson, Paul. (1994, Oct. 3). The IMF should look forward, not back. *Business Week*, p. 108.

Mandel, Michael. (1994, Nov. 7). The real truth about the economy. *Business Week*, pp. 110–115.

Marcus, Alfred A. (1993). *Business and Society*. Homewood, IL: Irwin.

Melin, Leif. (1992). Internationalization as a strategy process. *Strategic Management Journal*, 13: 99–118.

Merrill Lynch advertisement. (1995, June 12). *Fortune*, p. 49.

Millman, Gregory. (1995). *The vandals' crown: How rebel currency traders overthrew the world's central banks*. Cambridge, MA: Free Press.

The missing link. (1994, Oct. 1). *The Economist*, The global economy survey, pp. 10–14.

Moran, Robert, and Reisenberger, John. (1994). *The global challenge: Building the new world enterprise*. London: McGraw-Hill Europe.

Pekar, Peter Jr, and Allio, Robert. (1994, Aug.). Making alliances work: Guidelines for success. *Long Range Planning*, pp. 54–65.

Reverse linkages – Everybody wins. (1995, May). *Development Brief*. (Additional information appears in World Bank (1995). *Global economic prospects and the developing economies 1995*. Washington, DC: World Bank.)

Richman, Louis S. (1995, Mar. 20). Global growth is on a tear. *Fortune*, pp. 108–114.

Rosett, Claudia. (1994, July 1). Figures never lie, but they seldom tell the truth about Russian economy. *The Wall Street Journal*, p. A6.

Seglin, Jeffrey L. (1996, May 21). The happiest workers in the world. *Inc.*, Special Issue: The state of small business, pp. 62–64, 66, 68, 70, 72, 74, 76.

Sesit, Michael R. (1995, Apr. 25). Central Bank's efforts to bolster the dollar spur mostly decline. *The Wall Street Journal*, p. C1.

Sharp, Margaret. (1992). Tides of change: The world economy and Europe in the 1990s. *International Affairs*, 68(1): 17–35.

Shelton, Judy. (1994). *Money meltdown: Restoring order to the global currency system.* Cambridge, MA: Free Press.

Silk, Leonard. (1978). *Economics in plain English.* New York: Simon & Schuster/Touchstone.

Simon, Herbert E. (1955). A behavioral model of rational choice. *Quarterly Journal of Economics*, 69: 99–118.

Solomon, Steven. (1995). *The confidence game.* New York: Simon & Schuster; also see Deane, Marjorie, and Pringle, Robert. (1995). *The central banks.* New York: Viking; or Millman, Gregory. (1995). *The vandals' crown.* Cambridge, MA: Free Press.

Stopford, J.M., and Wells, L.T., Jr. (1972). *Managing the multinational enterprise.* New York: Basic Books.

That damned dollar. (1995, Feb. 25). *The Economist*, pp. 17–18.

Thurow, Lester. (1996). *The future of capitalism: How today's economic forces shape tomorrow's world.* New York: William Morrow.

Vernon, Raymond. (1966, June). International trade and international investment in the product cycle. *Quarterly Journal of Economics*, pp. 190–207.

Vogel, David. (1992, Fall). The globalization of business ethics. *California Management Review*, p. 32.

Welsh, Dianne, Luthans, Fred, and Sommer, S.M. (1993). Managing Russian factory workers: The impact of US based behavioral and participative techniques. *Academy of Management Journal*, 36(1): 58–79.

Why can't a country be like a firm? (1995, Apr. 22). *The Economist*, p. 79.

World Investment Report 1994: Transnational corporations, employment and the workplace. An executive summary. (1994. Aug.). *Transnational corporations*, pp. 73–113.

Worldreports. (1997, Jan./Feb.). *World business.* New York: KPMG Peat Marwick (ceased publication in spring 1997).

第六章

全球化經濟：勞動力

摩托羅拉公司的學習型組織

摩托羅拉公司（Motorola）在世界各地的製造工廠、銷售部門及服務部門促成了公司在全球市場的成功，而該公司的人造衛星系統Iridium也將其市場延伸到跨越國界。儘管目前在世界上有無數的半導體製造公司，但是無疑地，摩托羅拉公司因為其所生產的呼叫器、雙向無線電及行動電話等等長途通信產品，而廣為大眾所熟知。伴隨著每年高達三百億美元的銷售額（其中有百分之六十三來自國外市場）及在世界各地分公司高達十四萬兩千名員工，摩托羅拉也被認為是願意達到百分之百顧客滿意度的企業、是一家可以提供全公司高品質管理的企業、是一家贏得1998年美國巴氏國家品質獎（Malcolm Baldridge National Quality A wards）的企業、也是一家把人力資源當成企業重要優勢並且願意為顧客滿意度付出努力的企業，更是一家全公司都願意付出勞力及金錢去學習新知的企業。

摩托羅拉公司的訓練計畫對於其他企業可以說是一項典範，因為

該公司的訓練計畫可以與企業策略完美的結合，不過對於該企業來說，這代表著它有良好的商業嗅覺。摩托羅拉公司重視教育訓練始於1980年代，當時該企業的總裁羅伯特卡爾文（Robert Galvin）籌設了摩托羅拉大學（Motorola University）以支援日益加劇的全球化競爭。摩托羅拉大學最初的位置是在該企業總公司所在地美國伊利諾州的史克姆堡（Schaumber g, Illinois），而目前摩托羅拉大學在世界各地共有十四個分部，每年的預算相當於摩托羅拉公司年度預算的百分之四，在1995年這個比例的金額超過一億五千萬美元。其它的美國企業平均只分攤百分之一的預算在員工教育訓練上。

　　摩托羅拉公司要求其員工每年至少要參與四十個小時的訓練課程。該公司所提供的課程範圍非常廣博，從英語課程到訓練創造力及創新的課程都包含在內。一般而言，每位員工有獨立選擇訓練課程的自由。舉例來說，高階經理人會將訓練課程的重心擺在其專業領域或工作任務所需的技能養成上。在摩托羅拉公司的訓練課程中就有一門課程是以電腦為基礎的決策遊戲，在遊戲中充滿了各種不同的企業外部環境災難，例如顧客破產及廠房大火等等，也包含了各種企業內部的震撼，例如總裁遭裁撤等等；企業內部的中階管理者可能會將訓練課程的焦點擺在人際技巧的養成，例如建立團隊的技巧，這個課程主要是教導中階經理人如何與較難纏員工共事的技巧；而在企業內部各個不同領域的專家，例如工程及行銷專家可能會選擇那些傳授其專業領域內最新知識，或有關其它不同領域內基礎知識的課程，如此他們才可以超越以往思維模式及其專業素養的界限；而那些剛進入摩托羅拉公司，並未具有各種必備能力的員工，要想為該公司貢獻心力也必須要修習一些基礎的技能，特別是數學計算的能力，例如閱讀圖表的能力及解答代數問題的能力等等。在最近幾年來，摩托羅拉公司也大力擴展其課程的廣度，把夥伴關係技巧的訓練也納入課程範圍內；所

謂夥伴關係的技巧是要讓員工在家庭生活及職場生活中建立起一道橋樑，以維持員工在這兩方面的平衡。不過在另一方面，該公司也想重新建立起以往屬於較模糊的界限；舉例來說，在不久前摩托羅拉公司教育員工基礎的讀寫能力，不過該公司的領導層級現在認為，社區及政府組織才應該要負起責任教育員工讀寫方面的能力，企業應該要專注於傳授與商業有關的技能。

從 1990 年到 1995 年，摩托羅拉公司在業績方面享有每年百分之二十六的成長，從員工平均銷售額來看，五年內生產力的提升更是高達百分之一百三十九。業績及生產力的提升在某方面與員工訓練有很大的關係，不過該公司的領導者也相信，生產力的提升與工作環境的改善促成員工努力工作的動機，還有員工的工作滿意度也有很大的關係。除了員工的訓練課程以外，摩托羅拉公司的內部文化也透過建立員工的焦點團體（Employee Focus Groups），加以監督並發展對員工滿意度、道德還有企業文化的評估。摩托羅拉公司也鼓勵員工組成支援團體，使員工不會因為不當決策而受到傷害。舉例來說，在公司內部任職達十年者就有一層防護衣（Be Galvanized），意思就是除非資遣的決策已經由高階管理者同意，否則員工的資遣案就無法生效。參與管理計畫（PMP, Participative Management Program）也是摩托羅拉公司想要創造其企業文化所付出的努力，這個計畫的基本假設是員工對於所進行的工作具有完全的察知，及員工是解決工作相關問題最佳的知識來源。參與管理之所以可以結合財務資源、管理領導風格及員工創造力和競爭力，主要是基於下面的三項原則：

1. 員工的行為反映了企業對待員工的方式。因此摩托羅拉一向都認為員工是聰明的、肯學習的、願意參與企業運作的及勇於負責的。

2. 每位員工都必須、也期望能夠生活在合理的世界中。在參與管
   理計畫中，管理當局允許任何合乎情理的挑戰，及所有決策的
   制定都可以因應任何需要而作出改變。

3. 每位員工的工作效能決定於有多敏銳地察覺到公司與自身工作
   的要求。（Robinson, 1991, p. 83）

　　透過鼓勵員工在深思熟慮以後挑戰經理人所下的決策，或詢問經
理人那些傳統上並不會與員工分享的問題，使得企業內部經理人和員
工之間隔閡的界線和障礙得以消除。此外，因為團隊成員及經理人被
要求相互進行教學及學習，二者之間的界線也因此不復存在。根據羅
賓森（Robinson）的說法，透過共享式學習，企業可以獲得的利益
是，員工成為企業內部創意的來源，並且可以在企業面對挑戰時提供
有效的替代方案。舉例來說，當摩托羅拉打算要轉移美國的製造工作
到海外以降低生產成本時，經理人的第一個動作就是詢問員工們的意
見。員工們也不負眾望的創立一個比競爭者更能利用低成本製造高品
質商品的計畫；在無線呼叫器的製造上，正因為員工了解到該項商品
在生產過程中所遇到的嚴苛考驗，因而順利的打進日本市場。

　　摩托羅拉公司的文化同時也具有動態性，它允許來自世界各地不
同的新員工加入。舉例來說，摩托羅拉公司因1980年的人口調查數字
顯示，在未來的職場上，美國國內將會有更多的女性及少數民族投入
工作的行列，因此在公司內部就建立一項具有高度野心的目標，要雇
用更多的女性及少數民族團體的成員。因為了解到世界各地人口組成
的密度各有不同，摩托羅拉公司想要在人員雇用的比例上，複製美國
當地的組成比例。舉例來說，如果在美國當地非裔美籍電子工程師佔
全國人口的百分之四，那麼摩托羅拉公司的電子工程師就會以雇用接
近百分之四的非裔美國人為目標。摩托羅拉公司除了想要從各種不同

的群體雇用人員以外，也想要保留來自於不同群體的員工。透過給予來自不同群體的員工不同的管理評量方式，摩托羅拉公司想要留住這些員工的想法才得以執行。舉例來説，繼任計畫要求經理人提供三個最有可能取代經理人職務的人員名單，這三個名單依序排列如下：當緊急事件發生時，最適宜被選定為接任的人選；在未來三到五年以內可以被選為繼任的人選；最具有符合該職務所需技能的女性或少數民族員工。接著經理人必須提供這三個繼任人選獲得晉升以後所需要的能力與經驗。這個計畫的成功，可以從摩托羅拉公司內部具有繼任權的女性人數得到驗證：在摩托羅拉公司三百位高階經理人職務的第一及第二順位接任人選中，有七十五位是女性員工。摩托羅拉公司航空科技的銷售主管非裔美國人大衛伍德瑞吉二世（David Wooldridge Jr.）遵循了另一位良師益友的腳步，他的父親（摩托羅拉公司行銷部門的主管）成為摩托羅拉公司少數民族擔任重要職務的代表。從這些各不相同的成功案例中，我們可以看到摩托羅拉公司多變的面貌，還有透過不同人員的知識及經驗為摩托羅拉高階主管所帶來的嶄新學習機會，而這些人員的能力及表現，也讓該公司更願意去雇用女性及少數民族員工擔任重要的職務。除了雇用女性及少數民族的接任計畫以外，摩托羅拉公司的經理人也被要求在每一季提出監督及評鑑實習生、彈性工作計畫、獎學金計畫、夥伴計畫及社區參與計畫中相關人員的報告。

　　摩托羅拉公司在面對當前全球化嚴苛環境下的競爭時，往往可以透過世界各地員工團體之間的內部理性競爭而獲得紓解。每年摩托羅拉公司都會在內部舉辦類似奧林匹克大賽一般的品質評鑑計畫，並獎勵來自世界各地的三千個工作小組。透過這個評鑑，這些小組競逐品質金牌獎，向企業內部的其他人員展示該小組是如何加速產品上市時程、減少產品製造過程的失誤，或達成重要組織目標的過程。

　　這種種努力使得摩托羅拉公司得以在市場上大獲全勝，不過在 1996 及 1997 年摩托羅拉公司面對產品銷售成長減緩的狀態下，仍然投注大筆資金於教育訓練上，我們可以了解該公司是真正許下承諾要致力於員工發展。目前，摩托羅拉公司依然保留要加倍投注在員工教育訓練經費的計畫，希望該公司的員工到了西元兩千年每年可以參與八十到一百小時的訓練課程。根據摩托羅拉大學的負責人表示，經過了這些課程的學習，該公司的員工可以具備在全球化競爭下所需要的創造力及適應力，不過最大的問題就在於時間的掌握了。目前許多摩托羅拉公司的員工每週工作時數高達六十小時，究竟「我們要如何在不讓任何員工勞累致死以前，仍然具有高度的競爭力？」（Grant, 1995）

　　來源：改編自 Grant, Linda.（1995, May 22）. A school for success ：Motorola' s ambitious job-training program generates smart profits. US News and W orld Report, 1 18（20），53-56; Himelstein, Linda.（1997, Feb 17）. Breaking through. Business W eek, pp. 64-70; Motorola sponsor.（1996）. p. 1, http://www.mot.com/sponsor; Robinson, John W.（1991）. Updating and optimizing Adam Smith. In Mary Ann Smith and Sandra can Society for T raining and Development.

第一部份　勞動人口的全球化

　　在前一章中探討了經濟全球化的三個不同面向：商品及服務貿易的全球化、對外直接投資及資金的全球化。本章所要探討的則是經濟全球化的第四個面向，勞動人口的全球化。就像是全球化經濟的其它面向一樣，勞動人口全球化的現象難以描述、難以衡量也難以比較。職務的創造、人口及職務的移民現象、國家的教育狀況及企業組織的教育訓練，是在全球化經濟中管理人力資源所會遭遇的挑戰，但是因為全球化的現象還是處於新生階段，因此經理人必須在資訊不完整的狀況下對種種挑戰作出回應。在企業的內部，這些挑戰轉變成事業單位層次的管理考量，其中包含工作環境、薪資及員工參與問題等等（Applebaum and Henderson, 1995），另外一項挑戰是從世界各地的勞動人口挑選適當的人員進入公司參與營運作業。在本章一開始先介紹全球化舞台上與工作職務有關的不同特徵，其中包含全球勞動力的人口統計、職業的種類、工作部門的種類、工作時間、工作薪資、工作環境、工作不平等及失業等問題。

全球的工作職務

全球勞動力的人口統計

　　根據1995年世界銀行的統計資料（World Bank, Twice the workers, 1995）顯示，全球勞動人口中，年齡在十五到六十四歲之間共有二十五億，較1965年成長了百分之百。其中只有三億八千萬的勞動人口居住在高所得國家，而在1993年有十四億的勞動人口是居住在每人年平均所得低於695美元的國家。後者所提到的這些勞動人口通常執行沒有薪資或薪資收入較低的農業生產工作或家庭勞務工作。在圖6.1中我們可以得到有關全球勞動人口的額外資訊，我們可以看出全球的勞動人口大多分配在農業的部門，少部分是服務部門，更少部分則是與工業生產有關的職務。在接下來的部分，對於全球勞動人口的檢視將可以呈現出世界各地勞動人口在工作地點及工作狀況的種種差異。

對於全球勞動力的觀察

　　正如資本及設備一樣，勞動人口在傳統上也被視為生產要素之一。當前最受企業關注的一項焦點就是要以最佳化資本及設備的效用來達成生產最佳化，對於勞動人口也期望可以達成相同的利用率。二十世紀普遍受到管理者關注的效率問題，促成了管理階層想要將勞動力標準化，然而，其方案並非可適合於各地。舉例來說，雖然目前對於高品質及低價格商品的要求普遍增加，但是對於商品的多樣化要求

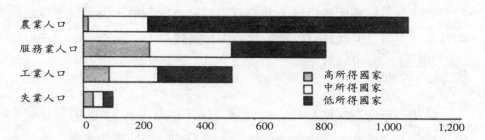

注意：本圖用到1995年不同國家之所得水準的樣本資料。

圖6.1　國家勞動力分布及國家收入水準的世界勞動力比較（Twice
the works-and twice the productivity. (1995, Aug./Oct.).
World Bank Policy Research Bulletin, 6 (4)：1, after World
Bank. (1995). World Development Report 1995. New York：
Oxford University Press）.

也逐步上升。儘管透過機械化及進步的加工技術可以利用批次的方式
更有效率的作出更精細、更特殊化的商品，但是類似這樣的多樣化需
求，卻可能阻礙勞動力標準化的進行。服務性產業的成長也讓標準化
難以進行。舉例來說，類似信用卡交易、航空服務、旅遊及衛生保健
等等服務，基本上對於大多數的顧客來說都是獨特而無法標準化，也
正因為這些多樣化的出現，使得企業在提供類似服務時難以制定所謂
的規範來管制。就算有所謂的規範可以用來權衡當時的狀況而加以變
化，也會因為有過多的顧客需要加以確認，而使得所謂的規範之普同
性受到質疑。此外，成功的服務難以利用事前的計劃來執行，因為在
提供服務的同時還包含了類似熱情、真誠及個人投入等等無形的因
素。最後，服務不像生產工作一般可以利用量化的指標來衡量，因此
要衡量服務的生產力也就十分困難。因此，對於產品及服務的品質考
量，使得人力投入標準化及對人力產出進行衡量，變得更為困難。當

我們明瞭這些影響因素以後，我們就可以輕易的理解，爲何在全球化的舞台上要描述勞動力的相關議題是如此困難。

體能的勞動力

傳統科學管理系統利用「最佳解（One Best Way）」的方式來獎勵與評估製造生產力，也透過這樣的方式分配決策給那些負責組織工作職務的管理者。儘管能夠獲得員工服從的系統各不相同，不過日本的共識管理系統及歐洲西部所普遍採用的共同決策管理系統，在本質上與美國式的管理系統相較，都是屬於較想把員工納入工作決策的管理系統。

知識的勞動力

隨著產業經濟的重心逐漸從重視生產轉移到重視服務，知識成了工作職務的一個重要元素。在處處充滿著資訊的時代，組織員工的知識成爲企業想要邁向成功的重要因素。近年來也有許多企業逐漸了解到，組織的任何一位成員都可以爲企業的知識庫貢獻心力；然而科學化管理卻沒有任何類似的假設，企業內部的一切運作程序都由管理者設定標準，員工所必須做到的就是遵循這些標準。因爲日本共識管理系統及西歐的共同決策管理系統的成功，美國企業在 1970 及 1980 年代透過讓負責生產製造的員工參與企業決策，及利用品管圈或全面品質管理等等技巧和概念，也逐漸採納與日本和西歐相似的管理系統。傳統上夾雜在勞動階層及管理階層之間的敵對意識，使員工很難以正面的態度來面對企業必須進行的變革，不過從其中也不難發現，員工的知識確實在多數的組織中沒有受到妥善利用。爲了要矯正這樣的不平衡關係，並滿足組織對於資訊日漸增加的需求，企業組織傳統上以管理者作爲知識來源的想法，已逐漸轉變爲將焦點擺在來自世界各地

的員工身上。

　　因為知識在組織內部的重要性及其逐漸成長的角色，使得想描述全球勞動力更加的困難，例如要描述管理層級及勞工層級、藍領工廠作業員和白領管理人員及粉領辦事員，還有仰賴體力的勞動力及仰賴知識的勞動力之間的不同差異等等。在全球化的舞台上，員工必須肩負某種程度的管理角色，大部分的人必須具備一般及特殊的專業技巧，而知識更是任何一項職務都必須具備的元素。對於個人來說，界限的模糊可以從個人逐漸被要求具有管理專案及人員的能力；對於管理者來說，被要求具有領導及授權的能力，對於企業領導者來說，被要求規劃願景及觀察入微的能力。世界各地要求員工在同一時間扮演多樣化角色的壓力逐漸抬頭，其中包含增加生產力、自我管理並管理團隊內部其他成員，還有自身職務可能在任何時候任何地點為他人所取代的自覺。類似這樣的壓力我們可以從摩托羅拉公司注意到，其員工已經花費很長的時間在自身的工作上，而無力再進行額外的自我成長和學習。從這些例子中我們可以發現，傳統上在一個國家內相當清楚的職務界限，在全球化企業的組織及工作環境中可能不那麼明顯。接下來探討工作環境的相關議題，我們可以了解世界各地的組織中與工作相關的影響因素。

正式及非正式的經濟活動

　　在世界各地許多發展中或過渡時期的經濟體中，有許多（如果不是大多數）經濟活動並沒有經過官方的報導。這一類的工作就是所謂的非正式的經濟活動，也就是所謂的灰色、陰影或地下經濟，在這樣的經濟活動中，工作的進行是為了要賺取現金、交換糧食、住所或其它基本的生活需求。透過歷史的檢視，我們可以發現有某些工作傳統

上就是屬於不會經由官方報導的工作，例如務農的工人及未經報導的犯罪活動等等。不過，根據經濟學人雜誌（The Economist）所作的一項學術性報導（Light on the shadows, 1997），由林茲大學（Linz University）教授佛萊迪史奈德（Friedrich Schneider）最近對於已開發國家未經官方報導之經濟活動的研究顯示，自從1960年以來，這些經濟體的地下經濟活動之成長率較官方正式報導的經濟活動足足高出三倍。有許多理由促成了這些已開發經濟體內部地下經濟活動的快速成長，其中因素包含對個人及企業組織的高額課稅、已開發經濟體社會結構由製造產業轉型為服務性產業，還有已開發經濟體內部對於勞工及市場的規範日漸增加等等。高額課稅的負擔使得個人較不願意誠實地公開每年的所得，而較不可見的服務也使得政府機關難以計算生產力或其中支付的金額。最後，因為對勞工及市場的法令規範，也間接促成個人進行非正式經濟活動的意願。舉例來說，因為對於夜間及週日銷售的限制，德國人有更高的意願去進行露天、以收取現金為主的市場銷售行為；因為政府對於進口商品的限制，在亞洲地區創造了只有在夜市才能滿足的商品需求；此外因為官僚體系的障礙、取得在美國工作權的困難度大增，間接促成了非法移民的增加。在這樣的狀況下，勞工必須要在政府機制的掌控之外進行工作，也因此不會有社會安全、保險及課稅等問題存在；也因為這樣使得非法移民的勞工只能進行那些薪資低，又缺乏安全預防措施的工作。

　　不管經濟活動是合法或非法、發生在已開發或開發中國家的非正式經濟活動與正式經濟活動比較起來薪資較低但工作時數卻較長（Bosch, Dawkins, and Michon, 1993, p. 18 ）。在開發中國家，大部分的勞工所擔任的都是非正式經濟的工作，一般來說是自我雇用或服務業的工作（Dicken, 1992）。因為非正式經濟活動沒有組織問題，也不受政府機構的監督，要想規定其工作時數、工作薪資或其它與工作環境

相關的問題不太可能。然而，我們卻可以作出一些推論：非正式經濟在開發中國家規模較大；及非正式經濟活動在女性、兒童及非法移民之間特別盛行；最後，在開發中國家的勞工每人實際的工作時數是被嚴重低估的。舉例來說，根據聯合國的估計，在1995年女性從事未列入正式薪資工作的總金額高達十一兆美元。這些與實際生產力比起來嚴重低估的數據，使得對於開發中國家乃至於全世界的整體及相對之經濟健康與社會健全，出現嚴重低估的情況。如果把一個國家中未列入正式薪資的工作納入國家會計系統（例如GDP）的計算，很可能對於世界經濟生產力的描繪將會出現極大的變化。如同之前提到女性未列入正式薪資工作所貢獻的十一兆美元，將可以使世界GDP的總金額急速成長到四十兆美元。

儘管未列入正式薪資的勞工總數非常高，在大多數的經濟體及國家中，給薪的勞工總數也不斷上升。轉向市場經濟、人民對經濟財富重要性的感受及越來越多的女性投入正式的經濟活動，是全球給薪勞動市場快速成長的三個主要因素。很有趣的是，在工業化國家的勞動力規模卻發生萎縮的現象，在這些國家中出生率的降低及壽命的延長，降低了勞動力的數目；在開發中國家因為人口成長迅速，並沒有出現勞動人口萎縮的狀況。在1996年的中國，有超過百分之四十五的人口是低於二十六歲。因為給薪勞動人口在角色上的擴大，引起了全世界對工作環境差異，及不同國家在薪資水準、工作時數及其它就業因素之差異的注意。透過檢視不同國家之工作環境因素的差異，我們可以充分了解為何全球化企業目前會受到嚴格的監督。接下來本書所進行的分析乃針對正式部門的勞力；但是鑑於非正式部門的勞力未有報告及正式部門的工作狀況有不同的報告，所以此處的資訊應該視為一般性的指引或一種範圍，而不是對全球工作活動的特定性描述。因為這些資料的缺失，使得企業經理人難以仰賴這些資料進行規劃，不

過我們也了解全球化所帶來的挑戰就是必須與不完整的資料及不確定
性共事。

正式的工作

在企業組織中工作

　　多國籍企業僅招募了全球勞動人口的百分之三，其中有六百一十
萬名勞工在工業化國家工作，在開發中國家則有一百二十萬。在全球
所有開發中國家，只有百分之十五的勞工（大約十四億）與所屬的企
業組織簽訂薪資合約，而這些勞工絕大多數都是在大都會區的企業任
職，或在服務業中擔任工作。旅遊業在開發中國家僱用了大量的給薪
員工，因為類似旅館及餐廳等等服務業機構必須僱用大量的員工，來
進行接待顧客、清潔及維護的工作，而這些員工絕大多數不具備特殊
技能。在人民年收入中等的國家（也就是那些不算富有也不算貧窮的
國家），在總數六億六千萬的勞動人口中，有百分之四十六的人投入
工業及服務業的職務。最後，在大多數較富有國家的給薪勞動人口，
大部分投入服務業。工業性職務在人民所得較高的國家中僅佔給薪工
作的百分之二十七，另有百分之六十的勞動人口投身於服務業的工
作，人數高達兩億一千八百萬。從上面的數字看來，我們可以發現開
發中國家的工業性職務仍有非常大的成長空間，而工業化國家對於服
務性工作的需求則非常大。雖然進行服務性的工作對於一般企業來說
是屬於工資較低的勞工，例如旅館及餐廳等等，但是卻不可以忽視這
些工作背後所具有的專業性，例如：會計、諮商、工程、醫藥、教學
及計算等等也都屬於這些服務性工作的一部份。正因為有這一類型的
服務性工作存在，工業化國家的服務業才能成長茁壯。總而言之，我
們對於那些提供較少工作的多國籍企業了解較多，但是對那些提供較
多工作的小型、家族式私有企業了解卻較少。不過，就像我們在第三

章曾經提到，在本章的後續討論也將會看到，大型多國籍企業面對必須遵循全球化勞工任用標準的壓力，同樣對小型企業也造成影響。儘管這些小型企業跨越其地理位置以外區域的影響力不大，但其運作仍然無法避免全球要求改善勞工作業環境的壓力。

在非營利組織內部工作

　　商業組織並不是唯一能夠提供工作或進行商業活動的組織，在世界各地由非商業組織所創造的給薪或不給薪工作正不斷地增加。這些非商業組織包含政府機構及非營利組織。在這樣的狀況下，對於企業的政策及實務造成的影響是，這些非商業組織對於組織目標及勞工行動之對話正在起著塑造的作用。根據The emerging sector雜誌所進行的研究（Salamon and Anheier, 1994），非營利組織不管是在高度工業化的英國及美國，或主要以農業為主的迦納及印度等國家中，都是主要的經濟力量。在研究針對的七個國家中，非營利組織共僱用了一千一百八十萬名勞工，也就是每二十個工作中有一個、或每七個服務性工作中就有一個是由這些非營利機構提供；其每年的營運費用高達六千零一億六千萬美元，大約佔世界各國GDP總額的百分之五。更重要的是，在這項研究進行觀察的七個國家之非營利機構中，其僱用員工的人數遠高於這些國家任何一家私人企業。因為這些組織成立的目的並非要獲取利潤，而是想要滿足社會的需求，因此這些組織在員工的僱用上較能考慮到員工的需求，而不是想要在遴選、發展及留住勞工上獲得短期的效率。從上面的數字我們可以想像，很可能有許多人的第一份工作就是在非營利組織任職，而這些任職的經驗會讓這些人在心理建立一項期望的標準，而這個標準也會隨著這位員工帶到往後幾個營利性企業的工作崗位上。

工作時數問題

　　根據波斯、杜克斯及麥肯（Bosch, Dawkins, and Michon）的說法，「國際工作標準的協議，在第一次世界大戰後及第二次世界大戰後的十年內，就在國際勞工組織（ILO）設立的架構內達成了（p. 1）」。儘管只有少數國家透過官方正式批准國際勞工組織對於工作時數、假期及工作年齡的協定，不過在1960年代大部分的工業化國家（除了日本以外，請見小故事6.1）都訂定法律來限定每週標準工作時數為四十小時。類似這些法律或法規限制，在一般的日常作業中往往不會為人所察覺。基於這個因素，歐盟（European Union）特別在1993年頒佈一個與工作時數有關的命令，在這個命令中大略設定了有關工作時數、假期、中途休息、午後休息時間及工作轉移等限制。這樣的一個命令被視為具有高度意義，因為歐盟旗下各個國家中，法規規定的工作時數與實際的工作時間往往有很大的差異，也因為這些差異的存在，使得企業要在歐盟內部各個國家的分公司進行工作時間的協調發生了很大的困難。舉例來說，在荷蘭境內，法規規定的每週工作時數為五十個小時，但是在荷蘭境內的勞工每週平均工作時數卻未超過三十五個小時；反觀希臘境內的法規規定每週工作時數為四十小時，但是該國勞工的平均工作時數卻將近四十五個小時。因為這些差異，對於那些想要在希臘及荷蘭進行營運的企業造成缺乏效率的問題，也使得歐盟內部的各個國家並不像外表所顯現的那麼具有一致性。1993年歐盟所頒定的命令將每週最高工作時數限定為四十八個小時，除此之外也要求企業要給予勞工每週有一全天的假期，還有就是從1999年起每年總計將會有相當於四星期的法定假期。

小故事6.1　努力工作的日本勞工

　　對於日本的勞工來說，每年只有一週支薪的假期是十分正常的，但是儘管如此，還是有許多日本勞工並沒有使用這些假期。為了解決這樣的問題，日本政府訂定了許多國定的假日來避免類似的行為；現在的日本與任何其它國家相較之下有了更多的國定假期，包括：兒童節、海洋節、成人節及春分節等等。

來源：Sapsford, Jathon.（1994, Nov. 29）. What about taking a day off to think up another da y off? The W all Street Jour nal, p. B1.

　　對於不同國家每週工作時數的比較可能不具任何意義，因為這些比較數字並不一定能真實反映出某個國家每年的工作總週數。舉例來說，歐洲的國家每年大多會有五到六週的假期，不過在美國及日本，類似這樣的假期卻只有一到兩週。此外，法令規定的假期及員工可以不需工作的假日在世界各地的狀況也不太相同，在美國只有五天的給薪假期，不過在義大利卻有十天的給薪假期及十一天不需工作的假日。因為這些變化的存在，利用年度平均工作時數來作為不同國家之間的比較，將可以提供更具正確性的工作狀況。

　　透過對於年度平均工作時數的檢視，我們可以發現隨著國家邁向工業化，每年平均工作時數也逐步減低。在1870年，那些目前已經屬於工業化國家內大部分的勞工，每人每年總工作時數將近有三千個小時。但是到了1979年，平均每人每年總工作時數幾乎減少了一半，數

據最高的國家是日本，每人每年總工作時數為兩千一百二十九小時，最低的國家則是瑞典，每人每年總工作時數僅為一千四百五十一小時。

到了1995年，荷蘭人每年平均總工作時數為一千四百個小時；德國是一千六百四十九個小時；美國的勞工最辛苦，平均為一千九百零四個小時；而日本則是一千八百八十八小時。相對下，以下的國家有更高的數字，在1992年蘇丹（兩千三百七十四小時）、尚比亞（兩千兩百五十小時）、秘魯（兩千兩百一十八小時）、印度（兩千一百六十四小時）、委內瑞拉（兩千零四十二小時）（World Labor Report, 1994, p. 108）。在許多開發中國家，工作時數幾乎佔據了勞工全年清醒的所有時間。在接下來的部分，我們將會看到一些關於開發中國家勞工工作時數的狀況，我們也會探討一些造成不同國家有不同工作時數的因素。

經過比較我們可以清楚地發現，開發中國家的工作時數比起工業化國家不管是以每周或每年做為計算的基礎，都高出許多。許多開發中國家允許較長的工作天數，一般說來以每週工作五天半到六天為主。造成如此的狀況有下面數個原因：開發中國家缺乏法令限制工作時數，個人願意付出更多的時間與體力來增加收入，家庭需要付出更多的工作時間以滿足其所希望的生活所需。在表6.1中我們挑選了幾個World Labor Report （1994）的例子，從這些例子中我們可以清楚地看到開發中國家及已開發國家在工作時數上的差異。根據針對開發中國家所進行的研究， 波斯、杜克斯及麥肯（Bosch, Dawkins, and Michon, 1993）發現了幾個在1990年以前與工作時數有關的趨勢：

1. 白領階級的工作時數較藍領階級少；

2. 由男性主導的白領階級工作，例如：銀行業、金融業、保險業

及房地產業，在工作時數上較那些由女性主導的工作少了許多，例如：零售業及藍領階級的工作。

3. 對於整體勞工來說，工作時數降低是一致的趨勢；但是各個國家在工作時數所存在的差異也意味著缺乏協調性。

4. 在三位學者進行研究的所有國家中，因為女性勞動人口的參與，使得這些國家在近二十年內出現兼差性質工作增加。

5. 在終身工作時數方面，日本及美國最高，而在歐洲因為缺乏集體協議及政府法令對於工作時數的限制，出現了最低的狀況。

世界各地不同開發中國家的經濟整合，可能會使一些非正式經濟

表6.1　製造業正常的工作時間（1992）

國家	每週工作時數	每年放假日數	每年正常工作時數
玻利維亞	43	15	2007
哥倫比亞	48	15	2189
德國	37	30	1667
印度	48	17	2164
尼泊爾	48	17	2184
紐西蘭	40	15	1880
葡萄牙	42	15	1898
羅馬尼亞	40	22	1911
蘇丹	48	15	2374
瑞士	41	5	1865
突尼西亞	40	24	1968
英國	39	5	1777
美國	40	25	1912
尚比亞	45	12	2250

來源：World Labor Report.（1994）. Geneva：ILO. Based on selected data found in Table VI. Real wages and hourly compensation costs, and working time, p. 108.

活動轉變爲正式的經濟活動，連帶地工作時數及其它與工作狀況有關的議題將會變得更易於觀察。從全世界的觀點來看，目前的趨勢是朝向勞工工作環境標準化發展，而全球的各大企業也在這股壓力下必須扮演建立工作環境的角色。來自這兩方的壓力，將會使得那些目前每週工作時數仍舊超過四十個小時的國家必須要降低境內每週的工作時數。

全職及兼職的工作

女性勞動人口的大幅增加，是兼職工作得以成長的主要因素，不過無法找到合適的全職工作，還有每人的不同選擇也是影響個人工作時數的因素之一。在工業化國家，全職性的工作在過去十五年來不斷減少，有百分之二十三點八的英國勞工及百分之二十一點四的日本員工，認爲自己所擔任的工作是屬於所謂的兼職工作。在開發中國家，兼職工作也非常盛行，主要原因是全職工作的數量實在太少。有許多人甚至擔任兩個或三個兼職工作，因爲他們覺得要找到合適的全職工作實在很困難。

薪資問題

一般說來，薪資主要由三個部分組成。第一個部分的基本薪資是指雇主直接給付予員工，或由員工以小時或月薪的方式領取的金額。傳統上管理者的薪資是以月薪的方式給付；一般勞工在薪資的計算則多採用按時計酬的方式，當有加班需要時將可以收到額外的加班費用。在美國，基本薪資大約佔全年薪資總額的百分之七十，不過在其它國家狀況可能就不是如此。薪資的第二個部分是獎金，例如企業給予員工的利潤分享或紅利等等。在某些國家及某些產業中，紅利可能

佔了全年薪資總額一個很重要的部分。例如美國某些企業的高階主管，每年所獲得的紅利就可能會超過數百萬美元。而在新加坡、印尼及泰國的勞工通常可以從資方領得第十三個月的薪資作為紅利，而在歐洲西部國家傳統上則是發給假期紅利。在墨西哥的勞工每年可以領取三百六十五天的工作薪資，在耶誕節勞工可以獲得一個月的薪資作為額外獎金，假期津貼大約為月薪的百分之八十，在每年年底，還可以根據該年度出勤的狀況領取紅利。從這些例子中我們可以發現，因為基本薪資及紅利在組成上的差異，不同國家在勞工薪資上也會有很大的不同。薪資的第三個部分是津貼，或以健康保險、教育經費補助、假期、假日等其它不同形式的非直接薪資給付。不同國家每小時薪資的總額各不相同，然而我們可以想像的是，與開發中國家相較之下，已開發國家所付給勞工的薪資較高。從表6.2中我們可以看到，1995年世界各國所付給擔任製造業工作的勞工薪資中，最高的國家是德國，其時薪與津貼的平均總額為31.88.美元，在同樣的情況下美國所付出的薪資是17.20美元，台灣是5.82美元，馬來西亞是1.59美元，印尼是30美分，而印度則僅有25美分。在表6.2中我們也可以看到不同國家從1985年到1995年薪資的相對變動。舉例來說，在1985年美國付給製造業勞工的薪資是全世界最高的，不過到了1995年則落到第四名，在德國、日本及法國之後。到了1997年，各國薪資的高低排名又出現了新的變化。根據摩根史坦利公司（Morgan and Stanley）在華爾街日報（The Outlook, 1998, The W all Street Journal）所提出的數據顯示，在1995年到1997年間，許多工業化國家的平均製造業薪資都出現下降的狀況，但是在美國擔任製造工作的勞工每小時平均薪資則由17.19美元提升為18.17美元。在同一段時間內，德國的薪資下跌狀況就十分明顯，從每小時薪資31.85美元下降到27.81美元；而日本則由23.66美元下跌為19.01美元；法國則從19.34美元下跌為16.91

表6.2 全球各地的時薪

	製造業每小時勞工成本（美元）	
	1985	1995
德國	9.60	31.88
日本	6.34	23.66
法國	7.52	19.34
美國	13.01	17.20
義大利	7.63	16.48
加拿大	10.94	16.03
澳大利亞	8.20	14.40
英國	6.27	13.77
西班牙	4.66	12.70
南韓	1.23	7.40
新加坡	2.47	7.28
台灣	1.50	5.83
香港	1.73	4.83
巴西	1.30	4.28
智利	1.87	3.63
波蘭	NA	2.09
匈牙利	NA	1.70
阿根廷	0.67	1.67
馬來西亞	1.08	1.59
墨西哥	1.59	1.51
捷克共和國	NA	1.30
菲律賓	0.64	0.71
蘇聯	NA	0.60
泰國	0.49	0.46
印尼	0.22	0.30
中國	0.19	0.25
印度	0.35	0.25

來源：Sliding scales. (1996, Nov. 2). The Economist, p. 17, using data from Morgan Stanley.

美元。

對經理人而言，津貼有時也包含特有的權利或類似行動電話、汽車司機、房屋補貼或其它相似的獎金等額外的補貼。就像基本薪資及紅利在世界各地有著不同的變化，津貼也有相同的狀況。舉例來說，美國的企業總裁每年所領取的薪資總額大約是同一企業內部平均勞工薪資的一百六十倍；然而在日本的企業總裁則大約僅為十到二十倍。在表6.3及圖6.2中我們可以清楚地看到這個現象。表6.3所比較的是六個不同國家的工程師在基本薪資、紅利及津貼三個部分所領取的金額，從表中所呈現的數字我們可以發現世界各地有很大的差異存在。圖6.2進行的比較則是七個不同國家中，勞工、經理人、高級主管及企業總裁在基本薪資上的差異，同樣地我們可以發現勞工及高級主管在基本薪資上的差異，同時我們也可以發現美國的高級及一般經理人在基本薪資上的差異大於許多其它國家。從基本薪資上的差異也可以讓我們了解到，為何在美國的經理人會願意不顧一切的付出努力爬到最高的位置，因為當他們爬到了組織內部最高的位置，他們將會發現所付出的努力是值得的。

從這幾個國家之間的比較我們可以發現，薪資總額的差異可能發生在很多方面。從其它不同來源的資料中我們也可以發現到相同的情形。工業化國家的薪資水準較開發中國家高；而在這些國家中，強勢族群的薪資所得也會比女性或少數民族來得高；在製造業勞工的薪資所得方面，開發中國家呈現上升的趨勢，但是在工業化國家則是呈現下降的趨勢；以知識為基礎的員工通常可以獲取較高的薪資。在接下來的部分，我們將提供一些支援上述論點的證據。

工業化國家的薪資所得較開發中國家高

以製造類的工作為例，我們可以在工業化國家找到最高的時薪給

	英國	加拿大	法國	德國	義大利	日本	美國
藍領階級	$26,084	$34,935	$30,019	$36,857	$31537	$34,263	$27,606
白領階級	$74,761	$47,231	$62,279	$59,916	$58,262	$40,990	$57,675
管理階級	$162,190	$132,877	$190,353	$145,626	$219573	$185,437	$159575
企業總裁	$439,441	$416,066	$479,772	$390,933	$463,009	$390,723	$717,237

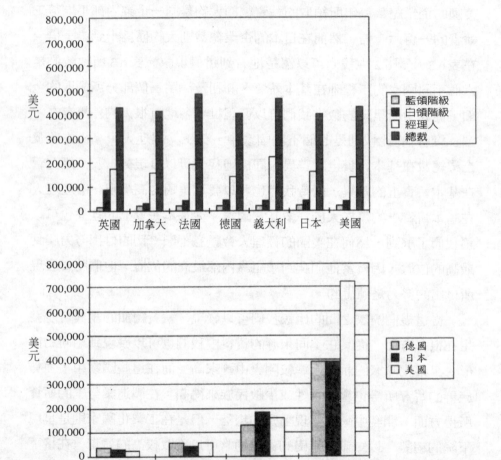

圖6.2　不同國家間薪資所得的比較（Bennett, Amanda.（1992, Oct. 12）. Manager's incomes aren't worlds apart. The Wall Street Journal, p. B1）.

表6.3　工程師的薪酬

國家	薪資[a]	紅利	假期	假日	津貼[b]
比利時	35,000	3週的薪資	4週	12天	汽車、電話、若干費用的報銷
英國	25,000	聖誕節紅利	3-5週	8-12天	汽車、電話
匈牙利	10,000	無	3週	8天	汽車、現金、出國旅行
日本	30,000	1/2至2個月薪資	2週	20天	交通費、若干費用的報銷
南韓	19,000	春、秋、過年紅利	3週	19天	汽車、若干費用的報銷
美國	32,000	不定	2週	9天	高階經理人才有

a.針對電子工程師

b.針對經理人與業務人員

資料來源：Cronin, M.P. (1992, Apr.). A globetrotting guide to managing people. Inc. Magazine,
　　　　　56 (3) :122

付，而一般開發中國家製造類工作的時薪則較低。在表6.4中我們比較了全球的成衣產業，從數據中我們可以發現，從事成衣產業的勞工在已開發國家所能獲得的薪資水準比開發中國家高出許多。舉例來說，1992年一位丹麥成衣工人每個小時可以獲得28.71馬克的薪資，然而在越南同樣是成衣產業工作的勞工每小時薪資卻只有0.42馬克。我們可以從這張表中更清楚地發現到，除了香港和台灣以外的其它開發中國家境內的成衣工人，其平均薪資與丹麥、德國及義大利北部相較之下，差額超過百分之十。如果以1994年全球所有行業的平均時薪（包含任何非薪資成本）做為比較的基準，西德最高（27.29美元），美國是17.10美元，英國為14美元，而墨西哥及香港則為5美元，印尼的工人平均時薪僅為0.23美元。

表6.4 成衣業時薪的國際比較（1992年）

國家	平均時薪（含社會成本）	
	馬克	指數(%)
已開發國家		
奧地利	18.14	66
丹麥	28.71	105
法國	15.81	58
德國	27.30	100
義大利（北部）	27.77	102
義大利（南部）	18.53	68
葡萄牙	6.00	22
西班牙	10.44	38
瑞士	25.06	92
土耳其	5.50	20
英國	13.77	50
美國	11.92	44
開發中國家		
多明尼加	0.94	3
香港	5.25	19
印度	0.52	2
牙買加	1.27	5
馬來西亞	1.44	5
墨西哥（鄰美國邊界）	2.53	9
摩洛哥	1.81	7
斯里蘭卡	1.54	6
台灣	5.74	21
突尼西亞	2.66	10
越南	0.42	2
中歐與東歐		
捷克	1.72	6
愛沙尼亞	0.96	4
波蘭	1.87	7
斯洛法尼亞	3.33	12

註1：德國＝100。
註2：德國僅指西德。

資料來源：Adapted from World Investment Report. (1994). New York: UN, UNCTAD, p. 207, after jungknickel, Rolf. (1994). Globalization and the international division of labor: The role of technology and wage costs. In W . Sengenberger and D. campbell (eds), New international division of labour: Globalization and the localizaation of work. Geneva: International Institute for Labour Studies.

男性的薪資較女性及少數民族的男性或女性高

在世界各地，女性所能獲取的薪資往往都比男性低。檢視男性與女性薪資差異的某些部分，可以歸納為下面幾個因素：

1. 兼職工作市場主要由女性掌控；
2. 女性在工作的過程中可能會短暫的離開職場以照顧其家庭成員，因此在工作資歷的累積上可能較男性低；
3. 有較多女性投入的農業、銷售及其它工作在傳統上薪資原本就比較低；
4. 女性較容易受到薪資水準的歧視。

就算是在聯合國成員中的十個被評比為兩性平權實施情況最好的國家（Human Development Report, 1995），在兩性薪資平等上依舊無法完全作到。在澳洲、丹麥、法國、紐西蘭、挪威及瑞典，擔任相同職務的女性及男性薪資比率大約為百分之八十到九十；而在歐洲西部的其它國家，兩性薪資比率則為百分之六十五到七十五之間。在美國兩性不平等的情況就更嚴重了，就算執行的是相同的工作，美國女性所能獲得的薪資大約僅為男性的百分之六十三，到了日本這個數字更是降到了百分之六十一。在美國白種人、非裔美國人及拉丁美洲裔的女性主管的年度平均薪資都較白種的男性主管為低，在薪資方面與白種男性主管的個別比較數字分別為百分之六十四、六十五及六十一。因為這一類兩性不平等資訊的取得性增加及各種促進兩性平權政治活動的大量出現，我們可以預期世界各地將會慢慢的改善目前兩性不平權的狀態。

女性企業家

因為必須面對許多薪資不平等的問題、及其它與工作相關的限制，在世界各地有越來越多的女性開始建立屬於自己的企業。在工業化國家，女性企業家已經創設了不少小型及大型的服務或製造型企業；但是在開發中國家的女性，大多數則以創設小型企業為主，甚至有些企業因為規模過小，而被稱作小型企業家（Microenterpriser）。這些小型企業的營運範圍從服務業到製造業都有，通常在這些企業中僅會僱用極少數的員工。同時，這些小型企業往往可以改善家庭貧窮的狀況，並且提供一個讓許多勞工從執行非正式經濟活動轉移到正式經濟活動的機制。

大多數女性企業家在企業草創時期，都會向葛蘭米銀行(Grameen Bank)、女性世界銀行(Women's World Banking and Accion International) 還有其它以改善女性及其家庭貧窮狀況為宗旨的機構提出創業基金的申請。因為這些機構在輔助女性創業的成功案例，國際間還有許多金融機構，例如世界銀行、其它可提供借貸服務的機構，及美國國際發展代理機構（US Agency for International Development）也開始提供小額資金貸款給女性企業家。從種種的發現中都顯示出，女性償還貸款的能力較男性高，也較不會出現浪費或掠奪發展資金的情況。更重要的是，女性在對抗貧窮方面也是一股很大的力量，因為她們會利用工作上所獲得的利潤資助子女的教育費用、為家庭成員提供保健的服務，也會用來維持家庭生計。因此，女性創業家不僅為企業的發展搭起了一座橋樑，在企業利潤的使用及家庭生活的改善上也有很大的貢獻。根據華爾街期刊（Carrington, 1994, The Wall Street Journal）針對開發中國家的女性企業家所作的研究，發現了下面幾個現象：

• 一項由世界銀行針對象牙海岸所進行的研究發現，在該國境內推動現代化農耕技術的專案多由男性進行，不過結果顯示這些專案並未產生預期的效果，或許這是因為與農耕有關的工作大多數由女性進行所致。當女性獲得資金的贊助，就出現正面的結果，農作物的收穫量也有所成長。

• 一項由聯合國所進行稱為Unifem 的專案延伸對小型絲織產業的信用貸款，也因此給予女性勞工一個可以賺取與男性勞工同等薪資的機會。

• 美國援外匯款合作組織（Cooperative for American Remittances to Everywhere, CARE）及尼日（Niger）協助成立女性儲蓄組織，因為傳統的貸款機構較不願意貸款給女性。這個組織的成員每週都會付出小部份的金額來借貸給其他的成員。舉例來說，某些成員可能會利用借貸而來的資金去進行植物種子的採購。這個儲蓄集團因為引起大眾的興趣，在短期間內就募集了很多的資金以供後續的貸款者使用。

在蘇聯，有百分之七十五的女性處於失業的狀態，因此企業貸款對於想要加入勞動市場的女性而言就顯得非常重要。到1997年中期為止，歐洲銀行提供來重建及發展的三億美元資金中，女性已經獲得了一半的貸款，並用以創設企業。這些女性創業者的成功，不僅對地方提供了工作機會、促進了經濟的發展，也吸引了創投基金與銀行業者的重視。在某些案例中，這些由女性創設的小型企業有機會成長為非常成功的大型企業。舉例來說，在1992年兩位企業家泰堤娜澤倫絲卡雅（Tatyana Zeleranskaya）及艾琳娜科羅莉娃（Irina Koroleva）在莫斯科創設了一家非常成功的調頻電台，在電台節目中透過播放由蘇聯樂團創作的音樂，形成了一個類似家庭的和樂氣氛，而在各個時段節

目中的主題大多圍繞著家庭及健康等議題，與其它電台有很大的區隔性，同時該電台也提供類似其它電台的CALL-IN 節目，以供聽眾提出自己的意見。從 1997 年的調查結果可以看出，這兩位企業家所創立的電台已躍昇為全蘇聯第八大電台，在每天節目播放的十九個小時中，估計約有兩百萬的聽眾收聽（Kiskovsky and Williamson, 1997）。小型企業將其特有技術輸出到較貧窮的國家，例如：薩爾瓦多（El Salvador）、孟加拉共和國（Bangladesh），及多明尼加共和國（Dominican Republic）等等，也出現了如同工業化國家一般的結果。在美國，小型企業的貸款計劃、女性及貧窮人口的訓練課程大致上被認為可以促進區域的發展，在某些案例中甚至可以幫助人民脫離社會救濟的庇護而擁有自給自足的能力。美國在 1997 年的二月，舉辦了一場小額授信高峰會談（Microcredit Summit），在會談中更是發現到小型企業貸款是減緩貧窮狀況的一個好辦法。儘管最初貸款給小型企業的目標是要促進農業、人文藝術及手工藝產業的成長，不過這樣的概念後來延伸到促進不同類型服務業的成長。舉例來說，葛蘭米銀行的創辦人穆罕默德由尼斯（Muhammad Yunus）在 1997 年，與來自挪威、日本及美國的事業合作夥伴，共同提供了一筆資金進行一項投資計畫，希望在 2003 年孟加拉共和國的六萬五千個村落中，都可以擁有至少一部無線電話。這項服務不僅提供貧窮村莊可以有與外界溝通的機會，更會促使該國政府架設新電話線的需求逐步升高。其中一個村落的居民萊禮皮肯（Laili Begun）是少數前幾個志願嘗試這項試驗的孟加拉人民，萊禮借款美金四百三十元，並且透過向電話使用者收取每分鐘十美分的通話費，而實際上只需付出八美分通話費的方式，每週可以產生美金三點五元的利潤（Saeed, 1997）。尼斯在 1977 年創設葛蘭米銀行時，所做的業務是美金二十六元的個人貸款，但是到了1998 年葛蘭米銀行每年提供給世界各地貧窮居民的貸款金額已將近五

億美元，而葛蘭米銀行獲得高達百分之九十八的償還率。在這些貸款個案中，有百分之九十五的申請人都是女性。在巴基斯坦（Pakistan）女性最初是不允許接受貸款的，不過這樣的限制並沒有實行多久就被各家銀行所取消（Batsell, 1998）。

薪資在不同的產業及國家各有漲跌的情況

開發中國家的製造業薪資呈現上升的趨勢。這項經濟成長的直接成果是開發中國家在政府政策、貿易產出及外人直接投資成長所導致。隨著出口快速成長，薪資也以每年百分之三的速度上升（Twice the workers, 1995）。不過開發中國家工作及薪資上的快速成長，被工業化國家製造業薪資上的緩慢或負成長所抵銷。在七大工業國中（G-7），員工平均薪資總額實質成長率在 1961 年到 1978 年間爲百分之二點五，而在 1988 年到 1994 年間則僅爲百分之一（World Economic and Social Survey, 1995, p. 235）。

知識型工作者可以獲得較高的薪資

工業化國家專門技術勞工目前的所得大約是世界上最貧困的非洲撒哈拉區域（Sub-Saharan African）農民的六十倍（World Development Report, 1995）。在世界各地的不同國家中，教育水準與薪資所得往往存在著正向的關係，不過正向關係的強度則隨著國家的不同而不同。教育程度較高的勞工在對勞工有高度需求卻供給較少的國家中，可以獲取較高的薪資；不過在高度教育水準是一般情況的國家中，則無法獲得類似的優惠。舉例來說，從圖 6.3 我們可以發現，在美國具有高度教育水準的勞工很多，所以因爲教育水準不同所造成的薪資差異狀況就比不上泰國，因爲在泰國高教育水準的勞工並不多見，但需求量卻很大。不過根據美國人口調查局（US Census Bureau）

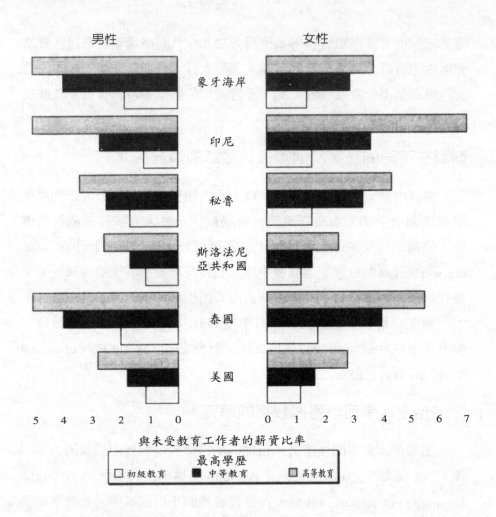

男性　　　　　　　　　　　女性

象牙海岸

印尼

秘魯

斯洛法尼
亞共和國

泰國

美國

5　4　3　2　1　0　　　0　1　2　3　4　5　6　7

與未受教育工作者的薪資比率

最高學歷
□ 初級教育　　■ 中等教育　　▨ 高等教育

注意：因為教育的因素對於男性及女性勞工所造成的薪資增加。比率所用到的
　　　資料是來自於類似年齡等變數的統計資料。除了泰國的資料取自1988-9
　　　年及斯洛法尼亞共和國和美國的資料取自1991年，其他國家的資料都來
　　　自於1986年。

圖6.3　教育可以將收入提高多少？（Human Development Report.
　　　（1995）. p. 39. Ne w York ： Oxford University Press）.

的報告顯示，平均而言知識水準的提昇不管是對每月薪資或對終身薪資都能夠產生提高的效果。個人的知識及工作技巧越來越能夠區別有工作的國民和失業人口，以及區別薪資很高及薪資很低的勞工。

工作環境問題

在工業化國家，有關工作時數、工作薪資及其它與工作有關的議題都是在政府法令限制的管轄之下，最主要的目的是要保護勞工。這些法令限制在開發中國家不但沒有被當作對待勞工的當然標準，甚至也不常在開發中國家的法令中出現，因此在這些國家中工作的勞工比較沒有保障。從 1988 年到 1992 年，在埃及因為採礦、生產作業、建築施工及交通（包括通勤期間）發生意外事故而導致死亡的人數平均每十萬人中有九十四人，相較之下丹麥在相同期間因為相同意外事故而導致死亡的人數每十萬人中僅有十八人（World Labor Report, 1994, pp. 110-111）。從接下來我們所描述有關泰國一家玩具工廠因為意外導致兩百四十位勞工死亡的事件中，我們可以明白為何在開發中國家的意外事故發生比率是如此的居高不下。這家工廠先前發生過三場大火，不過卻都被勞工所忽略。除此之外，工廠內部的緊急逃生出口為了要預防小偷入侵都已被堵住，在廠區內部也沒有火災警告裝置用來提醒火災意外的發生。在 1995 年的漢城，有數百位民眾因為百貨公司施工速度過快及施工品質不良，而在百貨公司倒塌的意外中喪生。當企業認定組織成長的目標高於勞工安全考量時，類似上述真實發生的災難及潛在可能發生的災難，就可能會隨著經濟的成長在世界各地不斷地發生。舉例來說，馬來西亞從 1985 年到 1990 年，工廠意外發生的次數從 6172 件提高到 12104 件，成長了將近兩倍（Thailand fire shows, 1993）。

在工業化國家中，許多爲了保護勞工及消費者而訂定的工作限制，在世界的其它地方可能並不多見。在已開發國家中，爲了要處理化學原料、醫學及人爲廢棄物所設的保護措施，飲用水及空氣的過濾、監督系統還有防治污染的設備等等都十分常見，不過在開發中國家，這些設備及措施較不常見。除此之外，也很少有開發中國家提供給勞工在許多已開發國家勞工身上所享有的社會安全網。因此我們可以了解，開發中國家的勞工不但面對了較多與工作有關的危險，當工作影響其身體健康或家庭財產時，所能獲得的補救措施也比較少。因此在開發中國家工作的勞工，比較容易因爲雇主、管理者、同事、體罰、薪資扣留或言語表達不當而受到傷害的情形，也受到世界各地勞工權益倡導者的密切注意。

工作的不平等待遇

童工問題

在工業化國家普遍實施的義務教育制度，使得年齡低於十六歲的兒童參與給薪職務的數量大爲減少，開發中國家也因爲初等教育多爲強制性而有類似的情況。不過當類似的政策不存在，一個國家要避免業者僱用童工的規範就比較微弱，甚至不存在；除此之外，當國家內部面對的經濟壓力很大時，兒童爲了要求得薪資、食物或住所而參與工作的狀況就更常見了。1997 年在挪威奧斯陸（Oslo）針對童工問題所舉辦的會議聚集了來自世界各地關心童工問題的個人及組織，會議討論出一個反制世界各地剝削和濫用總數約兩億五千萬名童工的全球化策略。根據 1993 年世界勞工組織（International Labor Organization, ILO）的報導，全球各地工業化國家內的童工人數有增加的趨勢（An evil unbearable, 1993），但是童工人數增加最多的地區還是以開發中國家為最多。此外根據聯合國兒童基金（United Nations Children's Fund, UNICEF）的調查，在開發中國家年齡介於五到十四歲的兒童中，每四人中就有一人是童工，而且大部分的童工都沒有就學（Experts work, 1997）。童工所獲取的薪資主要作為家庭收入的一部份，有時候這些童工在工廠內工作，不過大部分的童工都是屬於獨立的勞工。從奈洛比（Nairobi, 肯亞共和國的首都）到巴西（Brazil），從土耳其（Turkey）到印度（India），為數眾多的兒童為了增加收入，除了投入工作的行列以外別無選擇。儘管世界勞工組織了解到，許多國家的兒童投入工作所能擁有的選擇並不多，但是在下面的三個情況之下，該組織仍舊堅決反對企業僱用童工：當兒童所進行的工作每天都必須進行，並會因而導致兒童在教育及其它社交技巧的學習上出現阻礙時；工作性質具有高度危險性，例如哥倫比亞的煤礦開採、開羅的皮革工廠化學製品的使用等等工作；當工作性質明顯剝削兒童時，例如被迫的勞動或債務清償下的奴隸、還有在世界上隨處可見的雛妓等等。

　　童工的問題常常出現在那些因為移民而導致流離失所的兒童身上，此外兒童也常常是那些因為違反國際勞工組織勸告而受到法規制裁的受害者。在泰國，所謂的兒童搜尋者以綁架或從貧困家庭中買下兒童，再把這些兒童販賣給需要童工的家庭、餐廳或工廠；在多明尼加共和國（Dominican Republic），兒童被送進製糖工廠擔任類似奴隸的工作；在巴西，貧窮的鄉村家庭因為大城市高薪資所得的誘惑，所以往往會把家中的兒童送往城市工作，不過這些兒童通常會被要求支付高額的交通及食宿費用，只給予微薄的薪資，更有多數被送到工廠做著類似奴隸的工作。

　　童工與全球化企業有密切的關係，因為有許多轉包商都僱用童工來進行作業，特別是紡織業、家俱業及運動鞋製造業等等消費性商品

業者；也因此這些全球化企業家會受到外部的壓力而進行承包商的更
換。舉例來說，1997年發生在印尼抵制PT Hardaya Aneka Shoe
Industry造成的停工及暴動，還有勞工抵制越南的製造商Sam Yang進
行的罷工，其抗議的最主要目標都不是這些當地的廠商，而是耐吉企
業（Nike）。耐吉企業是這次事件的主角，後來耐吉的經理人僱用了
安德魯楊（Andrew Young, 前美國駐聯合國大使），對耐吉的轉包商執
行一項蒐證的工作，在勞工發起的暴動獲得平定時，才鬆了很大一口
氣。基於這樣的經驗，類似耐吉這樣的企業於是對轉包商實行更為嚴
苛的標準，以避免再出現類似的新聞事件，並且在開發中國家引入那
些在已開發國家實行已久的作業標準。在耐吉企業的例子中，儘管各
個轉包商都有其各自面對勞工問題的標準，但是這些標準卻需要升
級，並改善這些標準對於文化差異的敏感度，避免類似剝削童工的狀
況再度發生。對於企業來說，解決勞工爭議問題通常需要一點創意。
根據牛津飢荒救濟委員會（Oxfam, Oxford Committee for Famine Relief ）
代表卡洛琳蕾奎絲（Caroline Lequesne）的說法，依照孟加拉零售商
所訂定的人權政策實施結果，從紡織工廠被免職的童工除了擔任具有
高度危險性的工作或從事賣淫之外，並沒有其它的選擇（Human
Rights, 1995）。李維牛仔褲（Levi Strauss）採行了一個大部分企業不
願意執行的政策，透過繼續僱用這些童工並且讓這些童工進入廠區內
的學校就讀，直到這些童工到達法定的工作年齡為止（十四歲），以
解決轉包商所面臨的兩難狀況（Zachary, 1994）。對於大部分的家庭及
政府來說，提供兒童就學資金是傳統上較常見的方式，李維企業的做
法正好給予全球企業一個最佳的例證，讓企業明白目前必須承擔的責
任與過去相比會有很大的不同。從支付這些童工接受教育所需的資金
看來，李維企業承擔了過去由家庭或政府組織所必須承擔的責任。

女性工作者的問題

在以性別爲計算基礎並提供統計資料的國家中，聯合國的年度報導指出，並沒有以對待男性員工的相同標準來對待企業的女性員工。這當中的性別差異（Gender Gap）反映在評估一百四十六個國家依據比較性的生活期望、教育還有收入等等變數在男性勞工與女性勞工之間的差異後彙總的性別相關發展指數（Gender -related Development Index, GDI）。根據人類發展報告（Human Development Report）所作的評比，加拿大在GDI指數上拔得頭籌，緊接在後的是挪威、瑞典、冰島及美國。GDI指數較高的開發中國家則是巴貝多（Barbados, 位於西印度群島東邊）、烏拉圭、千里達托貝哥（Trinidad and Tobago, 西印度群島的一國）、南韓、哥斯大黎加及泰國。在1997年的報告中還包含了性別賦權量數（Gender Empowerment Measure, GEM），這個量數檢視女性成爲技術專家、取得經濟主導權或掌握政治機會的狀況。根據1997年GEM的評估結果，挪威、瑞典、丹麥及芬蘭在賦權給女性方面成效最佳。

對於女性勞工的差別待遇包含了較差的基本人身安全措施、工作保障較低、營養或健康保險的資源較少、薪資待遇不平等，還有獲得進修或晉升的機會較少等等。在全球各地的企業界，女性在擔任專業性或管理性職務的機會通常會受到較多的限制。舉例來說，在歐洲的就業市場，女性佔全部勞動人口的百分之四十一，不過擔任管理職務的女性僅佔了百分之二十九、擔任資深經理人職務的女性只佔了百分之二、擔任董事會職務的女性更是少於百分之一（Out of the typing pool, 1996）。不過近年來我們可以在美國企業僱用女性的情況看到一些進展：從表3.6中我們可以看到有越來越多的美國企業僱用女性經理人。根據Catalyst 機構所進行的研究報告指出（Women hold more seats, 1996），1996年美國財星雜誌（Fortune ）所選出的五百大企業中，女性董事會成員佔了所有董事成員的百分之十點二（六千一百二

十三個席次中佔了六百二十六位）。然而，根據Catalyst 機構所提出的
另一個報告（Lublin, 1996），經過調查四百六十一位女性資深經理人
及三百二十五位男性總經理級人員之後卻顯示，在人力資源管理及公
共關係等等傳統上不常提供給女性晉升機會的幕僚性職務中，由女性
擔任部門主管的比例超過百分之六十。在1994年由亞斯蘭佩吉、普萊
斯曼及山姆費爾德（Aslanbeigui, Pressman, and Summerfield）針對東
歐、拉丁美洲及非洲幾個正在轉變中的開發中國家所收集的資料歸納
出，女性工作者的成功往往沒有受到廣泛的報導，而女性工作者失敗
的例子卻遭到大肆地宣傳（p.2）。南西阿德勒及黛芙娜依莎蕾
（Nancy Adler and Dafna Izraeli, 1994）收集了亞洲、中東地區、非
洲、歐洲及北美洲成功女性經理人的資料後明白地告訴世人，只要女
性可以獲得與男性同等的機會，女性必定也可以爲組織的成功付出貢
獻。

少數族群工作者所面臨的問題

多元化的各種表徵是薪資、工作狀況不平等及其他形式歧視的來
源。在美國，傳統上黑人比起白種人在教育及工作上的機會就少很
多；在巴西及南非的黑人也面臨著相同的狀況。舉例來說，儘管黑人
及其他不同的有色人種佔了巴西人口總數的百分之四十五，但是卻只
有少於百分之一的非白人族群有機會進入該國最大的公立大學就讀。
在南非的失業人口中，有百分之五十是當地的黑人；而在當地的美裔
黑人，特別是那些居住在鄉村地區的黑人，更有百分之三十處於失業
狀態。儘管華人往往擁有許多資源，但是在東南亞地區還是面臨嚴重
的歧視問題；在大洋洲的印度籍商店業者也常常受到顧客懷疑或不信
任的眼光；同樣地，在日本地區對於韓國人的後裔也常常會出現歧視
的狀況。德國的反土耳其（Anti-Turkish）情結大致上是由於基督教及

回教之間的宗教信仰差異造成的，相同的狀況也造成法國人與阿爾及利亞移民及英國與巴基斯坦之間的對立。這些少數民族成員在事業上所獲得的成功，往往被視爲例外，而不會被當作少數民族利用得來不易的機會創造事業成功的證明。創業成功的日本企業家孫正義（Masayoshi Son），日本軟體銀行（Softbank）的創辦人，被比喻爲日本的比爾蓋茲（Bill Gates），本身正是少數族群中的韓裔日本人。日本軟體銀行的例子及美國加州Sumitomo銀行的例子（請見小故事6.2）顯示出，少數族群企業家往往具有難以置信的商業潛力可以擴展其業務領域。

對於類似小故事6.2中所提到加州Sumitomo銀行，當內部員工對於不平等待遇發出反彈聲浪時，眞實或感受到的不平等會造成企業的成本負擔。類似這一類的反彈聲浪可能由個人發出也可能由組織發出。舉例來說，在美國加州有一個稱爲Greenlining Institute的倡議團體，專門接洽對於加州Sumitomo銀行放款作業及員工職務分配的控訴案件。許多新進的員工都不願意在組織內部或日常生活中被當成次等公民對待，也會利用法令或其它方式來維護自身在種族上或文化上的特徵。如果組織內部無法逐漸形成對於少數族群之尊嚴及獨特性在處理態度上的平等，那麼在不久的將來可能會爲企業造成很高的成本損失。一個很明顯的例子就是，在美國有越來越多的移民提出公平就業機會（Equal Employment Opportunity, EEO）的申訴案件。這些申訴案件不僅爲企業帶來法令限制下的罰款，也爲人力資源管理部門經理人還有其他負責人事的相關人員帶來時間上的損失。在1996年全球企業三菱汽車（Mitsubishi）及零件製造商Astra在美國因爲性騷擾事件遭到起訴。在1990年代早期日本女性也決定追隨美國女性的腳步，拒絕工作場所性騷擾（seku hara）的再度發生。目前日本每年的性騷擾控告案件有四百件，然而在1985年以前性騷擾控告案件數目則是掛

小故事6.2　加州的SUMITOMO銀行

　　設立於1925年，初始目的是為了幫助日本移民的加州SUMITOMO銀行，在1980年代擴展利基市場去幫助那些來自日本且有意加入加州房地產交易的商人。但是加州SUMITOMO銀行在吸引非日本籍顧客上遭遇到很大的困難。身處一個向來以族群多元化著稱的地區，SUMITOMO銀行面對越來越大的壓力提供貸款並雇用拉丁美裔及非裔的美國人。在邁向成功的路途上，阻礙SUMITOMO銀行的不只是該銀行過去的傳統，還有那些過去進行業務的規範及潛在顧客對於該銀行的期望。一個非裔美籍分行經理克雷格山姆斯（Craig Samuels）發現到，在黑人較多的區域該銀行的顧客明顯減少。透過業務人員到那些由黑人經營的企業進行拜訪後也發現到，該銀行所具有只服務日本人的形象，對其他顧客造成許多錯誤的認知，其中甚至包括該銀行沒有一個櫃檯人員會講英文的荒謬印象。另一方面，對於日裔美籍的顧客來說，黑人可以擢升為分行經理的政策也令他們感到大惑不解，甚至要求銀行替換這些經理人。對於SUMITOMO及山姆斯來說，為了因應目前業務的要求，如何改變眾人對於該銀行過去的印象顯然勢在必行。

來源：Sharpe, Rochelle. (1996, Dec. 30). Stuck in a niche：Japanese bank in US built for one minority is pressed to aid another. The Wall Street Journal, pp. A1, A4.

零，因此許多日本企業訂定新的政策，在政策中大致描述員工在工作場合所被允許及期望發生的行為（Morrow，1993）。國際勞工組織在1992年十二月提出一項對二十三個國家的調查報告，在報告中指出有百分之十五到三十的職業婦女表示她們曾經在工作場合遇到性騷擾的情況。從這個例子中我們可以發現到，以往僅在少數國家才會受到廣泛重視的平等議題，目前已經成為全球關注的議題，這些議題在工作場合中也不太可能消失。

失業的問題

當一個國家或區域的經濟狀況出現下滑的情況時，對於那些參與正式經濟活動的勞工可能會造成最大的影響。自由業工作者、家庭式無給薪勞工或獨立工作者可能會遭遇到工作量減少的情況，不過一般說來這些工作者還是處於被僱用的狀態（Comparable rates of unemployment, 1993）。在表6.5中，我們舉出幾個相對失業率的例子，從表中我們可以發現不管在工業化國家或開發中國家，失業率都非常高。在東歐也有少部分區域的失業率很高。根據1994年的失業率報告，捷克共和國（Czech Republic）的失業率最低為3.2%、羅馬尼亞（Romania）的失業率為10.6%、匈牙利（Hungary）11.1%、保加利亞（Bulgaria）13.4%、斯洛伐克（Slovakia）14.1%，波蘭（Poland）則高達16.9%。1995年歐盟諸國失業率最低是瑞典的7.8%，而最高則是西班牙的24.4%。不過如果單從一個國家平均失業率的數字來看失業的情況，可能會掩蓋掉國家內部少數族群的高失業率問題。舉例來說，根據奧地利的資料指出，在1995年五月奧地利當地國民的失業率為7.5%，其它英語系國家移民人口的失業率為7%，而那些非英語系國家的移民人口失業率則高達12.2%（Working nation, 1995）。

表6.5 官方的失業率數字（％）（1992）

西班牙	24.4[a]
摩洛哥	15.4
斯里蘭卡	13.3
比利時	12.7[a]
法國	12.2[a]
義大利	11.9[a]
德國	10[a]
澳大利亞	9.5[a]
荷蘭	9.5[a]
英國	8.2[a]
土耳其	7.8
埃及	6.9
玻利維亞	5.8
美國	5.8
智利	4.4
瑞士	3.8[a]
日本	2.8[a]
南韓	2.4

註a：1995年的資料。
Geneva: ILO, UN; ILO Yearbook of Labor Statistics. (1992, 1993)

　　國際勞工組織預期歐盟的失業問題會維持現狀，甚至向上攀升，因為在歐洲新工作機會的創造正逐漸下滑。不過這並不是說歐洲的企業沒有創造新的工作機會，正如同我們在檢視工作轉移狀況時發現的結果，許多歐洲的企業把旗下的部門移轉到勞工薪資成本較歐洲各國低的區域。從表6.6中我們也可以預期，工作轉移的狀況將持續地為歐洲帶來失業問題。舉例來說，在1997年的元月，德國的失業率因為高稅率、高薪資及受到法規限制無法資遣員工等等結構性因素，工作轉移到低勞工薪資成本的國家，及新進勞工生產力的提高，使失業率攀升到12.2%。

　　對於失業率我們可以提出兩項評語：在開發中國家中，只要經濟

表6.6　高失業率（％）

國家	1996	1997	2000
西班牙	22	22	23.7
法國	11	12	14.0
義大利	10.5	12.4	13.2
比利時	9.4	13.7	11.8
澳大利亞	7.6	8	11.7
加拿大	9.4	9	11.5
英國	8.1	6.7	9.4
德國	8.7	11.4	8.2
荷蘭	8.5	6.0	6.8
美國	6.8	4.6	5.8
日本	3.2	3.5	2.8
瑞士	4.0	5.1	1.3

資料來源：Source: forecast from Zachary , G. Pascal. (1995, Feb. 22). Study predicts rising global joblessness. The W all street Journal, P . A2, after W orld Employment Report. (1995). Internatinal Labor Organization: Geneva: ILO, UN. 1996 date from World Economic Outlook. (1995, Oct). p. 95. Washington, DC: IMF; 1997 estimates are derived from government reports published in business periodicals.

整合情況良好，在全球經濟活動的參與率也很高的情形下，將可以享有較低的失業率；在工業化國家中，若其社會安全網完善，那麼失業率將持續居高不下。

　　總括來說，這些失業率的數字描繪出全球所面臨的挑戰。工業化國家內部工作機會的減少，會使得更少人工作但更多人享受社會福利的情況逐漸惡化。許多開發中國家的出生率早已遠遠高過新工作的數目。引用迪肯（Diken, 1992, p. 423）說過的話，「那些得以支撐世界繼續發展的新工作將來自何處？」，正說中了我們的憂慮。或許，對於大部分的開發中國家來說，透過移民去追隨工作是解決方案之一。

全球移民的現象

因為經濟全球化，國界概念逐漸趨於模糊的狀況同樣也發生在世界各地的勞工身上。在一個沒有國界限制的世界，人們可以自由地在不同的國度間移動，以找尋最佳的工作機會。根據威廉姜斯頓的說法，世界各地對於技術性勞工需求的成長可能會產生如下的結果：

1. 女性將會大量進入勞動市場，特別是在那些傳統上較少女性參與給薪制工作的開發中國家。
2. 世界勞動人口的平均年齡將會上升，特別是在那些新勞動人口加入較少的工業化國家。
3. 因為技術性勞工的需求增加，世界各地的人們接受高等或大學教育的人數也會隨之增加。

姜斯頓認為，對於勞動人口有高度需求的國家及可以提供勞動人口的國家之間會彼此達到平衡，不過他也強調社會性的阻礙將會削弱經濟上的需求，而使得勞工在世界各地的自由流動受到阻礙。當勞工的流動受到阻礙，企業為了尋求較低的薪資成本，並且因應世界各國勞工的供需狀況，替代方案就是把生產作業轉移到國外。在下面的部分我們將會分別探討這兩種不同的工作轉移情形，並且在後續的討論中分別檢視這兩種不同的情況所可能產生的優缺點。

尋找工作的人們

對於研究全球勞動力的學者來說，人口的移動引起了他們高度的

重視。不管是國內的居住地點轉移，例如由鄉村搬到都市，或跨越國界的移民都因爲經濟上的抱負及衝突而快速成長。衝突的出現是近年來國內居住地點轉移或國外移民人口數量大增的主要因素。目前世界上每一百三十個人就有一個難民，這些難民中有百分之八十爲婦女或兒童。據聯合國負責處理難民事宜的高級專員說，在1997年光是因爲種族衝突、暴力行爲、及迫害等因素所造成的全球難民就高達五千萬。這些難民絕大多數在自己的國家中流離，他們的處境極爲艱困，因爲儘管有某些組織持續監督各國境內難民的情況，但是卻沒有任何世界性的專責機構或國際性公約可以協助處理這些流亡的難民。聯合國難民會議的主要工作是監督那些離開所屬國家的難民，在經過調查後指出，目前驅使這些難民離開自己所屬國家的主要誘因就是經濟因素。與1980年全球的難民人數僅有八百萬相較，1993年有高達兩千三百萬名難民爲了要找尋更好的工作機會而選擇離開自己的國家。

　　根據人口參考局（Population Reference Bureau）所提出的報告（Martin and Widgren, 1996）指出，目前世界上居住在非出生國家或非本身所屬國家的人大約有一億兩千五百萬，這個數字與日本全國人口一億兩千兩百萬相當，也佔了全世界人口的百分之二。在這些移民者當中，有一半居住在工業正逐步成長的國家，居住在世界七大工業國家：德國、法國、英國、美國、義大利、日本及加拿大的移民更是高達總數的三分之一。根據馬丁及懷格林（Martin and Widgren）的看法，石油輸出國也吸引了許多移民的人口，在中東國家大約有百分之六十到九十的勞工屬於移民人口。在接下來的部分，將要探討這些移民人口在國外重新定居時，受到地主國何種程度的認定。

西歐的移民

　　在二十世紀的後半葉，因爲經濟因素而移民到歐洲的人數大增，

尤其是在最後的二十年。1985年的統計資料顯示,在歐洲的移民人口總數有兩千三百萬,相當於全部歐洲人口的百分之四點七(World Development Report, 1995)。從1985年開始,西歐來自非洲、亞洲、中東地區及土耳其的移民達到最高潮,也使得西歐外來人口的數目大量增加,目前有超過一千萬名來自中東地區、非洲、前南斯拉夫及蘇聯等非歐洲本土居民散居在歐洲西部(O'Mara, 1992)。從圖6.4中我們可以看到在1992年這些移民人口的流向。在1990年,移民人口佔奧地利及瑞典總人口的百分之五、佔德國的百分之八、在瑞士更是高達百分之十六。移民人口的第二代子女佔歐洲未滿二十歲青少年人口的百分之十,而且這個數字目前正以每年四百萬的速度急遽增加中(A generation at risk, 1990)。

美國的移民

在過去的二十年,美國也經歷了移民人口大量流入的狀況。在美國的移民人口大約佔百分之八,光是在1990年代就有將近八百八十萬名合法的移民人口被授與美國公民的資格。在所有已開發國家中,美國給予了將近百分之五十的移民人口公民資格,其中有百分之八十五來自開發中國家。相較於早期移民到美國的人口大部分來自歐洲,目前的移民人口主要來自墨西哥、拉丁美洲及亞洲。進入美國的移民人口因為美國當地居民的反移民情節、非公民無法享有福利及其它權益,往往傾向申請美國公民資格。移民人口公民申請案件由1990年的大約三十萬件,在1997年暴增到一百八十萬件。

其它工業化國家的移民

類似日本及南韓等勞動人口極度缺乏的工業化國家,也吸引了東亞及南亞將近兩百萬的移民人口(Pura, 1992)。就像移民到其它工業

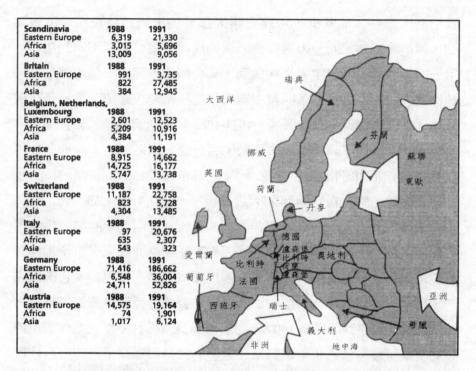

Scandinavia	1988	1991
Eastern Europe	6,319	21,330
Africa	3,015	5,696
Asia	13,009	9,056
Britain	**1988**	**1991**
Eastern Europe	991	3,735
Africa	822	27,485
Asia	384	12,945
Belgium, Netherlands,		
Luxembourg	**1988**	**1991**
Eastern Europe	2,601	12,523
Africa	5,209	10,916
Asia	4,384	11,191
France	**1988**	**1991**
Eastern Europe	8,915	14,662
Africa	14,725	16,177
Asia	5,747	13,738
Switzerland	**1988**	**1991**
Eastern Europe	11,187	22,758
Africa	823	5,728
Asia	4,304	13,485
Italy	**1988**	**1991**
Eastern Europe	97	20,676
Africa	635	2,307
Asia	543	323
Germany	**1988**	**1991**
Eastern Europe	71,416	186,662
Africa	6,548	36,004
Asia	24,711	52,826
Austria	**1988**	**1991**
Eastern Europe	14,575	19,164
Africa	74	1,901
Asia	1,017	6,124

圖6.4　降臨歐洲的移民潮：1988 年（柏林圍牆倒塌前）、及1991 年到歐洲尋求庇護的移民來源（The Seattle Times.（1992, Nov. 26）. p. A3, using data from the United Nations High Commission for Refugees.）

化國家的人口一樣，這些移往日本或南韓的勞工未來也會積極尋找經濟及政治機會。

開發中國家及其它新興發展國家的移民

在1980 年代的後期，國外勞工往工業化國家移民的數目越來越多，非法移民在許多國家，例如美國、法國、義大利及西班牙，也受到政府的赦免不必遭受遣返。這些合法或非法移民受到工業化國家的

吸引而大舉移入的狀況，可能會讓大部分的人認爲移民潮是單方向的，但事實卻非如此。因爲經濟因素的移民主要有兩個不同的趨勢：第一個趨勢是由開發中國家移民到工業化國家；而另一個趨勢是超過總移民人口的半數在各個開發中國家移動。南非、泰國及香港是少部分移入人口淨值爲正數的區域。根據1985年波斯灣各國的報告顯示，國外移民人口佔了該地區人口總數的百分之三十四，在大洋洲國外移民佔總人口的比例則爲百分之十六（Human Development Report, 1995., p.65）。南非在1994年的大選過後，一般估計有大約二到八百萬的非法移民會進入南非定居；非洲東部種族及部落衝突的擴大也會促成移民人口的增加，這些因爲經濟因素移民到南非的人口也使得南非的經濟出現上升的狀況。在亞洲，因爲經濟因素而移民到其它國家的勞工認爲，不論透過合法或非法的管道，要跨越亞洲各國的界線都是非常容易。馬來西亞因爲1997年的經濟風暴使得許多建設案件出現停頓的現象，經濟情勢也漸趨衰落，業者對於是否繼續僱用印度籍移民勞工出現了很大的困難。

　　開發中國家及新興發展中國家對於知識型工作者的強大需求，也使得移民到這些國家的勞工人數快速增加。舉例來說，在南韓擔任白領階級工作的外國勞工迅速成長，以因應南韓對於世界級經理人的需求。南韓的電子大廠LG電子及三星集團僱用了許多中階及高階主管，並指派這些主管到韓國各分支機構吸取經驗，以便未來可以站上國際舞台。1996年南韓對於外國專業人員的需求增加了一倍，也因此吸引了世界各地的科學家、研究人員、教授、工程師及語言教師大量的移入（Foreign bodies in South Korea, 1996）。雖然1997年南韓在經濟重建階段，對於外國專業人員的需求趨緩，但是長遠看來，對於外國專業人員的需求還是會因爲經濟重建的衍生效果而再度暴增。

女性移民人口

　　目前有越來越多的移民人口由女性組成。在1996年有大約百分之五十的海外工作者是女性，在1976年這個數字僅為百分之十五以下。在斯里蘭卡（Sri Lankan）有百分之八十的海外工作者是女性，在中東地區的海外工作者大部分擔任女傭的工作。讓這些女性決定移民到國外的原因包含本身所屬國家有限的工作機會、寄回自己在國外所賺取的薪資、還有地主國政府為了減輕工作壓力而簡化移民的手續等等。不過這些移民的婦女往往都是職業虐待事件的受害者（UN panel to tackle abuse, 1996）。菲律賓海外工作者福利行政機構（Philippine Overseas Workers Welfare Administration）的報告指出，光是在1994年就接獲了一萬件的控訴案，其中大部分是女性受到業主傷害的案件，範圍從虐待、強暴、到非法奴役（Wallace, 1995）。移民到外國的女性勞工也可能提高地主國的人口出生率，因為這些女性勞工的年紀較輕，很有可能在地主國結婚並定居下來。

非法移民人口

　　非法移民近年來呈現大幅的成長。根據美國官方的統計資料，目前每個月光是從泰國曼谷非法移入美國的人口總數就高達兩千人，非法移民主要來自泰國、中國、印度、巴基斯坦、孟加拉、斯里蘭卡、甚至是奈及利亞，這些非法移民主要是到美國工作環境惡劣的工廠或妓院中尋求工作機會。在美國這一類每月薪資兩百美元的工作，目前都由來自中國或緬甸的非法移民擔任（Sherer, 1995）。根據國際移民政策發展中心的報導，每年有大約三十萬名非法移民進入歐洲；也有許多因為經濟因素的非法移民透過犯罪活動進入其它國家。亞洲的三合會（Triads）負責將中國想要非法移民的人口送往全球各地，而墨

西哥最著名的土狼（Coyote）向每位想要非法跨越美墨邊界的勞工收取三百到六百美元，以幫助這些勞工到美國尋求更佳的工作機會。不過類似這一類的非法移民往往會使勞工變成實質的奴隸，被迫從事非法的經濟活動。

對於移民人口的回應

反對移民的情結幾乎在世界各地都逐漸發燒，工作機會短少及文化特徵的存續等等問題，也間接助長了反移民情結的上升。不像是十多年前因為受到政治迫害而離開自己國家的移民，許多因為經濟因素而出走的移民會希望在幾年以後再度回到自己的國家，因此比較不容易與移民國家內部的文化產生融合。舉例來說，盧森堡四十萬人口中有超過百分之三十為外國移民，其中就有許多希望幾年後能回到葡萄牙的葡萄牙人。只有少部分的外國移民會說當地的語言，而大部分的葡萄牙移民只會在葡萄牙餐館吃飯、喝葡萄牙產的酒、看葡萄牙球隊參加的比賽，並且只在葡萄牙人設立的超級市場購物（Little Luxemburg, 1994）。因為在歐盟諸國缺乏國界的概念，使得葡萄牙人得以在盧森堡自成一個葡萄牙人專屬的區域，也因為外國人具有投票的權利，因此可能會對地主國的基本文化產生重塑的影響。

移民的現象是前仆後繼的，大部分的移民人口會定居在先前移民者已有基礎的區域（Simai, 1994）。至少就短期而言，這些後來的移民者可以比較容易調整過新生活的準備，不過相同的狀況也會造成移民人口不容易與當地文化融合的後果。根據某個調查顯示，對於外國移民的恐懼在西歐已經取代了對於冷戰的恐懼（Newman, 1993），許多西歐國家已經對外國移民及難民關上了大門。法國政府執行了一個幾乎拒絕所有移民申請的方案；丹麥及瑞典針對波士尼亞人的簽證申請，頒布了一個禁止直接由戰區進入的命令；尋求庇護的外國移民，

如果沒有工作或贊助者的證明，要想進入荷蘭幾乎是不可能的任務；德國也改變先前對待尋求庇護的外國移民的政策，決定將這些外國移民送回他們自己的國家，因此雖然德國過去幾年來接受外國移民的人數高過歐洲其它國家（七百萬），在 1993 年新的公民法規實施之後，國外移民想要申請通過成爲合法的德國公民成了幾乎不可能達成的目標。日本、香港及亞洲的其它國家也都盡力避免國外移民的進入。反移民團體宣稱，這些來自外國的移民人口耗費地主國過多比重的福利及社會資源，而高度的出生率也對於教育及其它類似機構造成莫大的壓力，同樣的移民人口在某個區域的過度集中也會造成環境生態的壓力，最後移民人口可能也會破壞地主國的文化傳統。除此之外，全球勞工市場所面臨的壓力也促成了反移民的情結。工業化國家的成長趨緩現象及工作流失，都使得這些國家的居民對於移民人口的進入變得更加敏感，也開始擔心移民人口會搶走當地居民工作的機會。

　　然而移民的擁護者卻認爲，這些國外移民人口所搶走的工作是當地人不願意或無法進行的工作、移民人口對於社會福利系統的付出高過獲得，此外國外移民人口也會帶給地主國重要的知識及技術。舉例來說，在美國六萬五千位暫時性的專業工作者中，有三分之一是大學教授及研究人員，其中大多數都擁有博士學位；獲得諾貝爾獎的美國人之中，有三分之一出生在美國以外的其它國家；著名的英代爾（Intel）及麥肯錫管理顧問公司（McKinsey Consulting）最初也都是由外國移民所設立的。出生於匈牙利，而以紐約作爲其事業基地的喬治索羅斯（George Soros）更是已經在全球投資市場獲取了數十億美元的利潤。當移民人口搶走了地主國內最好最聰明人才的成功機會時，這些地主國可能就必須要面對長期的發展威脅。

　　儘管許多移民人口都已取得地主國的公民資格，不過因爲旅遊及通訊技術的進步，伴隨著企業在全球舞台上營運的機會，促成了跨國

性企業家的出現，這些企業家所發展出來的企業版圖可能遍及兩個或
更多的國家。海外華人及居住在國外的印度人就是最好的例子，這兩
個族群的企業家已經創立了許多跨國性的大企業，並且在企業運作的
過程中越過了移民國的界線而邁向世界的舞台。從小故事6.3中有關
胡氏家族的例子可以讓我們更清楚了解這個觀點。不過，中國及印度
兩地以外的移民人口因為經濟或政治因素，也慢慢地回到自己所屬的
國家並且積極發展創業的機會。

尋找合適勞工的工作

　　全球化的現象，使得來自開發中國家的企業得以進入全球市場。
一般說來，這些企業的競爭優勢就是低廉的勞工成本。為了因應這樣
的挑戰，來自工業化國家的企業紛紛在其國內進行規模縮減，並尋求
委外加工或在工資低廉的國家創造新的工作機會。這樣的狀況對於工
業化國家的製造業造成了很大的影響：美國製造業的工作機會從1978
年到1990年減少了一百四十萬（Kapstein, 1996），德國在1995到1996
年間，因為企業紛紛遷移廠址並在工資低廉的國家建立新廠，喪失了
五十萬個工作機會。根據佛萊迪史都曼（Frederick Studemann, 1994）
對一萬家企業所進行的調查，而由德國工商聯盟（Federation of
German Chambers of Industry and Commerce）所公佈的資料顯示，有
三千家廠商因為工資過高及工作時數過低，導致企業競爭力下降，它
們希望能在1994年到1997年間將企業的生產設備轉移到其它國家。
　　低廉的工資成本再加上現代化的配銷系統，企業就算是把工作機
會轉移到世界上的任何角落也不會有任何的障礙。湯姆生家電公司
（Thomson Consumer Electronics）在亞洲僱用了較法國多出三倍的員
工；Fila紡織的產品大部分由亞洲的轉包商生產，僅有百分之十的生

小故事6.3　跨國的企業家精神

　　胡氏家族在 1960 年代中期所經營的事業國有化以後，離開了緬甸（Burma）。這個華裔的緬甸家族變得一無所有，該家族也因此分裂了許多年，之後有一部份成員到泰國想要重新起步。在一次又一次的成功之後，胡氏集團在 1995 年代掌控了泰國寶石及房地產事業。儘管接班人胡霍斌（Halpin Ho）對於重回緬甸表現出畏懼，不過也隨即克服了畏懼的心理，在 1991 年與事業合作夥伴建立了一家湖邊旅館，並在都柏林（Dublin）公開上市緬甸基金（Myanmar Fund），隨後創立了有數百萬美元價值的商業中心，為緬甸促成了許多投資計畫案。在胡霍斌的眼中，如果他可以對自己的國家有任何的貢獻，那麼在該國的歷史上他就能夠具有一定的地位。

來源：Mark, Jeremy.（1995, Sept. 7）. Burmese family returns from exile with keys to unlock reclusive nation. The Wall Street Journal, p. A12.

產作業依然在義大利進行。在下面本書提供幾個製造業將生產作業轉移到其它國家的例子：

1. 美國的醫療產品大廠 Baxter Healthcare 每年可以創造出一百億美元的業績，其醫療檢查及手術用的手套銷售到海外國家的數量遠遠高過美國。為了要維持 Baxter 商品在售價上的競爭力，

該公司的經理人決定要將生產設備從薪資成本較低廉的美國南部，轉移到薪資成本更低的馬來西亞檳城，這樣的策略也使得生產作業可以更接近橡膠出產地。

2. 1995 年戴姆勒汽車（Daimler -Benz）公司，在墨西哥設立了現有敞篷車工廠以外的休旅車工廠，也計劃要在阿拉巴馬設廠生產全功能型車種，生產的車款將會有一半運往歐洲銷售。

3. 在 1989 到 1990 年間，西門子元件有限公司（Siemens Components Ltd）幾乎將所有的半導體組裝作業從德國轉移到東南亞進行。

儘管有少部分的工作僅是將國內工資低廉的工作交給工資更低的勞工進行，服務業也像製造業一樣面臨了工作轉移的情形。舉例來說，美國的某些州付給受刑人薪資，讓他們擔任回答遊客透過電話提出問題的工作。牙買加的服務中心負責處理從信用卡申請案到飛機機位保留等等資料；愛爾蘭勞工負責校對技術手冊並處理保險申訴案件；印度、中國及孟加拉的軟體工程師則為世界各地的任何企業撰寫程式碼。服務性工作的轉移現象往往會使得人們對於企業將工作移往外國的政策提出質疑。雖然生產性工作移往工資成本較低的國家，可以由技能水準較低的當地工作者完成，然而服務性工作則須仰賴知識導向的人力資源。問題的重點從工作人員實際上可以做什麼轉移到工作人員知道什麼，並且要管理這些知識型工作者也與管理生產性工作者所需要的技巧大不相同。此外，因為對於知識型工作者的需求，可能會使得工作的轉移由低技能水準的國家移至高技能水準的國家，後者的教育水準較高；因此往後工作由生產性轉移到知識性將可能造成工業化國家的工作機會再度增加，也可能使得那些可以提供高知識水準工作者的小國因而獲利。從小故事6.4中我們可以明白這個觀點

（請見小故事6.4）。

　　專業性的工作在過去可能因爲受到保護而不致出現轉移的情形，不過因爲各種不同形式界限的破壞，這一類型的工作也難以避免的發生轉移。波音集團（Boeing Corporation）透過其轉包商僱用了三百位日本工程師進行777噴射機的計劃，同時也僱用了上千名台灣及蘇聯的工程師。僱用外籍工程師的主要因素是，唯有透過外籍工程師的僱用，這些工程師所屬國家才有可能向波音集團購買飛機。其它企業則透過僱用外籍工程師來取得在本身國家所無法取得的技術或藉此收到

小故事6.4　冰島的發展機會

　　位於北極圈附近的島國冰島，在知識經濟的實踐上僅次於幾個國家。冰島發展以水力進行製造的工作，並以鋁礦和含鐵硫酸鹽作爲主要的出口商品：儘管冰島船隊只有法國船隊十分之一的人員，但是其漁獲量卻與法國相差不多：冰島在世界上製造捕魚產業使用的電子器具居於領導地位。冰島居民的年收入是世界上幾個最高的國家之一，環境污染及犯罪率卻又是世界上幾個最低的國家之一。更值得一提的是，在冰島這個國家中提供了一流的大學、具有充分休閒娛樂設施的企業、種類及數量繁多的雜誌和書籍出版、多樣化的電視及廣播電台、數量多到難以計算的餐廳及文化活動，還有最符合時代潮流的健康保險等等。

來源：Passell, Peter.（1994, June 26）. A little economy that can. he New York Times, p. E5.

節省薪資成本的效果。舉例來說，蘇聯軟體程式設計師的薪資僅爲美國工程師的五分之一（Zachary, 1995）。因爲軟體工程師的嚴重缺乏，也使得世界各地積極尋求軟體工程師的人才來填補這些空缺的工作機會。爲了填補美國在1997年所開放出來的十九萬個高科技工作機會，企業主也在巴西、蘇聯、中國、菲律賓及其它國家發出徵募新血的號召。然而，世界各地對於軟體工程師需求的成長，使得找到合適的軟體工程師人選難上加難，美國的企業在徵募工程師的過程中必須要和以色列、印度、歐洲及其它國家競爭（Baker, 1997）。

　　生產地點轉移所獲得薪資成本降低的優勢可能曇花一現或無法持久。從本章開頭關於薪資的檢視我們可以發現，每小時的薪資在某些開發中國家並不能反映眞實的勞工成本。高額的紅利、低度開發地區的勞工教育訓練經費，還有較低的勞動生產力都可能會造成勞工成本的暴增。在亞洲，服務性工作者及經理人的長期缺乏，使得企業必須付出教育訓練的經費，卻只能看著這些受過訓練的員工轉往付更高薪的企業效力。在泰國，日本汽車製造商豐田汽車（Toyota）、日產汽車（Nissan），及本田汽車（Honda）發現，在經濟情勢較佳的狀況下，各個公司內部有將近四分之一的經理人每年會固定的辭去工作投向競爭對手的懷抱（Asia's labor pains, 1995）。此外，某些國家的快速發展也只能提供短暫的優勢。舉例來說，在南韓低廉工資成本的優勢很快就因爲勞工需求的增加而消失，南韓的業者也隨即將生產作業轉移到工資成本比南韓更低的東歐國家。此外，經濟學家丹尼羅德利（Dani Rodrik, 1997）主張，經濟的全球化及貿易上的政治自由化使得企業在世界各地僱用低廉的勞工成爲可能，不過也可能因此對地主國的經濟造成社會契約及文化規範的破壞。舉例來說，一個國家禁止僱用童工的法令可能會因爲外國移入企業僱用童工來取代成年勞動人口而遭到破壞，也會造成地主國社會抵制國外企業進入的聲浪。儘管羅

德利並不贊同保護主義，不過在他的論文中指出，如果企業無法認清營運活動與地主國社會規範的連結，社會的力量將會透過政治介入尋求補救的措施。

從前面的部分我們舉出了勞工變得更為全球化的原因及方式。因為全球化的因素，使得許多勞工獲得了新的工作機會，相對地也使得某些勞工喪失了工作機會。不過大部分的人都相信，因為勞工全球化所帶來的弊端將會高於隨之而來的利益，而工作全球化競爭到最後只會演變為成本的競賽，進而使世界變得越來越糟（Korten, 1995）。然而也有其他人相信，勞工全球化的結果將可以為世界帶來更多的財富（Naisbitt, 1992）。理論上來說，當全球在薪資及工作環境相似的情況下，將企業的運作移往海外以獲取薪資成本的利益並不可行，而貿易活動則會惠及所有國家（Larudee, 1994）。從圖6.5 中我們可以發現到，根據世界銀行的結論，無論是哪一種勞工全球化的狀況都是可以理解的。在經濟成長趨緩而離散的情境下，薪資的差異將會擴大，而在不同區域之間與區域內部的薪資不平等狀況也會隨之升高。在收斂的情境下，在大部分的國家及區域之間薪資不平等的狀況趨緩，開發中國家對技術性較低勞工的需求會受到刺激，而技術的提昇則出現在工業化國家中。不管發生的是哪一種狀況，一般說來技術性的工作者較受到偏好。根據世界銀行的研究，哪一種情境會發生決定於開發中國家與轉變中的國家是否能：

(a) 成功地建立以市場為基礎的成長軌道，並因而產生對於勞工的快速需求，也提昇了勞動人口的生產力；

(b) 善用全球變遷所帶來的優勢；

(c) 成功地在政府的層次上創立一個架構以輔導非正式及鄉村的勞工市場；避免對本國的富裕人民產生偏見；對正式產業內

的工業關係創立一個有效率的制度；

（d）在不會產生大幅或持久性勞工成本上漲的狀況下，成功地進行經濟的整合。

薪資（以美元爲單位）

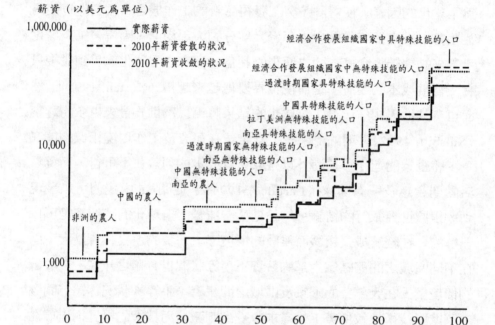

1992年佔全球勞動人口的比率（％）

注意：薪資是利用1992年的國際價格經過對數轉換而得。每一個群組佔全球勞動人口的比率是以水平線的長度來表現。圖中未標示的線段是群組佔全球勞動人口的比率未達2.5%者（未標示者佔全球勞動人口的10%）。兩種不同劇本所描述的是利用1992年全球勞動人口的分佈而不是外推至210年的資料。在圖中所稱過渡時期國家是指在歐洲及中亞那些過去採行中央集權式計畫經濟的國家。

圖6.5　兩種劇本：薪資收斂及薪資發散（Will wages converge? (1995, Nov.). Development Brief, p. 1, for details see World Development Report, 1995：Workers in an integrating world. (1995). New York：Oxford University Press）

全球勞動力的收斂現象

　　儘管寇特（Korten, 1995）認為收斂現象可能會有向上及向下兩種不同的發展，但是收斂本身有著平等的意味。根據聯合國人類發展報告（United Nations Human Development Report, 1994）的說法，在公平不存在的狀況下，想要讓世界各地共享繁榮是不可能的，而在不平等隨處可見的情況下，四海一家的概念永遠也無法實現（P. 21）。一個至今無人能解開的疑惑是，究竟有誰或哪個單位必須為就業的平等負起責任？有某些學者，例如保羅霍克（Paul Hawken, 1993）就相信企業是唯一具有足夠的規模去促成變革以達到就業平等的組織。麥荷利賽米（Mihaly Simai, 1994, pp. 1994-1995）相信政府可以透過下列的方式提昇人力資源的素質以降低不平等：

（a）利用教育系統、勞動力的再訓練來提昇勞動力及人力資源的品質，並推廣對科學的體認及其進展；
（b）創造有利於經濟發展的社會政治及經濟環境，例如改善工作環境及對於基本人權的支持等等。

提昇勞工品質

　　從先前的討論中我們可以發現，對於個人來說教育對經濟的回報是立即的。葛羅里麥克威（Gregory Mankiw, 1995）估計國家的勞工薪資中有三分之二來自勞工技能的提昇。世界各地對於技術性勞工的需求，使得各國對於教育勞工超越基本技能的需求逐漸覺醒。有許多

國家把教育視為提昇勞動力的主要方法。在工業化國家有許多知識性及技術性的勞工，其平均受教育年數為十一年，相較之下在中國及墨西哥的勞工平均受教育年數則為五年。在開發中國家，義務教育的年限為五到十一年，在已開發國家的義務教育年限則為八到十一年。在工業化國家中，每一千名國民就有八十五名科學家或工程人員，及有十九名大學畢業生；而在開發中國家每一千名國民則有九位工程人員，大學畢業生則僅有一名（You ain't seen nothing yet, 1994）。在許多國家中，教育補助給予男性員工多於女性員工，不過也有一些國家開始不分性別一律提供教育補助給所有具有潛力的工作者。

　　教育水準的差異使工業化國家的勞工提供了很大的優勢，而開發中國家教育水準的快速提昇也間接促進經濟的發展。印度的高度教育成就吸引了許多企業到該國徵募知識型勞工；孟加拉因為致力於電腦軟體的發展而促進該國經濟情勢的提昇。區域經濟因為薪資成本的刺激而成長，但是當電腦軟體開發者利用本身的技能創立可以與本土、區域性甚是世界性企業相抗衡的公司，這種類型的工作轉移也促成了全球化的進行。舉例來說，在印度創立的 Arvind Agarwalla's Fact Software International Pte 推出了一款可以即時更新企業會計資訊的電腦軟體；創辦人阿嘉華勒（Agarwalla）利用空餘的時間設計了這套軟體，並且將這套軟體在電腦應用較普及的新加坡上市銷售。很快的這家公司就迅速成長，在1995年的業績達兩百六十萬美元，並且在四個國家設立辦公室僱用了一百三十名員工。阿嘉華勒發現到，印度籍的科學家及工程師在科技上突破，不過能擁有科技就罕見了（Mark, 1995）。透過提供教育給國內的公民，印度不但對全球化作出貢獻，也為國內人民的作出貢獻。

　　其它還有不少開發中國家投入資金在教育上，不過還必須突破傳統才能夠達成這個目標。在馬拉威（Malawi），法令的鬆綁使得基礎

教育成為人人都可取得的資源；印尼政府對於Wajib Belajar（終身學習）的承諾更重申了所有印尼人民必須盡其所能地以學習更多的知識為自己的責任。美國勞工部（US Labor Department）對消費者支出進行的研究顯示，當收入提高時勞工在教育上的花費遠高於其它支出（Mandel and Farrell, 1993）；從這個趨勢我們可以了解目前全球的大學入學率快速上升的原因。在小故事6.5所提到有關於智利的例子告訴我們，短期來說教育可能會影響經濟的發展，而經濟的發展在長期也會重新塑造國家對於教育的承諾。

改善世界各地的工作環境

普遍實施的法規

不同的國家在面對童工問題、工作時數及工作安全問題、受刑人的處理、種族及性別的平等對待這些問題時，都有著各不相同的態度，也不是每個國家都會透過法律的制定來伸張人民的權益。1948年聯合國發布世界人權宣言（Universal Declaration of Human Rights），為所有國家及人民建立一個一般性的標準。在1970年代中期，國際聯盟在經濟、社會及文化權利上制訂了規約，隨後公民權及政治權也被納入。到了1997年，歐洲議會對人權所訂立的規約也納入每一個歐洲西部國家的本國法律中。

在世界各地由非政府組織所推行的政治活動日漸增多，例如人權觀察小組（Human Rights Watch）、國際特赦組織（Amnesty International）等等。此外企業組織及政府雙方所必須承擔的社會責任逐漸加重、獲得資訊的管道越來越多等因素，都使得人權成了全球各國必須重視的議題。根據國際特赦組織的年度報告，在1993年至少有

小故事6.5　智利的社會性支出

　　根據1996年國際貨幣基金（IMF）的報告，從1990年到1995年，智利的經濟發展也伴隨了社會性支出的增加，其比重從百分之五十五提升到百分之六十一，而大部分的社會性支出集中於國民健康保險、教育及房屋的費用。與其它國家發展軌跡不同的是，智利並沒有因為經濟的發展而導致社會性支出的降低，反而提高該國社會性支出的比重。除此之外，智利國民中文盲的比率也降低到少於百分之五，貧窮的問題也在四年中減少了百分之三十。因為目睹了教育及經濟發展之間的連結關係，智利在1996年通過了一項法令，要求增加建設更多學校的經費、改良學校內教授的課程及對教師的訓練。

來源：Chile boots social outlays.（1996, Nov. 18）. Business Week, p. 34.

一百一十二個政府對其公民逕行拷問或虐待；在五十三個國家中有超過十萬名未經過控告或審判的入獄者；另外還有六十三個國家監禁政治對手；在世界的其他角落還有著數量無法計算的政治迫害受難者。或許以上所提出的例子比較極端，不過這些卻僅是美國政府部門人權議題年度報告中的冰山一角。透過網際網路的搜尋引擎，可以進入經濟發展資訊網路（Economic Development Information Network, EDIN），從該網路的資料庫中有關一百九十八個國家在違背人權行為上手段運用的巧妙，我們將可以對世界各國違背人權行為有更深入更

廣泛的了解。有鑒於環繞在一般大衆身旁人權問題的迫切性，在1995年聯合國設置了人權熱線（Human Rights Hotline）專門受理透過傳眞進行違反人權申訴案件。

在全球國際會談中與人權有關的議題範圍非常廣泛，包含童工、工作時數、工作環境安全、受刑人的對待、種族及性別平等等等議題。傑克唐納利（Jack Donnelly, 1993）從1945年到1985年遊走全球去觀察世界各國在勞工權利、種族歧視、女性平權及虐待受刑人等等議題，並觀察不同的國家或區域在這些議題上的規範及處理的程序。如表6.7中所顯示，許多與一般大衆有切身關係的人權問題，只被政府當局視爲一種誇耀的言詞而非實際上的規範。舉例來說，以債務來束縛勞工以進行脅迫勞動的方式目前正逐步增加，而受到如此對待的勞工往往會因爲工作、住所及食物等等因素無法償還這些債務。世界各地貧窮人民教育水準的普遍低落及經濟的窘困，正是造成這些勞工受到脅迫的原因。在巴西，勞工受到脅迫的比率在1993年到1994年之間上升了百分之二十，也因此使得許多組織發起DISQUEESCRA VIDAO (DIAL-SLAVERY) 運動，來報導這些勞工遭到虐待的情況。這樣的情況也是目前正在進行企業運作的企業家所面臨的重要問題。眼看著世界各地的非營利組織及政府在持續改善人權的努力上失利，企業組織也面臨越來越大的壓力在緩和人權議題上扮演更重要的角色。

以全球的層次來看，有關勞工權利的問題主要是由提供免除及處理程序之標準的規範來管理，不過這些規範用於監督及促進的意義大於執行。政府在改善工作環境及人權概念的引入，主要決定於政府機構的意願及引入法令限制並強力執行的能力。在工業化國家中，有正式的機制可以利用法令來保護勞工；不過在發展中國家，卻少有已通過的法令可以用來改善工作環境或提昇人權。中國在這類議題上所抱

表6.7　國際間人權制度的變遷（1945～1985）

	1945	1955	1965	1975	1985
全球制度	無	宣言性	強力的宣言	促進性	強力促進
規範	無	指導方針	強力的指導方針	提供標準與例外情形	提供標準與例外情形
處理措施	無	微弱促進	促進	強力促進	強力促進／微弱監督
區域性的人權制度					
歐洲制度	無	執行	執行／強制	強制	強制
美洲制度	無	宣言性	微弱促進	促進性	強力促進／強制
非洲制度	無	無	無	無	宣言性
亞洲與中東	無	無	無	無	無
單一議題的制度					
員工權利	促進性	促進性／執行	促進性／執行	促進性／執行	促進性／執行
種族歧視	無	無	宣言性	強力促進	強力促進
女性權利	無	宣言性／促進性	宣言性／促進性	宣言性／促進性	強力促進
拷問	無	無	無	微弱宣言	強力宣言

持的態度一向就是抗拒外部的政治壓力，並且把這些壓力視爲破壞國家規範的根源。其它國家則擔心提昇勞工標準會喪失工作的機會，或擔心敞開人權議題的大門將會導致不良的後果。綜觀整個亞洲地區，有許多國家擔心人權議題的時程表只是美國政府想要擴展其影響力的另一種手段。因爲上述的種種因素及其它的外在影響，使得許多國家在引入工業化國家隨處可見、較爲嚴苛之勞工標準的步調停滯不前。

工會組織

將勞工的工作環境向上提昇是全球勞工團體一致的目標，而這也是十九世紀初期把工會聯繫在一起的主要因素。爲了要反制從人工生產轉變爲工業化生產所帶來的虐待勞工問題，各國的勞工透過結合全國上下及國際間的力量爲自己贏得公平又安全的工作環境。然而國際間勞工們一致的心聲幾乎受到兩次世界大戰國家主義的打壓，使工會組織僅能在一個國家內部發展而無法在不同國家之間聯合，也使得世界各國因爲文化的差異而對勞資關係的定義不同，因而導致今日的局面。舉例來說，強烈的個人主義及對於自主權的渴望盛行於美國企業家之間，也因而在勞資關係上造成了一種「我們與他們（us versus them）」的心理。在德國，二次戰後所沿襲下來的勞資協同經營制度（Co-determination），使得勞資雙方會兼顧彼此的福祉以確保雙方都能享有高品質的生活，並且使勞資雙方都得以進入董事會來監督短程及長程勞資雙方都非常重視的議題；在二次大戰後所形成的工會主義在日本勞資雙方間也形成了一種類似夥伴的關係；在許多案例中，美國勞資雙方的磋商使彼此常常處於敵對的狀態。從美國的勞工中僅有百分之十四點五加入工會組織的狀況看來，美國工會組織的會員數目與其它國家相較之下是很小的。

根據傑若米布雷契及提姆寇斯特羅（Jeremy Brecher and Tim

Costello, 1994）的說法，隨著全球化挑戰而來的社會挑戰超越工作地點，且只能透過勞工運動的呼籲來促進所有勞工（包含那些未加入工會的勞工）的利益。根據兩位學者的看法，「各地工會必須要超越工作地點並透過與環保、社區、宗教、女性人權、鄉村及其它人民組織建立聯盟來進入社區（p. 160）」，以成爲改善工作環境的合作夥伴，而不是搶奪世界各地工作機會的競爭對手。這兩位學者也建議，世界各地的勞工運動應該要建立在過去成功的經驗上，並且介入企業實質上由員工負責設計的工作環境，改善共同面臨的問題，以求得穩步的前進。類似這樣的方式可以從本章開頭的例子中見到，摩托羅拉公司透過懇切要求員工提供生產外移之外的點子而獲得雙贏的結果。勞工所能付出的貢獻並不只有找到較佳的降低成本模式，他們還可以提昇產品品質並且維持甚至創造工作機會。由於傳統上工會組織的發展僅限於企業所在國，要使得工會組織穿越國界的最大限制則是工會組織內部所抱持工作只能屬於某個國家的概念。就像其它組織，工會組織及國家內部的集體議價單位往往不願意犧牲自身短期的利益，以換取世界各地勞工長期的利益，這也是各國工會組織在進行跨國性磋商所遭遇到的最大障礙（Prahalad and Doz, 1987 ）。

類似國際勞工組織這一類跨國性的團體可以呼籲實現跨越國界的勞動標準，而這些呼籲也可以透過國家管制的其它設置而得到強化。舉例來說，在歐盟內部由歐洲企業所成立跨國性工作評議會的發展，就爲勞資雙方透過相互協議而達到雙贏提供了一個價值非凡的典範。

跨國性組織

類似國際勞工教育與資源基金會（International Labor Rights Education and Resource Fund）、人權觀察小組（Human Rights Watch）、聯合國秘密委員會（the Clandestine Commission on Unions）

及國際特赦組織（Amnesty International）等等跨國團體，只是少數喚起全球重視人權的幾個組織之一。這些組織對於人權的促進不僅包含了直接的行動，還包含了施壓給各國政府以促成改革。近年來，這些組織將其版圖擴大到結合政治及經濟的力量。舉例來說，為倡議人權所組成的律師委員會（Lawyers Committee for Hunan Rights）及羅柏特甘迺迪紀念中心所成立的人權小組（Robert F. Kennedy Memorial Center for Human Rights）在1996年為了推廣由美國政府所頒佈的自願性重視人權法案，而對於美國的企業團體展開遊說。最後，因為來自於消費者對於企業組織的直接壓力，迫使企業組織不得不對於工作流程進行重整。

重塑工作環境的壓力引發了國家對於自主權及控制權的考量。對於全球法規實施狀況的不確定性，也使得企業在權衡員工自主權與控制權、父權管理制度與夥伴制度，還有在傳統性管理架構下的平等與不平等等議題出現了重大的分歧。管理這些緊張局勢所導致的壓力，也為企業組織帶來管理全球勞工的挑戰。在接下來的部分我們將要檢視企業組織在管理這些挑戰所面臨的狀況。

第二部分　組織採取的行動

企業組織在全球各地募集勞工可能遭遇的挑戰有很多。人力資源系統的建立是要遴選、發展、訓練、激勵，及保持國內工作場所的同質性，並進一步延伸到負責調和其全球勞動力的歧異性。如同本章前面的部分對全球工作環境的檢視，全球各地發生的政治活動正在重新定義對於工作的假設，重新塑造勞工及經理人對於工作的期望，同時也為組織創造新的要求。在本章接下來的部分，我們將焦點固定在全

球性組織如何處理與發展其全球各地的勞動力。

結構

建立企業倫理

　　倫理學的領域評判人類行為的結果與採行的手段之間的關係，也包含道德評量的研究。企業倫理試圖要確認行為活動之間的關係，以有益於個人、企業、商業社群及社會。因此倫理決策必然奠定在道德評量結果為「正確」與「良善」的基礎上。然而正如同我們在第四章中所提到的，關於正確與良善的判定不僅會因為時間的變動而異，還會因為個人及文化觀點的不同而改變。企業倫理最大挑戰的就是，要求企業及負責營運活動的人建構出一個行為是否正確或良善的層級。儘管目前的企業活動可以輕易的跨越界限，但是原則無法輕易的移轉，因此目前企業有一股強烈的需求去建立倫理原則，使企業在進行各種跨越界限的活動時有標準可以遵循。

　　企業的活動及其中的增減互換以達成組織目標，是企業倫理研究的主要目標。或許某些人認為利益的追求在重要性上應該高於任何倫理行為，也因此謊言、詐騙或偷竊在可以達成獲利目標的前提下成為可以接受的舉動。在日常生活中我們可以看到、聽到也讀到許多有關企業為了達成獲利目標而進行不合乎倫理行為的例子。對於大多數的企業及個人來說，要判定某項行為是否合乎倫理很容易。對於目前急速成長的全球化企業來說，更重要的挑戰是，儘管對於全球化企業之營運活動的結果我們都涉入其中的利害關係，但是這不表示我們對於

何者為「良好」的行為會持有相同的定義。因為倫理學是圍繞著道德哲學而建立，而道德哲學往往傾向於判定出絕對的正確及錯誤；許多企業經理人發現，要將倫理學列入企業決策中，同時使其不那麼具有絕對性而能依各種不同的狀況而定，是一件很困難的工作。

企業的倫理規範

目前企業逐漸發現到無法輕易地在海外市場採行一套商業原則，在國內市場則採行另一套。在實務上，許多企業面臨到Levi's曾遭遇的挑戰：要在其他文化中啟動變革十分困難。懷疑論者可能會認為，所謂的社會責任不過是推動公共大眾關係的工具時，在世界上的其他角落也有一些企業極力避免使社會責任成為操縱與影響大眾的工具，並與企業界及評論家掀起熱烈的對談及爭論（Steinmann and Lohr, 1992）。

另外也有某些企業將倫理的考量列入企業願景的陳述中。例如麥當勞（McDonald's）就在其信念體系中對於社會責任有如下的描述：

> 「我們相信，成為一個優秀的企業公民意味著，我們必須以公平誠實的態度來面對我們的顧客，並且與我們營運所在的社區分享成功的喜悅，還要成為與影響消費者有關議題的領導者（McDonald's Corporation Investor Review , 1992, p. 7 ）。」

其它組織則鼓勵員工學習專業標準，以避免倫理上的缺失造成的法律問題（Siconolfi, 1995）。最後，許多企業的領導人會建立正式的企業倫理規範：飛雅特（Fiat ）及摩托羅拉這兩個全球化企業就是最好的例子。根據一項調查顯示，在財星雜誌一千大企業中有百分之九十三的企業表示在內部建立有企業倫理規範（Instilling ethical values, 1992 ）；英國的大型企業有百分之七十三會依循企業訂定的倫理規範

進行營運活動（Webley, 1992）。不過在其它的報導上則出現不同的結果：美國企業中有百分之六十，歐洲企業中有百分之三十建立企業倫理規範（Naisbitt, 1992）。在1996年，南韓國內五個主要的企業共同採行尊重當地勞工的行為規範。瓊安希尤拉（Joanne, 1991）發現，大多數的企業會研究其它企業在華盛頓特區倫理資源中心（Ethics Resource Center in Washington, DC）或倫敦企業倫理學會（Institute of Business Ethics in London）的資料，並藉此利用相同的主題組成企業本身的倫理規範，這些主題包含有：

……員工行為、社區及環境、消費者、股東、供應商及承包商、政治利益、創新及科技（p. 75）。

　　因為在企業設定本身的倫理規範以前，已經檢視過其它企業遵行的倫理規範，因此這些規範看起來都十分類似。

　　企業的倫理規範並不能保證成功，但是卻能夠避免失敗。由於這些規範的存在，可以避免企業領導人或經理人在不自覺下將企業帶領到不合道德規範的泥沼中，而員工也可以在代表企業進行運作時有所依循。這樣的情形在企業紛紛邁向全球化時顯得更為重要，因為信念及價值觀的文化差異，確實會導致在進行跨文化行為時出現問題。在本書前面的章節提到過的一個爭議是，企業領導人是否應該結合不同理論的特色來形成組織的混合性結構。在企業道德規範存在的情況下，企業的混合性結構可以整合員工的期望，降低全球化帶來的不確定性。Levi Strauss及Reebok就是因為建立作業行為規範而避免了潛在違反人權及群眾抗爭的狀況；其它的企業也同樣的以單獨進行或結盟的方式來建構企業的道德規範。類似這樣的規範，不管是專屬於企業內部，或由全球同一產業或跨產業聯盟所遵行，都為全球企業家在面對全球化所帶來的不確定性時，奠定一個穩固的結構。

與企業倫理有關的全球規範

　　全球化企業及其它行業的的領導人共同合作，已創造出一個可以通用於全球的倫理規範，為偶爾出現在動態性全球市場的混亂提供一個架構性的秩序。這份稱為寇克斯圓桌企業規範（Caux Round Table Principles for Business, 1995 ）的文件在1994年提出，隨後以多種不同語言的形式出現並且推廣到世界各地的企業。這份CRT規範，主要針對企業組織必須要擔負的責任，其中包括對股東及利害關係人負責、致力於公平及世界共同體的建構、企業行為必須與規範的文字與精神相符等等。CRT規範的一項特色是，這些規範反映了企業領導人在創立混合式結構背後依據的兩個基本概念：代表日本合作精神，尊重彼此共存及追求共同的利益；代表西方個人主義反映出對人類尊嚴的尊重。

　　全球倫理規範潛在的優點很多。就像是一般企業訂立的規範，這些規範可以降低犯下嚴重失誤的風險，也可以降低進行營運活動時的不確定感。此外，因為有著全球通用的道德規範，使得企業在不同的國家進行營運時可以有所依循，同時這些規範也可以降低組織領導者在某些地區進行營運活動的偏好；全球倫理標準的訂定也可以做為企業內部或跨企業間營運活動進行時的標準。舉例來說，因為個人或文化的差異而發生違反道德事件的頻率會因為有統一的道德標準而降低。我們可以發現，因為單一道德標準的存在使得企業在效率上獲得很大的改善，而消費者也因為單一標準的存在而確保了商品的品質。各個不同行業的勞工保護措施也會有所提昇，因為工作環境設計不良造成的傷害事件會因此降低。這樣的道德規範因為在全球舞台運作的企業彼此在許多方面有相互依存關係，這是企業採行的另一項誘因。

道德規範的限制

　　儘管我們提出了許多對於企業相當具有吸引力的誘因來採行上述的企業道德規範，不過這些規範同時也存在著相當的限制。因為全球的規範可能透過磋商的程序產生，因此不可能反映與所有文化一致的價值觀及習慣。全球的企業道德規範因為是由西方國家的企業所發展出來，可能會忽略了納入其它國家的道德考量。此外，全球的企業道德規範可能會被視為一種同意的象徵，到最後變成發展全球道德規範的終點而不是起點。全球的道德規範，就像是其它的標準一樣，只能對於變化作出反應卻很少能預測變化。因此企業組織除非有強大的誘因促使這些道德規範發生改變，否則將可能躲藏在這些規範的保護傘下而不願變通。

建構人權時程表

　　企業想要改善工作環境及人權的主要誘因來自社會大眾的要求、跨國性非政府組織的壓力、政府的要求及企業進行營運活動所需。因為有關人權議題、勞工遭受虐待及非政府組織所進行的政治活動等等資訊取得十分便利，使得企業在進行違反勞工人權及其它權益的活動很輕易地就會為社會大眾所知；這些壓力也正是將人權問題帶入企業運作時程表的主要因素。李察德喬治（Richard DeGeorge, 1993）建議其它組織在企業建立本身的人權規範後才停止對這些企業施壓。他建議企業以下面的多國籍企業七大原則（Seven Principles of Business for Multinationals）作為基礎，創造出自己的人權規範：

1. 多國籍企業不應該做出有意圖的直接傷害。
2. 多國籍企業對於地主國的貢獻應該要多於傷害。

3. 多國籍企業應該要透過本身的營運活動促進地主國的發展。

4. 多國籍企業應該要尊重員工的人權。

5. 在當地文化並未違背道德規範時，多國籍企業應該要尊重當地
   的文化而不是抵制。

6. 多國籍企業應該繳納必須負擔的稅賦。

7. 多國籍企業應該要與地主國政府在發展及實施相關支援性法案
   時扮演好合作者的角色。

人權規範

　　儘管在多國籍企業工作（Multinational Enterprises, MNEs）的員
工人數不多，不過這些企業卻是多方力量想要迫使其進行變革的主要
對象。首先，多國籍企業因為其營運範圍的全球化而受到重視。那些
著名的廠商（特別是消費性商品大廠），不願意受到全球法院所依循
的大眾意見拖累，也不願意因為素質不佳的員工造成的失誤而導致銷
售量下滑。第二，在 1985 到 1992 年間多國籍企業在薪資總額的成長
有百分之六十發生在開發中國家（Twice the workers, 1995），而這些
地區正是違反勞工人權事件最多的地區。第三，因為開發中國家內部
非正式經濟活動非常盛行，由多國籍企業或各種規模的國外企業所創
造的工作機會，使它們成為正式經濟活動的主要雇主。第四，如同我
們先前所看到的，某些多國籍企業的年度營收甚至高於地主國的年度
收入，也因而使得這些企業擁有不可忽視的政治與經濟力量。舉例來
說，聯合利華在印度銷售網路所收集到與印度有關的人口分布統計資
料就比印度政府的資料齊全。最後，如同我們在其它文獻中可以發現
到的，在開發中國家有許多工作者非常嚮往在外國企業中工作。這種
種原因混合在一起，使得全球各地普遍重視這些在世界舞台上運作的

企業巨人及其它規模較小的企業對於勞工人權議題的態度與作法。

有許多企業已經在改善全球工作環境及工作標準上扮演了重要的角色。雖然多國籍企業付給開發中國家員工的薪資往往低於在工業化國家的員工，然而比地主國的在地企業給付較高的薪資，並且採行較高的勞工標準；此外，這些企業也可能提供較佳的工作環境及紅利。舉例來說，在泰國，與當地企業規模相當的外國企業之薪資通常高百分之十，而且大多會提供健康保險等等福利，也使得泰國境內的其它廠商必須要提供同等的福利以吸引新進員工的加入。

許多企業的領導人相信，只要企業在進行營運活動時能夠符合道德規範，那麼企業倫理及企業利益的尋求就能夠同時滿足。類似美體小舖（Body Shop）及 Esprit 就是採行這樣的哲學而在全球享有聲譽，此外還有一些成功的企業例如 Merck、新力索尼（SONY）、惠普電腦（Hewlett-Packard）同樣也將利益作為企業營運的次要目標，而在本質上屬於較重視社會公益的企業（Collins and Porras, 1995）。舉例來說，美體小舖致力於提供消費者健康的化妝美容產品，而不像其它化妝品業者必須要利用誇大不實的廣告來招攬顧客，並且將這種樸實的企業經營手法擴展到它們進行企業營運活動的任何地區；根據創辦人安妮塔羅迪克（Anita Roddick）的說法：

> 我們對於生產過程中的每一個步驟都非常小心，以避免對環境造成傷害。美體小舖建立的公平交易制度，使我們能與開發中國家的居民建立起良好的夥伴關係。此外，美體小舖也為人權的促進而努力，並且也主張禁止化妝品產業利用動物來進行試驗。美體小舖希望留給後世的子孫比目前更好更美麗的世界（1996 Body Shop catalogue）。

為了要對社會責任建立更清楚的定位，迫使企業領導者必須要在

企業獲利及社會公益之間作出取捨，選擇了後者就表示爲企業的營運活動許下承諾。因爲違反人權的證據歷歷，使得 Levi Strauss 不得不在1993年與其企業合作夥伴採行新的條款，也使得該公司成爲少數幾個率先將勞工待遇及製造活動對環境影響列入指導方針的多國籍企業之一。這些指導方針的應用對象擴及可能會僱用童工或要求勞工超時工作的供應商及轉包商。Levi 在不久後就因爲人權的考量而退出中國及緬甸市場。製鞋大廠銳步（Reebok）引入了符合人權的生產作業標準（Human Rights Production Standards）；根據銳步公司的報導，該標準是銳步公司威脅要停止對中國 Yue Yuen International Ltd. 承包商下訂單的憑據。隨後這家涉嫌虐待勞工的承包商將八百名勞工搬離不安全的宿舍，並承諾代爲支付每位勞工每天兩個小時通勤所需要的費用（Smith, 1994）。西雅圖的星巴克咖啡公司（Starbucks Coffee Company）發現，要實現改善咖啡生產國人民生活品質的抱負，該公司所要做的並不只是把承諾宣告給大眾明白而已。從小故事6.6 星巴克公司的經驗告訴我們，要想達成已轉化爲文件的企業承諾，必須付出相當可觀的管理資源（'Starbucks Commitment... To Do Our Part'）。

在美國僅有少於百分之五的零售商致力於降低違反人權情形的出現，但是有許多著名的企業，包含威名百貨（Wal-Mart）、希爾斯百貨（Sears）、銳步公司（Reebok）、諾東百貨（Nordstorm）、Liz Claiborne、及 Eddie Bauer 等等卻因爲相信顧客會對這樣的情形有所偏好而致力於變革的進行。許多產品也因爲知名人士的採用而使企業承擔了許多社會責任。在歐洲的消費者也積極鼓動企業改善全球工作標準。宜家傢俱（IKEA）最近決定在確認地毯不是由童工製造之前，將會停止地毯的銷售；C & A 是荷蘭一家著名的連鎖商店業者，也同意建立工作規範以避免童工的濫用。此外還有一個組織，包含了德國的地毯進口商及許多慈善團體近來展示了一個新的地毯標誌，只要在

地毯上有這個標誌就能夠保證沒有任何童工參與該地毯的製造作業（Human Rights, 1995）。這個地毯的標誌是第一個與倡議人權有關的記號，根據報導有許多遊說團體目前極力要求美國企業採用這個記號。相同地，在印尼許多紡織業者目前也會在產品上附加一個「未經童工參與生產」的標籤。

　　這些讓全球零售商的產品在消費大眾面前顯得更具吸引力的措

 小故事6.6　星巴克的承諾……盡我們應盡的本分

　　在一場 1995 年十月舉行的演說中，星巴克（STARBUCKS）公司的資深副總裁黛夫歐森（Dave Olsen）描述該公司花了六個月時間，所產生有關星巴克的信念、調製可口咖啡的任務、改善咖啡豆生產國人民生活的目標及行動計畫。這份文件所牽涉的並不只是商品，這份文件使得高階經理人展開探索星巴克所抱持的價值觀及信念，並且檢視過去星巴克採取的行動，也啟動了一場心靈探索的旅程，讓這些高階經理人得以徹底了解星巴克要如何運作，以負起為世界造成改變的責任。歐森在一場由西雅圖大學所舉辦的經濟公平論壇（Economic Justice Forum）中，描述了星巴克在這段過程中所經歷的一切。經過歐森解釋了許多高階經理人的討論及創造這份文件的審慎考量之後，一位在講台下的聽眾突然舉起手提出問題：「為什麼星巴克沒有做到更多？」從這個例子中我們也可以發現，目前有不少多國籍企業都面臨承擔越來越多社會責任的壓力。

施，可能會帶給那些權利受到保護的人們許多問題與挑戰。來自許多
國家的代表，包括中國、馬來西亞及印尼，他們聲稱由西方企業包裝
的人權計劃，所代表的是一種帶有社會正義形式的保護主義，就如同
嘲諷式的吶喊一般。根據班史戴爾（Benn Steil1994）的說法，歐盟諸
國的社會正義只是另外一種形式的保護主義，透過執行有關勞工關係
及工作環境的規範，那些打著社會正義口號的企業將可以藉此提高競
爭者在生產上必須負擔的成本，並保護自己那些勞工成本較高的市
場。最後，支持人權改善活動的企業往往成為社會運動組織的目標。
在小故事6.7中所提到菲利浦范修森公司的例子，就呈現企業可能陷
入維持低成本及改善全球勞工作業標準的泥沼中。

小故事6.7　菲利浦－范修森公司

　　紡織產業的全球化在這個傳統上工資較少而工作環境較差的
產業中引起了一場低工資勞工的嚴苛戰爭。菲利浦范修森公司
（PHILIPS-VAN HEUSEN），一家專門生產自有品牌商品例如：
Izod及Gant的公司，目前就陷入了降低成本及改善薪資水準與
工作條件等多重壓力的兩難。PVH公司的總裁布魯斯克拉斯基
（Bruce Klatsky）體認到該公司必須從工資成本較低的國家進口
商品，除此之外，克拉斯基也同時採用了不同於以往的方式來改
善勞工的工作環境。舉例來說，在瓜地馬拉（Guatemala）的工
廠中，PVH公司捐助了一百五十萬美元來改善員工居住村落的
營養及學校狀況，提供員工午餐的補助，及提供免費的保健服
務；此外也提供給員工子女的就學補助；該公司也購置符合人體

工學的椅子給那些負責縫紉工作的勞工使用：更重要的是，該公司提供在瓜地馬拉負責相同工作者較高的工資。

然而PVH在瓜地馬拉的工廠還是成了倡議人權者討伐的目標，他們宣稱PVH公司襯衫生產部門所支付給勞工的薪資低於貧困線（Poverty Line）的水準、承包商僱用童工、及威脅工會組織等等。PVH的總裁克拉斯基參與了人權觀察組織（Human Right Watch）舉行的會議，認為這些針對該公司的攻擊是毫無事實根據而且不公平。人權擁護者相信PVH公司在瓜地馬拉工廠內部工作環境的提昇上已經付出了相當的努力，但是他們也相信該公司可以也應該做出更多的改善。

來源：Bounds，Wendy.（1997, Feb. 24）. Critics confront a CEO dedicated to human rights. The Wall Street Journal, pp. B1, B7.

建構知識型工作

有許多結構上的機制被提了出來，期改善在全球化背景下進行科技轉移及組織功能。在知識轉移的部分，詹姆斯昆恩、飛利浦安德森及席尼范克斯汀（James Quinn, Philip Anderson, and Sydney Finkelstein, 1996）所作出的結論是：依賴專業技能的組織將會持續採用階層式的結構，但是服務性產業，例如：航空、身體保健、經紀業及其它行業所需要的專業知識，可能需要不同的組織結構模式。這些不同的模式可能會因為組織層級的移除，及負起顧客接觸點的責任而

刺激思維。根據這幾位學者的說法，網際網路具有的蛛網特性可以讓
資訊自由流動，以及可以適應組織所需（請見圖6.6）。在分公司及組
織不同地點的各營運單位之間資訊的自由流動，可以用來處理單一的
問題或挑戰，但是正如同昆恩及其他學者所提到的，蛛網結構的成功
有賴個人對於手邊的問題有認同感，及相互依賴的感覺。在全球化的
世界，蛛網理論不只可以應用在組織結構上，也可以用來描述不同的
組織在面對相同的考量例如人權或工作環境等議題時，如何攜手合
作。

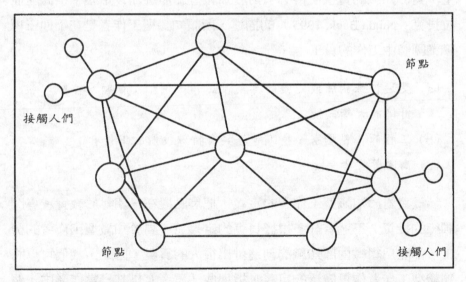

圖6.6　蛛網式組織（Spider's Web）（Quinn, J.B., Anderson, Philip,
and Finkelstein, Sydney（1996）. Leveraging Intellect.
Academy of Management Ex ecutive, 10（3）：21）

流程

定義知識型工作

部署組織之人力資源的現有系統，所導致的組織僵化現象，許多人相信透過擴展組織的資訊庫及知識庫可以克服。因為知識在個人身上，對於知識的重視使得必須對於知識型工作者加以定義。根據陸亞拉貝克（Nuala Back, 1995）的描述，所謂知識型工作者是在下面三種職業團體中工作的員工：

（a）受過特殊訓練或認證的專業性工作，例如：醫師、律師、會計師或大學教授；

（b）工程師、科學家、技工等等具有特殊技能的工作者；

（c）高階管理者。

貝克對於知識型工作者的定義，把焦點擺在早期對於教育或專門訓練的投資，不過有許多根據貝克的定義並不屬於知識型工作者的勞工，卻能為組織內部知識的創造付出很大的貢獻。因此，我們可以將知識型工作者作更廣泛的定義，指那些「思考」是其日常作業中一個重要部分的員工。組織思維是在全球化舞台上進行營運可以快速適應環境的重要基礎，目前組織也積極尋求在組織內部快速進行知識移轉的方式。理夫愛德文森（Leif Edvinsson, Stewart, 1994 ）是易利信公司知識資產的負責人，他指出企業的知識資產來自企業的人力資產，因為人力資源是創意及創新的主要來源，而透過企業的結構性資產例如

資訊系統及管理焦點，將可以使個人的知識資產可以為團體或組織所用。

學習

根據彼得杜拉克（Peter Drucker, 1994）的說法，知識不會受到任何限制，知識也會慢慢超越土地、勞工及資本成為國家、企業及個人最重要的資產。查爾斯韓第（Charles Handy, 1994）也發現到，涉及知識的服務性工作，會使得人力投入較是工作者本身的資產，較不是企業的資產。目前我們所知道有關學習的流程主要著重在個人學習，未來一般相信重點將會慢慢變為如何將個人的知識分享給企業內部的其他份子。組織學習的焦點確認了個人學習及知識的散佈要如何才能夠在企業內部形成組織知識共享的氣氛。在此所謂的知識並不只是資訊、資料或學問，而包含了利用直接或間接的溝通方式將不同類型的資訊轉變為有意義的事物。舉例來說，在個別員工之間所謂的間接溝通方式可能是輕輕地皺眉等等。在學習型組織中，這個皺眉的動作將會受到注意，並且可能會形成直接的討論；透過公開進行與皺眉有關的對話，將可以導致組織學習的成果。

學習的過程可以提供思索如何將無形的企業資產，例如學習與知識，在組織內部作最佳的應用。在彼得聖吉（Peter Senge）筆下的學習型組織，透過個人持續性的學習並將知識進行轉換以供組織運用。在《第五項修煉》（The fifth discipline）一書中，彼得聖吉認為所謂的學習型組織應該要具有下列五項基本修煉：

1. 系統思考：探討企業如何實際運作。
2. 自我超越：對於他人及其創意表現出開放的態度。

3. 心智模式：確認思維的型態並了解這些型態如何輔助或阻礙行動。

4. 共同願景：形成眾人都同意的計劃。

5. 團隊學習：使每位企業成員可以共同工作並實現共享的願景。

我們可以將學習型組織的模式應用到全球對於人權倡議的要求，並用以呈現學習究竟如何發生，及學習型組織下一步會如何走。我們以全球地毯配銷商尋求利潤最大化作為例子。這個企業透過轉包給開發中國家的勞工以規避人權議題的困擾。不過儘管採行這樣的方式來避免困擾，消息還是洩漏出去；一位當地的市民抗議該公司涉嫌僱用童工進行生產，該企業隨即取得「未經童工參與生產」的標籤，以維持地毯的銷售成績。不過那些未取得標籤的地毯銷售成績則大幅下滑，直到配銷商的高階經理人宣佈採行抵制童工代工的措施後銷售成績才漸有起色。然而，該企業的經理人如何轉變過去實務下的心智模式？如果企業關於如何進行營運作業的假設無法變得透明化，這些假設將會在其他人已有變化時繼續引導某些人的行為。也就是說，如果人們無法以開放的態度來彼此面對，行為上的差異將會受到忽略或造成不良的磨擦。到最後的結果，組織學習毫無進展，訴諸於文字的道德規範也因為少有實行而逐漸被遺忘。相反地，如果有開放的對話及討論，真正的個人及組織學習才得以有所進展。

許多人相信，組織學習的能力是在全球化市場中能持續生存並達到成功的重要因素。Ikujiro Nonaka 及 Hirotaka Takeuchi （1995）兩位日本學者認為知識創造的流程是螺旋型的，這個流程也會在組織內部的各個層級運作，共享內部及外部的資訊。組織成員以會議、一對一溝通、社交性聚會及團隊合作等方式進行社會化，正是組織知識傳遞並藉此轉變與產生新知識的幾種網路模式。儘管對於許多企業來說，

知識的產生是非常重要的考量，不過許多美國的組織也發現到要運用知識實際上不太容易。Nonako 及 Takeuchi 兩位學者相信，這是因為過度重視這些外顯知識的分析特性所造成。清楚的資訊在組織內部的各個層級上下傳遞有助於事實的增強，但是卻不見得可以增進內部人員的了解。了解的提昇通常來自暗示或內隱的知識，難以利用文字或模式加以傳達，應改用符號、隱喻或類比的方式來傳達。

　　Nonako 及 Takeuchi 兩位學者也相信，日本企業內隱知識的分享主要發生在團體的層次，而西方企業外顯知識的傳達則來自個人的活動（請見圖6.7），因此非常依賴事實與報告來傳達資訊，較少涉及工作如何完成或如何利用不同的方式完成工作。內隱知識具有的集體性或團體性特質代表著，企業內部的每一個人都必須去思考一項工作是如何完成的，及每個人都在完成工作的過程中有所貢獻並吸取知識；這也是日本企業因為創新而獲得成功的主要因素；相反地，美國的企業因為發明而著名，不過卻也會因此低估了集體知識的重要性。Ikujiro Nonaka 長久以來就提倡尋求對於內隱知識及資訊的新體驗，也因為這樣的角色扮演，他也讓眾多企業了解到，不管是創新或發明對於全球化企業都是非常重要。有趣的是，Nonaka 不僅成為 Hokuriku 地區的日本高等科學與技術研究所（Advanced Institute of Science and Technology ）的院長，也成為美國加州柏克萊大學（University of California, Berkeley）首位專攻知識相關議題的教授。

　　許多企業領導者及學者專家都相信，以知識為基礎的企業將是邁向未來的關鍵（Burrows, 1994）。奧利維特（Olivetti ）的領導人則認為，在1990年代可以贏得資訊技術的企業，將是可以在全球舞台上迅速進行變革的學習型企業，因為這樣的企業是透過聯盟的網路進行管理，其中處於核心的個人都在團隊中工作。其它的全球型組織則利用資訊技術在世界各地進行知識的散佈。可口可樂公司（Coca-Cola ）、

日本式組織	西方風格的組織
• 以團體為基礎	• 以個體為基礎
• 內隱知識導向	• 外顯知識導向
• 強調社會化及內化	• 強調外部化及組合
• 重視經驗的價值	• 重視分析的價值
• 團體迷思及過度套用過去成功經驗的危險	• 因過度分析而造成癱瘓的危險
• 模糊的組織意圖	• 清楚的組織意圖
• 團體自主性	• 個人的自主性
• 創意的混沌透過重疊的任務	• 創意的混沌透過個體的差異
• 高階主管經常變動	• 高階經理人較少變動
• 資訊的重複	• 較少資訊重疊狀況
• 跨功能團隊帶來必要的多樣性	• 個體差異帶來必要的多樣性

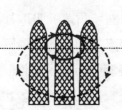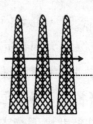

圖6.7 日本式及西方風格的組織知識創造 (Nonaka, Ikijuro, and Takeuchi, Hirotaka.(1995). The knowledge-creating company：How Japanese companies create the dynamics of innovation. Oxford：Osford University Press, p. 1999)

Young & Rubicam 及 Coopers & Lybrand 正是那些在企業內部設有「知識總監」（Chief Knowledge Officer, CKO）職務的眾多企業之一，在這些企業中，知識總監的主要任務就是要加速資訊在各個單位內部及單位間流動。資訊辦公室的設立使得企業對於內部及外部知識進行更充分的運用，不過資訊流動的自由化挑戰了對於知識資源的傳統假設。知識，就像其它傳統的力量來源一般，被視為稀少性資源，但是

以知識爲基礎的系統，卻被當成一種共享的資源。舉例來說，以電腦爲基礎所架構的網路提供了以往僅有少數人才得以掌控的資訊；然而，當許多人甚至所有人都可以取得相同的資訊時，因爲資訊的掌握所得來的權力就會慢慢遭到侵蝕。經理人及員工會變得更爲平等，組織的氣氛也更爲民主，使組織成爲社群一分子的期望也會逐漸成長。知識經理人的角色在廣告公司 Saatchi 呈現出不同的風格（請見小故事 6.8）。

審核的流程

道德規範的執行

　　組織用以發展或審核資訊系統或道德政策的流程已經證明非常困難創造。主要原因是組織對於這些流程要如何運作的經驗有限。設有正式道德規範的企業發現，要在較低的組織層級推動這些規範不太容易，有時候這樣的結果是因爲員工不相信高階主管是玩眞的所致。根據珍莎森（Jane Sassan）的說法，歐洲人往往會把道德規範視爲公共關係的工具或大型企業專屬的奢侈品，不過一再出現的企業醜聞讓企業了解到，企業帶給大眾的負面印象，可能會在瞬間就把辛苦數年或數十年建立的聲譽摧毀。

　　研究者也發現，企業的道德規範並未完全在組織較低的層級推行。一項針對美國較年輕、資歷較淺的經理人所作的研究發現，許多企業認爲與道德有關的行爲只要符合最低的法令限制即可，並對於合乎道德行爲做過度投資也讓這些年輕的經理人感到非常挫折（Badarocco, 1995）。同樣地，一項針對美國、英國、德國及奧地利各國企業資深經理人所作的研究發現，一般企業傾向在實質上較重視訴

小故事6.8　何謂知識管理與顧客洞察總監?

　　米娜史塔克（Myra Stark）的新職稱不管是在廣告或其它產業，都是一個新的職務，她的工作是要引導並管理對於各類知識的探索。史塔克小姐必須搭乘飛機到世界各個角落去找出顧客愛好的趨勢。舉例來說，她發現麥片粥在美國及紐西蘭受到很大的歡迎、網際網路的漫游提供成年人一個心靈寄託的空間，在網際網路中成年人不再需要時時刻刻擔心著自己所處的環境、還有以往各種不同的界限目前都慢慢趨於模糊等等。此外還有三個例子：把營養補充品添加到食物及健康食品中、美國號稱是融合東方及西方宗教傳統的地方、以及當法國鵝肝醬上頭寫著美國紐約哈得森村莊製造的鵝肝醬及槍烏賊成了紐約孟圖克（Montauk）的槍烏賊時，全球化商品的在地化也就成了不爭的事實。儘管史塔克小姐的職稱是如此不同於以往，不過因為結合了對於創意及某地區特有顧客資訊的需求，廣告業的TBWA公司產生了未來趨勢部門（Department of the future），在Foote和Cone & Belding公司也出現了顧客意向總監（Director of mind and mood）這樣的特殊職稱。

來源：Ono, Yumico.（1997, Feb. 28）. Saatchi's 'Manager of Knowledge' keeps track of what's trendy. The Wall Street Journal, p. B5.

諸文字的政策敘述，在員工訓練的過程中則較不重視道德規範的訓練（Schlegelmilch and Robertson, 1995）。

知識的會計帳

以知識爲基礎的資產可能是帳面價值的三到四倍（Handy, 1990），它們代表由員工的技術及能力、顧客及客戶名單等等組成的知識庫。這些資產不像是磚塊或水泥一樣爲組織所擁有，反映給組織的價值不像其它有形資產那麼容易評估，帶來的優勢也難以衡量。

在全球化世界中的管理態耐

人員的派遣

國外管理人員的派遣傳統上來自三個來源：從總公司人員當中挑選、僱用地主國的經理人，或僱用來自第三國的經理人（非來自企業所屬的國家或地主國）。根據席南及伯馬特（Hennan and Perlmutter, 1979）的說法，對於經理人的選擇反映企業對於國外分公司抱持的方針：

1. 種族中心取向：將企業的控制權保留在總公司，重要的決策在企業所屬的國家制定，而關鍵消息的宣佈也由總公司派任的經理人來執行。

2. 多中心取向：在地主國徵募經理人才，這些經理人擁有少部分的決策自主權，不過這些經理人僅有少部分得以晉升到總公司

工作。

3. 區域中心取向：在較廣泛的地理區域進行人員的徵募，例如亞洲、拉丁美洲等等；有可能在地主國或其它國家徵募管理人才。儘管這些經理人在其所屬的區域擁有少部分的決策自主權，不過卻少有可以進入總公司工作的例子。

4. 地球中心取向：不論經理人的國籍為何，只要能力相符便可透過徵募而成為企業的管理人員。

　　如表6.8所示，企業對管理人員的徵募方式所抱持的哲學觀，影響所及可能不只是人員的徵募決策。企業抱持的哲學觀可能也會影響其他重要決策，包括訓練模式與接受哪些訓練內容的決策。地球中心取向可能導致招募第三國的經理人員。吉拉和哈拉蕾（Zeira and Harari, 1977）研究第三國經理人所獲得的結論是，大部分這一類經理人有能耐及高度機動性，也往往具有較高的適應性，對於外來文化也比較容易適應。這些經理人往往具有雙重國籍，他們在某個國家出生，在另一個國家長大。因為他們曾在兩種不同的文化環境下生活，也因此對於文化差異的感受較敏銳，這是其他途徑難以獲得的。

　　因為快速的全球化，使得上述的四種人才徵募模式出現混合應用的情形。舉例來說，在1989年東歐正度過經濟轉型期，對於以利益因素來激勵的企業行為並不熟悉，因此企業往往會徵募第三國的經理人來負責管理及教導當地的人員。在開發中國家，管理經驗可能受到限制，企業也因此會由總公司派任經理人或徵募第三國的經理人。負責遴選的經理人會做出許多常識般的假設，如果沒有這方面經驗的累積。舉例來說，外籍美國人例如華裔美國人常常在進入文化相關國家會遭受到障礙，因為這些人既不被當成真正的美國人也不被當成真正的中國人。在這個例子裡，連結文化界限的能力似乎不利於管理上的

表6.8　人事哲學

組織的哲學觀	決策	經理人／訓練方案
種族中心取向 母公司的價值觀與利益主導策略性決策	集中在總部	母公司派遣；訓練中區分母國與地主國的文化
多中心取向 策略性決策視營運所在國的環境而定	分權	地主國或第三國；不受價值觀約束的文化訓練
區域中心取向 同時考量母公司與各區域分部的利益	母公司與分部共同決定	從區域中招募；文化同化的訓練
地球中心取向 發展出全球策略與致力於標準化及開發全球性產品	集權；偏好完全擁有的分公司	母國、地主國、第三國都有；訓練聚焦在組織的文化

成功。此外，企業的策略往往也是影響選擇決策的因素。舉例來說，可口可樂公司將本身定義為多區域性的企業，傾向選擇在地的經理人來負責管理工作，因為這些經理人對於當地顧客及需求的認知較為清楚。不過同時，具有母國國籍的可口可樂公司經理人，只要能夠證明具有足夠的技能及國際知識，也可能被派遣到其它國家分公司擔任管理者的職務。知識轉移往往被視為由總公司派遣經理人到各區域分公司的重要功能（Ondrack, 1985），而這也是高露潔（Colgate-Palmolive）及其它企業從總公司派遣經理人到國外分公司的原因之一。透過將區域經理人送往總公司進行短期的派遣工作，也是進行知識轉移的好方

法。舉例來說，Rockwell 國際公司在Allen Bradley的分支部門就把當
地的人員送到美國的總公司受訓。同樣地，聯合利華公司發現，在印
度僱用當地的經理人將可以提供較佳的洞察，不過為了要讓這些印度
籍的經理人把工作作得更好，將聯合利華的文化傳遞給這些經理人也
是必要的措施。總而言之，關於企業經理人的任用決策，完全決定於
組織領導人認為最重要的目標為何。全球化企業往往由幾個不同的分
支機構組成，必須面對的市場也不只一個，也因此對於經理人員的任
用出現混合上述幾種不同的模式也是正常的狀況。

工作與技能的搭配

1996年的九月，Erns & Young LLP為多國籍企業的總裁舉辦了一
場圓桌會議，會議的主要目的就是要找出進行跨國界管理所面臨的挑
戰。這些經理人提供了幾個遠距離管理跨文化差異的建議，歸納如
下：

1. 在每一個國家由資深經理人組成執行委員會，以引導各個不同
   國家的經理人處理文化相關議題。
2. 加速經理人之間的全球溝通網路並促進合作及概念的共享。
3. 由總公司輪調經理人以進行國際性的指派工作，並且將非總公
   司派遣的經理人送往總公司工作。
4. 發展出要在世界各地遵循的道德規範與原則（Donlon, 1996）。

根據肯尼奇歐梅（Kenichi Ohmae, 1990）的看法，要想透過全球
經理人來達到成功，在組織結構上也必須有所改變，因為「沒有任何
企業可以透過集權管理所有關鍵決策，之後把這些決策發散到各地分
公司執行，依然能夠在全球的規模下有良好成效（p. 87）。」此外，

企業越來越需要建立完全國際化的骨架（Ondrack, 1985）及擁有全球型的經理人（Adler and Bartholomew, 1992; Bartlett and Ghoshal, 1992）。

　　大部分關於國際管理的研究都把焦點擺在，由美國總公司派遣的經理人到國外由公司完全擁有的分公司擔任管理工作。一項成功案例發現，對於多國籍企業由美國派遣經理人到國外分公司，挑選準則很重要；不過學者也發現光是擁有技術性能力並不能保證在國外進行管理工作就能夠獲得成功。羅莎莉唐（Rosalie Tung, 1987）提出四個建議以作為預測派遣工作是否能夠成功的指標：（a）工作上的技術能力；（b）人格特質與相關能力；（c）環境變數；及（d）家庭的狀況。稍後由史都華布雷克（Stewart Black, 1988）進行的研究工作也發現派遣工作的成功，與派遣人員對於工作的調適能力，及與他人互動是否良好也有很大的關係。因為上述這幾個研究結果及其他研究者的影響，布雷克、曼登豪及歐德魯（Black, Mendenhall, and Oddou, 1991）提出了五個影響派遣成功與否的因素，包含：（a）個人變數；（b）工作變數；（c）組織文化變數；（d）組織社會化變數；及（e）非工作類別變數等等。派克及麥克愛維（Pacrker and McEvoy, 1993）則提出可能會影響派遣成敗的因素歸納為幾個類別，例如（a）個人因素，（b）組織因素及（c）背景因素，例如家庭及派遣的國家等等。

　　非美國籍經理人所體驗到的經歷，與美國籍經理人面對的狀況完全不同（Andre, 1985; Zeira and Harari, 1977），而針對女性派遣經理人所作的研究也顯示，女性經理人並不見得就會與美國的男性派遣經理人有相同的體驗（Adler, 1987; Parker, 1991）。最後，根據一項針對完全自有分公司的派遣經理人及國際合資企業的經理人所作的研究顯示，國際合資企業的經理人與完全自有分公司的派遣經理人相比，會把適應性的優劣視為影響工作成就的重要因素（Parker, Zeira, and

Hatem, 1996）。這些研究都支持一項結論，就是影響國外管理工作成敗的因素並不僅有技術性的技能，個人在性別、國籍、文化背景、組織形式的差異，都可能對於擔負管理責任的經理人與被管理的組織在運作上的成敗產生影響。此外，因為人員及組織形式的多元性逐漸成長，也使得全球化企業在經理人的選擇上，不再有一體適用的原則可以依循；或許假定管理人員的徵募方式會受到地主國的重視，而避免企業被視為種族中心主義是一種較安全的做法，以及要求派遣經理人必須具備技術性及管理性的技能，以確保派遣工作的成功。最後，關於總裁方面，企業需要有一組共通的原則及道德準則用以規範這一類遍及世界各地的高階經理人。

知識型工作的訓練

　　全球化變革的快速步調創造了對擁有專業技術技能及管理技能的人才需求，具有這些技能的人與其他人相較之下可以說擁有競爭優勢。許多全球型的領導者相信技術性能力搭配人際技巧，將可以形成重要的知識集合，不過未來學習能力的重要性可能會高於目前擁有的知識。企業越來越期望各個國家可以在人民身上付出足夠的教育投資。根據摩托羅拉公司的副總裁詹姆斯奧斯汀（James Austgen）的說法，該公司目前正在更新基本技能計畫，因為摩托羅拉並不認為這些計畫可以將勞工訓練到可以隨時準備接受訓練的程度（Avishai, 1996）。正如同本章開頭範例所提到的，摩托羅拉公司每年花費總薪資的百分之四在員工的訓練上，並且特別將重點擺在科學與技術性的訓練及人際互動的技巧養成。領導者相信知識型工作者不只是儲存知識的容器，他們可以隨時取得這些知識並將這些知識轉移到他人身上。

　　在工業界，知識資本就是主要的流通貨幣，企業正在打造一個全新的版圖以吸收本身所需要的人才。舉例來說，德意志銀行在1989年買下摩根葛林菲爾銀行（Morgan Grenfell）之後，改名的德意志摩根葛林菲爾銀行在接下來的七年間挖走了競爭對手旗下超過兩百位人才，使得競爭對手大爲惱怒；這個舉動與傳統上銀行業所可能採行的模式形成強烈對比。微軟（Microsoft ）及國際商務機器公司（IBM）共同出資贊助在中國進行的訓練計畫，以發展兩家公司所需要的人力資源，並且提供最新的電腦設備供其使用。如何管理這些員工，對於全球化企業來說，又是另一項人事上面臨的挑戰。

　　在第四章中，文化被描述成一座冰山；例如價值觀及信念等等資訊都隱匿在眼前所能見到的景象之下，透過訓練所提供的特殊知識將可以看到那些被隱匿在冰山之下與文化有關的不同構面；並且可以找出外國文化規範如何及爲何出現差異的理由。我們可以發現到，不同的國際企業之訓練課程在長度及廣度上都有很大的差異。馬格羅馬魯亞米（Magoroh Maruyama, 1992）的研究指出，並非所有的日本企業都會進行密集的訓練，也有某些企業只提供兩星期的注意事項傳授就把員工送到國外工作。相反地，松下（Matsushita ）對於在日本工作的員工提供了六個月的訓練，對於要送到外國進行任務的員工則提供更久的訓練。某些南韓的企業更成立了文化家庭，在這些家庭中員工必須要像他們即將進行工作的地主國居民一樣進行交談及生活。眼看著世界各地對於知識型工作者的需求逐漸成長，全球型企業可預期地將會追隨摩托羅拉公司的腳步，增加企業對於員工訓練的投資；相同地，國家也可能會因此而受到激勵而對於其人民提供更多的教育資源。

教導與學習方面的領導能力

在彼得聖吉的學習型組織理論中有一個特色就是，在學習型組織中員工必須同時擔任學習者與傳授者的角色。這與傳統的管理原則有很大的轉變，在傳統的管理理論中，思維及教導的工作往往落在中階或高階管理者的肩上。領導者必須要扮演設計者的角色，但是在學習進行的過程中他們也必須擔任輔助者的角色，以幫助其他的學習者看到組織的全貌及組織運作的大方向。管事者（steward）所必須擔任的工作，就像是管理者必須擔任的工作一樣，包含擔負起與他人有關事物的責任，不過這個詞所擁有意義遠超過字面上的定義。管事者是嚮導也是輔助者，而不僅是事件的指導員。

根據在六個國家中與企業領導人面談的經驗，查爾斯法克斯及飛利浦迪貝克（Charles Farkas and Phillippe DeBacker , 1996）總結出五種企業總裁採行的領導風格：

1. 策略型：企業總裁是最高的策略計畫人，專門負責願景及實施綱要的規劃。
2. 專家型：企業總裁將組織的焦點擺在獲得某項特殊、或能享有專利權的勝利。
3. 崗哨型：企業總裁負責發展管制、規定、程序及價值觀，以控制在定義範圍內的行為及結果。
4. 變革型；企業總裁的角色就像是急劇變革的代理人，進行官僚體制的轉變。
5. 人力資產型：企業總裁透過推動激勵計畫、原則及政策，來支援組織內部的人力資源。

在上面提到的五種不同的領導風格中，人力資產型的領導風格最受歡迎，與兩位學者進行面談的企業領導人有百分之三十採行這樣的方式，其中包含百事可樂及高露潔公司的全球領導人。這一類型的領導風格需要企業總裁透過人力資源的管理來達到成功，因此會非常重視團隊合作、新領導者的培育及真誠的授權。

誘因

從本章先前所提的證據顯示，世界各地企業的薪酬實務各不相同。實務的差異引發有關公平的議題；當員工感受到不平等對待時，薪酬制度可能會變成破壞企業運作的因素。不平等對待可能會造成員工對於組織忠誠度的下降，也使得企業必須經常更新薪酬系統。因此必須持續確保公平性並且依據外部環境變化做出因應。根據西方的模式認為，員工是受到薪資誘因的激勵，不過這樣的現象可能並不具有一般性，從小故事6.9提到一家位於芬蘭境內專門生產紙張及能源設備的企業A. Ahlstrom中得到證明。

某些案例也顯示，企業提供給員工的內在誘因不是沒有，就是不足以留住員工。

對於知識型工作者的誘因

知識型工作者因為下面幾個原因，對於企業的薪酬系統帶來很大的挑戰：

1. 專案的持續時間長短不一，可能僅數週，也可能長達數年，然而薪酬系統的基礎卻往往以年度計算。

2. 因為知識型工作的特性是發現與探索，因此績效目標的訂定往往有困難。

小故事6.9　A. AHLSTROM 公司的薪資誘因

　　薪資誘因在Ahlstrom 公司位於波蘭Fakop 擁有四百位員工的工廠中，並無法改善員工士氣低落的狀況；不過奇怪的是，當該公司在1993 年宣佈只要在波蘭的分公司可以達成預定的銷售目標，就維持該分公司現有的人員數目，員工的士氣及銷售狀況都有著很大的進步。從這個例子中我們可以發現，經理人在執行激勵方案之前，應先評估員工真正的需求，才能使獎勵方案達到功效。

3. 知識型工作者的工作績效對企業造成的影響往往不是立即可見。

4. 由於知識型工作者往往以團隊的方式進行運作，因此個人的貢獻難以評量。

　　儘管由知識型工作者做出的貢獻屬於企業所有，但是創造這些貢獻的能力依然是知識型工作者的資產。為了要促成人力資源持續的發展，組織往往必須要創造員工想要待的工作場所，這也可以想成是薪酬的一部份。舉例來說，如果工作的部份報酬是心智的刺激，那麼工作應提供這種刺激作為主要的誘因。湯馬斯史都華（Thomas Stewart, 1997) 相信，要留住企業的知識型員工，經濟性的誘因也不可或缺。股票保留權及盈利分紅正是這方面的誘因，也是員工與企業透過工作績效的提昇來求得雙贏的重要手段。在電腦產業中，股票保留權已創造出許多百萬富豪。不過這種方式的缺點是握有企業股份的員工也可

能離開企業另謀他就。許多微軟公司（Microsoft）早期所創造出來的百萬富翁，都在四十歲前就離開，並利用取得的資金及知識創造事業的第二春。在西雅圖地區，因爲大量百萬富豪的出現，使得慈善機構得以募集大量資金，不過也因爲這些百萬富豪使當地的購屋成本大爲增加。

明智的職業生涯規劃

　　組織學習的過程需要組織參與者改變傳遞與創造知識的方式，這些改變接著又改變了思考職業生涯的方式。詹姆士布萊恩坤恩（James Brian Quinn, 1992）出版的《聰明企業》（The intelligent enterprise）一書中主張，企業應該利用三種核心能耐來發展及管理無形資產：文化（知道原因），訣竅及網路（知道對象是誰）。MIichael Arthur, Priscilla Claman, and Robert DeFillippi 相信，這幾種能耐與個人要規劃明智的職業生涯也有相當大的關係。組織的文化指：知道哪些專案重要哪些不重要、或知道爲何事情會那樣子做。訣竅代表重要的技術或能力，及知道誰與某個人所屬的網路有關。因此對於個人來說，檢視這些能耐是十分重要的，這幾位作者也建議個人可以藉由詢問造成組織發生典範轉移的相關問題來獲得啓發（請見表6.9）。

　　不過組織不可能採用由麥克阿瑟，普理希亞克拉曼及羅柏特迪菲力所建議的新典範，而不保留舊典範的一些特徵。面對勞工全球化及工作者在追求職業生涯時，對於不同狀況須有良好適應能力的要求逐漸提昇，對於個人而言，首要的任務就是釐清自己的目標及對於職業生涯典範的偏好，之後再衡量潛在的企業雇主是否可以提供自己偏好的典範。舉例來說，某些公司可能依據階層式結構來做人員的編組，並期望員工對於公司明定的領域能自己做決策。在這樣的假設條件

下，雇主與員工之間的面試就成了一個互惠的過程，組織及個人都可以評估雙方在未來僱用關係上的適合度。

　　總而言之，在全球化的世界裡，工作提供的潛在機會幾乎沒有任何限制，但是在這些大量的選擇中要找出適合本身的機會，也成了個人必須面對的另一挑戰。最後，儘管勞工們可以在許多地方找到所謂

表6.9　職業生涯新舊典範的原則

舊典範	新典範
正式、靜態的勞資合約意味著勞方獲得工作的保障，資方獲得員工的服從。	特定任務的績效交換報酬，在狀況改變時，勞資雙方得重新協商合約。
員工經常只為一家公司工作；公司指示該完成的工作，並提供訓練以符合員工的需求與興趣。	員工不期望其職業生涯中只為一家公司工作；員工變得要負起訓練與自我培養的責任。
金字塔結構的組織將專業知識技能與策略性方向集中在總部的最高管理當局手中。	策略性思考變得分散，各種商機生意有更多的自由去追求自己的目標。
公司被視為獨立自主的實體，與其他公司競爭。	公司開始與區域性團體與產業團體產生相互依賴的關係。
對公司的忠誠在組織內部產生相當長期的定位關係，專案的目標次於組織的需求。	開始出現對專案的忠誠；任務的指派會隨著時間而改變，專案的結果變得更為重要。

資料來源：Adapted from: arthur, Michael B., Claman, Priscilla H.,and DeFillippi,Robert J. (1995). Intelligent enterprise, intelligent careers. Academy of Management Executive, 9(4): 13.

的指導方針，不過全球化的工作並沒有所謂固定不變或快速可得的規則。全球化在科技、組織、文化及工作的其它面向所造成的變化，在許多方面創造出以往不曾存在的工作機會。在眾多機會中進行確認、評估及選擇，僅僅是在全球化世界中工作所可能面對的眾多挑戰之一。

本章關鍵概念：

非正式或地下經濟活動：所謂非正式的經濟活動指那些未列入 GDP 計算的經濟活動，往往也未被報導，不過一般相信其工作時間較正式經濟活動長，薪資方面也較低。

重要性逐漸提昇的給薪制勞工：對於大部分的國家及人民的生活來說，由於轉為市場經濟的刺激、對於經濟財富感受到重要性，及越來越多女性投入職場等因素，給薪制勞工的重要性正在逐漸增加。

多國籍企業在全球各地僱用的勞工較少：多國籍企業所僱用的勞工大約僅佔全球勞工的百分之三，其中在工業化國家所僱用的勞工人數為六千一百萬名，在開發中國家則為一千兩百萬名。由此我們可以看出，勞動人口的主要雇主還是一些小型、有地域限制的企業。

非營利性經濟活動僱用的勞工逐漸增加：在全球各地投入非營利性組織或政府部門的勞工有逐漸增多的趨勢。有許多勞工的第一個工作經驗就是在非營利性組織內部工作，在這種組織工作導致對於工作環境標準的期望，對於營利性企業會有很大的影響。

每週工作時數的標準：在 1960 年代，大部分的工業化國家（除了

日本以外）共同協調出一個每週工作四十小時，並允許短時間加班的工作時數標準。在大多數開發中國家工作的勞工每週工作的時數及每年工作的週數上往往都較多。

　　兼差性質的勞工：目前在世界各地每週工作時數少於四十小時的勞工也逐漸增加，其中部份原因是大量的女性投入職場，而女性比起男性勞工往往較不願意從事全職性工作。

　　正式部門的工作改善勞工標準：在許多開發中國家出現的經濟整合，預期會將工作從非正式部門移往正式部門，在這樣的情形下，工作時數及工作環境狀況將較容易觀察與立法。世界各地目前傾向於建立標準化的工作條件，而全球型企業則承受著壓力在這方面扮演重要角色。

　　全球的人權議題：人權議題包含為數眾多且多元性的考量，例如：童工、工作時數及安全的工作環境、受刑人的待遇，還有種族及性別的平等問題。人權的踐踏會對企業造成很大的影響，因為會降低勞工生產力、侵犯個人自主性，並降低勞工對企業的忠誠度。企業活動對於人權的支持使組織出現變化。其中最主要的一個變化是企業組織會把自己視為社群成員的一份子，而不再僅是一個獨立自主的角色。

　　企業倫理的定義：所謂的企業倫理就是試圖認清行為活動對於個人、企業、商業社群及社會的利益之間的關係。企業倫理的挑戰在於要求企業創辦人及負責營運的人員，在缺乏絕對標準的狀況下，建立一個可以鑑別行為好或壞的層級架構。

　　企業發展倫理規範的三個誘因：建立倫理規範主要有三個誘因：

（a）組織領導人認為作正確的事不管是道德或商業的考量，都是正確的；（b）企業與社會其它部門的整合，首次希望能協商出一套倫理結構及行為規範；（c）規範提供了一個釐清及引導企業活動的基準。

對於全球倫理規範逐漸成長的需求：企業須合作發展全球的倫理規範有下列幾個原因：（a）維持或創造企業活動的機會；（b）企業應該依據相同的原則進行營運活動，在公平的舞台上企業領導人將樂於參與；（c）在企業活動的許多構面存在著相依關係的世界中，倫理規範的存在不僅有必要性也有可行性；（d）倫理規範的存在可以降低營運活動的不確定性；（e）大眾對於這個議題的重視及政府組織建議企業自行發展倫理規範，以避免由其它機構來發展可能不利於企業的利益。

對於全球企業倫理的四項挑戰：在發展全球倫理規範的過程中有四個主要挑戰。第一，適合全球企業遵循的倫理規範將會透過協商的過程產生，因此可能在某些方面無法與所有參與國的習俗及價值觀相符。尤其在大部分的規範都是由西方企業制定的狀況下，世界上其它國家重視的規範可能會受到忽略。第二，在發展全球倫理規範的過程中，不應把倫理規範視為終點，而應該視為起點。第三，組織可能會藏在全球規範的背後，聲稱因為沒有規定，因此在情勢改變時，所有營運行為都是可接受的。最後，全球的企業道德規範可能使企業在引導方針不明確的情況下，營運活動裏足不前而扼殺了創新，我們必須明白的是，引導方針的出現永遠不可能趕得上全球化發展的速度。

知識型工作者的定義：知識在全球各地成為勞力要素的比例越來越高，其重要性主要是因為服務性產業日漸增多，及工業生產的變化性與日俱增。所謂知識型工作者是指那些將思考作為日常工作中一個

重要部分的勞工。知識型工作對於企業來說是一個很重要的資源，不過與其它有形資源不同的是，知識難以衡量其價值的評估也較為困難。

學習型組織：所謂學習型組織是一個對於個人及組織的知識作完善利用的組織，組織中的每一位成員既是學習者也是知識的傳遞者。組織學習的哲學會影響領導風格、跟隨型態、團隊工作及績效評估系統。對於學習的重視同樣也會對於職業生涯規劃造成影響。

從種族中心取向到地球中心取向的管理人員徵募方式：認為自身的文化及企業實務為最佳的方式就是種族中心取向。在管理思維上採用種族中心取向將會導致決策集權化，包括將總公司的管理人員送往外國分支機構等決策。其他諸如地球中心取向等不同的管理思維，決策制定及管理人員的僱用，會採行不同的作法，因為能加速組織的學習。

問題討論與複習：

1. 許多組織的領導人相信薪資的誘因將可以刺激員工達成企業的目標。你是否可以提出一些無法達成預期目標的背後，與文化背景相關的解釋？這對於薪資給付系統的普同性有何影響？

2. 執行勞工人權倡議對於企業組織來說有何好處？又會產生多大的成本負擔？

3. 全球化企業個案：對你所研究的企業來說，在僱用全球化勞工方面處於何種情況？這些勞工主要來自哪些國家？該企業又如何管理有關世界各地的文化差異問題？請特別針對薪資給付系統及紅利措施

來探討。

4. 企業組織對於社會不公平應該負起多大程度的責任？在下面的敘述，將挑戰你在人權及企業利益間的考量。

或許由別人來作決策會比較簡單

由東方世界生產的地毯在世界各地都普遍受到歡迎，但是這些地毯都非常昂貴。人權維護團體宣稱，大部分由開發中國家製造的人工編織地毯，主要由年齡介於十到十二歲的童工進行生產。這些童工敏捷、靈巧的小手可以加速地毯生產的過程。但是人權倡議團體為了要抗議這些企業利用童工進行生產作業，決定要聯合抵制美國及其它工業化國家進口這些由童工生產的地毯。不過，由於廠商宣稱這些地毯具有高品質、可以持續使用超過一百年的時間，並且常常會出現令人印象深刻的創意，使得這些地毯成為許多收藏者最想要購買的商品。此外，負責銷售這些地毯的廠商聲稱透過地毯的銷售將可以有助於地毯生產國的經濟發展，也是促成地毯大賣的主要原因之一。除此之外，生產地毯的企業也聲稱大部分的地毯都是由家庭式的小型織布工廠生產，並輔以創意的加入才能夠獲得大眾的青睞，而童工對於家庭來說是重要的收入來源。負責銷售地毯的廠商也認為，人權倡議團體不應擅自決定開發中國家數百萬人民的命運，因為類似這樣的童工問題在開發中國家不但非常普遍、為大眾所接受，而其經濟上的價值也是其它國家所無法想像的。

來源：改編自 Rajib N. Sanyal and Joao S. Neves, Trenton Stage College.

假設你是工業化國家中銷售童工製地毯的廠商顧問。試著評估上

面所提到的一些爭論，不管是經濟上或社會上的，請決定是否應該要繼續採購這些地毯。此外，並請你考慮到作出停止購買地毯決策時所可能出現的反彈聲浪。從這個例子中，是否可以看到在全球的企業環境中，身為企業經理人所必須面對的一些矛盾問題？

參考書目

Adler, Nancy J. (1987). Pacific Basin managers: A *Gaijin*, not a woman. *Human Resource Management*, 26: 169–191.

Adler, Nancy J., and Bartholomew, Susan. (1992). Managing globally competent people. *Academy of Management Executive*, 6(3): 52–65.

Adler, Nancy J., and Izraeli, Dafna N. (1994). *Competitive frontiers: Women managers in a global economy*. Oxford: Blackwell.

André, R. (1985). The effects of multinational business training: A replication of INSEAD research in an institute in the United States. *Management International Review*, 25, pp. 4–15.

Applebaum, Richard P., and Henderson, Jeffrey. (1995). The hinge of history: Turbulence and transformation in the world economy. *Competition and Change*, 1(1): 1–12.

Arthur, Michael B., Claman, Priscilla H., and DeFillippi, Robert J. (1995). Intelligent enterprise, intelligent careers. *Academy of Management Executive*, 9(4): 7–22.

Asia's labor pains. (1995, Aug. 26). *The Economist*, pp. 51–52.

Aslanbeigui, Nahid, Pressman, Steven, and Summerfield, Gayle. (1994). *Women in the age of economic transformation*. London: Routledge.

Avishai, Bernard. (1996, July 29). Companies can't make up for failing schools. *The Wall Street Journal*, p. A10.

Badarocco, Joseph. (1995, Winter). Business ethics: The view from the trenches. *California Management Review*, pp. 8–28.

Baker, Stephen. (1997, July 21). Forget the huddled masses: Send nerds. *Business Week*, pp. 110–116.

Bartlett, Christopher A., and Ghoshal, Sumantra. (1992, Sept./Oct.). What is a global manager? *Havard Business Review*, pp. 124–132.

Batsell, Jake. (1998, Jan. 30). Advocate says tiny loans save lives. *The Seattle Times*, pp. C1, C4.

Beck, Nuala. (1995). *Shifting gears: Thriving in the new economy.* New York: HarperCollins.

Black, J. Stewart. (1988). Work role transitions: A study of American expatriate managers in Japan. *Journal of International Business Studies,* 19: 277–294.

Black, J. Stewart, Mendenhall, Mark, and Oddou, Gary. (1991). Toward a comprehensive model of international adjustment: An integration of multiple theoretical perspectives. *Academy of Management Review,* 16: 291–317.

Bosch, Gerhard, Dawkins, Peter, and Michon, François. (1993). *Times are changing: Working time in 14 industrialized countries.* Geneva: International Institute for Labour Studies, ILO.

Brecher, Jeremy, and Costello, Tim. (1994). Global village or global pillage. Boston, MA: South End Press.

Burrows, Brian. (1994). The power of information. *Long Range Planning,* 27(1): 142–153.

Carrington, Tim. (1994, June 22). Gender economics. *The Wall Street Journal,* pp. A1, A6.

The Caux Round Table Principles for Business. (1995). Minneapolis, MN: *Business Ethics.*

Collins, James, and Porras, Jerry. (1995). *Built to last: Successful habits of visionary companies.* New York: HarperBusiness.

Comparable rates of unemployment. (1993). *World of Work – U.S.,* 5: 16.

Ciulla, Joanne B. (1991, Fall). Why is business talking about ethics? Reflections on foreign conversations. *California Management Review,* pp. 67–86.

DeGeorge, Richard T. (1993). *Competing with integrity in international business.* New York: Oxford University Press.

Dicken, Peter. (1992). *Global shift* (2nd ed.). New York/London: Guilford Press.

Donlon, J. (1996, Sept.). Managing across borders. *Chief Executive,* p. 58.

Donnelly, Jack. (1993). *Universal human rights in theory and practice.* Ithaca, NY: Cornell University Press

Drucker, Peter. (1994, Nov. 8). *The age of social transformation.* Teleconference via satellite from Washington, DC.

An evil unbearable to the human heart. (1993). *World of Work – U.S.,* 4: 4–5.

Experts work to eradicate use of child labour. (1997, Oct. 29). *New Zealand Herald,* p. A8.

Experts work to eradicate use of child labour. (1997, Oct. 29). *New Zealand Herald*, p. A8.

Farkas, Charles M., and De Backer, Philippe. (1996). *Maximum leadership*. New York: Henry Holt.

Foreign bodies in South Korea. (1996, Dec. 14). *The Economist*, p. 66.

A generation at risk. (1990). *ILO Information*, 18(1): 7.

Handy, Charles. (1990). *The age of unreason*. Cambridge, MA: Harvard Business School Press.

Handy, Charles. (1994). *The age of paradox*. Cambridge, MA: Harvard Business School Press.

Hawken, Paul. (1993). *The ecology of commerce*. New York: HarperBusiness.

Heenan, D.A., and Perlmutter, Howard V. (1979). *Multinational organization development*. Reading, MA: Addison-Wesley.

Human Development Report. (1995). New York: Oxford University Press.

Human Development Report. (1997). Cary, NC: Oxford University Press.

Human rights. (1995, June 3). *The Economist*, pp. 58–59.

ILO Yearbook of labor statistics. (1992). Geneva: ILO.

ILO Yearbook of labor statistics. (1993). Geneva: ILO.

Incentives and knowledge workers: Oil and water? (1989, Summer). *Briefings*. College Park, MD: Newsletter of the Forum for College and University Governance.

Instilling ethical values in large corporations. (1992). *Journal of Business Ethics*, 11(11): 863–867.

Johnston, William B. (1997). Global work force 2000: The new world labor market. In Heide Vernon-Wertzel and Lawrence H. Wortzel (Eds), *Strategic management in a global economy*, pp. 368–381. New York: John Wiley.

Kapstein, Ethan B. (1996, May/June). Workers and the world economy. *Foreign Affairs*, 75(30): 16–37.

Kiskovsky, Sophia, and Williamson, Elizabeth. (1997, Jan. 30). Second-class comrades no more. *The Wall Street Journal*, p. A12.

Korten, David. (1995). *When corporations rule the world*. San Francisco, CA: Berrett-Koehler.

Larudee, Metrene. (1994, Sept./Oct.). Who gains from trade? *Dollars & Sense*, p. 29.

Light on the shadows. (1997, May 3). *The Economist*, pp. 63–64.

Lublin, Joann. (1996, Feb. 28). Women at top still are distant from CEO jobs. *The Wall Street Journal*, p. B1.

Little Luxembourg sees a big problem. (1994, Mar. 31). *The Wall Street Journal*, p. A11.

McDonald's Corporation Investor Review. (1992).

Mandel, Michael J., and Farrell, Christopher. (1993, June 14). Jobs, jobs, jobs – eventually. *Business Week*, pp. 72–73.

Mankiw, Gregory. (1995, Sept.). *The growth of nations*. New York: Brookings Institution, Brookings Papers on Economic Activity.

Mark, Jeremy. (1995, May 9). Small Asian firm breaks into ranks of Western-dominated software firms. *The Wall Street Journal*, p. A16.

Martin, Philip, and Widgren, Jonas. (1996). International migration: A global challenge. Washington, DC: Population Reference Bureau.

Maruyama, Magoroh. (1992). Changing dimensions in international business. *Academy of Management Executive*, 6(3): 88–96.

Morrow, David J. (1993, Nov. 7). Women exposing sex harassment in Japan. *The Seattle Times*, p. D9.

Naisbitt, John. (1992). *Global paradox*. New York: William Morrow (reports a study of European companies conducted by the Institute of Business Ethics in Britain).

Newman, Barry. (1993, July 8). Flooded by refugees, Western Europe slams doors on foreigners. *The Wall Street Journal*, pp. A1, A8.

Nonaka, Ikujiro, and Takeuchi, Hirotaka. (1995). *The knowledge-creating company: How Japanese companies create the dynamics of innovation*. Oxford: Oxford University Press.

Ohmae, Kenichi. (1990). *The borderless world: Power and strategy in the interlinked economy*. New York: HarperBusiness.

O'Mara, Richard. (1992, Nov. 26). Europe forgets why millions want in. *The Seattle Times*, p. A3.

Ondrack, Daniel. (1985, Fall). International transfers of managers in North American and European MNCs. *Journal of International Business Studies*, pp. 1–19.

Out of the typing pool, into career limbo. (1996, Apr. 15). *Business Week*, pp. 92–94.

The outlook. (1998, Jan. 26). *The Wall Street Journal*, p. A13.

Parker, Barbara (1991). Employment globalization: Can 'voluntary' expatriates meet US hiring needs abroad? *Journal of Global Business*, 2(2): 39–46.

Parker, B., and McEvoy, G. (1993). Initial examination of a model of intercultural adjustment. *International Journal of Intercultural Relations*, 17: 355–379.

Parker, Barbara, Zeira, Yoram, and Hatem, Tarek. (1996). International joint venture managers: Factors affecting personal success and organizational performance. *Journal of International Management*, 2(1): 1–29.

Prahalad, C.K., and Doz, Yves L. (1987). *The multinational mission: Balancing local demands and global vision*. New York: Free Press.

Pura, Raphael. (1992, Mar. 5). Many of Asia's workers are on the move. *Wall Street Journal*, p. A10.

Quinn, James Brian. (1992). *The intelligent enterprise*. New York: Free Press.

Quinn, James Brian, Anderson, Philip, and Finkelstein, Sydney. (1996). Leveraging intellect. *Academy of Management Executive*, 10(3): 7–27.

Rodrik, Dani. (1997). *Has globalization gone too far?* New York: Institute for International Economics.

Saeed, Hasan. (1997, Apr. 3). Cellular phones to link villages in Bangladesh to outside world. *The Seattle Times*, p. A11.

Salamon, Lester M., and Anheier, Helmut K. (1994). *The emerging sector*. Baltimore, MD: Johns Hopkins University Institute for Policy Studies.

Sasseen, Jane. (1993, Oct.). Companies clean up. *International Management*, pp. 30–31.

Schlegelmilch, Bodo B., and Robertson, Diana C. (1995). The influence of country and industry on ethical perceptions of senior executives in the U.S. and Europe. *Journal of International Business Studies*, 26(4): 859–881.

Senge, P. (1990). *The fifth discipline: The art and practice of the learning organization*. New York: Doubleday.

Sherer, Paul M. (1995, Nov. 2). *The Wall Street Journal*, p. A7.

Siconolfi, Michael. (1995, Feb. 21). Wall Street gurus are hitting the books again. *The Wall Street Journal*, pp. C1, C22.

Simai, Mihaly. (1994). *The future of global governance*. Washington, DC: United States Institute of Peace.

Smith, Craig S. (1994, Aug. 16). Reebok compels Chinese contractor to improve conditions for workers. *The Wall Street Journal*, p. A10.

Stark, Andrew. (1993, May/June). What's the matter with business ethics? *Harvard Business Review*, pp. 38-48.

Steil, Benn. (1994, Jan./Feb.). 'Social correctness' is the new protectionism. *Foreign Affairs*, pp. 14-20.

Steinmann, Horst, and Lohr, Albert. (1992, Apr.). A survey of business ethics in Germany. *Business Ethics: A European Review*, pp. 139-141.

Stewart, Thomas A. (1994, Oct. 3). Your company's most valuable asset: Intellectual capital. *Fortune*, pp. 68-74.

Stewart, Thomas A. (1997). *Intellectual capital*. New York: Doubleday/Currency.

Studemann, Frederick. (1994, Apr.). Germany: Shaken and stirred. *International Management*, pp. 45-47.

Thailand fire shows region cuts corners on safety to boost profits. (1993, May 13). *The Wall Street Journal*, p. A13.

Tung, R.L. (1987). Expatriate assignments: Enhancing success and minimizing failures. *Academy of Management Executive*, 2: 117-126.

Twice the workers – and twice the productivity. (1995, Aug./Oct.). *World Bank Policy Research Bulletin*, 6(4): 1-6.

UN panel to tackle abuse of women working abroad. (1996, May 28). *Seattle Times*, p. A7.

UNHCR by numbers. (1997, Jan. 12). http://www.unicc.org/unher/un&ref/numbers/numbers.htm

Wallace, Charles P. (1995, June 30). Filipinas face rampant abuse in overseas jobs. *The Seattle Times*, p. A14.

Webley, S. (1992). *Company values and codes: Current best practices in the United Kingdom*.

London: Institute of Business Ethics.

Working nation: works for everyone. (1995). *Women & Work*, 16(2): 1–4.

Women hold more seats on Fortune 500 boards. (1996, Dec. 12). *The Wall Street Journal*, p. A8.

World Development Report 1995: Workers in an integrating world. (1995). New York: Oxford University Press.

World Economic and Social Survey. (1995). New York: United Nations.

World Employment Report. (1995). Geneva: ILO, UN.

World Investment Report. (1994). New York: UN, UNCTAD.

World Labour Report. (1994). Geneva: ILO.

You ain't seen nothing yet. (1994, Oct. 1). *The Economist*, pp. 20–24, The Global Economy Survey.

Zachary, G. Pascal. (1994, July 28). Exporting rights. *The Wall Street Journal*, pp. A1, A5.

Zachary, G. Pascal. (1995, Feb. 2). US software: Now it may be made in Bulgaria. *The Wall Street Journal*, p. B1.

Zeira, Yoram, and Harari, E. (1977). Genuine multinational staffing policy: Expectations and realities. *Academy of Mandgement Journal*, 20(2): 327–333.

第七章

全球的政治及法律環境

兒童的微笑

　　微笑任務國際組織（Operation Smile International）是一個主要為了提供世界各地，因為唇顎裂、腫瘤或因為燒燙傷而導致顏面畸形的兒童，進行臉部重建手術的一個自願性跨國性組織。在這個開頭小故事中的主角，是廣大世界中一位不起眼的兒童，不過因為這個微笑任務組織內部成員所付出的努力，讓她的世界起了很大的變化。

　　只有一個人知道李明芬原本生活的地點在哪裡，也只有這個人知道在李明芬出生時所面對的一種什麼樣的狀況。1990年有一位貧窮的農夫李興山，他平日靠撿拾廢棄的瓶罐及金屬為生，當時還是個嬰兒的李明芬就是他在一個垃圾堆裡發現到的。裝著小嬰兒的箱子裡，放著一罐牛奶，還有一張寫著「請憐憫她」的小便條紙。不過從小嬰兒面部唇顎裂的情形看來，便條紙上的憐憫二字實在很令人懷疑，因為根據當地的迷信，唇顎裂乃是邪惡的象徵。餵過小嬰兒箱子中的那罐牛奶以後，李興山再度把小嬰兒放回那個箱子裡，等待其他撿拾廢棄

物的人們發現箱子裡的李明芬。幾天以後，李興山再度來到那個放置廢棄物的地點，他發現到李明芬依然躺在那個箱子裡，不過因為身體過於虛弱，已經連哭泣的力量都沒有了；決定不要讓這個可憐的小嬰兒孤獨的在廢棄物放置點中死去，李興山把李明芬帶回家。

在當地政府機關的家庭政策中，每個家庭僅能扶養一名兒童而不能扶養第二名兒童。除此之外，李興山要冒著受到政府處罰的風險，將這個臉上有著不祥印記的嬰兒帶回扶養。最後，李興山被迫要在小嬰兒及週遭共同生活的朋友及妻子間作出選擇，李興山只好作了一個痛苦的決定，與小嬰兒成為中國境內一億五千萬遊民中的成員，這些遊民在無法從廢棄物放置場中找尋到食物維生的情況下，往往只能透過乞討度日。在這樣的情況下，李興山度日如年，因為他擔心隨時都會有人把在他懷中的李明芬搶走。

在 1993 年的 11 月，李興山及李明芬來到了汕頭，對於他們兩個來說，這只不過是從一個不知名的地方流浪到另一個不知名的地方。在一個與其他流亡者聚會在一起的夜晚，李興山聽到有關自願性醫療團體在當地醫院進行唇顎裂手術的消息；當晚李興山及李明芬就睡在醫院對面的一座舊建築物裡，等待天亮以後醫院大門的開啟。隔天正好是醫療審查的最後一天，而實際上手術的時程表也早就排滿了，不過當醫院裡的人們聽到有關李明芬的故事以後，就主動的把時間及空間讓出來給李明芬動手術。兩天以後，李明芬的唇顎裂問題在一個不到一小時的手術中完全的重建成功，幾天以後甚至連以往顏面傷殘的痕跡都逐漸消失。李興山說：「在過去沒有人想要養育一個顏面傷殘的嬰兒，而且耗盡一輩子的時間想要掩蓋這個事實的存在；儘管我從來沒有夢想過我能得到這個機會，不過我發誓總有一天我會想辦法治好明芬顏面傷殘的問題。」

李興山並沒有多餘的資金可以用來為李明芬進行整形手術，不過

透過微笑任務對李明芬進行的手術，讓她有機會可以成為社會上有用的一分子，而不至成為流亡各地無家可歸的人。透過集中化的行動，類似微笑任務組織這樣的自願性組織成功地提供時間、金錢及醫療技巧等等，而不僅提供直接的服務。它們會訓練地方上的醫療人員進行相同的自願性醫療服務，此外該組織也會幫助這些自願性的人員提供類似唇顎裂修復手術等等政府機關無法提供的服務。它們會與大型藥廠合作以募集資金，並仰賴企業贊助推廣來繼續這項有意義的工作。在 1998 年，組合國際（Computer Associates）及微軟就捐獻出一筆資金在中國發展微笑列車計劃（Smile Train）。透過資金提供者付出的貢獻，用來進行整形手術的設備得以透過火車在中國境內進行移動的作業，並減少這些設備在國際間及國家境內搬運的成本，也可以降低進行兒童整形手術的成本。最後，微笑任務組織也確實做到了它們所要完成的工作：給每位兒童點亮世界所需要的微笑。

　　來源：Operation Smile International brochure.（1996）. Norfolk, VA：OSI.

第一部份 政治決策面臨的全球化壓力

1989 年 11 月柏林圍牆（Berlin Wall）的倒塌，象徵著自從 1945 年第二次世界大戰以後，美國及蘇聯之間的冷戰導致的政治對立時代正式劃下休止符。對於某些人來說，這樣的事件及隨後蘇聯的解體，意味著全球邁向市場經濟的趨勢，而這樣的趨勢對不同國家內部的政治及法制系統也造成了深遠的影響。在本章中，讀者將會了解到自由經濟將如何在國家內部及國家與國家間，對於政治及法制系統產生影響。

在本章一開始，會對政府的基本功能作簡單的介紹，隨後檢視全球化的趨勢如何改變政府機構領導者的角色扮演及其背負的責任。接著，本章將會探討全球化貿易管理系統中的貿易聯盟及貿易協定等相關事項，此外有關人類發展及司法的議題也會加以討論。除此之外，因為以往由政府或由企業擔任的一些角色，目前逐漸由非營利性組織來擔任，因此，在達成全球化經濟及社會正義的過程中，政府與政府之間的組織、非政府組織及企業組織所扮演的角色也會在本章稍後的部分提出討論。在本章開頭小故事中有關微笑任務組織（Operation Smile International, OSI）的例子，正是關於一個義工團體如何扮演以往由政府擔任的角色，及企業如何去幫助微笑任務組織進行任務的最佳典範。對於企業來說，處於多變的全球化政治環境中，最主要的挑戰來自風險的暴露程度；由理論上來看，企業的風險管理應包含政治、財務及破產的風險。在本章最後總結企業經理人應該如何面對並處理工作環境中逐漸加劇的心理及人際面等風險；其中包含的主題有：壓力、衝突及暴力行為的管理等等。

政府的角色

所謂的文化，就是一組共享的價值觀模式，其發展的目的是要用來處理共同的問題，包含防衛及生存等問題。透過政治網路及法令制度所形成的政府，就是一個爲了要達成防衛、生存及發展需求的重要機制。政府可以是正式也可以是非正式，達成任務方面可以透過法令也可以透過習俗慣例；不過目前的政府往往是圍繞著元首及地理界限形成的民族國家而組成。在國家界限內，平行及互補的政治系統與法制系統往往並存，並以國家、區域、州郡及各個自治都市爲執行的範圍。對於不同民族國家的政治系統來說，主要的差異可以從兩個向度來觀察：誰負責作出決策，及用以確保防衛及發展的資源如何分配。

國家的決策制定過程

在民主政治中，決策的制定在人民手中。當人民聚集在一起表達各自意見時，就是民主的一種直接表現；但是在實務上，往往因爲大部分國家人口數量的龐大而無法達成。因此，大部分的民主國家採用一種代表式的民主，透過人民票選出來的代表來參與國家決策的制定。在共產主義、社會主義、單一君主政體或獨裁政權的國家中，決策制定的權力則往往僅限於指揮系統中少部分的有力人士。在前蘇聯政體中，所謂指揮系統中少部分的有力人士，就是指黨員大會中幾位高階人士。不管一個國家的政治系統是採用何種模式，這個系統對於內部的資源分配都有很大的影響。

國家的資源分配

　　因爲各個國家對於利用一般性資源抱持的哲學觀不同，因此各個國家對於生產性資源例如：土地、工廠及設備、原物料、還有勞工及資金的運用，就有各種不同的模式。眾所皆知的，各項資源都是有限且易耗竭的，因此政府的任務就是要有效地分配這些資源。對於集權國家來說，政府對於大多數的生產性資源握有主控權，而政府領導者也就成了決定資源應該如何分配的主要影響力來源。舉例來說，在蘇聯尚未解體以前，共產黨不但可以決定要在哪裡生產哪些商品，甚至還可以在必要時指派勞工去進行所需要的工作。然而，在自由市場經濟的情況下，大多數的生產性資源則多由私人企業或機構所掌握。

　　在生產性工作機會缺乏的地區，例如賭博性商業活動盛行的蒙地卡羅（Monte Carlo）及拉斯維加斯（Las Vegas）還有石油生產地沙烏地阿拉伯（Saudi Arbia）等等，政府會對私人擁有的資源進行課稅，以獲取所需要的財源，徵稅的範圍包含個人所得稅、營業稅、財產稅及其它企業所得稅。不管政府所需要的資金來源爲何，這些資金主要用來支援政府機構的運作，其中包含建構防禦系統或重新分配這些資源以維護群眾利益等等。從許多專案計劃中，我們可以發現政府利用獲得的資金來進行對全體群眾有利的計劃，例如社會福利及其它社會性支援計劃、道路或基礎建設專案、教育、糧食補助款，甚至是企業發展計劃等等。各個國家對於資源重新分配的機制各有不同，也因爲這些不同使得國家與國家之間在課稅比率及政府收支上有著極大的差異。以企業課稅比率爲例子，就如同不同的國家對個人所得稅有不同的稅率一般，1996 年企業稅的比率在德國高達百分之五十九，在美國爲百分之四十，在瑞典則僅高於百分之三十左右。然而，經濟學人雜

誌（Economist）的一篇文章指出（The tap runs dry , 1997），因為全球
化的緣故，在未來政府要對於地球上的各個企業徵稅，將會越來越困
難。第一個原因是，因為網際網路技術的增進，使得幾乎每一個組織
都可以跨越國家的界限進行商業活動，而目前監督這些銷售情況的機
制並未普遍存在；第二個原因是，多國籍企業（MNEs）及小型企業
成長迅速，這一類型的企業獲利的主要來源都是在國外市場，也因此
這些企業會在課稅比率較低的國家進行營業利潤的申報以獲取稅率上
的好處。

　　除了企業之外，個人也越來越容易受到全球化的影響，因此也會
因為稅率的吸引，而到享有稅率優惠的國家工作。在1994年，大部分
工業化國家對個人課稅的比率（包含所得稅、消費稅及社會安全捐）
變動範圍很大；在瑞典高達百分之五十，該國的基礎建設及社會支援
系統十分完備，相形之下，雖然土耳其的個人稅率僅為百分之二十
三，但是在該國的基礎建設、社會支援系統及由政府出資的道路建設
計劃則非常缺乏。對於個人來說，稅率最具有意義的比較性評估就是
對不同國家進行完稅日（Tax Freedom Day）的比較，也就是每個年度
不同國家對於個人稅收需求達成預定目標的日期。從表7.1中我們可
以發現到，某些國家對於個人課稅的比率較高（請見表7.1）。

執行政府的決策

　　不管政府組成的型態為何，一個國家政府必須要制定決策並透過
符合法規限制的方式管理與大眾利益有關的資源。針對國內事務來
說，政府會利用法規來限制企業可以進行或不能進行的業務；政府也
會透過課稅或社會福利計劃來重新分配可用資源；此外政府也會與企
業或其它機構合作以促進經濟成長及社會發展。利用法規管制企業的

表7.1　1995年各個不同國家的完稅日（Tax Freedom Day）

新加坡	三月四日
美國	四月十一日
日本	四月十二日
澳洲	四月二十五日
英國	五月九日
加拿大	五月十二日
德國	五月二十三日
荷蘭及法國	六月十二日
比利時	六月十七日
瑞典	七月三日

成立與活動，範圍從較為常見的作法，例如在英國的股份有限公司
（Ltd.）、德國的股份公司（Gmbh）、或美國的法人公司（Inc.），乃至
強制介入的方式，例如由政府直接制定產業政策。除了這些決策以
外，與企業經營有關的法令也建立起標準，例如工業安全、專業認
證、最低工資等等，對於企業的運作都造成一定程度的影響。舉例來
說，政府領導人可以透過法規的制定來保護未來的可用資源或大眾的
利益，例如透過廢棄排放標準的制定來保護未來的空氣品質。除了極
少數的政府完全不透過任何方式干涉自由市場的運作以外，大部分的
政府都會透過某種程度的介入來矯正市場不均衡的狀態，並透過法
令、政策、規範及標準來限制企業及個人的行為。在不同的國家中，
透過法規的限制有助於一般大眾對於有益、正確、公平及可接受的政
府決策產生一定程度的共識，也間接促成政府執行上的效率。目前世
界上主要有三種形式的法制系統：

1. 民法：所謂民法系統會採用特定的專有名詞將法令的輪廓描繪

出來，並且將各項明定的法規加以闡釋，使大眾對於其公平性
與適切性有所了解，隨後再交由各地的法院執行。採用民法的
國家政府包括大部分的西歐國家（大英國協除外），及少部分
亞洲東部的國家例如日本、南韓及台灣等等。

2. 習慣法：所謂習慣法系統在某種程度上較民法系統描述更寬廣
   的內涵，在這樣的狀況下，法官負責解讀這些法規以應用在各
   種不同的情況，並作下判決。根據歷史我們可以發現習慣法系
   統是在西元 1066 年由威廉大帝在英格蘭為了要組成習慣法政府
   系統所創立的，目前在大英國協、美國及大部分由盎格魯薩克
   遜民族殖民過的國家中實行。

3. 宗教法：目前在世界各地有許多國家依循宗教法系統。許多信
   仰伊斯蘭教的國家遵循伊斯蘭教規或伊斯蘭法，不僅規範了個
   人的行為，有關社會關係、企業關係及社群生活都包含在內。
   這些關係的意識型態基礎可以從伊斯蘭教的可蘭經（Qur'an 或
   英文拼音的 Koran）中發現，從這部經典中我們可以了解伊斯
   蘭義對於教徒生活方式的期望。除了伊斯蘭教法以外，還有一
   些未經妥善編制或以文字紀錄的不同宗教法典，在世界各地不
   同的種族中流傳，並藉此引導人民的行為及信仰；如同萬物有
   靈論者（Animist）相信靈魂是生命的中心，世界萬物都有靈魂
   的存在；此外對於萬物有靈論者來說，不管是魔法、命運、幸
   運及徵兆等等都是萬物有靈論者宗教信仰的一部份。

在全球多元化所帶來的各種不同挑戰中，對於來自世界各地的個
人及企業而言，要進行行為上的改變以符合在不同國家中他們所不了
解或不認同的法制系統，可能不是非常容易，改變的意願也不會太
高。因爲這樣的狀況，也造成了國家與國家之間，及國家內部的諸多

衝突。舉例來說，信仰萬物有靈論的原住民，其傳統往往與澳洲當地的法令牴觸，而當不同國家進行往來時，伊斯蘭教的宗教法及民法還有習慣法之間的衝突問題也就更爲明顯。以美國這個喜好興訟的國家來說，從數字中我們可以清楚地發現，全球有三分之一的律師在美國執業，也因此美國人偏好對於企業運作方式的差異進行訴訟，對於來自國外的全球企業經理人來說也形成一股很大的壓力。在美國這種過分重視法令規章的情形，目前也因爲有越來越多的律師被授權負責處理全球化企業的法律事宜，而形成一種普遍的現象。

國家政府扮演的國際角色

在國家的層次或全球的層次，有關法律上及實務上何者正確、何者有益或何者公平，往往無法形成共識；除此之外，宗教信仰、法規、決策、標準及執行的實務，往往也會因爲不同國家之間的互動，而出現修正或更動的情形。因此，不同國家之間進行貿易協商的結果，可能會造成國家政府在規範本國企業及外國企業時，出現援用不同法令的情形。類似這樣可能會影響跨國企業運作情形的決策還包括：貿易狀況、法令、標準、進口課稅等等。舉例來說，國家政府爲了要保護本國產業，往往會利用法令來限制外來的產業，常見的貿易控制手段有：關稅、配額限制、分公司設立規定、報關手續、標準、營業執照、互惠協定及營業範圍限制等等。儘管許多國家會利用各種華麗的名詞來爲其執行的政策辯護，無可否認地目前世界上有許多國家仍然有所謂的貿易控制手段。舉例來說，日本從不進口蘋果或梨子；澳洲不進口由紐西蘭生產的蘋果；歐盟國家對於農耕或其它產業提供補助金；而紡織產業在美國是諸多受到關稅及進口配額限制保護的產業之一。不過在全球化的潮流下，每個國家內部的社會及經濟繁

榮，與世界其它國家息息相關，因此類似這樣的貿易保護措施也重新受到各國政府的審慎評估。

範圍越來越擴大的經濟整合，及不同國家之間彼此依賴的狀況，使得單一國家內部因為政策所需而進行的活動規模逐漸縮小，焦點的鎖定也開始模糊。因為這樣的情形，使得國家領導人不得不在重視國際市場之餘，也開始注意國內的經濟情勢。在接下來的部分，我們將描述國家政府面對全球化所出現的六個變化。

重塑政府在全球化世界中扮演的角色

不同經濟體之間相依情況的日趨加深及部門界限的逐漸模糊，使政府在獨立進行金融及財務政策的制定上，出現嚴重的困擾；通訊技術的突破，也使得那些以往由政府掌控的資源面臨重新分配；國家內部的領導人也因為這些互相衝突的需求而煩惱不已。為了因應這些挑戰，政府領導人目前正積極重新塑造本身的定位，以確保國家的生存、繁榮，並對抗來自全球各國的強大壓力。例如企業民營化、撤銷法令管制、產業政策及政府對企業採行的輔助措施都是最佳的例子。

民營化與私有化

各國政府單位目前正積極進行改革，將過去由政府掌握控制的生產性資源交付給民間單位。類似如此的民營化過程，受到三個主要因素的影響：

1. 許多開發中國家的民營機構發展非常迅速，政府無法跟上其成

長速度。因此政府開始允許民營機構扮演以往僅能由政府機構
扮演的角色。

2. 工業化國家政府不斷進行人事縮減的計劃，並且將過去由政府
員工進行的工作外包給民間機構，例如垃圾清運服務及廢棄物
處理等等。對於政府機構來說，這樣的政策等同於委外
（Outsourcing）作業。

3. 世界各地的政府目前也將各項基礎建設工程，例如電話通訊及
過去由政府擁有的公營企業，透過完全售予民營企業或以合資
的方式交由民間機構營運，期望透過這樣的方式改善提供商品
或服務的品質。

　　直到最近，歐洲國家仍有許多產業掌握在政府機構的手中，但是
幾乎大多數的產業都開始進行民營化。法國目前正在進行通訊產業的
民營化；德國最近也宣佈要在2003年廢止行之有年由政府機構獨占郵
政業務的情形，並且在1998年就開始允許民間機構進行大宗郵件遞送
的業務；而英國則著手進行勞斯萊斯汽車（Rolls-Royce）及英國航空
（British Airways）的民營化。建立並維持類似航空、鐵路及通訊公司
這一類型具有資本密集特性的產業，成本的負擔非常重，不過相對
地，潛在利益也非常高；因為隨著世界各地全球化的趨勢，航空旅行
及通訊傳播就成了各個國家與全球其它國家溝通的管道。各個國家因
為擔心在這些產業落後他國，因而鬆綁過去產業由政府機構掌握的規
定，也使得這些產業慢慢轉由民間企業接手經營。身為第一波推動民
營化的國家，智利向世界其它國家證明了透過民營化將可以加速國家
經濟發展的步調，並且成為拉丁美洲及世界各地其它國家推定民營化
的典範。舉例來說，光是在1993年就有好幾波民營化的計劃在各個國
家進行：阿根廷對於其國內的石化業大廠YPF進行全民認股的活動、

巴西將境內大鋼鐵製造廠賣給銀行團、牙買加也將過去由政府機構負責營運的製糖工廠賣給牙買加糖業公司（Sugar Company of Jamaica）、墨西哥將阿茲提卡電視公司（Television Azteca）賣給賽蓮娜普立吉歐和賽波家族（Salinas Pliego and Sabo Families），而巴拿馬更是將其境內的果汁工廠賣給哥倫比亞的一家外銷公司。從那時開始，許多類似的經營權轉移案件就迅速在拉丁美洲地區擴散開來，其中包含哥倫比亞將境內大汽車製造公司（Columbiana Automotriz）賣給日本的馬自達（Mazda）及住友（Sumitomo）公司。除此之外，從1987年開始通訊產業在中美洲及拉丁美洲的阿根廷、智利、祕魯、墨西哥等國家，還有加勒比海附近的古巴及牙買加，甚至工業化國家的加拿大、德國及荷蘭都出現部份或全部經營權轉移的情形。在1988到1993年間，在全球超過九十五個國家中，公營企業民營化的數量達2700家，在1994年世界各地民營化的總值則低於八百億元。如同表7.2所呈現的，在1994年諸如長途電話通訊業及公用事業等服務業的民營化總價值高達三百六十億美元。到了1996年，全球民營化的總價值躍昇到八百八十億美元；我們可以在大部分已開發國家中發現到民營化以部份或全盤的方式進行，且能目睹此一風潮由已開發國家，慢慢擴散到經濟合作發展組織（Organization for Economic Cooperation and Development, OECD）以外的國家。在1990年全球民營化的業績中，開發中國家所佔的比例僅為百分之十七，到了1996年這個數字則增加至百分之二十二。政府之所以進行民營化，主要在於對稀少性資源的充分利用；因為一般說來，企業組織對資源價值的開發往往較政府人員有效率得多。

　　在某些案例中，民營化可能造成社會動亂，並導致企業及其它團體的對峙。因為民營化通常代表允許新的競爭者進入過去受到妥善保護的產業市場，因此就會有許多身處該產業的人員開始擔心飯碗不保

表7.2　依產業別區分的民營化狀況，1994年

產業別	規模大小 （百萬美元）	佔全部產業 的比率（%）
通訊產業	13975.6	17.4
電力公用事業	11573.7	14.4
能源產業	10611.2	13.2
煙草產業	7775.7	9.7
保險產業	7482.1	9.3
銀行產業	4465.6	5.6
汽車產業	2094.7	2.6
鋼鐵產業	1899.1	2.4
礦物產業	1661.5	2.1
燃煤產業	1497.4	1.9

的危機；此外，股權民營化之後，接手的業主往往會大刀闊斧刪掉人員。當民營化之後的企業經過轉型並開始產生利益後，對於利潤的分配，如今的業主又要跟昔日習於分紅的員工起一番衝突。企業往往會發現以獲利為主要目的的營運方式，將會遭遇到重重的困難。在這樣的情況下，資遣、組織重整甚至工作的重新設計都會受到阻撓，企業及政府必須面臨管理這些變化的挑戰。

大眾對政府機構的信心逐漸低落

　　政府與企業之間的關係除了民營化之外，還受到許多因素的重塑。舉例來說，在中國資本主義的興盛，可能會導致群眾認為政府機構的存在無關緊要。根據華爾街日報的一篇報導顯示，從1978年開始出現的各種企業獲利機會，已經使得大部分的中國人民開始認為獲利

目標的達成比起中國共產黨來得重要許多，這樣的結果也使得黨員對
於活動參與及政黨命令的服從顯得興趣缺缺（Kahn and Brauchli,
1994）。中國政府對於個人的控制也因爲企業運作的自由而逐漸減
弱，因爲那些爲自己的生活從事工作的人可能沒有高度的意願去遵循
政府的命令。從許多例子都可以發現這樣的情況，例如：目前的中國
人民較不傾向遵守禁止早婚的法令；此外，有許多家庭也擁有足夠的
收入去負擔因爲扶養第二甚至第三個子女所必須支付的罰款（Tofani,
1994）。這個例子不僅顯出企業對於私人生活的影響力逐漸成長，也
呈現出政府機構、企業團體、社會及文化規範之間的相互依賴日趨加
深。

　　東歐各國轉換到市場經濟的過程中，對於政府機構的領導也造成
了一股危機，這樣的危機可以從各國在選舉活動中，在民主式領導及
共產主義式領導之間擺蕩看出端倪。根據1996年由開放媒體研究協會
（Open Media Research Institute）進行的一項調查顯示，在歐洲東部國
家的選民，抱持著矛盾性的看法。許多選民認爲經濟重整的速度過於
緩慢，不過卻只有少部分的選民願意接受重整過程中可能會爲個人帶
來的艱困（Paradox Explained, 1995）。最後，在工業化國家裡要求政
府機構縮減人員，顯示群衆對於政府能否解決重大問題的信心逐漸降
低。在美國，群衆對於大型政府機構信心的瓦解，可以從要求較少的
聯邦政府管轄及較多州政府自治權限的呼聲中明顯地察覺出來。從這
些出現在世界各地的例子我們可以發現，對於過去我們期待政府能解
決的各項問題，尋求解決方案的要求正迅速地延燒著。

社會福利政策的改造

目前有許多工業化國家已經發展出各種社會福利系統，以利於進行資源的重新分配。這樣的系統由於兩個主要的理由目前正受到許多國家重新檢視，這兩個理由是：社會福利系統需要的資金已經逐漸演變爲沉重的財政負擔；此外，許多國家的人民認爲社會福利系統並沒有發揮原先預期的功能。舉例來說，在 1985 到 1990 年間，東歐國家每年社會福利系統的花費大約佔全國 GDP 的百分之十四點九，在經濟合作發展組織的會員國中，這個數字更是提高到百分之十六點三。綜觀所有工業化國家，其中有許多國家相信社會福利系統的資源有一大部分都被那些並非眞正需要的人所耗用。因此，許多政治家對於分配資源給社會福利系統興趣缺缺，而大衆對於社會福利系統的重建呼聲也益加響亮。舉例來說，1994 年在英國發表的白皮書提出一項建議，要求降低或取消那些不願意參加職業訓練計畫之民衆的社會福利保障；同樣地在荷蘭也對於傷殘的認定進行重新研議，如此可以使符合長期接受社會福利保障的民衆數目大爲減少。有趣的是，過去擁有健全社會福利網路的國家目前正積極進行系統規模的縮減，在此同時，許多開發中國家目前則準備投入大量資源進行公益活動，因爲在這些國家中，對於扶助高齡人口、貧困人口、兒童及其他生活困難者的呼聲正逐漸提高。這兩股互相對抗的力量也顯示出，許多國家的政府在重建社會福利系統時必須塑造出新的角色。除此之外，工業化國家還有另兩股相互對抗的力量，第一股力量是保守性的呼聲要求降低社會福利系統的經費，而另一股力量則要求減少進行有利於企業的計畫，例如政府津貼、政府支援、及如同美國所推行的海外發展計畫（Overseas Development Program）等等。

產業政策

雖然僅有少部分的國家擁有充足的資源，能夠同時進行各種不同方向的發展計畫，然而目前卻有許多國家的領導人在心中萌生這種想法。日本、印尼及南韓了解國家發展資源缺乏，而將產業發展政策專注於幾項焦點產業。大部份的焦點產業具有資本密集性，通常是指那些成長迅速，並且具有高附加價值價值或高投資報酬率的潛力產業。受到產業政策保護的明星產業常包括：長途電信產業、航空產業、汽車產業及電腦業等等。

國家的產業政策往往最能夠描述政府採行的具體活動。日本的 MITI 及南韓政府對於產業聯盟的支持都是非常明顯的產業政策；其它國家也發展出各種不同的國家級計畫，以描繪出產業成長將如何及在哪些領域中發生。從圖7.1中我們可以看出由印尼政府認定的十個具有發展潛力的焦點產業。值得注意的是，所謂的產業政策就算沒有政府公開的正式宣告依舊可能存在。舉例來說，在1787年宣告共和開始，美國的聯邦政府對於國家內部經濟成長的興趣，就透過關稅的保護及提供補貼以促進製造業逐步成長（Schnitzer and Nordyke, 1983）。儘管在美國這樣的政策往往透過政客利用政治遊說以有利於特定產業，而非透過具有凝聚性的國家政策來形成產業政策，但是這些機制的存在也就是產業政策的最佳證明。

法令鬆綁

法令最主要的功能就是提供企業或產業在進行運作時做為可靠的標準。目前有一些產業，特別是那些關乎社會穩定性的產業，受到法

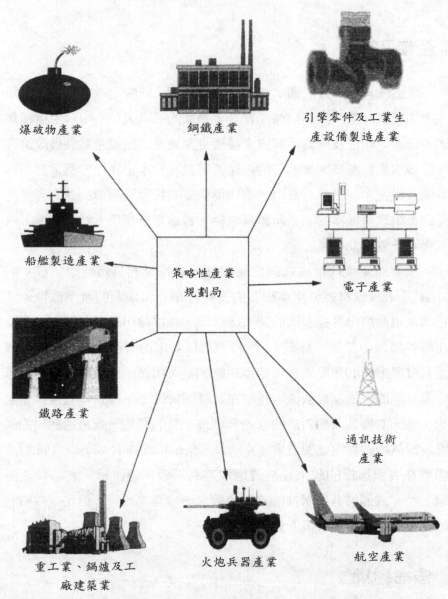

爆破物產業

鋼鐵產業

引擎零件及工業生
產設備製造產業

船艦製造產業

策略性產業
規劃局

電子產業

鐵路產業

通訊技術
產業

重工業、鍋爐及工
廠建築業

火炮兵器產業

航空產業

圖7.1　印尼的策略性產業規劃局（Agency For Strategic Industries）
（IPTN Annual Report）（Industr i Pesawat Tetbang Annual
Report.（1992）. Jakarta：Government Printing Office）

令的嚴格管制，其他產業則否。因為現有各國的法令及標準主要是為
了要符合國家的利益，反映著各個國家而不是其它國家的文化信念及
假設。在某些情況下，類似這樣的國家法令限制，會使得一國境內的
產業在參與全球運作時出現很大的困難。舉例來說，美國的Glass-
Steagall 法案，使得美國的企業無法合併商業銀行業務及海上保險安
全業務，然而全球該產業主要的成長來源大多仰賴這兩項業務的整
合。因為這個緣故，國家的法令反而阻礙了國內產業進行全球運作，
也因此Glass-Steagall 法案的擁護者在了解該產業可能因為該項法案而
無法邁向全球化，決定要廢除該項法案。

　　目前許多國家的政府正致力於法令限制的鬆綁，以幫助那些以往
受到嚴格法令的束縛而無法進入全球市場的產業。舉例來說，美國的
航空產業目前就受到法令鬆綁的影響，同樣地歐盟的成員國家也將
1997年設定為航空產業鬆綁的基準年。類似的法令鬆綁行為，也正是
許多國家的領導人幫助其國內例如銀行業、投資業、長途電信業、汽
車製造業、電腦產業及商用飛機製造等等產業邁向國際化的手段之
一。法令鬆綁所能夠獲得的長期利益就是，各項產業可以依照商業利
益為主要的考量因素進行決策的制定，而不再受到政府法令的限制；
不過在這樣的狀況下，國家通常必須要為法令的鬆綁負擔可觀的社會
成本。舉例來說，美國航空產業的法令鬆綁造成工作重複，各家航空
公司彼此競爭的結果也影響到許多消費者。例如，用以旅遊至各個大
城市的低廉機票，就會被往來小城市售價較高的機票所抵銷。當上述
情形發生時，政府往往不會對於其中的利益鼓掌，反而會指責其中的
成本。鑑於全球市場的商機龐大，及透過法令鬆綁可能真正獲得的競
爭優勢（McRae, 1994），各國的領導人可能認為除了逐步進行法令鬆
綁之外，他們似乎沒有其它路可走。史蒂芬佛格（Steven Vogel, 1997）
相信，在法令鬆綁下所出現的自由市場，又會伴隨著管理此等自由市

場的新規範。他稱這樣的過程爲「再管制」（Reregulation ），並指出法
令鬆綁反而增加更多的管制。

在一個國家境內要進行法令鬆綁的工作往往非常困難，因爲伴隨
著法令鬆綁而來的，將會是社會態度的衝突並帶來民眾的競相爭論。
降低進入某一個市場的法令限制門檻，及移除對某項產業所給予的補
貼，業界的人不會欣然接受。短時間來說，法令鬆綁會伴隨著一般大
眾對於新的法令規範將出現何種改變，及對於消費者及供應商具有何
種意義等等產生困惑；此外，由於身處全球化的市場，移除內部限制
將可能導致來自外國的企業逐步侵蝕國內企業所掌握的市場等疑慮也
會升高。然而，透過比較目前已經相當開放的美國市場，及目前依舊
受到法令限制的歐盟市場，我們看到一個結果：歐盟國家自從1991年
以來已經失去了五百萬個工作機會，美國在必須具有特殊技能與施予
教育的服務業則獲得了八百萬個工作機會。不管如何，畏懼法令鬆綁
可能帶來的各種結果，已成爲充足的理由去耗掉政治領導人的時間，
並獲得他們高度的重視。日本在進行法令大幅鬆綁的過程中，對於日
本的經濟產生了許多改變，其中包括日圓走勢疲軟，及日本東京股市
的下滑等等；南韓在進行企業的法令鬆綁過程中，也產生了高度的社
會壓力。從小故事7.1 ，我們將可以了解全球政治及經濟力量的結
合，如何帶領南韓進入充滿不確定性及高度個人焦慮的全球文化。

刺激企業活動

在過去廣爲一般大眾相信的是，一個國家體質的健全及成長仰賴
強健的國內經濟，因此需要一個穩定的政治結構管理各項經濟活動。
今日則有許多人相信，一個國家經濟的繁榮奠基於完全暴露在全球經
濟利益下的自由國際市場。舉例來說，遺產基金會（Heritage

小故事7.1 南韓的經濟重建

　　本書第一章曾經舉出一些南韓在經濟突飛猛進之後所面臨的社會及企業問題。不過即使這一類的問題層出不窮，但是卻沒有使其政府的領導人退卻，他們依舊不斷地提出自信可以讓南韓在全球經濟市場上佔有一席之地的各種變革計畫。例如廢除限制外資擁有南韓國內企業超過百分之十股權的法令，毫無疑問使韓國的企業界掀起一股整合及併購的風潮；勞工法案的改變也允許韓國的企業不再需要提供終身雇用的保證、和以年資為基礎的晉升制度。毫無疑問的，南韓的勞工瞭解政府應執行讓南韓企業在全球舞台上站穩腳步的法案，不過這些勞工卻拒絕接受這些危及個人終身工作權及晉升機會的法案。政府為了要讓南韓更具全球化而訂定的決策，引起南韓勞工對於邁向全球化的疑慮：不確定性提高、穩定性降低、變革的步調加快但變革的結果卻不明確等等。

Foundation）對於生活水準及自由市場所做的研究指出，人民具有高度生活水準的國家，在經濟上也享有高度的自由（Index of Economic Freedom, 1997），相反地，在經濟上自由度較低的國家往往也有著較低的生活水準。此外，該項研究的作者也認為，政治自由與經濟自由之間有某種程度的連結關係。不過這個觀點在世界各地引起不少爭論。有些人相信政治自由會伴隨著經濟自由，在亞洲大部分的人相信，類似美國高度重視個人自由的結果，有可能導致公眾利益及個人權益受損的結果。舉例來說，新加坡外交部的一名代表 Kishore

Mahbuani 就認為,西方國家過度民主伴隨著高度的個人成就感可能導致家庭的破碎,產生破壞尊重公共團體的壓力,也造成管理國家發展進程的失能狀況。除此之外,許多亞洲非民主制度國家例如馬來西亞及印尼等國的經濟發展狀況,也給予我們額外的理由去重新檢視在全球化舞台上,政治自由及國家經濟發展之間的連結關係。

如果一個國家創造財富的能力與其內部的政府型態沒有關係,那麼在全球政府結構多元化之下,將有更多的國家參與全球經濟的運作。此外,從模里西斯(Mauritius)的例子中我們可以了解到,一個國家的財富創造,仰賴國際及全球貿易的重要性高過國家政府對於國內天然資源的運用能力。這個面積僅有七百二十平方英里的小國家,仰賴著現代化的全球電信、交通及分配網路,專注於服飾的出口及旅遊業的推動來創造國內的經濟繁榮。對於模里西斯或其它各個不同的國家來說,需要擴展本國以外市場的理由可能很多,其中包括緩慢的國內成長、及開發中國家想要在各個經濟強盛國家境內獲得較佳的立足點,及獲得成長機會等等。

刺激國內貨物出口

對於國家政府而言,刺激本國境外的商業發展已成為高度重要性的問題。過去許多國家的政府領導人將全部的心力用在刺激國內的經濟活動,現在這些政府領導人開始致力於刺激國內商品出口的機會,並想辦法要吸引來自國外的直接投資(Foreign Direct Investment, FDI)。不過這兩項重要的工作都必須有相關的機制來配合。

我們可以從許多機制的設立發現到政府對於刺激出口所耗費的心力,例如降低出口限制、政府贊助的貿易外交使節團、新企業補貼,及出口輔導中心等等。除此之外,許多區域、州、省及地方的政府機構也提供許多資源來刺激出口活動。舉例來說,儘管美國的貨物出口

金額從 1989 年到 1995 年間，佔 GDP 的比例由百分之五點五提升到百分之八點四，而與國外市場有更緊密的關係；但是少部分的州（例如華盛頓、德州、佛蒙特、路易斯安納）在出口金額的比重上，早就超出當地民眾 GDP 的百分之十五以上。也正因為上述幾個州比起懷俄明州或新墨西哥州等地區更仰賴出口活動以維持生計，因此更需要刺激出口的發展。商品出口可以對本土的企業帶來收入，更能夠創造工作機會；不過因為出口往往受到國外消費者購買力及經濟景氣循環的影響，因此許多國家級、區域性的政治家們都積極尋找吸引國外企業直接投資固定資產的機會，因為一旦國外企業投入直接投資，就比較不容易抽回。

吸引國外直接投資

對於國外企業直接投資的工廠或設備，地主國政府往往透過各類不同的機制來獎勵，例如減免課稅、開發工業園區、降低能源稅、承諾簡化政府控制流程，甚至採取進口競爭的保護措施等等。根據聯合國一份名為「誘因及國外直接投資」（Incentives and Foreign Direct Investment, UN Division, 1995）的報告指出，各國政府對於吸引國外直接投資的計畫競爭得非常激烈，甚至有某些計畫在重要性及優惠上更甚於各國政府對於新企業設立的獎勵計畫。舉例而言，在某項綜合性的國外直接投資獎勵計畫中，英國花費了一億兩千萬美元的資金吸引南韓的一家電子企業進行直接投資，經過換算以後我們可以發現，這項投資獎勵計畫相當於每創造一個新的工作機會便給予該企業三萬美元的獎勵。吸引德國汽車製造商 BMW 到史巴登堡（Spartanburg）及南卡羅來納所付出的獎勵津貼，大約是每創造一個新的就業機會就要十一萬美元的獎勵；至於法國在 1995 年為了要吸引朋馳汽車至該國設廠，對於該公司所創造的每一個新工作機會，給予美金五萬七千元的

獎勵。在某些案例中，國外企業獲得的稅務優惠對於各國當地的稅務基礎產生很大的侵蝕作用，情形就像湧入大量的勞工享用當地政府提供的資源例如免費教育等等。也有一些企業在享受過這些獎勵措施以後，將工廠設備重新移到其它地區，甚至在幾年後再全數遷移到其它國家。總之，聯合國的這份報告指出，全球各國在獎勵計畫的提供上應該進行合作，以有效降低或管理這一類成本。

除了上面提到的情形以外，當國內企業的股票或債券吸引國外買家的目光時，國外直接投資的情形也會出現。目前國外證券交易市場的數目不斷增加，而在工業化國家中，由國外投資人擁有股份及政府債券也成為非常普遍的現象（The world economy, 1995），也因此目前對國外投資人擁有企業股權的限制出現了逐漸鬆綁的現象。這種種現象對於經濟及各國政府間逐漸產生相互依賴也造成了很大的影響。其中，法國政府提高非歐盟國家對於法國企業的投資上限就是一個很好的例子，此外，從匈牙利到中國，各項在經濟過渡時期所進行的措施，都使得國外投資人擁有半數甚至更多的地主國內企業資產或股份變得更為容易。

前面的部分本書提出目前國家政府面臨的各種新挑戰，包括民營化、大眾對政府的信心逐漸降低、社會福利政策的改造、產業政策、法令鬆綁，及各項刺激企業活動的措施。這種種新的角色扮演，使政府不僅要重視國內產業的發展也必須重視對外發展，在這樣的改變之下，國家的領導人除了國內的政治情勢以外也必須開始重視國外政治情勢的發展與演變。

朝向全球治理的壓力

　　各國的政府在面對全球化環境下依舊保持原有運作模式的主要目的有兩個：第一是追求國家發展，第二是維持國家的防衛機制。但是因為目前現存的全球管理系統並非完美無缺，而且迫切需要引入新的系統以因應在多方面所面臨的全球化改變，因此各國政府依本身能力來達成上述兩項目標，也隨著全球化的普及而益加困難。

防衛系統

　　除了某些特殊例外情況，許多與北大西洋公約組織（North Atlantic Treaty Organization）類似的集體性防衛機制，都隨著美俄雙方冷戰時期的結束而相繼消失，而那些依舊持續運作的類似組織在規模上也逐漸縮小。各國政府花費在國家防衛支出的比重下降，課稅的比重也隨之降低。這樣的情況對於世界各國的發展有很大的貢獻，因為軍事的支出相較於私人單位的花費對於全球貿易的發展並無助益（Global defense cuts, 1993）。根據一項在 1992 年由國際貨幣基金（International Monetary Fund）提出的報導指出，只要世界各國在軍事武器的花費降低百分之二十，將有助於全球在消費上的長期成長，對於工業化國家可以增加的消費金額最高可達一千五百億美元，對於開發中國家能夠提高的消費金額則約為四百億美元。也就是說，如果一個國家將用在軍事武器採購上的經費轉為投資在國家經濟發展，將可以為全球其它地區的國家提供額外的機會，就算是小國家也不例外。當全球各地政府卸下以往所擔任的防衛性角色，那麼世界各地將有機

會將發展的重點擺在經濟上。

不過這樣的可能性對那些防衛預算依然持續增加的國家是不太可能出現。在1985到1992年間，正當主要由西方國家組成的北大西洋公約組織積極進行軍事防衛開支的減少措施時，南韓國內的軍事經費大舉提高了百分之六十三、新加坡提高了百分之三十六，而馬來西亞則提高了百分之三十一。光是在1995年，泰國就買了二十八架蘇聯製戰鬥機，也從美國買了六架由賽考斯基（Sikorsky）公司所製造的戰鬥直昇機；印尼向德國採購了四十艘巡邏艦及運輸艦；菲律賓更是向美國購買了不少飛彈、向英國購買了許多武裝飛行器，也向義大利買了不少戰鬥機（The hot spots, 1996）。在許多小國家之間，因為邊界的衝突、種族的紛爭、及持續不斷的政治與宗教鬥爭角力，使得這些國家的軍事防衛支出一直居高不下，這也正是少數國家一直必須把軍事防衛支出擺在第一位的主要因素。然而在先進國家因為將經費的支出由軍事防衛武器的採購，轉向國內經濟的發展，不僅對於國內經費支出的權重造成了很大的影響，對於各國大使館人員的角色定位，以至於大使館內部人員應該要進行哪些訓練都造成了很大的變化。從下面的小故事7.2我們可以看出這樣的變化。

從全球的觀點來看，一個國家的一般性防衛需求包含：反抗軍事侵略的防衛需求、反抗全球恐怖主義急遽成長的防衛需求，還有對全球性犯罪組織的防衛需求。從表7.3中我們可以看到一些發生在1996年的軍事侵略行動，這些只不過是點燃全球軍事防衛火焰的幾個爆發點罷了。

在表7.3中並未列出在1996年發生於亞洲的幾次衝突，這幾次衝突包含坦米爾反抗軍（Tamil rebels）與斯里蘭卡（Sri Lanka）政府之間的武裝衝突；赤色高棉（Khmer Rouge）游擊隊在柬埔寨（Cambodia）所發起的暴動；在緬甸（Myanmar or Burma）、印尼及孟

小故事 7.2　美國海外的大使館

　　傳統上，美國大使館的重點在於防衛國家的安全，不過這個重點已慢慢由促進商業活動交流所取代。也由於類似的活動越來越頻繁，使得派駐外國的公務人員在角色扮演上慢慢轉移到商業活動。儘管外國使節的工作以往被視為沒有遠景的工作，不過這項推動商業活動的新任務讓那些派駐在國外大使館的人們又開始充滿了活力。由於美國政府提供五千美元的獎勵金給推動商業活動交流作出最大貢獻的外交官及駐外人員，因此目前這些外交人員及駐外工作人員花費在推動商業活動交流上的時間比推動政治相關事務的時間要多出許多。以美國派駐馬來西亞的大使約翰沃夫（John Wolf）為例，約翰沃夫因為對於美國的麥克丹尼爾道格拉斯公司在取得馬來西亞一筆金額高達七億美元的訂單上提供了很大的幫助，因此受到美國政府的獎勵。因為這個誘因，使得目前美國派駐在外的大使及使館人員比起過去更積極參與商業性的研討會、為商業性的議題進行遊說行動，也參與各項美國企業在國外投資計畫案的盛大開幕活動。

來源：Steinmetz, Greg, and Greenberger, Robert S.（1997, Jan. 21）. Open for business: US embassies give American companies more help overseas. The Wall Street Journal, pp. A1, A8.

表7.3　1996年的侵略行動

侵略者	被侵略的目標
敘利亞重新部署軍隊及武器設備	黎巴嫩
美國發射巡弋飛彈	伊拉克
群眾反對西方國家干涉沙烏地阿拉伯內政	美國的卡柏塔（Khobar Tower）遭到恐怖份子放置炸彈攻擊
土耳其將軍事單位送往……	塞普勒斯（Cyprus）反對這項如同軍事集結的行動
利比亞領導人卡札菲（Moammar Gadhafi）派遣軍隊鎮壓伊斯蘭教的異議分子	利比亞的東部山區
阿爾及利亞	對於依據教義或種族來限制政黨投票所造成的內部暴動
北愛爾蘭的愛爾蘭共和軍（Irish Republican Army）	以炸彈攻擊英國軍隊位於里斯本的總部
巴斯克（Basque）的分裂分子	西班牙境內的炸彈攻擊行動
薩伊境內軍隊及圖西族（Tutsis）的衝突導致	盧安達境內軍隊及難民大量進駐薩伊，有數十萬被遣返盧安達

加拉所發生的暴動；在北韓所發生的潛水艇集結事件；還有中國在西沙群島（Spratley Island）的美濟礁（Mischief Reef）宣告主權事件等等。除了上述以外，另外還有杜巴艾馬洛革命運動組織（Tupac Amaru Revolutionary Movement, TARM）佔領在秘魯的日本領事館事件、發生在海地（Haiti）的武力鎮壓活動、在墨西哥南部及尼加拉瓜所發生的叛亂運動，及持續不斷地在世界各地國家內部或國家之間發生的武裝衝突事件。儘管這些衝突並未演變為全球性的衝突，但是每

次事件的發生都為全球的和平及正義蒙上一層陰影。不過我們可以利用某些特徵來區分諸多發生在世界各地的衝突，例如我們可以從衝突的起因是由於種族、宗教、文化差異或政治立場不同來區分衝突的種類。除了衝突起因的差異以外，我們也可以發現到戰爭的本質在本世紀已經出現了改變。在第二次世界大戰時，傷亡人數的比例是五位一般人民比九十五位參戰人員，然而這樣的數字在本世紀所發生的戰爭中已經出現逆轉的情況。更嚴重的是，婦女與兒童成了戰鬥人員透過謀殺、強姦、及飢餓作為武器與對手互相抗衡之下的犧牲品。

在商業的層次上，戰爭對於販售武器的商人及佣兵提供很多新的機會，但是對於其它企業來說，戰爭可能並未帶來非常明確的機會，甚至只是帶來威脅；僅有少部分的企業願意在發生戰爭的區域運作。從另一個角度來看，恐怖份子、全球的幫派組織及犯罪團體的領導人都已經在戰爭發生的地區活動，並將其領域擴展到戰爭地區以外的和平區域，在這樣的過程中，使以往的企業運作及管理實務發生變動。

全球的幫派及犯罪組織

依照美國、加拿大及墨西哥的北美自由貿易協定（North American Free Trade Alliance, NAFTA）中議定的準則，美國將其百分之八十的貨物透過卡車運送，不過美國企業提出的報告指出，目前經由卡車運送的貨品在墨西哥常常會受到卡車搶劫犯的襲擊（Smith, 1995）。除此之外，透過火車載貨運往墨西哥的過程中，也經常會受到搶劫犯的襲擊。這些在墨西哥當地的幫派組織，與中國人組成的三合會（Traids）、日本人組成的暴力團（Yakuza）、西西里島人及蘇聯人組成的黑手黨（Mafias）、販毒企業聯盟及海盜等等進行全球的武力整合，藉此提高這些犯罪組織的全球聲勢。主要由中國人組成的三合會成員在全球各地高達十八萬名，這個犯罪組織的運作地區並不

限於亞洲，更在世界各地進行武器及人口的非法走私，其中還包括透過各地的區域性幫派組織針對新市場進行勢力範圍的擴散。蘇聯的黑手黨目前已經在前蘇聯範圍以外的二十九個國家進行組織性犯罪活動，目前在蘇聯人手中持有的美金偽鈔大部分也都由黑手黨提供。日本的暴力團被認為是炒作日本境內股票及房地產價格，並造成價格暴漲一倍的主要兇手（How the mob, 1996）。根據聯合國的世界毒品報導（UN World Drug Report, 1997），全球每年非法藥品買賣的金額高達四千億美金，相當於全球貿易總額的百分之八。從圖7.2所舉出例子中我們可以看出，幫派組織從全球化的門檻限制減少中找到很多機會，也對於許多合法性商業活動形成不小的威脅。

有趣的是，就像許多合法的全球化企業一般，目前許多全球化的幫派組織已經逐漸遠離以往義大利黑手黨及哥倫比亞毒品走私集團運作集中在某個區域的僵化傳統，也開始走向全球化的思考模式，並將運作的範圍向全球化企業看齊，邁向全球化犯罪組織的道路。不過因為犯罪活動的利基非法不正當，因此全球化犯罪組織進行的活動急需個別國家的當地幫派參與運作，以增加犯罪活動成功的機會。根據西西里黑手黨（The Sicilian Mafia, 1996）一書的作者戴爾格甘貝他（Diego Gambetta）在其著作中所提到的觀點，義大利黑手黨在運作上之所以會成功，部分必須歸因於義大利政府在維護企業合約及財產所有權上的弱勢情況。在這樣的情況下產生的不信任態度，使得各個企業願意付出少部分代價，由黑手黨來對於其財產進行保護。換句話說，義大利黑手黨是經由提供該國政府無法提供的保護措施給企業組織而逐漸成長茁壯。根據甘貝他的假設，或許執行一項強力的全球化法令將可以有效降低全球各地犯罪組織的活動。在小故事7.3有關一位蘇聯記者瓦拉迪斯拉夫李斯迪夫（Vladislav Listyev）死亡的例子中，我們可以看出全球幫派、企業活動及政府組織之間的互動情形。

小故事 7.3　相互依賴與謀殺事件

　　蘇聯電視台新聞記者同時也是經理人瓦拉迪斯拉夫李斯迪夫
（Vladisla v Listyev）在一九九五年三月遭到謀殺的事件，是企
業、政府及幫派活動之間具有相互連動關係的最好例子。李斯迪
夫曾經被指派為蘇聯當地電視頻道Ostankino 的執行主管，這個
由政府經營的電視頻道以往因為貪污行為猖獗而惡名遠播。因為
該電視台在新聞播報品質及薪資水準低落的不良表現，獨立製作
人往往被允許取得將近百分之百的廣告收入。不過蘇聯政府對於
該電視台的影響力正逐漸衰弱，因此吸引了競爭者加入這個市
場，並利用較公正客觀的態度來提供高品質的新聞節目，例如發
生在車臣（Chechn ya）的戰爭等等，而不再以政府提供的資料
為主。也因為如此Ostankino 電視頻道面臨嚴重的虧損，李斯迪
夫正是由政府機構指派去執行組織結構重整的人物。李斯迪夫進
行的第一個步驟就是暫停某些廣告的播放。然而因為廣告播放每
分鐘的成本僅三萬美元，而所能帶來的潛在收益每個月卻高達八
百萬美元，因此便有人提出賞金要求殺害李斯迪夫。這到底是蘇
聯秘密犯罪集團、政府機構或競爭者犯下的罪行呢？又有誰能夠
決定企業在全球化舞台上進行營運所必須遵循的規範呢？

來源：Gutterman, Steve A （1995, May）. Anchor man's staying
points to ad scandal. Adv ertising Age, p. 44.

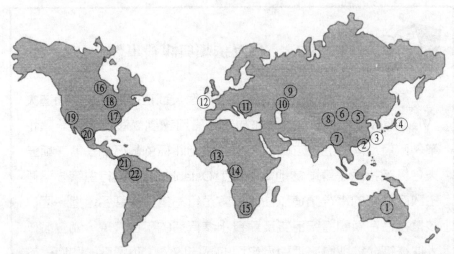

1. 每年有七億五千萬到十五億美元透過非法洗錢管道進出澳洲。
2. 在香港的中國幫派每年透過偽造信用卡對於世界各地造成的損失佔全球的百分之四十，總金額約為七億到十億美元。
3. 每年透過香港進行非法洗錢的金額高達一百到兩百億美元。
4. 根據1995年的資料顯示，日本銀行業有百分之十的壞帳（相當於三十五億美元），是由幫派團體借貸造成的。
5. 中國的幫派透過非法移民每年可以獲取二十五億美元的收入。
6. 目前全球每年進行非法走私的人口超過一百萬，其中百分之二十來自中國。
7. 在1994年光是由緬甸及寮國所生產的鴉片就佔全世界的百分之六十五。
8. 由阿富汗所提供專門用來生產鴉片的罌粟花大約佔全世界的百分之三十。
9. 目前在全球的二十九個國家共有超過兩百個蘇聯犯罪組織在前蘇聯國界以外的地方進行犯罪活動。
10. 匈牙利人以中間人的姿態銷售蘇聯所生產的石油給受到國際制裁的國家。
11. 在西西里島的黑手黨握有一個涵蓋範圍廣泛的犯罪組織，所進行的犯罪行為包含賭博、非法藥品及嫖妓。
12. 在英國有高達百分之五十的非法藥品是透過犯罪的管道取得的。
13. 奈及利亞的竊盜團體銷售全球過半的海洛因毒品。
14. 在美國海關所查獲的毒品中，大約有

百分之四十是由奈及利亞的毒販所攜帶試圖闖關進入的。
15. 根據警方的報導，從1995年至今大約有超過七十個國際毒品竊盜組織起源自南非。
16. 在加拿大的蘇聯犯罪組織於1994年光是靠搶奪黃金變賣，就獲得七百萬美元的收入。
17. 基地在美國紐約的中國犯罪組織，每年非法偷渡美國的人員高過十萬人。
18. 在芝加哥的波蘭犯罪組織平日仰賴偷竊汽車維生，他們會將這些汽車運往巴爾的摩，隨即再送到波蘭進行第二次的販售。
19. 光是在1994年由蘇聯犯罪組織在加州進行的醫療詐騙案，總金額就高達十億美元。
20. 墨西哥的華瑞茲市每年會運送超過100公頓的非法藥品進入美國，每週可產生的利潤高達兩億美元。
21. 在哥倫比亞的犯罪組織透過綁票並索取贖金的方式每年所能獲取的收入，相當於一個每年營收兩億美元的產業。
22. 哥倫比亞種植了五萬到八萬公頃的古柯葉，每年足以提供給全世界八十到五百萬公頓的古柯鹼。

圖7.2　幫派及全球性犯罪

共同的商業利益

世界各地的政府領導人透過許多正式及非正式的組織管道，用各種方式促進及標準化全球的商業行動：形成貿易聯盟以分享商業利益、合力創造得以確保企業在全球市場營運的法令（Hormats, 1994）。有關貿易聯盟我們將在下面的部分進行討論。

貿易聯盟

創造國家經濟優勢的角色，逐漸轉由經濟及政治的連結並建立貿易聯盟來擔任，其力量超越任何單一國家獨立的運作。貿易聯盟的出現除了達成貿易自由化的目標以外，還兼顧了多重的需求：提供貿易聯盟成員影響全球貿易的方法、提供防衛並抗衡其它貿易集團、創造一個克服昂貴的跨邊界無效率運作所需要的統一（GATT and FTAs, 1992）。貿易聯盟對於全球化時代有極重大的意義，目前貿易聯盟也在多種不同的層次上逐步發展，其中包括經濟聯盟及特殊的配置，例如境外經濟特區（Foreign Economic Zones）、國家內部的特殊城邦（City-state ）；及產業聯盟例如石油輸出國家組織（Organization of Petroleum Exporting Countries , OPEC ）；還有區域型的經濟聯盟，例如歐盟（European Union, EU）或東南亞國協（Association of Southeast Asian Nations, ASEAN ）等等。在表7.4中讀者可以看到許多貿易聯盟或貿易協定的例子。

四種不同的區域性貿易聯盟

目前有四種不同的區域性貿易協定，其主要差別在於不同程度的貿易承諾：

表7.4　一些貿易組織的例子

歐洲自由貿易協定（European Free Trade Association, EFTA）：由芬蘭、瑞典、挪威、冰島、瑞士及奧地利所組成的有限產業自由貿易協定組織。

南方共同市場（MERCOSUR, Mercado Comun de Sur）：在 1994 年由阿根廷、巴西、巴拉圭及烏拉圭所形成的一個共同市場，在這個市場中共有兩億九千萬的消費者，其 GNP 的總和高達六億五千五百五十萬美元（請見 http://www .americasner .com/mauritz/mercosur ）；安地斯條約（Andean Pact）的成員則包含玻利維亞、哥倫比亞、厄瓜多爾、秘魯及委內瑞拉等國，這幾個國家所形成的市場包含有九千七百萬名消費者，其 GNP 總額也高達一億兩千兩百五十萬美元（請見 http://www.iadb.org）。

東南亞國家聯盟（Association of Southeast Asian Nations, ASEAN）成立於1967年，其主要的目的是要促進區域團結及自我依賴，並強調經濟、社會及文化的合作與發展；成員國家包含有：汶萊、印尼、馬來西亞、菲律賓、新加坡、泰國及越南等國家（請見 http://www.asean.or.id）。

北美自由貿易協定（North American Free Trade Agreement, NAFTA）：成立於 1994 年的北美自由貿易協定，其主要的成立宗旨就是要在五年內消除在加拿大、美國及墨西哥三個成員國之間的貿易及投資障礙；智利也在 1994 年受邀加入北美自由貿易協定（請見 http://www .sunsite.oit.unc.edu 　或 http://www .iep.doc.gov/border/nafta.html）

1. 自由貿易區域（Free Trade Area）：透過消除類似關稅或配額限制等貿易障礙，以鼓勵會員國之間的貿易行為。儘管在會員國之間可以享有各種內部的貿易自由，不過各個會員國在與其它非會員國之間的貿易政策依然掌握有主導權。北美自由貿易協定（North American Free Trade Agreement, NAFTA）在墨西哥、美國及加拿大三個會員國之間創造了一個自由的貿易環境。雖然降低了在美國及墨西哥之間進行貿易的障礙，但不會

限制各個會員國與其它國家（例如德國）的貿易關係。

2. 關稅同盟（Customs Union）：關稅同盟的功能一樣在於降低會員國之間的貿易障礙，不過與自由貿易區域不同的是，關稅同盟的成員國之間對於與非成員國進行貿易所採行的對外貿易政策是一致的。

3. 共同市場（Common Market）：共同市場成員國之間的關係比關稅同盟更進一步，除了統一會員國對於內部及對外貿易政策之外，並去除對於生產因素（例如：資金、技術及勞工）的限制。不過在共同市場成員國之間，有許多限制並非完全去除。例如在歐洲共同市場（European Economic Community, EEC）中，類似醫生等等需要通過證照標準管制的職業並未被允許在EEC的任意成員國中進行營業活動。

4. 經濟共同體（Economic Integration）：經濟共同體除了具備共同市場的所有特徵外，成員國之間會透過連結經濟政策以創造具有一致性的財政及貨幣政策、推行共通貨幣、推行一致的稅務系統，並透過支援性的機制強化經濟聯盟關係。不過因為經濟議題包含在政治、文化及其它議題中，因此完全的經濟共同體必須要在各個成員國之間推動其它形式的整合以為輔助。

　　不管是貿易聯盟或完全的經濟共同體機制，大部分的貿易協定都有區域性的本質，大部分出現在相鄰的國家之間。儘管各個參與不同形式貿易組織成員國的領導人都了解到，透過貿易組織的參與可以追求成員國間的共同利益，不過因為文化、政治或其它方面的差異，往往在追求共同利益的過程中會面臨到許多困難；從歐盟的發展過程我們可以清楚地了解這個觀點。

從歐洲共同市場到歐盟的演變過程

　　歐洲國家在二十世紀初期不管在政治或經濟上的動盪情況都較全球的其它國家來得嚴重。比利時的殖民地是非洲的剛果（Congo）；德國的殖民地是非洲東部國家及利比亞（Libya）；法國的殖民地則遍及亞洲東南方及非洲北部國家；荷蘭的殖民地有印尼、馬來西亞還有現在的斯里蘭卡；英國則擁有緬甸、印度、大部分的非洲南部國家、英屬埃及蘇丹（Anglo-Egyptian Sudan）、奈及利亞及許多加勒比海的小島。大英帝國佔有全球百分之四十的領域，也因此有日不落帝國（The sun never sets on the British Empire）的美稱。1988年英國同意將香港歸還中國的協定，為大英帝國的殖民時期畫下一個句點。英國的富足及強盛，就像歐洲其它有力的民族國家一般，是來自利用軍事力量控制殖民國的各種資源而達成。

　　對於大部分佔有殖民地的國家來說，隨著二次世界大戰的結束，殖民時期也隨之畫上句點。殖民時期的結束受到許多因素的影響，其中不但包括被殖民國家的反對，還包括殖民國家在二次世界大戰以後所保留的軍事力量並不足以控制被殖民國家所致。因此有許多歐洲西部國家面臨了1945年以後將不再享有來自以往被殖民國家貢獻的資源，以造就國內的經濟及政治實力的優勢。大部分歐洲西部國家都因為第二次世界大戰而耗損了大量的國力，在美蘇冷戰期間，這些國家又面臨了失去政治優勢的威脅。因此夾在美國及前蘇聯這兩大強國之間的歐洲國家體認到，歐洲可能會是第三次世界大戰的最佳戰場。不管從哪個角度來看，許多歐洲國家發現它們只有兩個選擇：

1. 恢復二次世界大戰以前各個民族國家之間的平衡狀況；
2. 發展某種共同的意見為歐洲產生集體的經濟力量。

　　因為要回復到二次世界大戰以前的平衡狀況，比起各國享有自主

權需要付出更昂貴的代價，因此第二個選項顯得較具有吸引力。馬歇爾計畫（Marshall Plan）要求歐洲國家建立一項有關援助分配的共同計畫；北大西洋公約組織（North Atlantic Treaty Organization, NATO）則為整個歐洲發展出共同的防衛計畫；所有歐洲的其它國家也有充分的理由，去尋求一個可以有效遏止並控制類似德國這樣抱持極端國家主義的機制。歐洲議會（Council of European）因而形成來考量有關國家主義及聯邦主義相關的議題，之後的討論形成了所謂的巴黎條約（Treaty of Paris），根據這項條約形成了 1952 年歐洲鋼鐵及煤礦共同體。這個共同體的成員包含法國、德國、比利時、荷蘭、盧森堡及義大利，在這些會員國之間彼此去除與煤礦及鋼鐵相關的關稅和配額限制。隨著這個聯盟的成功，後續還有幾個不同的協定也隨之形成，在 1957 年根據羅馬條約（Treaty of Rome）形成了歐洲經濟共同體（European Economic Community, EEC）。

最初，經濟共同體的成員國僅有法國、德國、義大利及比荷盧三國關稅同盟（Benelux），英國並未參與羅馬條約，一直到 1973 年才加入。愛爾蘭及丹麥也在 1973 年加入，接著是 1981 年希臘的加入，1985 年葡萄牙及西班牙加入，而瑞典、芬蘭及奧地利在 1995 年也加入，不過挪威則在 1994 年透過全民公投決定不加入。在 1997 年，東歐的十個國家同時遞交了參與歐盟的申請書，其中包含波蘭、匈牙利及捷克。土耳其則已經花了超過十年的時間等候申請許可的通過。

在過去的數年來，經濟共同體（Economic Community, EC）及歐洲共同市場（European Economic Community, EEC）往往被視為可以表達共同市場協定且具有互換性的名詞，因此歐盟（European Union, EU）或許也可以當作是一個表示相同實體的名詞。不過實情並非如此，小故事 7.4 中所指出的差異將會非常有用。根據 1991 年十二月所訂定的馬斯垂克條約（Maastricht Treaty），歐盟（European Union）正

小故事7.4　歐洲小字典

　　歐洲共同市場（European Economic Community, EEC）成立於一九五八年的一月一日，最初的成員國包含義大利、德國、法國、比利時、盧森堡及荷蘭；隨後加入的國家則有丹麥、英國、希臘、愛爾蘭、葡萄牙及西班牙。

　　歐盟（European Union）的成立則是一九九一年馬斯垂克條約中的一個部分，成員國包含歐洲共同市場的十二個會員國、瑞典、奧地利及芬蘭。根據一九九六年的估計歐盟涵蓋的人口大約有三億七千萬人。

　　截至一九九六年為止，共有十二個國家申請加入歐盟，其中包含瑞士、土耳其、賽普勒斯及許多前身為社會主義政府領導的國家，例如匈牙利、波蘭、捷克共和國、及拉脫維亞。這十二個新申請的國家人口總數共有一億七千九百萬。

　　歐洲理事會（European Council）是歐盟主要的政治部門；歐盟執行委員會（European Commission）是經過各國政府授權所存在的執行機構；部長理事會（Council of Ministers）則是歐盟內部最高的立法機構。

　　歐洲經濟暨貨幣聯盟（European Monetary Union, EMU）是歐盟為了要達成經濟及貨幣的整合所成立的。在歐盟市場內部流通的貨幣稱為歐元（Euro），不過在歐盟於一九九九年完成經濟整合以前歐元將不會在市場上流通（備註：歐元於西元二〇〇二年一月一日起正式流通）。

式成立,並且在成立這個具有前所未見緊密關係的聯盟過程中,帶領
所有歐洲人民進入了一個全新的階段;歐盟成立的宗旨如下:

1. 透過創造一個沒有內部界限存在的區域、透過強化經濟及社會
   的凝聚力、透過建立經濟及貨幣聯盟甚至是發行單一貨幣等機
   制,在平衡發展及具有持續力的前提之下,促進經濟及社會的
   發展;
2. 宣告歐盟在全球舞台上的身份;
3. 透過引入歐盟成員權利與義務的概念,強化對於成員國家的權
   利及利益的保護。

　　歐盟發展的這個階段代表從共同市場具有商品、資金及勞動等因
素自由流動的特性又向前邁一大步。隨著歐盟在近幾年來逐步邁向完
全的整合,歐洲的各個國家仍將持續與不同的成員國家為各自的利
益、目標及文化互相角力。單一貨幣的目標、共同的競爭政策、共同
的運輸政策,及完全經濟整合等等試圖要將歐洲企業推上全球舞台的
努力,在某些程度上往往會因為各個國家不同的偏好,及對待新成員
國的態度,加上缺乏認同而導致延緩的情形。同時,根據歐盟對將近
三億七千萬名人民所進行的調查,許多人民已經慢慢開始把自己視為
歐洲的一員,而不再以本身的國籍為主要的身份認同。從圖7.3中我
們可以發現到這樣的結果。
　　在世界上的其它區域也有類似的貿易協定,例如南美洲共同市場
(Mercosur ,包括阿根廷、巴拉圭、烏拉圭及巴西)及東南亞國協
(Association of Southeast Asian Nations, ASEAN)等等,這些類似的貿
易協定往往是以關稅聯盟的形式出現,而一般相信時間將可以讓這些
協定的成員國家自行判斷,邁向完全的經濟整合是否較為有利。

全球性貿易協定

不同於強調成員國之共同利益的貿易聯盟，接下來我們要探討的
兩個貿易協定，呈現的是各個成員國家之間爲了要建立可以改善各國
在進行全球貿易的過程中，更爲自由開放的一般性政策所付出的努
力。首先是成立時間較久的世界貿易組織（World Trade Organization,
WTO），緊接著則是亞太經濟合作會議（Asia Pacific Economic
Consensus, APEC），後者代表全球政治協議上的改變。

從關稅暨貿易總協定到世界貿易組織

在1947年由政治家所設立的關稅暨貿易總協定（General
Agreement on Tariffs and Trade），對於商業運作法則邁向全球化而言
是一個很重要的階段。關稅及貿易總協定的憲章在於建立二十三個成

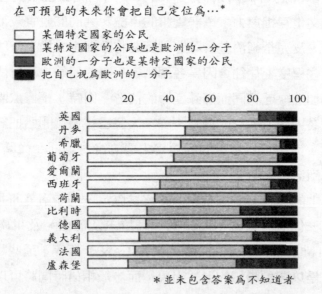

圖7.3　我們是誰？（More or less European Union.（1995, Aug.
26）. The Economist, p . 46, using Eurobarometer data）

員國家在進行商業行為時必須遵守的法則。在成立大會之後，緊接而
來的是各種貿易談判會議，而在各個成員國之間的協定可能必須耗時
多年的「回合談判」（Rounds of Talks）來達成，其中包括最初的日內
瓦回合談判（Geneva Round）、在 1973 年到 1979 年進行的東京回合談
判（Tokyo Round），還有就是開始於 1987 年的烏拉圭回合談判
（Uruguay Round）。

　　關稅及貿易總協定最初目的是要使世界各國在進行貿易的過程中
可以更順暢，並且使得來自不同國家的企業可以共同參與全球經濟的
成長。對於許多國家來說，參與關稅及貿易總協定的最大動機是因為
世界上的許多經濟強國都是關稅及貿易總協定的會員國，其中包括美
國、歐洲西部各國及日本。參與並承諾接受關稅及貿易總協定訂立的
各項規範，將可以有效降低進行商業活動時必須付出的關稅支出，不
過經過多年的運作，參與關稅及貿易總協定的國家並未見到顯著的成
效；根據歸納大概有以下的因素：

1. 關稅及貿易總協定所訂立的規範有太多例外情況，也因此在特
   殊情況下所出現的優勢便會在會員國之間造成不斷的爭執。
2. 為了真實呈現會員國違反關稅及貿易總協定規範所設立的相互
   監督系統，因為不同國家間自願性的雙邊協定而受到破壞，而
   類似這樣的雙邊協定與關稅及貿易總協定的意圖可能不一致。
   例如日本對於出口往美國的汽車所訂定的限制，可能對於兩國
   間的緊張關係有舒緩的作用，但是如果缺少日本汽車的進口，
   美國的汽車消費者所能擁有的選擇將會減少，並且在汽車的採
   購上必須付出更多的成本。
3. 關稅及貿易總協定涵蓋的範圍大約僅有三分之二的世界貿易總
   額，而且也沒有包含那些對於未來全球成長具有相當重要性的

產業及利益。

由於以上所提的三個因素，及其它外部因素的交互影響，從1987年的會談開始，關稅及貿易總協定就成了一個比較缺乏效率的組織。許多透過關稅及貿易總協定所呈現出來的想法，都類似以政府為主要立場所舉辦的公聽會一樣，因此也有人把這個組織的縮寫GATT解釋為一再進行討論的一般協定（General Agreement to Talk and Talk）。在1987年的烏拉圭回合談判中，參與談判的國家開始想要為這個組織注入新的支撐力，因此在會談中提出了要將幾個在工業化國家中重要性逐漸提高的產業列入關稅及貿易總協定的範圍之內，包括：農業、智慧財產權及類似銀行和投資業等等服務性產業。至於是否要將這些產業列入範圍或要如何將這些產業列入範圍等等相關議題的爭辯，就得留待1987年以後的會談來作出決定。

最後，烏拉圭回合談判持續進行到1993年的十二月才結束。談判的最後所提出的總結條文涵蓋了許多以往未包含在內卻與世界貿易有高度相關的產業及議題，其中包含：農業、智慧財產權，及服務業，另外還包含了紡織業及國外直接投資。本次會談的結果提出了一項新的爭執解決流程，也因為這樣解決了關稅及貿易總協定在成立以來的一大致命傷，透過這個程序也可以加速不同國家之間協定的進展。因為這項新流程的制定，也造就了關稅及貿易總協定後來轉變為世界貿易組織（World Trade Organization）的基礎。其它可以用來辨別世界貿易組織及關稅及貿易總協定的特徵如下：

1. 世界貿易組織是一個有高階主管與可用資源來尋求達成貿易目標的組織；關稅及貿易組織只是協定的型態，並未有太多制度性的執行機制。
2. 透過世界貿易組織訂定的法則是具有約束力，而關稅及貿易總

協定只是一套指導方針，在強制執行的機制上力量較微弱。

3. 在世界貿易組織中，可以負責解決與貿易有關的紛爭，組織中的會員將會根據所得到的證據來作出裁決；在世界貿易組織的歷史中，第一件正式的貿易紛爭事件發生在1996年，而經過世界貿易組織的裁決，美國在裁決中落敗。

4. 就像關稅及貿易總協定一般，世界貿易組織並不能要求其成員去進行任何運作；不過，經過裁決之後所決定的貿易紛爭解決方案，則允許會員對於不遵守裁決規範的成員國進行報復。

5. 世界貿易組織的執行代理人代表各個會員國；在關稅及貿易總協定時代，任何具有較高政治經濟實力的國家都能夠（事實上也發生過）透過否決權來阻止對其不利的規範通過。

　　幾乎沒有遭遇到太大的困難，烏拉圭回合談判所提出有關關稅及貿易總協定轉型的計畫案，很快就受到所有會員國的認同，而關稅及貿易總協定也在一九九五年的一月一日正式轉型為世界貿易組織。到一九九七年的十二月為止，世界貿易組織的會員國共有一百二十六個，另外還有三十個國家正在積極申請參與世界貿易組織，這些國家大部分是目前或曾經採行共產主義統治的國家，其中也包含了中國及俄羅斯。世界貿易組織的主要特色就是：該組織提供了一套單一又可以強制執行的商業規範，透過這個規範將可以影響全世界經貿活動的運作，並且可以建立自由貿易的政策。關稅的取消及對於所有產業的補貼，則會在世界貿易組織成立的十年內逐步執行。在工業化國家食品產業實施已久的補貼制度，會很快的遭到刪除。根據世界銀行（World Bank）的統計，全世界光是有關農業的補貼就將近數千億美元，在整個歐盟預算中也有高達百分之七十的經費是花在農業補貼上。在美國受惠於補貼制度的產業則包含了製糖業、菸草業及紡織

業。

　　根據美國預算辦公室（US Budget Office）的計算，在關稅制度進行調整以後，全球的關稅將會降低百分之三十到四十。全球各個國家將會利用關稅衡量 (Tariff Measures) 制度來取代零關稅衡量制度 (Nontariff measures)，而這樣的改變將可以有效降低在商品或服務價格中隱藏或受到掩飾的關稅金額。規範上的改變在美國因為自由貿易的運作，預期將可以在未來的十年內帶來一兆美元的營收；根據美國預算辦公室的計算，執行關稅及貿易總協定提出的協議之後，將可以為全球各國家降低七千四百四十億美元的關稅支出。依照世界銀行的估計，在西元二千零五年世界各國的每年貿易收入將可以達到兩千六百億美元（依照一九九二年的幣值計算），而在開發中國家的收益將會比工業化國家來得高。透過類似政治運作所產生的商業規範，其影響的範圍遍及全世界各個國家。在小故事7.5中我們可以看到長途電信的發展是如何影響了全世界。

　　正如電信自由化所呈現的情形，透過世界貿易組織推行的規範可能會為某些國家帶來利益，不過同時也可能為其它國家造成不利影響。至少在短期之內，當消費者因為關稅的取消而獲得利益的同時，在世界各地的公司、產業甚至國家也都同時會出現受惠及損失兩種截然不同的狀況。此外，在其它國家的消費者則可能因為補貼制度的取消而蒙受損失。非洲薩哈拉區域（Sub-Sahara Africa）及其它以農業為基礎產業的國家，預期將可能因為關稅制度的改變而在多方面蒙受重大影響。根據世界貿易組織的規範，這些國家將無法：

1. 透過優惠的方式將農產品運往歐洲銷售；
2. 取得食物因為補貼的減少而提高世界相關商品的價格；
3. 提高農產品的營收，除非這些國家可以將自己的定位，由一般

小故事 7.5　長途通訊電信產業的開放

在一九九七年的二月，來自全球的六十九個國家共同協議要降低全球各地進行電話通訊的費率，協議中也包含了各國共同追求更高的效率，以期望能在西元二○一○年為全球各地的消費者提供更具效率的服務，並收取較低的費用，全球消費者因此所能節省的費用估計將達一兆美元。根據這項協定，以往在長途通訊電信產業採取壟斷式營運的國家，將必須開放其國內市場；而因為來自國外競爭者的大舉入侵搶奪市場大餅，對於這些國家內部的長途通訊電信業者將會造成莫大的威脅。除此之外，由於長途通訊電信產業相關法令規範的鬆綁，除了那些目前已經積極進行彼此間合作計畫的長途通訊電信業者以外，也可能因此促成許多跨越國家界線的聯盟團體。

來源：WTO annual report, 1997.（1997, Dec.）. Geneva: WTO Publication.

商品轉為高品質、專業商品的供應國，但是如此做所需的資源又非常有限。

最後，儘管世界貿易組織有很強烈的決心要使世界貿易邁向自由化，不過在邁向自由化的過程中，卻會遭受到許多具有較高優先順序的政策所阻礙。舉例來說，許多歐洲國家傾向取消獲利匯回本國的限制；亞洲國家則希望世界貿易組織先將焦點擺在製造業商品上；美國

則是希望改善勞工作業環境及減少企業貪污的情形。從這些例子看
來，要達成全球一致協議的主要問題還是在於各個國家；因為每個國
家都想要先達成對本身最重要的目標，不過卻也因此對於達成全球一
致的目標造成很大的阻礙。

亞太經濟合作會議

在一九八九年，在亞洲環太平洋地區具有共同利益關係的十二個
國家代表首次聚集在一起，為了彼此的未來想要討論出一個共同的可
能性。目前參與亞太經濟合作會議論壇的成員國共有十八個，其中包
含了：日本、南韓、中國、台灣、巴布亞紐幾內亞（Papua New
Guinea）、印尼、馬來西亞、蒲隆地（Burundi, 中非的一個共和國）、
澳大利亞、墨西哥、加拿大及智利等等。亞太經濟合作會議於一九九
四年的十一月在印尼舉行，會議的重點在於展現亞洲的開發成果，及
呈現亞洲國家從一九六〇年代僅佔世界經濟產值的百分之四，逐步成
長到一九九〇年代百分之二十五的驚人成長速度。有關生產力的資料
可以從表7.5中清楚看出。從整體來看，所有亞太經濟合作會議的會
員國家目前在全世界貿易總額中佔了百分之四十一，而在全世界GDP
則佔了百分之五十二，人口總數為全球的百分之三十八。百分之五十
四的美國進出口貿易與亞太經濟合作會議的成員國有關，其中更有百
分之二十四的交易是與華盛頓州進行的。

有許多因素造就了亞太經濟合作會議成為一個非常特殊的貿易協
定。首先，亞太經濟合作會議包含了許多不在此區域內的國家，例如
智利、澳大利亞及美國等等，使得亞太經濟合作會議成為一個全球性
而非區域性的組織。在這個區域內的國家因為不同的經濟發展歷史及
政府統治模式，使得不同國家之間有著各不相同的文化背景。第二，
因為有台灣及中國的加入，亞太經濟合作會議向全世界的其它國家展

表7.5 環太平洋區域的貿易狀況：來自亞太經合會成員的統計資料

國家	出口 （十億美元）	進口 （十億美元）	每人平均GDP （1996年）
澳洲	44.1	43.6	18500
汶萊	2.3	2.0	9000
加拿大	133.9	125.3	20970
智利	10.0	9.2	6326
中國	92.0	104.0	1838
香港	145.1	149.6	21500
印尼	38.2	28.3	2601
日本	360.9	240.7	19920
南韓	81.0	78.9	10000
馬來西亞	46.8	40.4	7191
墨西哥	50.5	65.6	8200
紐西蘭	10.3	9.4	15502
巴布亞紐幾內亞	1.3	1.6	1972
菲律賓	11.1	17.1	2172
新加坡	61.5	66.4	16736
台灣	85.0	77.1	10600
泰國	28.4	37.6	5018
美國	449.0	582.0	23220

來源：改編自 Asia-Pacific Forum finds focus:Trade. (1994, Nov. 14). The Wall Street Journal, p. A8, using data from Central Intelligence Agency World Fact Book, Statistics New Zealand and Penn World Tables.

現出經濟的利益也可以用來作為縮短政治差異的橋樑。第三，亞太經濟合作會議期望可以藉由透過談判所達成的協議推廣到所有成員及非成員國家，而成為一個不排外的組織。最後，亞太經濟合作會議是「一個全新的區域經濟合作模式：一個持續致力於區域及全球經濟自

由的組織（Bargsten, 1994）。」所有以上所提到的因素將亞太經濟合作會議造就成一個複合式的全球型組織，不但有區域貿易聯盟的概念，也有全球貿易政策的概念；從亞太經濟合作會議的例子我們可以了解到，具有全球規模的貿易協定可以透過不同的貿易夥伴來討論形成，而這些夥伴也不見得必須位於相同的地理區域內；此外，亞太經濟合作會議也爲全球國家帶來一個重要的啓示：在某些情況之下，經濟的連結將會因爲重要性而超越區域的連結。亞太經濟合作會議的設立也告訴我們，要成立一個複合性的組織是多麼困難；依照目前的狀況來看，亞太經濟合作會議既不是一個協定也不是一個聯盟，目前這個組織也正在找尋適於本身的定位。

總括來說，透過歐盟、亞太經濟合作會議及世界貿易組織的例子，我們可以發現，貿易聯盟及貿易協定如何在全球治理中扮演自己的角色。除了先前我們所舉的例子以外，世界上還有許多不同的貿易協定爲了促進貿易及經濟發展而付出努力。這些類似協定及聯盟的成員國保留對本國命運掌控的機會，不過也必須要犧牲一些對於本身政治及經濟命運掌控的權力。儘管達成國家利益是國家政府領導人無可推卸的責任，不過這樣的責任也是發展全球與貿易相關的政治及法令協議的絆腳石。從美國的一個例子可以指出這個觀點：美國司法部（US Justice Department）透過對於國外企業提出共謀的告訴，來維護美國企業及消費者的利益，實際上，這樣的行爲是將美國的法令管制範圍延伸到其它國家。同樣地，Helms-Burton 法案的通過也是透過經濟來延伸政治力的影響範圍，因爲這項法案將會對與古巴有經貿往來的企業進行制裁。從這些來自美國的例子我們可以了解到，各國所必須面對的壓力，因爲它們必須在世界各國普遍同意的貿易協定及國家本身的政策、法令及政治偏好中取得平衡點。

即使有共同的貿易目標，也不能保證貿易聯盟及貿易協定的作用

就可以完全發揮。實際上，在某些情況下貿易協定或貿易聯盟會要求各國進行有損本身利益的行動。因此，為了要達成真正的全球化，貿易聯盟必須尋找一個構成自我利益的新定義（Prestowiz, Tonelson, and Jerome, 1991）。

從民族國家的發展歷史看來，並沒有太多國家願意為了全球國家的共同利益，而犧牲本身的利益。此外，如果真的要透過犧牲某些利益來達成整體的利益，那麼所有的國家應該要共同承擔這樣的犧牲，否則國家政府將會更不願意犧牲掉人民利益來妥協於整體的利益。這也就是把市場不完美（Market Imperfection）的情況，提升到全球的層次來討論：應該由誰來負責全球大眾的利益？從定義上來說，根據市場原理，只有那些「有權有勢者」才會在貿易聯盟中完好地反映著；至於「無權無勢者」的利益，則會逐漸透過各種不同層次的利益團體來表達，反映全球大眾逐漸成長的期望：希望有其它力量的介入來減輕人類面對的痛處並促進世界公平正義的達成（Watson, 1995）。從這樣的觀點看來，在全球的層次上並不只有經濟的公平正義必須要追求，其他的公平正義也不容忽視，也因此全球治理的背景已經產生轉變。

公共利益的全球治理

根據1995年全球治理委員會（Commission for Global Governance）的結論指出，全球治理系統應該提供五項基本的國際性公共利益：

1. 對於全球金融變化具有平穩作用的系統性金融系統；
2. 有可接受的爭執解決機制，對於貿易、技術轉移及投資是個開

放系統；

3. 能提供有助於達成一般性系統（例如權重的設定、衡量的進行
   或航空及通訊系統等等）之協定的基礎建設或機構；

4. 提供全球共有物的保護措施及促進持續發展的架構；

5. 透過包括全球發展協助及災難重建等經濟合作，以維護公平正
   義及社會凝聚力（Commission on, 1995, p. 150）

商業財貨及公共財的平衡

在上述五項基本國際性公共利益的前兩項，必須建立全球性的行
為規範，以加速全球貿易的進展；這兩項大部份要靠先前所提的貿易
聯盟及貿易協定來達成。不過，儘管全球對於公平正義與環境保護的
重視程度越來越高，對於種族衝突、人權侵犯及環境生態惡化的覺
醒，依然有許多與環境或公平正義有關的考量並未受到這些貿易聯盟
的重視。這些高度急迫性的議題目前已經受到全球公眾的普遍認同。
其中教育性組織、非營利事業、藝術性組織、宗教組織、工會，還有
專業性的社會團體在喚醒大眾對於這些議題的重視扮演十分重要的角
色。以全球的角度來看，想要平衡上述議題及經濟與人類發展需求中
往往會出現許多衝突。在下面的部分我們將探討在這些衝突中，對於
各項不同利益具有重大影響的三個力量：政府間的合作協定
（Intergovernmental Cooperation Agreement, IGOs）、非政府組織
（Nongovernmental Organizations, NGOs）及未經協調的政治活動
（Nonccoordinated Political Action）。

政府間的合作協定

不同國家間的合作協定提供了重要的手段來解決貿易及其它議題。目前在全球有許多正式或非正式的政府間合作協定，主要目的就是要解決類似的議題。正式的政府間合作協定類似聯合國（United Nations, NU）及經濟合作發展組織（Organization for Economic Cooperation and Development，OECD）等等，這些組織根據其憲章（包含明訂的目標及會員關係）來運作；非正式的政府間合作協定例如七大工業國（Group of Seven, G-7）則在面對迫切需求時反應能力較佳，此外，非正式政府間合作協定也提供較不具有固定性的會員關係及變動性較大的組織目標。舉例來說，目前美國及歐盟國家之間的貿易總額急遽成長，每年的總金額高達四百億美元，也因此降低因為貿易流動所需要支付的高額認證費用、檢驗所需費用、還有繁瑣的文件工作成本，就成了一項非常重要的議題。在一九九七年五月的談判中產生了一個部分解決方案，解決方案是一份稱為相互認證協定（Mutual Recognition Agreement, MRA）的草擬文件，在這份協定中聲明了簽訂國家從藥物到一般性器具及長途電信通訊設備等等產品必須遵守工業及管制性標準。

根據麥哈利西麥（Mihaly Simai, 1994）的說法，政府間合作協定網路的擴展速度非常顯著，在本世紀初大約僅有三十個政府間合作協定，到了一九五〇年數目成長到一百二十三個，在一九九〇年代更是高達數百個。此外，有許多國家比起其它國家較傾向於加入類似的協定，在一九九〇年代每個國家所參與的政府間合作協定數目平均大約是三十個，但是美國參與了一百四十個，法國則參加了兩百七十個。在下面的部分所描述的政府間合作協定，其焦點主要是人類的發展而不是類似北大西洋公約組織（North Atlantic Treaty Organization, NATO）

以促進貿易為主要目標的政府間合作協定。

正式的政府間合作協定（Formal IGOs）

聯合國及經濟合作發展組織可以說是在二次世界大戰以後，對於國際及全球政治系統具有塑造作用的非政府性機構，在接下來的部分本書針對這兩個組織的形成及其所實現的功能作詳細的描述。

經濟合作發展組織

經濟合作發展組織的基礎是歐洲經濟合作組織（Organization for European Economic Cooperation, OEEC），這個組織是馬歇爾計畫（Marshall Plan）委任歐洲發展出一個可以管理經濟發展的機構而設立。儘管這個組織當初成立的目的是強制性地發展一個共同的計畫以管理在二次大戰以後，各個國家因為追求各自不同的利益而出現的混亂情況，不過在發展一個全面性的觀點來解決企業、政府及社會之間的衝突並達成集體需求上，這個組織扮演了非常成功的角色。在一九六一年，OEEC 轉型為 OECD，這個組織是由當時世界上工業化程度最高的二十四個國家所組成的一個座談會，其主要成立目的是要幫助這些國家制定政府策略以促進經濟及社會的福利。除此之外，OECD也成為協調對於開發中國家之援助的機制。在一九七〇年代最受全球關注的議題是握有全世界大部分財富及生產性資源的北半球，及國家普遍貧窮並以農業生產為主的南半球，兩者之間的強烈對比。OECD在一九九〇年代初期最主要的功能是發展出未來可以透過多邊進一步的貿易談判，尋求彼此認同並須解決的基本事項，其中包含為貿易政策與競爭、投資、科技、發明及環境政策等等議題發展出更緊密的關係。

拉丁美洲經濟體系 (*Latin American Economic System*)

　　拉丁美洲經濟體系的總部在委內瑞拉的首都卡拉卡斯（Caracas, Venezuela），是屬於區域性的政府間合作組織，其主要成員是拉丁美洲及加勒比海的二十七個國家；正如同其它不同的政府間合作組織一般，拉丁美洲經濟體系內的會員國透過會議等方式，研討有關經濟上及貿易上的議題，以尋求可以符合會員國共同利益的方案。

聯合國 (*The United Nations*)

　　與OECD同樣成立於第二次世界大戰後，聯合國在成立初期的主要訴求就是「我們是聯合國的成員…」。根據一九九五年全球治理委員會（Commission for Global Governance）的結論指出，因為聯合國在成立初期所提出的這個訴求，為那些在二次世界大戰期間遭受戰爭襲擊的人們燃起了世界和平的希望，這些人們希望世界各國的人民可以聚集在一起並為彼此的共同目標及需要而努力。不過在一九九六年聯合國成立五十年的慶祝會中，類似上面所提到的期望及聯合國許多尚未完成的任務，成了與會大眾最關注的議題，在過去幾年中聯合國所完成的許多成功案例反而受到大家的忽視。

　　聯合國的成立主要是由幾個彼此相互結盟的國家所促成，其主要的目的是要提供一個制度化的保障機制，以避免未來有可能發生的任何武裝衝突，並且期望能夠發展出一個系統，以監督世界的和平及相互合作。此外，聯合國對於集體安全性防衛措施的設置，其主要的目的並不只是為了控制可能發生的武力衝突，還包括保障世界各地群眾的人權及全人類都應該享有的基本自由。不過因為冷戰時期世界各國都將焦點擺在防禦性武器的建制，再加上聯合國成員中有幾個國家對於任何不利於己身的議題具有否決權，造成聯合國在決策的實施上出現困難。這種種因素造成的交互作用下，使得各個聯合國成員開始出

現爭執，認爲聯合國應該要反映世界秩序的改變而不是企圖創造改變
（Takur, 1995）。

聯合國是一個雨傘狀的組織，在這個保護傘下進行運作的主要有
三個相關的系統：聯合國會員大會（General Assembly）、布雷頓森林
組織（Bretton Woods），例如世界銀行（World Bank）及國際貨幣基
金（International Monetary Fund）、及特殊的專業行政機構例如聯合國
貿易及開發會議（UN Conference on Trade and Development,
UNCTD），這個會議主要負責與跨國企業及投資的相關事務，聯合國
安全理事會（Security Council）負責處理有關武裝衝突的相關事務；
這些特殊的專業行政機構透過四個主要的代理機構來促進人類的發
展：國際勞工組織（the International Labor Organization, ILO），其作
用是負責處理與工作環境相關的議題、世界衛生組織（the World
Healthy Organization, WHO）、聯合國糧食及農業組織（the Food and
Agriculture Organization, FAO）及聯合國科教文化組織（the UN
Educational, Scientific and Cultural Organization, UNESCO）。由聯合國
提供資金進行運作的計畫包含許多影響力遍及全球的活動，例如：聯
合國人口基金（Population Fund）、世界糧食計畫（the World Food
Programme）、聯合國環境計畫（Environmental Programme），及聯合
國難民總署（United Nations High Commission on Refugees）等等。最
後，聯合國還提供了許多具備有專業性及技術性的代理機構，例如國
際電訊聯盟（International Telecommunication Union, ITU），專門負責
設定全球電信通訊的標準。

非正式的政府間合作協定（Informal IGOs）

所謂非正式的政府間合作協定指由政府代表組成的工作團隊或焦
點團體，定期舉行集會，討論與彼此利益相關的計畫或議題。七大工

小故事7.6　聯合國糧食及農業組織

　　根據聯合國糧食及農業組織（The Food and Agriculture Organization, FAO）的預測，世界農產品生產量在西元二○○五年必須要成長百分之七十五，以因應全球人口成長的需求，不過從目前的數字看來似乎不是那麼令人安心：以全球稻米的收成為例，從一九九○年至今僅成長了百分之二點三，不過全世界的人口卻已成長了百分之十。造成這個危機的主要原因有：一九八九年後蘇俄農業的崩潰、類似世界貿易組織等等政府間的合作機構紛紛降低對農業的補貼、蘇俄及美國的氣候不佳及中國的糧食替代品的出現等等。全球氣候的變化、文化的變革、及政府的決策正清楚地展現出全球各不同環境之間的互動關係。這些變革所帶來的挑戰，迫切需要全球各個組織通力合作以求解決。為了要因應可能出現的全球糧食短缺問題，聯合國糧食及農業組織在一九九六年於羅馬展開會談，會談的主要目的是找出新的方式幫助經濟狀況較差的國家自行培育、購買或利用其它方式取得糧食。

來源：McLaughlin, Martin.（1997, May 3）. The hungry seventh of the world. America, pp. 14-18.

業國（G7）及十大工業國（G10）兩個組織就是典型的非正式政府間合作協定，這兩個協定的成員國家定期推派代表集會討論與經濟相關的議題，並草擬各項政策以期可以促進全球的經濟發展。類似的組織因為近幾年六大工業國（G6）的組成（成員包含美國、日本、中國、

香港、新加坡、澳洲）在重要性方面逐漸提高。六大工業國的成員在
一九九七年的二月進行了第一次會談，會談結束後會員國成立了一個
小型的組織，以期能在金融危機發生時，作出最快速的回應，希望對
於金融秩序已經出現混亂情況的亞洲市場有所幫助，及有利於匯率的
穩定。類似這一類型的組織對於中國進入世界金融市場特別重要。

　　對於政府間合作協定的批評，焦點往往集中在聯合國曾經進行或
未曾進行的一些活動上，不過一般認為聯合國在計畫進行上獲得的成
功，毫無疑問可以抵銷這個組織在其它方面的失敗。聯合國的成功可
以從下面幾個部分清楚顯示出來：衝突的封鎖、人權的促進，還有與
人口及女性權利有關的全球性會議等等（Commission on, 1995; Simai,
1994）。對於聯合國以外的政府間合作協定的主要批判在於，各個不
同的政府間合作協定的出現導致平行競爭的團體未有正式的設計或結
構來加以組織（Simai, 1994）。不過如同稍後本書將會提到對於促進
女性權利所付出的努力一般，缺乏正式的組織結構不見得就是一件壞
事。

非政府組織（Nongovernmental Organizations, NGOs）

　　除了由政府贊助成立的機構以外，非政府組織對於全球貿易、商
業活動及政治活動也具有一定的影響力，其中還有許多非營利組織對
於維持國際及全球的富足更有著舉足輕重的地位。舉例來說，許多教
育機構吸引國外的重要投資維持本身的營運、宗教性組織透過全球的
宗教網路進行資金的募集，也贊助其它的宗教性團體、非營利性醫院
及類似的醫療服務機構也越來越朝向全球化發展。

　　根據一項一九九四年由約翰霍普金斯大學（John Hopkins）對十
二個國家（包含美國、英國、法國、德國、義大利、匈牙利、日本、
巴西、迦納、埃及、泰國及印度）的非營利部門進行的研究顯示，相

較於非營利部門，一個國家內部的其它部門對於經濟上的影響力比非營利部門大了很多（Salamon and Anheier, 1994）。儘管非營利部門包含各式各樣的機構，但是一般來說非營利組織具有下列五項特色：（1）符合法令規定的正式組織；（2）與政府機構並不相關；（3）營運的目的不在於追求利潤；（4）採行自我治理的方式；（5）內部員工絕大多數屬於志工性質。

　　雖然研究指出，美國境內的非營利性組織不管是絕對或相對指標都佔最多數，不過我們不可忽略許多開發中國家內部的非營利性組織也不在少數。埃及境內有超過兩萬個非營利性組織，巴西則超過二十萬；甚至在人口僅有一千萬的匈牙利，雖然在一九八九年並沒有多少非營利組織，到了一九九三年非營利性組織的數目遽升到兩萬，大約相當於該國境內服務性行業的百分之三。如果真的如同上述的研究報告指出的，非營利性活動在開發中國家佔了很高的比例，我們便不難想像在這些國家的發展過程中，將會出現許多過去曾經在這一類機構工作的員工，這些員工工作根據的原則與實務會與非營利機構一致。這樣的互動情況，對於企業進行全球化時員工會期望企業如何營運，扮演一個很重要的角色。

　　總而言之，這些非政府組織的組成份子主要是一些自願性的團體，這些組織往往會將焦點擺在政府或企業並不重視的領域，對於經濟與政治的利益也有一定的影響力。非政府組織的營運目標非常廣泛，例如：預防（保護鯨魚行動、保護馬鮫俱樂部）、挽救或保護（國際特赦組織、人權觀察小組、無國界醫師組織）、或慈善組織（拯救兒童組織、微笑任務國際組織）、或人性發展（L'Arche or Habitat for Humanity）。根據沙勒尋及安海爾（Salamon and Anheier, 1994）兩人合著的《國際非營利性組織分類》（International Classification of Nonprofit Organization ）一書的附錄，非營利性組織主要可以分成十

二個主類別，每個主類別之下又有許多子類別。該書所提到的十二個
主類別分別是：文化及娛樂、社會服務、環境、法律、宗教、商業及
專業協會與聯盟，及國際性活動等等。在國際性活動這個主類別下的
子類別則包含有：交換／友邦／文化計畫、發展輔助協會、國際災害
及救助組織、人權及和平組織等等眾多子類別。與數十年前的慈善性
團體不同的是，非政府組織的重點在於自我援助，並透過授權來達成
目前或未來的需求。舉例來說，在本章開頭小故事中對於微笑任務國
際組織的描述，參與該組織運作的人員並不只是直接幫助兒童進行整
型手術，他們同時也訓練各地的醫療人員進行相同的工作，以期對各
個不同的地理區域有所貢獻。

　　近年來的非政府組織活動起源於一九七○年代的開發中國家，例
如孟加拉、菲律賓、羅德西亞（現在的辛巴威共合國）及印尼等地
區，不久其風潮席捲全世界，在各個已開發或開發中國家的非政府組
織數目高達數十萬。李斯特沙勒曼（Lester Salamon, 1994）指出了全
球非政府組織的成長，並將這些組織對全球治理的影響，比喻成受到
多種不同因素影響的「全球聯結革命」（Global Associational
Revolution），這些因素主要包含下面四項：

1. 由社會福利國家感受到的危機闡明了，政府機構並不足以管理
   其所面對的所有社會問題。

2. 迅速的經濟發展對於種種服務創造出迫切的需求，然而政府並
   無法提供。

3. 全球性的環境危機不容怠慢。

4. 全球民眾在讀寫能力的提升及通訊技術的革命，使得在全球各
   地進行組織的建構及人力的動員成為可能。

全球各個非政府組織往往會因為某個全球性生存的議題而聯合起

來，較不會因為某個國家或特殊產業的因素而進行整合。另一些非政府組織的功能則是尋求方法或要求企業負起顧及全球大眾福祉的責任。目前在全球各地有數以千計這一類的組織，各個組織關注的議題及採行的活動方式在本文中無法詳細說明，不過表7.6中摘錄了一九九五年到一九九六年國際性組織年度報告書 (Yearbook of International Organization) 中一頁的內容，讀者們可以藉此對非政府機構有更進一步的了解。

表7.6 非政府組織的例子

組織名稱	成立地點
非洲預防及保護兒童免於虐待及遺棄網路	奈洛比，肯亞
國際特赦組織	倫敦，英格蘭
阿拉伯人權維護組織	開羅，埃及
無國界倡議組織	布魯塞爾，比利時
加勒比海女性主義研究及行動組織	聖奧古斯汀，千里達多巴哥
CBF世界猶太教信仰組織	倫敦女英格蘭
反對刑求委員會	日內瓦，瑞士
地球平等組織	班尼頓，英格蘭
反對販賣女性委員會	烏德勒克，荷蘭
亞洲熱線組織	香港
人權觀察小組	紐約，美國
國際工會權利中心	布拉格，捷克共和國
反對運動暴力維護比賽公平國際合約	摩納哥
國際動物保護基金	克勞勃魯，英格蘭
世界和平研究協會	波昂，德國
醫師人權組織	麻州波士頓，美國

來源：Yearbook of international or ganizations, 1995-96, p. 928, Societal Problems/
　　　Maltreatment（out of about 150 entries on the page）. Paris：K.G. Saur

小故事7.7　仁愛傳教修女會──全球的捷報

　　仁愛傳教修女會（Missionaries of Charity, 或譯為愛心宣教會）之所以為全世界民眾所認識，最主要的原因是這個組織的創辦人德雷莎修女（Mother Teresa）。德雷莎修女最初創辦仁愛傳教修女會的目的，是要幫助全球各地的窮人。由神父、教會弟兄、三千名教會姊妹，及來自全球各地數以萬計的義工組織起來，他們設立了學校、孤兒院、愛滋病患收容中心，並在全球超過一百個國家成立棄嬰收容中心。儘管仁愛傳教修女會是一個宗教性組織，也跟全球各地其它不同的義工組織連結，除了協助達成各地經濟發展的目標以外，也致力於滿足全球各地受苦民眾的需求。

　　由雷洛德里昂蘇麗文（Reverend Leon H. Sullivan）所代表的反歧視組織（Anti-apartheid），透過跨國性的努力並伴隨企業及政府利益考量下所達成的一致性意見，在一九八三年極力主張各國對於南非採行經濟制裁，並要求各大企業撤出南非市場。這一類的活動到最後甚至造成了各大企業在與南非進行貿易活動時必須遵守的蘇麗文規範（Sullivan Rules），而根據這項規範許多大型企業終止了在南非進行的營運計畫，這些大企業包含IBM 、Firestone Tire and Rubber、CPC International 、Xerox Corp.及Eastman Kodak。從這個例子我們可以發現，就算不是由政府機構所直接贊助的活動，同樣也能在全球各地對於政治、商業及人類的發展造成影響。由學生團體發起對於政府鎮壓的聯合抵制活動，在一九九六年迫使許多企業撤回在緬甸進行的投

資；因爲消費者的行動也使得全球紡織及製鞋產業對於勞工必須進行各項改革。

　　通常，全球化的結果使得各個非政府機構領導人必須面對各種互相衝突的要求。舉例來說，綠色和平組織（Greenpeace）尋求保護地球環境的方法，不過有時候這個組織卻需要透過不法的活動來達成其最終目的；慈善性的教會組織在許多人口過多的國家營運，不過這些組織卻反對進行生育控制計畫。

非協調性的政治行動：婦女平權的例子

　　全球各地女性共享知識造成的一個結果是，來自世界各地的女性開始懂得集合全部的力量，將焦點擺在解決那些可能會影響女性擔任某類特定給薪工作之機會的不利因素上。另外一個造成團結的因素是，世界各地防範女性暴力及女性文盲所付出的努力。目前在世界各地有許多組織致力於改善女性可能面對的各項機會，其中包含各種政府間合作協定、非政府組織及由個人或聯盟組織贊助成立的政府代理機構等等。儘管各個不同的機構並未有組織地形成一股緊密結合的全球性力量，不過在女性平權上所付出的努力已經逐漸出現成果。

　　爲了提升女性地位所進行的政治行動目前在世界各國以多種不同的形式出現，其中包括女性擔任公立機構職務的人數增多、各個非政府組織對於女性相關議題投注越來越多的努力，及由各種專業機構及社會團體所帶動的活動數目逐漸增加等等。在美國，隸屬於國際女性企業家協會（International Association of Women Business Owners, NAWBO）的六千家私人企業，透過電台廣播節目及各種遊說活動，喚醒了群眾對於女性企業家的認知及由女性經營企業的機會，類似這樣的覺醒過程對於各項法案的推動有重大的影響力，例如在一九八八年通過的女性企業家擁有權法案（Women's Business Ownership Act）

就是一個很好的例子。透過喚醒大眾對於女性企業家的認知，並呈現這些企業取得銀行貸款所面臨的困難，提倡女性平權的專業性機構幫助全球企業界認清這樣的事實，並協助解決類似的問題。透過低價甚至免費的長途電信技術，各種解決類似問題的創意性解決方案得以分享給全世界。

透過贊助各種國際性的女性研討會，聯合國及各個非政府組織提供了一個可以呈現與全球女性所處地位有關資訊的平台。許多國家的非政府組織，更提供給女性許多重要的資源，例如生育控制資訊、教育資訊、身體保健資訊及人身安全資訊等等。通常這些組織在營運上與政府機構扮演著協助性的角色，但是在某些情況下這些組織可以提供給女性的是一般政府機構無法提供或不願意提供的服務。除了各種專業性組織之外，宗教性組織對於提升全球民眾對於女性角色的認知也具有重大的影響力。舉例來說，一九九三年來自世界各地二十個宗教界代表（其中包含達賴喇嘛、全球教會協調會及大部分主要的新教派），共同簽署了一份要求世界各地終止性別歧視的文件。

除了地位上的平等之外，女性在政治活動的參與上也有了長足的進步。根據人類發展報告（Human Development Report, 1997）的調查，在一九九七年女性國會議員共佔有百分之十三的席次，全球各政府內閣人員中則有百分之六的職務由女性擔任。在一九七○年代，全球各地僅有三位女性擔任政府的重要職務，不過到了一九九○年代，則有二十五位女性經過選舉成為州政府或國家的領導人。這些傑出女性絕大多數都是其所屬國家第一位擔任該項重要職務的女性。舉例來說，一九九七年珍妮施普莉（Jenny Shipley）成了紐西蘭第一位女性首相；在一九九四年全球一百四十二個國家中共有三百位女性擔任部長級的職務。這些透過選舉勝出而擔任公職的女性，日後往往也成為改善女性地位及機會的主要推動力量。在這些擔任重要公職並在卸任

後繼續推動改善女性地位活動的傑出女性中，下列這幾位是重要的領導者：挪威的前任首相葛羅海蓮布朗黛蘭（Gro Harlem Brundtland）、愛爾蘭的前任總統瑪莉羅賓森（Mary Robinson）、巴基斯坦的前任首相貝娜莎芭哈托（Benazir Bhutto）、尼加拉瓜的前任總統佛利塔查莫洛（Violeta Chamoro），還有多明尼加的前任首相尤吉尼亞查爾斯（Eugenia Charles）等等。在這幾位傑出女性的職務任內，都積極推動倡議男女平權的各項政治行動。

　　除了上面所提到的之外，在許多政治團體中擔任領導者角色的女性對於兩性平權議題的推動也具有重大的影響力；透過支持女性相關議題，政黨或政治團體將可以獲得較多的女性支持率。舉例來說，蘇俄的婦女黨在一九九四年的國會選舉中，獲得了超過百分之八的支持率；一般大眾相信這樣的情況是因為婦女們相信除非透過願意投注心力於女性議題的政黨，蘇俄境內的女性地位無法獲得改善。從這一類的例子中我們可以發現，女性投票者可以透過一致性的投票而獲得期望的改善。這些女性投票者向社會大眾呈現了女性可以因為重要議題而進行聯盟的最佳範例，除此之外，女性也建議各個政黨領導人應該要盡速推動與女性權益相關的重要議題，例如：教育、人權、貧窮及安全等等。從全球的層面來看，在一九九八年全球各地許多重要的發展代理機構，其領導人的職務開始由女性擔任，例如聯合國兒童基金會（United Nations International Children's Emergence Fund, UNICEF）、世界衛生組織（World Health Organization, WHO）、聯合國難民總署（United Nations High Commission on Refugees）、世界糧食計畫（World Food Program）、人口基金會（the Population Fund）、還有人權委員會（Human Right Commission）等等。因為被指派為歐洲漁業委員會、消費者事務及人權相關問題的負責人，伊瑪波妮諾（Emma Bonino）必須負責西歐國家的上述相關事宜，則是另一個例

子。

　　從上面的各個例子我們不難了解，爲何近年來各國的政治領導人
對於女性相關議題展現出十足的興趣。從這些例子中我們也可以了解
到，全球各地的女性如何透過一致性的投票行動來獲得各方面的權
力。儘管這些例子只是從全球少部分在女性相關議題上付出努力，以
改善女性平權及提供女性各種機會的國家，不過這些例子中也顯示了
透過一國境內個人或組織的行動，將可以有機會轉變在該國境內的社
會及經濟的慣例，甚至對世界上的其它國家也可能造成同樣的影響。
從這些例子中我們還可以發現，透過各種不同的方式以求得期望的改
變，將是一種較具效率與效益的方法，而且要達成類似的改變，甚至
有可能不需要透過正式的組織協調機制就可以達成。

國際標準

　　許多聯盟組織、政府間合作協定、非政府組織所持的廣泛觀點也
包含行動的理念，但要實現這些理念，需要執行的機制。目前世界各
地的許多組織已經發展出各種國際標準，包含政府組織、政府間合作
協定、非政府組織及各個專業性組織等等。由這些組織所提出的規範
及準則，是世界上各個國家協調產品標準、工作條件及技術性規格的
重要工具。因爲幾乎涵蓋有關產品發展、製造、配銷甚至修復的各項
層面，因此這些規範的重要性不容小覷。舉例來說，在世界各地的汽
車產業都遵循再利用的標準，也因此在推出的各項商品中標明可再生
利用的零件數目多寡是不可免除的。

　　從歐盟的許多例子中，我們可以發現在設定標準時可能會遇到的
各種困難。舉例來說，因爲布魯塞爾協定中將胡蘿蔔歸類爲水果的一
種，因此在歐盟國家中任何與水果相關的規範，對於胡蘿蔔的處理都
有很大的影響力。一疊衛生紙的細孔數目、一根香菸內所含的菸草重

量，甚至草莓的大小都必須依循各項分類方式的規定。歐盟中與草莓相關的規定指出，得以合法販售的草莓直徑必須要大於二十二公厘，因為這項規定使得瑞典所生產的小草莓無法在任何零售市場中販賣。從上面的例子中我們可以看出，規定的詳細程度將可能造成區域性聯盟成員在貿易運作上必須遵循的種種標準，當這樣的標準放大到全球的層次，將會造成更大的問題。

在經濟整合之下，有許多國際性組織一一成立，目的就是要發展各項標準。這些機構的權力來源有些來自貿易聯盟，例如歐洲議會；也有一些則與政府間合作協定有關，例如歸屬於聯合國之下的國際電訊聯盟（International Telecommunication Union, ITU ）等等；另外還有某些機構是透過專業性組織而成立，不過這些機構所提出的規範必須仰賴各個支持者才得以推行。舉例來說，著名的ISO 9000就是由一個類似的專業性組織所提出，不過這項標準很快就受到歐盟的支持，期望透過這個標準加速經濟的整合，並提供一個一致的品質保證架構。

ISO 9000

ISO 9000的內容詳細說明了全球製造業的品質標準。由國際標準組織（International Organization for Standardization ）所發展出來的ISO 9000，毫無疑問是一項成功的規範，對於全球的品質標準及品質監督系統也具有協調的作用。與其它規範不同的是，ISO 9000的系列標準並非由政府推動，相反地這一類的標準是由該組織的會員提出，並且透過各個不同的專業性團體的努力，目前已經發展出許多共通的標準。ISO 9000是一系列包含五項國際性標準及指導方針的規範，第一次公佈的時間是在一九八七年，最初的目的是要幫助各大企業在品質管理及品質保證上有所依循，該項規範在一九九四年經過一次修正。ISO 9000系列標準是屬於一般性的標準，因此可以應用在各個不同的

產業，包含服務業及製造業等等。想要將ISO 9000的標準應用在自身所生產的商品或服務上的企業，須進行一系列的內部及外部的品質稽核行動，以確認必須面對的挑戰，及協助企業領導人了解要符合ISO 9000的標準必須進行的改善措施。往往企業尋求通過ISO系列規範認證的主要原因是由於買方的要求。要獲得ISO 9000規範的認證，企業必須定義出適當的品質標準、文件流程，並持續進行在這兩方面的品質提升。要想推動ISO認證，企業經理人不但要能從他人的經驗中學習，更要能夠傾聽來自企業內部的聲音；在圖7.4中我們可以看到進行ISO必須採行的步驟及需要的技巧。近年來有關於環境管理系統的ISO 14000也發展出來，在這項規範中包含了環境管理責任的定義、紀錄的保存、組織結構、稽核、績效評估及持續的評量等等。

國際會計標準

由國際會計師委員會（International Committee of Accountant）、財務主管（Financial Executives）及證券分析師（Equity Analyst）所共同制定的國際會計標準（International Accounting Standards, IAS），使

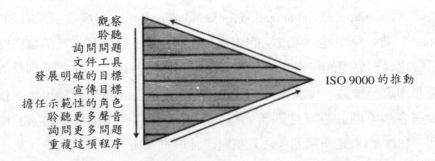

圖7.4 ISO 9000的推動程序 (Badir u, Adedeji.（1995）. Industry's guide to ISO 9000, p . 10 New York：John Wiley and Sons Inc.)

得全球各地得以採用單一的會計程序來處理相關事宜。世界各國採行這套會計系統所蘊含的意義非常重大，因為對於各個企業來說，要處理多種不同的會計系統既耗時又耗力。共通的會計標準能促進對於世界各地經濟績效有一致的解讀，同時也能促進世界各國對證券的投資。

企業的活動

企業組織也有誘因來扮演過去由政府機構擔任的角色。各種不同企業的結合將可以有效脅迫各國政府降低對貿易的限制，美國政府取消對於越南的禁運命令就是一個最好的例子。參與的企業以兩個論點說服了政府；第一，缺乏外交上的聯結，美國企業將無法透過海外的私人投資機構（Private Investment Corporation）或美國進出口銀行（US Export - Import Bank）提供具有吸引力的投資計畫。因此相較於來自韓國、法國或其它國家的競爭者，美國企業將會失去許多簽訂合約的機會。第二，由於越南為東南亞國協（Association of Southeast Asian Nations, ASEAN）的成員，美國可能會因為拒絕承認實際上與本身具有外交關係的組織成員，而造成衝突。

有許多人擔心企業在政府領域的影響力逐漸提升，將有可能取代政府的地位。學者李察巴奈特及約翰卡瓦那（Richard Barnet and John Cavanagh, 1994）在其合著的文章（Global dreams: Imperial corporations and the new world order ）中指出，在未來的二十一世紀，全球將會有數百個企業發展成超大型企業，並且成為在政府背後操縱的黑手。根據這兩位學者的說法，這一類即將出現的企業會是那些主導著（a）媒體及娛樂業，（b）消費者行銷、（c）全球性製造，及（d）全球性金融的企業。這一類型的企業在經濟上具有的優勢將可能使這些企業聚集在一起，並重新分配各項期望及需要的全球資源，使

小故事7.8　霸菱銀行的破產帶來了建議

　　在本書第五章小故事中提到有關霸菱銀行破產的事件發生之前，來自世界十二個主要國家的中央銀行與國際清算銀行 (Bank for International Settlement, BIS) 曾經共同草擬了一份全球計畫，主要目的是要幫助世界各地的銀行計算與管理面對的風險。由這幾個機構所共同草擬的計畫是否會被世界各地的銀行採用目前還是未知數，我們所能看到的是，霸菱銀行並沒有遵循這些指引，來降低衍生性商品的風險。

來源：Better ing Basle: Risk management.（1995, Dec. 9）. The Economist, pp . 76-77.

這些企業在政治及經濟上凝聚成更大的勢力，甚至可能超越國家的影響力。《全球的夢想》（World Dreams）一書的作者們檢視了五個他們認為足以代表未來新世界秩序的企業：Bertelsmann 、Phillip Morris、Ford Motor、Sony 及 Citicorp ，然而在世界各地仍存在著許多具有足夠規模及對國家政府有充分影響力的企業，例如：Exxon 、Siemens 、Unilever 及 Nestle 。此外，政治上的影響力也有可能被私人擁有的企業所掌握，例如在某些國家中國家的財務資源就掌控在幾個核心或大型家族企業的手中。

民族國家的模式是否失效？

　　在全球化的政治環境中，國家政府扮演的角色正面臨重大的轉變。自主性的喪失、在某些狀況下政治權力的喪失、經濟上相互依賴程度的提高，還有對於世界各地政府領導者信心的喪失，使得許多人開始懷疑民族國家的模式是否已成為過時的治理系統。歐麥（Ohmae, 1995）主張，民族國家對於經濟活動的管理再也不是一個具有意義的單位，他認為：

- 全球的經濟決策已超乎民族國家所能掌控的範圍之外；
- 全球各地民眾對商品偏好的集中現象（例如可樂及牛仔褲），減少國家政府保護本國市場的必要性；
- 因為特殊利益對於資源造成的扭曲作用，使民族國家成了財富的破壞者而不是財富的製造者。

　　儘管朝向全球治理的計畫及方案之進展涵蓋了從投資到人權的議題，但我們不能期望全球的整合可以建立在其他無數的治理議題上。那麼，如果政府的全球系統行不通，除了民族國家之外，我們還有哪些替代方案？在接下來的部分本書提供幾個選擇。

　　在歐盟負責科學與科技的主管李察派特拉（Richard Petrella）預測，未來的政府有可能必須受國際大都市（International Metropolitans）或城邦（City-State）的管轄，因為類似這樣的組織將可以較有效地與掌握資金的跨國企業共同運作。目前在全球各地有幾個都市例如里昂（Lyons）、米蘭（Milan）、史特加（Stuttgart）及巴塞隆納（Barcelona）之間的合作契約，正是城市間共同管理經濟發展並維持一定的政治自

主權的最佳模範。

　　另外一位學者歐麥（Ohmae, 1995）則認為區域型聯邦（Region States）將會因為經濟區域的擴展而慢慢出現。區域型聯邦管轄的境內通常包含了五百萬到兩千萬名居民，身為地理單位，這樣的規模大小已經足以對消費性商品提供一個具有吸引力的市場，除此之外，對於服務業及基礎建設也可以提供足夠的規模經濟；不過，這樣的規模也小得足以共享經濟及消費者的利益。這些利益可以延伸超越地理區域而包含各種非正式協定（請看小故事7.9）及虛擬的聯結。

　　虛擬聯邦（Virtual States）也是一種未來可能用以組織共同利益的方案。學者古特利柏（Gottlieb, 1994）認為生活在相同地區的不同族群建立一個沒有國界限制的虛擬聯邦是可能辦到的，也可以透過這個虛擬聯邦追求各自的利益；同時古特利柏也認為受到疆界限制的國家政府可透過擴展來容納更多疆界不相連的國家。例如，儘管庫德族（Kurds）散佈在世界上的許多角落，但是他們仍然可以透過科技的輔助，創造出一個共同的治理結構而不需要進行地理位置的重新分配。假如國家可以透過相同的理想而不是透過固定的地理疆界來建構，那麼世界將不只會變得更複雜，也可以給予小型的文化族群更多的機會，去透過一個共通性及世界性的治理結構來追求經濟利益。學者唐及費爾德曼（Tonn and Feldman, 1995）兩人認為，透過科技的創新將可以創造出網路政府或虛擬政府，提供大眾服務的功能不再受到疆界的限制。

　　從上述的觀點來看，國家領導人在國內及全球的背景下其角色扮演面臨轉變，我們可以清楚了解到重新思考傳統的政治／經濟關係之必要性。從本書對於國家及全球治理議題的介紹，讀者可以清楚了解國家及其它政府組織面臨多重要求。期望可以透過全球貿易取得利益的國家同時也希望可以保有本身的自主權，然而這些國家除了參與全

小故事7.9　透過非正式協定管理的政府

　　因為索馬利亞（Somalia）無法達成聯盟的協議，最後的結果就是整個國家處於無政府狀態。索馬利亞目前在一套寬鬆的協議下維繫運作，這些協議是部落之間針對共同的利益而達成，例如：健康、教育、及匯率。儘管這樣的協議並非完美無缺，不過至少這個系統減輕了以往索馬利亞混亂的社會情勢，並且指出，在某些情況下部落或種族可以分享一些共同的利益，同時維持本身的自主性。

來源：A society without the state.（1995, Sept. 16）. The Economist, pp.50-51.

球的集體行動之外，並沒有更好的選擇。在決策制定方面，全球性的決策已不再侷限於幾個超級強國，而是分散在各個國家身上；正因為這樣的分散結果，無可避免的就是各種衝突的產生。在國家的層次，穩定是一項重要的需求，同樣的，在全球的層次，變革也是重要的需求；這兩項需求往往相互糾結。全球性的組織同樣也面臨穩定及變革這兩項需求。因為對於全球性組織而言，各種不同聯盟的設立已經形成一股潮流，想要維持本身的自主性而不受到外來力量的影響會非常困難；畢竟對外聯盟想要成功地建立需要成員間權力的共享。此外，如同各個單一國家想要在全球性的決策中發表本身的意見，消費者也希望能夠在企業的治理中扮演具有影響力的角色。很不幸的是，要想管理這些多重又有競爭性的不同目標，組織勢必會曝露在極高的風險

中，可惜目前並沒有多少組織做好類似的準備。

第二部分　組織的行動與風險的管理

　　不管處於何種情境，風險都無可避免，特別是處於全新或較不熟悉的環境中。米哈利西麥（Mihaly Simai, 1994）在其著作中將國際風險定義為「源自不同結構層級的要角，其造成的散播結果會影響其它國際社群成員，並可能造成擾亂或不穩定的因素或行為（p. 258）。」這個對於國際風險的獨特定義，將風險界定為來自不同的結構層級，並具有散佈到其它國家的特色。在接下來的部分，本書將要分別檢視政治風險、貨幣交換風險、貪污風險，及個人風險；透過這些風險，讀者將可以明確地發現到許多處於國際社群內的份子是如何將企業營運的風險轉移到外界，也可以從中看出全球性組織是如何管理這些外部存在已久及新出現的風險。

政治風險

　　從許多有關商業運作的文獻中可以發現，大部分的學者都把國際政治風險狹隘地定義為，因為政治決策的轉變造成組織資源取得的風險。不過因為政治系統與其它國家系統之間相互依賴關係逐漸受到重視，因此各界開始認定政治風險除了與政治決策有關外，還與社會政策、社會事件或各種可能會造成投資人獲利機會損失的社會狀況有關（Howell and Chaddick, 1994）。關於政治風險的評估目前有下面幾個民營組織在進行：政治風險服務中心（Political Risk Services）、商業環

境風險情報中心（Business Environment Risk Intelligence），及經濟學人雜誌的情報小組（Economist Intelligence Unit）等等。這幾個團體透過評估類似社會衝突等活動或外幣交換管制來建立評估國家風險的指標。舉例來說，經濟學人期刊（The Economist）的風險指標包含有態度不佳的鄰國、回教基本教義派、獨裁主義、內戰或武裝暴動、種族的緊張關係、都市化的速度、及一般性的權力分配等等（Countries in trouble, 1986）。

李威林恩哈威爾及布萊德查帝克（Llewellyn Howell and Brad Chaddick, 1994）兩位學者比較了公開性資料及私人資料後發現，目前現有的風險評估機制對於某些特殊的狀況是一種不良的預測指標。根據兩位學者的研究，區域性的戰爭行動及獨裁主義政府兩項個別因素，比起將所有風險性事件綜合在一起評估，對於一個國家的政治風險具有較佳的預測能力。

評估政治風險的流程及結構

組織評估風險的管道通常可以分為三種，第一種是利用設立於組織內部的風險分析系統來評估風險；第二種是透過公開發行的風險分析報告來評估風險；最後一種是購買風險評估公司製作的分析報告。舉例來說，花旗銀行（Citibank）在企業內部就設有市場風險政策委員會（Market Risk Policy Committee）專門負責監督管理全球各個不同區域市場的風險狀況，並且為企業內部的風險評估流程提供查核及協調的機制（Citicorp Annual Report, 1995, p. 34）。儘管對風險建立一套複雜又具有多變數的評估模型似乎已成為一種既定的方式，不過哈威爾及查帝克（Howell and Chaddick, 1994）兩人的研究則指出，簡單易懂的風險評估系統或許能提供更高的效率。不過顯然地，這項建議

違反了風險評估系統「大就是好」的傳統思維。

除了透過風險評估以外，企業與各國政府建立聯盟關係也是降低組織風險的一種方法。藉由與政府建立的夥伴關係，企業將有機會取得政府保障企業利益的承諾，不過企業也將會失去本身對於決策制定的完整掌控權。此外，也有某些組織透過對於風險的長時間觀察來管理本身所面對的政治風險。舉例來說，儘管墨西哥的經濟在一九九五年面臨了崩潰的危機，宏碁（Acer）及福特（Ford）兩個企業依然決定透過降價來自行吸收因為短期風險造成的損失，以確保可以繼續在該國的市場保有佔有率。在一九九七年亞洲地區因為金融風暴而造成貨幣貶值的事件中，我們也可以發現有其它企業作出類似的決策。舉例來說，因為麥當勞（McDonald' s International）的總裁認為亞洲經濟衰退只是短期的現象，因此他認為麥當勞應該繼續維持在亞洲地區的營運。此外，在華爾街日報（The Wall Street Journal, Can the US weather, 1998）的報導中也引用其總裁吉姆肯塔路波（Jim Cantalupo）的話：

根據本公司在拉丁美洲出現金融風暴時所學習的經驗告訴我們，企業必須繼續維持運作。在巴西我們安然度過了七次的經濟重整計畫、五次的貨幣危機、五次的總理內閣改組、兩次的國會議員選舉，還有十四任的財政部長替換。今天，麥當勞在巴西的速食餐飲市場中佔有了無可挑戰的領導者地位。在過去的三年來，同一個分店的營業額都成長了兩倍以上；當時在各界描述之下情勢悲慘的巴西經濟，就如同現在各界描述某些亞洲市場一般。

貨幣交換的風險

根據兩位作者金（Kim and Kim, 1993）在其一九九三年的著作中所作的描述，企業可能會因為三種不同的貨幣交換波動而面臨風險：

1. 當金融資訊因為會計或其它貨幣的需求而在不同的國家之間進行翻譯時，企業就可能暴露在貨幣轉換的風險下。例如，可口可樂公司一九八八年因為貨幣的翻譯造成了一百三十萬美元的損失，在一九八九年則獲得了兩百萬美元的收益，不過在一九九〇年則出現了五十萬美元的損失。
2. 與貨幣交換有關的交易行為導致的損失風險。帥奇表（Swatch Watches）的母公司在一九九五年就因為此一類型的風險而造成了一億四千萬法郎（相當於一億兩千三百萬美元）的損失。
3. 企業在某個國家進行營運的期間因為該國經濟情勢轉變造成的風險。

管理貨幣交換風險的流程及結構

各種不同形式的經濟風險都可以視為政治上的風險因素，其中貨幣翻譯的帳上作業造成的獲利或損失並不容易管理，不過對於全球化企業來說，它們重視的是貨幣交換可能造成的獲利或損失。對於這類型的企業而言，美元在世界貨幣市場上價格的搖擺不定，再加上這些企業必須使用美元來完成大部分交易，使得企業曝露在風險中的程度更為加劇。例如對於雀巢（Nestle）、聯合利華（Unilever），及可口可

樂（Coca-Cola ）等等主要營收及獲利來源在海外市場的企業而言，
貨幣交換的風險對於企業的獲利或損失有極重要的影響力。這一類的
企業大部分透過下列的方式來管理貨幣變動的風險：

- 世界上大約有五分之四的企業財務主管會利用各種財務工具進
  行套利行為，以降低貨幣變動的風險，並確保匯率變動下的企
  業營收（請見小故事7.10）。
- 透過以物易物的方式也可以降低貨幣交換的風險。
- 日本的新力索尼公司（Sony）有百分之九十七的銷售以外幣的
  形式出現，因此該公司各個營運單位推動匯率交換合約
  （Currency Swap Agreements ）計畫，以降低企業的整體風險。
- 摩托羅拉公司（Motorola ）公司採用一種貨幣網路系統，將各
  個摩托羅拉分公司及其供應商的現金支付加以收集及分配。
- 魏德科技（Wedco Technology ）是一家在美國及歐洲市場提供
  客製化塑膠及其它材料的公司，該公司利用支付美金的方式來
  進行避險，並要求其客戶自行提供原物料以避免進口的風險。
- 除了上面所提到的各種方式以外，匯率變動風險的控制也可以
  透過縮短付款期限或向銀行購買固定匯率的遠期外匯合約
  （Forward Contracts ）來避險。

歪行的風險

歪行指在各種作業上透過不誠實或不正直的手法獲利。在企業營
運的領域中，歪行所包含的範圍非常廣泛，包括行賄、詐欺、非法走
私、逃漏稅，及企業的各種非法行為，如內線交易或收受回扣、價格

小故事7.10 貨幣匯率的避險

　　避免貨幣風險的一種方式是，將生產設備設置在市場當地，不過就算如此，世界上各分公司之間的相互依賴關係還是會導致貨幣交換風險。舉例來說，儘管西門子醫療科技部門（Siemens medical technology division）推出的產品有百分之七十供應美國境內，該公司還是得面對那剩餘百分之三十的風險。根據華爾街日報的報導，因為這樣的風險只要馬克對美元的匯率升值百分之一，就會造成三百到四百萬馬克的損失。

來源：Roth, Terence.（1995, Mar. 9）. In Europe, strengthening of currencies is causing headaches for many exporters. The Wall Street Journal, p. A14.

操縱、詐騙還有勒索等等。種種歪行的經濟成本是多方面的，其中包含生產資源的誤用、股東獲利的損失、企業因為貪污行為而聲譽下跌，及勞工道德水準的降低等等。根據泰國在一九九六年針對犯罪及歪行為所進行的調查，非法活動造成的資金總額幾乎相當於泰國政府每年的國家預算（請見小故事7.11）。

　　歪行的獲利，金額可能大到難以想像，也或許微不足道。汽車駕駛人因為超速而賄賂交警，或建築物的檢查人員因為收受賄賂而忽略細微的缺陷等等類似的貪污行為，涉及的金額相較之下很小；不過在中國等東方國家，因為關係（Guanxi）及企業間的連結十分重要，根據一九九二年的統計，想要打通生意關節所必須付出的代價大約是營

小故事7.11　泰國的歪行類型及經濟成本

　　根據一九九六年十二月刊登在華爾街日報的一篇報導，來自泰國一家頂尖大學的研究人員歸納出，毒品走私、軍火商品走私、非法柴油走私、人蛇集團的妓女與非法勞工走私，及各種不同形式的非法賭博，在一九九三年到一九九五年間共造成了兩百四十億到三百四十億美元的經濟損失。其中最大宗的非法商業活動是色情行業，共雇用了十五萬到二十萬名員工及其他附屬的勞工。

來源：Sherer, Paul M. (1996, Dec. 3). Economic value of crime in Thailand may equal state budget, study says. The Wall Street Journal, p. A17.

運成本的百分之三到百分之五（The destructive costs, 1993）。

　　香港一家政治及經濟風險顧問公司（Political and Economic Risk Consultancy）的研究，詢問來自美國、歐洲、澳洲的九十五家企業的領導人評估亞洲國家的歪行情形；這些企業領導人表示，即使不考慮亞洲國家因為親友關係造成的差別待遇，收回扣及行賄是許多亞洲國家的生活方式。在一項從一到十的量表中，中國及印尼被認為是貪污情形最為嚴重的兩個國家，其所得到的分數為七點三一；不過或許因為每一項議題在印尼都是可以透過談判來加以解決，造成這些企業經理人認為印尼的貪污情形十分嚴重。對於那些在貪污情形嚴重的國家進行營運的企業而言，一項考量是他們牽涉其中是否就意味著必須為

確實發生的貪污行為負責（請見小故事7.12）。相較之下，新加坡在
貪污量表的分數只有一點一九，是全部亞洲地區最低的（甚至低於評
估者所屬國家貪污程度的平均數值二點一二），從這點也顯示貪污並
非經濟發展的一項重要因素。此外，這項差異也顯示亞洲地區國家在
這方面與其他商業實務的多元性。

　　儘管目前世界上關於貪污的報導，大部分將焦點集中在亞洲地區
的國家，事實上貪污現象遍及全球，即使在那些致力於杜絕企業及政
治上貪污行為的國家。此外，世界各國的政治界或企業界進行貪污行

 小故事7.12　在印尼進行合資的風險

　　休斯航空（Hughes Aircraft）、住友銀行（Sumitomo
Bank）、英國石油（British Petroleum）、西門子（Siemens）、美
林證券（Merrill Lynch）及起亞汽車（Kia）集團僅僅是世界各國
以合資的方式與印尼蘇哈托家族（Suharto Family）合作進入印
尼市場的全球型企業中的幾個，現在有許多人心中都非常懷疑，
在現年七十五歲的總統蘇哈托遭到撤換以後，這些與蘇哈托家族
有關的企業將會面臨何種局面。究竟這些企業會因為賄賂印尼企
業及政府機構而遭到起訴，或被當成在蘇哈托統治之下除了進行
賄賂以外無法利用其它方式進入印尼繁榮市場的受害者？

來源：Engardio, Pete, and Shari, Michael.(1996, Aug. 19). The
Suharto empire. Business Week, pp. 46-50.

為的手法各不相同，行為背後的因素也各有不同。儘管在亞洲及歐洲東部發生的貪污行為主要的受惠者是個人，特別是那些貪心的官僚；在西歐及美國出現的貪污行為受惠方往往是企業組織。近幾年來因為與企業營運相關的法令越來越嚴格，各國政府對於貪污行為的清查也不遺餘力，因此在西歐金額逐漸提高的企業貪污行為也有許多被披露出來。德國政府會計處總裁（General Accounting Office）宇多米勒（Udo Mueller）指出「如果是在五十年代，要想獲得合約你可能必須請負責的人員吃幾頓午餐；不過要想在現代的商場上獲得合約，你就得幫負責人支付假期旅遊的全部費用，甚至還得幫他的老婆買一件貂皮大衣」（Germany catches the European disease, 1995, p. A10）。在西歐國家進行違法行為可能會帶來金額不一的刑罰；舉例來說，為了因應在工業化經濟國家中日益嚴重的貪污問題，經濟合作發展組織（Organization for Economic Cooperation and Development, OECD）的二十九個成員國彼此同意禁止那些以賄賂為手法的企業在會員國內進行營運活動。除此之外，還有一項為了抵制外交人員在進行國際交易時可能發生賄賂行為而簽署的法案，要求各個簽訂國政府必須提出法案以禁止賄賂行為，並在一九九八年四月以前實施，以尋求法源的依據，並對那些在進行國際交易中出現賄賂行為的外交人員施以適當的懲戒。就如同小故事7.13中所見到的，在經濟合作發展組織會員國內企業的貪污情形非常嚴重。

發生於一九九五年洛克希德馬丁公司（Lockheed Martin, 請見小故事7.13）副總裁因為貪污行為而遭到法院判決的案例是一個極具諷刺性的事件，也因為洛克希德公司對日本的公務員進行賄賂，使得美國不得不推動海外貪污實務法案（Foreign Corruption Practices Act, FCPA）。自從美國在一九九七年開始實施這項法案以來，對於美國企業在海外的營運活動造成很大的影響。有關這項法案的特色如下：

小故事7.13　OECD會員國內的貪污事件

- 皮爾蘇阿德（Pierre Suard）被要求卸下長途電話通訊業巨人阿爾卡特（Alcatel Alsthom）執行長的位子，隨後也因為對法國電信索賄而遭起訴。

- 亞當歐佩爾（Adam Open AG）被控收取回扣，有三位資深經理人被迫退休。

- 美國的司法部對北卡羅來納州汽車業者瑞克漢瑞克（Rick Henrick）提出十五項控告，主要理由是瑞克在一九八一年到一九九二年之間對美國本田汽車（American Honda）高階經理人員進行賄賂；也有兩位美國本田汽車的高階主管因為圖利特定汽車業者而被判五年的有期徒刑。

- 吉娜卡羅派瑞蒂（Gianacarlo Parretti）及佛羅瑞費歐琳（Florio Fiorin）透過賄賂法國里昂信貸銀行（Credit Lyonnais）的行員而取得兩百萬貸款。

- 五位Fininvest的高階經理人員因為在一九九六年涉嫌賄賂及虛報會計資料而遭到逮捕。

- 在一九九五年，西門子公司在西班牙及義大利捲入可疑的賄賂事件。

- 同樣地在一九九五年，福斯汽車（Volkswagen）的員工荷西依格那西歐洛佩茲（Jose Ignacio Lopez de Arriotua）因為對其前雇主通用汽車（General Motor）進行產業間諜行動而遭逮捕（這個案件目前已經在庭外達成和解，福斯汽車答應付給通用汽車一億美元的賠償金，洛佩茲在三年內也不可以進入福

斯汽車工作）。

- 馬利歐康迪（Mario Conde）因為利用可疑的會計處理程序虛報其業主Banesto的獲利數字而遭到起訴。
- 在日本，投資人小池隆一（Ryuichi Koike）據報導收取來自野村證券（Nomura Securities）的賄賂金。
- 三位在日本最老牌的百貨公司大葉高島屋（Takashimaya）任職的經理人員，因為向某幫派領導人行賄而遭逮捕；而建台（Daimaru）百貨也承認曾經支付給相同的幫派領導人類似的遮口費。
- 加拿大因為Bre-X 礦業公司的詐騙案造成證券市場超過三十億美元的損失。
- 康保蘭包裝公司（Cumberland Packing Company, Sweet n' Low 的製造商）的總裁及前任副總裁因為涉及非法政治獻金詐騙案而擔任汙點證人。
- 洛克希德馬丁公司（Lockheed Martin Corporation）的前任副總裁被發現利用非法行賄埃及官員而獲得飛機製造的訂單。

- 任何美國企業的員工不得對於外國的公務員、警察或政府公職候選人進行任何賄賂行為。
- 美國企業必須對其進行的營運活動保留完整且詳細的紀錄，此外各個企業也必須能夠提供合理的證據，以確定該企業進行的任何交易都在法令規定的範圍內。
- 為了加速交易進行速度，而支付額外費用給低階的員工或櫃檯人員以促使其能更賣力地進行職務是允許的。例如付給服務人員小費使其能盡速完成清潔工作就是一個很好的例子。

- 違反該項法案的規定將可能遭受到最高一百萬美元的罰金及五年的徒刑。

從前面的檢視中發現，企業營運涉及貪污行為幾乎遍及全世界。然而，企業涉及不法的情形在那些法規剛出現改革的國家、資本主義剛開始盛行的國家，及那些把友誼和其它人際關係視為企業經營基礎的國家顯得較為嚴重。在那些有法律明確定義企業行為準則、企業營運有共同的價值觀、及相關刑罰制度健全執行效率高的國家，情況就輕微很多。最後，如果大眾的察覺對於企業的聲譽及獲利機會造成不良影響的話也會使狀況稍有減輕。

儘管經濟學家曾經一度認為，賄賂及其它不同形式的貪污行為可以為企業移除營運障礙；不過目前有許多經濟學家相信不法行為對於經濟及社會造成的損失龐大，企業的領導人也相信不法行為可能使企業本身的利益受到損害。除此之外，不法行為基本上與自由市場資源及資訊取得的平等原則違背；因此企業也會尋找降低不法行為的解決方案。一般常見的解決方案包含：自發性聯盟、個人的行動、遊說要求提高刑罰、及企業的施壓等等。

管理貪污的風險

建構自發性聯盟

企業界與學術界的聯盟

國際透明化組織（Transparency International）是一個主要由德國企業領導人及學術界人士組成的團體，成立的主要目的是要求企業及政府在運作時採用更為透明化、開放及誠實的方式來降低貪污情形。

國際透明化組織的資金來源有一部分來自歐洲的援助機構，另一部分則來自跨國性的企業組織。國際透明化組織相信，隨著國內政治及經濟競爭情勢的提升，及例如公務人員薪資提高等等公營機構的再造，貪污的情形將會大為減輕。舉例來說，在墨西哥境內的某些地區，警察人員貪污情形特別嚴重的主要原因來自警察人員薪資過低；由於公務機構在制度上的缺失，警察人員為了要維持生計只好不斷地進行貪污行為。根據一項對於薪資水準過低及貪污行為之關係的研究，經濟學家卡洛琳范芮克漢及派翠斯華德（Caroline Van Rijckeghem and Beatrice Weder, 1997）發現到，在一個國家境內的公務人員薪資水準相對較高的情況下，該國家境內的貪污情形也相對地較低；這兩位學者對於這個情形所下的結論是：當某國境內的公務人員薪資介於一般製造業員工薪資的百分之一百到百分之兩百時，該國境內的貪污指標將可以降低一點。

　　上面所提到的只是對抗貪污行為的一個方法。國際透明化組織也派出經理人團隊到開發中國家，幫助這些國家設計對抗貪污行為的計畫，這些經理人團隊利用國際透明化組織發展的一個國際貪污指標，也揭露各個國家相對的貪污情形。這個指標的建立是基於其它組織，例如香港的政治與經濟風險顧問公司、世界競爭力報導及其它類似的調查報告所提供的資料而建立起來的。根據這些資料，讀者可以在圖7.5中看到從貪污情形最高國家到貪污情形最低國家的清單；從圖中的數據我們可以發現，經濟發展程度越高的國家貪污的嚴重程度也越低。

企業界與政府機構的聯盟

　　由企業界及政府機構組成的聯盟，也為了改善全球企業環境而逐步成立。澳大利亞交易報導及分析中心（Australian Transaction

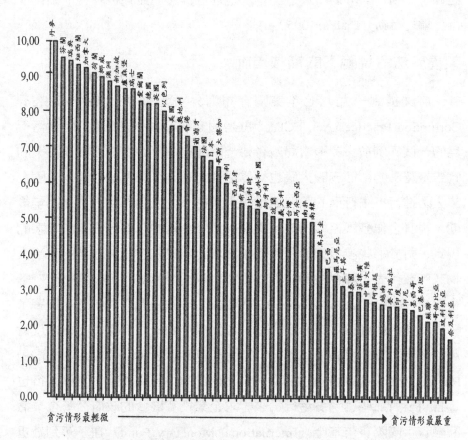

圖7.5　1997 年的貪污認知指數（Transparency International and Johann Graft Lambsdorff, Gottingen University．http://www.gwdg.de/~uwvw/rank-97.jpg）

Reports and Analysis Center, AUSTRAC）的成立就明白地指出無國界的概念將可以有效協助降低貪污行為。澳大利亞交易報導及分析中心的技術人員及工程師採用美國空軍用來偵測軍事彈頭的電腦程式，將其轉換為一個稱作 ScreenIt 的資金追蹤系統，並利用這個程式成功地

紀錄了一項中國貿易商透過美軍基地進行洗錢，並在世界各地銀行進行詐騙的行動（Fialka, 1995）。

架構於法令規範下的補救措施

　　前文提到一九九七年美國宣布海外貪污實務法案（Foreign Corruption Practices Act, FCPA）就是國家利用法令規範來遏阻貪污行為的一個好例子。美國當局威脅要起訴那些違反海外貪污實務法案的宣告是認真的，而一般大眾也相信這樣的宣告可以有效地減少美國企業人士進行不法行為的狀況繼續擴大。在一九九六年及一九九七年後期，經濟合作發展組織的成員國採用了一套新的草案，根據該草案的規定，對於那些涉嫌透過貪污手法獲取合約或其它相關利益的政治人物或商業代表，將會被判定為非法並科以罰金。此外，美國州政府聯合組織（Organization of American States）也在一九九六年三月簽署了一項反貪污的協議；聯合國也在一九九六年的十二月採納了一項反貪污的解決方案。根據一九九七年的世界發展報告（World Development Report），國家投資及發展與貪污情形的嚴重性呈負相關；世界銀行也宣告將要對那些透過貪污行為來尋求企業投資機會的政府公營企業撤回融資；國際貨幣基金（International Monetary Fund）在了解到嚴重的貪污情形將可能危急一個國家吸引外資投入的機會後，在一九九七年發布了一項針對內部人員的行動指引方針，其中包含國際貨幣基金行政管理方面的議題，例如公共基金的使用，及要求國際貨幣基金的行政人員必須密切注意各國政府公務人員的貪污情形等等。最後，國際貨幣基金會在一九九七年及一九九八年透過要求南韓及印尼政府進行內部的結構重整及推動透明化的企業交易，將這兩個國家拉出金融風暴的泥沼。

　　除了這些機構以外，國家政府的領導人也致力於降低國內的貪污

情形。舉例來說，菲律賓的總統羅慕斯（Fidel Ramos）就以身作則將消除菲律賓境內的貪污行為列為首要任務。我們從菲律賓境內經濟情勢的改善可以發現，消除貪污情形的確為菲律賓的經濟造成正面的效果，也促進經濟的成長。相反地，那些允許貪污行為的國家政府將會慢慢失去民眾的信任與支持，最後也將導致民眾不願意誠實行事也不再遵守法規的限制（Melloan, 1995）。除了透過法律規定的幫助以外，在世界各地各項產業的民營化降低了國家政府對於這些企業的控制，也限制了政府公務人員從中得利的機會。

企業的創意

美國政府對於海外貪污實務法案的強力實施，使得美國企業不得不放棄以往透過賄賂的手法獲取契約的運作方式，並須尋找其它的競爭模式，以對抗那些透過賄賂或其它手法取得契約的企業。在這同時，賄賂究竟是否對於美國的企業造成額外的成本，結論尚未完全明朗。根據一項針對美國前一千大企業中的兩百五十家公司所作的調查顯示，僅有百分之三十的企業認為海外貪污實務法案的實施對於企業造成嚴重的損失，大部分的企業認為該項法案的實施只對於企業造成些微的損失（Pines, 1994, pp. 208-209）。不過根據美國商業部（US Department of Commerce）在一九九五年進行一項歷時八年的研究顯示（Foreigners use bribes, 1995），因為競爭對手的賄賂行為使美國企業在兩百項國際性合約的競爭中失去了一半的合約機會。據估計在下個十年中海外的投資計畫競標總金額將高達一兆美元，這也意味著美國企業必須更積極地找尋賄賂以外的其它方式以贏取合約。這些替代性的方案包含提供獎助金、訓練計畫、提供小額貨幣支出的補償、提供學生為進行研究或建立關係而前往美國的差旅補助等等，另外還有下列幾種方案：

- 休斯頓企業旗下的德州聯合石油公司（Union Texas Petroleum Holdings, Inc. of Houston）與巴基斯坦政府進行了一項合資計畫，提供每年超過二十萬美元的資金以訓練政府部門的人員。
- 惠普電腦（Hewlett-Packard）提供中國的記者相當於十二美元的計程車資補助，以鼓勵這些記者參與由惠普電腦所舉辦的記者會。
- 波音公司（Boeing）為了訓練中國的勞工使用該公司提供的科技，投入了超過一億美元。
- 國際商務機器公司（IBM）提供兩千五百萬美元的資金贊助中國的二十家大學進行電腦軟硬體的升級。

除了美國這一類極力消除貪污行爲的國家以外，在那些貪污情形特別嚴重的國家，也開始投入找尋賄賂以外的替代方案。根據一篇華爾街日報（Wall Street Journal）的文章報導，蘇聯的企業逐漸發現到，透明化的企業資訊報導及承諾以誠實的方式進行企業營運，有助於增加投資人對於企業的信心，對於股價的提升也有正面的作用。在中國，誠實地進行企業營運的承諾有助於建立企業的形象並可以吸引國外直接投資的機會。蘇俄及中國這兩個國家的企業，在營運行爲上出現的改變充分顯示出，這兩個國家的企業領導人在管理思維上已經由重視短期的投資報酬率，轉爲重視長期的投資報酬率。從這樣的情況中，我們也可以明顯地發現，這兩個社會主義國家內部的企業正慢慢採行市場經濟的運作模式，就如同美國企業將「關係」的概念納入企業的運作中，並同時遵循法令的規範，從兩個不同的極端逐步朝向調和。

來自公眾的懲罰

因為中國及蘇俄一向被認為是商業活動中貪污情形最嚴重的兩個國家，因此這兩個國家都有著強大的推動力想改變外界的看法。當各方面的報導都認為這兩個國家充斥著貪污行為時，要想吸引新企業進入投資是極為困難的。此外，因為這兩個國家都提出加入世界貿易組織（World Trade Organization, WTO）的申請案，所以這兩個國家在現階段更急欲扭轉世界各地的不良印象。在過去中國政府就因為圖利無能的政府官僚所設立的企業，使國內企業失去對政府的信任；這樣的情形對於那些政府官僚也是一項重大的警訊，因為失去了大眾的支持及稅收的利益，對於政黨的公務人員將造成很大的危機（Pennar, 1993）。來自多個不同來源的資訊也顯示，對於出身自極權主義社會的中國來說，貪污及賄賂的現象無可避免（Yin, 1994）。

對於貪污行為的反應

《在國際企業環境中誠信競爭》（Competing with integrity in international business）一書中，作者理查德喬治（Richard DeGeorge, 1993）提供了幾項用來處理貪污行為的策略，本文摘錄其中的五項建議：

- 對於你發現的不法行為，不應溫和以對。
- 當特定的處理規範不存在時，決策制定者應該採取合乎道德的隨機反應來行事。
- 隨時準備好自己的道德勇氣來面對來自外界的挑戰。
- 試著尋找工作夥伴的協助，並共同呼籲道德觀念的改變。
- 在面對不願意遵守道德規範的反對者時，應該隨時準備付出某

種程度的代價，有時候或許得付出高額的代價（pp. 114-
121）。

除了理查德喬治之外，愛特略（Ettore, 1994）也建議美國企業的
經理人除了對於海外的派遣工作預先做好例如文化背景的學習等準備
外，對於那些未來可能在海外分公司擔任代理人、經銷商、特約代表
或事業夥伴的人選做好聲譽的檢視，特別是與誠信相關的檢視。他也
建議企業應該與員工建立特殊的合約關係，並且在合約中詳細說明員
工對企業策略及海外貪污實務法案的責任問題；愛特略也強烈建議，
企業經理人必須確認員工都能完全了解企業的政策及企業面對賄賂行
為的態度與處理方式。

全球化世界中的管理能耐：衝突及風險

為了反應目前組織面臨的各種風險，企業不得不在現有的流程、
組織結構及人事上有所改變。連結買家與供應商的團隊、貨幣交換的
合作網路及各項教育計畫等等都顯示組織在各方面都經歷著各項的變
革。當高階及中階經理人在設計這些變革計畫時，經常會受到同儕的
抗拒；現狀發生改變時，這些經理人也會受到來自外部市場的各種壓
力；中階及現場作業經理人在宣布或執行這些變革時，也會直接受到
現場員工的抗拒。對於經理人來說，面對這些抗拒變革的壓力及為了
克服這些壓力所必須付出的努力，幾乎已經成了日常生活的一部分，
也引起了壓力及衝突等等個人管理方面的問題。管理上必須面對的風
險以多種不同的形式出現；在接下來的部分本書將提出全球化經理人
所會面對的三種主要風險：壓力造成的心理風險、工作場所的衝突及

暴力行為造成的人身風險，及擔任企業派駐海外代表帶來的人身風險。不管是壓力或衝突，本質上對於經理人都是負面的負擔。但實際上，一般都相信這兩種不同的負擔對於誘發出想要的行為或達成期望的結果都是必須的。然而，若是超出適當的量，不管是壓力或衝突都有可能造成各種負面的結果，例如藥物的濫用、不聽指揮或工作場所出現暴力事件等等。

個人的風險

管理來自工作的壓力

壓力是現代生活及工作中最正常也最自然存在的部分。某種程度的工作壓力可以有效激勵員工並促進工作效率的提升，許多人們也相信適度的壓力將可以促進高層次的個人生產力。在圖7.6中讀者可以清楚了解壓力與生產力的關係。在圖中我們也可以發現到，過度的壓力可能會造成個人心理的鬱悶或工作績效的降低，甚至可能會使個人出現崩潰或精疲力竭的狀況，而失去繼續工作的能力。目前世界各國因為工作產生的壓力正逐步提升，而一星期當中每個小時可能都必須工作更是使這樣的情況雪上加霜，因為越來越多人認為努力工作是保住飯碗的唯一方式，微利時代使人們工作時間拉長，報酬卻沒有相對增加，以及學習新技能的要求持續不斷出現。這一類的新技能大部分與電腦科技有關，不過在下面的部分本書將會提出一些其他的例子。

諸如Yokogawa 推動的子彈列車計畫（Bullet Train Project）不僅能降低製造時間，而且促使設計師、經理人、生產人員組成的團隊以更快速、更聰明及生產更多的方式來進行作業。對於高階經理人來說，透過飛機進行長程商務旅行的情形越來越普遍；以美國的經理人

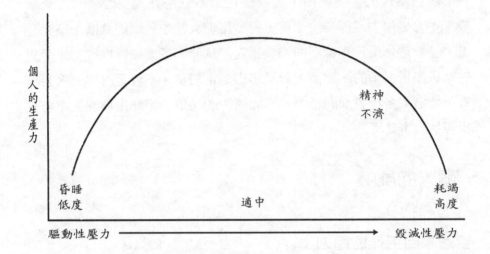

圖7.6　壓力曲線（摘自：The stress curve (adapted from: Kreitner，Robert. (1982). Personal wellness: It's just good business. Business Horizons, 25: 32)

為例，在一九九○年到一九九五年的短短五年之內，商務旅行的營業額就增加了百分之二十，旅行的總時數則越來越少。在五年前，大部分的海外商務旅行來回大約花費五天的時間，在現代有百分之二十五的商務旅行來回的時間甚至不到二十四小時（Miller，1996）。因為這樣的快步調，使得這些企業經理人持續不斷地暴露在新文化及新經驗的壓力之下，同時增加對個人的要求。這些加上組織內部各個層級的種種改變，造成了多種壓力因子，導致焦慮，也在許多工作場所造成混亂的情形。由於這些壓力因子而體驗到耗竭的員工，往往會出現家庭關係疏離、工作過度、藥物濫用或酗酒的問題，更嚴重者甚至會在工作場所中出現衝突而導致失去應有的工作績效。在過去的觀念中，有關工作壓力的紓解一般認為是個人本身應具備的能力，不過目前有

越來越多的企業慢慢體認到，降低來自公共場所的壓力應該是企業組織應承擔的責任之一。進化系統股份有限公司（Evolving System Inc.）是一家軟體開發公司，該公司認定其使命之一是提供員工優越的工作環境，並藉此促進員工的成長及工作滿意度。進化系統的作法是雇用一位辦公室保母（Office Mom）來確保每位員工都能按時用餐、負責辦理假日及生日派對、負責工作場所的茶水供應，並確保那些生病的員工都能夠受到最妥善的照顧，希望為公司長時間工作的工程師們能夠降低來自工作場所的壓力。另外也有一些其它公司透過雇用一位專門的服務人員，負責處理任何在工作進行過程中與員工有關的個人需求，例如衣物送洗、汽車保養、電影音樂會入場券購買及其它類似的事物。在小故事7.14中本書提供了一個商務旅行助理的例子，從這個例子中我們可以發現為了降低員工在商務旅行中面對的緊張情緒，企業付出何種程度的努力。

管理工作場所的衝突

　　所謂的衝突在這邊指因為意見或實務的差異造成難以解決的爭執，如果我們仔細檢視相關的文獻將可以發現，截至目前為止已經有許多的研究報告顯示，在現今的企業營運環境中用來解決這些衝突所花費的時間正逐漸提高。Accountemps 是一家臨時人員代理公司，這家公司曾經在一九八六年對於經理人員進行過一次調查，調查的結果顯示企業經理人在解決衝突上所花費的時間大約佔全部管理時間的百分之九；這個數字在一九九一年提升到百分之十三，在一九九六年更是提升到百分之十八。在全球化的風潮之下，各種事物都充滿著不確定性與多樣性，不同的意見與可能出現的衝突是無法避免的，但這並不代表這樣的衝突就一定造成企業營運的負擔。李奧那多葛林罕

小故事7.14　降低長途旅行者面臨的壓力

　　惠普電腦公司 (Hewlett-Packard) 提供給長途旅行的經理人員免付費的電話，以方便這些經理人員與家人聯繫，這些經理人員甚至可以利用這支免付費電話講床邊故事給自己的小孩聽。美國家庭保險公司（American Family Insurance）提供長途旅行者方便的線上超市，為長途旅行者提供所有可能需要用到的商品，例如襪子、刮鬍泡沫及小點心等等。

　　資誠企管公司（Price Waterhouse）以飛機送顧問回家，因為認為他們有太多的周末沒有在家渡過。

　　電子資料系統公司（Electronic Data System）非正式的企業政策提供給那些進行商務旅行超過四天的員工額外的假期，使員工可以用來與家人聯繫，並有多餘的時間進行個人的私事。

來源：Laundry and dog-walking.(1996, Nov. 1). The Wall Street Journal, p. B9.

（Leonard Greenhalgh, 1986）曾經提出了一套專門用來診斷跨文化衝突的架構（請見表7.7）。如同表中所示，與原則有關的衝突往往最難以解決。在全球的工作場所裡，與宗教實務有關的衝突特別難纏。舉例來說，日本的三洋電機公司（Sanyo Electric Company）曾經在其位於雅加達（Jakarta）的子公司頒布了一項禁止帶頭巾的規定。在過去類似這樣的規定員工或許會默默接受，不過該公司的女性員工則集體走上街頭，到印尼的代表處去抗議該公司的不合理規定。類似這樣的頭

表7.7　衝突診斷模式

衝突的構面	難解決	較容易解決
某議題產生的問題	原則問題	可分割的議題
風險的大小	高風險	低風險
各方的相互依存關係	零和	非零和
互動的持續性	單一交易	長期關係
關係的結構	分裂型，弱勢領導者	凝聚型，強勢領導者
第三者的涉入	沒有中立的第三方	可信賴且有力的第三方存在著
對某一點的感受	不平衡，某方感覺受害較深	平衡，雙方受到同樣的傷害

來源：Greehalgh, Leonard.（1986）. Managing conflict. Sloan Management Review, 27（4）：45-51.

巾事件在法國的高等教育機構也出現過一次著名的例子，女學生蘇瑪雅波娃潔蒂（Soumaya Bourachdi）在課堂帶著頭巾上課，儘管她試圖向授課的教授表達歉意，不過這位教授卻只給了波娃潔蒂兩個選擇：脫下頭巾或離開教室。類似上面所提的這些文化衝突事件在世界各個角落都不斷發生著，這些衝突都與原則有關，許多在工作場所發生的衝突事件大多數也可以歸咎到這個原因。

　　在葛林罕的架構中提到七個衝突可能發生的構面，明確地指出了因為差異造成衝突的幾個源頭，同時他也提出了幾個可能的解決方案將衝突導向正面的結果。舉例來說，如果發生衝突的兩方相互依賴時，雙贏的結果往往較能解決問題。一個雙贏的例子是在工作場所提供一個不分任何宗教派別的祈禱區，並且允許員工彈性地安排其祈禱的時間，使工作及宗教達到平衡。從這個例子中我們也可以發現到，企業雖然可能喪失對員工活動的絕對控制權，但卻能獲得員工的忠誠及承諾。除了上面提到的利益以外，不僅是那些具有特殊需求的員

工，所有在同一個工作場所的員工都能提高自主性，這因而能夠降低
不良的內部競爭。

管理工作中的暴力行為

　　隨著全球性及地區性暴力集團和恐怖分子利用暴力行為達成本身
目的的情況越來越普遍，企業經理人在處理工作場所的衝突問題時，
遭遇到暴力脅迫的可能性也越來越大。舉例來說，日本的富士軟片公
司（Fuji Photo）總裁在一九九四年因為對暴力集團抱持著不屑的態度
而遭到殺害；在一九九六年的夏天，日本的三洋集團（Sanyo
Corporation）為了要求暴力集團釋放遭到綁票的三洋集團駐墨西哥影
音事業部門總裁Momoru Konno，而支付了兩百萬美元的贖金。根據
控制風險集團（Control Risk Group）提出的報告顯示，過去生活在墨
西哥的外國人被認為與綁票勒索案件不可能扯上關係，不過近年來這
些外國人慢慢被暴力犯罪集團視為與墨西哥當地居民無異，因為這些
受害者對於暴力集團來說都是一筆可觀的財富收入。因為這種種來自
外部的威脅，使得各大企業的高階經理人，對於其自身的安全考量逐
漸發展出種種防衛措施，例如雇用專門的司機、聘請貼身保鑣、提供
預防性訓練，甚至購買綁票勒索的意外險等等。這種種的保護措施加
起來對於企業來說是一筆可觀的成本，根據某些統計數據顯示，在一
九九四年美國的企業為了要保護高階經理人員的安全總共花費了兩億
美元（Royal, 1994）。此外，那些在全球曝光率極高的企業，也會在
企業內部進行防範風險的訓練，並教導員工如何判斷高風險的來源。
一九九六年的華爾街日報曾經刊登一篇報導，指出位於倫敦的控制風
險集團（Control Risk Group）及位於休斯頓的航空安全國際公司
（Air Security International）等類似的機構，每天都會從來自世界各地

的報紙新聞中搜尋資料並建立資料庫，透過這些資料庫將能夠及早預測恐怖份子及全球的暴力集團可能出現的犯罪行動（Dahl, 1996）。

　　要想解決在工作場所可能出現的暴力行為，對於企業的員工也慢慢形成一股挑戰。透過對於美國各項媒體報導的檢視可以發現到，在美國工作場所暴力行為逐漸惡化主要歸咎到三項因素：（a）個人的社會支援系統的改變；（b）勞動市場的就業機會萎縮；（c）社會價值觀的改變（Allen and Lucero, 1996）。另外根據班西門（Bemsimon, 1994）的觀點，當工作場所出現工作負荷過重、人員不足、臨時解雇、組織結構重建，及其它種種不同形式的變革時，出現暴力行為的機會就會提高。

　　班西門指出，要判斷工作場所是否對員工造成壓力，可以從下列幾個指標來判定：對工作狀況持續不斷且廣為散佈的抱怨、勞工階層與管理階層之間的衝突、經常性的不滿及工作傷害事件，還有高曠職率等等。亞倫及露斯羅（Allen and Lucero, 1996）從報紙標題中發現到，在工作場所出現的蓄意謀殺行為最早可以追溯到一九八六年，也因為這些資料兩位作者認為在工作場合發生的攻擊行為，可能是企業的某些實際或感受上的有害處理程序造成的，這些程序包含革職或資遣等等。在接收到這些訊息之後，員工可能會出現生氣、憤慨或挫折等等，並且將矛頭對準那些員工認為最需要為此負責的管理人員。這兩位作者也提出幾個管理人員可以用來降低工作場之暴力行為的步驟；這幾個步驟描述如下：

* 以公平的態度對待所有的員工，包含明確的期望及對其工作績效的回應等等；
* 對那些與員工最親近的現場管理者進行必要的管理訓練；
* 員工之間的互助合作將有助於處理困難的過渡時期；

- 對員工的開除或資遣必須秉持公平的態度，並且幫助那些遭到資遣的員工找到新工作；
- 在工作場所設置可以監控人員進出的保全系統，特別需要注意那些剛被資遣或被判定為冗員的人員；

上面檢視組織因應風險的種種反應，探討企業與全球性政治事件及其它組織互動時面對的各種挑戰。不幸的是，這些風險有絕大多數是近幾年才出現，企業經理人因為經驗不足難以明快處理；所有這些現象都反映出工作場所的多元化與企業行動及信念的多變性。經理人面對的某些挑戰，因應的方式應該是溝通包容而非試圖改變，也因此現代的管理工作者面對的不確定性及認知失調會越來越高。在彈性及穩定性之間找到一個平衡點，對於身處全球化政治及法令環境中的國家政府，也形成一股不小的壓力。

本章關鍵概念

政府的定義：政治及法律配置的網路，這個網路所形成的政府是達成防衛、生存及發展等共通需求所不可或缺的重要機制。國家治理的目的在全球的領域裡依然不變：國家發展及國家防衛。因為現有全球治理系統的不完美，及為了因應多方面出現的全球變革必須引入其它系統，使得一個國家要想達成上述目標的困難度逐步升高。

國家政府角色的變化：經濟的整合及其它領域裡依存性的提高，使得許多全球性的協定相繼出現，也因此減少了國家政策性活動的範圍與焦點；更使得國家政府的領導人不僅要專注於國內的活動也不敢輕忽全球各地的變化。發生在國家內部的變化包含：民營化、大眾對

政府的信心逐漸低落、社會福利制度的改造、產業政策、法令的鬆綁、及政府爲了刺激企業活動必須付出更多心力等等。

　　達成全球政治的決議：要想達成全球的決議必須投注數量龐大的資源，並因爲這一類決議對於全球各國都有影響力，世界各地的政治代表認爲自己的國家必須參與世界性的商業社群。也因此各個國家及企業組織必須整合彼此的力量，爲因應二十一世紀帶來的挑戰找尋一個最佳的解決方案。

　　國家防衛經費的轉變：自從冷戰時期結束以後，投入類似北大西洋公約組織等全球性防衛系統的資源慢慢減少。不過正當工業化國家將投注在防衛性武器建置的經費轉移給其它民營機構使用時，許多開發中國家卻在防衛性武器上投注越來越多的經費。

　　軍事侵略目標的轉變：軍事侵略的層次趨向局部性而非全球性，及越來越多武裝衝突的焦點轉移到種族及宗教的差異上。此外，軍事侵略的受害者逐漸從參戰人員轉移到那些無辜的老百姓身上。

　　逐漸猖獗的全球幫派行動：因爲全球幫派及犯罪行爲的逐漸猖獗，使全球防衛系統的焦點轉移到商業活動的保護。全球幫派目前正逐漸重塑企業的傳統及實務。

　　貿易聯盟的成長：貿易聯盟及貿易協定在數量上及範圍上逐漸成長，影響範圍擴展到不同區域的成員，更超越國家文化及政治的界線以促進完全的經濟整合。

　　在全球治理中重要性逐漸提升的政府間合作組織及非政府組織：商業活動的全球化使得經濟公平及社會公平等議題越來越受重視。想要在這兩種不同的公平性中取得平衡的要求也越來越高；在全球化的

舞台上政府間合作組織（Inter governmental Cooperative Organizations, IGOs）及非政府組織（Nongovernmental Organization, NGOs）爲了達成這兩項平衡扮演越來越重要的角色。

新的治理單位？：全球化刺激了民族國家以外的治理單位之成長，其中包含國際性大都市（International Metropolitans）、區域聯邦（Region States）及虛擬聯邦（Virtual States）等等。

逐漸提高的風險：企業或其它在全球化環境下運作的實體，在全球政治及法律變化不斷的情況下都面對著越來越高的風險。這些組織的領導者在組織層次上需要管理政治風險、財務風險、及貪污的風險；在個人的層次上，不管是全球企業的領導人或員工都必須妥善管理心理及身體上所面臨的風險。

問題討論與複習

1. 本章聲稱企業、政府及社會之間的界線逐漸模糊。請利用類似微笑任務國際組織這一類的機構爲例子來證明本章的論點；讀者也可以從圖書館中找尋類似的志工組織、企業或政府間合作組織來探討本章的論點。

2. 歐盟（EU）及世界貿易組織（WTO）這兩個機構有何共同點？又有何相異處？利用本章提供的資料或其它來源的資料來描述並定義這兩個不同的組織並支持你抱持的觀點。

3. 試檢視世界貿易組織的特點。世界貿易組織對於國家主權的維護是一種威脅嗎？不管你的答案肯定或否定，請提出你的觀點並加以討論。

4. 傳統上贊成由國家政府擁有某些服務性產業，例如長途電話通訊業、銀行業、商務航空產業及火車旅行產業等等，主要理由是這些產業與國家的防衛機制有很大的相關性；不過很明顯地，目前世界各國的此等產業幾乎大多走向民營化。以你的觀點，這些國家要如何提供防衛的機制呢？民營化對於處於全球化世界的國家是一種新的威脅？

5. 你認為當國家政府的領導人積極進行法令的鬆綁、民營化及鼓勵出口並吸引國外直接投資時，他可能面對哪些政治風險？有某些國家可能比其它國家面對更大的風險嗎？請討論原因所在？

6. 參加日本駐秘魯大使館所舉辦假日派對的數百名來賓中，大部分是外交官、商務代表、還有他們的家人。這些來賓全部被恐怖份子擄走，其中有七十五名更是成了杜巴艾馬洛革命運動組織（Tupac Amaru）游擊隊的人質，該集團的成員想要利用這些人質來交換被關在監牢裡的同志。幾個月以後，秘魯的武裝火力猛烈攻擊這個受到游擊隊人員佔領的大使館，所有的游擊隊員都被擊斃，僅有兩名人質受傷。這個事件及其後續的影響對於全球的防衛系統具有何種意義？這個事件對於在全球各地進行商業活動的組織或個人又代表著何種風險？

7. 印尼的領導人曾經被指責對於貿易進行抵制及設定不合理的限制，其中也包含貪污行為，不過印尼的經濟卻依舊持續成長。試比較印尼發生的情形與「民主政治與經濟自由」有連結性的說法。在商業上的貪污行為及政治上的壓制行為對於國家經濟成長活動的影響可能不會立即出現嗎？貪污對於長期的經濟成長可能造成哪些影響？

8. 全球企業個案。請舉出幾項企業可能受到全球政治環境影響的例子，這個部分包含參與簽署貿易契約所帶來的利益及成本、對特定國家或全世界性的法令或管制作出的反應，或透過遊說的方式試圖

改變企業或產業的環境等等。檢視法令鬆綁及民營化對於你所研究的企業之領導者帶來的影響。如果你沒有選定研究的企業，請利用銀行業或長途電信通訊業的公司為例。其領導人對於法令鬆綁及民營化對其企業營運帶來的影響提出何種說法？他們把這些影響視為機會、威脅或兩者皆是？

參考書目

Allen, R.E., and Lucero, Margaret A. (1996). Beyond resentment: Exploring organiza-tionally targeted insider murder. *Journal of Management Inquiry*, 5(2): 86–103.

Barnet, Richard, and Cavanagh, John. (1994). *Global dreams: Imperial corporations and the new world order*. New York: Simon & Schuster.

Bemsimon, H.F. (1994). Crisis and disaster management: Violence in the workplace. *Training and Development*, 28: 27–32.

Bergsten, C. Fred. (1994). APEC and world trade. *Foreign Affairs*, 73(3): 20–26.

Can the US weather Asia's storm? (1998, Jan. 5). *The Wall Street Journal*, p. A22.

Citicorp Annual Report. (1995). New York: Citicorp.

Commission on Global Governance. (1995). *Our global neighborhood*. New York: Oxford University Press.

Countries in trouble. (1986, Dec. 20). *The Economist*, pp. 69–72.

Dahl, Jonathan. (1996, Aug. 5). Psst . . . Private tips safeguard business trips. *The Wall Street Journal*, p. B1.

DeGeorge, Richard. (1993). *Competing with integrity in international business*. New York: Oxford University Press.

The destructive costs of greasing palms. (1993, Dec. 6). *Business Week*, pp. 133–136.

Drozdiak, William. (1994, June 5). Five centuries later, 'city-states' are back. *Washington Post*, p. A3.

Ettore, B. (1994, June). Why overseas bribery won't last. *Management Review*, pp. 20–24.

Fialka, John. (1995, May 8). Computers keep tab on dirty money. *The Wall Street Journal*, p. B7B.

Foreigners use bribes to beat US rivals in many deals, new report concludes. (1995, Oct. 12). *The Wall Street Journal*, pp. A3, A8.

Gambetta, Diego. (1996). *The Sicilian mafia*. Cambridge, MA: Harvard University Press.

GATT and FTAs: No longer foes. (1992, Oct.). *International Business*, pp. 6–14.

Germany catches the European disease. (1995, July 13). *The Wall Street Journal*, p. A10.

Global defense cuts could be a big boon to living standards. (1993, Sept. 24). *The Wall Street Journal*, p. B5A.

Gottlieb, Gidon. (1994). Nations without states. *Foreign Affairs*, 73(3): 100–112.

Greenberger, Robert S., and Brauchli, Marcus W. (1994, Nov. 11). U.S. has lost some of its clout in Asia. *Wall Street Journal*, p. A10.

Greenhalgh, Leonard. (1986). Managing conflict. *Sloan Management Review*, 27(4): 45–51.

Holland, Christopher P. (1994, Fall). The evolution of a global cash management system. *Sloan Management Review*, p. 38.

Hormats, Robert D. (1994). Making regionalism safe. *Foreign Affairs*, 73(2): 97–108.

The hot spots Clinton skipped over. (1996, Apr 29). *Business Week*, pp. 56–57.

How corrupt is Asia? (1995, Aug. 21). *Fortune*, p. 28.

How the mob burned the banks. (1996, Jan. 29). *Business Week*, pp. 42–47.

Howell, Llewellyn D., and Chaddick, Brad. (1994, Fall). Models of political risk for foreign investment and trade. *Columbia Journal of World Business*, 29(3): 70–91.

Human Development Report. (1997). Cary, NC: Oxford University Press.

Index of economic freedom. (1997). Kim R. Holmes, Bryan T. Johnson, and Melanie Kirkpatrick (Eds). Washington, DC: The Heritage Foundation and Dow Jones & Co.

Kahn, Joseph, and Brauchli, Marcus W. (1994, Dec. 19). Low Marx: China's communists face serious threat. *The Wall Street Journal*, pp. A1, A10.

Kim, Suk H., and Kim, Seung H. (1993). *Global corporate finance*. Miami, FL: Kolb Publishing.

McRae, Hamish. (1994). *The world in 2020*. Boston, MA: Harvard Business School Press.

Melloan, George. (1995, Nov. 13). Political corruption: The good, bad and ugly. *The*

Wall Street Journal, p. A15.

Miller, Lisa. (1996, May 31). Pace of business travel abroad is beyond breakneck. *The Wall Street Journal*, p. B1.

Ohmae, Kenichi. (1995). *The end of the nation state*. New York: Free Press.

Paradox explained. (1995, July 22). *The Economist*, p. 52.

Pennar, Karen. (1993, Dec. 6). The destructive costs of greasing palms. *Business Week*, pp. 133–137.

Pines, David. (1994). Right of action. *California Law Review*, 82: 185–229.

Prestowitz, C.V., Jr, Tonelson, Alan., and Jerome, Robert W. (1991, Mar./Apr.). The last gasp of GATTism. *Harvard Business Review*, pp. 130–138.

Royal, Weld F. (1994, Dec.). Passport to peril? *Sales & Marketing Management*, pp. 74–78.

Salamon, Lester. (1994). The rise of the nonprofit sector. *Foreign Affairs*, 73(4): 109–122.

Salamon, Lester M., and Anheier, Helmut K. (1994). *The emerging sector*. Baltimore, MD: Johns Hopkins University Institute for Policy Studies.

Schnitzer, Martin, and Nordyke, James. (1983). *Comparative economic systems*. Cincinnati, OH: South-Western Publishing.

Simai, Mihaly. (1994). *The future of global governance*. Washington, DC: US Institute of Peace.

Smith, Geri. (1995, May 22). Pinatas on 18 wheels. *Business Week*, p. 62.

The tap runs dry. (1997, May 31). *The Economist*, pp. 21–23.

Thakur, Ramesh. (1995). The United Nations in a new world order. In Kanti P. Bajpai and Harish C. Shukul (Eds), *Interpreting world politics*, pp. 162–189. New Dehli: Sage.

Tofani, Loretta. (1994, Nov. 4). Chinese becoming their own bosses in many respects. *Seattle Times*, p. A19.

Tonn, Bruce E., and Feldman, David. (1995). Non-spatial government. *Futures*, 27(1): 11–36.

UN Division of Transnational Corporations and Investments. (1995, Apr.). *Incentives and direct foreign investments*. New York: United Nations.

U.S. International Trade Commission. (1994, Mar. 27). *The year in trade 1993*. U.S.

Government Printing Office.

Van Rijckeghem, Caroline, and Weder, Beatrice. (1997, May). Corruption and the rate of temptation: Do low wages in the civil service cause corruption? Washington, DC: IMF Working Paper.

Vogel, Steven. (1997). *Freer markets, more rules*. Ithaca, NY: Cornell University Press.

Watson, Adam. (1995). The prospects for a more integrated international society. In Kanti P. Bajpai and Harish C. Shukul (Eds), *Interpreting world politics*, pp. 130–138. New Dehli: Sage.

World Development Report 1997: The state in a changing world. (1997). New York: Oxford University Press.

World drug report. (1997). Cary, NC: Oxford University Press.

The world economy survey. (1995, Oct. 7). *The Economist*, p. 9.

Yin, X. (1994, Apr.). China's gilded age. *The Atlantic Monthly*, pp. 42–53.

第八章

產業的全球化及面臨的任務

ABB工程公司向全球化邁進

位於瑞典的Asea AB及其位於瑞士的競爭者BBC Brown Boveri兩家大型工程公司，在一九八七年進行了一項史無前例的合併計畫。經過合併以後的新公司名為ABB Asea-Brown Boveri，從一九八七年到一九九七年這短短的十年間，ABB Asea-Brown Boveri公司已成為全球發電設備、高速火車以及環境控制系統市場上的超大型企業，根據估計ABB工程公司每年的營收高達三百五十億美元。兩個原本僅以其所屬國家為營業範圍的公司，透過派西巴諾維克（Percy Barnevik）所領導的合併計畫，成功地轉型為一家以全球市場為目標的全球型企業。在充滿競爭的全球舞台上進行營運，ABB Asea-Brown Boveri工程公司面臨的機會及威脅主要有下列幾項：

- **全球化的經濟**：世界貿易的障礙目前已經逐步排除，使得來自世界各地的競爭者能夠更輕易地跨越國家的界限。因為世界上

各個工業化國家的經濟成長，使得在這些國家中進行營運的企業有更充足的資金與資源到充滿各種獲利機會的開發中國家進行投資。

- 產業的全球化：個別產業之間的界限已逐漸出現模糊的現象，如同製造發電設備的產業跨入電子產業的領域，而能源產業與環境保護業之間的連結也清楚地呈現這個趨勢；來自世界各國的企業目前都相繼投入具有資本密集特性的產業，並且引用各種不同的方式來管理其所面臨的競爭，對於那些以往受到保護的國家以及產業造成很大的壓力。

- 全球化的政治：因為歐洲共同體會員國之間的企業合併使得以往在歐洲各國受到保護的產業漸漸失去國家政府提供的防護罩；Asea 公司位於瑞典的市場面臨來自外國企業的競爭而逐漸受到侵蝕，而該公司除了在瑞典境內必須要維持相當程度的曝光率以外，也擴展到其他北歐的市場；此外，諸如勞工成本以及控制等相關的企業決策，在歐洲各國境內長久以來就受到國家政治決策的影響，因為這些影響使各企業所擁有的選擇性受到限制。

- 科技的改變：能源產業以及高速火車產業的資本密集現象使企業對科技的掌握越來越受到重視。

- 文化的全球化：在過去對於本身所處國家的自豪一直是許多企業決策制定背後的主要支撐力量，而對於本身國家的偏好也一直是支援那些僅在其所屬國家境內進行營運的企業最大的力量來源；不過慢慢地有許多人開始懷疑，在價格競爭越來越激烈的歐洲，對於自身所屬國家的自豪是否能繼續存在。

- 自然環境：來自環保的壓力，尤其是在歐洲國家，鼓勵許多企業進行短期的成本投入；各種環保的壓力要求各個企業在進行

　　營運的過程中能夠更加重視可能會對境境造成的危害，即要求企業必須承擔環境保護的責任。

　　從上面這些威脅我們可以清楚地了解到，ABB 在邁向全球化企業的路途中必須面對的挑戰就是要善用整合的優勢在世界舞台上獲取應得的利潤，同時也必須發展世界級的科技以符合來自全球各地的不同要求。從巴諾維克所抱持的願景以及其所採取的策略，我們看到的僅是各個全球型企業在邁向全球化的過程中所會採行的兩種組織流程。舉例來說，該公司在一九八八年所舉行的高階主管會議中總結出了一個企業策略的「寶典」，在這份指引中清楚的闡明了企業內部的各個角落都要以顧客導向為營運的重點、指出創造全球型文化的價值，也為企業各部門的營運規範作出了詳細的說明。這份營運指引最重要的價值在於：儘早從正確的方向前進而不是等到各方面都規劃到盡善盡美的地步才採取行動。原因何在？因為要達到盡善盡美所要耗費的時間相當可觀，而時間的耗費也會使得企業失去在市場上獲取高額利潤的先機。採取類似構築願景這樣的流程同時也意味著調整現有的組織結構，並試著創造出一個可以配合來自世界各地要求的營運組織。

　　巴諾維克創造了一個分權且相當扁平的組織結構，透過這個組織結構使得營運決策的制定、權力的分配以及責任的分攤可以迅速移動到組織內部較低的階層。在這樣的架構之下，從該企業的執行長到櫃檯行員之間僅有不到六個階層。而這樣的組織結構對於企業內部的人員又出現了何種影響？因為企業營運流程以及架構的改變使得企業內部高階職務的數量減少，而低階職務的數量則出現了增加的情形。要達到這樣的組織規劃，ABB 採取了管理工作合併的方式，使得企業內部僅有兩百五十位全球經理人，卻可以順利地領導超過二十萬名來

自世界各地的員工。在組織內部的最高層級是八位來自不同國家的經
理人：美國、瑞典、丹麥、瑞士以及德國；除了來自不同國家的特點
以外，這幾位經理人的專業背景也各不相同，有電腦科學、企業管
理、研究發展、市場行銷以及工業工程等等。在組織內部的較低層
級，ABB 則透過合資以及併購增加了超過十萬個工作機會。這個扁
平化的組織與一個特殊設計的矩陣系統互相結合，透過這個機制使得
全球化的策略以及績效相關的決策可以完全委託各不同領域的經理人
來決定，例如世界各地機器人製造的策略；不過在這樣的架構之下也
保有一個國家級的經理人來維持 ABB 對於各個國家市場的專注，例
如印尼機器人分部等等。透過這樣的方式來進行組織架構的建設很明
顯地違反了許多傳統的管理原則，例如：行政管理系統、決策集權化
以及企業總部所應具有的掌控能力等等；然而巴諾維克卻相信，在這
樣的組織架構之下所能獲取的利益遠高過必須承擔的風險。舉例來
說，全球化的採購決策有效地降低了成本、扁平化的架構使得組織內
部的溝通管道更為順暢迅速。此外，ABB 企業內部高階經理人員在
國籍上以及專業領域上的多元化，使得該企業在不同的國家進行營運
並處理與顧客、供應商以及超過一百四十個國家政府代表相關事務
時，更能夠得心應手。因此儘管 ABB 在組織結構的建構上違反了許
多傳統的管理原則，不過巴諾維克的做法卻一點也沒有偏離明確定義
的組織目標。

　　在一九九六年早期，巴諾維克獲選為歐洲地區最值得敬仰的企業
經理人，不過也在同年的秋天，巴諾維克離開了 ABB Brown Boveri 執
行長的職務。因為該企業的投資人擔心巴諾維克成了該企業獲得成功
的焦點所在，因此巴諾維克成了委員會的主席並擔任企業總裁的職
務，而 ABB 的執行長則改由瑞典籍的葛倫琳達荷（Goran Lindahl）擔
任。在一九九七年的四月十四日，巴諾維克成了投資者公司

（Investor）的新任主席，這家規模龐大的控股公司由瑞典的華倫保家族（Wallenber g Family）所掌控。儘管投資者公司主要的營運據點是在瑞典，不過巴諾維克再次地宣告要帶領這家公司邁向全球化。

來源：The ABB of management.（!996, Jan. 6）. The Economist, p. 56; Guyon, Janet.（1996, Oct. 2）. ABB fuses units with one set of value. The Wall Street Journal, p. A12; Redding, Gorden.（1995, Feb.）. ABB - The battle for the Pacific. Long Range Planning, pp. 92-94; Reed, Stanley（1996, Oct. 28）. Percy Barnevik passes the baton, Business W eek, p. 66.

第一部分　轉變中的產業環境及面臨的任務

　　在此所謂的任務通常指的是日復一日的活動，並以企業為主體來討論，換言之就是生產一件商品、提供一項服務、與顧客接觸，或與貸款提供者進行交涉等等（Fahey and Narayanan, 1986）。隨著全球化的日漸普及，不管是與顧客的接觸、與貸款提供者的交涉、商品製造原料的取得甚至是服務的提供等等，可能都會發生在距離企業總部很遠的地方，而這樣的距離使得管理者在與所有可能對日常任務產生影響的事件在聯繫上出現很大的困難。同樣地，這些可能對產業造成影響的事件及活動，通常也都不是發生在當地市場，而是發生在地球上很遠的其他地方。正是因為這些會對企業造成影響的事件往往發生在距離遙遠的地方，因此管理者往往無法對於已發生的事件作出立即的回應，甚至無法利用這些可能影響企業存亡的事件作出明智的決定。本章所要探討的就是全球化對於產業及產業所面臨的任務所帶來的影響、探究哪些產業目前已逐步邁向全球化及其邁向全球化的主要因素、並且檢視在建構企業組織架構及流程上與理論及實務有關的建議，最後提供了幾個與組織內部人力發展有關的建議以確保企業組織在全球化的舞台上可以維持生存並邁向成功。

產業的全球化

產業的定義

正如同國家、經濟體及文化的界限隨著全球化的發展而逐漸出現模糊可滲透的現象一般，產業的界限目前也慢慢出現模糊的情況。在出版業界，各種不同的教科書已經慢慢地被教育娛樂界所出版的各種光碟媒體及教育軟體所取代。光纖科技的進展慢慢取代了電話線及同軸電纜線成了傳輸兼具教育及娛樂功能等等電視節目、電影或書籍的主要媒介。製藥產業及化妝品產業在業務上也出現了重疊的現象而促成了所謂的藥粧業，而天然食品產業與製藥產業的結合則創造出所謂的生機食品產業。從這些例子中我們可以看出，企業的合併、結合及現有產業界限的重塑，不但使得新型態的產業不斷地出現，舊有的企業也為其業務重新定義，企業的任務隨之出現重大的改變。

全球化為產業架構所帶來的第二個重大影響稱為去居間化（Disintermediation），也就是透過傳統企業架構或組織以外的方式來完成任務（Prahalad and Hamel, 1994）。舉例來說，以往個人必須被迫透過證券經紀人為媒介進行股票的買賣行為，不過現在透過網際網路，不管是零售商品或各種門票，任何人都可以自由購買而不需要透過任何代理人的輔助。這些及其他類似的去居間化的例子都使得新型，且往往具有各種不同創意點子的競爭者加入現有的市場，也迫使現有市場的參與者不得不重新思考以往進行企業營運的方式。

第三個因為全球化而為產業界所帶來的改變則是跨組織的整合。

跨組織的合併、購併及策略聯盟等等，涵蓋了企業在各個不同國家間的合作協定、政府及各種非營利組織與企業的夥伴關係、甚至是企業與其他在某項產品線是對手的企業間進行合作等等。以國家的層級來看，美國及歐洲的電腦製造商彼此在電腦商品的販售上是競爭對手，不過在研發新電腦晶片上兩方的關係則是合作的夥伴；國際商務機器（**IBM**）及蘋果電腦公司（**APPLE**）雖然在個人電腦的銷售上彼此是競爭對手，不過在實驗室內研發非 **DOS** 的作業系統時兩方則是密切合作的夥伴。某些學者認為這樣的現象代表著競爭時代的結束（Moore, 1996），並邁向了一個全新的合作競爭（Coopetition）時代以創造出雙贏的結果（Brandenbur ger and Nalebuff, 1996）。當我們發現到產業界限逐漸模糊化、企業間開始出現合作、合併及購併的產業消息不斷出現等等現象時，我們可以清楚地了解到，以往純粹競爭的產業環境在全球化的舞台上已經不復存在。因此，在本章中我們使用了較具一般性的名詞──「產業／任務」環境──來描述以往被認為是純粹競爭的企業環境。

　　在大部分的例子中，我們可以發現到現今的產業／任務環境充滿著快速的變遷及不斷高漲的不確定性，並且為企業經理人帶來多重的挑戰。新型態的產業往往在一夜之間就出現、舊有的企業組織則必須要迅速地在其任務上作出改變以有效因應，而企業組織在競爭中也慢慢學習到合作及競爭必須同時存在以確保企業的存續。因此，全球化的產業環境對於企業經理人來說，除了帶來龐大的商機以外，也可能必須在多重甚至是互相衝突的目標之間取得完美平衡。

產業的變化性

　　企業內部的經理人在全球化的時代慢慢地發現到，因為每個產業都具有各不相同的特性，想要追蹤全部產業所發生的變化越來越不可能。讀者們可以透過比較核能發電產業及寵物食品產業之間的差異而清楚地了解這個觀點；因為核能發電產業所需要的高投入成本，使得新的競爭者想要加入這個市場顯得較為困難。在這樣的情況之下，世界各國的核能發電廠幾乎都是完全或部份由國家政府經營、主要的銷售對象是產業用戶、計畫執行的前置時期較長、在市場中的競爭者較少、替代性商品也不多。寵物食品產業則多屬於私人經營、主要的銷售對象是個人用戶，也正因為這些用戶的偏好不斷地改變，因此相較之下這個產業的商品週期較短。此外，相較之下寵物食品的生產成本較為低廉，因此競爭者可以輕易地進入市場，也會因此造成替代性商品很多的情況。從上面這個例子中我們可以了解到：消費者購買行為的差異、商品提供者的多寡、市場競爭的態勢、替代性商品的可取得性，及產業的進入障礙是用來鑑別不同產業市場的五個主要特徵。實際上，企業的經理人往往會專注於那些他們所屬的產業，透過自身對於該產業的認知來確認進入該產業的關鍵變數。舉例來說，全球的玉米加工業者（例如Archer Daniels Midland）營運狀況的優劣，與該年的天氣型態有很重要的關聯性，因此想要加入這個產業的競爭者最先注意到的通常是天然環境的因素；相較之下機械加工產業潛在競爭者第一個注意到的因素則是各國的經濟指標。從上面的闡述，企業經理人最重要的任務就是要確認出與本身企業最具有相關性的外部變數何在。除此之外，當新產業出現時，舊有產業的界限及進入障礙也會出現變化，因此管理者也應該要培養確認未來可能發生強烈相關之外部

變數何在的能力。也就是說，企業經理人光是仰賴產業過去的歷史或企業目前面臨的狀況是不足以面對當前全球化所帶來的激烈競爭；企業經人應該要密切注意在全球各地不同產業間所發生的變化，並確認出那些在未來可能對企業造成影響的趨勢所在。

通常那些可能對於產業造成影響的趨勢最初都發生在與這些產業看似不相關的外部環境中。舉例來說，在航空產業所慣用的中心配送制度，對於批發及食品零售業就造成了很大的影響，這些產業開始將他們的商品預先送到一個規模較大的區域倉儲，再透過這個倉儲將商品送到個別的店面中販售。透過這個方式可以有效降低個別商店所必須付出的存貨成本、節省運輸成本，還可以透過電腦應用程式的輔助來進行迅速的商品配送工作。全球化的個人電腦大廠宏碁電腦董事長施振榮就採用類似麥當勞的速食產業概念來進行商品的配銷。從這些例子中我們可以清楚地了解到，企業的經理人不僅需要對於自身所處產業所出現的變化保持密切的監控，對於本身企業以外的各種活動及創新概念也必須要確實掌握。他們必須要緊緊抓住未來的趨勢，當然他們也不可以忘卻過去的經驗。當企業經理人對於所處產業的過去歷史與當前面臨情況進行評估時，大部份的經理人會利用麥可波特（Michael Porter）在一九八〇年代早期廣為宣傳的競爭策略概念來作為輔助。

競爭策略

在其所著作的暢銷書《競爭策略》（Competitive Strategy）（1980）中，麥可波特提出了產業分析的概念，透過產業分析將可以確定出某個產業是否具有獲取超額利潤的潛力。從圖8.1中我們可以看出分析一個產業所需要的五個重要特徵；首先我們利用這五個特徵對於自身所處的產業進行分析，之後再利用同樣的分析方法來分析競爭對手，

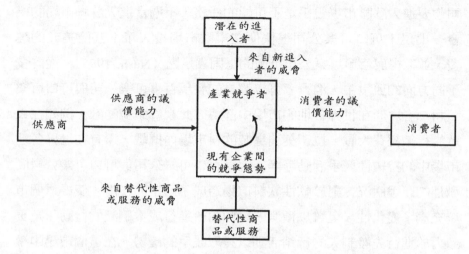

圖8.1　產業競爭的五力分析（Porter, Michael E. (1980). Comp-etitive Strategy. New York: Free Press, p. 4）

經過這樣的分析之後管理者可以了解到本身企業在產業中所具有的競爭優勢所在，並透過這個分析所得到的優勢發展有利於企業本身的營運計畫。不過要想讓這幾個步驟順利進行，產業分析是最重要也最基本的步驟。

產業的競爭態勢

　　產業內部的競爭態勢可以為企業本身的營運計畫建立最基本的架構。不管是在本國市場或在國際市場上的企業，總會有某些產業所面臨的競爭態勢較為緩和，也會有另一些產業的競爭態勢較為激烈。例如在軟性飲料產業，可口可樂及百事可樂兩大企業在美國境內市場一直以來就持續進行著激烈的競爭，在國際市場上這兩大企業同樣也積極搶食市場這塊大餅。在一九八九年以前，百事可樂公司的總裁及前蘇聯總理之間曾經存在有一長期的協定，根據該協定使得可口可樂公

司想要進入蘇聯市場幾乎是不可能的任務，不過當進入蘇聯市場的機
會一出現，可口可樂公司很快便在東歐市場投入了十五億美元的經
費，並取得與百事可樂公司抗衡的穩固立足點（Nash, 1995）。從許多
不同方面的競爭中，消費者可以輕易的發現百事可樂公司與可口可樂
公司二者之間在世界各地的市場中都將彼此視爲頭號勁敵，例如在東
歐的行銷經費大戰、拉丁美洲罐裝飲料市場肉搏戰、還有在世界各地
市場中的持續性競爭活動等等。因爲百事可樂公司與可口可樂公司間
激烈的競爭狀況，對於軟性飲料市場造成了形塑的作用，使得這個市
場充滿了變化性、更難以預測、更傾向於進行成本刪減的行動，及更
致力於進行先發制人的行銷活動以獲取競爭的優勢。在這個市場中激
烈的競爭情勢，使得其他軟性飲料市場的製造商更不易於預測市場情
勢的發展、也更難以進行營運計畫的訂定，也或許因爲這個因素使得
新近的加入者更容易因爲備感威脅，而遲遲不敢進入市場參與競爭。

產業的進入障礙

高初始成本、存在已久的品牌忠誠度、規模經濟的優勢、政府機
構限制市場進入者的行動，及配銷管道的取得等等對於目前已在產業
內部進行營運的企業來說，都提供了許多有利的機會，因爲受到這些
因素的影響，將使得進入該產業競爭變得更爲困難。

產業內部的潛在替代性商品

當產業內部有替代性商品或服務存在時，在該產業進行營運的企
業將較難獲取超額的利潤。因爲如果這些企業進行價格的調整，消費
者就有可能改變其忠誠度而轉向採購替代性商品；而替代性商品的存
在也會使得企業所生產的商品或所提供的服務顯得較不具有吸引力。

消費者或供應商的議價能力

產業內部消費者及供應商與企業之間的相對強弱勢、或其議價的能力，對於企業在設定商品或服務價格上，具有很強烈的影響力。舉例來說，如果某消費團體向某企業或某產業購買數量龐大的商品，則這個消費團體相對之下將會比那些零星或獲取資訊較少的消費者具有更高的議價能力。

在全球市場上的競爭策略

伴隨著全球化所出現的產業變化性，使研究人員在進行產業分析時遭遇到很大的困難，這遠比針對在一國境內進行營運或在受到疆界限制的國際市場上進行營運的企業進行分析來得困難。首先，各個產業的參與者遍及全球，要觀察全球各地進行的商業活動也因為複雜性及數量的龐大而難以進行。儘管企業經理人可以從多方的來源獲取資訊，不過他們並不能確保這些資訊能夠以正確的形式呈現、並提供真正需要的解釋。因為資訊的過量，可能會使得企業經理人只能對於本身產業投注心力，不過也因為這樣可能使這些經理人錯失了一些來自其他產業的創意或合作機會。此外，企業進行競爭性行銷活動的資料乃是奠基於產業本身觀點所進行的分析，而不是從消費者觀點所進行的分析（Keen and Knapp, 1996）。就算企業真的能夠分出一部分的注意力在顧客身上，也會因為全球顧客差異大及興趣快速變化的特性，而帶來許多問題。另一個值得注意的問題就是，因為產業內部的競爭者來自世界各地，在這些競爭企業內部負責推動營運活動的人員，可能不了解甚至不重視該產業內部行之已久的傳統；也正因為這個因素為許多產業帶來程度大小不一的變化性，也使得企業在進行規劃上面臨空前的難題。不過傑佛瑞波菲爾（Jeffrey Pfeffer, 1994）不認為產業分析在這些方面的缺陷足以撼動策略性分析的重要地位，並認為這些可能存在的缺失只會促使研究人員積極面對環境的改變，並透過相關

工具的調適來獲取重要的資訊。簡而言之，產業分析提供了企業組織找尋以往或現有重要產業因素的基本架構，並且因為分析產業全球化的需求越來越殷切，針對產業未來可能出現的全球化情勢來評估企業競爭力的重要性也急遽提升。

產業邁向全球化的因素

　　世界各國境內及跨國界的整合同樣也影響著產業的營運。從一九八○年代的歷史我們可以發現到，資金、知識及科技的重大突破，與過去數十年比較起來，在取得途徑及複雜度上都簡便了許多；也因為這樣使得全球各地的許多企業得以進入以往無法進入的市場。除此之外，因為工業化國家內部經濟成長的速度逐漸趨緩，也使得在這些國家境內進行營運的企業積極想要擴展其企業版圖，將商品及服務銷售到世界各地；隨著這些企業邁向全球化，他們也同時面對了許多以往不曾遭遇的困難及機會。包含國家內部產業政策等等不同的因素，使得世界各地大大小小的企業組織開始朝向以往由美國及日本企業獨霸的產業進軍。因為前面所提到的種種改變，再加上世界各地無數企業營運所造成的集體影響，對於許多產業的生態造成了很大的影響，也將許多產業帶往全球化的舞台。在小故事8.1有關馬自達汽車在發展上及生產上所出現的變化，正好提供了一個絕佳的例子闡明了汽車製造業在全球化風潮下所出現的現象。因為全球化，使得世界各地的許多不同產業也慢慢開始以全球為舞台，進行財務規劃、設計發展、商品生產及銷售。

　　隨著全球化的現象及規模不斷地擴大，許多理論學家開始思索，在某個國家中特定產業所出現的狀況是不是在其他國家也可能出現。而因為全球化的因素，企業所面對的產業環境也將不再僅受到單一國

小故事8.1　　MIATA公司的MX-5車型

　　MIATA公司主要的資金來源是紐約及香港，該公司的MX-5車型最初是在美國的加州設計，不過原型機則在英格蘭的Worthing第一次公開展示。這部汽車的裝配工作主要在密西根及墨西哥進行，而汽車內部的電子零件則來自投資於紐澤西的高階電子零件廠商，在日本進行的則是最後的組裝工作。MX-5的主要銷售市場是美國，不過也由於這部車在美國市場上銷售的成功，促使MIATA公司將這個車款推向世界市場的決心。全球各地在科技、經濟及文化上等等偏好的結合，使得世界各地的民眾對於這台小型的運動車款產生了極大的需求。

家經濟力量的影響，而是受到世界各國整體經濟力量的影響（Bartlett and Ghoshal, 1992）。因此企業領導人關注的焦點慢慢轉向於檢視經濟、政治、科技及文化等因素對於企業造成的影響；這些企業領導人也開始找尋所謂全球化產業的各種特性。

全球化產業的定義

　　根據麥克波特的說法，在一九八六年產業競爭的全球化現象，早就已經成為定理而不再是例外的情況；根據他的定義，所謂的全球化產業就是可以提供企業競爭優勢並以全球為基礎進行企業活動整合的產業。依照波特的觀點，國內產業的連結關係對於產業會形成一股結構性的力量，並產生一個全球性的競技場。對於產業全球化的衡量，

應該也要納入出現在本國市場以外的產業因素；例如國內整體產業獲
利中有高達百分之三十到五十五來自國外（請見Roth and Morrison,
1990），或單一企業的獲利中來自國外的比例等等。評估單一企業獲
利來源的方式是最常被用來評估企業全球化程度的一個指標，因為這
一類型的資料相較之下非常容易取得。在一九八九年針對四百三十三
位企業經理人對於全球化抱持觀點的研究中指出，儘管企業獲利中來
自國外市場的比例不斷成長，不過這些比例與國內市場相較之下重要
性依舊略嫌不足（Anders, 1989）。舉例來說，在一九八八年北美企業
獲利中只有百分之十三來自國外市場，而歐洲產業獲利則有百分之三
十三來自國外市場，日本產業獲利中則有百分之十八來自國外市場。
從這個研究中，我們可以發現那些國外獲利比重較高的產業，往往也
是那些投注大量資金在研究發展上的產業，例如航太產業；還有那些
資本密集的產業例如汽車製造業及消費性電子產業等等；及顧客要求
較高的產業例如牛仔褲製造商等等。在這個研究進行的當時，包裝
業、金融服務業及零售產業甚至認為本身產業與全球化扯不上任何關
係；不過事實證明當初這些產業的觀點是錯誤的。在今天，產業的版
圖已經出現了截然不同於以往的變化。

　　有關全球化的定義，最早起源於史蒂芬科柏林（Steven Kobrin,
1991）在一九九一年所撰寫的一篇文章，在這篇文章中科柏林利用企
業內部資源流動或企業內部資訊、資金、人員及其他資源在相同企業
內部但在不同國家間流動的概念來描述全球化，並利用企業整合的程
度來衡量企業進行全球化的規模大小。在利用一九八二年的資料所進
行的產品衡量中，科柏林發現到十個國際銷售額來自企業內部資源的
流動且所佔比例超過百分之二十五的產業，他認為這十個產業在當時
已經具有全球化的規模（請見表8.1）。

　　透過對於一九八二年及一九八六年間由科柏林所收集的資料中顯

示出，在表 8.1 所列出的幾個產業中在全球整合方面都出現了極大的
進展。在近十年中，利用科柏林所採用的方式我們也可以發現到有許
多不同的產業在全球整合上也出現了很大的改善。科柏林也強調，在
全球化的舞台上企業所扮演的角色就是在科技、生產及經濟活動上成
爲跨國界整合的工具，不過科柏林也主張科技及經濟活動就是推動全
球化的主要力量。

　　不論如何，科柏林所進行的研究提供了我們思考全球產業一個有
用的方式。在科柏林的描述中，在單一或跨越國家及部門界限的全球
整合，所造成的塑造作用並不僅限於單一部門而是會透過全球科技、
全球產業、全球文化及其他相關環境間相互連結關係而出現整體性的
影響。在科柏林的研究進行過後不久，服務性產業也與製造業一樣跨
出全球化的腳步。廣告業、顧問業、工程業、商務航空旅遊業及零售

表8.1　各產業的企業內部活動（一九八二年）

企業內部活動佔銷售額超過百分之二十五的產業	百分比
汽車業	44
通訊設備產業	40
電子零件業（包含半導體產業）	39
電腦及辦公設備產業	38
農用機械產業	34
攝影設備產業	32
引擎及渦輪產業	30
科學儀器產業	29
光學商品產業	27
工業用化學商品產業	26

來源：Kobrin, Steve.（1991）. An empirical analysis of the determinants of global
integration. Strategic Management Journal, 12（Special Issue）: 17-31.

產業正是許多目前已成功踏入全球化舞台的幾個產業，在這些產業中更有少數的企業已被大眾公認為全球化企業。從資料處理業、娛樂業、旅遊業、森林業、化學業到鋼鐵業等等產業目前在全球的銷售額已經逐漸高過在本國的銷售額；其他類似鐘錶業、影印機製造業、寵物食品業、穀物食品業及運動鞋製造業等等也都逐步邁向全球化，在表8.2中我們列出了許多較為知名及較不為一般民眾所知的全球型產業。

產業全球化的診斷

喬治伊普（George Yip, 1995）在他的著作《完全全球化策略》（Total Global Strategy）中提出四個促使產業邁向全球化的因素。針對這四個不同的因素進行檢視，將有助於在全球各地進行營運的企業經理人更能有效地評估其企業所屬產業的全球化程度。

市場全球化—這個因素可以透過下列幾個不同的方式進行檢視。（a）全球最終顧客的共同需求；（b）來自本身企業所屬國家或來自多個不同國家的顧客，對於某項特殊商品或服務曾出現搜尋全球供應商但卻僅向單一國家或多個國家進行交易的情形；（c）企業投入於行銷的努力可以輕易地轉移到全世界的產業；（d）產業中最重要商品及流程創新所在的領導國家。透過評估上面所提到的四個重要的市場全球化要素，企業經理人將可以發現消費者的個別偏好在何時會出現聚合的現象；消費者將在何時出現聯合採購行為；企業行銷何時可以運用在全球化舞台上，及企業在哪些方面應該要參與投資以加入全球化產業發展的行列中。

成本全球化—這個因素主要受到企業規模經濟的影響，因此在不同的產業中將會出現不同的變化。舉例來說，當全球化經濟的意義是指在多個國家內部進行銷售而不再僅侷限於單一國家時，全球化的規

表8.2　全球型產業及參與者

廣告產業	Saatchi & Saatchi, Havas, Omnicom, Wpp Group, Dentsu, McCann-Erickson Worldwide
汽車輪胎產業	Bridgestone（普利司通）, Group Michelin（米其林）, Goodyear（固特異）, Sumimoto Rubber（住友橡膠）, Continental AG
運動鞋產業	Nike（耐吉）, Reebok（銳步）, Adidas（愛迪達）, Fila, Diadora（迪亞多納）, Puma, K-Swiss
啤酒產業	Heineken（海尼根）, Guinness, Anheuser Busch, Fosters, Kirin（麒麟）, Millers（美樂）, Interbrew Labatt, San Miguel
點心及釀造產業	Cadbury Schweppes, Mars, Hershey , Nestle（雀巢）, Jacobs Suchard, Haribo, Hahtamaki
貨櫃運送產業	Evergreen Marine（長榮海運）, Hyundi, Cosco, GP Livanos, Sea-Land Service, Nippon Yusan Kaishe Line, Hanjin
化妝品產業	L'Oreal（歐萊雅）, Estee Lauder（雅詩蘭黛）, Avon（雅芳）, Shiseido（資生堂）, Body Shop（美體小舖）, MAC ,Hard Candy
摩托車產業	Suzuki（鈴木）, Harley Davidson（哈雷）, Piaggio（比雅久）, Aprilia Moto
石油提煉產業	Royal Dutch/Shell（皇家殼牌）, PEMEX, British Petroleum（英國石油）, Imperial Oil, Texaco
攝影設備製造產業	3-M, Kodak（柯達）, Fuji（富士）, Casio（卡西歐）, Epson（愛普生）
出版產業	Thompson, Dow Jones（道瓊）, Reed Elsevier, Bertelsman, Quebecor
零售產業	IKEA（宜家傢俱）, Carrefour（家樂福）, Marks & Spencer , Makro（萬客隆）, Hudson's Bay, Ito-Yokada, Royal Ahold, Wal-Mart（威名百貨）
電玩遊戲產業	Nintendo（任天堂）, Sega（世嘉）, Sony（新力索尼）, Philips（飛利浦）, Mattel

來源：Global 500. (1996, July). Fortune.

模經濟就是以全球化成本爲其導向。例如，當電腦業出現普遍不景氣的情形時，生產電腦的企業最重要的就是要在成本上進行競爭，而想要在成本上進行競爭，企業就必須以全球爲舞台進行商品的生產。其他類似的全球化成本導向還包括有：全球化規模經濟、經驗曲線、原物料取得的效率、物流系統的輔助、科技的快速變遷、昂貴的產品發展成本，及因國家不同而出現的成本差異等等。在第六章中我們看到了不同國家勞工薪資成本的差異，是產業的工作機會出現轉移的主要原因；在第二章的小故事2.7中，我們也可以發現到福特汽車公司利用全球分支機構協力發展未來汽車藍圖，有效降低了新產品的開發成本。

政府全球化—在伊普的定義中，所謂政府全球化的驅動要素與本書第七章所提到造成全球政治及法令環境出現變化的影響因素類似。這些因素包含：有利的貿易政策吸引企業到新的國家擴展營運、相容的技術標準、相同的行銷管制、地主國政府的顧慮考量、國營企業的競爭者及顧客等等。舉例來說，某項產業在某國市場中的主要競爭者是一國營企業時，這個產業出現全球化的潛力就會大幅成長，因爲在競爭的過程中政府可能會扮演著一個資源分配者的角色，也可能會提供補貼給該產業內的其他企業進行全球化。空中巴士（Airbus）公司的出現就是因爲來自多個不同國家爲了推動全球化而提供補貼成立的。

競爭全球化—在伊普的定義中這個因素與本書第五章所檢視的全球化經濟相當類似。其中所包含的主題有：急速擴張的進出口造成的經濟整合、來自世界不同國家的競爭者、在不同國家間逐漸出現的經濟相互依賴情形，還有因全球化而出現的高度競爭情形。這些因爲全球化所出現的反應普遍出現在各個不同的產業，影響所及也包含各個不同的部門。不管是消費性商品產業或服務業；不管是類似洗髮精等

等無法循環使用的產品產業、穀物製品業等擁有固定購買群的產業、專門製造在寒冷季節中使用有季節循環性的加熱用油產業、價值急速下降的非耐久消費品產業、商品價值耐用時間長達數年的汽車產業，還有基礎工業及加值型產業等等目前都逐步地邁向全球化。基礎工業包含化學業、食品業、紡織業，還有消耗自然資源的產業例如石油業、製鋁業及煤礦業等等消費性商品或準消費性商品產業，目前在價格上主要的影響因素受到全球原物料取得性的影響。正當目前各大發展中國家努力尋找所謂的加值型產業（value-added industry）時，在工業化國家從事商品生產的企業也透過犧牲部分既有利益或為產品提供更多附加價值以期留住原有顧客。因此，加值型商品的價格將會因為更多企業參與者加入市場，及同時具有降低成本、提高品質及強化可取得性等特徵而逐漸下降。個人電腦產業正是一個成本下降而品質卻大幅提升的產業，其價格的下降使世界各地有越來越多的人口可以因此受惠。類似個人電腦產業的加值型產業慢慢邁向全球化，企業除了降低其產品價格之外，其利潤也會出現縮減的情形。

全球性產業及企業

在第二章中我們曾經對全球型企業下了一個定義：「所謂全球型企業就是從全球各地取得資本或勞工等等營運相關的資源，把世界作為營運的舞台，從而建立並維持全球的曝光率，依循全球性的營運策略並穿越各種外部及內部的界限。」根據一九九五年的世界投資報告（World Investment Report），當來自新興出現的快速成長企業漸漸朝向多國籍企業發展時，激烈的企業競爭可以預期。在各個企業之間所存在的差異性，使得各個企業在營運上有著更多樣化的發展，同時也使得產業與組織出現變化。其中規模的大小及企業組織的定位是全球型企業間最主要的兩大差異。例如 ABB 工程公司及奇異電子儘管因為

規模的擴張在資源的取得及權力的擴張上都大有進展，但是在行動上
這兩家企業都盡量以靈活的運作來因應顧客多樣化的需求。對於許多
小型的企業來說，易於變動的組織結構將有助於快速的行動，而科技
的發展可以加速資訊與資本的取得，對於以往僅限於具有研發實力的
大型企業才能獲得的資源，當今的小型企業也可以與大型企業一較高
下。因此從目前的市場狀況我們可以發現到，目前世界上各種不同型
態及不同類別的企業目前正積極的超越規模大小、經濟發展的狀況及
其他各種不同類型的界限，而與全球舞台上的各個競爭者一起競爭。
這個過程目前進展很快，因為各個不同的企業都需要獲取全球最先進
的技術、各種資金來源、營運所需的原物料，甚至是勞工等等以尋求
能在本國市場強烈的競爭情勢下生存。三星電子的執行長金和吉
（Kang Hyo Jim）曾經對於三星本身提出以下的看法，「我們把全球
化當作一種生存的策略。」隨著參與全球化競爭的產業持續增加，及
全球化對這些產業的重要性不斷上升，當我們對這些產業進行評估
時，找到更多的例子是一個重要的步驟。

大型多國籍企業

目前大約有四萬家企業被認為是跨國企業；整體而言這些企業每
年與國外二十五萬個不同企業進行交易且產生五兆美元的銷售額
（World Investment Report, 1995）。在一九九四年這些企業的營運金額
佔全球商品及服務業總額的三分之二，其營業範圍從低附加價值商品
到高附加價值商品都有，更涵蓋了商品及服務等等。這些企業中有許
多都已經出現全球化經營的情形。在一九九七年的八月，財星雜誌
（Fortune）利用一九九四年企業的全球營業額作為比較基礎，列出了
前五百大全球型企業的清單；讀者可以在表8.3中看到這些所謂的全
球型企業究竟有哪些是本身所熟知的。表8.3與財富雜誌所提供的清

單最大的差異在於表8.3刪去了那些專門生產服飾、紡織、珠寶、玩具、輪胎及運動類商品的全球型企業；此外未提供營運財務資料的企業也不在表8.3的清單中。看看這些在各自不同領域內努力的全球型企業與國營的多國籍企業，讀者將可以對產業全球化的情形有更清楚的認識與了解。

目前有許多規模龐大的全球型企業都屬於國營企業，這些企業相關營運結果的財務資料及組織的決策等等都需要作到透明化，就如同表8.3所列出的一樣。不過當大型民營企業的產業活動擴張到全世界，或其產品為世界各地民眾所知時，這些企業的營運資料也會受到全球大眾的注目，例如Henkel及班尼頓（Benetton）等等。然而，許多大型的全球型企業之所以能快速成長，主要的因素是資金來源的可取得性，透過這些資金企業可以進行合併或買下其他性質類似的企業，並快速擴展到全球化的規模，藉此獲得規模經濟的利益。不過也由於這種種跨越不同界限的交易，使得一般大眾想要了解企業之間的歸屬關係時遭遇更多的困難，也使得這一類大型全球化企業在一般民眾的感受上與國家的關係較為疏遠，反而是與全球各國的關係較為密切。不過值得注意的是，到了一九九〇年代，因為許多企業已經發現透過進入類似個人電腦市場這樣的產業，並藉以與世界各國市場取得連結已不再同以往一般困難，大型企業因為營運規模擴張所能獲得在資金取得上的優勢已經慢慢受到侵蝕。此外，因為世界各國法規限制的解除，及各種商業法規的標準化，大型企業也將會慢慢失去以往被大多數國家認為是熟悉管制標準的優勢。除此之外，因為在開發中國家及已開發國家商業法規的自由化，使得不管任何規模大小的企業都具有同等進入市場的機會。最後，我們可以根據上列的描述總結出幾項因為全球化，對於大型多國籍企業所造成的不利影響：

表8.3 全球化產業的領導者（一九九七年）

財富雜誌所列全球化產業（1997）	產業營收（計算的企業數目）(1996)	產業中規模最大的企業（1997）	全球五百大企業的排名 (1996)	規模最大企業的銷售額單位百萬美元 (1996)
航空太空產業	130346 (8)	Lockheed Martin	112	28875
飛機製造業	97488 (7)	AMR	208	17753
銀行業（商業及儲蓄銀行）	1252970 (69)	Bank of Tokyo-Mitsubishi	41	46451
軟料業	53200 (4)	Coca-Cola（可口可樂）	196	18546
建築原料業（含玻璃製造業）	44299 (3)	Saint-Gobain	205	17862
化學製品業	275002 (14)	EI DuPont De Nemours	55	36689
電腦、辦公室設備業	251575 (9)	IBM（國際商業機器）	15	75947
各類金融相關產業	82825 (5)	Fannie Mae	120	25054
電子業、電子設備業	809741 (26)	General Electric（奇異電器）	12	79179
能源業	55024 (3)	Rao Gazprom	146	22554
工程業、建築業	199916 (13)	CIE Generale des Eaux	81	32429
娛樂產業	69725 (6)	Walt Disney（迪斯耐）	195	18739
食品產業	250795 (12)	Unilever（聯合利率）	31	52067
食品及藥局產業	455010 (27)	Metro Holding	62	36568
食品服務業	42332 (2)	PepsiCo（百事可樂）	86	31645
森林及紙類製造產業	88650 (7)	International Paper	169	20143
一般性商品業	361744 (14)	Wal-Mart Stores（威名百貨）	11	106147
醫療保健業	29983 (2)	Columbia/HCA	174	19909
旅館、賭場及休閒產業	24233 (2)	Japan Travel Bureau（日本旅遊局）	293	14061
工業用及農用設備產業	149144 (9)	Mitsubishi Heavy Industries	103	27899
保險業：人壽及健康保險（共同基金型式）	449964 (19)	Nippon Life	18	72575
保險業：人壽及健康保險（股票型式）	287554 (16)	ING Group（ING集團）	64	35913
保險業：財物險及意外險（共同基金型式）	53748 (2)	State Farm Group	49	42781
保險業：財物險及意外險（股票型式）	461927 (20)	Allianz Holding	28	56577

表8.3　全球化產業的領導者（一九九七年）（續）

財富雜誌所列全球化產業（1997）	產業營收（計算的企業數目）（1996）	產業中規模最大的企業（1997）	全球五百大企業的排名（1996）	規模最大企業的銷售額單位百萬美元（1996）
郵務、包裝及貨運傳送產業	173528 (8)	US Postal Service（美國郵政服務）	29	54402
金屬商品業	33653 (4)	Pechiney	341	12742
金屬產業	193277 (14)	Nippon Steel	110	27178
採礦、原油生產業	61584 (3)	Pemex	97	28429
汽車及其零件產業	1177545 (27)	General Motors（通用汽車）	1	168369
石油煉解產業	991388 (31)	Royal Dutch/Shell Group（皇家殼牌集團）	6	8887
製藥產業	160547 (10)	Novartis	95	29310
出版印刷產業	49183 (4)	Bertelsman	273	14728
鐵路產業	100526 (7)	East Japan Railway	148	22318
橡膠、塑膠產業	45476 (3)	Bridgestone（普利司通）	203	17999
科學、攝影及控制設備產業	41320 (3)	Eastman Kodak（柯達伊世曼）	245	15968
證券業	75109 (4)	Merrill Lynch（美林證券）	121	25011
肥皂及化妝品產業	57910 (3)	Procter & Gamble（寶鹼集團）	65	57910
專業零售產業	71475 (5)	CostcoCos（好事多）	178	19566
長途電信通訊產業	533350 (22)	Nippon T＆T（日本長途電信通訊公司）	14	78321
菸草產業	95541 (3)	Philip Morris	30	54553
貿易業	1120886 (22)	Mitsui	3	144943
公用設施產業	288921 (14)	Tokyo Electric Power	43	44735
批發商品產業	120540 (9)	Franz Haniel	226	16757

來源：Global 500.（1997, Aug. 4）. Fortune, pp. F1-F30. Also available at: www.pathfinder.com/fortune500/500list.html

1. 法令的鬆綁及貿易障礙的去除降低了多國籍企業與國家政府領導人長期關係發展所帶來的利益；
2. 當代管理技巧的廣泛應用，降低了以往大型多國籍企業在管理知識應用上所享有的獨佔優勢；
3. 大型的官僚組織發現要快速進行組織變革很困難。

隱藏的優勝者

在前文中曾經提到過許多大型多國籍企業的營運資訊並不容易被一般民眾取得，接下來的部分本書會對這個議題進行更深入的探討。根據赫曼西門（Herman Simon, 1996）在其著作《隱藏的優勝者：全球前五百大最不為人知企業所帶來的啟示（Hidden Champions: Lessons from 500 of the World's Best Unknown Companies）》中提到，那些營運活動資訊不為世界各地民眾所熟知的企業在全球的市場佔有率高達百分之五六十，有些甚至高達百分之九十。其中例如日本的Mabuchi 及香港的Johnson Electric，這兩家企業佔全球小型馬達市場比例分別為百分之四十及百分之二十五；德國的Hauni 在全球高速香菸製造機上更具有百分之九十的市場佔有率。西門相信，在某種程度上類似上述的企業在管理技巧的使用上與目前流行的管理知識是相違背的。舉例來說，在這些企業中大部分負責企業決策的管理者奉行獨裁主義，他們避免任何聯盟或委外加工的情形，致力於發展內部的優勢，並且也僅進行有限的專業行銷活動。同時，西門也發現這些企業在全球化方面採行的步調具有攻擊性，這些企業極度仰賴自身的人力資源，並追求急進的創新。最後，西門也主張所謂隱藏的優勝者就是必須要具備有上述的兩個特點。舉例來說，隱藏的優勝者會在產品及流程技術上尋求創新，這些企業的領導人在核心價值的信仰上往往採行獨裁主義，在企業運作上這些領導人也奉行親自參與的概念。其他

有關這一類被西門歸類為隱藏優勝者的企業特徵列在表8.4中，讀者可以作更詳細的了解。

民營的全球型企業

每個年度富比士雜誌（Forbes）都會為財富規模介於美金十億到百億的個人或家族製作清單。在這個清單中有少部分的家族名稱是為大眾所熟知的，不過大部分的企業在清單上都只不過是用一個億萬富翁的名字出現罷了，正如同羅伯特（Robert Ng）所說的：「我們喜歡採取低姿態」（Mao, 1994, p. 158）。Mars企業、Levis Strauss 李維牛仔褲、Sainsbury 連鎖超市、Guess 服飾、Domino' s Pizza 達美樂披薩、Deloitte & Touche 及 Hallmark Cards 卡片專賣店等等就是這類民營全球

表8.4　隱藏優勝者的經營哲學

面向	哲學一	哲學二
市場	狹義：商品及技術	廣義：世界性及區域性
驅動力／創新	顧客導向	技術導向
策略	外部機會	內部資源與競爭力
創新	產品	流程
時間焦點	短期：注重效率（正確地作事）	長期：注重效果（作對的事）
競爭優勢	產品品質	服務及互動
附加價值的創造	獨立設計核心活動	非核心活動委外取得
工作流動率	高：在早期的選擇階段	低：長程的人力發展
領導風格	在核心價值及目標採行獨裁主義	在詳細活動及流程上採取參與主義

來源：Simon, Herman.（1996）. Hidden Champions: Lessons from 500 of the World' s Best Unknown Companies, p. 273. Cambridge, MA: Harvard Business School Press.

化企業中的少數幾家。此外，就像是一些大型的國營企業一樣，這些
經營權掌握在少數家族成員手中的民營企業也把營運的焦點擺在全球
成長上。舉例來說，大宇汽車（Daewoo）的創辦人金宇中（Kim
Woo-Choong）就主張，大宇汽車的目標是「要成為突破任何界限約
束的企業」（Asami, 1995）。這些民營全球企業成長的模式及其所採用
的資源使得這些企業與一般國營的全球型企業有很大的差別。以李維
牛仔褲（Levi Strauss）為例，為了要回應證券持有人不使與李維牛仔
褲長期營運有關的決策受到太多外在因素的影響，先在證券市場上拋
售股權之後再重新買回公司本身的股權，正好符合企業對社會大眾負
責的觀點。

家族擁有的企業

　　在中國、非洲、歐洲、中美洲及拉丁美洲，由家族擁有的企業非
常普遍；不過在美國的企業中，家族企業也不是特殊的現象。因為企
業的營運由家族掌控，因此在管理的運作上受到的影響因素較多，企
業所秉持的營運目標在全球化的舞台上也會出現較多的變化；由家族
擁有的企業具有較長期的計畫，而不像受到每季獲利壓力的其他企業
一般。因為在家族企業中個人與企業的關係與一般民營企業不同，是
屬於較長期的關係形式，因此在每一次交易進行時獲利的因素與其他
以獲利為主要考量的企業不同；對於許多中國企業家來說，企業營運
與人際關係有高度的連結，因此對於進行交易的雙方來說信任比訴諸
文字的合同重要許多。

　　目前全球超過九百家華裔多國籍企業中，與其營運有密切關係的
外國子公司超過四千六百家，範圍更是遍布全球一百三十個國家
（World Investment Report, 1995），其中更包含了數以千計的區域型及
單一國家型的企業參與者。對於這些華裔的企業來說，來自海外中國

人是主要的投資者，光是在一九九七年來自這些海外中國人的投資金額就高達一百二十億美元，而這些華裔的企業家也正是印尼經濟成長最主要的貢獻者。舉例來說，根據某項統計資料顯示，印尼一百四十家與該國國民生產毛額息息相關的企業聯盟中，就有將近一百一十家是由華人或華裔的家族所掌控（As good times roll, 1977）；不過印尼並不是海外華裔商人在商場上獲得勝利的唯一國家，在這些地區的億萬富翁中十位就有九位是海外華人，他們也控制了這些區域內將近三分之二的商業活動（Inheriting the bamboo, 1995）。日本的富士通研究機構（Fujitsu Research Institute, 引用自 Ziesemer, 1996）的估計指出，目前有五個國家境內大部分的企業所有權是掌握在華人或華裔商人的手中，在泰國及新加坡的國營企業中就佔了百分之八十一、在印尼佔了百分之七十三、在馬來西亞佔了百分之六十二，而在菲律賓則佔了百分之五十。根據斯特林席格烈夫（Sterling Seagrave, 1995）的描述，海外華裔商人每年透過商業活動的運作為其所屬的政府貢獻了四千五百億美元的國內生產毛額，相當於中國在一九九四年全年度的國內生產毛額。然而，正如同莫瑞威登堡（Murray Weidenbaum, 美華盛頓大學美國企業研究中心主席、美國前財政部次長及雷根政府經濟顧問委員會主席）及其他學者所作的描述（Kao. 1993; Tanzer, 1994），這個由華人所組成的企業網路（Bamboo Network）要想在全球化的年代繼續以往的成功就必須進行轉變。彼得杜拉克（Peter Drucker, 1994）相信，對於海外華人所掌控的多國籍企業來說，主要的挑戰可能包含下面幾項：（a）這些企業的創辦人均年事已高，繼承者所成長的世界與過去全然不同；（b）為了尋求成長的機會，以往由海外華人負責營運的企業目前不得不與其他外國人所掌控的企業進行合作投資，在這樣的狀況下企業營運者必須展現的是截然不同的經營風格；（c）以往單獨仰賴家族成員尋求成長的模式已不再適用，未來企業必須雇

用並且與具有特殊才能的工作成員維持良好的關係，而不再以家族成員為主要的篩選條件。許多企業家認為這些不同的新情境可能為企業營運帶來嚴格的挑戰，不過也有少部分的企業家在多年以前就已經掌握到這樣的情況。舉例來說，早在一九七〇年印尼的三林集團（Salim Group）負責人林紹良（Liem Sioe Liong）就突破中國企業家的固有傳統，雇用了菲律賓籍的曼紐潘利南（Manual Pangilinan）到香港進行投資公司的設置。潘利南隨後在香港成立了第一太平洋公司（First Pacific Co. Ltd.），第一太平洋公司是一家跨亞洲的聯盟企業，在一九九四年光是第一太平洋公司就為整個林氏家族企業貢獻了一億兩千萬美元的稅後盈餘（Tanzer, 1995）。相同地，出生於香港的汪穗中（Patrick Wang）為強森電器（Johnson Electric）掌舵期間，就決定授權給來自深圳及香港的工作人員直接面對顧客的機會。不過這樣的營運模式在中國很難推動，因為類似這樣的營運模式需要企業在進行營運時轉向類似資本主義以客為尊的思考模式。

　　不管在任何情況下，在全球化的年代所有的家族企業都必須面對的挑戰就是要學習能夠與營運環境配合的專業管理技巧。在舊有的傳統之下，家族企業雇用親戚進入企業內部往往只意味著在所有可選擇人選中挑出一個比較好的，卻不代表在週遭環境中找尋最佳人選。此外，就算家族成員中有些具備不錯的管理能力與技巧，在企業內部較年長的家族成員可能也不會有所認同，因此會造成不少執行上的困擾。世界局勢變化的速度很快，如果企業領導人進行管理業務時是依照家族的興趣或利益為主要考量，而忽略了企業外部的真實環境，那麼企業可能就會無法快速判斷並回應外部環境的變化。因為全球化所造成不確定性的快速成長，負責企業營運的家族可能必須面對來自不同家族成員間更多的紛爭，甚至還可能造成企業的分裂與瓦解。

　　公然的衝突在中國的家族成員間並不多見，不過這樣的情況在家

族年輕一輩的成員慢慢由海外深造回國時將會大幅成長。在某些情況下，雙親對於權力與階級的看法會對子女造成很大的問題；來自台灣的王雪齡（Charlene Wang）在一九八〇年代創立的大眾電腦（First International Computer Inc., FIC）就是因爲他的父親（王永慶）對於專門生產電腦及主機板的電子產業不感興趣所促成。在某些情況下，由家族擁有的企業對於朝向與家族本身資源（不管是人力資源或財力資源）相搭配的產業成長會造成限制；在中國相當常見的家族式管理風格，傳統上對於該家族所能涉及的企業設定了許多無形的限制，這些家族往往只侷限在房地產、貿易、海運、旅館、紡織及玩具等等產業。不過近幾年來朝向高附加價值產業（例如汽車業）的企圖心，對於家族企業也造成了不少的影響。舉例來說，印尼的Raja Garuda Mas（RGM）集團就透過整合亞洲環太平洋國際資源控股公司（Asia Pacific Resources International Holdings）名下的工廠，而成功的跨入紙漿及造紙產業。在整合成功之後，RGM集團的創辦人億萬富翁蘇坎托（Sukanto Tanoto）便將這家企業公開上市發行，藉此募集到一億五千萬美元的資金，同時保留了家族對於此企業百分之六十的股份（Asia, 1995）。

當家族企業被迫要在全球市場上進行資金的募集時，企業管理者必須具有的開闊性眼光就非常重要。在義大利，有許多企業的經理人並沒有在他們應該承擔的監督任務上負起責任，使得一九九六年出現了來自飛雅特（Fiat）的吉歐凡尼安吉利（Giovanni Angelli）、來自奧麗維特（Olivetti）的卡羅斯迪班尼迪特（Carlos De Benedetti）及佛盧吉（Ferruzzi）家族成員相繼從佛盧吉SPA農藝化學企業出走的狀況。然而這種種變化究竟意味著家族企業的逐漸瓦解或代表家族企業內部未來可能出現更嚴格的財務控制機制，還有待未來情勢的明朗化。

　　家族企業必須面對的另外一個挑戰來自傳統上家族企業因為獲利而逐漸成長的方式。在許多開發中國家的經濟環境內部，家族企業之所以能夠順利成長，主要因素都是由於家族本身與當地政府之間的關係。當這些國家的政權出現轉移的現象，例如當菲律賓前總統費迪南馬可仕（Ferdinand Marcos）遭到驅逐時，過去在馬可仕政府統治下受惠的企業，一瞬間就成了最大的失寵者。隨著民營化及法令鬆綁的現象在各國越來越普及，伴隨著對於世界經濟自由化的呼聲越來越高，許多來自上一任政府體制下所累積的家族財富未來可能會面臨極大的風險。

小型到中型的全球企業

　　就像許多其他的大型企業一樣，許多小型企業及其領導者都是因為能夠緊緊抓住伴隨全球化而來的機會，利用這些機會而獲得成長。儘管大型企業與小型企業相比起來有較多的機會可以參與全球化的運作，不過小型企業往往也有機會可以邁向全球化的道路。至今，已經有許多小型到中型的企業，因為在營運上能夠超越傳統的企業運作慣例，而成為企業全球化的領導者。接下來本書就提供幾個這樣的例子：

- 來自義大利的 Natuzzi Spa 企業，在一九八○年銷售額超越六十億里拉的關卡，也正式躍升為全球家具製造商的領導者。這項不尋常的轉變是由於 Natuzzi 集團的總裁透過了維持一個無工會組織的勞工團體，超越傳統義大利境內的勞工限制所促成的。在有罷工傾向的義大利，Natuzzi 集團卻從來沒有出現過類似的狀況而有生產進度的落後。該公司的創辦人甚至說服了該公司的員工減半固有的每年度四星期假期，以趕上應有的工作進度（Bannon, 199）。

- 來自德國的小型企業首度在東歐達到了高度的曝光率，相較於美國在一九九四年成立了六百家合資企業，這些來自德國的企業光是在該年度就在捷克進行了五千個合資企業的計畫；這些公司不但超越了地理上的界限，同時也超越了以往人們對於納粹主義所存有的心理界限。

- 透過小型企業的幫助，美國在出口金額上有了突飛猛進的成長；在一九八六年美國的出口額為三千四百八十億美元，到了一九九四年則快速成長到六千九百六十億美元。在一九九二年的美國企業中，涉及出口業務的小型企業大約有百分之十一；不過到了一九九四年，這個比例成長到百分之二十四，這些小型企業所提供的商品及服務範圍從輔助餵馬的設備到為了迎合來自全球各地民眾對於個人健康需求的膽固醇自我測試器。根據某項報導指出，百分之八十七的美國出口商品是由員工人數不到五百人的小型企業所提供（Holstein, 1992）。在一九九五年，小型企業所提供的商品出口甚至比大型企業還多，此外也有越來越多快速成長的小型企業開始投入出口商品的行列（Barrett, 1995）；規模的大小已經不再像以往一般，會對於企業的全球化造成限制。

- 除了上面所提到的改變以外，小型企業通常也都帶領著組織甚至社會進行變革，透過這樣的變革企業將更有可能在全球化的市場上獲得生存。緊接在一九九五年的工資提高之後，在德國一般稱為 Mittelstand 的兩百五十萬中小型企業開始刪減勞工成本。光是在德國的中小型企業，雇用的勞工就佔了所有民營企業的百分之八十，營運的總金額佔了德國國民生產毛額的三分之二，出口總額也佔了德國出口額的百分之四十。內部界限的超越包括自願性的薪資調降、及每週工作時間的增加等等。根

據鋼條製造公司 J. N. Eberle 的創辦人漢茲葛瑞芬伯格（Heinz Greif fenber ger）的說法，「如果我們不對現有的系統進行變革，有一天我們都會因此而走上絕路（Miller, 1995, p. 54）」。與前文提到家族企業不同的是，家族企業內部的管理階層人員通常由家族成員擔任，中小企業內部的管理階層人員往往是透過雇用專業經理人的方式來獲得人才；有些中小企業甚至還會透過販賣股權的方式來進行資金的募集。至於對外的界限跨越行動則包括：海外擴張、往工資較為低廉的海外國家進行生產作業，及挑戰德國的薪資系統等等。

就像其他大型的企業一樣，小型企業的領導人同樣也發現到產業競爭變數的不斷改變，會為新市場的出現及營運界限的跨越創造契機。在許多國家因為政治運作程序的改變，降低了許多門檻限制也因而促成了許多新企業的成立。除此之外，因為資訊科技的快速發展，使得具有創業點子的企業家與手中握有資金的投資者，可以更輕易的找到彼此以進行合作。也因為資訊科技的輔助，對於這些創業家及投資人來說，提供了許多創業過程中必備的資訊，同時降低許多不確定性。因此，銀行及其他較保守的貸款機構也可以透過這些資訊進行融資前的信用評估，以降低這些貸款機構在融資過程中必須面對的風險。資訊技術也使得以往被排除在創業行列之外的人們，得以運用自己透過創新所想到的方式，進入商業競爭的世界。舉例來說，透過資訊技術的輔助，居住在亞馬遜盆地的土著可以決定他們要販賣何種商品、賣到哪裡還有賣給誰等等，而不是被經濟上擁有資金及資源的公司「綁住」。

小型企業以往就因為其靈活的創意，對於傳統的管理風格造成了很大的挑戰。某些在管理上的挑戰，對於企業內部工作的組織造成了

很大的改變；而其他不同方面的挑戰，也影響了企業對外的關係。舉例來說，在美國目前有越來越多的小型企業透過直接將股權銷售給社會大眾，而不再透過股票承銷人來進行資金的募集；高科技產業的企業家在募集資金時，也不再同以往一般向其他企業募集較多的資金，而是向稱爲「天使」的家人及朋友進行資金的募集。類似這樣的方式越來越廣泛，也慢慢成爲美國企業成立時資金募集的幾個不同方式之一；不過這樣的方式也代表著美國企業的運作開始出現傳統上在美國以外的國家才會出現的活動，例如友誼關係及企業關係的建立等等。

　　與波特（Porter）先前對全球化企業所作的定義相符，不管是大型企業或小型企業，企業在全球曝光率的提升同時也會造成企業對於世界各地所發生的事件更爲敏感。舉例來說，雖然將消費性商品推向全球市場銷售，可以幫助企業免於受到國內經濟或區域經濟萎縮的影響，不過同時卻會使企業暴露在全球性的風險下。如果企業生產過程中的某項關鍵原物料必須在國際市場上採購，則該項原物料價格的上漲勢必影響該企業在全球的生產成本，並且也會使該項商品的全球銷售額下跌。除外，當市場逐漸邁向全球化，那些吸引小型企業加入競爭的誘因同時也會吸引大型企業加入。

永續經營的重點

　　大部分企業的生命週期都很短；美國的多國籍企業一般預估的生命週期大約是四十到五十年，而在美國的小型企業有絕大多數在成立後一年就會面臨失敗的危機。根據 Stratix Consulting Group 進行的研究顯示，大部份日本及歐洲的企業其預估生命週期都少於十三年（How to live long, 1997）。目前並沒有很多文獻詳細探討企業能夠永續經營的關鍵所在，不過根據現有的文獻我們可以舉出一些成功企業背後的關鍵因素大致上包括：明確的策略規劃、幸運、及在人力資源上

進行的投資等等。在表8.5中本書提供幾個知名的企業，這些企業共有的特點就是其歷史都超過兩百年（稱為Les Henokiens），這些得以存續多年的企業所在的產業大多數為：釀造業、製酒業、紡織業及建築原料供給業等等，因為這些產業在人類的歷史的不同階段中，均擁有其重要的地位。可以被列入Les Henokiens俱樂部行列的企業成員必須符合三項要素：（1）該企業歷史必須要超過兩百年；（2）必須為企業創始家族的嫡傳後代；（3）對於某項共通的目標有極強烈的凝聚力，並且願意將沿襲已久的價值觀完整地傳遞給往後的世代；（4）在企業的內部具有一種可以促進創意及革命情感的氣氛。不同於其他將內部資源投注在短期經濟利益上的企業，可以列名在Les Henokiens俱樂部行列中的企業，其永續經營的關鍵既不是經濟利益最大化，也與產業或國家無關。不過，事實是，他們仍然在激烈的競爭中存活了下來。因此我們可以確定的是，企業能否永續經營，財務績效表現的優劣可能不是唯一的判斷指標，整頓內部及對外開創的能力可能也是重要的影響因素。

產業未來的診斷

蓋瑞漢米爾及普哈拉（Gary Hamel and C.K. Prahalad）兩位學者相信，過去歷史上的產業分析家對於各產業所提供的分析對於目前的產業環境來說是不夠的。科技、人口統計、法令規定及其他在世界各地所發生的改變，都具有轉變產業界限的潛力，並且也可以為企業開拓新的眼界。如今企業經理人並不能只是仰賴過去及現在的情勢來為企業作診斷，他們更需要對未來開創願景。漢米爾及普哈拉（Gary Hamel and C.K. Prahalad）兩位學者認為目前受到企業界普遍重視的企業組織結構重整及企業流程再造，基本上無異為一具老引擎進行渦輪增壓的工作，然而目前大多數企業所需要的卻是建構一具全新的引

表8.5 二十二家歷史悠久的企業

創立年份	企業名稱	總公司所在地	營業項目
718	Hoshi	日本	旅館
1460	Barovier & Toso	義大利	玻璃製品
1526	Beretta Corporation	義大利	槍支
1551	Codorniu	西班牙	氣泡酒
1568	Poschinger Glashutte	德國	玻璃製品
1613	Mellerio dits Meller	法國	珠寶
1637	Gekkeikan Sake Company Ltd	日本	酒類製品
1639	Hugel & Fils	法國	葡萄園
1664	Friedr. Schwarze	德國	酒類製品
1679	Viellard-Migeon & Cie	法國	金屬製品
1680	Tissages Denantes	法國	紡織產業
1685	Maison Gradis	法國	葡萄酒
1690	Delamare Sovra	法國	木製品
1733	Fratelli Piacenza	義大利	紡織產業
1745	Daciano Colbachini & Figli	義大利	鐘類商品
1755	Marie Brizard & Roger International	法國	酒類製品
1757	Lanificio G.B. Conte	義大利	紡織產業
1760	Griset	法國	金屬製品
1762	F.V. Moller	德國	金屬製品
1770	Silca	義大利	鎖與製鎖設備
1779	Ditta Bortolo Nardini	義大利	蒸餾酒製品
1783	Confetti Mario Pelino	義大利	糖果類商品

來源：Tagliabue, John.（1994, Oct 30）. This business club is the real old boy's network. The New York Times, p. 4.

擎。根據哈澤韓德森（Hazel Henderson, 1996）的想法，在全球化的浪潮之下所有的產業及部門都有可能消失。那些仰賴科技的產業可能無法繼續維持營運（例如石化能源產業）；而那些生產可能對環境造

成污染或拋棄式商品的產業也會因爲其產品持續使用時間過短而逐漸不受一般大衆的青睞。趨勢相反的產業包括污染控制產業、天然食品業、廢棄物回收業，還有在表8.6中所提到的再製產業及其他不同的部門。依據韓德森概念下所形成的這個表正可以提供給企業經理人好好思索未來的方向，其中最典型的過程就是自我詢問例如「爲何（Why）」及「假如（What if）」等等問題。不過諾基亞集團（Nokia）總裁約馬奧里拉（Jorma Ollila）相信，除非企業經理人對於其所處的企業有充分的了解，否則將無從開始自我詢問這些問題，而他們也會繼續以往透過閱讀企業財務報告的習慣，而無法發展出了解企業未來究竟應仰賴何種能力的宏觀角度。換句話說，不管是一般員工或企業經理人，要想開拓對於未來的展望，他們就必須要對於組織及業務擁有實用的知識。購票大師企業（Ticketmaster Corporation）以往是以銷售體育競賽及娛樂活動的門票作爲主要的獲利來源，然而因爲航空產業所出現的變革，使得購票大師的負責人佛德瑞克羅森（Fredrick Rosen）出現下面的疑問：購票大師爲何應該繼續以往的企業營運活動？假設航空公司可以開拓以往由獨立的旅遊經紀公司所掌控的票務銷售市場，那麼透過購票大師多年來所建立的綿密網路系統，購票大師也可以投入機票銷售、航海及滑雪套裝旅遊等市場，甚至居中代理停車、餐飲或各種表演節目的票務銷售市場。類似上面所提到的這種「假如（What if）」問題，讀者可以從下面的小故事8.2中，英特爾公司所提出的「假如（What if）」問題獲得更深入的了解。

表8.6　重新建構產業經濟

將廢棄的部門（無法維持、失調）	新生的部門（可持續、低失調性）
大量採用非再生性資源及原物料的產業及企業	能有效運用能源、原物料及人工技巧的企業或產業
官僚式、大型、缺乏彈性的企業	具企業家精神、小型且附有彈性的企業
無法循環使用的產品及包裝	可循環使用及重新加工的商品
軍事契約	保存自然資源且重視創新的產業
內含有毒成分、無法透過生物分解、污染性原料的產品	能有效運用石油的汽車、機車或大眾運輸設備
計畫性廢棄物部門	使用太陽能或可再生能源的系統
化學性殺蟲劑、無機肥料	通訊及資訊服務業
重型農業設備	基礎建設及教育訓練產業
具污染性及低資本效率特色的設備、流程機械或加工系統	太空通訊衛星產業
具低附加價值的提煉性產業	促進和平與維護條約的產業
石化燃料及核子能源生成產業	有助恢復人體健康的產業、重新造林產業、沙漠綠化產業及水資源品質管理產業
利用高科技並以醫院為主的醫療保健產業	有效運用資本設備及流程的產業
加工程序繁瑣的食品業	促進健康並能避免疾病的產業
需大量廣告及有污染性作業的產業	有機且具低農耕性的農產品產業
購物中心開發業者	整合性有害動植物管理產業
投機性房地產發展業者	天然食品產業
大型耗油性設備	廢棄物回收再利用產業
單一經營的農產業	社區設計及規劃產業
闊葉樹或熱帶森林產品業	愛心看護產業
資本及能源密集的觀光業	生態觀光產業

來源：Henderson, Hazel.（1996）. Building a Win-win World: Life beyond Global Economic Warfare, p. 37. San Francisco, CA: Berrett-Koehler; Original source was Paradigm in Process 1989/91 Hazel Henderson.

小故事8.2　英代爾的偏執性思維改變了策略

　　直到一九八〇年代的中期，英代爾的核心業務是設計及製造電腦用的記憶體晶片，但是在一九八四年因為日本挾帶著高品質、低價格的優勢大舉入侵記憶體設計及製造產業後，這個產業就出現了很大的變化。根據英代爾總裁安迪葛洛夫（Andy Grove）的說法，當時他曾經向該公司的執行長高登摩爾（Gordon Voore）詢問有關該公司該怎麼做的看法。葛洛夫所得到的答案是：儘速退出電腦記憶體晶片設計及製造產業（這也正是英代爾的做法）：不過安迪當初卻認為這樣的說法過於牽強甚至有點偏執。然而英代爾由記憶體設計製造產業轉往微處理器生產產業，促成了三八六晶片的發展：不久之後三八六晶片成了該產業的主要支柱，也使得英代爾成了微處理器產業的巨人。根據葛洛夫的說法，英代爾作出由記憶體設計及製造產業轉向微處理器產業的時機，是在所謂的策略轉折點（Strategy Inflection Point），在這個時間點上，因為英代爾賴以維生的基本支持力量出現根本性的改變，間接造成英代爾的改變。在這個案例上，從該產業的歷史目前我們可以發現到在記憶體設計及生產這個產業所發生的根本性改變包含有：第一、以往由單一或少數國家所掌控的市場，因為來自其他國家競爭者的加入而出現了改變：第二、全球科技的變革促成了微處理器產業的突破：第三、全球經濟環境的轉變創造了願意購買電腦的中產階級：第四、全球政治環境的變化促成了網際網路的商業化，也使得企業透過電腦獲取其中利益的需求大增。

來源：部分改寫自 Grove, Andrew S（1997）. Only the P aranoid Sur viv e（十倍速時代：唯有偏執狂得以生存）. New York: Currency Doubleday.

產業邁向全球化過程中所面臨的挑戰

　　由漢米爾及普哈拉（Hamel and Prahalad ）所提出對於產業全球化的宏觀視野還包含有，觀察企業與政府之間的關係及不同的企業間的關係。在接下來的部分本書將要為讀者仔細分析上面所提到的這一類關係，並指出這一類關係的改變及重塑的作用是如何對於產業的觀點造成何種改變，對於企業組織的運作又造成何種影響。

在全球化舞台的競爭：國家或企業的競爭？

　　無可諱言地，企業的活動對於產業的塑造扮演相當重要的角色，但是政府機構透過產業政策、補助款、法令規章、專利權、商標及其他不同的機制，對於產業的塑造也有一定的影響力。這個由許多國家政府為企業的國內及國際市場塑造產業環境的主動性角色，對於產業的全球化形成了一個很重要的問題：究竟是企業或國家在全球化的市場上與其他的成員進行競爭？

國家之間的競爭

　　在國際擴張受到限制的世界中，國家及本國企業的發展被視為互

補的活動。在美國及歐洲西部國家，政府機構對於菸草業、玉米業及製糖產業提供補貼；對於紡織及服飾產業則設有關稅的保護措施。相較之下，南韓、印尼及日本則透過政府產業政策的制定來輔助或抑制某些產業。不過隨著全球化的浪潮席捲各地，這一類政策及計畫對於產業的塑造作用也出現了轉變。舉例來說，一九七○年代日本大舉入侵世界汽車及電子商品市場的成功，一般認為MITI（日本主要的產業規劃機構）扮演著不可忽視的重要角色。在其他國家中也有許多類似的產業政策，主要目的就是要與MITI這一類的機構進行國與國之間的競爭。理查尼爾森（Richard Nelson, 1992）發現到，隨著日本的企業逐漸取得科技上的優勢，MITI涉入產業政策的熱忱逐漸退去，不過由國家政府參與產業關係管理的概念卻依舊存在著。透過國家產業政策的引入，我們可以明確的指認出各國政府預計進行重點輔助的產業。這一類的輔助措施包括政府對於產業研究及發展的資金挹注、在重點輔助產業內營運的企業可以取得特殊利益，或以關稅或其他不同形式的保護措施來保障國內企業的營運。透過產業政策的訂定，國家政府可以將國內投資的焦點轉移到各個重點輔助產業，並鼓勵投資人的資金投入；然而因為這樣的產業政策也可能會阻礙了那些對於國家未來發展具有重要影響力的產業能夠發展茁壯的機會。因此我們可以清楚感受到的是，儘管國家的產業政策可以使某些產業受惠，不過國家同時也可能必須付出相當代價。

從過去跨越國家界限進行貿易的歷史經驗所創造的系統來看，我們可以更加強化國與國之間進行競爭的這個概念。對於國家的全球競爭力評估，以往是透過國家在過去、現在及將來所具有的競爭力來進行排名。到了一九九六年，世界經濟論壇（World Economic Forum）及瑞士洛桑國際管理學院（International Institution of Management Development, IMD）共同公布了年度世界競爭力報告（World

Competitiveness Report），在這份報告中，兩個機構透過八個標準來進行國家競爭力的排名：國內經濟情勢、國際活動、政府政策、財務市場、基礎建設、管理現狀、科學與科技，還有國家人民。在一九九六年，世界經濟論壇及國際管理發展機構透過各自不同的標準公布世界各國的競爭力狀況，並持續對於國家競爭力進行排名。除了上面這兩個機構以外，瑞士的聯邦銀行（Union Bank of Switzerland）也依照本身所發展出來的評斷標準公布國家未來競爭力報告，經濟學人雜誌（The Economist）也有類似的報告。根據國際管理發展機構的報導，美國、新加坡及香港在一九九五年到一九九八年這段期間，是世界上最具有競爭力的三個國家，讀者可以在表8.7中看到其他排行榜中的國家。

　　企業研究學者往往透過國家而非產業來比較企業的活動，以產生如表8.7一般的類別資料、及如本書第三章所討論到的美國、歐洲、日本及其他國家的管理風格資訊。也因為對於不同國家進行比較具有相對的簡便性，及不同國家在政治、經濟及觀點上的差異十分明顯，使得這個利用國家差異進行企業活動比較的方式更顯其邏輯性。不過透過這樣的方式所進行的企業活動比較，同時也會忽略在相同國家中個別企業間的差異性，而且也加強了國家間競爭的概念與不同企業的無國界競爭是互不相關的。此外，由於國家的獲利來源仰賴本國內企業的營運活動，因此國家政府的領導者可能並不願意對於那些「不屬於任何國家」的企業間競爭給予重新的定義。在美國類似的爭議可以由前勞工部秘書羅伯特瑞奇（Robert Reich）對於美國企業所下的定義得到最佳的說明，在羅伯特的定義中所謂的美國企業是那些來自任何國家並且在美國提供美國公民任何需要高度工作技巧就業機會的企業；而白宮的首席經濟學家羅拉提遜（Laura Tyson）同時也提出國家經濟的命運與國內企業組織營運的成功與否息息相關的說法。

表8.7　國家競爭力排名（1995-1997）

國家名稱	1995	1996	1997
美國	1	1	1
新加坡	2	2	2
香港	3	3	3
芬蘭	18	15	4
荷蘭	8	7	5
挪威	10	6	6
丹麥	7	5	7
瑞士	5	9	8
加拿大	13	12	9
紐西蘭	9	11	10
日本	4	4	11
英國	5	19	12

來源：International Institute for Management Development（IMD）. Also see: Garelli, Stephane. (1997). Work Competitiveness Yearbook Executive Summary, http://www.imd.ch/wcy/approach/summary/html

　　麥可波特（Michael Porter, 1990）認為在全球競爭風潮的席捲下，國家具有的重要性更為提高，因為在全球競爭的情勢下國家政府及旗下的企業正是全球競爭的核心所在。波特相信，一般大眾認為對於國家競爭有重要影響力的因素，例如廉價且充足的人力資源或政府政策的支持等等，的確可以對於企業的競爭提供優勢，不過這些因素對於企業的經理人並不能提供太大的協助。相反地，波特認為國家的競爭優勢來自四項產業的決定因素，例如生產要素及需求的可得性、鄰近或輔助性產業的存在、企業的策略及組織結構，還有企業競爭行為符合國家規範與否等等。學者漢米歇麥克瑞（Hamish McRae 1994）從另外一個觀點切入，認為由於目前各種不同形式的創新可以輕易的在數週甚至數天之內跨越國家的界限散佈出去，因此不同國家間可以

輕易地相互進行模仿。因此，漢米歇相信判斷一個國家能否在經濟上
獲得成功的最佳指標已不再是國家在科技上的成就，而是國家的創新
能力及社會責任的承擔。這兩個重要的特質比起科技上的成就來說，
要進行評估有相當的困難性，正如本書先前提到過，無形資產的評
估，對於在全球舞台上營運的企業組織來說，將會帶來極大的挑戰。

企業間的競爭

經濟學家保羅克魯曼（Paul Krugman, 1994）認為，當全球貿易
已不再是零和遊戲（Zero-sum Game）時，如果一個國家的產業政策
依舊將焦點擺在貿易戰爭上，那麼國家內部的每個人在一心一意追求
獲勝的過程中，將可能導致無法彌補的傷害。克魯曼還指出，如果國
家的領導人專注於國家競爭優勢的追求，將可能會促成阻礙國家向前
邁進的經濟策略，反而有害於國家發展。除此之外，克魯曼認為，國
家政府將經費花用在保護那些失敗的產業是一種浪費，以國家競爭優
勢作為政策運作的唯一指導方針，也會導致保護主義的高漲。克魯曼
相信，因為工作流失帶來的真正痛苦，可能會導致競爭力的議題出現
模糊的情況，也可能造成國家政府在制定與國家長遠發展有重大利益
的政策上出現分歧。簡而言之，依照克魯曼的觀點，政府機構的主要
工作是進行管理，而企業才是競爭的主體所在。

競爭、合作、及合作競爭

目前有部分的美國企業組織要求政府推動產業的保護措施，一般
也相信國家政府的涉入將會為這些企業創造出一個具有差別性的營運
舞台，透過這些產業保護措施，企業將可以在具有全球差異的營運過
程中獲得補償。不過因為企業組織在過去往往認為，在企業進行營運

的過程中政府機構的干預越少越好，因此對於政府的產業保護措施也引發了自由市場理論的追隨者發出議論。這些企業認為，只要能獲得成功不惜任何代價，就算透過國家政府這位有力的兄弟所促成的成功也無妨。《勝者為王的社會》（The winner-take-all society）一書的作者羅伯特法蘭克及菲利浦庫克（Robert Frank and Philip Cook, 1995）發現，在某些國家中將競爭界定為勝敗已造成一個明星系統，這對國家是有涵義的，因為明星數目並不多，彼此間的距離也相當遙遠。對於大多數的國家來說，要達到明星這樣的地位幾乎不可能；當企業為了要保持製造成本最低而將工作機會轉移到國外時、學生為了要爭奪進入有限的前二十大明星學校時、當這些學生感受到自身的不足，直到進入明星學校、獲得優秀成績、在有限的明星企業中取得工作機會並在職業生涯中與其他人員出現顯著差異時，政府機構已處於失能的狀況。這些來自全世界數十億計的個人及數百萬計的企業無法成為萬眾矚目焦點的失望情緒，往往會因為無處宣洩而將矛頭指向其邁向傑出的過程中造成阻礙的政府機構、經理人或其他人們，然而在邁向傑出過程中失敗的主要原因，往往是勝者為王的哲學觀點所導致。

也因為這樣的一個明星系統的建立，使得美國企業相信在產業競爭的狀況下，市場上僅能存在單一的生存者。這樣的立場，可以從傳統企業研究認為要進入新市場的最佳方式是透過完全擁有分支機構而得到最佳佐證。然而，企業的文化若重視關係，有時候較能夠容許選擇超越短期財務成敗的方案；在全球市場上倖存或興盛的企業，在某些狀況下是因為這些企業在營運過程中能夠跳脫以往勝者為王的心理桎梏，而在企業運作上兼顧合作與競爭所導致。在稍早所發布的一篇相關論文中，作者波爾馬特及錫南（Perlmutter and Heenan, 1986）發現到，不管是大型或小型的企業，大部分處於產業領導者或具有全球性競爭優勢的企業都擁有或多或少的全球性策略夥伴（Global

Strategic Partnership, GSP）。不過這兩位學者也發現，就全球性策略夥伴關係而言，因為不同企業在背景及文化特色上的差異，可能會對企業組織帶來六種不同層面的挑戰：

1. 任務方面：在夥伴關係中的每位成員都必須認同其他成員有某些需求，並顧及成員間任務上的雙贏。
2. 策略方面：策略必須要明確表達，以避免在合作與競爭之間出現無法容忍的重疊狀況。
3. 公司治理方面：因為觀察到美國企業傳統上往往視權力的重要性高於夥伴關係，兩位作者認為夥伴關係在合作時較為合適。
4. 文化方面：在本身國家既有文化之外，夥伴之間應該要塑造出一些共享的價值觀以促進彼此的合作與競爭。
5. 組織方面：為了要因應新型態的夥伴關係，企業必須建立新型態的組織結構來配合。
6. 管理方面：採行統一的管理方式以降低可能的紛爭。

　　至於其他的學者對於企業間的聯盟行為就比較不感興趣。波特（Porter，1990）認為策略聯盟是一種有風險性且不穩定的安排，聯盟關係最終將會受到較強勢的一方所主導。企業間策略聯盟關係往往會因為策略聯盟夥伴無法產生預期的結果而導致失敗。美國的電視產業正是最佳的例子。在過去美國曾是全球電視生產的重鎮，不過在一九九四年之後的美國卻逐漸淡出電視製造產業的市場。一般相信電視製造產業受到侵蝕是因為在一九六〇年代美國的RCA公司將彩色電視的製造技術授權給部分日本企業所導致，這些日本的企業先利用複製的技術製作出與美國企業相同的商品，之後再透過技術及產品的創新，成功地將RCA及其他製造商逐出市場。企業早期在全球市場上進行策略聯盟的實驗較偏愛夥伴關係，例如對供應商及對購買者的向

上和向下垂直整合，就是與非直接競爭對手建立夥伴關係的最佳例子。

從你死我活到共存共榮的合作性競爭

儘管有許多因爲企業間互相合作而導致成功的案例，許多企業的領導人依舊相信該企業在其所處產業中的地位，是因爲與競爭者的妥協得來的。這樣的觀點與合作性競爭概念可同時存有合作及競爭兩大元素形成強烈的對比。道寧及其他學者（Dowling et al, 1996, p. 155）認爲，當供應商、顧客及夥伴同時存在時，其彼此間的關係是多面向的。這樣的例子包括：（a）在直接競爭的情況下，供應商與顧客之間的垂直合作關係；例如國際商務機器公司（IBM）與英特爾（Intel）之間的關係，儘管英特爾是提供國際商務機器公司微處理器晶片的主要供應商，但這兩家企業仍在許多不同的市場上進行競爭；（b）顧客與供應商處於非直接競爭關係，例如微軟及蘋果電腦之間的關係，儘管蘋果電腦也向微軟購買應用軟體，不過在視窗平台上兩者有法律訴訟正在進行；（c）第三種競爭關係則是夥伴間透過合資企業、聯合研究發展或授權協定等方式取得資源並與其他競爭者進行競爭。舉例來說，在一九八六年佳能及惠普兩大企業所組成的聯盟關係共取得了美國雷射印表機市場百分之七十的佔有率，並成功地建立了市場的進入障礙，避免其他競爭者加入。儘管在雷射印表機市場上的夥伴關係直到一九九八年依舊持續進行，不過這兩大企業在其他市場上，例如彩色噴墨印表機技術，仍然進行著激烈的競爭。除了上述的夥伴關係之外，激烈的競爭行爲也有可能會突然轉變，例如微軟公司在一九九七年突然宣布有意對其主要的競爭對手蘋果電腦進行高達一億五千萬美元的投資就是很好的例子。在其他方面，合作性競爭的概念乃奠基於賽局理論（Game Theory），根據其概念產業及組織必須要在心態

上及策略上從單一勝負的零和遊戲轉變為可能出現雙贏結果的思維（Brandenburger and Nalebuf f, 1996）。

根據詹姆斯摩爾（James Moore）在其著作的《競爭的死亡》（The Death of Competition）一書中提出的看法，產品的優勢及產業的支配地位已不再是促使企業獲得成功的驅力。相反地，在現今的市場上，能夠整合科技及開發新市場的系統性領導風格才是企業獲得成功的最佳保障。企業不但會因為以往相互競爭下所產生的零和結果而出現成長，也會因為合作性競爭的貢獻而成長。目前有許多全球性的企業組織可以同時與其夥伴在競爭及合作性競爭間取得協調，不過這一類的企業也必須面對兩種不同形式的挑戰。第一個挑戰來自外部夥伴對於競爭及合作性競爭之合併效果的期望；第二個挑戰則來自企業內部的管理者無法在競爭及合作性競爭之下表現出適當的互動行為。

第二部分　因應全球化的組織結構

在本章的前半部分定義並描述全球化產業，並描繪出各產業及企業在全球化的舞台上營運時可能面臨與國家或全球環境有關的挑戰。過去被界定為屬於特定產業或策略群體的企業，目前正因為全球化產業界限的轉移，必須對產業變數持續監測及對企業活動重新定義。由於必須同時符合多項要求，企業組織不但必須以獨立自主的角色參與全球競爭，在某些狀況下尚必須與以往或現有的競爭者合作，種種情況都對企業組織的領導者帶來相互矛盾的挑戰。這些對於員工、流程及組織結構也產生挑戰，因為希望能從自主性及相互依賴的結合中衍生出有利的優勢。

流程

創造具有延續性的競爭優勢

　　任何企業組織持續存在的目的是爲了要提供消費者願意購買的商品或服務，然而這樣的存在也有賴企業組織爲消費者創造並提供實質或可感受的利益。不過由於全球各國在文化、政治、經濟及科技上的差異，在全球化舞台上要想創造出延續性的競爭優勢比起在單一市場上創造相同的優勢來得困難許多。在企業邁向全球化組織的過程中會面臨到的一個挑戰是，許多全球化的企業在多個不同的產業都擁有許多分支企業。對於這樣的全球化企業來說，某些延續性競爭優勢屬於企業集體的，而某些競爭優勢則專屬於特定的分支企業。舉例來說，迪士尼企業（Disney Corporation）是一個企業文化定義明確的單一實體，不過其內部則包含不同的分支企業例如博偉影視（Touchstone Pictures）及迪士尼樂園（Disney World）等等。這兩個企業分別在不同的產業內營運（例如影視及主題樂園），不過他們卻共享了迪士尼文化大部分的特質。對於迪士尼企業整體來說，具有延續性的競爭優勢就是這種無形且強大，而競爭對手又無法模仿的組織文化。相較之下，聯合利華（Unilever）並沒有類似強烈的文化特性，不過也正因爲如此聯合利華旗下的多芬肥皂（Dove Soap）及凱文克萊香水（Calvin Klein Perfume）得以針對個別需求創造出具有延續性的競爭優勢。對於全球性企業來說，最重要的議題不在於找出持續性競爭優勢爲何，而是在某個層次上（總公司、分支企業、或某個事業部門）

找到能加以利用的優勢。

　　不管競爭優勢是在企業整體層次、單一企業層次甚至是作業層次出現，延續性的競爭優勢就是那些在提供相同商品及服務的情況下，能夠使某個企業在消費者面前突顯出有別於其他企業的優勢；這種優勢可以提供正面的經濟回報並對於企業的永續生存做出貢獻。企業想要永久保有這樣的優勢，就必須找尋到使優勢無法輕易為競爭對手複製的方法。舉例來說，儘管目前在市場上已經有許多文章及書籍提到了迪士尼企業在營運上及管理主題公園上的線索；不過到目前為止卻沒有任何企業組織可以複製迪士尼企業所獨有的競爭優勢。然而，就如同在小故事8.3所提出有關波音企業（Boeing）的例子一樣，企業可以也應該要在進行營運的過程中，不斷修正那些使企業對消費者而言具有獨特性的因素。

　　在本書第四章我們曾經檢視組織文化及全球文化，我們發現許多全球性組織透過將焦點集中於某些核心價值來發展具有延續性的競爭優勢。這些所謂的核心價值可以在整體組織或單一企業的層次上推展。經過與企業高階主管進行面談以後，我們發現所謂的核心價值在

 小故事8.3　重新定義核心競爭力

　　傳統上，波音企業集團（Boeing Corporation）對於該企業所生產飛機的機翼及機鼻的相關技術保護有加。一般也相信波音公司在這兩個部分所進行的技術保護，正是該公司最獨特的核心競爭力。不過就在最近，波音公司的領導人則相信，該公司所具有的延續性競爭優勢來自該公司對於大量資料的整合能力。

數目上往往不多，大多數僅是簡單的陳述，其目的是要引導貫穿整體組織結構的焦點。典型的核心價值將其焦點擺在三個主要的向度：（a）企業在哪些方面表現極佳，例如：顧客服務、學習及創新等等；（b）企業利用哪方面的特質來創造競爭優勢，例如：正直、誠實、社會責任的承擔、信任和忠誠等等；及（c）企業如何形成競爭優勢，例如：團隊合作、個人責任承擔、快速回應和創造雙贏解決方案等等。

奠基於能力的延續性競爭優勢

正如同顧客服務是延續性競爭優勢的來源之一，對於一個提供給全球不同背景之消費者產品或服務的全球企業來說，強調顧客服務的定位特別具有價值。不過目前顧客服務的哲學已經將焦點由組織對於顧客的認識，轉移到顧客對於企業的認識。因此企業內部的利害關係人就被要求以顧客的觀點來檢視企業本身，並詢問下列幾個問題：誰是這個企業的顧客？這些顧客的需要及期望是什麼？這些顧客要如何才能感到滿意？企業要如何獲得這些訊息？透過詢問顧客這一類的問題將可以降低企業對顧客作出錯誤假設的可能性，例如：顧客就像一般人一樣、顧客會購買任何該企業所製造的產品及顧客遠遠不會改變等等。正如同強調顧客服務的定位一般，組織學習的技能也將焦點從本身轉移到顧客身上，企業開始詢問自己：從與顧客的互動中企業可以學習到什麼？組織成員所具備的知識如何才可以促進組織的學習？組織創新的焦點則在於詢問下列的問題：要如何將同樣的業務作得更不一樣、更好？要怎麼作才能與其他同性質業者具有差異性？在這幾個方面，企業的核心價值可以引導內部成員以來自外部的觀點思索自身的職務，並將這些觀點導入工作的流程中；此外也能夠將一部分的焦點擺在過去的企業活動上，找尋出過去的經驗可能會對未來造成的

限制。

奠基於無形品質的延續性競爭優勢

以誠實及正直等等無形特質作爲延續性競爭優勢的基礎，同樣也起始於企業組織與個別消費者建立的關係。這樣的競爭優勢可以讓人們釐清自身對於誠實及正直的定義，並將專注的焦點擺在企業組織如何定義這幾項特質。想要透過這樣的無形品質來獲得競爭優勢有賴組織的領導者在追求品質的過程中，提供這些無形品質的明確定義。缺少這些明確的定義，企業內部的員工較可能仰賴個人喜好來執行本身負責的任務，而不是依照企業明定的作業標準來執行任務。也因爲這樣的理由，企業組織往往會透過文字的方式來傳遞價值觀，這些文字通常被稱爲信念、願景或承諾的描述。這些陳述可以出現在任何、甚至是每一個企業組織的層級。舉例來說，根據波音集團提出的公開描述，該公司的整體願景是要成爲全球第一的航空飛行器製造公司，並且要立足在產業內品質、獲利及成長的最前端；不過同屬波音集團旗下的次級單位及分支機構，例如波音電腦服務（Boeing Computer Services）及波音支援服務（Boeing Support Services）也公佈本身的任務陳述。

奠基於取得優勢方式的延續性競爭優勢

這個類型的競爭優勢來自界定企業任務如何達成，例如透過團隊合作、個人責任制度或某種形式的組合，及企業任務須達成的境界與適時性等等。當企業內部的員工了解任務的本質及完成任務的方式以後，員工便可以被導引到正確的方向；不過在這個模式下的另一個優勢來自於，企業內部員工可以清楚地了解到，當自己需要協助時應該如何尋找資源。舉例來說，在W.T. Gore and Associates內部，員工明

確地定義本身負責的工作任務，除此之外員工也必須清楚了解在工作完成的過程中哪些特質非常重要而不可忽視，也要知道如何完成工作最具有效率及效益。此外，在 Gore 內部的員工除了那些位於吃水線（Waterline）以下、可能造成企業整體沉沒的危機決策以外，必須要獨立作出許多重要的決策，不過哪些決策屬於吃水線以下的決策，則有賴員工本身自己的認定。其他企業組織例如麥當勞及肯德基之所以能夠成功，乃因為這些企業組織內部員工在進行工作時所用到的技術達到高度的標準化。這一類企業組織中任職的員工遭遇到特殊的挑戰時，員工會在標準作業手冊中尋求解答或由較具經驗的其他員工進行個人判斷。

在一篇撰寫於一九八八年的文章中，作者喬治史塔克二世將時間描述成延續性競爭優勢的來源之一，他認為與時間相關的競爭優勢包含了有效率的生產時間管理、產品研發及產品推廣，還有銷售及配銷的時效等等。我們從許多產業逐漸將焦點擺在快速團隊及員工回應的現象中可以發現到，目前有越來越多企業組織的競爭優勢來自對於時間的有效掌握。

核心競爭能耐

相較於前文所提到的許多單一企業組織特質，所謂的核心競爭能耐往往結合了多種組織想要達成競爭優勢的最重要途徑。這些所謂的核心、或較重要的競爭能耐在不同的企業中會有別。目前有三到五項的企業核心競爭能耐已經被確定出來，對於所有的企業來說這些核心競爭能耐代表著組織優勢的基礎。核心競爭能耐可以透過企業集團與許多分支機構的連結中獲得，也可以由製造單一產品的分支企業獲得。在 Rubbermaid 這家每年因為新產品問世而取得百分之十四高額獲

利率的企業中，其核心競爭能耐包含創新及在一個每天都有新產品出現的企業中不斷進行改變的能力。在一家醫院中，核心競爭能耐所代表的可能是病患流程的管理及提供傑出的醫療服務；對於報紙新聞業及資料存取企業來說，快速的資訊取得加上正確性及誠實正是他們核心競爭能耐的來源。在許多企業中，那些對於延續性競爭優勢具有相當重要性的特質組合必須不斷地進行檢視，以加強這些優勢的重要性並對這些優勢進行必要的調適。舉例來說，在 Pharmacia 企業中設置有一稱爲「個人及企業文化」的小團體，這個小團體設立的目的是要發展企業組織遵循的信條，並期望可以延續並呈現企業的獨特性（Hedlund and Rolander, 1990）；Viacom 企業集團則由旗下的 Paramount 、Blockbuster 、MTV 及 Showtime 等分支機構中挑選了二十到二十五位經理級人員組成核心競爭能耐小組，這些人員每四到六週就固定集會一次，主要目的是進行策略規劃並找尋可以在不同分支機構中產生協力作用的方式。這些經理級人員親身與會並發展彼此間的關係，並藉由與其他經理人員的互動來促成唯有透過個人接觸才能產生的協力作用。

在當今企業必須制定的諸多重大決策中，究竟要邁向全球化或在本國市場中持續營運是企業不得不重視的議題。選擇邁向全球化的企業通常必須承擔廠房及設備的擴充，同時也可能會出現併購的情況。在邁向全球化的諸多例子中，獲得延續性全球競爭優勢的決策，往往有賴於在產業需求及企業能力之間找到一個平衡點。在表8.8中讀者可以發現當企業擁有表中左欄所列的特殊競爭優勢，而全球產業的需求有賴某項或某些全球環境因素時，二者將可以找到最佳的平衡點。舉例來說，一個迅速回應顧客需求的企業，將可以透過對於全球文化的檢視學習到更多全球需求。

表8.8　促進適配性：企業競爭能耐與全球需求間的搭配

	文化	經濟	政治	科技	天然資源
反應顧客需求；顧客關係與服務；行銷的吸引力及技巧；聲望；促進銷售的知識及技巧	✕				
取得有效率或低成本的生產要素；垂直整合；營運的效率；優秀的金融資源；低成本的融資		✕			
專利權、許可證及著作權；政府的支援；產業政策			✕		
研究與發展的因素；產品線；製造的技術				✕	
接近消費者；配銷管道的取得；實體配銷的能力					✕

來源：改編自 Yip, George S.（1995）. Total Global Strategy, p. 240. Englewood Cliffs, NJ: Prentice Hall

全球策略的擬訂流程

策略的定義

　　所謂的策略就是一組重要、非例行性及非程式化的決策之集合，透過策略可以引領企業整體的營運方向。在本書的第三章中我們曾經描述到五個企業組織必須給予策略性重視的組織層次。總公司策略定

義了組織的目標，例如：獲取高額的利潤、提供家族利益或改善社會現狀等等，在這個層級的策略往往是由創辦人透過明確的描述或行為，來傳達總公司的策略及企業營運的目標。分公司層次的策略界定了企業組織目前及未來經營的業務所在；事業部門層次的策略則描述了各項業務如何與對手進行競爭。競爭性的選擇非常多，其中包括品質或服務的目標、獲利性、市場佔有率、競爭地位、科技的領先或上述某些特質及事業部門層次策略性目標的結合等等。在作業性及個人的策略執行層次上，主要的考量在於功能性、單位性、團隊性及個別流程、組織內部人員及組織結構目標的發展，以期能與企業的策略目標互相配合。不管是總公司、事業部門、作業或個人策略都與企業息息相關；分公司策略在那些有許多不同業務項目的企業較常見。可以在各個不同層次上進行策略整合的企業，將會是那些最能夠在全球化市場上保有競爭優勢的企業。

策略規劃的成功與失敗

策略管理是二次世界大戰過程中交戰策略運用下出現的自然產物；大部分的美國企業也利用如同管理軍隊的方式，來建構由上到下、由指揮到控制的線性思維模式。在一九七〇年代，利用這樣的方式進行策略規劃在企業界是相當盛行的管理工具，不過這個工具在一九八〇年代中期逐漸出現衰落的現象。對策略規劃的批判包含：企業進行分析時的無力感、將焦點擺在單一歷史事件的分析及專注於數字的探求而忽略了企業在越來越不穩定環境中進行營運活動時所面臨複雜的組織性考量（Wilson, 1990）。在事業部層次所進行的深入規劃，將可以為企業的績效提供洞察，不過已證實不足以將企業各個分散的部份形成有凝聚力的整體。

根據學者亨利米茲伯格（Henry Mintzberg, 1994）的研究，策略

規劃在實務上失敗的原因在於大多數的策略規劃著重於企業願景的描述及對現有策略的詳細說明，而不是根據企業目前的需要創造以未來爲導向的願景。直到一九九六年，策略規劃的眞義才重新受到重視（Strategic Planning, 1996），被塑造成包含來自多個不同功能的直線及幕僚，並納入企業與顧客和供應商之間的互動，同時也因爲策略規劃本身的重新定義而將企業的焦點鎖定在組織上，認爲企業組織是複雜的實體，處於相互合作也共同競爭的環境，一起塑造產業的變革。這項對於策略的全新看法不但跨越了企業內部階級的界限，也超越了企業外部的界限，將許多相關的人員納入策略規劃的流程中；也因此一般相信對於策略的全新定義，比起以往較具有軍事意味的策略規劃模式，在這個沒有界限的全球化世界中較適合。

事業部門層次的競爭策略

麥可波特（Michael Porter, 1990）在其著作中將全球化產業定義爲「在此產業的企業在某個國家的競爭性地位明顯受到該企業在其他國家之競爭性地位的影響。」在這個定義中波特的焦點在於事業部門層次的策略及企業如何進行競爭行爲；從波特的觀點中，我們也可以發現企業受到其本身所採取的競爭性活動之影響，同樣也受到外部環境中大部份超乎自身控制的活動之影響。對於企業造成影響的事件並非僅有競爭性的活動，因爲在這個趨向收斂的世界中不管是文化、科技、政治或其他的全球性事件都可能對企業造成某些程度的影響。儘管在一九九〇年代，一般相信企業可以自行決定要邁向全球化或僅在單一國家內部進行營運，因爲全球各個角落越來越高漲的相互依存關係，使得企業幾乎無法在不以全球化層次與其他企業進行互動的情況下永續經營。舉例來說，在航空產業中，資金、勞工及營收的取得有賴於全球各地的市場而非單一的經濟體，也受到全球政治情勢而非單

一國家政治情勢的影響。

史蒂芬科柏林（Stephen Kobrin, 1991）也認爲諸如汽車產業、微電子產業及長途電信通訊產業在邁向全球化的過程中往往居於被動的地位；不過他也發現到，企業進行跨國營運或邁向全球化的決策，往往因爲這些企業在規模太小的產業內營運，必須以全球爲舞台才能得到興盛。舉例來說，Merck Pharmaceuticals所投注的高額研究與發展經費，唯有透過來自全球的銷售才能獲得平衡。對於被迫邁向全球化的這個概念，也可以應用在那些規模較小的企業及那些以往被視爲具有區域化特性的企業。例如，有一位美國的企業家利用網際網路來對全世界銷售工業用的音樂雷射唱片。因爲本國市場太小而阻礙了企業興盛的機會，藉由網際網路這個具備全球化特質的方式，這位企業家得以爲這個相對狹小的工業用音樂雷射唱片市場建立一個零售的銷售管道。就算是在社區營業的餐廳，也會爲了要獲得來自世界各地食品生產及配銷的優勢而與全球化沾上邊。對於這些在地企業及那些爲特殊目的而邁向全球化的企業而言，一項重大的策略性挑戰就是要發展出一套企業內部的系統以因應來自全球化產業的變化，也必須對於個別國家或區域內部顧客、偏好及需求的改變常保警覺性及擔負起應變的責任。換句話說，組織必須要對那些區域性及全球性事件多加注意。在接下來的部分本章將對全球化策略的擬訂流程進行檢視，對於來自區域性及全球性的挑戰也會有深入的探討。

全球整合策略

對於身處全球化產業的企業，有一個可以列入考量的選擇方案就是設計並製造符合多國標準的商品（Porter , 1990），並輔以全球整合策略。在商品可以透過標準化而迎合全球消費者需求的產業中，某些業者在全球市場上進行產品及服務的標準化而享受到全球整合策略的

利益。福特汽車就是一個透過世界性車款的推出來執行這個策略的企業；飛雅特汽車（Fiat）則是透過在巴西製造那台在全世界汽車市場上獲得大勝利的Palio 而獲得了銷售規模的利益。飛雅特汽車在一九九六年四月於巴西市場推出Palio 之後，該車款的銷售量超過二十五萬台，幾乎是過去在巴西汽車市場所推出任何車款銷售紀錄的兩倍。根據科柏林（Kobrin, 1991）的描述，所謂的世界性的全球整合包括有「合理的產品標準、技術發展的集中化，及垂直或水平方向的生產整合等等（p. 19）。」此外，全球整合所包含的也可能超越各單位間的相互依存關係；對於大型的多國籍企業來說，全球整合可能意味著各子公司之間在多國性資訊、技術、資金、產品及管理系統上的相互依賴關係。普哈拉及多茲（C.K. Prahalad and Y ves Doz, 1987 ）認為，企業為了執行世界性整合策略，關鍵性的策略協調及活動的全球整合有下列幾種壓力：

1. 來自不同國家的顧客因為可以輕易的找到更為低價的商品來源而快速地變換供應商。

2. 因為來自不同國家競爭者的出現，企業在資訊取得及策略性決策制定上採行中央集權將更為重要。

3. 資本投資密集的生意可以在全球的規模上獲得最佳的投資報酬。

4. 在技術密集的產業內部進行品質、成本及新產品研發的控制往往意味著，企業不會有太多生產設備，對於這些設備進行中央協調控制也比生產設備眾多的企業來得容易。

5. 降低成本的壓力將會促使企業追求低廉的勞工成本，或以大型的工廠設備的規模經濟來尋求效率。

6. 如果商品可以普遍滿足世界各地消費者的需求，採行全球化的

製造標準將較為容易。

7. 須取得特殊原物料或能源的要求將可能會導致中央集權式的生產，以助於整合。

在稍後的部分讀者將可以發現擁有多分支企業的組織如何進行協調；接下來的討論則是在單一產業內生產單項或數項相關商品的事業部門層次之決策制定。

事業部門層次的全球整合策略與波特（Porter，1980）提出的成本領導策略類似，其優勢在於降低整體產品線的成本，即在產業的限制下透過各項企業內部各功能性活動的支持，例如規模經濟、有利的原物料供給或地點的選擇等等。不過學者伊普（Yip, 1995）也提出，世界性整合策略所獲得的整合利益往往會因為協調過程中耗費的成本、過多的報告要求、經理人因為自主性較低而降低士氣、及產品無法受到全球消費者的普遍接受等因素而遭到侵蝕。福特汽車公司所推出的 Mondeo （在某些市場上稱為Contour ） 就透過延遲差異化（Delayed Differentiation ） 的方式來適應全球消費者各不相同的偏好。例如，廣受歐洲消費者所喜好的汽車外部流線造型，可以在汽車製造過程中的最後一個步驟加入。所謂的延遲差異化，也可以稱作在生產過程的後半部分再引入變化，就是企業在進行全球整合性生產策略時得以兼顧市場上具有不同偏好消費者的一個對策。不過在某些狀況下，全球消費者對於產品變化性的需求，遠超過企業在有限的生產過程中所能夠進行的作業改變。在這樣的狀況下，多區域策略對於因應各不同區域的消費者偏好，比較能夠顯現效果。

多區域策略

注重個別國家消費者的不同偏好及差異性是多區域策略的兩大重點。根據喬治伊普（George Yip, 1995）的看法，所謂的多區域策略就是把企業在不同國家或區域進行不同的競爭行為。不過企業要想順利的採行這項策略就必須面對進行差異化的壓力：消費者偏好的差異化、配銷管道的差異化、政府法規的差異化及市場架構的差異化（Prahalad and Doz, 1987），這些也正是妨礙全球整合的最大阻力。多區域策略與波特（Porter, 1990）所提出的差異化策略類似，兩者都是對產品或服務進行調適以符合個別顧客群的不同需求。對於產品風格及品質進行重點性的差異化將會對企業造成額外的成本及變異性，不過來自全球的壓力將會促使企業在成本上時時與競爭對手保持同步。

在分公司的層次上，多區域策略可以因為增加管理上的自主性而獲得利益，不過在設計、生產及行銷上等非必要獨立的運作卻可能對這些利益造成侵蝕的現象。舉例來說，當福特汽車了解到類似車款的四百個獨立零件之間可以在全球不同的車廠進行轉換之後，該企業就採取了中央集權式的設計流程。除此之外，全球型的經理人也發現到，隨著全球生活型態的改變及全球大眾對於類似外部刺激的接觸，許多對於不同國家內部顧客的跨文化假設目前也出現了重大的變化。廣告行銷人員發現，以往在全球廣告大戰中所獲得的勝利目前已不符實際，產品製造商也漸漸發現到，其對於全球顧客所作的眾多假設也出現過時的現象。舉例來說，由奇異電器所生產的大型電冰箱一九九五年在日本的銷售額因為兩項新變化的出現，而有了蓬勃的成長：許多日本的職業婦女並沒有足夠的時間可以每天進行食品的採購，而在日圓升值的情況下奇異所生產的冰箱相對地顯得價廉物美。除此之外，日本經濟的低成長也使得日本的居民對於價格更為敏感，間接也

降低了對於本土製商品的忠誠度。從上面所提到發生在日本的例子中，我們可以了解到，能夠改變消費者對商品的感受，進而要求客製化及呼應在地民情的變數必定超過一個以上。

混合策略

羅德瑞克懷特及湯瑪斯波伊特（Roderick White and Thomas Poynter，1990）兩位學者相信，要想獲得最大化的策略優勢，企業就必須要結合不同的觀點，才能為單一企業創造出整合性的優勢。舉例來說，要想透過全球的標準化來獲得成本的優勢，企業就必須要結合差異化的廣告活動，調整市場行銷組合，以配合各地的狀況。儘管可口可樂公司的策略是為其主要商品進行全球性的整合，不過如同小故事8.4中所呈現的，該公司也會因為各地區不同的商品偏好進行產品的調整。懷特及波伊特兩位學者也認為，企業組織要想結合不同策略的優點，有時必須要揚棄傳統的管理慣例。有趣的是，兩位學者所提出的整合性優勢概念與波特（Porter，1980）提出的焦點策略不謀而合，波特認為企業無法同時作到低成本生產卻又與其他類似商品具有顯著的差異化特質。焦點策略的方式是挑選一個較狹隘的策略性市場，並且專心致力於滿足這個市場內顧客的所有需求；也因為專心致力於某個特定市場，企業得以在這個市場內進行產品差異化或成本領導等等。這個所謂的特定市場可以是全產品線的一部份、特定的顧客群、有限的地理區域、特定的配銷管道或上述市場的結合等等。根據焦點策略所進行的實證研究顯示，焦點策略與差異化策略或成本領導策略三者之間的不同很難輕易地辨識出來，不過大多數學者相信差異化策略對於小型企業較合適。從目前許多大企業開始針對全球特定市場開發新產品的現象中，我們也可以發現到差異化策略確實有其優勢在。

混合策略主要是用來描述全球型企業，我們也可以從全球化產業的策略性意圖中發現到混合策略的存在。舉例來說，在表 8.9 中本書利用企業在全球的曝光程度及其策略性營運手法來界定特定企業在該產業的未來中具有的地位。例如可口可樂這家具有高度全球曝光率的

 小故事 8.4　可口可樂全球策略的改變

隨處可見的紅色鋁罐及可口可樂公司的標誌在世界各地都可以發現到蹤跡，而該公司最舉世聞名的產品就是原味的可樂（Original Coke）。不過可口可樂公司在可樂生產及行銷所進行的全球整合，並不代表該公司在其他產品線也進行類似的全球整合策略。舉例來說，在日本，可口可樂公司不但在市場上銷售原味可樂，也同時提供幾種在世界上其他地方不曾出現過的商品，包括：一項稱為 Kochakaden 的亞洲茶、一項名為 Georgia 的咖啡飲品，及一項名為 Lacta 的發酵乳飲料。在一九九○年近期，儘管可口可樂公司在日本銷售該公司所生產百分之九十的相關產品，不過因為來自世界各地其他競爭企業的進入，及偏好時常改變的日本消費群，使得日本在一九九七成為世界上軟性飲料競爭最激烈的市場，也使得可口可樂公司必須依照當地消費者的偏好發展新的品牌商品。

來源：Shirouzu, Norihiko.（1997, Jan. 20）. For Coca-Cola in Japan, Things Go Better with Milk. The Wall Street Journal, pp. B1, B8.

表8.9　全球曝光率與策略的結合會影響企業與產業的關係

全球曝光率的程度

	高	低
全球整合	塑造： Coca-Cola（可口可樂）、Acer（宏碁）、Natuzzi	實驗： IPTN、Unimarc Trading、Doc Martens（馬丁大夫鞋）
多區域	調適： Nestle（雀巢）、Unilever（聯合利華）	機會主義： Hansons PLC、Tickermaster、Fiat 178

（註：策略位於左側）

企業，透過該企業針對可樂商品的世界性整合策略所規劃的活動，對於該產業將會出現重新塑造的結果。然而，儘管宏碁及 Industrie Natuzzi 兩家企業在規模上不如可口可樂公司，不過這兩家企業也在大多數的產品線上追求世界性整合策略，其背後的意圖就是要重新塑造其所屬的產業。由此我們可以了解到規模的大小及產業的差異並非最重要的描述因子，重要的是企業想要改變產業的意圖。另外，有些產業雖然較不具全球知名度，卻也同樣追求世界性整合策略，透過單一商品來測試該產業市場中各個可能的變數。舉例來說，印尼的**IPTN**主要的業務是在美國製造中型飛機、智利的**Unimarc Trading** 是人工養殖鮭魚市場的主要參與者，而馬丁大夫鞋的主要業務則是在世界各地銷售男女兩用的鞋子。上述這幾家企業都在現有的產業市場上進行特有的試驗，不過他們卻沒有在其所屬的產業造成重塑的作用。所屬分支企業奉行多區域策略並具有高全球知名度的企業包括雀巢（Nestle）及聯合利華（Unilever）兩家，這一類大型企業及其他規模較小而採行相同策略的企業可視為針對產業變革而調適的企業，主要原因與這些企業因應區域性偏好而進行商品的調適經驗有關。最後，採行多區

域策略但在全球知名度不高的企業例如Hanson PLC、飛雅特178車款及先前在本章中描述的工業用音樂零售商等等,可以視為產業中的機會主義者,因為這些企業在多個單一市場營運,使得他們對於市場上所存有的機會特別敏感。從表8.9中我們可以發現到許多位於第一象限的企業都意圖重塑其所屬的產業;當然,在所屬產業進行試驗、調適或試圖抓緊產業內部機會的企業,也可能對於所屬的產業造成重塑的作用,不過這並非這些企業的主要目的。從這個表中我們指出了四種全球化產業參與市場競爭的機會,在分公司的層次上這個表提供一個有效的方式,可供思考類似全球整合這類單一模式在機會的尋找上具有的優點及弱點。

改革中的產業

不論企業的規模大小、採取的策略為何,在特殊產業中的全球化企業所採行的方式對其所屬產業而言往往突破傳統,這些企業所發展出來的策略性創新在產業內部會改變競爭遊戲進行的模式(Hout, Porter, and Rudden, 1982)。德國的Deutsche Morgan Grenfell就透過對其他企業進行挖角而改變了全球性銀行的營運慣例;瑞士銀行(Suisse Bank)則是透過投資具有高風險性的東歐市場而突破了過去瑞士銀行產業的保守風氣。耐吉(Nike)則是透過為運動員量身打造專屬運動鞋而改變了運動鞋產業的市場;銳跑(Reebok)跟隨其腳步生產專為女性設計的運動鞋,也在市場上掀起一股熱潮。儘管理查布蘭森(Richard Branson)在競爭異常激烈的全球軟性飲料市場上引入維京可樂(Virgin Cola)的舉動被認為是未經思考的決策,不過實際上這個策略的確在市場造成很大的震撼;山姆華頓(Sam Walton)將消費者的注意力鎖定在商品價格的手法也為市場帶來一場大變革。上

面所提到及其他產業的革命,導致許多人質疑目前產業的現狀。

　　根據學者蓋瑞漢米爾(Gary Hamel, 1996)的看法,除了那些具有難以撼動地位的產業領導者之外,大多數身處變革中心的企業對於其目前擁有的地位都涉及某種程度的風險。漢米爾提供了九個企業可以在其所處產業引發變革的方式。

在重新構思商品或服務的內容方面:

1. 急速提升商品的價值比例達百分之五百或更高,就像惠普公司在印表機產業及宜家傢俱(IKEA)在傢俱產業所進行的變革一般。

2. 將功能及形式區分開來,就如同保全業利用信用卡產業的磁條概念作為進入房間、建築物或使用印表機的認證機制。

3. 讓消費者得到使用商品的樂趣,就像貿易商 Trader Joe 讓消費者在購物的過程中得到驚奇與樂趣一樣。

在重新定義市場空間方面:

4. 擴展一般認定的界限範圍以找出新的機會所在:對於即可拍像機製造商而言,不常使用其他種類像機的小孩子是一個極具潛力的市場;達美樂披薩(Domino Pizza)在日本市場上大量採用了烏賊及其他日本市場上較常見、也較被接受的配料。

5. 為了滿足個別消費者對於獨特性的需求而努力:李維牛仔褲(Levis Strauss)透過電腦系統的輔助來生產個人專屬的牛仔褲。

6. 透過電話、延長營業時間或營業地點來提升與消費者之間的聯繫:例如將速食產品外送到消費者工作的地點等等。

在重劃產業界限方面:

7. 重新劃定產業的規模，例如將區域性服務擴展到全國、將全國性服務擴展到全球等等；或者透過反向思考，為標準化的商品，例如烘培商品或釀造啤酒等等，開發新的小型市場。

8. 透過移去生產環節中的某些部分來壓縮供應鍊的規模，例如移去紙上作業必須將文件透過郵寄等方式送到國外的流程，而改以電子化媒體來傳遞資訊。

9. 促進產業的結合，例如在便利商店提供以往只有在餐廳才能買到的即食性料理。

根據漢米爾的看法，真正的產業變革並不會專屬於某些特定的產業，最主要的推動因素在於以往的產業限制不具任何意義；對於這些參與其中的企業來說有意義的是，即將出現的新產業可以在未來獲得何種程度的商業利益。

人員

全球化環境中的管理能耐：引導的策略

傳統上高階經理人所擔負的責任是引導組織朝向既定的目標前進。在現代，儘管引導的角色依然重要，不過高階經理人如何引導及誰被引導則已經慢慢出現改變。在過去，企業的高階經理人必須向企業的擁有者負責，並與其他的高階經理人共享願景；不過近年來這些高階經理人所要負責的對象是所有與組織營運相關的利害關係人，此外，高階經理人也慢慢地將企業內部的員工拉進這個引導的流程中。

這個將企業內部員工拉近核心流程的舉動，跨越了以往直線人員及幕僚人員之間的界限，也將企業執行長的角色由決策的制定者轉換為全球策略性規劃流程的靈感促進者（Lorange and Probst, 1990）。

根據凱尼其歐哈瑪（Kenichi Ohmae, 1982）的看法，高階經理人的決策制定涉及以理性的分析，來激發有創意的流程，不過基本的思維流程應比理性有著更多的創意及直覺。學者亨利米茲伯格（Henry Mintzber g, 1994）同樣也發現，策略性的思維所需要的綜合性思考比分析重要許多，策略性思考需要跨越過去事件所設下的界限才能有所收穫。米茲伯格還發現到，分析型的思考者往往較受到大型、官僚體系的組織所重用，而直覺型思考者則比較容易受到較具彈性、專案導向的企業所青睞。對於任何企業來說，結合這兩種不同的策略性思維非常重要，然而也十分困難。除了非 A 即 B 是一種障礙以外，企業組織如何定義非傳統思維也是一項重要的障礙。舉例來說，在一九八八年以前國際商務機器公司（IBM）曾經透過雇用該公司稱為野鴨（Wild Duck）的人員，但避免過度瘋狂的鴨子，以試圖融合不同的思考模式。因為這些過度瘋狂的鴨子儘管可以在組織內部提供兼具洞察力及革命性的觀點，不過這些觀點往往顯得過於瘋狂。因此，縱然企業高階經理人員必須具備多元化思維方式，使得企業必須徵募那些與企業內部人員較不相似的經理人員，然而這些人員是否能夠與企業本身的文化相契合，則需要企業的權衡。

蓋瑞漢米爾及普哈拉（Gary Hamel and C.K. Parahlad, 1994）兩位學者認為，產業規則的轉變需要產業的資深經理團隊對該產業的洞察力才能察覺。不過根據這兩位學者與這些資深經理團隊一起工作的經驗卻指出，這些資深經理人員在發展未來的產業觀點上所付出的努力還不及百分之三，主要因素就是這些資深經理人員將其大部分的時間用來進行作業管理，僅付出少部份的時間評估與規劃未來的種種機

會。兩位學者相信，要想啓動這種評估流程，資深經理團隊的人員必須付出所有時間的百分之二十到五十甚至是數個月的時間，爲所屬的產業發展前瞻性的思維觀點，並且定期重新檢視。根據學者漢米爾（Hamel, 1994引用自Reimann）的看法，促成前瞻性觀點的基本要件包含：

（a）對於現狀的不滿足心態；

（b）對於產業外部的議題有無窮的好奇心；

（c）高階管理人員聆聽及推測而非評斷的意願；

（d）類似幼童的天真使高階經理人員願意提出一些基本問題；

（e）企業內部具有的折衷性將來自不同功能、地理區域及地位的人員聚集在一起工作；

（f）進行抽象思考的能力；

（g）反向思考的偏見，因為能夠創造未來的人往往都是那些不受現有規則限制的人；

（h）能夠自由運用來自其他產業經驗所帶來的隱喻及類比；

（i）對於人類的需求真誠的付出關懷。

　　在策略規劃的過程中引入各種不同形式的多元性，是整合各種另類思考模式的一種方式。從這個觀點我們也可以了解到，爲何許多企業除了要求直線人員及幕僚人員提供與企業營運相關的意見以外，也希望能夠獲得來自外部供應商及消費者的意見。將多元性融入企業的思維可能會對於企業的文化形成塑造的作用。在Turner Broadcasting廣播公司中，員工不會使用外來（Foreign）這個字眼，因爲這個字眼會引發「我們」及「他們」這種錯誤的感受，而實際上企業環境中的每一個份子都僅是同一世界中生存的鄰居罷了。在本章前面的部份曾經提到有少部份的企業雇用女性作爲高階的經理人員，也有些企業爲

了要在策略性思維中引入多元性而雇用來自不同國家的人員。讀者可
以從表8.10中看到一些例子。然而，在高階管理團隊及策略成形的過
程中多元性卻依舊有限，對於大多數的全球化企業組織而言仍有界限
的存在亟待突破。

透過企業的人力資源取得競爭優勢

　　學者傑佛瑞波菲爾（Jeffrey Pfeffer, 1994）相信，傳統上企業獲得
成功的來源，例如產品、流程技術、受到特殊保護或法令限制的國內
市場、財務資源的取得及規模經濟等等，在全球競爭的現代並不能提
供給企業與以往相同的優勢。也因為這個狀況使得企業組織的文化及

8.10　高度全球化的企業

企業名稱	總公司所在地	總裁、執行長	企業所屬國籍
L'Oreal（歐萊雅）	法國	Lindsay Owen-Jones	威爾斯
Heinz	美國	Tony O'Reilly	愛爾蘭
Ford（福特汽車）	美國	Alex Trotman	蘇格蘭
Schering	德國	Giuseppe Vita	義大利
McKinsey（麥肯錫）	美國	Rajat Gupta	印度
Nestle（雀巢）	瑞士	Helmut Maucher	德國
Barclays	英國	Martin Taylor	美國
Sotheby's	英國	Diana Brooks	美國
First Pacific	印尼	Manuel Oangilinan	菲律賓
Pharmacia & Upjohn	瑞典、美國、義大利	Fred Hassan	源於巴基斯坦後入籍美國
Rubbermaid	美國	Wolfgang Schmitt	德國
Pearson PLC	英國	Marjorie Scardino	美國
Goodyear Tire & Rubber（固特異輪胎及橡膠集團）	美國	Samir Gibara	埃及

透過人力資源管理所創造出來的競爭優勢顯得更為重要。目前企業組織已經發現到許多從內部人力資源中獲取競爭優勢的方式，因此不同的企業在這方面各有不同的做法。波菲爾提出了十六項企業透過人力資源來獲得延續性競爭優勢的相關實務。在表8.11所提出的某些用以獲取延續性競爭優勢的方法中有許多與目前企業採行的方式相違背，例如提供職業保障、高薪資政策，及在跨功能、跨部門的運用與訓練以追求效率等等。

波菲爾相信，透過人力資源取得的延續性競爭優勢，比起透過新機械設備的採用所獲得的規模經濟更具持久性，不過相對地，要想透

表8.11　透過人力資源取得延續性競爭優勢的十六個特點

1	工作權的保障
2	選擇性任用—雇用正確的人員於正確的職位
3	高薪資—付出多少得到多少
4	薪資範圍的壓縮—降低最高薪資員工與最低薪資員工之間的差異
5	鼓勵性獎金—分享企業所得往往被視為公平的象徵
6	員工入股
7	資訊共享
8	參與和授權
9	團隊及工作設計
10	訓練及技巧的發展
11	跨功能及跨部門的訓練
12	象徵性的平等主義—以各種方式區別局內人與局外人，顯示比較性的平等
13	內昇
14	長程的觀點
15	實務的評量
16	採行圍拱哲學

來源：Pfeffer, Jeffrey.（1994）. Creating Sustainable Advantage through People, pp. 30-59. Boston, MA: Harvard Business School Press.

過人力資源取得延續性競爭優勢，企業勢必得付出更多的時間。類似這樣的長時間策略，對於家族企業或私人企業而言較容易達成，因為這兩種類型的企業不需要對股東短期利益的需求作出回應。全球性的企業組織也必須採取這種長遠的觀點來發展企業本身所需以知識或顧客為導向的員工，但是同時必須面對股東短期利益的要求。波菲爾也相信，企業要想透過人力資源來取得競爭優勢還必須面對許多來自外部環境的障礙，例如國家甚至是世界對於不良典範錯誤的尊敬態度，還有那些推崇新古典主義代理人理論及交易成本觀點的經濟理論及模型等等。新古典主義的重點在於強調機會的掌握，這導致組織內部及組織間的不信任感等等。從透過辭退員工及精簡化組織架構而賺取高額利潤或名聲的行銷英雄行為中似乎隱約透露出，人力資源是企業內部的可消耗資源。在企業內部的障礙包含了使用會侵蝕而非發展員工對企業信心及忠誠度的語言，例如「將其他人視為外侵者」等等。最後波菲爾提出，企業內部在推崇英雄主義、古典理論及語言時應該充分整合且一致，朝向透過人力資源獲得延續性競爭優勢的目標前進。好好管理這些無形資產對於延續性競爭優勢來說，重要性可能遠遠高過短期的經濟利益；然而對於分析型的經理人來說，因為他們較偏好管理具體有形的資產，因此可能會面臨較多的困難。

全球企業的組織結構

　　學者里夫梅林（Leif Melin, 1992）發現，國際型企業對於組織結構的研究，主要在於企業如何在策略及組織結構之間取得完美的結合。他也相信這樣的方式所著重的是線性的思考模式，因此可能無法說明類似組織學習這一類重要的流程。此外，梅林也指出，可以從單

一市場營運拓展到其他市場的企業，就是那些可以採行具複雜性及動態性的組織觀點，並結合異質性及多元性的企業組織。正如同表8.12中所呈現的，當企業組織慢慢跨越本國市場的界限而邁向國際化與全球化，組織內部的多元性也會隨之增加。舉例而言，孤立型的本國企業可能會選擇忽略文化上的互動，多區域企業可能會承認異質性文化的存在，不過會盡力減低其影響，而多國籍企業則會吸收不同文化的精髓所在。最後，全球型企業則會視文化的互動為組織優勢的來源之一。從表8.12中我們也可以發現到，企業對其所處環境的定位會對其策略、組織結構及其他文化行為造成影響。

　　接下來，本章探討全球型企業在組織結構調適上的不同方式，我們可以清楚了解到全球型企業在這當中的多元性。對於組織結構的調適，首先反映在企業對於中央集權制或地方分權制的傾向。部分歐洲的企業高層往往採行中央集權式的決策制定流程；在環太平洋的企業中，決策制定採行較分散的方式。在美國的企業中，目前有採行功能性集權的方式以消除結構性重疊的傾向。

組織結構的內部調適

來自歐洲企業的例子：

- 在一九九六年德意志銀行（Deutsche Bank）公佈了一個新的組織結構，由委員會的管理，移向由一個明確界定權責的執行長來掌舵的中央集權式管理。委員會成員的任務是視察四個全球營運分部機構中的單一業務。

- Asea-Brown Boveri 建構了一個精簡的矩陣式結構，在最高階的經理人及一千三百個營運單位之間只有一個中間層級。該公司位於日內瓦的總公司中僅有一百七十五位員工。

表8.12　企業擴展到國外時較為適當的策略、組織結構與文化行為

	本國	多區域	多國	全球
擴展到本國以外市場的策略	無	特定國家、顧及地方的需求	世界整合	顧及地方的需求及世界整合
組織結構	集權	分權	集權	網路型並相互連結
經理人	本土	地主國國籍	外國籍或來自第三國	多元混合
文化觀點	地方性	文化相對性	總公司導向	尋求文化綜效
文化互動的性質	忽略	承認互動的存在但儘量減少其影響力	同化	組織優勢的來源
文化互動的動態性	文化支配	必要時進行文化的調適	文化的包容	尋求文化綜效；合作；學習

來源：改編自 Adler , Nancy and Bartholomew, Susan.（1992）. Academic and Professional Communities of Discourse: Generating Knowledge on Transnational Human Resource Management. Journal of International Business Studies, 23(3): 551-569.

- 瑞典的宜家傢俱（**IKEA**）透過下放更多權力給分支機構的經理人員，成功的完成組織結構的扁平化。在過去這個企業的決策制定權都在位於瑞典的總公司。

來自美國企業的例子：
- 福特汽車公司合併了全球的工程及研發部門。

- 在一九九六年可口可樂公司改變其管理報告系統結構，變革過後六個全球營運分部只須對企業總裁報告。
- 李維牛仔褲（Levi's）選擇較扁平的組織結構以專注於品牌的經營，並將活動直接聯結對準消費者。
- Whiropool 將幾個國際級的設計師及研究人員併入泛歐洲（pan-European）團隊，使能與美國的設計師更緊密的互動。

來自環太平洋企業的例子：

- 在一九九二年本田汽車內部的 Honda Way 共識管理系統及分散性決策制定流程重新回到高階經理人的掌控，使企業的高階經理人有更多時間為全球性的變化發展更寬廣的視野。
- 新力索尼（SONY）移除產品群的結構，改以八個獨立的公司負責以特定產品類別或特定消費者群為基礎進行商品的生產，例如消費性視聽產品、廣播產品及行動電子商品等等。
- 三星企業進行組織結構的變革，將決策制定的權限分散給組織內部的各個經理人員。

理論上，我們了解全球性企業的組織結構重整包含內部及外部的調適；在接下來的部分，本書將提出幾個企業組織進行內部調適的例子。

企業內部網路

雷姆卡倫（Ram Charan, 1991）相信，與傳統的企業組織結構比起來，企業內部網路可以提昇速度、焦點及彈性，使能在這個動態性的環境獲得成功。奠基於他對十個大型企業（包含杜邦及CIGNA 等等）內部網路的研究，卡倫提出他對企業內部網路架構的結論：企業內部網路是相當恆久的結構安排，對於企業策略一些面向的落實有所

助益。企業內部網路是由資深經理人所創造的一個跨越界限的架構，其中包含經過挑選的經理人團隊（通常不多於一百人也不少於二十五人），這些經理人所具有的技能及能力囊括了企業內部所有的功能、單位、地理環境及既有的階層。企業內部網路的主要目的是要超越功能性的界限及部門性的注意力，不過其他的目的還包括授權給經理人，使其能夠更坦率的提供建議、建立信任，及透過將更多決策制定過程中的相關人士納入而提升決策的品質。最後，企業內部網路與傳統階層結構最大的差異在於，因為企業內部網路架構允許資訊流動與決策在適當的方向旅行，因此有相當的動態性。

三葉草組織（Shamrock）

《非理性年代（The Age of Unreason）》、《矛盾的年代（The Age of Paradox）》等書作者查爾斯韓地（Charles Hady, 1991, 1994）指出，三葉草組織結構因為對於流程導向的特性較能作出適當且迅速的回應，未來將有機會取代傳統金字塔形的階層式架構（請見圖8.2）。企業核心在三葉草的中心，由一組小型的經理人及代表著企業核心競爭力的技術幕僚所組成。三葉草的其他三個葉子則是透過與企業內部核心人員之間的互動而彼此聯繫起來。位於上方的葉片包含地方分權及獨立自治式的企業營運單位；位於右方的葉片包含策略性的輔助單位，包含那些擔任與企業核心部分相關的契約性工作的供應商、企業或個人等等。至於左方的葉片則包含臨時性及企業外部的服務提供者，這些服務提供者與企業之間的工作關係是合約性質或臨時需求性質。

水平式組織

上述結合理論與實務的範例，點出了企業組織必須維持財務的效

企業營運單位，分權化自主性營運

以需求爲基礎的外部服務提供者

企業核心：大方向的制定與協調

關鍵性供應商，策略性關係與聯盟

圖8.2　三葉草組織結構（Handy, Charles. (1991). The age of unreason. Boston, MA: Harvard Business School Press）

率同時也能保有適度的彈性，才能在全球市場上追求各種發展的機會。許多企業創造全新的結構，使能快速呼應與全球整合及多區域策略相關的成本及差異化優勢。羅德瑞克懷特及湯瑪斯波伊特（Roderick White and Thomas Poynter, 1990）兩位學者相信，水平式的企業組織結構使企業在呼應一些產品線進行世界整合策略與其他產品線顧及各地方民情所出現的多重且具競爭性的要求時，能夠更爲得心應手。如同圖8.3 中所呈現的，水平式的組織結構可以在奠基於全球性優勢及奠基於區域性優勢的機會都很多的產業中出現。全球化水平式組織結構的特色包含以下幾點：

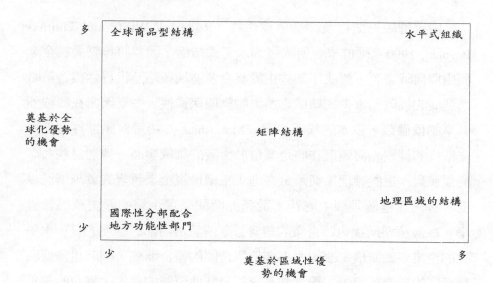

圖8.3　組織結構的定位（White，Roderick, and Poynter，Thomas. （1990）. Organizing for world-wide advantage．In Christopher Bartlett, Yves Doz, and Gunnar Hedlund (Eds), Managing the global fir m. London: Routledge，p. 97）

1. 橫向的決策制定流程將所有受決策影響的人員聚集在一起，針對關鍵性議題共同合作，使能加速產品的流通、發展，並調整重疊的資源部署計畫，及進行資訊與知識的共享。
2. 水平式組織結構有意打破傳統垂直式組織結構中的報告關係，使功能性的單位例如行銷、銷售及生產等等可以獨立進行工作；橫向的流程例如跨功能小組可以依需要隨時架構起來以取得彈性的連結。
3. 跨越地理區域或國家差異的一般性決策準則需要建立起來，以促進一致性的決策，這通常決定於對企業的目標有強烈共享的體認。

由羅德瑞克懷特及湯瑪斯波伊特（Roderick White and Thomas Poynter，1990）兩位學者所描述的水平式結構，因為將焦點擺在企業何處與何時需要，解決了某些由於混合多區域策略及世界性整合策略所造成的挑戰。水平式結構之所以能夠確保彈性，主要因素在於強烈共享的價值觀。日本的松下企業（Matsushita）透過聚集世界各地分支機構的經理人與領班在該企業位於大阪的訓練中心，傳遞這些共享的價值觀；這些經理人與領班在進入工廠檢視企業哲學的實施情況以前，會先在這個訓練中心花上數週的時間學習企業的歷史及經營哲學。Dow公司同樣也將企業的經營哲學傳遞給內部的經理人員。水平式的企業組織結構所改變的不僅是單位間的報告關係，同時也需要流程導向的高階經理人、願意共享資訊及其他資源的員工，還有能夠不斷反應需求變化的彈性。

外部結構配置的轉變

除了改變企業內部組織結構的形式以外，某些企業也對於與外部的關係進行重新的建構。大型的南韓企業（Chabils）突破傳統概念以維繫並發展與小型供應商之間的關係；日本的Keiretsu及政府機構的領導人逐漸放鬆對於企業活動的掌控；在世界各地的企業也逐漸拋棄過去排外性獨立運作的概念，而尋求與其他企業的連結關係，例如策略聯盟、國際性合資計畫，及聯合行銷活動等等。在小故事8.5中所提到國際商業機器公司（IBM）在一九九六年所進行的結構重建活動清楚地呈現出，企業內部及外部的結構重建目前正同步進行中，而在這些重建的過程中往往帶來許多新的問題與新的考量。

學者亞凡得派克西（Arvind Parkhe, 1991）相信，企業的競爭優勢並不能僅仰賴內部的組織結構，與其他企業建構全球策略聯盟

小故事8.5 IBM公司改變了內部及外部的結構關係

　　傳統上，國際商務機器公司（International Business Machine）的產品是透過穿著藍色襯衫（Blue Suits）的銷售人員來進行，因為其組織文化傳統上就不斷加強藍色襯衫是該公司基本規範的概念。不過在公司內部目前有越來越多的傳統，為了因應全球化的來臨不得不進行某種程度的改變。因為全球化的普及，電腦業出現了成千上萬的獨立配銷商，與單一企業相比這些配銷商有更寬廣的滲透力，可以更親近的面對顧客。因此，如同許多其他企業一般，國際商務機器公司發現透過這些獨立配銷商的協助，比起以往穿著藍色襯衫的銷售人員，該公司可能可以賣出更多的電腦。因此，國際商務機器進行了組織結構的重整，遴選了路西歐史坦卡（Lucio Stanca）負責掌理所有直接銷售的相關事宜（例如目錄行銷及線上銷售等等），並協調所有銷售該公司商品的配銷廠商（個人電腦除外）。隨著國際商務機器公司經銷商及配銷商之間的關係逐漸出現不明顯的狀況，該公司的外部關係也出現改變。在國際商務機器公司的內部，這種種的重新配置預期可以減少責任部份重疊的情形，也使得員工更願意為銷售及服務負起責任。總裁路易斯吉斯特納（Louis Gerstner）希望從此以後可以終結企業內部的競爭情形，同時也能促進不同國家之分支機構間的認同。如果這些內部的界限可以有效降低甚至消除，國際商務機器公司將可以更有效地運用資源並促進在全球上的成長。在一九九八年早期，吉斯特納任命琳達姍佛（Linda

Sanford）為Global Industries總經理，其職責為管理一千七百位銷售人員，這些人員專門負責對國際商務機器公司的前兩萬家大顧客進行銷售及服務。從高階經理人的洗牌動作中，我們可以發現，國際商務機器公司就如同世界上許多其他公司一般，持續地尋求適合於全球化營運的人員、組織結構及流程。

來源：Ziegler，Bart.（1996, Dec. 13）. IBM Revamps Global Units，Sets One Brand. The Wall Street Journal, p. A3 [http://www.ibm.com]

（Global Strategic Alliance, GSA）關係也非常重要。根據派克西的看法，企業間在策略聯盟建立過程中的相對優勢及資源取得的多元性將可以促進彼此的成功；然而社會、國家及組織文化的多元性，或分歧的策略性方向及管理實務將會使得策略聯盟在管理上發生困難。派克西建議這些困難應該要由對組織學習的承諾，及創造全新的解決方案來尋求解決。長期來說，學習如何管理由全球策略聯盟經驗中所帶來的多元性，對於企業組織非常重要；然而在學習過程中所必須付出的短期成本及在不安穩環境中工作所造成的痛苦卻往往形成障礙。

組織間的網路架構

沙曼特高歇爾及克里斯多福巴特列（Sumantra Ghoshal and Christopher Bartlett, 1990）兩位學者相信，同一組織的內部及外部關係可視為組織間的網路，使組織能在世界的某些部分或與某些商品線建立緊密的連結，與其他商品線則維持較鬆散的連結。高歇爾及巴特列兩位學者觀察過飛利浦（N.V.Philip）公司的組織間連結關係，從圖

8.4可清楚地看出來。圖中圓形代表不同的營運單位，線段則代表這些營運單位之間的關係；某些分支機構間的關係是透過總公司促成的（例如南非與英國），而其他分支機構間的關係則與總公司無關（例如日本與美國）。這些不同的連結主要目的是要包容飛利浦公司不同營運單位間的差異性，這些營運單位有專門負責研究與發展的單一功能性營運單位，也有大型包含有研究發展、生產及行銷等業務的營運單位。類似飛利浦所建立起的差異性網路架構可以在世界上許多多國籍企業中發現到，例如寶鹼（Procter & Gamble）、聯合利華（Unilever）、易利信（Ericsson）、恩義禧（NEC）及松下（Matsushita）等等。因為這些例子的存在，使高歇爾及巴特列兩位學者認為，在許多企業中所出現的連結性網路，或許可以反映出更為寬廣及更具全球性的社會變遷。在高歇爾及巴特列兩位學者研究中出現的企業，目前為了要因應全球化也不斷地進行企業連結關係的修改及重建。對於易利信來說，這代表著縮減資訊系統單位的營運規模；對於飛利浦來說，這個過程則代表著飛利浦電子公司長達六年的重建工程，其中包含了將總公司由恩荷芬（Eindhoven）遷移到阿姆斯特丹（Amsterdam）。

　　在檢視過因為全球產業變化為組織結構、人員及流程所帶來的影響之後，我們可以歸納出一個結論：全球環境中的變化同時也造成了許多不確定感。許多全球型企業透過持續不斷變革來因應這些不確定感；其他的企業則展現出未經過經驗測試就採行的意願；也有其他企業能緊緊抓住甚至促成產業的變革；更有些企業採納了在其他企業中成功執行的機制。舉例來說，有些位於環太平洋區域的企業目前積極要提高決策制定過程中的自主權，而美國及歐洲的企業則想要將決策制定回歸中央集權制度。為了因應產業不斷變革而進行的組織結構配置，往往將重點擺在具有流動性的網路架構及可以因應需求變化的連結關係。企業內部的策略管理流程因為跨越了許多功能及角色的界

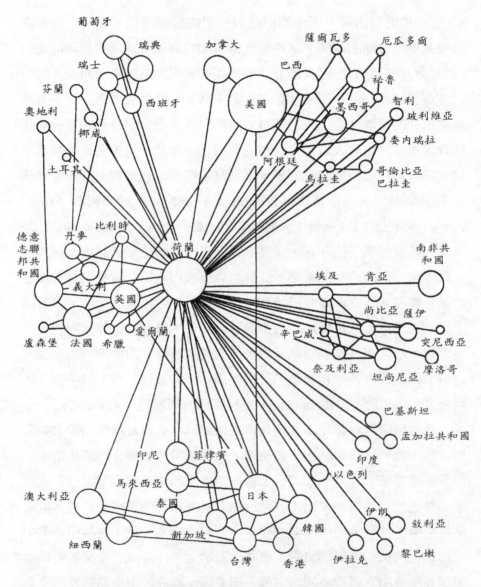

圖8.4 飛利浦公司的內部連結關係範例（Ghoshal, Sumantra, and Bartlett, Christopher.（1990）. The multinational corporation as an interorganizational network. Academy of Management Review, 15(4): 605）

限，也促進了策略性思維瀰漫整個組織。本章所建議的策略規劃流程所需要的直覺及綜合能力遠比分析能力重要；資深經理人員也必須在三個方向對全球產業及任務付出時間及個人的資源：對過去的反省、對現有狀況的分析，及對未來的展望。策略性規劃所需要的人才多元性要在組織結構的層次上補強，並輔以組織與外部企業進行合作與競爭中的目標多元性。所有的改變都呈現出企業組織對於無形資產，例如：組織文化、學習、直覺及想像，必須更加重視；因為想要達成這一類的變革需要花費更多的時間，比起其他有形或已知的變數在衡量上也有著更高度的困難。

本章關鍵概念

任務環境及產業環境的界定：任務環境通常指企業每天進行的活動或關心的事物，例如：生產商品、提供服務、處理顧客事宜，或與其他企業領導人交涉等等；產業環境指會影響產業內部所有企業的活動。

五力分析架構：麥可波特（Michael Porter）所提出以五力（Five Forces）分析產業競爭的理論，因為可以作為評估產業的工具而大受歡迎；然而在全球化舞台上營運，我們需要額外的工具以評估那些會影響全球型產業逐漸成長的活動。

多元化的企業參與者增加了複雜性：全球型產業的企業管理，由於來自各個國家的新進入者（例如小型企業、家族企業及私人企業等等）還有大型多國籍企業的參與而出現越來越複雜的情況。

　　產業的界限逐漸轉移：科技、人口統計、法令規定及其他發生在世界上各個角落的變化有著轉變產業界限的潛力，也爲許多企業創造新的舞台。因此，管理者不僅應對過去及現在進行診斷，也必須對未來創造出適當的願景。

　　取得世界各地的資源：資金、知識及科技的全球化，使企業比起以往能夠更輕易地取得這些資源，也因爲這些資源的輔助使企業得以進入以往被視爲封閉的產業市場。傳統及新競爭者的多元性混合，來自不同國家的大型及小型企業的參與競爭，及各種不同因素刺激實驗等等造成的影響，使得許多產業出現了變化。

　　產業全球化的四個評估因素：我們可以透過四個因素來評估產業全球化的程度，這四個因素分別是：市場的全球化、成本的全球化、政府的全球化及競爭的全球化。

　　競爭的成本：在勝者爲王（Winer-take-all）概念下的競爭哲學所帶來的是一種零和遊戲，然而當國家及組織的人員爲了要取得勝利，而不計成本地進行競爭時，將會爲國家及組織帶來失能的情形。正因爲對於這個兩難的體認，一些學者認爲合作性競爭可以同時孕育合作及競爭。

　　創造延續性的競爭優勢：爲了要在全球舞台上創造可延續的競爭優勢，企業組織必須對於營運目標及達成營運目標所必須具有的技巧及能力，有著清晰的了解。不管這些可延續的競爭優勢界定爲核心價值觀、任務、獨特的能耐或其他概念，重點在於企業組織必須有清楚的焦點，並與內部外部的組成份子好好溝通。

　　策略的定義：所謂的策略就是一組重要、非例行性及非程式化決

策的有限集合，可以引領企業整體的營運方向。策略制定發生在許多
不同的層次。在事業部門的層次，策略應該能夠回答下列的問題：我
們應該將業務定位在產業中的何種位置？

　全球化策略的選擇：這方面的策略性決策往往被視為在全球整合
策略及多區域策略之間的選擇。全球整合策略的重點在於整合全球各
地的功能，而多區域策略則是將焦點擺在各個不同的特定市場。許多
人認為這兩種不同型式的策略可以進行某種程度的結合，在某些組織
向度發展整合策略而在其他向度則進行區域性策略。我們常常可以在
個案中發現到混合策略的存在，反映了企業領導者必須同時顧及效率
及區域性民情。

　策略性創新：不論規模大小、採取的策略為何，在不同產業中的
全球化企業對其所屬產業往往採行突破傳統的作法。這些企業所發展
出來的策略性創新在產業內會改變競爭遊戲進行的模式。企業透過許
多不同的方式在其產業內進行變革，其中包括：重新構思商品、重新
定義市場、及重新劃定產業界限等等。

　人力資源是可延續競爭優勢的要素：許多人認為人力資源不但對
於企業是競爭優勢的重要來源，對於國家亦然。由於產品或流程技
術、受保護或受法令限制的國內市場、財務資源的取得及規模經濟在
現代所能提供的競爭優勢已經不如以往，因此組織文化及透過完善管
理人力資源所獲得的能力，在現代社會中的重要性急遽提升。

　多元性及效率的雙重挑戰：許多大型且即將邁向全球化的企業為
了因應全球化的挑戰，紛紛進行組織結構的重建，不過組織結構重建
並沒有明確的模式可循，也就是沒有所謂的最佳結構可以保障全球化
的成功。企業組織必須謹記的要點在於，在嘗試整合以獲取最佳效率

的同時，也不能喪失呼應多元化及全球變遷所必備的彈性。

　　結構整合：許多為了反映全球化的結構都包含了整合－跨越組織內部不同功能間的整合，及跨越消費者、供應商、競爭者及其他外部機構之間等等傳統界限的整合。

　　抽象思考的價值：洞察力對於想要創造新連結及發現新產業機會的經理人來說很重要，這種類型的經理人是抽象型的思考者；這些經理人本身具有強烈的同理心，往往可以透過不同的觀點來思考相同的事件。

問題討論與複習

1. 試仔細思考可以幫助速食餐廳在工業化國家中成長的原因。這些因素為何？這些因素與速食餐廳能在開發中國家成長的因素相同嗎？你認為某些特定族群的消費者（例如青少年）、或世界上的某些區域能較迅速地接納速食產品嗎？原因何在？

2. Ben and Jerry's 及 Haagen-Doz 在優等冰淇淋市場上是競爭者，不過這兩家企業各有不同的競爭力來源。請確認出這兩家企業各自不同的競爭力來源，並試著描述競爭力來源的差異如何能解釋這兩家企業所採取的不同活動。

3. 在全球舞台上的競爭引發了究竟是國家、企業或兩者都在全球舞台上競爭這樣的問題。再者，許多企業發現他們可以在不同的全球型產業同時進行合作及競爭，以這樣的方式進行全球化策略管理稱為合作性競爭。請試著建構出一個二維的方格分別表示贊成或反對國家間或企業間進行合作及競爭的意見。

4. 典型的美國經理人透過短期的營運結果，例如：季別的股票淨值或年度的獲利率等等來獲取獎金。請問這種類型的獎金系統是否與全球化的競爭情勢相符？

5. 何謂產業界限模糊化？到底是什麼東西出現模糊化？為何會出現模糊化？產業模糊化為企業經理人帶來的長期影響為何？

6. 全球化對於小型企業參與競爭將提供更多或更少的機會？對於各種不同規模的企業而言，全球化帶來的相同挑戰為何？對於大型及小型企業來說，造成雙方在邁向全球化過程中出現差異的關鍵性因素何在？

7. 非營利組織及全球型幫派在塑造全球企業活動的過程中也扮演重要的角色。這一類組織及其他類似的組織（例如政府機構），在塑造產業活動及產業環境上扮演的角色為何？

8. 全球化企業個案：你選定研究的全球型企業其產業的營收規模有多大？與其他企業相較這家企業在產業中的排名為何？其主要競爭力是什麼？產業內的競爭情勢為何、主要的競爭對手是哪些？在全球市場上競爭的主要策略或方法為何？企業獲勝的方式是透過完全擁有的分支機構或透過合資或策略聯盟？這家企業是如何看待產業未來會發生的變化？

參考書目

Anders, George. (1989, Sept. 22). Going global: Vision vs. reality. *The Wall Street Journal*, pp. R20–21.

As good times roll, Indonesia's Chinese fear for their future. (1997, June 5). *The Wall Street Journal*, p. A18.

Asami, Hiroko. (1995, July 17). Asia. *Forbes*, p. 144.

Asia. (1995, July 17). *Forbes*, p. 141.

Bannon, Lisa. (1994, Nov. 17). Natuzzi's huge selection of leather furniture pays off. *The Wall Street Journal*, p. B4.

Barrett, Amy. (1995, Apr. 17). It's a small (business) world. *Business Week*, pp. 96–101.

Bartlett, Christopher, and Ghoshal, Sumantra. (1992). *Transnational management*. Boston, MA: Irwin.

Brandenburger, Adam, and Nalebuff, Barry. (1996). *Co-opetition*. New York: Doubleday.

Charan, Ram. (1991). How networks reshape organizations – For results. Reprinted in James Champy and Nitin Nchria (Eds), *Fast Forward*. (1996), pp. 15–38. Cambridge, MA: Harvard Business School Press.

de Geus, Arie. (1997). *The living company*. Boston, MA: Harvard Business School Press.

Dowling, Michael J., Roering, William D., Carlin, Barbara A., and Wisnieski, Joette. (1996). Multifaceted relationships under coopetition. *Journal of Management Inquiry*, 5(2): 155–167.

Drucker, Peter. (1994, Dec. 20). The new superpower: The overseas Chinese. *The Wall Street Journal*, p. A14.

Fahey, Liam, and Narayanan, V.K. (1986). *Macroenvironmental analysis for strategic management*. St Paul, MN: West Publishing.

Frank, Robert H., and Cook, Philip J. (1995). *The winner-take-all society*. Cambridge, MA: Free Press.

Ghoshal, Sumantra, and Bartlett, Christopher. (1990). The multinational corporation as an interorganizational network. *Academy of Management Review*, 15(4): 603–625.

Hamel, Gary. (1996, July/Aug.). Nine routes to industry revolution. *Harvard Business Review*, pp. 72–73.

Hamel, Gary, and Prahalad, C.K. (1994). *Competing for the future*. Boston, MA: Harvard Business School Press.

Handy, Charles. (1991). *The age of unreason*. Boston, MA: Harvard Business School Press.

Handy, Charles. (1994). *The age of paradox*. Boston, MA: Harvard Business School Press.

Hedlund, Gunnar, and Rolander, Dag. (1990). Action in heterarchies: New approaches to managing the MNC. In Christopher Bartlett, Yves Doz, and Gunnar Hedlund (Eds), *Managing the global firm*, pp. 15–46. London: Routledge.

Henderson, Hazel. (1996). *Building a win-win world: Life beyond global economic warfare*. San Francisco, CA: Berrett-Koehler.

Holstein, William J. (1992, Apr. 13). Little companies, big exports. *Business Week*, pp. 70–72.

Hout, Thomas, Porter, Michael, and Rudden, Eileen. (1982, Sept./Oct.). How global companies win out. *Harvard Business Review*, pp. 98–108.

How to live long and prosper. (1997, May 10). *The Economist*, p. 59.

Index of Foreign Billionaires. (1994, July 18). *Forbes*, pp. 152–218.

Inheriting the bamboo network. (1995, Dec. 23). *The Economist*, pp. 79–80.

Kao, John. (1993, Mar./Apr.). The worldwide web of Chinese business. *Harvard Business Review*, pp. 24–36.

Keen, Peter G.W., and Knapp, Ellen M. (1996). *Every manager's guide to business processes*. Boston, MA: Harvard Business School Press.

Kobrin, Stephen. (1991). An empirical analysis of the determinants of global integration. *Strategic Management Journal*, 12 (Special Issue): 17–31.

Krugman, Paul. (1994). Competitiveness: A dangerous obsession. *Foreign Affairs*, 73(2): 28–44.

Lorange, Peter, and Probst, Gilbert. (1990). Effective strategic planning processes in the multinational corporation. In Christopher Bartlett, Yves Doz, and Gunnar Hedlund (Eds), *Managing the global firm*, pp. 144–163. London: Routledge.

McRae, Hamish. (1994). *The world in 2020: Power, culture and prosperity*. Boston, MA: Harvard Business School Press.

Mao, Phillipe. (1994, July 18). Hong Kong and Macau. *Forbes*, pp. 158–159.

Melin, Leif. (1992). Internationalization as a strategy process. *Strategic Management Journal*, 13: 99–118.

Miller, Karen Lowry. (1995, Apr. 10). The Mittelstand takes a stand. *Business Week*, pp. 54–55.

Mintzberg, Henry. (1994, Jan./Feb.). The fall and rise of strategic planning. *Harvard Business Review*, pp. 107–114.

Moore, James. (1996). *The death of competition*. New York: HarperBusiness.

Nash, Nathaniel C. (1995, Feb. 26). Coke's great Romanian adventure. *The New York Times*, pp. F1, F10.

Nelson, Richard. (1992, Winter). Recent writings on competitiveness: Boxing the compass. *California Management Review*, pp. 127–137.

Ohmae, Kenichi. (1982, July 1). Beyond the myths: Moving toward greater understanding in US–Japan business relations. *Vital speeches*, pp. 555–557.

Parkhe, Arvind. (1991). Interfirm diversity, organizational learning, and longevity in global strategic alliances. *Journal of International Business Studies*, 22(4): 579–601.

Perlmutter, Howard V., and Heenan, David A. (1986, Mar./Apr.). Cooperate to compete globally. *Harvard Business Review*, pp. 136–152.

Pfeffer, Jeffrey. (1994). *Competitive advantage through people*. Boston, MA: Harvard Business School Press.

Porter, Michael E. (1980). *Competitive strategy*. New York: Free Press.

Porter, Michael E. (Ed.). (1986). *Competition in global industries*. Boston, MA: Harvard Business School Press.

Porter, Michael E. (1990). *The competitive advantage of nations*. New York: Free Press.

Prahalad, C.K., and Hamel, Gary. (1994). Strategy as a field of study: Why search for a new paradigm? *Strategic Management Journal*, 15(5): 5–16.

Prahalad, C.K., and Doz, Y.L. (1987). *The multinational mission: Balancing local demands and global vision*. New York: Free Press.

Reimann, Bernard C. (1994, Sept./Oct.). Gary Hamel: How to compete for the future. *Planning Review*, pp. 39–43.

Roth, Kendall, and Morrison, Allen J. (1990). An empirical analysis of the integration–responsiveness framework in global industries. *Journal of International Business Studies*, 21(4): 541–564.

Seagrave, Sterling. (1995). *Lords of the Rim*. London: Bantam.

Simon, Hermann. (1996). *Hidden champions: Lessons from 500 of the world's best unknown companies*. Boston, MA: Harvard Business School Press.

Stalk, George, Jr (1988, July/Aug.). Time – the next source of competitive advantage. *Harvard Business Review*, pp. 41–51.

Strategic planning. (1996, Aug. 26). *Business Week*, pp. 46–52.

Tanzer, Andrew. (1994, July 18). The bamboo network. *Forbes*, pp. 138–145.

Tanzer, Andrew. (1995, Dec. 23). Inheriting the bamboo. *Forbes*, pp. 48–50.

Weidenbaum, Murray L. (1996). *The bamboo network*. New York: Martin Kessler Books.

White, Roderick, and Poynter, Thomas. (1990). Organizing for world-wide advantage. In Christopher Bartlett, Yves Doz, and Gunnar Hedlund (Eds), *Managing the global firm*, pp. 95–113. London: Routledge.

Who wants to be a giant? (1995, June 24). *The Economist*, Multinational Survey, p. 4.

Wilson, Ian. (1990). The state of strategic planning: What went wrong? What goes right? *Technological Forecasting and Social Change*, 37: 103–110.

World Investment Report. (1995). New York: UN, UNCTAD.

Yip, George S. (1995). *Total global strategy*. Englewood Cliffs, NJ: Prentice Hall.

Ziesemer, Bernd. (1996, June). The overseas Chinese empire. *World Press Review*, p. 29 (reprinted from Wirtschaftswoche, Feb. 29, 1996).

第九章

科技的全球化

非洲一號計畫及其相關子計畫：企業活動的影響所及超越企業本身的環境

　　由美國長途電信暨通訊產業巨人美國電話電報公司（AT&T）所提出的非洲一號計畫，主要目的是要透過美國電話電報公司旗下的海底電纜子公司提供非洲國家一個基礎的寬頻傳輸系統，透過這個系統，非洲各個國家在發展的過程中所可能會應用到的其他長途電信通訊需求，例如無線電話或互動式電腦服務等等都可以獲得滿足。這樣的一個網路環境是透過環繞整個非洲大陸的海底光纖電纜，再加上得以串聯各個非洲國家及世界各國的閘道（Gateway）所構成，預估的成本約為二十到三十億美元。這個計畫的初步階段預計在一九九九年完成，其主要的工作是要利用長達兩萬一千英里的海底光纖電纜來連結四十一個非洲的臨海國家及島嶼；在後續的階段裡，衛星及現有的短波和光纖連結則會用來與其他內陸的國家作相互連結的動作。儘管非洲各國的領導者都非常希望自己的國家可以與這些高科技進行緊密

的結合，不過在國家內部進行適當的基礎建設所必須投入的經費卻使這些結合面臨很大的困難。根據南非交通及通訊執行負責人希爾文卡馬布（Severin Kaombwe）的說法，在南非光是要讓電話的普及率提升百分之十就必須要投注一百四十億美元的資金。除了這個問題以外，還有其他的因素將導致執行計畫需要高昂的成本。舉例來說，當電話通訊網路建構完成，非洲國家就必須要開始進行規模龐大的教育宣導活動，因為在撒哈拉沙漠以南地區（Sub-Saharan Africa）有百分之九十的人口在一生中從未打過電話，更別提用過電腦了。美國電話電報公司最初參與這項計畫的目的是要達成一九九三年國際電信通訊聯盟會議中對各大企業的期許，希望各大企業可以幫助非洲及世界各地的其他國家減少科技發展的差異，並藉此達成企業獲利及社會性的目標。在一九九五年，美國的 NYNEX 電信公司提出了環球光纖網路連結計畫（Fiber-optic Link Around the Globe Project, FLAG Project ），這個計畫的主要目的是要透過一條由日本到英國的海底電纜與非洲大陸進行連結；法國的阿爾卡特（Alcatel ）也提出了建構一條埋設在地中海，以摩洛哥為起點並沿著非洲西部海岸直到南非開普敦為止的海底電纜計畫。在一九九五年末，美國電話電報公司的海底電纜部門與阿爾卡特公司結盟準備進行海底電纜的埋設工作，不過在一九九七年的年中美國電話電報公司就將其海底系統事業部門賣給了 Tyco 國際公司（Tyco International ）。

　　從這個例子中我們可以發現，企業活動與政治和生活的文化相關層面之間日漸增長的相依情形，也可以發現長途電信通訊公司在營運效率上的快速步調。假設這些通訊用海底電纜的建構計畫得以成功，毫無疑問地，來自這種種新興機會所導致對於電話及其他通訊方式的需求，對於非洲生活的每一個層面都將會造成天翻地覆的變化。由此可以發現，企業的活動會對社會的期望造成影響，而社會期望的改變

又會產生新的需求，使得更多的企業投入參與各種不同類型的活動。
同樣地，發生在開發中國家的企業活動也會對於當地傳統的長途通訊
方式造成影響。舉例來說，中國大陸及南韓目前就協力進行美國及亞
洲大陸之間長途電信通訊專用海底電纜的架設；在海纜架設完成以後
估計將可以增加韓國及中國兩地之間通訊負載量的百分之六十，同時
也能加速這兩個國家與美國之間的連結。這條新架設的電纜將可以避
開目前現有連通北美及亞洲大陸的 TPC-5 光纖纜線。TCP-5 是一項由
美國電話電報公司與日本國際電話公司（Kokusai Denshin Denwa
Company，KDD 是日本國營的電信公司）兩大企業共同合作的產物。
目前美國電話電報公司及日本的 KDD 公司也正在洽談與中國協力合
作進行新電纜的架設工作，不過美國電話電報公司同時也透過與中國
企業進行合作，以避免因為政治因素的考量使得 KDD 公司決定撤回
資金或本身被排除在計畫以外的風險。這些在長途電信通訊產業內的
大玩家們目前所投資的新計畫不僅以亞洲地區為目標，更遍及世界各
個不同的區域。日本的 KDD 公司及美國電話電報公司在某些長途電
訊及通訊聯盟上是合作的夥伴，例如環球光纖網路連結計畫（Fiber-
optic Link Around the Globe Project, FLAG Project）及包含法國阿爾卡
特公司的亞洲太平洋電纜網路連結計畫（Asia Pacific Cable Networks
Links, APCN）聯盟等等。在沒有其他合作夥伴的協力合作下，日本
的 KDD 公司在一九九七年獲得美國聯邦通訊委員會的許可，提供美
國及世界上其他主要區域的連結，其中包含了美國與法國、比利時、
香港、蘇聯及蒙古之間的開放性迴路等等。從非洲一號（Africa One）
計畫我們可以看出科技及文化之間的連結關係，從泛太平洋光纖網路
的設置我們可以看出不同政治實體之間的連結關係，及不同企業之間
的互動關係；所有這些連接關係都反映在長途電信通訊產業及科技所
出現的變化上。

來源：AT & T enters the race to wire Africa.（1995, May-June）. Africa Report, p. 9.; Revzin, Philip .（1995, June 9 ）. Info-highway builders seek to change African nations' development priorities. The Wall Street Journal, p. B5B.

第一部份　全球科技革命

　　在各個不同層面下所出現的科技提升對於全球化的普及都是重要的推動力量；在長途電信通訊產業上所出現的突破性科技革新，使得資訊及創新的概念可以迅速地跨越國家的界線及時間與空間的阻隔。針對近來各項新突破所作的大略回顧可以發現到，這些突破往往傾向於高科技方面，而焦點也大多在於所謂的知識革命或資訊革命上。在本章中我們將會從所謂的高科技及一般科技來評估科技在世界各地轉移所造成的影響，並檢視這種轉移對於企業所造成的機會及威脅。本章的一開始將會對於科技作一個較為廣泛的定義，並描述種種與科技相關新發現的過程，在全球化的世界中出現了何種改變；並且思索這些我們稱作與資訊革命相關的變化如何促成其他的變化，同時也受到人類活動層面中的其他變化所促成。透過這些檢視我們將可以發現到許多科技上的突破的確為全球化帶來各種不同的機會，不過這些突破同時也為現有及未來的政治、經濟及社會系統帶來大小不一的挑戰。

工作相關技術的歷史趨勢

　　當基本的發明及發現運用在現實的議題上，這些發明就成了所謂的新科技，正如新產品或新流程的實際應用一般。各個不同層面的科技突破在歷史上時有所聞，而大部份類似的突破都為工作的完成帶來了革命性的改變。例如輪子的發明無疑是當時一個重要的產品突破，就如同工業革命時期生產線概念的引入一般為往後的人類生活帶來了

很大的變化。史派洛斯（Spyros Makridakis, 1989）在對科技發展的歷史回顧中提到，科技發展的歷史過程中有五個重要的特徵：

1. 在歷史演進的過程中，由人力所負責進行的工作往往受到許多不同工作方式的輔助、取代或擴大；當然同樣的模式（輔助、取代及擴大）也出現在智力方面的工作上，不過在時程上就比由人力所負責進行的工作來得緩慢許多。
2. 創新及突破通常都是以叢集的形式出現。
3. 在近兩百年來創新的速度有著顯著的成長，特別在工業革命發生以後。
4. 在各個不同的年代，因為科技創新所造成的結果，為個人及家庭生活都帶來了很大的影響。
5. 隨著時間的演進，科技的重要性也隨之提高

這些特徵是在歷史情境下衍生出來的，透過這些特徵也可以讓我們對於工業革命之後及工業革命之前的相同及相異處作出比較。

工作受到技術的輔助

五十萬年前人類第一次利用棍棒來輔助洞穴的挖掘時，工具科技的發展就正式的開啓了。隨著與工具相關的知識在早期人類之間流傳（不管是用口耳相傳或親自展示的方式），各種創新就不斷地出現，也改善了不少原始工具在使用上的問題，不過隨著創新的出現，這些工具也變得越來越複雜及專業化。透過這些工具的幫助，使得人們在狩獵、蒐集食物及儲存水源等方面更加簡便，也同時改善了人類的生活品質。在表9.1中所例示的諸如水利灌溉系統、大規模的商業經營及其他各種不同形式的創新都顯示出他們具有改善人類生活品質的潛

表9.1 歷史上的創新及突破的時期

預估年代差距（距離一九八八年大約幾年）	創新及突破	結果與原因
	技術性的創新及突破	
A 1750000	早期工具的製作	
B 100000	使用工具進行狩獵	擴展人類的技能
40000	製造並使用武器	
5500	輪子的發明	
D 4000	銅及其他金屬的發現	
3500	輪船及帆船的發明	
800	時鐘、羅盤及其他測量工具的發明	降低工作負荷、使人力的工作較為容易
E 600	火藥的發明	
500	活版印刷術的發明	
350	機械計算器的發明	加速並讓腦力工作的負擔減輕
210	蒸汽引擎的發明	
F 180	鐵路的發明	
150	電力的發明	
130	影像及聲音複製技術的發明	改善交通運輸的速度及舒適性
90	長途電信通訊技術的發展	
G 85	飛機的發明	
70	汽車及道路的發展	
60	化學產品的大量製造	增加長途電信通訊設備的傳輸速度及可得性
45	核子武器的發明	
40	電腦的發明	
35	家庭用品的大量製造	提升藝術及娛樂的品質
35	電晶體的發明	
30	化學肥料的廣泛使用	
30	智慧型衛星系統的使用	物質生活品質的提升
25	雷射的發明	
20	微型技術的發展（微晶片、生化科技及基因工程）	
20	太空人登陸月球	
	天然資源的開發與利用	
400000	狩獵維生	降低人類對天然環境的依賴
A 300000	火的利用	
150000	穴居或游牧生活的出現	
20000	定區生活的出現	
20000	家禽家畜的馴養	發掘大自然所具有的潛力
C 15000	農耕生活	
10000	利用動物進行運輸及勞務	
3500	水利系統的發展	
D 3000	風力的利用	天然資源的使用
2000	利用馬匹作為運輸及勞動的工具	
E 800	利用水位的差距來產生能源	
F 180	利用煤礦及石油作為能源	適應自然環境的變化
H 45	核子動力的發展	

表9.1 歷史上的創新及突破的時期（續）

社會及人力知識的成就

A	1500000	透過社會組織的幫助來照顧幼童	對於自然環境的掌控力量提升
	500000	語言的出現	
	400000	人口移居的出現	
C	20000	宗教的出現	社會化的需求
	7000	第一個城市出現	
	5500	字母的發明	
	5000	算盤的發明	知識的需求
D	3500	作爲交易媒介的貨幣出現	
	3000	數字系統的發明	
	2500	藝術、哲學及科學的發展	
	2500	民主政治的萌芽	對平等的追求
	500	科學實驗的盛行	
E	500	新世界的發現	
	475	馬基維利的君王論完成	
	400	大規模商務的出現	成就的欲望
	300	天文學的科學化	
	300	數學推論的發展	
	210	氧氣的發現（化學的發展）	
	200	美國及法國大革命	
	150	對於藝術的評鑑	英國數學家查爾斯巴比奇
F	150	政治的思想體系	（Charles Babbage）想要建造第
		（資本主義與共產主義）	一部計算機的努力失敗
	120	基因模型的建構	
	100	財務金融、銀行及保險等機	
		構的成立	
G	80	相對論的出現	降低未來不確定性的欲望
	50	電腦的概念透過數學演算法的	
		形式呈現出來	

醫療的發展

D	2500	透過醫生來治癒疾病	疾病的治療
E	500	根據完整的醫療診斷來進行治療	
	300	具醫療效用的藥物出現	人類壽命的延長
	90	X射線的發現	
	55	抗生素的發明	提供較佳的診斷
H	30	口服避孕藥的發明	避免不需要的受孕
	20	組織及器官移植	
	10	電腦斷層掃描	

A=The Emergence of human domination 人類統治地球的階段開始 B=The first hand-made tools to extend human capability 第一件手工製作的工具出現，可用來提升人類進行工作的速度及效率 C=The beginning of human civilization 人類文明的開始 D=The foundation of modern civilization 現代人類文明的基礎 E=The foundation of modern science and society 現代科學及社會的基礎 F=The start of Industrial Revolution 工業革命的開始 G=The Industrial Revolution 工業革命的階段 H=Spin-of fs of the industrial revolution, the start of the information revolution 工業革命副作用，資訊革命的開端

來源：Makridakia, Spyros.（1989）. Management in the 21st century. Long Range Planning, 22(2):37-53.

力。從山頂洞人的時代一直到現在，隨著技術的改善，各種創新的點子也源源不絕，對於歷史上的每個不同階段也都造成了或多或少的影響。除此之外，各種技術上的創新並非只出現在爲一般大眾所熟知的商品方面，生產過程的創新也在工作如何組織、完成、評估等方面不斷地出現改變；人類在思考流程方面的轉變同時也影響了他們對於世界的概念。

在許多不同領域的工作流程及與新發明相關的技術性突破，例如數位化電子商品等等都有一個共通點：透過這些新的突破將可以使人類的生活更爲簡便。在已開發經濟體中所出現的從勞動型工作到知識型工作的持續性轉移例子中，我們可以發現到目前的工作情勢已經從體力的勞動，轉向知識的利用，而知識是一種個體的資產，其主要的特性就在於可以不斷地更新，並且也不像肌肉一般可能會在勞力工作的過程中出現緊張或受傷的情形。目前仍舊有許多可以輔助知識型工作的技術正不斷地發掘出來。

創新往往以叢集的方式出現

創新往往以叢集的方式出現最大的因素是，單一卻意義重大的技術突破通常會引發人們對於爲了要完成工作所立下的傳統假設，進行重新的思考。看到了一項變革，人們不僅會模仿，他們還會創新、增加新的特點或找尋技術革新後的新使用方式。早期的技術革新是鬆散的，只有在人們進行長途旅行時才會有傳遞的機會。舉例來說，儘管以文字的形式進行溝通早在五百年前喬漢古騰堡（Johann Gutenberg）以活版印刷的方式印刷基督教聖經就出現了，不過在大部份的人們都具備有閱讀及寫作能力以前，以文字形式進行的知識傳遞還是有所限制。也就是說在教育相關的技術尚未發展完全以前，與閱讀相關的流

程技術是受到限制的。此外，在郵件及其他分配系統尚未發展完善以前，活版印刷的書籍只能透過個人旅行的一對一方式，或透過緩慢的運輸船來將這樣的科技傳播到世界各地。歷史上的第一份電報是在一八七八年由通訊業的先鋒所發出的，儘管這樣的技術為往後全球快速通訊系統建立起良好的基礎，不過還是比可移動式的資訊（活版印刷書籍）晚了將近四百年。通訊效率的提升及在一七六○到一八三○年代蒸氣引擎的問世，將產品及流程技術的發展又往前推了一個世代，在這段時間內所產生的技術創新就是一般所稱的工業革命。之後世界各國在一八八○年到一九三○年之間所出現的進展則必須要歸功於電力系統的普及、工業化國家大量生產技術的成熟及在這些國家中工作的定義邁向新的階段有關。

創新的速率隨著工業革命而出現變化

在兩百五十年以前，組裝一隻手錶所必須要用到的各個零件，都是由負責製作手錶的名家、他的助手及一到三位學徒親手打造而成的，完成一隻手錶的時間大約是一個月，而成本以一九九四年的美金計算大約是一萬美元（Makridakis, 1989）。這樣的生產系統稱為手工藝的系統，因為在這個系統中需要一位或多位工作者來負責製造商品。類似這樣的手錶製造、紙類生產、家具製造及其他藝術或手工藝在某些地區是否能繼續存在，有很大的程度必須仰賴這些手工藝家所具有的專業技巧及其訓練其他人員進入該產業的意願。因為手工藝家教授技巧的限制使得在這個行業的工作機會自然地受到很大的限制，此外，因為手工藝類商品在生產的過程中所需要的大量人力，成本的耗費相當可觀也造成了需求受到限制的情形出現。

從過去的歷史中再也沒有任何一項變革能夠像一七七○蒸汽動力

的引進一般，對整個工作環境造成了如此革命性的影響。因爲蒸氣引擎出現所帶來的改變，不論對於工作的環境甚至是人類的生活都造成了重大的改變。蒸汽動力的引入爲生產技術帶來的一項最重大突破就是，商品可以在工廠的工作流程中透過大量生產進行製造。透過由蒸汽帶動的工作機台，商品可以以批次的方式進行生產而不再像過去一樣個別生產，也因此將許多手工藝家帶入工業化的生產模式。也因爲蒸汽引擎在完成工作方面所造成的改變，使得許多在田野工作的農民大量住進城市及小鎭開始從事工業化的工作。

除了蒸汽引擎的引入造成工作環境的改變以外，勞工組織同樣也出現了變化。裝配性的工作使得生產者得以降低成本，並且提供更多的商品給更廣泛的購買者；不過在工廠生產的過程中同樣也爲企業家帶來各種不同的挑戰。隨著在裝配線上進行工作的員工越來越多，將各項不同的裝配工作有效地進行組織的必要性也隨之提升，因此作業標準化及作業的規定應運而生。舉例來說，在工廠內部進行工作要求所有員工必須以相同的步調進行運作，而不再以個人方便爲主要考量；也因此員工之間遵守時間限制的要求也就隨之提高，也使得員工對於時間方面更加的注意。除此之外，企業家也發現到如果工廠內部的所有員工都能夠以相同的方式來完成相同的工作，那麼生產的效率將可以獲得有效提升，不過也因爲這樣的假設使得員工個人所持有的創新概念遭到壓抑。在這樣的狀況下，使工作不僅變得更爲標準化與常規化，來自各個不同背景的員工都可以接受訓練來完成相同的工作。造成的一個結果就是以往由手工藝家所持有的專業化知識，再也不是工作流程中的核心部份了。此外，決定工作如何完成及何時完成的責任，也由個別的手工藝家轉向企業的擁有者，因此這些企業擁有者的工作又多了組織工作場所內部所有個別性工作這個項目。

最後，隨著裝配線上的工作越來越繁多及組織的規模越來越龐

大，企業的擁有者開始發現自己要進行所有組織功能的協調既不可能又不切實際。因此有越來越多的企業擁有者開始雇用專業的經理人，以協助決策的制定及推行。這些經理人所必須要負責的並不只是監督員工是否有在既定的時間內完成工作，這些經理然還必須要建立獎懲系統、分配資源及完成許多傳統上與管理有關的工作，例如：規劃、組織、委派及控制工作進度等等。儘管從當今的觀點看來，以專業經理人來取代企業擁有者來進行管理方面的工作，並不算是什麼革命性的改變。這個改變在錢德勒（Alfred Chandler）所撰寫的名著《可見之手》（The Visible Hand, 1977）中有詳細的紀錄，之所以會這樣的命名是因為，錢德勒在該書中呈現出企業內部的管理實務，在協調各項經濟活動的過程中是如何取代市場機制的運作。不管是由企業擁有者或由專業經理人來進行管理的工作，管理所必須要面對的一個挑戰還包括了重新塑造企業內部員工對於工作所抱持的態度。在小故事9.1所呈現的例子中，讀者將可以發現到企業重塑與工作有關的文化及社會價值是多麼的重要。

在工業化出現的早期，企業所生產的商品並不能順利的在不同的國家及區域內流通，因為大部份的分配系統在當時並未建構完成。在早期與企業有關類似這樣的限制再加上高度需求及區域性市場的競爭情勢逐漸升高，使得企業的擁有者及內部的經理人將大部份的焦點都擺在組織內部的因素上，特別是在人力及生產的管理兩個方面。儘管在蒸汽船及鐵路發明之後，企業進行國際間的擴張變得更為容易，但是將焦點擺在組織內部的概念依舊根深柢固而少有改變。所謂在國際間進行擴張包含從開發中國家生產原物料，增加生產國所能獲得的附加價值，之後再將成品銷售到本國及國外。

小故事9.1　工作對於行為的重塑作用

　　在工業革命的早期，企業組織要求員工必須要經過一段時間的訓練，不過大部分的英國勞工都具有變化無常、焦躁不安並經常缺勤的特性，尤其是在每星期剛開始的前幾天。此外，在工作進行的過程中，他們會出現漸歇性認真的情況，也就是會非常努力工作一段時間，之後就會有一段時間非常地懈怠；然而這樣的情況卻與裝配性工作需要一致性的工作流程相違背。於是工作規定的概念成為員工訓練的一項重點，這些規定包括有解雇、罰款甚至是肉體的處罰等等。而員工獎勵系統也慢慢建立起來，企業會依工作成果發給薪資或透過轉包給工作小組的方式來激發員工努力工作的動機。最後，企業組織希望員工具有更高的工作道德並培養基督徒的氣質。不管如何，根據某些人的看法，勞動階級在工作道德上的提升，與工作場所內部所進行的訓練具有較高的連結關係，而與員工本身所具有的人格特質較無關。

來源：Pollard, Sidney.（1963, Dec.）.Factory Discipline in the Industrial Revolution. Economic History Review, Second Series, 26(7): 254-271

技術革新的副產品對個人與家庭生活造成的影響

生產的程序由手工藝階段轉移到裝配線生產的階段對於個人的生活也造成了不小的影響。爲了獲得現金的收入，人們開始在工廠進行工作，也因此人們必須要購買類似食物等等過去由自己進行生產的商品。儘管這樣的變化爲人們帶來了挑戰，不過人們也因爲這樣的改變而獲得不少利益。例如有許多人們已經可以負擔因爲大量生產而造成價格下跌的商品（如懷錶），而這些商品在過去只有富人才承擔得起。類似這樣及其他象徵性的改變使得許多人毫無疑問地較爲偏好裝配線生產所帶來的富足，而非過去的農耕性工作。這樣的革命將社會帶進了一個對商品及服務需求大增的時代，也或許可以說是消費者時代的誕生，在這樣的時代人們購買商品背後的動機往往是慾望大於需求。

其他因爲工業化所造成的影響層面還包括了人們在哪裡居住及工作，還有他們如何居住及工作等等。爲了要進行大量的生產工作，人們拋棄了在鄉村及田園的生活，開始聚居在工廠的附近，也因此城市開始慢慢地出現。因此我們可以說因爲工業革命所帶來的其中一個結果就是城市區域的出現及其範圍的擴張；城市化對於個人的生活及社會和文化單位的重組也造成了很大的改變。過去田園工作所具有的自主性及變化性，慢慢地也被工作時間標準化、規範化的裝配性工作所取代。正如同我們在全球化情境中所驗證的，在生活或工作上某個層面上的行爲改變，並不會在一夜之間造成其他不同層面在態度上或行爲上的改變。文化方面的改變在速率上永遠都趕不上技術的改變。就如同，在過去家庭裡的每一個成員（包含幼童）都會在田野進行農務，因此任何在工廠內部工作的人都能夠因爲任務的完成而獲取應得

的工資。所以在那個年代，工廠中常會見到年僅九到十歲的幼童一週
六天在工廠內工作，甚至有時工作時間還會延長到十二或十六小時。
儘管這樣的狀況以現今已開發經濟體的角度來看是既不合法也不合情
理，不過如果我們想想當時的情境，會出現這樣的狀況也就不足為
奇。另外有一點很重要的是，因為在工業革命時期工作具有標準化及
規範化的特性，在工廠內部進行工作的勞工，對於整個工作流程而言
其地位就如同是一個齒輪，一個可以替換的齒輪。因此，儘管工廠的
工作可以帶來許多利益，同樣也出現了許多成本。對於個人來說，機
械化所帶來的成本就是個人自主性的流失。不過在那樣的年代，勞工
之之所以會為雇主所任用，其主要的原因並不是勞工的思想而是有效
率地完成重複性工作的能力，因此不管是雇主也好勞工也好，都或多
或少犧牲或忽視了組織內部個人創意所具有的潛力，這些創意也就是
我們目前所稱的知識性工作。

工業化帶來的五項改變

　　丹尼爾羅傑斯（Daniel Rodgers, 1978）相信，在一七五〇年到一
八三〇年間所發生的工業革命為整個社會帶來了五項改變。這五項改
變包含了先前所提到由農業經濟到工業經濟的轉移，還有西方國家的
城市化情形；另外三項因為工業化造成的影響是：

1. 無先例可循的人口成長；
2. 史無前例的生活品質提升、已開發國家人口壽命的倍增；
3. 持續發生的技術突破及變革創造了一種持續性變化的感覺，即
   變化會不斷地出現。

　　正如同全球化所帶來的技術突破一般，因為工業革命所帶來的變
革不僅具有持續性，更像是永不止息一般，同時也形成了一種警示。

目睹了因爲城市化、工業化及工作內容標準化所帶來的社會分裂，許多人相信在不久的將來機器將會使人力的需求消失甚至取代人力。其中最劇烈的一個反應就是在一八一六年由一個稱爲魯德（Luddites）的集團所採取的行動，這個集團透過搗毀紡織機械爲手段而試圖要保有紡織工人的工作。因爲政府的快速鎭壓行動使得魯德集團很快地消失了，不過魯德這個名稱卻永遠留存在那些質疑技術變革所能帶來的效率性及試圖阻止技術繼續更新的人們心底。目前所稱的新魯德份子（Neo-Luddites）是用來稱呼那些想要回復到簡單的生活，而不希望受到過多因爲人們的慾望而非需要而購買的商品所擾亂的人們。正如同一般相信工業化機具會把人們變成整個生產流程中的一個小齒輪一般，電腦的出現一般也預期將會取代目前在生產線上大部份由人力所負責進行的自動化工作。根據史蒂芬泰伯特（Stephen Talbott, 1995）的看法，當人們連結上電腦網路，有許多重要的人性特質將會因此而慢慢的喪失。

另外還有某些人或許不應稱爲魯德份子，不過這些人確實也非常關切人們對於科技的使用及人們在未來應該要怎麼走等等議題。舉例來說，未來學家認爲，非刻意進行的、未知的及目前尚未出現結果的技術革新，其最終對於人類生活所帶來的影響將會超乎其原本的假定。在表9.2中本書提供了許多技術革新爲人類生活所帶來的第三、第四甚至是第五層影響；例如電視的發明，在全球化的社群中其影響力可能不如當初所預期一般將會提升人類的生活品質，相反地可能會大量降低人類的生活品質。

表9.2　電視科技的多重效果

第一重	第二重	第三重	第四重	第五重	第六重
人們在家庭中擁有娛樂及教化的媒介	人們在家庭的時間增加，而不再是到其他場合與朋友見面	在同一個社區的住戶無法時常見面，彼此間的認識也不深	在同一個社區的住戶無法在問題發生時聯合起來，反而像是陌生人一般；個人傾向於孤立，與鄰居的關係也相當疏遠	因為與他人之間的關係疏遠，因此家庭成員間彼此會在心理需求上相互尋求滿足	因為無法在家庭成員間取得心理需求的滿足，可能會造成挫折並爆發衝突，離婚或虐待等情形也可能出現

技術變革的速度目前正急遽上升

　　數位化電子產品、微型機械、長途電信通訊產品、電腦、自動化機械人、人工智慧、基因工程、低軌運行衛星及雷射導體等等僅是許多造成現今全球人類及組織之間的關係出現革命性轉變的技術中的一部份。醫療方面的突破從出生率的控制到疾病的控制將更多的人們帶入工廠參與工作的進行；產品及流程的突破更持續地改善人類工作的本質與面貌；而資訊方面的突破則使得人們與資訊形成組織中不可或缺的資源。以一九九四年的觀點來看，一件在兩百年前必須要耗費手工藝家一個月的時間付出相當一萬美金成本才能製作的藝術作品，在一九九四年僅需要不到一分鐘就可以製作完成，而所必須要耗費的成本甚至低於一美元。

　　因為世界各國間技術轉移的障礙逐漸消除，因此目前技術突破的

速度正出現急遽加速的情況。許多企業積極地想要利用這股趨勢，其中更有不少企業已從中覓得許多機會。其中的一個機會就是企業可以從全球各地雇用具有高度技巧或高教育背景的員工。舉例來說，國際資料解決方案公司（International Data Solution）就爲美國的法律諮詢公司掃描案件及顧客的資料，並藉由人造衛星的協助將這些資料傳送到菲律賓。在菲律賓的員工對這些文件進行整理並製作索引以利於在美國的電腦網路隨時可以作存取的動作；國際資料解決方案公司在維吉尼亞洲雇用了兩名全職的員工，在菲律賓則雇用有超過三千名的員工。該公司的總裁肯尼斯（Kenneth R. Short）說：「隨著資訊高速公路（Information Superhighway）革命的發生，只要工作的成果在品質上、價格上及服務上都能符合顧客的需求，那麼工作究竟在哪裡完成並不重要，而這樣的**趨勢**目前正急遽地成長」（Engardio, 1994a, p. 119）。不過變革速度的提升對於企業組織而言也是一種**警訊**，從小故事9.2長途電信通訊業的例子中讀者可以清楚地看到這樣的觀點。

工業革命及資訊革命之間的共同點

工業革命及資訊革命之間最大的共同點就是這兩個革命都造成了勞工應該要如何組織等議題上的重大改變，除此之外這兩個革命都促成了人們開始討論工作及組織在人類生活中所應扮演的角色。在資訊時代，因爲工作環境的重新組織，使得自工業革命以來對於工作及組織的傳統定義面臨了強大的考驗。對於傳統組織運作所造成的特殊挑戰包含有：組織應該以階層的方式建構、低成本的勞工就是低技術的勞工及管理者應該負責制定所有重要的決策等等。此外，正如同發生在工業革命時期的狀況一般，在資訊時代人們同樣對於企業組織的終

小故事9.2 美國全球通（Global Link）與印尼衛星公司（PT Indonesia Satellite）的全球合作夥伴關係

　　就在不久以前，因為國際越洋電話的高昂成本及電腦在全球各地逐漸普及兩項因素的刺激下，在長途電信通訊市場上出現了一個稱為回撥電話服務（Telephone Call-Back Service）的利基市場。舉例來說，在美國申請有回撥電話服務的客戶可以用很低的費率，撥打一隻美國當地的電話，之後掛斷電話；接著回撥電話服務的電腦系統會回撥給該位客戶，而該位客戶就可以利用本國電話的費率撥打國際電話，最高可以節省百分之五十的成本。不過，因為在全球長途電信通訊市場的激烈競爭下，消費者撥打國際電話所需付出的成本已經大幅降低，也造成回撥電話的利基市場大幅縮小。因此，美國一家提供回撥電話服務的主要業者全球通（Global Link），便與印尼的大電話公司進行結盟。印尼衛星公司（PT Indonesia Satellite）與全球通共同合作透過租借光纖纜線在德國及日本架設電話交換機（Telephone Switch），並與其他的光纖網路連結。透過這項策略的聯盟，兩家公司得以繼續在全球長途電信通訊市場上與其他競爭者分食市場的大餅，不只可以透過回撥電話服務來獲取利潤，也可以提供國內的電話服務。

來源：Schenk er, Jennifer L.（1996, June 24）. USA Global Link Aims to Change Focus from the 'Call-back' Phone Business. The W all Street Jour nal, p. A9B

極目的及其社會功能產生了許多質疑。

工作組織發生的改變

　　正如同工業革命對於組織所造成的影響一般，資訊革命對於人類的工作應該如何組織同樣地也造成了許多改變。舉例來說，在工業革命時期，人們放棄了傳統在家庭中進行工作的習慣而進入工廠或辦公室進行產品裝配的工作；在資訊革命時期，因為通訊技術的進步，人們可以藉由各種不同通訊技術的輔助在家裡甚至是其他不同的地點完成工作。透過通訊技術所能得到的利益除了使人們對居住地點的選擇更為自由、免去了長途通勤所耗費的時間等明顯的好處之外，因為通訊技術所帶來的第二層、第三層影響還包含有人們的直接接觸減少，還有人際關係的疏離等等。過去因為郵政系統具有速度過慢及不確定性等因素使得人們對於這類通訊方式抱持抗拒的心理，目前可以透過傳真的方式來進行，對於那些有網際網路連線的國家，電子郵件則是一個更為迅速的方式。對於擁有許多類似電話及個人電腦等資源的已開發國家來說，忽略掉在許多開發中國家或許並未具有類似資源是很平常的。實際上，全球人口中有超過半數並未使用過電話，甚至有百分之八十的人家裡並沒有電話；在拉丁美洲國家的人口中僅有百分之七有機會使用電話，而正如本章開頭小故事所提到的，在非洲僅有少部份的人得以使用到電話這項資源。在許多開發中國家，資訊革命所帶來的改變同時還伴隨著工業化造成的改變。初次接觸到電話的人們同時也開始學習使用傳真機設備、電腦輔助設計（Computer Aided Design, CAD）、電腦輔助製造（Computer Aided Manufacturing）還有電腦化等等隨著資訊時代而來的各種新用語。

　　世界各地財富的迅速累積也創造出一個全新的消費者社會，在這

個社會中的人們迫不及待地想要試用各種新產品及新服務；例如電話技術的革新使得企業活動的範圍可以遍及更多的家庭、企業甚至是國家。在這樣的一個過程中，組織的參與者發現到在新市場中也出現了許多新的完成工作方式；例如，行銷人員發現到新近的電話使用者對於電話行銷有較高的接受度。此外，資訊管理技術的改善使得企業針對個別需求製造商品成為可能，企業也開始針對規模較小的消費者群體（例如頂客族（Double Income No Kids, DINK））設計商品，並且透過市場區隔的方式將焦點訂在某個特定的市場顧客群，而不再如同以往採用大眾行銷的方式營運。舉例來說，美國的有線電視新聞網CNN行銷部門及美國運通（American Express）兩大組織合力將美國運通使用者中百分之十的義大利人的特性描繪出來，並利用這個資訊找出三十萬名義大利人作為直效行銷廣告郵件的主要寄送對象；透過這個方式，美國運通公司節省了對於全部的消費者進行郵件寄送，並承擔高度失敗風險的龐大成本。對於大部份的組織，特別是那些規模龐大且歷史悠久組織來說，如果沒有先進行組織的變革是無法及時掌握這些機會的。任何組織內部的變革（不管是組織結構上、流程上或人員上的變革）都應該要使企業更能因應全球市場帶來的不確定性，而這些變革對於組織的結構、流程及人員都會造成交互的影響。

工作關係上發生的改變

　　如同前文所提到有關資訊革命所帶來的變化以外，工作關係也因為資訊革命的出現而有了許多改變。舉例來說，因為資訊對於組織所具有的重要性日漸提升，因此透過取得組織所需要的資訊也成了獲得地位或組織內部權力的一種方式。取得這一類資訊的能力主要並非來自傳統的訓練或佔有，而是較仰賴直覺及創造力。在這樣的情況下，

就算受過訓練較少的年輕員工也有機會可以擔任管理階層的職務，而不再像過去一般，管理階層的職務大多數是保留給那些因為以往的工作經驗而對職務較為熟練的資深員工。此外，在往後的企業組織內部將會聚集著來自各個不同背景的員工，並透過各種不同的方式來面對組織的挑戰並達成組織的目標。目前我們從許多組織的例子中可以發現到以往的組織結構已經不再是企業建構內部組織的唯一考量，扁平式的組織結構或水平式的組織結構目前都十分的常見，而企業募集員工的範圍也已經擴展到全球。然而，與過去企業組織所抱持的「工資低廉的員工就是技術較差的員工」概念相違背的是，在許多開發中國家工資低廉的員工，相較於在工業化國家擔任同等職務的員工，在教育的水平上其實是不相上下的。在小故事9.3中所提到在印度矽谷-班加羅爾（Bangalore）擔任軟體工程師職務的例子就可以說明這個觀點。

在組織內部因為資訊技術的出現同樣的也為工作如何完成這方面帶來了改變。目前對於許多工作者而言，電腦已經成為日常工作中不可或缺的一部份；而透過網際網路所進行的內部及外部通訊也越來越頻繁。在小故事9.4中所提到有關克萊斯勒汽車公司（Chrysler）想要透過內部網路的架設將企業內部網路化的例子中我們可以發現，儘管變革的出現可以帶來很多機會，但是這些機會在實行上往往都有著某種程度的困難。

工作與社會生活組合的改變

就像人們面對工業革命的心情一般，許多人也擔心資訊革命的出現將會加速人們在工作及社會生活中許多不願見到的改變出現。舉例來說，儘管藉由傳真、電話及網際網路的持續溝通特性可以使人們受惠，不過伴隨而來的卻是將人們與工作緊緊地束縛在一起，也減少了

小故事9.3　印度的矽谷

　　在印度每年高達四億八千五百萬美元的軟體銷售額，只不過是每年預估價值高達八百五十億到一千五百億美元的印度軟體產業中的一小部分；不過這同時代表著十二萬五千個電腦軟體工程師的工作機會，其中全印度最受矚目的地區就是在印度南部班加羅爾（Bangalore）附近的印度矽谷。儘管印度在教育方面的成就廣受認可，不過一直到最近，才有少部分的印度電腦軟體工程師得以申請在全球其他地區的工作機會。此外，因為網際網路的盛行使得與軟體工程有關的專家知識可以輕易地透過網際網路傳遞到世界各地，當然也包括班加羅爾，不過也有少部分的美國公司在班加羅爾設立分公司，其主要的目的就是要網羅當地的傑出人才。根據一項調查數字指出，美國財星雜誌（Fortune）所選出的前五百大企業中已經有超過七十五家公司準備與印度的軟體公司簽訂契約，預計進行軟體發展的合作計畫，其中也包括國際間相當知名的諾茲特洛姆百貨公司（Nordstrom）及微軟公司等等。

來源：Bjorhus, Jennifer.（1996, Sept. 15）. A Byte of India. Seattle Times, pp. E1, E2.

人們休息、社交及家庭生活的時間。在美國西岸的許多股票經紀人發現到，必須要在清晨五點起床趕上美東紐約證券交易所開市的時間，努力地工作直到夜晚並等待東京證券交易所開市。在其他產業的狀況

小故事9.4 克萊斯勒汽車的企業內部網路

所謂的企業內部網路（Intranet）所指的是架設在企業內部的私人性網際網路，其規模及複雜度都比全球資訊網來的低。透過企業內部網路除了可以利用電子化訊息傳輸以節省紙張的浪費之外，也可以因為高度的資訊共享及時間與金錢的節省而使得企業獲得高度的利益。根據美國矽谷扎那市場研究公司（Zone Research）的調查數字指出，企業花費在建構企業內部網路的投資，將可以回收高達五倍的獲利，從一九九六年的二十六億美元成長至一九九九年的一百三十億美元。從克萊斯勒汽車公司架設企業內部網路的經驗中，讀者可以了解到透過企業內部網路的建構，儘管企業必須要付出相當的成本，不過同樣地也創造了許多的機會。克萊斯勒汽車公司的企業內部網路成本不高、運作速度快、企業經理人可以更方便地與幕僚人員進行溝通，同時更降低了紙上作業所固有的侷限。舉例來說，當大型車開發小組（Large-car-platform）的計畫領導人肯尼斯提克（Ken Nestico）發現到可以在每部汽車的製造過程中，透過某些步驟節省兩美元時，他馬上透過電子郵件的傳送下達進行這項步驟的指令。不過在某些狀況下負責計畫執行的工程師也可能會忽略了這個重要的訊息，使得克萊斯勒公司在指令尚未執行的這段時間內耗費了多餘的成本。這個例子所帶給我們的啟示就是，在一個成立已久的企業中，要員工改變過去透過紙張傳達工作命令的習慣一時之間很難改變。從這個故事我們也可以了解到要在企業組織內進行企業文化的變革，往往也需要伴隨著技術的變革共同進行，在這樣

> 的狀況下變革成功的機率才會較高。
>
> 來源：White, Joseph B.（1997, May 13）. Chrysler's Intranet: Promises vs. Reality. The Wall Street Journal, pp. B1, B7.

也類似，爲了要達成服務顧客的承諾意味著企業整體員工、醫療院所及社會服務機構必須要每週七天每天二十四小時運作。儘管在美國這樣全天候的服務對於消費者而言帶來極大的便利，不過也造成了銷售人員在週末及假日期間進行工作所造成的龐大人事費用。因此，顧客服務導向對於企業內部員工來說也可能會造成極大的壓力。因爲長途通訊技術的改善，工作及非工作生活之間的界限逐漸模糊，個人生活及職業生活方面的隱私也會有所犧牲。因爲不僅雇主可以隨時查閱這些長途通訊設備的運作情形，企業也可以透過互動電視或電腦網路來檢視員工的居家生活情況，而網際網路的連結更可以透過網站點閱率的計算來描繪個人的概況。這些及其他類似的挑戰使得世界各國開始認爲資訊技術的提升同時也帶來了許多成本。

資訊革命與工業革命之間的相異處

對於無形資產的依賴性提高

　　不同於工業革命時代，土地、勞力及資本等因素對於經濟成長具有決定性的地位；在資訊革命時代，促進經濟成長的主要力量往往是看不見的資訊，更明確地說就是知識。根據李察沙爾烏爾曼（Richard

Saul Wurman, 1991）的看法，每週五天所發行的紐約時報（New York Times）中所提供的資訊，比任何一個在十七世紀英國人一生中所能吸收到的資訊都來的高出許多。從這個敘述中看來我們可以發現到資訊供給量幾乎每五年就出現一倍的成長，不過從現在看可能每兩年就會出現一倍的成長。從表 9.3 中我們可以發現到個人生活及職業生活從一九八三年來究竟發生了何種改變。假定可供一般大衆吸收的資訊暴增現象持續不變，我們將會十分訝異的是事實上人們不僅是取得了這些資訊，更完成了在日常生活中所必須要完成的所有工作。

　　儘管資訊爆炸是不爭的事實，不過重要的是我們必須要區分出那些能夠產生知識的資料及資訊。所謂的資料是許多事實的集合，例如：數字、名稱或數值；這些資料可以從實驗中取得，不過在缺乏解釋的情況下，這些資料並不具有任何內在的意義。此外，正如同我們在第五章所看到全球各地不同國家國民生產毛額（GDP）的數據一般，數據並非永遠可靠，其內在的意義也或許與我們所假定的有所差異。透過對於相同資料的操作，也可能會產生完全相異的看法。當資料經過處理、操作或分析之後，所得到的結果有可能是資訊，也有可能是假情報（Disinformation），例如意圖誤導資訊閱覽者的假資訊等等。最後，資訊就是所有透過學習、經驗或實驗所得到的事實或資料；資訊最主要的目的就是讓資訊的閱讀者能夠獲取更多的情報。透過對於資訊的衡量確定資訊是否具有價值，並且藉此評估這些價值是否足以作爲產生知識的基礎。舉例來說，儘管在學生的週遭充滿著各式各樣的事實與資料，不過要想透過這些事實與資料的幫助來增進學生具備的知識，學生們就必須要衡量並將這些資訊進行同化以形成有意義的整體才行。根據未來學家麥可馬里安（Michael Marien, 1997）的看法，資訊革命對於人類的思維具有負面的作用，因爲這些資訊往往充斥著商業化及娛樂的性質，而佔有了那些原本有助於提升人類生

表9.3　在資訊時代所發生的變化

美國企業辦公室在一九八三年到一九九四年之間電腦的數量共增加了：兩千五
　　百萬台。

從一九九五年至今全球資訊網首頁數目加倍所需要的時間：五十三天。

美國人民聲稱其日常生活時間不足以完成所有工作的比例：百分之五十一。

一九九六年美國家庭每週花費在瀏覽網際網路的平均小時數：六點三小時。

網際網路資訊導遊的時薪：一百美元。

一九八七年到一九九四年美國企業辦公室及家庭傳真機數量共增加了：一千萬
　　台。

美國企業經理人每年花在找尋誤置資訊的時間：六週。

美國境內每天所傳送的電子郵件平均數量為：一億五千萬封。

一九九〇年到一九九五年間全球行動電話用戶成長數量為：七千七百萬。

一九九〇年到一九九六年國際越洋電話時間的成長為：倍增為六百二十億分
　　鐘。

活品質、強力的社群及更具意義的知識等等資訊在人類思維中應納入
的空間。尼可拉斯尼古魯龐帝（Nicholas Negroponte, 1995）更進一步
提示，數位化的出現使任何單一資料都可以透過紀錄而加以儲存，並
且能在任何時間任何地點為人們所取用。這也意味著在這個增加本身
學識越來越重要的世界，我們所面對的資訊早就已經出現了過量的情
形。這樣的資訊過量情形或許可以從一九九六年六月美國環球航空公
司（Trans World Airlines）八百型客機遭美軍誤射爆炸的事件中得到
一些啟示。儘管根據某項公開的數據聲稱其所依據的資料正確無誤，
不過這項資料隨即被發現是偽造的報導，僅以不具名的方式在網際網
路上流傳。從這個例子中我們可以發現確認資料來源的正確與可靠性
非常重要；在往後的年代要進行知識創造的過程中也是不可稍加忽視
的一環。許多人希望可以透過在這個資訊爆炸的年代進行資訊的整合
從而創造知識並在過程中習得技能，這也是資訊革命下一個階段所需

要的投入及期望得到的結果。

變革速度的大幅提升

　　工業革命的過程中技術變革耗費了數十年才完成，在資訊革命的時代類似這樣的變革速度要快上許多。在許多技術導向的產業例如：電腦、製藥、及生物工程等產業中許多革命性的技術變革往往不需要耗費十年的時間來促成，有些技術性的突破甚至在短短數個月或數天就出現了。根據一項由產品發展及管理協會所進行對兩百家美國企業的研究顯示，產品上市時程加速的原因不僅是因為設計師可以透過各種電子通訊來進行聯繫，另一個原因就是生產者的速度也變快了。舉例來說，根據惠普電腦的報導指出，在一九八○年代要設計並製造一台全新的噴墨印表機須耗時四年，不過到了一九九六年產品的研發時間則降低了百分之四十。透過超級電腦及各類複雜電腦應用軟體的輔助，使得不需要具備昂貴設備的生物實驗室及風洞實驗室成為可能。透過新型的儀器、更有力的模擬機、具還有科學期刊中更新迅速的論文發表等等輔助，正如同杜邦公司（DuPont Co.）研發部門的資深副總裁米勒（Joe A. Miller, Jr）所說的，「在現代化的實驗室裡，我們的實驗速度大約是十五年前的五倍。」透過在這些研究人員及科學家的桌上型電腦中運作的複雜程式，人們將可以創造出比在一九六○年代建立核電廠及製造火箭等等科技發明更為出色的突破。

新平等所帶來的潛力

　　不同於以往因為工業革命所帶來雇主與勞工之間的差異，在資訊革命的過程中所帶來的平等是以往從來不可能發生的。舉例來說，不

管在個人權力或階級上經理人與員工之間有著何種差異，他們兩者都存在於相同的資訊環境中。除此之外，根據彼得杜拉克（Peter Drucker，1994）的看法，在工作上知識所具有的重要性越高，男女兩性之間工作平權的重要性也越大。因此我們可以說知識使得男女兩性在工作表現上出現了平衡的現象，此外因為知識的存在使得男女兩性在薪資所得及工作機會的分配上也出現了平衡的現象。在這個平等的過程中，許多人權促進團體也才能夠取得以往遭到國家政府壓制的種種資訊，並且透過電視及其他類似的媒體，向世界上的所有人們散佈性別、種族及其他不同形式的平等概念。除此之外，資訊共享也是平等得以促進的一個重要原因，透過資訊的共享可以為個人及企業帶來許多機會，不過同時也為國家帶來了各種不同的挑戰。

　　利用「資訊革命」這個字眼來描述當代的各種變革意味著，資訊科技在這個年代扮演著一個非常重要的角色，也是促成全球化的來源之一。不過同樣地，在世界上的許多地方，除了資訊科技以外的其他技術也快速地發展著，而這些技術，正如同我們所知的同樣的具有改變人類生活的潛力。在一九九五及一九九六年，在巴特列實驗室（Battle Laboratories）中那些最具有幻想力的技術專家被問到在下一個十年中能夠提供最終消費者利益與價值、為企業帶來競爭優勢的機會，及作為企業經營目標有力支持的前十項重要技術突破。在前文中我們曾經點出了有關技術快速改變的議題，從下面所提出的前十項重要技術突破中也可以發現到有些技術的變革甚至僅花費了一年的時間；在括號中指出的是在兩個不同年度所出現的差異（Millet and Kopp, 1996; Oleson, 1995）：

1. 結合遺傳學研究及製藥產業的遺傳製藥學（在一九九五年的研究中同樣名列第一，不過當時的名稱是基因排列）。

2. 客製化電腦（在一九九五年名列第二的是特級原料）。

3. 可以根據不同地理區域及運作速度要求而使用不同種類燃料的車輛運輸機器（在一九九五年的研究中排名第九，而當年的第三名是高密度能源）。

4. 數位化高畫質電視（Digital High Definition Television, HDTV）（在一九九五年同樣名列第四）。

5. 電子錢包（在一九九五年名列第五的是微型化的趨勢）。

6. 家庭用醫療看護設備（在一九九五年名列第六的是利用電腦控制的自動化生產）。

7. 自動化地圖及追蹤儀器（抗老化產品在一九九五年排名第七）。

8. 聰明原料（類似在一九九五年排名第二的特級原料）。

9. 重量控制及抗老化產品及服務。

10. 無法永久擁有的產品，也就是指那些淘汰速度很快的產品；例如個人電腦，人們會以租賃的方式而不是以購買的方式來擁有（兼具教育及娛樂雙重功能的電視節目在一九九五年排名第十）。

　　在上面為二〇〇六年所列出的科技變革清單中，主要的對象是那些位於已開發國家或工業化經濟體中的人民。在類似撒哈拉沙漠以南地區這一類人民幾乎每天必須面對飢餓問題的國家來說，對於類似重量控制或抗老化的產品並不會有多大的需求。對於這些區域來說比較急需的技術可能是那些可以克服因為資源不足或減少所造成挑戰的突破，例如可以使耗竭的土地進行再生的方式、可以抑制疾病突變的醫療程序、及抗拒科技革新的再度出現等等，另外還有那些可以滿足重要日常需求的低技術性商品。另根據一項重要的觀察結果指出，企業

透過技術突破的輔助不僅能滿足落後地區的需求，同時也滿足了在消費者社會中的需求。根據日本松下電器負責人Konosuke Matsushita所擬定的策略，認為「製造業者的任務就是要抵抗貧窮，將社會整體從不幸中拯救出來，並且帶來財富（Kotter, 1997, p. 109）」，這個策略也就是松下電器長久以來所抱持的任務，即持續地透過提高生產力及降低成本來減少產品的價格，使世界各地的每一個人都能夠享有這些產品所帶來的利益。

在這個世界上的大部份地區，要想進行技術的突破需要以新的方式來檢視存在已久的問題、結合新舊技術的優點，及透過跨產業整合來創造新知識等等。利用上面所提到的不同方式所進行的技術創新，具有最大的機會來創造出能夠改善人類生活的產品。同時，技術突破的機會也來自於以不同的眼光看待現今所面臨的挑戰。例如意圖在腳踏車這項產品作出改善，在一九九五年歐文斯康寧（Owens Corning）邀請來自全球的頂尖設計者及工程大學參加全球設計挑戰賽（Global Design Challenge）中復甦，在這項競賽中的優勝者利用玻璃纖維作主要材質並以不到一百美元的成本製造出腳踏車。這項由來自薩保羅大學（University of Sao Paulo）的學生所組成的袋鼠團隊所提出的設計，被推舉為當年的優勝作品，因為這項作品具有可以適應多樣化用途及適用於全世界各地的特性。例如，該腳踏車的座椅及把手透過調整，在身高及重量兩個方面可以符合世界上超過百分之九十五的人口需求。因為腳踏車在世界各地都是主要的運輸模式之一，而腳踏車的存在對於環境而言並不會造成損害，因此類似這樣的技術性突破可以廣泛地運用在世界各地。在小故事9.5中所提到貝吉（BayGen）公司的例子就是在發條式收音機（Wind-up Radio）的發明過程中結合了舊技術及新技術才得以促成。

由貝吉公司所推出的發條式收音機提供給現代人們處理其所面臨

小故事9.5　貝吉公司（Baygen）的機會

　　在本章前面的部分我們曾經提到目前全球人口中仍然有將近百分之八十的家庭沒有電話，甚至有超過百分之五十的全球人口一生中從未使用過電話。這些人口大多數集中在非洲地區，在這些地區諸如電力及傳播等等技術都非常有限。除此之外，因為非洲有許多地區長期就陷入無止境的種族衝突及鬥爭中，也使得許多高科技無法在當地發展。為了要解決這個困境，南非有一家名為貝吉（Baygen）的公司設計生產了一種發條式的收音機，利用這台收音機內部的發電裝置，使用者可以接收將近四十分鐘的短波、中波（AM）或調頻電台（FM）的訊號。透過這項產品，為非洲許多開發中的國家及處於戰火中的國家提供了一項通訊技術突破，此外因為發條式收音機在使用上就像留聲機上發條一樣的簡單、價格便宜且不需要任何電力系統的支援，因此廣受歡迎。儘管發條式收音機並不算是高科技產品，不過透過這項產品卻可以使得在非洲地區的孤立民眾得以取得來自外界的資訊。除此之外，這項新發明背後的技術基礎，是取材自以往的舊發明—留聲機，而不是當今最受注目前景看好的長途電信通訊技術，也為這項商品的成功帶來了不同的面貌。

來源：McNeil, Donald, G. Jr.（1996, Feb. 16）. This is $40 Crank up Radio Lets Rural Africa Tune in. New York Times, P. A1; Strassel, Kimberley A.（1997, July 15）. Low-tech, Windup Radio Makes Waves. The Wall Street Journal, p. B1

挑戰一個極佳的解決範例。與矯正有關的技術在非洲及其他國家同樣也有很大的需求，因為透過這些技術將可以解決水資源、泥土及空氣品質降低的問題；而其他較為簡單的技術同樣的也因為能夠改善資源回收，或避免出現新的垃圾掩埋問題，也有其急迫性需求。儘管這些技術都有賴當代科學家作出突破，不過或許利用目前已存在的技術，或利用過去的技術突破並以新的方式來檢視這些問題也可以得到解決。舉例來說，取自透明氣凝膠的絕緣材質因為具有重量輕的特性，一直以來就是保溫用材質的最佳選擇，因為每一英吋的氣凝膠可以提供等同於十英吋玻璃纖維的絕緣效果。新流程技術的發明使得在製造氣凝焦的過程中更為安全，此外藉由連續生產比起以往的批量生產也節省了不少的成本。類似的技術突破也發生在汽車製造的過程上，透過這些突破，汽車製造商得以採用成本較低、高強度而重量輕的塑膠及陶瓷來取代傳統以金屬作為生產的原料；此外，也包括利用鋸屑來解決漏油吸收的問題、及利用在豬飼料中拌入花生殼來解決惱人的惡臭問題等等。不管如何，這些不論是否涉及高科技來解決長久的挑戰，僅僅是現今技術革命中的一小部份罷了。

資訊革命所帶來的技術突破

大部份那些對於人類生活具有極大影響的科學家們，其精神在今日依舊與世界各地的人們共同存在，在圖9.1中我們可以看到他們對於知識所作出的貢獻。根據未來百科全書（Encyclopedia of the Future）一書的看法，透過這些科學家的努力，科學資訊的含量每十二年就成長一倍。這些事實我們也可以發現知識有巨大的潛力能滿足高度及低度技術的挑戰。許多科學家在基礎科學的發現為資訊革命奠定了很穩

固的基礎，也有許多科學家將心力貢獻在新技術的應用上，也為這些在資訊革命過程中所出現的新產品埋下種子。透過全新或經由改善過的產品，例如：電腦、人造衛星或雷射光學技術所帶來的革命性改變，之後也造成了對於技術突破的需求，有助於工作完成或商品製造的流程。在本章的前半部份我們透過一般性的眼光來檢視資訊革命的過程，在接下來的部份我們將深入討論資訊相關技術，並探索這些技術如何改變工作及個人的生活。

在相當短暫的時間內，因為快速的技術變化出現了許多產品及流程的創新，而這些創新有許多就發生在你的生活週遭。因為這些變革發生得如此迅速，或許你會把這些技術上的突破及變革視為無可避免的自然事件，而我們唯一可以作的就是適應這樣的變化；不過或許會有許多人並不贊成這樣的觀點，特別是那些相信技術變革會導致社會分裂的人們。社會的分裂可能會發生在家庭中，因為家庭中的幼童及青少年開始講著年齡較大的成員無法了解與分享的用語。在日常生活中你常用到的字彙例如「位元」、「位元組」、「隨機存取記憶體」及

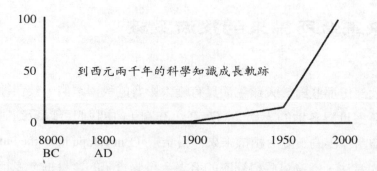

圖9.1　科學知識的成長（Merrifield, Bruce.（1994, Apr. 4）. Wharton School. Fortune, p.75）

「唯讀記憶體」對於某些人來說可能不具有任何意義；同樣的，就如同這些字彙一般，技術的變化對於某些人來說可能因為陌生或不常面對而缺乏實際的意義。對於這些人來說資訊時代不但是他們永遠追趕不上的夢，更有可能會覺得資訊是使得家庭內部年輕成員抗拒傳統價值觀的主要因素。當我們花費越來越多時間在電視節目上、越來越多的時間在電腦網路互動上，我們所能花在傳統家庭活動的時間當然也就減少許多。也因此有許多人相信資訊技術是造成目前社會系統分裂的主要原因。同樣地，在工作場合我們如今較傾向透過電腦、傳真或其他遠距離溝通方式來與其他人進行意見的溝通，而不如以往一般透過面對面的方式進行。所有的現象都意味著改變並不只有發生在社會架構上，改變同時也發生在組織如何建構及工作如何完成上。

電腦及數位化電子商品

根據馬克力戴克斯（Makridakis, 1989）的看法，現今我們所認定的技術革命始於一九四〇年代，也就是電腦的概念透過數學模式推演而呈現出來的年代。從那個時候開始電腦化的概念就逐漸成為技術革命的核心，影響的範圍也遍及全世界。所謂的數位化也就是將所有的信號轉變為0及1的形式，以方便電腦及其他數位化的存取。數位化的出現正是自類比概念出現以來的一大突破，因為透過數位化使得從某一台數位化設備將文字、圖形或聲音進行產生、處理及儲存到另外一台數位化設備成為可能（Burrus and Gittines, 1993）。在過去電話所具有的能力僅是聲音的傳送，而透過數位化的技術電話也可以進行圖形、動態影像及文字的傳送。

在一九九四年，透過自動處理程式的技術突破，電腦的概念首度獲得實際的運用；不過在當時，電腦只能以龐然大物來形容，因為當

時的電腦所佔據的體積相當於兩千兩百平方英呎，也就是幾乎是一般
家庭房屋的大小，不過其運算能力還不如目前受到廣泛使用的口袋型
科學計算機。直到一九五二年，第一部商用電腦才真正問世。當時的
電腦稱為大型主機（Mainframe），類似這樣的龐然大物通常只有企業
才有機會使用到，並因為大型主機必須佔據相當大的空間，因此企業
往往將這些主機裝設在獨立的機房以免受到灰塵或不必要的震動所影
響，更重要的是要運用冷卻裝置來降低大型主機所產生的高溫。因為
一般大眾對於這樣的一座龐然大物具有極高的好奇心，因此在機房的
四週往往都裝設有許多窗戶，以供民眾滿足好奇心。

電腦的使用─資料處理時代

　　利用理查諾倫（Richard L. Nolan）所提出企業對資訊服務需求的
階段性理論（Stage Theory），布雷利、霍斯曼及諾倫（Bradley，
Hausman, and Nolan, 1993）將早期企業運用電腦進行資料處理的階段
稱為資料處理時代（Data Processing Era, DP）。這段時間包含了一九
六○年代到一九八○年代，這段時間內所出現的電腦大多是大型主
機，其主要目的是要增進組織運作的效率。不過在電腦引進企業的初
期這樣的目標通常不易完成，因為電腦對於組織而言是全新的產品，
而想要利用電腦增進組織運作的效率也需要全新的思維及行動模式。
舉例來說，早期大型主機輸入資料的方式是利用一張張電腦卡片來進
行，而這些卡片則必須要透過一台特殊的打洞機器才能將電腦能判讀
的0、1陣列正確地打在電腦卡片上。這些卡片必須要一張張依序送
進讀卡機判讀並由電腦進行批次處理，只要使用者在打洞的階段出現
疏失，或在將電腦卡片送進讀卡機的程序出現錯誤，電腦的處理程序
就會中止，並將電腦卡片全數退出，必須進行重新打洞或排序的動
作。不過因為在資料處理時代高昂的購置成本及訓練的需求，負擔得

起這樣龐大經費的產業往往都是那些必須處理大量資訊的產業，例如銀行業等等，因爲在這些產業的日常運作中，電腦可以十分輕易地且有效率地處理重複性的工作。不過在這段過程中企業共花費了十到十五年的時間才具備了足夠的自動化生產設備，及充分的學習過程才達成了經濟上的節約，而且這些節約往往是透過關廠及解雇擔任重複性工作的勞工才達成的。在電腦化早期企業所進行的解約行動，加上企業在學習使用電腦的過程中所面臨的挑戰，使得有些人開始擔心電腦將要取代人類的地位，並妨礙了人類所進行的一般性活動。對於電腦可能妨礙人類所進行一般性活動的恐懼，常常因爲執行電腦操作的員工錯誤的步驟而使得程序無法進行，最後將責任怪罪到電腦上，及各類的科幻小說和電影的推波助瀾下更廣爲散佈。舉例來說，由亞瑟克拉克（Arthur C. Clarkes）小說所改編的電影二○○一太空漂流記（2001: A Space Odyssey）中，有一部名爲哈爾（HAL）的電腦。哈爾是一部具有思考能力的超級電腦，爲了避免人類作出有害的行動，因此將人類的維生系統關閉。在小故事9.6中本書提供了有關超級電腦在現代的新面貌。

　　儘管資料處理時代的電腦使用，對於組織來說是早已過去的階段，大型主機對於許多企業來說依舊有著高度的重要性，值得慶幸的是這些大型主機在體積方面早已不如過去龐大。現代的大型主機在體積方面比起過去縮小很多，不過在運算能力方面則有長足的進步。一九九六年一部由國際商務機器公司（IBM）所出品的大型主機具有每秒進行三兆次數值運算的能力，類似這樣的大型主機被用在天氣預報服務及核子爆炸模式建構等等需要數百萬次繁瑣計算的工作上。這些超級電腦不僅在運作時具有極高的速度，在資料儲存方面也有大幅的改進。資料儲存能力對於需要處理大量資料的企業組織來說很重要，而電腦將資料儲存在磁碟上的能力，也是其他商務處理機器所作不到

小故事9.6　生日快樂，哈爾（HAL）

　　根據一九八六年由電影大師庫布里克（Stanley Kubrick）執導，由英國作家亞瑟克拉克（Arthur C. Clarke.）爵士著作改編的經典科幻片《2001：太空漫游 (2001:A Space Odyssey)》，太空船內的主電腦哈爾（HAL）「誕生」於一九九七年的一月十二日。為了慶祝哈爾的誕生，人工智慧（Artificial Intelligence）協會的領導人希望各方科學家提出意見，想知道依當時的科技，人類究竟有沒有辦法在二○○一年創造出一台像哈爾這樣的電腦。所謂的人工智慧就是希望發掘出電腦所具備的潛能，使得他們模擬人類的思考流程。許多提供意見的科學家相信，當前電腦所具有在繪圖及網路方面的能力，比起哈爾先進許多；不過這些科學家同時也認為，儘管運算能力提升許多，不過現實生活中的電腦並沒有辦法像小說中的哈爾一般可以進行推理，並進行許多複雜的思考流程，例如區分人類與機器的差異等等。

來源：Stork, David.（1997）. HAL's Legacy: 2001's Computer as Dream and Reality . Boston, MA: MIT Press.

的。舉例來說，一九九五年國際商務機器公司（IBM）宣佈已經在實驗室中成功製造出密度高達三十億位元的磁性資料儲存裝置，這樣的高密度是當時所有同等級資料儲存裝置的五倍。到了一九九七年，硬式磁碟機的單一碟片密度已經進展到每平方英吋一百一十億位元的地步，在這樣的碟片上的每平方英吋所能夠儲存的資料相當於十二本

書；如果利用紙張來進行資料的儲存，這些紙張的高度將會超過兩百四十一英尺，也就是比十五層樓的建築物還要高。在圖9.2中讀者可以發現到電腦的使用從資料處理時代，經過微處理器時代到網路時代的演進過程。從圖中讀者也可以看出一般性工作由工業化時代到資訊經濟時代，技術發展所經過的時間非常短。

電腦的使用─微型電腦時代

第一部使用電晶體而非真空管的微型電腦在一九六○年問世，不

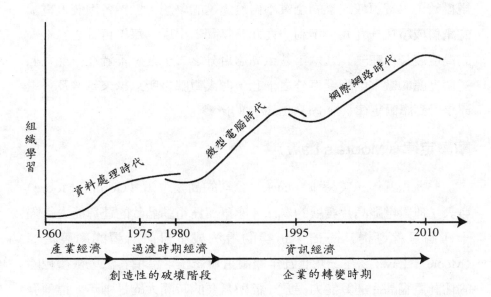

圖9.2 理查諾倫的企業電腦應用三階段理論（Bradley, Stephen. P., Hausman, Jerry A., and Nor lan, Richard L. （1993）. Global competition and technology. In Globalization, technology and competition, pp. 3-33. Boston, MA: Harvard Business School Press）（(c)1992 Richard L. Nor lan）

過一直到一九七一年英特爾公司（Intel）推出第二代的微處理器才使
得個人電腦的出現成為可能。不同於資料處理時代電腦的工作只是用
來取代重複性的工作，在微型電腦時代主要是用來進行專業性的工
作，並且也漸漸應用在企業的產品及服務上。從汽車、玩具到信用卡
等產品，不僅透過微型電腦的輔助進行製造，其中更有某些產品（例
如汽車）內部就設置有微型電腦。不過就如同發生在資料處理時代的
情形一般，微型電腦同樣也取代了勞工的工作，不過主要是那些組織
內部中層階級的專業工作者，其中包含了工程師、中階經理人、行政
秘書及其他輔助性的人員。在一九七五年以後，微型電腦對於個人及
規模較小、資源較缺乏的企業不再是遙遠的夢想。世界各地個人電腦
的銷售成績在一九九一年到一九九五年間，出現了每年百分之二十一
的高度成長，在一九九六年甚至高達百分之二十五，不過在一九九七
這個亮麗的數字則降至百分之十七。個人電腦之所以越來越普及，主
要是受到摩爾定律（Moore's Law）的影響。

摩爾定律（Moore's Law）

一九六五年，英特爾（Intel）公司的高登摩爾（Gordon Moore）
發表了他對電腦晶片發展的看法。摩爾認為電腦晶片的運算能力每隔
十八個月就會提升一倍，這樣的看法成了目前所謂的摩爾定律
（Moore's Law）。在一九七五年摩爾重新修正了這項看法，根據粗略
的估計電腦晶片運算能力提升一倍所需要的時間大約是兩年。這項發
生在電腦晶片產業的迅速變革，主要是由於持續不斷的技術突破所促
成的。舉例來說，在一九九七年由國際商務機器（IBM）所發表的新
聞稿指出，由於該公司找到了可以利用鋁來取代銅以作為晶片製造原
料的方式，因此不但可以將晶片的運算速度提升百分之四十，也能夠
降低百分之三十的成本。此外，隨著晶片運算速度的提升，晶片製造

的單位成本下降，而其他的硬體設備的成本也跟著降低，因此電腦系統的整體價格也快速地下跌。隨著電腦使用成本的降低，數位科技的增殖現象將會擴展到全世界，不管是社會上的哪一個階層都有可能享受到資訊技術所帶來的好處。舉例來說，電腦的運算速度就出現了令人瞠目結舌的進展，二十年前利用掌上型計算機可能要花費一整年的時間才有辦法解決的數學問題，透過電腦科技進步的輔助，所需要花費的時間甚至不到三十秒。實際上，如果類似的技術進展及成本降低發生在航空產業，那麼我們將可以期待在不久的將來，協和客機可以以每小時六十萬英里的速度，載運一萬名旅客往來全球各地，而成本可能只要一美分；而如果這樣的變化發生在汽車產業，那麼我們也可以開始想像一部勞斯萊斯轎車僅需花費美金二點七五元，而每加崙的汽油可以行駛三百萬英里。

不過使用成本降低及運算速度的提升並不是使得電腦更為普及、吸引更多消費者的唯一因素。種類繁多而價格低廉甚至是免費的電腦軟體，使得過去個人或企業用戶因為無法取得軟體支援的因素而放棄使用電腦的現象大幅降低，而電腦的硬體，例如儲存磁碟、終端機及印表機等等週邊設備的發展，也使得電腦的用途更為廣泛。在一九八五年，或許配備有10百萬位元組硬碟機的個人電腦就算是當時的頂級配備，不過類似這樣的配備標準卻幾乎每天都會出現新的提升。同樣地，終端機、顯示卡、喇叭、鍵盤及其他的電腦元件也隨著時間的演進而日趨複雜，價格也更為低廉。

沒有人知道在一塊小小的矽晶片中究竟可以放進多少電晶體，不過我們唯一可以確定的是，單一矽晶片中的電晶體數量目前依舊不斷增加。舉例來說，在十年之間，單一矽晶片上所能置入的電晶體數量每年成長一倍，從一九六〇年的一個成長到一九七〇年的一千個。從一九七〇年開始，每十八個月電晶體的數目就成長了一倍，直到一九

九二年，單一矽晶片內可以植入的電晶體數目已經達到十億
（Morrison and Schmid, 1997）。有個關於現今電腦科技普及情況的資料
指出，現代人以手表等等不同型式佩帶在身上的微型電腦設備，總數
比起一九五〇年代全球電腦的總數還多。更引人注意的是，隨著電腦
容量的不斷加大，要想在電腦運算能力上作出指數性的成長，所需要
耗費的成本也大幅度降低。

電腦的使用—網際網路時代

根據布雷德利、霍茲曼及諾倫（Bradley, Hausman, and Nolan）三
位學者的看法，利用電腦完成工作的第三個時代（也稱為網際網路時
代），其發展的理由主要有兩個：第一、要結合多種重複性工作的不
同需求及專業性工作的平衡；第二、支援更多人性化商品及服務的需
求。過去在企業內部為了要以電子化的方式連結不同的工程師團隊，
而廣泛利用的區域網路，目前已經擴展到與外部網路相結合，以便能
夠即時地取得來自科學家、消費者及政府機關或其他不同來源的訊
息；目前甚至是汽車上用的電腦都已經彼此有著內部的網路連結，在
某些城市中這些電腦也可以與外部的網路連結，以取得類似全球定位
系統等等指引方向的輔助。

發生在電腦如何使用及電腦由誰使用等方面的變化，同樣的也對
於產業電腦化的發展造成影響。在小故事9.7中讀者可以清楚地看到
這些影響。

電腦在家庭的使用狀況

在美國，最受到家庭歡迎的電腦系統是蘋果電腦（麥金塔
Macintosh）。在美國大部份學校所使用的電腦也都是由蘋果電腦所生
產，蘋果電腦也是在早期用來教育兒童有關電腦這項新科技的主要工

小故事9.7 技術的變革重新定義產業

　　在一九六〇年代的電腦業界，最具有前瞻性的企業就是負責製造大型主機的企業，不過隨著一九七七年個人電腦的問世，這個產業被化分成兩個部分。隨後而來的技術發展，更把電腦產業再細分為軟體及硬體兩個部分，也促成了許多新產業的出現。舉例來說，以往所謂的軟體產業並沒有任何其他在定義上的差別，不過隨著市場的發展，開始出現了通訊軟體、個人理財軟體、企業試算表軟體等等差異。最近，因為企業活動的頻繁，再度地將整個電腦產業的環境重新定義為軟體產業及硬體產業。舉例來說，微軟公司（Microsoft Corporation）投入人力及成本進行網際網路軟體的開發以跨入長途電信通訊產業，同時該公司也連結了長途電信通訊及娛樂產業創立了一家名為夢工廠的公司（DreamWorks），並網羅了許多在視聽娛樂業界的高階主管來共同努力。

具。兒童們利用實際操作的方式來認識電腦，從而發現使用電腦的樂趣，並在家庭會議中激烈地討論要購買與在學校所使用的相同電腦。家用電腦的普及除了受到蘋果電腦公司策略的促成以外，許多全球的企業也在這個潮流中扮演著舉足輕重的角色。舉例來說，偉易達集團（Vtech Holdings Ltd）為了要因應目前家長對於兒童電腦技能的重視，就推出了多項電腦輔助的教育類玩具。在一九九六年，由偉易達集團所生產的電腦輔助教育軟體在美國市場上佔有率為百分之七十，不過這個集團的總公司在香港，主要的設計師團隊則在中國。這個企

業的成功有部份要歸功於那群在中國工作的優秀工程師，這些工程師年薪約為五千美元，相較之下，如果偉易達雇用美國的工程師，每年就必須要付給這些工程師將近四萬美元的薪水。

因為家用電腦的需求日漸普及，也使得美國商務機器公司決定在一九八一年在市場上推出個人電腦。個人電腦的主要銷售對象是企業及家庭用戶，其作業系統是DOS，由於這個作業系統的使用，使得當時的系統商微軟賺了一大筆錢。隨著企業及家庭在電腦使用上的日漸普及，再加上電腦晶片運算速度的指數性提升，使得電腦對於人類而言再也不只是具有教育性質的玩具了。各類不同的家庭用及商業用軟體，例如試算表、個人財務管理、退休計畫管理、家用燃料能源管理等軟體使一般的家庭更願意利用電腦來進行紀錄；也因為電腦的使用越來越簡便，更多的企業樂於利用電腦來處理日常業務。

個人電腦在家庭的使用，也依循著在一九八〇年以後企業對於電腦產生大量採用的軌跡而迅速成長，從獨立作業到網路環境的演變也更加快速。另外，由於受到個人電腦價格的下跌，及意識到電腦對於教育、商業及透過網際網路及其他媒體聯結全世界可用資源的重要性日漸提升，個人電腦的銷售量在一九九三年開始成長。過去只能利用電視或其他專用機器才能享受到的影音視訊及娛樂遊戲功能，慢慢也開始與電腦進行整合，電腦開始轉變為多用途的商品。

根據一九九五年的統計數字，大約有三分之一的美國家庭擁有電腦，另外，一項由電腦情報公司（Computer Intelligence Inc.,日本軟體銀行旗下的一個分支機構）所作的調查顯示，在一九九六年大約有百分之四十的美國家庭會在日常生活中利用到電腦。伴隨著越來越多不同語言的電腦軟體出現及電腦價格的下跌，使得這股家庭用電腦的採購風潮在一九九五年更是遍及全球。因為當時仍有許多家庭尚未購置電腦，這股風潮也間接促成了全球電腦銷售成長的契機。根據資源連

結公司（Link Resources Ins.）所進行而公布在華爾街日報（Wall
Street Journal）的研究指出，在公元兩千年美國以外的電腦銷售金額
將有可能成長爲美國本土銷售金額的兩倍，從三千三百四十萬台成長
到七千兩百三十萬台（Foreign Markets, 1995）。同時，美國本土的電
腦銷售金額也預估將會在西元一九九五年到西元兩千年之間，從兩千
四百七十萬台提高到四千四百四十萬台（Martin, 1996，請見圖9.3）。
同時，個人電腦的價格不管在美國本土或世界上其他地區都持續下
滑，就像在美國的消費者一樣，世界各地不同的家庭也都積極想要添

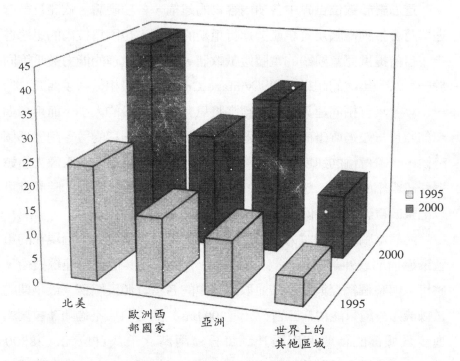

圖9.3　個人電腦的運送（單位：百萬台）（Martin, Michael H.
　　（1996, Oct. 28）. When info worlds collide. Fortune, p. 131）

購家用電腦，以符合教育、娛樂及在家進行工作等多樣性目標。舉例來說，透過高容量儲存媒體—光碟（CD-ROM）的輔助，使得各種價格低廉的軟體資料庫在取得更為便利，也間接支援了家庭對於教育性及工作上的需求。各類的資料例如：電話目錄、字典、日曆、調查數據、同義辭典及百科全書等等，都是家庭中所可能用到的資源。除了提供影音訊息之外，光碟儲存的資料有著價格低廉及及時性的優點，這些優點是書籍出版商無法比擬的；例如以光碟形式出版的百科全書可以每隔三個月甚至更短的時間就更新一次資料，至於紙本的百科全書通常每隔三年才會更新一次，每次更新所必須耗費的成本甚至高達光碟版本的十倍（Tapscott, 1996）。

透過對於數位世界中各項內容物的建構，各項硬體、軟體及微處理器將會帶動電腦及資訊產業進行重新的排列。也因為技術的迅速進步，目前提供兒童娛樂的電腦遊戲軟體，其圖形處理的能力幾乎等同於一九八〇年代的超級電腦（Vintage Cray）。一般相信到了西元二〇一〇年，具有相同運算能力的電腦將只有手掌一般的大小，而用來顯示如照片一般逼真畫面的顯示器也會像刮鬍刀片一樣的薄。到了那個時候，光纖傳輸的速度將會大舉躍升到目前的一百倍，一束像人類頭髮一般粗細的光纖，透過高速的傳輸，僅需要不到一秒鐘的時間就可以把整部電影的資料傳送完畢。

雖然電腦所需的電力來源透過一般的電源線供應，不過現在的電腦透過內部或外部數據機（Modem）、ADSL 及其他網路連線技術，將可以與整個網際網路連結並取得其中的各項資源及服務。最早期的數據機每分鐘只能傳輸三百位元（300 bits）的資料，不過隨著技術的進步數據機的傳輸速度提升到每分鐘兩萬八千八百位元（28800 bits），這也是全球數據機銷售量在一九九四年到一九九八年間預期可以成長百分之十七的主要原因之一（Jackson, 1995）。透過數據機及其

他連線設備，個人電腦再也不只是輔助個人或家庭處理資料的工具，而是成為無邊界的網路空間（或稱網路世界、資訊高速公路）內的一員，也是邁向網際網路的必要配備。

網際網路

網際網路的歷史

一般相信，由美國五角大廈（Pentagon）所發起，能在核子戰爭中存續的系統建構計畫是現代網際網路的前身；不過根據《網路英雄（Where wizards stay up late）》一書的作者凱蒂海芙納及馬修萊恩（Katie Hafner and Matthew L yon, 1996）的看法，網際網路興起主要是因為過去想要透過網路的連結，將各個大學的電腦、以及來自各地不同領域的科學家串聯起來，以節省龐大的溝通經費所促成。根據兩位作者的說法，這個連結各種學術資源的發展計畫（名為ARPANET），主要的目的是要讓來自各地的科學家可以提出各自的意見，之後才發展出現在所謂的網際網路。因為當初的設計是為了要讓來自世界各地的電腦，可以透過網際網路的連結而形成一共同運作的整體，也因為這樣使得網際網路成了一個結構鬆散的組織，儘管具有超越各種不同軟體硬體界限的優勢，不過卻也有著無法有效管制，甚至難以管制的問題存在。

簡單地說，所謂的網際網路就是一群透過各種不同方式連結在一起的電腦，例如人造衛星、電話線路及光纖骨幹等等；因此我們也可以說，網際網路是由一群網路所形成的網路。儘管網路之間的連結是肉眼所無法觀察，不過透過網路人們可以收發電子郵件（e-mail）、從家用電腦傳送檔案到遠端的伺服器或由遠端伺服器下載檔案到家用的

電腦中、取得新聞群組的訊息、尋找研究用的資料，及其他以往因為距離或時間等隔閡所無法進行的活動。所有在網路上傳遞的訊息都是透過由0和1所組成的數位壓縮封包來進行，這些封包會先經過路由器（Router）再分別傳送到指定的位址（IP Address）。透過路由器來進行分配的封包並不是以地理區域作為傳送的依據，而是透過線路的可傳送狀態來決定封包行進的路線，因此來自同一個來源的兩個封包可能會透過不同的路線到達相同的位址。在圖9.4中讀者可以從簡圖中看到這樣的關係。

與網際網路連線

透過配備有數據機的工作站或個人電腦，使用者僅需要撥接到提供遠端連線服務的主電腦，便可以順利地與網際網路進行連線。一旦與網際網路連線成功，個人電腦就可以突破本身軟體的限制，而透過網際網路的通訊協定（Transmission Control Protocol/ Internet Protocol, TCP/IP）作為橋樑，取得在網際網路虛擬世界中的資源。用來提供連線的主電腦或伺服器電腦一般可以提供服務給數千位使用者，不過具有這樣強大功能的伺服器電腦通常是由大學或政府機關等等組織來負責維護與運作。這些大型的伺服器電腦往往是用來儲存新聞群組內的資訊或各種參考文獻、私人的電子訊息、或透過眾所皆知的佈告欄系統（Public Bulletin Board System）來儲存各種公開的訊息。除此之外，這些伺服器也儲存有大量的文件、圖片及電腦程式可供所有的使用者來存取利用。

有許多非常熱門的伺服器電腦最初是位於世界各地的大學及學院中，這些伺服器之所以非常熱門主要是因為提供了個別使用者免費的網際網路連線服務。然而，隨著網際網路商業化限制的放鬆，及許多提供付費機制的網際網路服務供應商發現學術使用者以外的龐大商

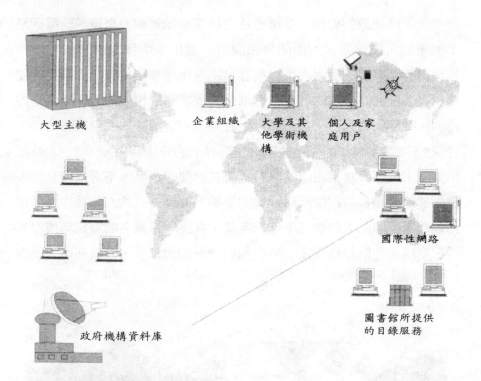

大型主機

企業組織

大學及其
他學術機
構

個人及家
庭用戶

國際性網路

政府機構資料庫

圖書館所提供
的目錄服務

圖9.4 網際網路的構成型態

機,使得越來越多商業性收費制的網際網路服務供應商開始在世界各
地出現。目前在美國最受歡迎的商業性網際網路連線服務供應商主要
有三個:美國線上(America Online,目前已經與時代華納公司
(Time Warner) 合併爲美國線上時代華納(AOL Time Warner))、
CompuServe 及天才網路(Prodigy) ;在日本則是由恩益禧(NEC)
的電腦通信服務PC-V AN (目前稱爲BIG-LOBE),及由日本富士通
(Fujitsu) 及岩井(Nissho Iwai) 兩大集團所成立的Nifty-Serve 具有較
高的市場佔有率;在歐洲付費型網路服務則以Compuserv 的佔有率最
高。所有的網際網路連線提供廠商都透過非常容易使用的點選式軟體

來進行網路連線的動作，並透過各用戶端的瀏覽軟體來搜尋網際網路
上的資源。來自多家軟體開發廠商所開發出來的瀏覽器（Browser）
也使得網際網路的使用者可以更容易的取得所需要的資訊及服務。隨
著世界各國通訊技術的進步，有越來越多的國家慢慢加入網際網路的
行列，截至一九九六年為止共有一百八十六個國家與網際網路連結。
從圖9.5中讀者可以看到這些國家在世界上的分佈關係。

　　過去網際網路使用上的限制主要在於連線不易，不過儘管在大多
數的美國大學具有網際網路連線的優勢，直到一九八八年為止曾經使
用過網際網路的人口數也不過一百萬。在這一百萬名網際網路使用者
中，有絕大多數是科學家及電腦相關背景的大學生，因為在過去要取

網際網路
僅使用電子郵件（UUCP：一種低速、不穩定
但成本低廉的網路系統，僅透過兩部裝設有
UNIX 系統的電腦進行連線；惠多網路（Fido
Net）則是早期專供佈告欄系統（Bulletin
Board System, BBS）連線使用的網路系統）
尚未與網際網路連線

圖9.5　世界各國網際網路使用狀況示意圖

得網路資源必須仰賴程式語言的協助。不過不久之後，利用選單的形式進行網際網路連線的軟體問世，吸引了許多學術機構內部的人員開始使用電子郵件，在明尼蘇達大學首度啓用的小田鼠資訊系統（Gopher）也因爲其簡易性及網際網路資訊擷取的方便性，吸引了許多學術機構內部成員的使用。此外，也因爲越來越多的電腦開始連線成爲網際網路上的成員，家用電腦又多了一個新的用途。硬體速度的提升、技術的創新及數據機還有網際網路瀏覽、搜尋軟體的更新，都促成了網際網路使用者不斷增加。雖然伺服器電腦可以提供個人電腦進入網際網路的世界，不過伺服器電腦卻無法監測每位使用者的使用狀況，因此要確實計算全世界網際網路的使用者究竟有多少，具有一定的困難度。不過截至一九九八年爲止網際網路的使用者大約有五千萬。在已開發國家中網際網路的使用狀況最爲普遍，而開發中國家則較不普遍。以芬蘭爲例，大約每二十五名公民就可以共享一台伺服器所能提供的網際網路連線功能；在印度則是每一百二十萬名公民共享一台伺服器；這一類的數據讀者可以在表9.4中獲得。不過這樣的狀況很快就會有所改變。就在一九九六年七月到一九九七年一月這短短的六個月時間中，印尼在網際網路伺服器主機的數目上成長了百分之八十五、馬來西亞成長了百分之兩百，而全球的網際網路伺服器主機數目則成長百分之三十。

　　目前全球大約有百分之六十的網際網路伺服器主機位於美國，同樣地網際網路使用者密度最高的地區也在美國，這個現象主要可以由幾個不同的方面來探討：首先電腦銷售情況最好的地區是在美國，此外，網際網路瀏覽器、伺服器及使用者的主要語言是英文也是造成上述情況的原因。在總數大約兩千三百四十萬的網際網路家庭用戶中，有超過百分之六十位於美國、歐洲佔有百分之十六、亞洲及太平洋地區佔有百分之十四，其餘的百分之十則分佈在世界其他國家。不過根

表9.4　網際網路伺服器遠端連線人數的比較（根據一九九六年的統
計數字）

國家	每台伺服器的遠端連線人數
芬蘭	25
美國	50
澳洲	60
加拿大	70
荷蘭	90
新加坡	125
英國	130
德國	180
以色列	185
香港	310
日本	470
台灣	850
南非	930
巴西	8000
泰國	15000
南韓	15550
印尼	87000
中國	561000
印度	1200000

來源：Martin, Michael H.（1996, Oct. 28）. When info worlds collide. Fortune, p.
132

據著名的市場調查機構丘比特傳播（Jupiter Communications）所提供
的預測數據指出，在西元兩千年網際網路的家庭用戶將會一舉躍升三
倍，而達到六千六百萬，歐洲及亞洲環太平洋區域分別佔有百分之二
十五及百分之十五的比重（In search of, 1997）。

　　隨著網際網路線上即時翻譯的出現，過去在網際網路上以英文為
主要通行語言的狀況將會大幅度減少。舉例來說，在歐洲及亞洲，目

前就有越來越多的網頁提供多種不同語言版本的選擇。有趣的是，提供非英語版本網頁主要的動機來自於商業的目的，因為並非所有網際網路的使用者都具有閱讀英文的能力，透過翻譯的機制將可以移除商業運作的障礙，進而將商品販售到更多不同的區域。

全球資訊網（World Wide Web）時代的來臨

西元一九九三年以後網際網路使用的成長主要受到兩個因素的影響，第一個因素是技術性的突破，第二個因素就是發生在一九九五年的政策改變，網際網路的商務使用正式取得國家許可。HTML 的技術突破，使得在網際網路上進行相關物件間的直接連結，或進行圖形影像及聲音的存取變得更為簡便，也間接地促成了全球資訊網的興起（World Wide Web, WWW）。透過HTML 的協助，使用者在網際網路上瀏覽時，可以聆聽特定音樂家所演奏的音樂、線上進行青蛙的解剖、欣賞最新的電影片段、檢視由哈柏太空望遠鏡（Hubble Space Telescope）所傳回地球的照片、閱讀伊索寓言（Aesop's Fables）的線上版本、世界各地的法案審理情況、下載各國的移民申請資料、搜尋來自世界各地圖書館的館藏資料，或閱讀成千上萬的公開資訊等等。

除了前文所提到的好處之外，網際網路的出現同樣也為學術研究帶來新的進展。西元一九八九年，歐洲粒子物理實驗室（European Particle Physics Laboratory, CERN）的全球資訊網計畫（World Wide Web）主持人提姆柏恩斯李（Tim Berners-Lee）及其他研究員為了要建立一個多媒體資訊系統，並透過這個系統讓使用者能方便取得資訊而投入全球資訊網計畫，透過該項計畫的推動，超文件標示語言在一九九三年順利誕生，利用該項語言在世界各地的研究者又多了一項有力的工具可以透過網際網路將他們的研究發現，公諸於世並促成更進一步的突破。就像先前所提到的網際網路通訊協定TCP/IP 一樣，超文

件標示語言是一項受到全球各地承認並大量採行的協定，也使得網際網路具有的吸引力再一次提升。在一九九四年由網景公司（Netscape）所推出的領航員（Navigator）網際網路瀏覽器，不但使來自世界各地的網際網路使用者能夠更為簡易地與網際網路連線，也使使用者能夠在廣闊的網際網路中更輕易地找到有趣的站台（Web Site）及透過文字或圖形方式呈現的網頁（Web Pages），更進一步刺激了網際網路使用量的成長；在同時間推出的微軟探險家（Microsoft Internet Explorer）瀏覽器也有著相同的作用。此外，網際網路上的各個搜尋引擎例如來科思（Lycos）、世界奇觀（Alta Vista）及雅虎（Yahoo）等等利用群組的概念，將類似的網站歸類在一起，也使得網際網路使用者在瀏覽的過程中更為便利。舉例來說，在雅虎網站（http://www .yahoo.com）的商業及經濟類別中，使用者就可以找到大部份與企業有關的網站。

　　不過因為目前網際網路上充斥大量的聲音及影像，大大削弱了超文件標示語言過去對於學術研究在網際網路上應用的重大貢獻：透過超文件標示語言可以將許多不同的熱門連結集合在一起。讀者可以透過下面這個網址來體會本段所要表達的意思（http://www .seattleu. edu/~parker）：進入這個網頁以後可以將滑鼠的指標放在任何標示有底線的位置作點擊（Click）的動作，很快地使用者就會被轉移到別的網站。假設使用者點擊了全球政治這個標題，那麼他將會被轉移到各個不同貿易聯盟總部的網站，例如世界貿易組織（World Trade Organization, WTO）、亞太經合會（Asia Pacific Economic Cooperation, APEC）、歐盟（the European Union）、北美自由貿易協定（North America Free Trade Agreement, NAFTA），或南方共同市場（Mercado Comun de Sur, MERCOSUR或稱為南美共同市場）等等；及各個政府間的合作組織，例如：聯合國（United Nations）及經濟合作發展組織（Organization for Economic Cooperation and Development, OECD）等

等；也有可能會被轉移到各個非政府組織，例如：國際商會（International Chamber of Commerce, ICC）。除此之外，連結到上面所提到的任何一個網站，使用者還可以再與其他性質相似的網站連結。透過這樣的方式，網際網路的瀏覽者可以在一個接著一個的連結間，在網際網路上自由地瀏覽。

　　幾乎就從超文件標示語言問世開始，數以千計的研究人員、政府機關及各個大學等教育機構都已順利與網際網路進行連線；隨後加入網際網路行列的還有報業公司、電視台、圖書館、政治家、唱片公司、藝廊、目錄銷售商及個別使用者紛紛設立專屬的網站（Websites）。在網際網路上，我們可以從世界各地數以千萬計的電腦中獲取數量驚人的資訊，在這樣的過程中我們也可以深刻地了解到資訊（Information）與資料（Data）之間所存在的巨大差異。在網際網路上我們可以發現到許多利用不同的語言所構成的首頁（Home-pages），其內容從關懷流浪動物、描述網頁所有者所購置的新車，到人權組織或全球性企業集團等等，範圍非常的廣泛。因為全球資訊網結合了這種種特色，因此不但可以提供網際網路瀏覽者商務交易的機會，還可以利用網際網路來為商品或服務進行另類的廣告，不過目前在網際網路上進行商務交易仍然有許多值得改善的地方。不管如何，由於網際網路具有的龐大商機，使得許多企業瘋狂地湧入網際網路這個虛擬的空間中，使得網際網路上的可用位址（Address）迅速減少。為了因應這個問題，負責處理網際網路位址的網際網路協會（Internet Society）在一九九七年為商務用途及其他不同用途的網站設立專屬的網域名稱（Domain Name）；讀者可以在表9.5中看到這些新增的名稱。然而，受到電腦價格的不斷下降、網際網路連線的普及，及其他資訊技術突破的影響，網際網路的使用者在近年來依舊持續上升，網際網路上的站台（Websites）也呈現倍數的成長，因此目

表9.5　全球資訊網的網域名稱（根據一九九八年的資料）

企業用戶	
早期分配給企業用戶的網域名稱	.com
	.org
一九九七年加入了	
（a）企業及公司行號	.firm
（b）商店	.store
（c）提供資訊服務的組織	.info
教育機構的網域名稱	.edu
軍事機構的網域名稱	.mil
政府機構的網域名稱	.gov
網際網路上的各種活動	.web
文化及娛樂性活動	.arts
休閒性活動	.rec
個別用戶或個人名冊	.nom

前仍有許多不同的網域名稱正在準備釋出的階段。

　　網際網路所具有的商業潛力，不但吸引了眾多的使用者，同樣也吸引了許多企業的加入。從許多不同的指標數字中我們可以發現到，早期網際網路專為學術用途所設計的理想已經不復存在，取而代之的是具有龐大經濟利益的商務用途。首先，在一九九四年十月以前教育機構內所擁有的網際網路伺服器一直是網際網路上最大的單一群體，不過在大量商務性組織加入網際網路之後，這種情況已經完全消失。再者，商務用途的首頁目前仍然不斷地成長，預估在西元兩千年將可以達到一億（Planet Internet, 1995）。儘管目前仍然有許多網頁正在建構的階段，不過在這些網頁中真正具有價值的並不多，許多在一九九四年左右建構的網頁目前也已經消失。舉例來說，根據網際網路搜尋引擎公司世界奇觀（Alta Vista）表示，在該公司索引的三千萬個網站

中，大約有五百萬個網站自從一九九六年以來就沒有繼續進行更新，甚至有七萬五千個網站從一九九四年起就無人問津。就如同網際網路一般，全球資訊網內的各項物件儘管有著諸多花俏的變化，不過要讓這些物件更具有實用性，仍然有一段很長的路要走。對於學術性研究人員來說，全球資訊網所能提供的資訊比起許多大學、研究性機構及圖書館所提供的網際網路資源，其實用性相差甚大。世界各地的出版業者也慢慢發現到全球資訊網所具有的潛力與現實之間的差距，因此正極力地要縮短傳統的紙版印刷及電子出版之間的缺口。在小故事9.8中，讀者可以看到由Simon & Schuster這家公司所想到的解決方案。

以網際網路作為資訊傳播的工具

透過網際網路，資訊可以輕易地進行傳送；不過也因為傳送資訊的簡便性，使得許多意想不到的及不願意見到的狀況，在許多不同的地方出現。舉例來說，英特爾公司（Intel）所生產的奔騰（Pentium）中央處理器晶片在進行複雜數學運算時所會出現的錯誤，就是透過網際網路的快速訊息傳遞，而獲得眾多媒體的關注。從這個故事中我們也可以發現到網際網路對於資訊的形成、企業的決策及電腦產業發展具有的龐大影響力。經過了二十四小時，商業週刊（Business Week）形容史上最嚴格的電腦晶片測試，英代爾公司在推出奔騰晶片後發現到該晶片的問題：在進行某些高精確度浮點數運算時可能會出現誤差。透過網際網路，這項在奔騰晶片內部所存在的失誤被廣泛地流傳開來，隨後透過新聞媒體的報導，很快地這項晶片設計上的疏失成了眾所皆知的新聞。因為過去習慣於與技術人員及科學家打交道，英代爾公司起初並沒有多重視這個問題的嚴重性；也因為這項運算上的疏失僅會影響少部份的電腦使用者，因此在最初英代爾公司只打算提供

小故事9.8　Simon ＆ Schuster所規劃的數位化願景

　　在一九九六年Simon ＆ Schuster年度營收中有百分之二十五來自光碟產品、影音光碟等等電子出版品及透過網際網路銷售商品所取得；不過該公司的總裁強納生紐坎柏（Jonathan Newcomb）盤算著在西元兩千年要將電子出版品的營收提升一倍。在強納生的想法中，整個計畫的核心是要設立一家數位化的虛擬企業（Corporate Digital Achieve），透過這個企業的成立預期可以利用資料庫將所有電子化出版品的資料蒐集起來，以供消費者在任何時間任何地點進行搜尋。透過電腦資料庫系統的建構，不管是企業或消費者都可以更輕易地進行資料的搜尋；例如，教科書的作者為了要尋找一張合適的照片，在過去往往必須要透過人工的方式在各個不同的檔案儲藏地點搜尋，而這項大工程可能必須花費數週的時間才能完成，找到所需要的圖片之後，再將圖片送到圖形處理中心進行必要的編修，最後才能取得所需要的圖片。不過透過電腦化資料庫的幫助，使用者僅需要對一個資料庫進行搜尋，使用者可以馬上取得所需的圖片並進行必要的修改，甚至可以在各個不同的場合使用該圖片。透過數位化資料庫所獲得的大幅成本節約，將可以使出版業界更有效率及效益，除此之外，透過數位化的資料庫，企業也可以針對那些僅想在網際網路上搜尋圖片及資訊的使用者，提供更快速、更簡易，效果更佳的服務，並從中獲取利潤。

來源：Verity, John W.（1996, Dec. 23）. A Model Paper Library. Business Week, pp. 80-82

那些受到影響的消費者換貨作為補償。很快地，來自於群眾的嚴厲叫囂蔓延開來，網際網路在這時再度扮演重要的角色，成了消費者表達不滿情緒的最佳舞台。事件的落幕，是英特爾公司作出了一個價值高達五億美元的決定─替換所有的奔騰晶片。隨後，網際網路上讚揚事件發起人在這場與英特爾公司的戰爭中獲得最終勝利的訊息，也迅速地擴散。從這個經驗中，英特爾公司學習到，在過去可能完全不受到新聞媒體重視的事件，透過網際網路的宣傳作用，可能會變成一項全球性的新聞；英特爾公司也了解到消費者與技術人員之間在期望上所具有的根本性差異；更重要的是，他們學會了為那句口號「Intel Inside」負責。

　　透過資訊技術提升，網際網路服務的可取得性逐漸出現平衡，不過對於那些無法進入網際網路的人來說，他們可能會因為資訊取得的不均等狀態，而成為這條虛擬資訊高速公路上的犧牲者，也形成了握有資訊者及無法取得資訊者雙方之間的隔閡。除此之外，因為資訊取得的容易，也使得隱私的問題再度成為焦點（Forrester and Morrison, 1992），在這樣的情況下，資訊帶來的可能是傷害而不是幫助。從許多社會新聞中我們也可以發現到，私人電子郵件遭竊取、駭客（Hacker）入侵資料庫取得銀行或信用卡資料等等問題，正嚴重考驗著人們對於網際網路的信心及評價。

網際網路的濫用

　　不管如何，對於一般的使用者來說，與網際網路連線的機會相較以往已高出許多，不過同樣地，對於那些喜歡利用網際網路惡作劇的人（Pranksters）、喜歡利用網際網路攻擊其他電腦的駭客，及利用網路竊取機密資料的人來說，網際網路也提供了他們一個最佳的「實驗」機會。全球軟體業巨人微軟在一九九四年的十二月就成了網際網路上

一則惡作劇新聞的受害者；根據網際網路上一則看來可靠不過實際上卻是僞造的新聞指出，梵蒂岡（Vatican City）原則上已經同意以未確定數目的微軟公司股票作爲交易的條件，接受微軟公司的併購。該則新聞甚至虛構了一個以教宗若望保祿二世爲資深副總裁的宗教性軟體部門，甚至計畫要授權電子版本的聖經及提供線上作禮拜的服務（Lewis, 1994）。類似這樣的惡作劇行爲，在網際網路越來越盛行之後也屢見不鮮，因爲藉由網際網路大部份的訊息都可以採用匿名（Anonymous）的方式來傳送。

對於那些每天在網際網路上四處搜尋有價值入侵對象的駭客來說，網際網路具有的匿名（Anonymity）特性正是一個最佳的防護罩。根據可靠的消息來源指出，目前已經有數個駭客集團成功地入侵美國斯普林特通訊公司（Sprint Corporation）及國際商務機器公司（IBM）內部的電腦，這些駭客的主要訴求是要這些美國的公司法人團體退出網際網路這個虛擬的世界。對於這些駭客來說，非法或以不道德的方式使用網際網路或許只是一種挑戰或娛樂的來源，不過對於國家甚至全球的安全來說，駭客的存在的確是一項很嚴重的威脅。舉例來說，光是在一九九五年，駭客試圖入侵美國國防部（US Defense Department）電腦主機的案例估計就有兩萬五千件，造成了國家安全的危害及數以百萬美元計的成本損失。也因爲這些駭客所帶來的嚴重威脅，因此目前只要這些駭客確實進行了某些入侵電腦的行爲，他們必須接受嚴厲的法律訴訟及長期監禁的後果。在小故事9.9中，本書提供一個駭客入侵國家氣象中心的例子，從這個例子中讀者將可以體會到網際網路背後所蘊含的強大力量。

小故事9.9　國家天氣預報服務中心網站遭受
到的攻擊

　　國家氣象預報服務中心的電腦部門主任約翰瓦德（John
Ward）發現網際網路的駭客試圖入侵國家氣象預報服務中心的
電腦主機。因為這些電腦主機必須負責全國氣象資料的運算並進
行天氣預測，因此他必須要在駭客造成任何不良影響前，阻止這
些駭客的入侵動作。除此之外，因為各大航空公司必須仰賴天氣
預報服務中心的資訊作為營運的指引，因此任何在天氣預報上所
可能出現的破壞，都可能對於美國的空中旅遊業造成莫大的傷
害。透過駭客入侵資料的分析，瓦德發現駭客是經由麻省理工學
院的電腦主機進行入侵的行動，因此他在自己的電腦中安裝了警
示系統（Alarm System）以便通知自己及美國聯邦調查局在駭客
登入麻省理工學院的電腦主機或試圖入侵國家天氣預報服務中心
主機時有所警覺。通常，駭客會利用入侵國家天氣預報服務中心
的主機作為跳板，入侵其他位於網際網路上的電腦主機或竊取更
多的機密資料。不過駭客的行動後來便被麻省理工學院的電腦部
門經理所察覺，因為該部門經理發現到某個電話撥接帳號進行不
尋常的存取動作，並透過當地電話公司的協助追蹤該帳號的來源
所在，最後發現該帳號的使用者位於丹麥。丹麥的警方隨後接下
這項任務，並且逮捕了七位年齡在十七歲到二十三歲之間的青少
年；儘管在該篇文章公佈的時候，法院的判決仍未確定，不過丹
麥警方卻對這項駭客入侵案件感到不可思議，因為一般相信應該
是來自美國的駭客會想盡辦法入侵丹麥的電腦主機，而不是發生

相反的情況。因為根據丹麥警方的統計數字顯示，美國的駭客幾乎已經取得了世界各地電腦網路及電話線路的入侵管道，並且試圖入侵位於以色列、巴西及日本的電腦主機系統，還有美國境內其他三十二個不同的系統。

來源：Fialka, John.（1994, Oct. 10）. The latest flurries at weather bureau: Scattered hacking. The Wall Street Journal, pp. A1, A6.

　　隨著個人及企業用戶不斷地湧入網際網路這個虛擬的世界，在網際網路上所進行的非法活動也急劇增加。在一九九五年，蘇聯一位年僅二十八歲的電腦駭客及其同夥在花旗銀行（Citibank）的電腦系統中竊取了四萬元的美金，並成功地非法進行金額高達一百一十六萬美元的轉帳事件揭露以後，讓社會大眾清楚了解到銀行體系進行網路連線將有可能在安全防護上出現重大的漏洞。根據華爾街日報（Wall Street Journal）的報導，該項非法轉帳之所以會被察覺，是因為在阿根廷首都布宜諾斯艾利斯的一家私人投資公司內部經理人員發現到，一項從紐約的花旗銀行電腦到舊金山一個不知名帳戶的未核准轉帳作業，才使得該項犯罪行為曝光。隨後所進行的逮捕行動，範圍遍及了蘇聯、荷蘭、以色列的台拉維夫、英國及美國。企業為了防堵可能在未來發生的入侵行為，不斷地發展或購置新的軟體來填補安全上的漏洞，也預防網際網路連結遭到不當的使用。防火牆（Firewall）軟硬體的發展，目的就是為了偵測假冒的訊息，並免除病毒對於企業內部電腦的侵襲；透過網際網路瀏覽軟體作安全上的認證，也是一種安全

防護的機制；透過程式將重要的資訊加密（Encryption　）也是目前較普遍的做法。

虛擬世界的管理

因為那些喜好利用網路惡作劇的破壞份子、駭客及網際網路竊賊的盛行，使得在網際網路這個虛擬世界中的管理問題越來越受到重視。不過，毫無疑問地，因為網際網路不受到任何法律的管制，也不屬於任何一個特定的國家，因此要想在網際網路上進行管理，基本上很困難；也因為管理網際網路所會用到的法律及規範，與以往含有地理位置概念的傳統法令有著相當大的差異，因此困難度更為提高。也因此，許多國家的政府部門發現，要想將網際網路的使用專門開放給那些具有守法觀念及道德概念的使用者，並將那些不受歡迎的網際網路破壞者排除在外，幾乎是不可能成功的夢想。舉例來說，儘管德國政府將網際網路服務提供者 CompuServe　在其新聞群組伺服器（Newsgroup　）中有關色情圖片的討論群組，進行阻斷的動作，不過德國境內的公民依然可以透過其他網際網路服務提供者，或透過長途電話與其他國家的CompuServe　伺服器主機連線，而取得類似的資訊。在表9.6 中讀者可以看到許多因為網際網路的盛行，而為國家政府帶來的各項挑戰。為了因應世界各國要削減網際網路不當使用所投注的心力，網際網路協會（Internet Society）目前正積極發展出一套使用標準。除此之外，在一九九六年有一個由十六個電腦及電話產業公司所組成的遊說團體，開始對世界各國的政府展開遊說，主要的目的就是要確保世界各國的政府不要因為安全的因素而阻礙了網際網路的成長。這項計畫稱為全球網際網路專案（Global Internet Project），主要的成員有美國電報電話公司（AT&T）、MCI 通訊公司（MCI Telecommunication Corporation）、國際商務機器公司（IBM）、昇陽電

表9.6 網際網路的使用及各國的重點所在

使用情況	國家的重點所在
沙烏地阿拉伯的駭客透過第三國的電話連線服務在網際網路上進行口水戰，爭論的話題從無神論到色情文學等等相當廣泛	沙烏地阿拉伯政府擔心將會失去對於政治性對話及大眾道德的控制
非政府組織透過網際網路號召支持者的聲援	馬來西亞政府詳細檢查當地非政府組織的財務及其他紀錄，以確保這些組織與國外的顛覆份子沒有任何聯繫
英美語系在網際網路上的獨占現象	法國協會（French Association）為了捍衛法文及保障法文的未來發展，對於喬治亞理工學院在法國東北洛林區的分校（Georgia Tech Lorraine）的網際網路首頁使用英文而非法文提出控告，法院宣判的結果同意該校在網際網路首頁使用英文
網際網路虛擬世界的自由	新加坡廣播管理局（Singapore Broadcasting Authority, SBA）計畫對於網際網路服務提供者所提供的內容進行把關，希望這些網際網路服務提供者可以封鎖網際網路使用者對於進入類似花花公子雜誌（Playboy Ebterprise）首頁等色情網站的權限
中國及台灣之間的角力	網際網路上的一個網站 http://www.taiwanese.com/protests 列舉世界各地反對中共的倡議者，並提供住址資訊以供反對中共政策的倡議者聯繫之用
資訊共享	遍及世界各地的草根運動（Grass-root Movement）利用網際網路來進行資訊的共享，例如：前衛溝通協會（Association of Progressive Communication, APC）為聯合國第四屆世界婦女會議（UN Fourth World Conference on Women）設立網站等等

腦（Sun Microsystems）、英國電信（British Telecom ）及 BNN 公司
（Bolt Beranek and Newman Corporation ），這項專案主要目的是要告知
世界各地的網際網路使用者，有關國家政府想要透過法律來妨礙網際
網路自由發展的眞實狀況。

　　儘管網際網路提供了許多新的機會，不過因爲新穎且未嘗試過的
科技不斷出現，個人及組織在網際網路漫遊的過程中也必須要面對許
多挑戰。這些科技的突破，對於目前現有的通訊模式早已造成很大的
改變。舉例來說，在現代的社會中越來越少人會把家用電話當作唯一
的個人通訊媒介，而會有行動電話、電子郵件等等不同的溝通方式。
根據一九九七年一月二十七日所發行的商業週刊雜誌（Business Week）
指出，在一九九二年僅有百分之二的美國公民使用電子郵件，不過到
了一九九六年這個數字就急劇攀升到百分之十五；此外，根據一九九
七年佛萊斯特市場調查機構（Forrester Research）所作的報導指出，
美國的一般消費者及家庭網際網路用戶的電子郵件數量已經從過去的
每天一千萬封，迅速成長到每天一億五千萬封，也就是說平均每個人
每天會收到二點七封電子郵件（Auerbach, 1997）。根據佛萊斯特公司
的估計，到了西元二〇〇五年，全球將會有超過一億七千萬名電子郵
件的用戶，這些用戶每天將會傳送超過五十億封的電子郵件，平均每
人每天所傳送的電子郵件將會高達二十九點四封。儘管在過去，電腦
是網際網路使用者想要進入這個虛擬世界的必備工具，不過隨著科技
的創新，一般家庭用戶目前可以利用電視與網際網路取得連線、收發
電子郵件並與世界各地的人們進行溝通。這些具有新科技搭載的家庭
或個人用電器商品，也就是本章在下一個部份所要討論的—資訊家電
（Information Appliance, IA ）。

資訊家電

　　對於大部份的人來說，個人電腦是進入網際網路的必備工具，不過因為並非每個家庭都有個人電腦，也因此形成了網際網路普及的一個障礙。在美國，電視在家庭的普及率幾乎達到百分之百（Ziegler，1996），這也正是許多資訊公司可以發展利用的大好機會。由甲骨文（Oracle）及昇陽（Sun Microsystems）所生產的 NC（Network Computer），實際上就是一種精簡型的電腦，透過 NC 與電視連接，家庭用戶就可以輕易地與網際網路連結。其他透過電視與電腦整合技術所推出的資訊家電還有新力索尼（Sony）及飛利浦公司（Philips）所推出的網路電視（Net TV）；除此之外由日本世嘉（Sega）公司所推出的電子遊戲機土星（Saturn）則是可以透過一個卡匣與網際網路連線並以電視螢幕作為資訊的輸出裝置。透過類似的資訊家電與網際網路連線，所需要負擔的成本大約與一台彩色電視相當。

長途電信通訊技術

電話

　　資訊傳播的形式在本世紀以前一直都沒有出現重大的技術突破。在較早期出現的突破是目前遍及全世界的郵政服務；隨後而來的突破是在一七九四年由巴黎發出，目的地是里耳的電報；在現代生活中佔有不可或缺地位的電話，則一直到一八七六年才出現，全球第一通越洋電話的啟用一直到西元一九五六年才實現。造成電話技術發展如此緩慢的一個理由是，因為此種形式的資訊傳播必須要透過銅線將電流

由一個點傳送到另一個點。類似這樣的銅線以往不是透過電線桿來架設，就是利用地面下的管線來進行鋪設工作，一旦要進行傳輸的兩點間距離加大，就必須耗費相當可觀的成本。此外，因為世界上不同國家具有相當的自主權及獨立性，對於當時的全球環境來說，並沒有強大的誘因來發展不同國家之間的通訊連結。更重要的是，國家境內的經濟發展也無法保證，投入在電話纜線鋪設的成本是否能夠回收。舉例來說，在許多開發中國家裡，大約僅有百分之一甚至更少的人口有機會接觸到電話服務。根據國際電訊聯盟（International Telecommunication Union, ITU）所進行的調查，目前全球人口中的百分之十五，就佔有了世界各國電話線路總數的百分之七十一。不過，受到類似本章開頭所提到的非洲一號計畫（Africa One Project）及其他類似計畫的影響，以及世界各國紛紛想要成為全球市場上一員的誘因刺激下，一般相信這樣的情況很快就會出現變化。

　　現在，許多促成電腦產業成長的技術及成本因素，對於通訊產業的成長同樣也發揮了不小的作用。根據經濟學人的報導（The Economists, 1990 Dec. 22），在一九三○年一通由紐約撥往倫敦，長度為三分鐘的越洋電話，必須要支付兩百三十美元的費用；到了一九六九年，費用降到了四十九美元；在一九九○年則僅需要二點三三美元（註：所有的金額皆已調整為西元一九九○年的幣值）。以現今的科技及網路架構，上面所提到的越洋電話需要的成本已不到二美元；此外，根據世界銀行（World Bank）在一九九五年所公佈的報導指出（Forge, 1995），在西元二○○五年民眾將不只能夠聽到來自遠方友人的聲音，甚至還能透過液晶螢幕看到對方的影像，一個小時的越洋電話可能僅需要幾美分的費用。

　　儘管長途電話的費用不斷調降，但因為民眾利用電話的頻率持續增加，因此全球長途電信通訊市場的規模，預估將會從一九九三年的

四千六百億美元，上升到兩千年的一兆一千萬美元，讀者可以在圖9.6看到長途電信通訊市場的分佈狀況。不過這個成長的幅度，如果排除了許多發展中國家電話線路不足的限制後，相信其潛力將會更爲驚人。在一般社會經濟較富裕的國家中，大約每兩個人共享一線電話，在印度則大約每一千人共享十三線的電話，而在撒哈拉沙漠以南的中部非洲地區（Sub-Saharan African）則平均每一千人共享十一線電話。

在本章開頭小故事中所提到的非洲一號計畫（Africa One Project）對於增加非洲整體的電話線路將會有很大的貢獻，透過這個計畫不但

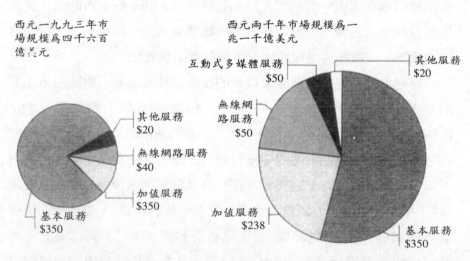

西元一九九三年市場規模爲四千六百億美元

西元兩千年市場規模爲一兆一千億美元

互動式多媒體服務 $50
其他服務 $20
無線網路服務 $50
加值服務 $238
基本服務 $350

其他服務 $20
無線網路服務 $40
加值服務 $350
基本服務 $350

a: 加值服務包括影音郵件、電子資料交換、網際網路管理服務、虛擬私人網路及資訊委外服務等等。
b: 所謂的互動式多媒體需要足夠的頻寬以進行雙向的語音、影像及資料訊號的傳輸。

圖9.6　變革的速度：全球長途電信通訊服務的市場規模（World Telecommunication Reports.（1994, 1996-1997）. 日內瓦：國際電信聯盟（Geneva: International Telecommunication Union））. http://itu.ch/ti/publications/#YB97

可以提高非洲地區人民更多的溝通模式選擇，也為企業帶來更多的機
會。不過，在科技進步的同時，也可能會對於非洲現有以面對面為主
的溝通方式，及以農業為基礎的社會發展造成一定的混亂作用。在世
界上的其他角落，透過長途電信通訊技術的輔助，人們幾乎可以即時
地將資訊傳遞到世界各地的任何地方，也使得個人及企業要想達成每
週七天、每天二十四小時的無間斷通訊成為可能。透過這些資訊連結
的輔助，人們可以很快地取得世界各地所發生的企業交易資訊，例如
全球各主要證券交易市場的即時行情等等，也使得人們可以在任何時
間、任何地點取得各種不同的金融服務。舉例來說，儘管發生在巴黎
的美國運通（American Express）信用卡認證服務，必須要透過長達
四萬六千英里的電話及電腦線路與美國的主機連線，不過整個交易還
是在幾秒鐘之內就完成了。長途電信通訊的技術突破在其他不同領域
的技術不斷地出現突破，及世界各國產業法規鬆綁的輔助下更能完全
地展現潛力。在小故事 9.10 中讀者可以發現到，世界貿易組織
（World Trade Organization, WTO）所制定的協議，對於全球長途電信
通訊的發展會有著多大的幫助。

光纖網路

　　以往利用銅線來進行資料傳送的電話通訊，目前幾乎已經完全改
以光纖來傳輸。光纖是在一九五二年由一位英國的科學家那瑞達卡柏
林（Narinder Kapany）所發明，最早的用途主要是在醫學相關領域，
透過光纖的輔助，醫生將能夠更了解人體內部的構造，並在早期發現
可能的病變。用在長途電訊通信的光纖電纜是由一束比人類頭髮還細
的玻璃纖維綑紮在一起，並在最外層以一層金屬包覆作為保護。當受
到電流的觸發時，以光速運行的雷射光就會在這些比人類頭髮還細的
玻璃纖維中間傳遞光的脈衝波；正因為這些信號是以光的速度進行傳

小故事9.10　長途電信通訊市場的法令鬆綁

　　根據世界貿易組織（World Trade Organization, WTO）所提供的數據資料，全球資訊相關產品的全年貿易金額高達六千億美元。而每年國內及國際基礎長途電信通訊服務所能夠創造的業績也將近六千億美元。不過一般預料這兩個數字在一九九七年世界貿易組織通過兩項協議之後，將會有更進一步的成長。在一九九七年的二月，六十九個世界貿易組織的會員國通過鬆綁對於長途電信通訊產業的法令限制，透過這項協議將長途越洋電話所必須支付的成本由一美元降至二十美分，儘管如此，全球長途電信通訊產業的業績依舊可以因此而成長一倍甚至是兩倍。同年的三月，有四十個會員國政府同意在同年的七月降低資訊科技商品的關稅，並預計在西元兩千年與全球其他國家同步取消所有資訊科技商品的關稅。一九九七年三月所達成的協議不但更進一步地加強了世界各國對於電腦產業關稅上所訂定的條約，與其他兩個不同的協議共同執行時，更涵蓋了將近百分之九十的資訊技術相關產品，其中包含：電腦、半導體、軟體及其他類似產品，還有長途電信通訊服務等等。

來源：WTO Annual Report.（1997）. Geneva: WTO Public-ations.

遞，因此透過光纖電纜我們將可以傳遞比銅線更多的資訊。此外，銅線所需要的成本高昂，更有發熱的缺點，而在長途電信通訊技術上所用到的光纖電纜，一方面利用海灘的沙土作爲主要的原料，成本低廉，另一方面也不會產生額外的熱量。更重要的是，光纖電纜不但重量輕，更不會受到電流或無線電波的影響，還可以進行遠距離的資料傳輸工作。最後，或許對於資訊時代來說，光纖電纜所具有的最重要特質就是—空間，光纖電纜不但可以比銅線傳遞更多的資訊，所佔有的空間也遠比銅線來得少。舉例來說，傳統直徑三英吋的銅線可以負載一萬四千四百條電話線的資料傳輸量，而直徑半英吋的光纖電纜則可以負載三百五十萬條電話線的資料傳輸量，其中的差異實在非常大。

從上面的例子中我們可以了解到，只要透過單一的光纖就可以同時傳輸數千通的電話訊息；此外，藉由光纖電纜所具有的大量傳輸特性，也爲電視、電腦及其他各種不同的溝通工具創造出互動的可能性。因此，就像光纖電纜逐漸取代以往在電信業中常見到的銅線一般，光纖電纜也逐漸取代了傳遞電視訊號用的同軸電纜線。在今日，光纖電纜廣泛應用在各種不同的長途電信通訊傳輸上，也使得有線電視、電話及電腦等等以往被視爲不同產業之間的界線，慢慢出現模糊的現象。

相對比較之下，因爲光纖電纜具有的各項優異特性，在價格上也比早期的銅線來得低廉許多，許多開發中國家就直接越過了使用銅線的時期，而在發展的階段直接採用光纖電纜作爲傳輸的媒介。舉例來說，在越南年度計畫每年預計要架設的三十萬電話線路，就全部採用光纖來進行；南美洲的巴西，因爲當地銀行在發展的初期就已經採用電腦進行業務的建構，使得巴西的銀行用戶較美國地區的用戶更早享受到在家中透過網際網路進行交易的便利（McCartney and Friedland,

1995）。此外，世界上的許多國家紛紛湧向資本主義行列，也是造成
電話技術出現突破的因素之一；因為透過電話、傳真機及其他類似的
遠距溝通工具，人們將能夠更輕易的參與全球經濟的互動。世界各地
電話使用的急劇成長，正是各個國家內部企業不斷成長的最佳指標；
以中國為例，在西元一九九三年到兩千年之間，預計就會增加將進三
千五百五十萬條電話線路（Engardio, 1994b）。根據國際電訊聯盟
（International Telecommunication Union）所作的全球長途電信通訊調
查指出（World Telecommunication, 1996/97），全球越洋電話的通話時
間在一九八八年到一九九三年之間從兩百三十億分鐘成長到四百七十
億分鐘，在一九九五年更增加到六百億分鐘，毫無疑問就是受到企業
運作、教育及商務旅遊的全球化、旅遊業的成長及長途電話費率大幅
下降等因素的影響。

無線電話技術（Wireless Telephone Technologies）

　　人類對於電話的需求，同樣也促成了人類對於無線設備的需求。
例如傳統上大多由警察及救難隊成員所使用，主要利用低頻率電波傳
送的行動電話，目前也已經成為電話市場上一個成長迅速的部份。行
動電話要進行通訊主要必須仰賴基地台（或稱為Cell）隨機分派一個
特定的電波頻率給發話者，之後再將發話的訊號傳遞到電話網路並完
成整個通話的程序。如果行動電話的持有人離開了某個基地台訊號所
及的範圍之外，就會由另一個基地台自動地與行動電話進行連線，使
用者甚至不會感受到任何訊號中斷的情形。過去行動電話所使用到的
廣播頻率是在八百到九百百萬赫之間，不過隨著行動電話逐漸朝向數
位化發展，因此需要更高的頻率及更多的基地台來進行傳輸，然而與
傳統類比式網路不同的是，透過新的技術將可以傳輸比以往多三倍的
資料量。儘管這一類的數位式手機相對上是非常新穎的技術，不過卻

因為速度快且對隱私權的保障更高而廣為消費者所歡迎；在這種情況之下所出現的結果就是，各個開發中國家都競相設定不同的標準。舉例來說，在數位化手機技術上由歐洲國家所廣泛採用的全球通信系統（Global System of Mobile Communication, GSM），就比美國所採用的數位化分時多重存取(Time Division Multiple Access ； TDMA)系統具有更高的普及率（Arnold, 1996 ）。

在許多開發中國家例如中國及匈牙利（Hungary ）等地區，無線的長途電信通訊設備特別受到歡迎，因為在這類國家想申請室內電話門號需要排隊等候很久的時間，而現有的電話線在效率上也遠遠不及行動電話所能提供的便利性。不過也因為現有的電話線路無法滿足商業及一般用戶的需求，在中國及匈牙利很快地就進入了蜂巢式行動電話的時代。同樣地，在捷克的Komercni Banka銀行也因為要與全球貨幣交易網路連線，因此直接跨過了紙上作業會計系統的階段，而採用了主從式（Client-server ） 架構的銀行網路。在長途電信通訊的技術方面出現後來居上（Leap-frogging ） 的情形之所以大量出現，主要因為在現今的社會中，建立無線電塔作為信號傳輸媒介所需要耗費的成本，遠比透過銅線或光纖電纜來進行傳輸低廉許多，除此之外，在許多年代久遠的城市中，要進行古老建築的大幅翻修或在繁忙的街道上進行電話管線的埋設，基本上就十分困難。除此之外，透過行動電話的幫助，那些在交通繁忙的都市例如曼谷、北京及洛杉磯等地區通勤的人員，可以利用行動電話來與外界進行聯繫。另外，人造衛星的發明同樣也促成了無線通訊的進展。

人造衛星傳輸

儘管透過人造衛星進行電話訊號的傳輸目前仍處於早期的階段，不過衛星通訊產業目前也是一個成長迅速的產業。自從前蘇聯在一九

五七年的十月四日發射了史波尼克一號（Sputnik 1）衛星之後，不但促成了美國國家航空暨太空總署（National Aeronautics and Space Administration）的誕生，也引爆了在美國、蘇聯、中國已及其他國家競相發射衛星作為資料傳輸媒介的太空競賽。在這場競賽中，各個由不同國家政府提供經費的地球同步軌道衛星（Geosynchronous Earth-Orbiting satellites, GEOs）計畫接二連三地推出，使得目前大約有一兩百個傳輸能力比史波尼克一號衛星更強、造價更為昂貴的衛星在地表上空大約兩萬兩千英里的地球軌道運轉著。之後，科學及軍事的用途似乎成了地球同步軌道衛星及其他中軌道衛星存在的主要理由（Raision D'etre），不過在這些衛星計畫進行的過程中所促成的新發現，往往也都能作為一般國民及商業性營運所利用。舉例來說，目前環繞在地表上空一萬一千英里軌道的二十四顆專供全球衛星定位系統（Global Position System, GPS）使用的衛星，就能在同一個時間內產生二十四個訊號，並傳送給地表的接收器。當移動式接收器收到四個或以上的訊號時，就能夠利用這些訊號所夾帶的資訊來計算出接收器所在位置一百公尺或三百三十英尺以內範圍的經度、緯度及高度等相關資訊。全球衛星定位系統的商業化，一開始是由美國聯合航空（United Airline）在美國航空太空總署的試驗場中，進行波音（Boeing）737-300 型客機降落導航試驗過程中發現的（Reported by the Boeing Corporation in their internal newsletter , October 21, 1994）。在一九九六年的四月，全球衛星定位系統正式開放給一般消費者使用，其目的是為了避免徒步旅行者、越野單車旅行者及登山者，在陌生的環境中進行活動時不至於迷失方向，全球衛星定位系統的接收器大約合美金兩百元；相同的技術也加以研發供遊艇駕駛員進行通訊及救難的作業。除此之外，為了要因應增加利潤及降低農藥使用量的雙重壓力，在美國有百分之五的農務工作者也利用全球衛星定位系統來進行工作的簡

化；透過全球衛星定位系統所提供的資料，再加上電腦的精確計算，農務工作者可以輕易地取得每一平方碼所需要的種子、肥料及除蟲劑的數量（Carton, 1996）。

不過前文所提到的地球同步軌道衛星及中軌道衛星同樣需要地面系統的支援，地面系統最主要的工作就是要負責處理資料在長途傳輸的過程中，所可能會發生的延誤及訊息流失的情形。也因為地面系統所必須付出的龐大成本，目前具有足夠的政治及經濟資源可供自行發射衛星的商業組織並不多，此外大部份與衛星科技有關的資訊依舊掌握在政府組織的手中（其中的一個例外情形發生在一九六二年，美國電話及電報公司（AT ＆ T）旗下的貝爾實驗室（Bell Telephone Laboratories, BL）所發射的電星一號衛星）。然而，近幾年來也有許多商業組織紛紛自行發射低地球軌道衛星（Low Earth-orbiting Satellites, LEOs），這些衛星所發射的訊號可以直接透過行動電話或筆記型電腦來進行接收，因此也免除了建設地面系統所必須負擔的龐大經費。不過由於這些低地球軌道衛星所發出的電波距離有限，因此實務上需要許多衛星彼此共同合作才能將訊號的傳遞涵蓋至整個地球；這些低地球軌道衛星預期將可以提供語音及視訊會議的服務。其他的低地球軌道衛星例如：全球之星（Globalstar）、愛國者組織中的國際海事衛星（International Maritime Satellite Organization，INMARSAT）、全球通訊組織（ICO Global Communic-ations）、奧狄塞國際長途電信通訊公司（Odyssey Telecommunication International），及摩托羅拉公司（Motorola）所提出的銥計畫（Iridium）等等，則僅侷限於語音傳輸的服務。

就像蜂巢式行動電話一般，透過語音傳輸專用衛星，許多國家可以獲得電話傳輸的好處，卻不必花費太多的經費在地面線路的架設上。除了這個優點以外，衛星甚至不需要透過類似蜂巢式行動電話所

需要的無線電塔來傳送無線電波。因此語音衛星對於那些電話尚未普及的國家來說，似乎比蜂巢式行動電話來得有利。目前已經上市的設備稱為全球個人行動通信系統（Global Mobil Personal Communications System, GMPCS），這項設備不僅具有可攜帶的優點，更不會因為成本高昂而令人無法負擔，因此世界各地的人們都可以利用這項新的技術。在商業用途上，銥計畫（Iridium）、全球之星（Globalstar），愛國者組織（ICO Global）及奧狄塞（Odyssey）等等組織都會透過通訊衛星在傳輸能力、傳輸量及轉換能力的提升，而使得全球可移動式個人通訊系統在資訊傳輸上更有效率也更為可靠，也使得各項商務運作的進行更為順暢。根據估計，全球可移動式個人通訊系統在西元二〇〇二年的市場需求量大約為五百二十萬部，到了西元二〇一〇年更會成長到三千四百九十萬部（Borzo, 1996）。

　　透過衛星進行電視轉播也是促使全球衛星市場成長的驅力之一。根據美林證券（Merrill Lynch）所作的市場調查（Cited in Activate the money star, 1997），在一九九六年全世界負責衛星轉播的營運公司，在家庭衛星直播的收益就高達四十五億美元，到了西元二〇〇二年更有機會成長到一百六十三億美元。從這樣的成長潛力中我們不難了解到，目前有越來越多的產業都願意在家庭娛樂事業進行投資。

　　透過檢視資訊革命為某些前景及為某些產業所帶來的威脅以後，我們將可以清楚地了解到資訊技術所存在的最大問題是：資訊技術本身並不具備有任何的能力可以修正目前已存在的錯誤，同時資訊技術也無法避免可能在未來出現的錯誤。就如同在其他不同領域內所發生的情況一樣，資訊技術的發展主要還是反映開發者本身的興趣及利益，例如：美國資訊交換標準碼（American Standard Code for Information Interchange, ASCII）字元集，在最初就是專門為英語系國家所設計、許多電腦遊戲設計最初的主要消費群體是男孩而非女孩、

電腦內部資料夾的圖示主要呈現的是美國的文化傳統、電腦遊戲及程式所表現的形式也反映著西方社會對於行動、線性思考及自主自決（Self-determination）所存有的偏見（Goulet, 1977; Magnet, 1994）。從小故事9.11所舉出的例子讀者可以發現到，實際上西方文化所具有的許多特徵例如自主自決及個人的進取精神，往往可以從現有的許多科技中找到蛛絲馬跡。

　　從前半部份對於資訊技術在全球化過程中所發生改變的檢視中，讀者可以清楚地了解到，許多人認為資訊技術的全球化也就等於權力分佈的全球化，並非毫無根據，從長途電信通訊產業的發展中我們更可以清楚地看到這個現象。除了先前所提到的各種現象以外，全球化的技術變革同樣也對許多其他不同的產業造成影響；以醫療業為例，透過資訊技術的革新，現在與全球各大醫療機構共享身體保健的相關

 小故事9.11　科技中的西方文化特徵

- 電腦在進行問題解決時所依據的邏輯基礎是線性的思考模式。
- 個人對於新科技所採取的行動主要是為了使科技的應用達到整合及完美的境界。
- 個人的自我價值及社會地位決定於個人工作及利用科技所達成的物質成就。
- 個人自決（Self-determination）是利用科技完成工作的關鍵。

來源：Goulet, Dennis.（1977）. The Uncertain Promise: Value Conflicts in Technology Transfer. New York: North America Inc.

資訊、檢測危害人類生命安全的因素、人體器官移植、擴展或改善醫療保健品質、甚至是進行生物的複製都不再是遙不可及的夢想。透過資訊技術的輔助，醫療保健服務的效率也有所提升，同時也使得醫療業變得更為商業化而不僅具有服務業的色彩。對於類似醫療業等等產業來說，資訊科技的變革同樣也造成了整體產業環境的變化。透過對於銀行業、製藥產業、化妝品產業、汽車製造業及其他全球化產業的檢視，我們可以發現到數位化及資訊革命對於種種不同的產業都造成了許多相同及不同的變化。在圖9.7中讀者可以發現到在一九八五年到一九九五年間在長途電信通訊產業所發生的變化。由北方電訊（Northern Telecom, Nortel）總裁兼執行長珍曼帝（Jean C. Monty）所提供的這張圖中我們可以發現到，儘管有某些變革僅發生在幾個特殊的產業中，不過也有許多變革對於所有全球化的產業都造成了重大影響，例如：由本土化邁向全球化經營、從特定的市場區隔轉變為聚合的重疊市場、從穩定轉變為動態的市場環境，還有越來越受到重視的顧客導向概念及客戶服務等等。

第二部份　組織與技術

到了二十一世紀，儘管目前沒有任何人可以準確的預估真實的情況為何，然而一般相信整個資訊產業將會出現進一步的結構重整。在建構數位化世界的過程中，不管是硬體、軟體、光纖網路、微處理器都將會在電腦及資訊產業內部造成很大的變動。究竟未來的技術會將人類的社會變成何種模樣：朝向無線科技發展？或我們即將進入一個佈滿光纖網路的世界？究竟是電腦會整合電話、電視遊樂器及電視的功能？或電話公司將會贏得這場比賽？沒有人能夠肯定地回答這個問

1985	1995

結構與範圍
長途電信通訊 ——————————→ 全球化的通訊
企業總部所在的國家 範圍遍及世界各地
特許獨佔權 幾乎全面性的服務競爭

市場
市場區隔的分割受到法令及 ——————→ 受到電話技術、電腦、有線電視、廣播以
　技術的影響 　及出版系統的影響

競爭
狀態穩定 ——————————————→ 動態且變動迅速

網路基礎架構
銅線、無線電傳播 ——————————→ 光纖、非同步傳輸模式、無線電傳播、衛
　　　　　　　　　　　　　　　　　　　星及同軸電纜線
資料及語音分離 資料、語音、視訊及無線設備的整合
服務隨著企業勢力範圍的變化而變化 透過全球性的企業聯盟來提供服務

網際網路的管理
受到硬體設備升級的驅動 —————→ 主要與系統平台、軟體及服務有關

網際網路的創新
受到技術提升的驅動 ——————————→ 受到市場需求的影響

顧客需求
數位化設備的採用 ——————————→ 大幅提升頻寬的需求
營運成本的降低 成本效益的提升
　　　　　　　　　　　　　　　　　　更具有可攜帶性
　　　　　　　　　　　　　　　　　　新服務的提供

客戶服務
由製造商所提供的產品所驅動 ———→ 由顧客需求所驅動

設備提供廠商
大型企業 ——————————————→ 主要元件及其他子元件的供應商
國營企業 全球性及區域型的企業

客戶
長途電信通訊企業 ——————————→ 新加入的企業
　　　　　　　　　　　　　　　　　　新加入的服務提供者
　　　　　　　　　　　　　　　　　　新型態的長途電信通訊產業架構
　　　　　　　　　　　　　　　　　　有線電視服務提供者

產品生命週期
產品上市時間緩慢 ——————————→ 產品上市時間迅速

圖9.7 產業權力的轉移（Monty, Jean C.（1997, Jan.）. Northern Telecomm: The Anatomy of a Transformation. Northern Telecom, p. 4）

題，這也代表著所有與長途電信通訊及技術相關的企業經理人，都必須在充滿不確定的環境下進行決策。對於理光（Richo）這家傳統上以影印機及印表機為名的企業來說，面對新技術不斷出現，首要的工作就是整合傳統的優勢並與數位媒體結合，並創造出更具有生產力的辦公室設備。對於松下電器（Matsushita Electric）來說，技術創新所代表的意義就是在商品數位化的同時，依然要維持與顧客之間的緊密關係。

北方電信（Nortel）的總裁曼帝（Jean C. Monty）就曾經試圖預測其產業可能會出現的技術革新，以確保北方電信可以永遠居於領先的位置。如同表9.7中所呈現出來的，北方電信曾經重新定義該企業本身的核心業務（Core Business）所在，並且將重點放在數位化網路年代所具有的整合性特點；此外，北方電信也重新界定本身在市場中所佔據的位置，從過去的技術領先（Technological Leadership）轉變為全球資源配置（Global Resource）；最後，北方電信增加了產品實驗室的數量、將業務範圍由三個國家擴展到十六個國家，並且雇用了將近四倍的研究發展（Research and Development）人員。根據曼帝的說法，北方電信內部的知識型工作者（Knowledge Worker）比例從百分之四十二上升到百分之六十六，從表9.7中我們也可以發現到，在北方電信逐漸邁向國際化的過程中，每位員工對於企業利潤的貢獻度也隨之增加。

對於大多數的產業來說，在產品及生產流程這兩方面的競爭優勢往往是企業成功的重要因素；不過發展新的技術及維持現有的技術優勢對於許多企業來說，仍然是一項重大的挑戰。也有許多企業在營運的過程中忽略了某項重要的機會，而讓其他的企業捷足先登；舉例來說，正如亨利福特（Henry Ford）為汽車市場上的消費者帶來自行選擇汽車顏色的機會，而不再如同以往僅有黑色可以選擇對於汽車製造

表9.7　北方電信從一九八五年到一九九五年間的轉變

	1985	1995
核心業務	設計並製造長途電信通訊設備	設計、發展並整合數位化網路
市場定位	技術領導者	全球數位化網路資源解決方案及服務的提供者
顧客	營運中的企業、大型通訊公司用戶、配銷商	網際網路服務的各類提供者、公共及私人企業團體
員工		
美國	21972 (47%)	22410 (35%)
加拿大	21338 (46%)	21263 (33%)
其他國家	3239 (7%)	20042 (32%)
	46549	63715
研究與發展		
經費	美金四億兩千九百萬	美金十六億
實驗室數量	14	38
設有分支機構的國家數	3	16
研究員人數	4900	16500
製造工廠		
加拿大	25	15
美國	15	4
其他國家	5	19
	45	38
收益		
美國	美金二十九億（67%）	美金五十四億（50%）
加拿大	美金十一億（25%）	美金十一億（11%）
其他國家	美金三億兩千萬（8%）	美金四十二億（39%）
	美金四十二億	美金一百億七千萬
每位員工對收益的貢獻	90227 美元	167935 美元

個別產品線對收益的貢獻		個別網路事業對收益的貢獻	
數位交換器	50%	公共電信網路	40%
PBX、CPE等	30%	企業網路	30%
傳送設備	13%	寬頻網路	10%
纜線及外部設備	6%	無線網路	15%
其他服務	1%	其他	5%

來源：Monty , Jean C.（1997, Jan.）. Northern Telcom: The anatomy of a transformation. Northern Telcom, p. 24

業所帶來的震撼，身處電腦產業的消費者也第一次可以購買到鐵灰色以外的電腦機殼、終端機及印表機。然而，創立於台灣的宏碁電腦甚至發現到消費者想要利用不同顏色的電腦來與牆壁、家具或依個人喜好進行搭配，其中也顧及了環保的要求。在接下來的部份，本書將提出許多相關的例子，用來呈現這些企業如何面對伴隨著技術變革而來的挑戰，並在其企業內部進行組織流程、結構及人員的調適。

對於在全球市場上運作的企業而言，持續創新、發展並運用新技術是建立企業本身實力及競爭基礎的重要因素；而透過企業所具有的實力及競爭基礎，將可以獲致企業的競爭優勢，並為企業的成功及永續經營提供最佳的保障。現今所具有的流程技術及產品，會不斷地將新的競爭者拉入市場並危及目前企業所佔有的領導地位。如果企業的經理人對於市場上的新技術不具有一定的敏感度，那麼他們隨時都有可能遭到淘汰。有趣的是，在已開發國家中所出現的各項新資訊技術，例如電腦化及網際網路等等，卻是使得各個開發中國家得以參與新技術突破的主要驅力。舉例來說，數千位以色列的科學家及企業家，對於先進電腦的設計、電動汽車、資料網路化、醫療影像及電子化轉帳作出了很大的貢獻。眾所皆知的數位化印表機製造商 Indigo 及在語音通訊享有盛名的 Vocal Tech 兩家企業正是創立於以色列，因為享有技術發明及創新等優勢而在產業中佔有領先的地位。不過以色列並非是唯一出現技術突破的開發中國家：目前在世界各地類似加州矽谷或有美國東部矽谷的美譽，由麻州波士頓128號環城公路兩側高科技公司所形成的科技園區紛紛成立，對於全球電腦產業的發展有著重大的貢獻，例如位於西雅圖的矽林就聚集了全美十分之一的半導體人才、一九九六年八月一日在馬來西亞高科技區的多媒體超級走廊計畫（Multimedia Super Corridor, MSC）、鄰近印度邦加羅爾市的印度矽谷（India's Silicon Valley）、位於蘇格蘭有歐洲矽谷之稱的 Silicon Glen、

位於英格蘭劍橋附近的矽區（Silicon Fen），除此之外在新加坡、台灣、阿根廷及巴西都有類似的高科技園區。在中國北京大學附近的中關村也有類似美國紐約的矽巷（Silicon Alleys），藉由北京大學畢業生、在校學生及校內教授等充沛的人才資源，對於該區域的高科技產業的發展有很大的幫助。

　　在電腦產業中所出現的科學研究與發展範圍不斷擴大的現象，在其他的領域中也開始慢慢出現，在圖9.8中讀者可以看到，不管是在

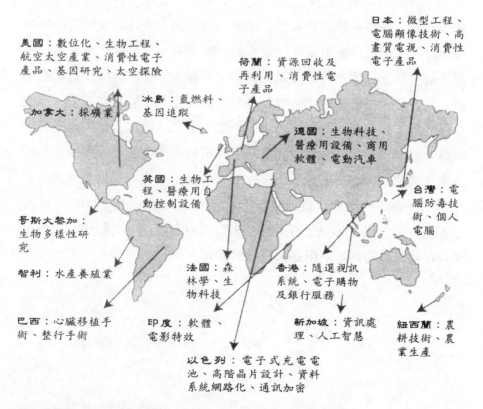

圖9.8　某些新技術迅速發展的熱門地區（Hot Spots）

交通運輸、生物科技、電腦及環境保護相關技術的研發等等，往往不僅可以在工業化國家看到這些技術不斷投入資金協助發展的現象，在開發中國家這樣的情形也非常普遍。過去在某些特殊領域佔有重要地位的國家，因為新競爭者的加入不是拱手交出盟主的寶座，就是轉變研究的重點以繼續在該領域內生存。以英特爾（Intel）為例，因為該公司的年度收益來源已經由美國慢慢轉向世界各地的其他國家，因此對於英特爾而言，美國再也不是高科技產業市場變化性最大的區域（一九九五年英特爾公司的年度收益僅有百分之五十五來自美國本土）。從全球各項產業參與者的變動及這些企業集中運用內部資源的情況看來，仔細檢視世界各地的企業組織在面對全球環境迅速轉變時所作出的反應是非常重要。以國家的觀點來看，全面探討教育系統所存在的問題，並致力於培養學生具備有全球化的價值觀成了迫切的問題。此外，因為數學幾乎可以算是進入數位化時代的重要基礎，因此在那些員工數學能力較強的國家，例如：中國、印度及東南亞的其他國家，都非常有機會發展成具有高度技術優勢的國家，而對於現有的工業化國家產生嚴重的威脅。在小故事9.12中，本章提供了有關馬來西亞多媒體超級走廊計畫（Multimedia Super Corridor, MSC）的敘述，讀者將可以了解到，透過整合來自世界各地的成功範例，將有可能會在高科技的領域中創造出一個新的霸主。

小故事9.12 馬來西亞的多媒體超級走廊
（Multimedia Super Corridor）

在一九八〇年代馬來西亞決定仿效日本過去的經驗，不再著重於農業及天然產業的發展，而轉向加值型的產業，例如汽車製造業及電子產業等等；不過因為馬來西亞政府當局的發展策略是要使馬來西亞成為多媒體業界的超級強國，因此馬來西亞當地的居民把仿效的對象繼續往東方延伸，到達美國的矽谷或更遠的美國東部地區。依照馬來西亞正府當局的計畫，位於吉隆坡南部一條長三十英哩寬十英哩的多媒體超級走廊包含了：一個具有未來感的城市，在該城市中各種智慧型的科技（Smart Technology）隨處可見，例如透過智慧卡系統（Smart Card System）來處理所有的交易等等；一個經過再造（Reengineering）的首都，在這個首都中所有的文件運作都盡量不採用紙張來進行：一家多媒體大學，透過這個大學將可以有效網羅願意在這樣的一個高科技環境中營運的企業。在多媒體超級走廊中的企業，外國的工作者可以很容易的拿到工作簽證，而在該區域的電腦使用者也不必受到馬來西亞審查制度的約束。這項類似於西方國家的自由運作機制很有可能會威脅到馬來西亞固有的傳統，除此之外，也需要馬來西亞政府在基礎建設上作出大規模的升級行動，包括道路、電力系統、及到馬來西亞的教育準備都需要有一番重大的改革。儘管這項計畫目前仍在初始化的階段，而且在多媒體超級走廊建構的過程中可能會對於馬來西亞的固有傳統造成莫大的威脅，不過多媒體超級走廊在地理位置上的界線，透過世界各地其他國家高科技媒體的協助，實際上是很容易突破的。

來源：Wysocki, Bernard, Jr.（1997, June 10）. Silicon Valley East: Malaysia is Gambling on a Costly Plunge into Cyber Future. The Wall Street Journal, pp. A1, A10

流程與結構

研究與發展

　　對於各個不同的企業組織來說，要想在產品及流程的研究與發展中取得領先的地位並獲得重大的突破，主要可以依循三種不同的途徑。類似像樂柏美（Newell Robbermaid）、3M（Minnesota Mining and Manufacturing　明尼蘇達礦業製造公司）、新力索尼及豐田汽車這一類大型的企業組織，其新產品的發展主要透過內部的研發團隊。除此之外，企業組織也可能與競爭者或其他領域不同的企業組織共同合作，以利於進行新產品的研發；例如數位相機的問世就是透過柯達、富士及佳能等三家照相機產業的領先廠商透過研究發展合作而催生。除了由企業組織內部研發團隊進行新產品或流程的研發之外，研究發展也可以透過企業組織外部的機構來進行。大部份與流程相關的重大突破，都是來自外部機構的創意；而許多新產品的創意點子，最初也都由政府出資進行基礎研究，並將獲得的結果加以商業化之後才得以上市。舉例來說，目前常見的各種暈機暈車藥的主要成份東莨菪鹼（Scopolamine），最初就是為了要幫助太空人避免在進行太空任務的過程中出現暈眩情形所發明出來的藥品，之後的商品化才使得這項藥品

廣為一般旅遊者使用。在許多國家中，由政府出資進行的研究與發展
計畫都佔了很大的比重，除了直接出資贊助企業成立的實驗室進行研
究與發展之外，透過稅務減免或其他降低企業直接間接成本的政策，
也可以鼓勵企業投入研究與發展的工作；在類似電腦、航空太空、製
藥等等需要投入大量研究發展經費及心力的產業中，政府機構的大力
支持非常重要。

　　在傑克威爾許（Jack Welch）擔任奇異電器總裁的期間，他總是
會問公司員工下列的問題「你是否不斷地充實自己？你是否曾處理過
新事物？當你處於全新的環境時，你的思維方式是不是也會有全新的
改變？這就是你在奇異可能面臨的最嚴苛考驗，一旦你在這項考驗中
失敗，唯一的出路就是遭到裁撤的命運！」（Peters, 1994）；從威爾
許這段話中，我們可以清楚看出來他對於促成技術突破所抱持的態
度。因為新產品及新的流程可以非常輕易地被競爭廠商所複製，而創
新也以很快的速度不斷出現，因此對於許多產業來說持續尋求突破非
常重要。從另一方面來看，也因為持續突破的重要，企業組織必須不
斷地投入經費與努力，以鼓勵內部由上到下的所有員工投入提供創新
概念的活動中。對於許多全球性的企業而言，例如北方電信
（Northern Telecom），持續進行產品、服務及流程的創新，對於企業
的永續經營及企業內部組織的健全性，都有著相當的重要性。過去的
十年間，北方電信在研究及發展上所投入的經費增加了四倍；在其他
產業營運的企業組織對於研究也投入相當的心力。在製藥產業，研究
與發展傳統上就是最受到重視也最耗費成本的投資；在一九九五年，
光是默克藥廠（Merck）就在研究與發展上投入了高達美金一百三十
億兩千五百萬的經費。

　　處於研究發展環境內部的人員，往往就像是宗教狂熱份子一般。
這些產品研發團隊的人員終其一生都投注在一個信念上，這個信念就

是他們相信本身所研發出來的產品能夠勝過市場上任何同性質的產品；研發團隊內部的人員也都相信，他們所研發出來的產品可以將這個市場引領到下一個世代，並且加速市場現有產品的淘汰。

技術轉移

在前文中我們提到投注經費於新產品、服務及流程的研究及發展，對於全球性企業的健全性及永續經營具有相當的重要性；透過現今迅速且便利的資訊傳輸媒介，使得企業想要在世界各地進行新技術的轉移更成為可能。所謂的技術轉移是指有關產品製造、流程應用及服務提供等等系統性的知識移轉，而不是指單純的商品銷售或租賃行為（International Code, 1981）。我們可以利用福特汽車公司在墨西哥的厄莫休市（Hermosillo, Mexico）設立裝配廠的例子來說明技術轉移的概念。在厄莫休市的裝配廠中，所有的高科技產品例如自動控制的機器設備及製造的流程都來自美國，這就是技術轉移的概念。技術轉移對於多國籍企業或全球型企業來說，是維持競爭力的重要因素；摩托羅拉公司就是其中的一個例子，讀者可以從小故事9.13中發現到技術轉移對於將一個企業往下一個階段邁進的過程中，所扮演的重要角色。

智慧財產權的保護

除了要在技術上保持領先之外，對許多企業來說，在競爭激烈的全球市場上保障本身所擁有的智慧財產權也是一項重大的議題。不管是透過反向工程技術（Reverse Engineering）、未經授權的借用（Unlicensed Borrowing）或直接利用商業間諜進行偷竊的行為，對於

小故事9.13 摩托羅拉的重新改組

　　半導體及電腦晶片是建構電腦系統的主要元素。早期摩托羅拉公司銷售晶片的方式是採用傳統的先製造晶片，再將這些晶片販售到不同的市場。然而在一九九七年的五月，摩托羅拉公司對於過去的運作方式進行了某種程度的改變：首先摩托羅拉公司會先了解顧客所需要的晶片，之後經過三十到九十個工作天的製造，最後將這些晶片銷售給顧客。這樣的反向操作，不但需要企業在產品生產週期上進行更嚴謹的規劃，也對於整個半導體產業架構帶來了重大的變革。摩托羅拉公司與現有消費者的關係，主要是建立在五個不同的市場導向群組(Market-oriented Groups)，其中包含：無線通訊、運輸（主要是汽車製造商）、網路及電腦系統、半導體元件及數位化消費性產品。前四個群組的基地在德州，而數位化消費性產品的基地則在香港；透過這兩個不同的基地，摩托羅拉公司不但成功地建立起新的防線，並得以發揮其固有的全球影響力，在半導體產業中維持一定的地位。

來源：Hardy, Quentin, and Takahishi, Dean.（1997, May 28）. Motorola Revamps Its Chip Group to Speed Deliv ery. The Wall Street Journal, p. A14.

企業投注於新產品及服務的研究與發展經費造成了莫大的威脅。許多企業為了要在全球市場上捍衛本身所擁有的技術，在許多國家都簽署了有力的智慧財產權保障契約。就像本書前面章節所提到的貪污賄賂

問題一般，智慧財產權受到侵害的行為目前在世界各地也相當普遍，而各個不同國家及企業對於智慧財產權在認知上的差異，也是造成侵權現象不斷出現的因素。根據美國政府的定義，所謂的智慧財產權包含了所有與人類發明及創意相關事物的權利。智慧財產權包含了兩個主要的部份：第一，產業財產權（Industrial Property），包含有發明（Inventions）、註冊商標（Trademarks）及工業設計（Industrial Design）等等；第二，著作權（Copyright）與相關權利。

所謂的專利權（Patent）是指一項經過政府許可賦予商品或流程的發明者的一種財產權，其中商品或流程的發明必須具備兩項要素，第一個要素是新穎，第二個要素是具有效用；換句話說，必須具備產業應用性（Industrial Application）的特點。專利權賦予授權者或授權者的繼承人獨有的權利，預防他人對於該項發明進行製造、利用或銷售等等行為。根據烏拉圭回合協定（Uruguay Round Agreement），專利權的授與自申請日起有效期至少二十年。

所謂的註冊商標（Trademark）是指用來辨別一項商品的文字、符號、設計或圖案。而服務標章（Service Mark）也具有同樣的作用可以用來識別不同的服務。註冊商標或服務標章最主要的目的就是用來識別所有在市場上的商品、區別其他由不同的企業所提供的產品或服務，並具有指明來源或生產地的作用。註冊商標或服務標章最重要的目的是要成為品質保證。根據關稅及貿易總協定所達成的協議，註冊商標在第一次申請時有效期限至少為七年，並且允許不限次數的重新申請延長註冊商標的使用年限。

所謂的著作權通常是指對於文學、藝術、科學或其他學術領域的創作給予所有人專用的權利。美國的著作權法更列舉出八個不同的領域，作為受到著作權法保障的主體：文學作品（包含電腦軟體）、音樂創作（包含其中夾雜的文字）、戲劇創作（主題音樂也包含在內）、

默劇及舞蹈作品、繪畫印刷及雕刻作品、電影動畫及其他影音相關作品、唱片錄音帶及建築作品。不管是依據美國的著作權法、伯恩公約（Berne Convention訂立於一八八六年並於一九七一年通過巴黎修正案）或關稅及貿易總協定所達成的協議，著作權人所享有的權利在其有生之年，及著作權人亡故的五十年內都受到一定的保障。

目前全球在處理一般性智慧財產權政策上並未達成一致的協議，此外受到智慧財產權保障的主體變化的速度過快，也是政策訂定所追趕不上的。儘管在關稅及貿易總協定的各項協議中大致描繪出各個國家在進行貿易的過程中，對於智慧財產權的保障應該遵照哪些協議處理，不過各個國家在真正執行智慧財產權的保障時究竟會依照哪些步驟進行，則尚未釐清。除此之外，我們必須了解的是，針對智慧財產權進行保護，其主要的目的並不只是要保護那些工業化國家及其內的企業組織。舉例來說，越來越多的製藥業、化妝品製造業甚至是牙膏製造業都聲稱他們雇用製造廠當地的人才，並利用這些人才所具有的知識進行新產品的研發及製造，過程中並未涉及任何其他智慧財產權的侵犯行為。不過，在一九九二年生物多樣性公約（Conven-tion on Biological Diversity）簽訂之後，默克藥廠（Merck）是第一家同意支付哥斯大黎加國立生物多樣性研究所（National institute of Biodiversity）一百萬美元的經費，以供該研究所進行植物、昆蟲及微生物的收集工作；之後默克藥廠也同意在未來利用該研究所進行的研究計畫為基礎，進行相關實驗有所發現時，將會支付一定的特許權使用費給該研究所。

不管是製藥產業、娛樂產業或電腦軟體業的商品，都非常容易在智慧財產權的風險下受害，就算是許多享有盛名以久的消費性商品註冊商標也無法倖免。在許多開發中國家，你可以在許多藥房或商店中看到許多外觀非常類似的商品，在某些情況下這些商品的外觀甚至一

模一樣，令消費者難以區別。舉例來說，在中國有許多熱門的書籍、雜誌、錄影帶或錄音帶被不肖的廠商幾乎一字不改地進行重製，使得消費者幾乎無法辨別複製品與眞品之間的差異。在印尼、泰國、越南及其他東南亞國家的路邊攤販，甚至可以發現許多僞造的名牌手錶及珠寶飾品，其售價甚至低於十美元。根據財團法人國際唱片業交流基金會（International Federation of the Phonographic Industry，IFPI）所提供的數字指出，在一九九四年全球所有盜版音樂相關出版品銷售金額約爲美金二十二億五千萬美元，大約佔了正版商品總體銷售額的百分之六；書籍出版業及製藥產業每年因爲非法複製品的銷售，也造成了數十億美元的損失。不過受到盜版商品損害最大的應該是電腦軟體產業，根據軟體出版協會（Software Publishers Association, SPA）的估計，每年全球因爲盜版軟體所造成的銷售金額損失大約是八十億美元。一般說來軟體盜版有三種不同的形式：第一種也是最普遍的一種就是複製具有版權的軟體給其他未經授權的人；第二種是透過電腦硬體銷售商直接將軟體安裝在電腦的硬碟中；第三種則是非法透過佈告欄系統（Bulletin Board）散佈有版權的電腦軟體（Software Piracy, 1995）。根據商業軟體聯盟（Business Software Association, 1998）的估計，在一九九六年有超過兩億兩千五百萬種商業軟體遭盜版，也因此造成在全球市場的銷售上高達一百一十億兩千萬美元的損失。讀者可以在圖9.9中看到世界各地不同的盜版比例數字，從圖中我們也可以大致看出世界各地在使用盜版商業軟體的比例上有逐年下降的趨勢；在下面的章節中我們會提出這個現象背後的因素所在。

管理智慧財產權風險的流程及架構

在圖9.9中所看到世界各地商用軟體盜版情況逐漸下降的主要原

因，在於世界各地電腦軟體產業所採取的因應動作。這些因應動作包含使產品取得更爲容易的降價、在包裝或產品本身增加不同的特徵以方便消費者辨認、更完整的售後服務網路，還有產品資訊及教育訓練的提供等等。

- 原本僅由 Aldus（就是目前在網際網路出版及多媒體軟體業界非常知名的 Adobe Systems Inc.）、Ashton-T ate（美商安信達，

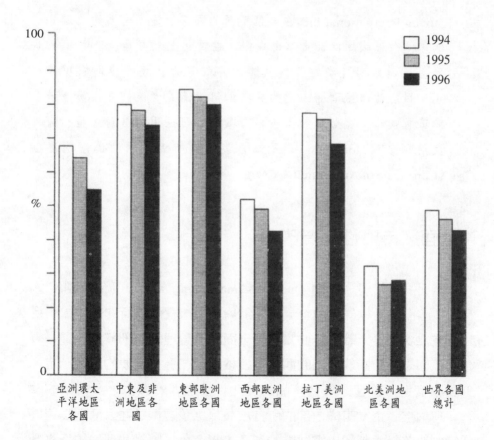

圖9.9　企業使用盜版軟體的比例，1995-1996（1998, Jan. 5）.
　　　1996 BSA/SPA piracy study results . Piracy/96 TABLES.HTM

已被寶藍（Borland）所收購，寶藍公司目前也易名為英博思資訊有限公司（Inprise Ltd.））、Lotus（蓮花公司）、Microsoft（微軟公司）及以文書處理軟體聞名的 Word Perfect 等公司組成的商業軟體聯盟現在已吸收了世界各地更多的軟體廠商，透過這些廠商的共同努力使得世界各地的人們慢慢意識到非法複製電腦軟體所必須承擔的法律責任，也更加了解使用正版軟體所能享受的好處。

- Stream International Inc. 在各個不同的國家引進了全新的配銷管道，使得正版的商品更容易取得，在價格上也更具競爭力。

- 過去軟體廠商耗費在保護軟體本身的努力已經慢慢地出現變化，目前軟體廠商將注意力放在如何讓消費者能夠更輕易地辨認正版軟體及盜版軟體；包括有微軟公司採用的雷射立體影像反射貼紙（Hologram）及來自製造商所提供的防偽證明書（Certificate of Authenticity , COA）等等。

全面／持續性品質改善

全面品質管理（Total Quality Management, TQM）及其他類似的品質改善計畫是世界各地企業早期針對生產流程所進行的改變。經過日本在二次世界大戰之後的實踐，全面品質管理的原則經過發展之後包含下面幾點：採取長期的觀點、授權給員工進行必要的決策制定、針對事實進行管理、降低產品的變化性、廢料的減少，及持續的改善。理論上，企業組織內部的所有成員都應該遵循這些大原則以達成持續的改善，並製造出零缺點的產品。讀者可以將這些理論視為複合性的理論，因為這些理論重視長期的獲利不過也希望可以獲得短期的

效率，每一個員工在製造的過程中都有同等的參與權，不但需要具備品質方面的技巧，也需要具備某種程度的計量技術。

　　在過去日本企業常見的終身雇用制度及集體決策制定就是上面所描述複合性理論的最佳典範，然而在日本企業中常見到的許多與品質管理有關的名詞例如：全面品質管理、持續性品質管理（Continuous Quality Management, CQM）、持續性品質改善（Continuous Quality Improvement, CQI）等等，在美國企業組織中管理者與員工有著明顯界線的企業文化下並沒有出現多大的成果，也正由於這些界線的存在使得員工達成某些品質改善目標的意願大幅降低。一旦企業員工無法認同全面品質管理所依據的大原則，那麼想要在內部實施全面品質管理計畫也必定會遭到失敗的命運；這也造成大部分的企業認為在日本可以成功的品質改善計畫，在其他地區無法成功的錯誤印象。在一篇名為＜高階經理人與全面品質管理的成功：過去經驗的檢視 (Top Managers and TQM Success: One More Look After All These Years)＞中，作者湯姆斯喬伊及奧蘭多畢哈林（Thomas Choi and Orlando Behling 1997）對於全面品質管理在一九九〇年代的實施作出失敗的結論，兩位作者也引用了許多美國及英國企業的報導指出，全面品質管理的實施並未獲得理想的結果。從其他採用全面品質管理概念之企業的例子中也發現，針對企業內部不同的組織情況及企業文化調整全面品質管理計畫的實施步驟與內容，及在企業內部的存貨系統、原料供應系統及獎懲系統進行調適以因應全面品質管理的實施，對於該項計畫的成功有重大的影響。在企業組織內部成功地進行全面品質管理計畫將有助於企業評估在品質方面所獲得的回報（Return on Quality），並確保企業所提供的品質符合顧客的需求。在大多數產業都面臨外部環境快速變化的情形下，企業組織須隨時評估並改善本身所具有的核心競爭能力是非常重要的，然而更重要的是企業經理人不

應獨自進行這項工作，而應該透過企業文化或其他不同的組織流程，將所有的內部員工納入全面品質管理計畫中，從而了解、採取行動及尋求核心競爭力的改善。除了品質改善計畫及全體員工的參與之外，企業內部資訊系統的效率、團隊合作及在職訓練與學習都有助於企業核心競爭力的提升。

企業流程再造

正如同麥可韓默及詹姆士錢辟（Michael Hammer and James Champy 1993）在《企業再造》（Reengineering the Corporation）一書中所提到的，透過持續性改善將有助於企業現有流程的改造，也就是放棄現有的企業流程而改用全新的方式來進行以往的業務。企業流程再造所依循的理論主要有下列幾項：重視集權及分權兩種混合性的組織結構、將決策制定的權限轉移到那些最容易受到影響的員工身上、採用最自然的方式進行企業的作業流程，例如以了解顧客需要何種產品為出發點，而不是直接告訴顧客他們需要什麼產品。與傳統階層式組織結構（Bureaucracy）相似的地方是，企業流程再造的概念傾向以由上到下（Top-Down）的方式來進行流程的改造，並且希望能夠在企業內部的功能上達到最低重複性（Overlap）的目標，不過卻往往也降低了對於作業流程的查核與控制。工作不見得非在同一個處所完成不可，而是可以透過長途電信通訊工具的協助，將工作分配給不同的人來進行。

儘管在由詹姆士錢辟（James Champy）所著一九九五年出版的《改造管理：新領導者的自我改造手冊》（Reengineering Management: The Mandate for New Leadership）一書中所提到的，再造革命至今尚未發生，不過詹姆士錢辟當初的顧慮具有一定的可信度，因為大部分

企業的員工都相信，一旦高階經理人決定進行企業流程再造，就是企業即將要進行裁員及關廠的前奏。錢辟也相信這些問題大部份都是因為企業經理人忽視了企業流程再造對於員工可能造成的影響所致。他建議企業經理人應該以五個企業流程為核心來進行階段性的流程再造工作：

1. 在流程再造的初始階段就必須要引發員工的興趣；
2. 幫助員工完成流程的再造；
3. 明確定義目標；
4. 評估流程改造的績效；
5. 開放與員工進行雙向溝通的管道。

　　對於美國的企業來說，想要有效地重新設計工作流程必須符合三項要求：第一，進行全面性的企業流程再造必須有其經濟上的必要性，而不僅因為企業流程再造是一個好點子；第二、高階經理人必須有明確的策略性願景，並且透過流程及組織結構的變革來支持；第三、高階經理人抱持的管理哲學必須要與選定的策略及組織結構緊密配合（Miles, Coleman, and Creed, 1995）。一項針對瑞士、德國境內重要的產業例如化學業、汽車產業、製造業及工程業所進行的企業流程再造成果研究顯示，成功的企業流程再造計畫必須要有全面的管理流程再造來作為輔助（Ruhli, Trechler, and Schmidt, 1995）。這項研究結果與本章所提出的假設一致：企業領導人在進行任何一項全面性的改革計畫時，都無法僅接受這項改革計畫帶來的好處而忽略改革計畫可能對企業組織造成的危機。同時，讀者從小故事9.14中有關李維牛仔褲（Levi Strauss）的例子中也可以發現，企業流程再造並非組織改革的萬靈丹。

小故事9.14 李維牛仔褲的企業流程再造

李維牛仔褲公司的創辦人李維史特勞斯（Levi Strauss）的第四世姪子羅伯特哈斯 (Robert Haas) 在一九八四年接掌李維牛仔褲這家歷史悠久的企業時，他的夢想是要讓李維牛仔褲成為大型零售店供應廠商的領導者，不過其再造計畫不但與哈斯本人的構想相距甚大，也與李維的期望相違背，最後演變為一個巨大、複雜、深具技術複雜性的大失敗，也讓李維牛仔褲損失了八億五千萬美元的投資。根據《奇異傳奇》（Control Your Destiny or Someone Else Will）一書的作者之一史坦特福特雪曼（Stratford Sherman）的分析指出，該項計畫失敗的因素不在於哈斯進行的企業流程再造把目標放在降低產品運送的時間，也不在於採購最新型的電腦系統。而應該要深思李維說過的一句話：「放開心胸、誠實並尊重他人的意見並不能改變沒有人了解自己究竟在討論什麼的事實（Openness and honesty and respect for one another's opinion cannot alter the fact that none of them really know what they are talking about）」。換句話說，成功的企業流程再造背後，所有的參與者一定要清楚再造的目標為何，以及為何要進行企業再造。

來源：Sherman, Stratford.（1997, May 12）. Levi's: As Ye Sew, So Shall Ye Reap. Fortune, pp. 104-116

創新

　　在類似像樂柏美（Newell Robbermaid）、3M（明尼蘇達礦業製造公司）等大型企業的組織領導人都相信，創新或持續性進行產品或流程的改善及發展，是企業競爭優勢的主要來源。也有許多人相信創新是國家獲得競爭優勢的來源之一，他們相信國家政府應該在促進創新上投注更多的經費。不過學者漢米歐麥克瑞（Hamish McRae, 1995）預測，隨著資訊及商品在不同國家之間流動的速度加快，因此不同國家之間可以透過相互的模仿來達到相同的情況，只是在時間上需要耗費較久，也因此在這個資訊傳遞迅速的年代要想預測一個國家在經濟上的成功與否，光是仰賴創新是不可靠的，應該還要加入創造力及社會責任等因素。不管是創造力或社會責任，它們所代表的都是一個過程而非最終的產品，也就是說國家在想盡辦法促進產品發展以增進國家財富的過程中，也應該要投入同樣的努力來刺激這些重要過程的推進。

　　企業組織創新的動機主要可以分為下列幾項：想要維持在現有產業中的市場佔有率、想要成為快速變化產業中的重要份子、或想要為企業組織創造新機會等等。企業組織通常會因為消費者改變購買習性，而產生必須進行創新的警覺。舉例來說，在一個有越來越多女性外出工作的國家，一般說來家庭進行採購日常用品的時間會因此減少，對於大型冰箱的需求也會慢慢增加；此外，家庭主婦在家準備三餐的機會也會因為外出用餐次數的增加而逐漸減少。零售商警覺到這項改變，因此開始計算提供更多現成料理的可行性，使得一般消費者可以一次購足所有的商品。許多企業組織也會發現到，消費者對於新型態的商品或服務需求可能會因而成長，這也是負責任的企業組織所

應該作到的─在消費者發現到本身的需求前先將可能的商品或服務準
備好。全球知名的旅遊集團地中海渡假村（Club Med）則是透過在世
界各地許多具有異國情調的地點派駐人員進行調查，進而發展出各種
不同的探險行程。成立於十九世紀的船隊星箭（Star Clipper），經過
再造後已轉變爲高科技的豪華船艦，也吸引了許多人參加全新的航海
之旅。

　　正如本章前半部分所提到的，創新的來源可以透過企業內部對於
研究與發展所投入的努力、透過企業聯盟成員的合作，也可能來自國
家政府對於研究與發展的投資。舉例來說，在史波尼克一號（Sputnik
1）的時代，因爲美國政府在太空計畫的研究與發展上所投注的大量
經費，使得許多當時專爲長途太空旅行所設計的產品間接造福了一般
消費大眾，例如即溶式果汁粉，及廣受健行及露營者愛好的冷凍乾燥
食物等等。過去大約有百分之九十六由國家提供經費進行的研究與發
展計畫是在較富裕的工業化國家例如日本、美國、德國、法國及歐洲
西部國家執行。然而，根據一九九六年的世界競爭力報導（World
Competitiveness Report），在南韓及台灣等國家，由政府提供經費所進
行的研究發展計畫不管是在數量上或在金額上都逼近歐洲國家的水
準。一篇由美國國家科學基金會（National Science Foundation, NSF）
所提出名爲＜亞洲新興高科技競爭國家（Asia's New High-Tech
Competitors）＞的文章指出，亞洲新興的已開發及開發中國家爲了在
技術基礎上有所提升，投入了大量的經費與努力；這些國家主要透過
四種不同的方式來達到技術的升級：在研究與發展上投入大量經費、
提升教育水準、吸引國外直接投資（Foreign Direct Investment, FDI），
並透過增加本國的吸引力留住本土工程師及科學家。

　　組織內部的創新主要可以透過兩個管道：透過新產品或新流程技
術的引入。創新的產品通常在實驗室中研究出來，不過這些產品並非

隔絕在實驗室的環境中。在組織內部有關新產品的創意可以來自內部的任何員工，只要透過一個簡單的問題「換個方式進行是否會更好？」，就可能會促成一項新產品的誕生；因此，鼓勵企業員工去發現類似的問題也是促進組織學習所可能面臨的一個大挑戰。除了上面所提到的方式之外，透過改變員工習以爲常的工作方式也可能促進組織內部的學習。舉例來說，透過重新分配團隊或個人所負責的工作，並鼓勵所有員工參與提供創意的點子，就是一項成功的流程創新。在職訓練，特別是那些可以提供員工檢視有關工作的本質、工作應該如何完成、產品的本質及產品應該如何使用等等訓練，對於促進創新也有極佳的成效。

　　儘管有許多人認爲階層式組織內部所存有的僵化性，是扼殺創新的兇手，不過實際運作上並不見得如此。舉例來說，3M（Minnesota Mining and Manufacturing明尼蘇達礦業製造公司）公司就是一個高度結構性的組織，不過該公司卻也以產品的創新聞名全球。從這個例子中我們可以了解到，不管是大型的階層性組織或小型的水平式組織，都可以透過不同的策略運用而將創新建立在現有的架構中。在3M公司，爲了要獲得更多有關產品創新的點子，管理階層鼓勵員工嘗試創新並承擔其中可能帶來的風險；所有的技術性員工都可以利用所有工作時間的百分之十五來進行自己有興趣的計畫。不同於其他計畫的是，當這些由技術人員所進行的計畫遭到失敗的命運時，並不會受到任何的懲罰；這也是該公司的管理階層想要傳達給技術人員的主要概念：失敗很平常，承擔失敗的風險也是必須的。透過企業內部不同創意點子之間的互相競賽，優勝者將有機會出線，經過適度的評估後組織就能夠決定是否應該要投注時間及金錢以觀察後續的發展。在《勇於創新—組織的改造與重生》（Winning through Innovation）這本書中，兩位作者麥克塔辛曼及查爾斯奧賴利（Michael Tushman and

Charles O'Reilly III 1997）認為，因為組織內部在結構上及文化上所存在的惰性，因此要維持成功的創新會很困難。也就是說，在企業組織成立之後，經過時間的演進慢慢發展出結構、流程及系統以有利於進行工作的管理，不過因為員工對於變革的抗拒，想要在結構、流程及系統上進行變革相當耗費成本。存在於文化上的惰性，決定了員工對於本身工作的看法及工作應該如何完成的方式，因此想要在這方面進行變革，比起組織結構的變革更為困難；不過塔辛曼及奧賴利兩位作者也相信，只要企業領導者強調持續學習的重要性，那麼因為惰性所造成的員工抗拒將能夠獲得完美的解決。儘管在創意致勝一書中所強調的是創新，不過兩位作者所提出的概念同樣也與本章所闡述的重點不謀而合：在企業內部某方面導入的變革，必定也會帶來其他方面的變化，而在流程及人員方面所進行的變革，可能遭遇的困難與抗拒，往往比在結構上進行變革來得嚴重許多。

人力資源

創意

創新主要是受到創造性思考的促成，而創造性思考有時源自企業組織內部的人員，這些人員願意透過跳脫傳統框架的方式（Outside the Box）進行思考、或勇於提出一般人可能認為強詞奪理甚至完全錯誤的問題。在《創新壅塞：企業創意的訓練與藝術》（Jamming: The Art and Discipline of Business Creativity）一書中，曾為經濟學人雜誌（The Economist）封為創造力先生（Mr. Creativity）的美籍華裔創意專家高健（John Kao 1996）認為，企業想激發新點子，最重要的步驟就

是雇用具有創意的員工，並提供一個自由的環境讓員工可以發展本身的創意點子，不過也不可以忽略要求員工將焦點放在工作上並與其他同事通力合作。根據大衛坎伯爾（David Campbell）在其著作《創造性領導的核心》（Center for Creative Leadership）中所提出的看法，在組織內部可以用來刺激員工創意的元素包含下列六項：

1. 決定要作何種工作、如何完成工作的自由；
2. 努力工作以達成重要計畫目標的挑戰；
3. 完成工作所必備的資源提供；
4. 來自中階經理人透過豎立良好工作典範、設定適當工作目標、提供所需支援並給予工作小組信心所帶來的鼓勵；
5. 工作小組內部的成員必須有各自的專長、願意進行良性溝通、願意接納新的構想、願意對其他成員的工作提出具有建設性的質疑、願意對本身所進行的工作給予承諾，最後還要願意信任並幫助工作小組內部的其他成員；
6. 組織內部必須培養鼓勵創意的文化，並且透過開放的管道與內部員工共享企業組織的願景。

　　可能會扼殺組織內部創意誕生的因素包括：（a）來自組織內部的障礙，例如：內部的政治問題、對於創意點子的無情批評、具有破壞性的內部競爭、規避風險的態度、還有過度重視階級問題等等；（b）不合理的期望等等來自工作負擔的壓力、過多雜事造成分心的問題、及過於緊迫的時間壓力等等（KEYS, 1995）。總而言之，具有創造力的員工需要其他具有創造力員工的相互扶持與幫助，也需要彈性的組織結構作為後盾，來自管理階層的方向指引不可或缺，不過企業組織內部能夠促進創新而非阻礙創新的流程往往也需要透過創意來激發。

　　儘管對於某些人來說創造力可能不假外求，不過個人的天份及訓練對於激發個人創造力都佔有極重要的地位。前文提到的美籍華裔創意專家高健（John Kao），似乎就是那種天生就具有極佳創造力的天才，除此之外他在電影界中也是一位相當出色的製片、曾爲前衛搖滾吉他手法藍克查帕（Frank Zappa）作鋼琴伴奏、對於多媒體有相當大的熱忱，並擁有自己的創意諮詢顧問公司。他的天份同樣也表現在其學術方面的成就，高健擁有精神病學的博士學位及企業管理的碩士學位。不過高建本人並未把自己得以在傳統不同領域裡來去自如歸功於自己在學術及工作兩方面的經驗，而是把這些成就歸功於其本身具有的中美混合成長背景及成功地在醫學方面進行中西合併的父親所給予的影響。從高健先生的例子中，我們可以了解到多元化也是刺激創造力的因素之一。此外，透過樹立的良好典範也可以幫助其他人發展屬於自己的創造潛力。

　　根據《逃離迷惘：激發個人創造力的九個步驟》（Escape from the Maze: 9 Steps to Personal Creativity ）一書的作者詹姆士希金斯（James Higgins, 1997）的看法，想要激發個人的創造力可以透過下列九個步驟：

1. 能夠接受有意識地嘗試運用想像力及直覺所觸發的創意；
2. 拋棄過去採用預測性思維模式的壞習慣；
3. 擴展個人的問題解決模式，舉例來說，習慣以直覺作決策的人應該練習用理性來作決策，反之亦然；
4. 善加利用如腦力激盪等等激發創意的技巧；
5. 多練習利用圖像或視覺輔助工具來思考，而非僅透過文字；
6. 學習決定何時進行思考，因為不管是在劇烈運動過後或困倦想睡覺時，個人內在的抑制性潛意識會暫時停止運作，有利於創

意的激發；

7. 在不熟悉的地點尋找解決方案並採用多種技巧來激發新的思維方式；

8. 隨時紀錄創造力的資料，準備一本筆記簿來紀錄創意的點子；

9. 準備好隨時面對複雜問題，因為大部份的問題都不可能有太簡單的解決方案。

工作的電腦化

　　從世界各地的趨勢來看，企業組織對於具有大學學歷及一定程度電腦技巧的員工之需求逐漸成長。以美國為例，從一九八四到一九九三年間，需要大學學歷及電腦技巧的工作機會從百分之四十二成長到百分之六十七。根據商業週刊（Business Week）在一九九四年所公佈的一項報導指出，大學畢業生在工作時必須用到電腦的比率大約為百分之六十，而研究所或博士班的畢業生在工作過程中必須用到電腦的比率則更高。除了瑞典、荷蘭及芬蘭三個國家以外，歐洲西部的其他國家，不管是在家庭或工作場合運用到電腦的比例都比美國來得低。舉例來說，根據微軟公司所提出的預估數字，大約有超過百分之九十的美國白領階級員工必須運用電腦來完成工作，相較之下這個數字在歐洲西部國家的比例卻只有百分之五十五（European's Technology Gap, 1997）。然而，這個數字可能會因為兩地的國家在資訊技術相關投資的懸殊差異而更為擴大。在一九九二年，全歐洲資訊技術市場的規模大約與美國相當，到了一九九八年，美國的資訊技術市場則比歐洲大了一半。除此之外，歐洲對於網際網路的應用在起步上也比美國慢了好幾年（Moschella, 1998）。或許因為法國政府在一九八〇年代提

供免費的電傳視訊終端機系統（Minitel computer system）給予一般用戶這項政策的成功，使得大部分法國居民不願意採用網際網路。美國及日本的高階經理人對於電腦使用比例的差距則更大：有百分之三十七的日本高階經理人很少使用電腦來處理日常業務，只有百分之八的高階經理人認為電腦在日常生活中扮演著重要的角色，相較之下美國的高階經理人則有高達百分之六十四會利用電腦來進行日常業務（Vital Signs, 1995）。除了上面所提到的因素以外，文化上的差異、經濟及政治等因素都對於世界各國在電腦的使用上造成或多或少的影響。例如，與美國的經濟成長相較之下，不管是歐洲西部國家或日本的經濟成長都緩慢許多，而關稅及其他類似的貿易障礙，也使得電腦的出口面臨很大的困難。最後，日本企業傳統上管理者與部屬之間的面對面關係，也使得電子化溝通媒介的發展有了障礙；法國企業中常見的階層式組織結構，因為層級數過高，一位經理人通常會有很多秘書作為輔助，也間接阻礙了經理人自己對於電腦的使用。相反地，美國企業因為強力執行精簡化，許多秘書的職務已經不復存在，為了要讓工作的完成更有效率及達到自主性的目標，美國的企業經理人不得不學習電腦技能以獲得電腦化的輔助。

儘管如此，在一九九二年到二○○五年間，在許多已開發及開發中國家，資訊技術的發展預期將促成許多新的工作機會，例如電腦工程師、科學家及系統分析師等等都是非常搶手的工作。壞消息是，透過資訊技術的幫助，也有許多人可能會因此失去工作，特別是那些不具有大學學歷及有大學學歷卻不知道如何運用電腦來輔助工作的員工（Sager, 1994）。隨著電腦晶片的價格不斷下跌及電腦運算能力的不斷提升，就算是規模較小、資源較不足的企業也會要求所有的員工都能具備有一定程度的電腦技能。在歐洲西部的國家，小型企業對於電腦的使用比例反而常常比大型企業高出許多。

　　或許會有許多人懷疑，如此激烈的技術變革是否會將工作帶往一個全新的境界。企業組織及其員工是否已經緊握電腦及其他長途電信通訊工具所具有的潛力，並突破由來已久的地理區域及國家界線等等限制？正如同其他發生在我們生活週遭的事情一般，往往對生活帶來正面影響的改變免不了也會帶來負面的影響，技術的改變也不例外。隨著各國相繼在技術變革上進行競賽，我們不可以忽略要回頭檢視隨著技術的提升所造成的副作用及不良的效果。全美第一家非營利廣告公司的創立者傑瑞曼德（Jerry Mander, 1995）指出，新科技為社會大眾造成的成本，在早期的階段往往會被對於新技術所抱持的熱情所掩蓋。從這個觀點，我們必須特別注意下列警訊：第一，我們對於新技術的了解往往透過新技術的支持者；第二，新技術所帶來的負面影響往往出現的比較慢；第三，個別的技術革新只是整體技術革新的一小部分，而其他技術革新所可能帶來的第二重、第三重負面影響難以估計。正因為這些因素，對於現代社會的人們來說，學習電腦相關技能的同時也要發展其他技術性及個體性的技能，以改善適應力俾面對未來可能逐漸加劇的技術變革，是非常重要而不可輕忽的。

　　可以清楚看到的是，全球各地對於電腦相關技能的需求相當殷切，不過在未來的幾年人們應該要培養何種技能以為因應呢？人們要如何做好準備以面對這個充滿不確定性的未來呢？或許為了管理部屬或與其他同事共同進行工作意味著人們應該要培養管理方面的技巧；而要在全球化的環境下工作，人們也必須有更多技術性及實用性的技巧。最後，因為資訊技術的提升及全球化風潮的興起，人們應該重新思索有關組織、職務、團隊及工作本身的定義及彼此間的關係。麥克亞瑟及丹尼斯盧梭（Michael Arthur and Denise Rousseau, 1996）兩位學者也相信，隨著疆界的觀念逐漸模糊，過去人們對於職業生涯的概念也會逐漸出現變化。過去在階層組織中隨著年資的提高逐漸往更高

階層前進將會慢慢被持續不斷的經驗增加所取代，而非必定與階級的提升有關。當這樣的情況慢慢普及時，一般員工的職業生涯將會出現比今日更多的自由，不過對於那些習慣於直線性階級提升的員工來說，不確定性也同樣提高。

全球化世界中的管理能耐：知識的提升

依據對企業暨專業資源國際協會（International Association of Corporate and Professional Resources）成員中的經理人進行面談及職業生涯問卷調查的結果，布蘭特阿烈德、查爾斯史諾及雷蒙邁爾斯（Brent Allred, Charles Snow, and Raymond Miles, 1996）對於知識、技能兩者之間的區別，及塑造成功的管理生涯所必須具備的能力有了更進一步的了解，三位作者將所謂的成功因素分成五大類：

1. 與過去相同的是，企業經理人在職業生涯的一開始通常被視為技術專家，在過去他們通常不需要具備太多電腦技能，不過他們必須要能夠分析並使用大量的資料。

2. 未來的企業經理人必須具備有跨文化及國際性的經驗，他們也必須具有跨功能性的專業知識，透過這些知識的輔助，他們不但可以成為技術專家也會是優秀的企業經理人。

3. 未來的企業經理人必須是協同式領導者（Collaborative Leader），在其職業生涯中，他們往往同時是臨時性與常置性工作團體中的一份子。

4. 未來的企業經理人不僅要在工作中管理本身的職業生涯及做好時間規劃，他們也必須要能夠在職業生涯及個人需求之間取得平衡，而不再依賴更高階的主管來進行工作及時間的分配。

5. 彈性可能是成功企業經理人所具有的最重要特性，同時他們也
   必須具備誠實及值得信任等特性。

　　回顧本章所提到的種種觀點，所謂可以帶來成功職業生涯的管理
能耐，也就是需要在工作及個人需求間取得平衡，及個人在其職業生
涯中對於各項事務的優先順序做好決定。舉例來說，在個人及專業工
作之間的優先順序缺乏明確的界定之前，工作者很容易就在個人生活
及工作之間失去平衡，或者也可能因為要確保彈性而失去了個人生活
及專業性工作的完整性。此外，因為在日常生活中獲取電腦相關知識
的機會非常多，工作者也可能花費過多的時間進行學習而忽略了管理
的重要性。總而言之，在資訊時代要具有職業生涯的競爭性，個人必
須發展認識自己的能力，並且能夠不斷地發展、管理並達成個人及專
業工作的目標。隨著這樣的改變，個人職業生涯發展的重責大任已不
再決定於企業組織。過去企業組織對於個人的職業生涯之形成與塑造
或許有所謂的最佳解決方案，不過對於個人來說，在資訊時代裡終身
學習代表的不僅是一種機會，更是一種挑戰；而所謂成功地管理職業
生涯，也可以透過多種不同的形式來完成。

本章關鍵概念

　　1. 工業及資訊革命：在一七七〇年代蒸汽動力的出現對於當時的
工作造成了革命性的變化；而具有相同革命性影響的資訊時代則由電
腦化促成。工業革命所造成的變化包括由農業社會轉變為工業經濟、
人口由鄉村轉移到都市、史無前例的人口成長及生活水平的提升、已
開發國家人口壽命的倍增，及持續性的技術革新創造了一種持續性變

化的氣氛。同樣的狀況也在資訊革命時期出現。

2. 技術革命改變了企業組織的面貌：技術的突破在歷史演進的過程中不斷地出現，這些技術性突破往往也對完成工作的形式造成革命性的改變。除此之外，技術的革命對於社會及家庭生活也造成了深遠的影響。在資訊時代，這些影響包含：變化的速度加快、對工作的不安全感提升、職業生活及個人生活之間的界限漸趨模糊等等。

3. 資訊具有無形性是創造財富的主要驅力：不像在工業革命時代的土地、勞力及資本等因素對於經濟成長具有的重大影響力，在資訊時代裡驅動經濟發展的力量是無形的資訊，更明確地說，是知識。工業革命的目標是要對各項工作進行標準化及常規化；在資訊革命的過程中，工作的變化性重新成為眾人關注的焦點，對於工作常規化具有高度重要性的種種假設再也站不住腳。

4. 資訊不見得永遠有用：資訊無所不在，甚至已經過度負荷，也使得資料及資訊之間的差異對於一般大眾而言更為重要，因為只有透過資訊的取得才能夠創造知識。

5. 企業應用電腦的三個階段：企業應用電腦主要經過下列三個階段：資料處理階段、微型電腦階段及網路資訊系統階段。不同電腦之間透過網路進行連結促成了網際網路的出現，是電腦使用的一個重要階段。

6. 個人電腦邁向全球化：隨著電腦價格的急速下降及電腦運算能力的大幅提升，使得電腦更能符合世界各地大多數企業及家庭用戶的使用需求。個人電腦的銷售額在美國以外的地區也迅速成長。

7. 網際網路是全球無疆界（Boundarylessness）的代表：網際網

路是全球無疆界的代表，它不受任何政府機構的管制、在世界各地不分晝夜地運作、任何人都可以取得網際網路上的資源而且大部分是免費的，除此之外，網際網路也為全球各地的使用者開啟了一扇知識之窗。隨著網際網路商業化限制在一九九五年獲得解除，大量的企業組織進駐網際網路的虛擬世界，並利用圖形、文字及影像等等媒介相互結合的方式構成全球資訊網，以吸引網路瀏覽者的青睞。

8. 長途電信通訊產業的轉變：隨著利用長途電信通訊媒介溝通全世界的成本大幅降低，不管是長途電信通訊產業或企業本身都面臨很大的轉變。

9. 技術的提升是經濟發展的來源：透過衛星系統及無線電話技術的輔助，使得開發中國家可以跳過使用一般電話技術的階段而獲得新技術帶來的好處。

10. 創新是策略性優勢的來源：持續創新的能力，才足以提供組織創造並維持策略性優勢。然而，要在現有的企業組織中產生激發創新及創造力的氣氛，企業經理人必須重新思考現有的流程及支援性的架構，同時致力於選擇並培養具有創造力的員工。

11. 流程的轉變造成組織結構及組織導向的轉變：持續性的品質改善計畫及企業流程再造已證明是兩個激發創新的有效途徑，不過在企業組織結構及企業流程未出現相當變革時，企業將無法獲得這樣的好處。

12. 無疆界的職業生涯：在過去成功的職業生涯途徑往往由企業組織所掌控，不過在電腦化的時代，這項工作已由個人負責。在資訊時代裡想擁有成功的職業生涯，員工必須具備足夠的電腦知識、與組織內部其他成員通力合作的能力，及對於自己的認識。

問題討論與複習

1. 在第一章本書曾經評估了全球化所帶來的正面及負面效果。請以資訊技術為例子，從四個不同的層面來評估資訊技術所帶來的正面及負面效果：全球的層面、國家的層面、企業組織的層面及個人的層面。請在各個不同的層面提出至少兩個正面及負面的效果。

2. 商業週刊在一九九五年曾刊載一篇報導，標題是「技術的矛盾」（The Technology Paradox, 1995 March 6, pp. 76-84 ），根據該篇報導在資訊時代的企業要想獲取利潤，就必須善加授權、團隊工作、大量客製化；這些新的方式一再地挑戰數十年前對於企業運作所依循堅如岩石般的原則。請舉出本章所提供的三個你認為與傳統企業運作原則違背的例子；試著解釋這些傳統所蘊含的時代背景，並描述企業是如何摒棄或調適你所舉出的三項傳統。

3. 或許除了全球化及技術變革兩項因素之外，還有其他的因素使企業必須進行協同性工作或與其他企業共同合作而不再只是相互競爭。試著利用本章所提供的例子來證明這個觀點，並解釋為什麼技術變革會造成企業之間的相互合作。

4. 當企業領導人檢視所有的基本假設後，他們將會發現某種形式的技術變革將會帶來企業組織其他方面的改變。從下面的例子中讀者將可以發現到這些技術變革並非總是帶來正面的結果，在某些情況下技術變革也可能帶來負面的結果。在你讀完下面這個有關莎拉李麵包坊的例子以後，請試著回答下面這幾個問題：這家公司是邁向工業化的時代或資訊化的時代？莎拉李麵包坊的經理人依循了哪些傳統的管理假設，並反映出科學管理時代對於最佳解的看法？當你

對相同的狀況時，你會採用哪一種方法？

莎拉李麵包坊（Sara Lee's Bakery）位於愛荷華州的新漢普敦（New Hampton, Iowa），從一九八〇年代開始，莎拉李麵包坊就開始生產牛角麵包（Croissant）及手工裝飾的蛋糕。一般顧客特別偏好前端稍微彎曲的牛角麵包，有些時候莎拉李麵包坊的員工會進行牛角麵包的製作競賽，速度最快的員工每分鐘最多可以製作一百個牛角麵包；不過卻也同時存在著許多問題。員工為了要把製作完成的牛角麵包放到輸送帶上，他們的手腕彎曲的角度必須加大，此外因為員工必須一整天站在地板上工作，因此有許多員工經常會出現手臂劇痛、手指刺痛麻木或手腕疼痛等等抱怨。最初因為當地的醫師無法診斷出確切的問題，員工的抱怨遭到經理人的忽視。不過隨著員工抱怨次數的增加，莎拉李麵包坊的管理階層從南方一百英哩外的地區雇用了一位專門處理手部問題的外科醫生，這位醫生測量員工手腕每分鐘所進行的活動、桌子的高度並對於員工的動作進行照相紀錄，最後給予員工在進行工作時有關動作方面的建議，使得員工再也不需要以笨拙的動作進行牛角麵包的製作。莎拉李麵包坊的管理階層接受了外科醫師提出的建議，降低了工作人員在牛角麵包製作過程中的速度要求，並增加額外的牛角麵包製作人員。然而問題卻更為嚴重；因為員工並不了解種種技術名詞，並在許多同事被外科醫師診斷為罹患腕道症候群（Carpal Tunnel Syndrome）之後更為憂心忡忡。除此之外，員工也不願意長途跋涉去接受醫師的診療，尤其是莎拉李麵包坊並未提供四、五個小時來回車資的任何補助，有時候員工甚至必須在天候惡劣的情況下到一百英哩外的南方小鎮接受醫師的診療。最後，因為上述的因素及其他種種理由，莎拉李麵包坊的員工在一九九〇年的三月發起了長達兩週的罷工行動。

來源：Rigdon, J.E.（1992, Sept. 28）. The Wrist Watch: How A Plant Handles Occupational Hazard with Common Sense. The Wall Street Journal, pp. A1, A9.

5. 你對其他人閱讀你的私人電子郵件有什麼感覺？（例如你的上級主管、你的父母，或你的朋友）你對於其他人，甚至是陌生人得以取得你個人財務資產相關資訊又有何看法？有沒有任何文化上、政治上、經濟上或其他的理由可以解釋你對這些事件所抱持的看法？

6. 儘管本章主要的內容在於資訊技術，但是還有許多其他技術的出現對於個人及組織同樣也有深遠的影響。選擇一項資訊科技以外的重要技術突破（例如 Azidothymidine 疊氮胸甘這種用來治療愛滋病的藥物發明、複製、器官移植、基因工程或其他十大重要技術突破清單上面的項目）。請選擇一項重要的技術突破，並從三個不同的面向來檢視這項技術突破對於工作生活及組織所可能造成的改變（我們如何進行工作、我們如何完成工作及我們如何在工作的過程中與他人互動）。最後請列出這項技術突破對於人類生活品質可能造成的第一重、第二重及第三重影響。

7. 全球化企業個案：說明你選定的全球化企業對於技術突破在其產業內及產業外所應負的責任；這個部分可能包含該企業在研究及發展計畫所付出的投資、對於智慧財產權的保護、對於技術轉移的態度、對於團隊合作及企業流程再造的看法，及如何在組織結構上進行調適以採納其他不同的技術（例如軟體或硬體等等）。

參考書目

Activate the money star. (1997, May 3). *The Economist*, pp. 56–59.

Allred, Brent B., Snow, Charles C., and Miles, Raymond E. (1996). Characteristics of managerial careers in the 21st century. *Academy of Management Executive*, 10(4): 17–27.

Arnold, Wayne. (1996, Sept. 16). Cracking the code. *The Wall Street Journal*, pp. R18, R21.

Arthur, Michael B., and Rousseau, Denise M. (1996). A career lexicon for the 21st century. *Academy of Management Executive*, 10(4): 28–39. (Arthur and Rousseau also are editors of and contributors to *The boundaryless career*. New York: Oxford University Press, 1996.)

Auerbach, Jon G. (1997, June 16). Getting the message. *The Wall Street Journal*, p. R22 (Special Report on Technology).

Borzo, Jeanette. (1996, Nov. 11). ITV seeks satellite standard. *Info World*, pp. TW1–2.

Bradley, Stephen P., Hausman, Jerry A., and Nolan, Richard L. (1993). *Globalization, technology, and competition*. Boston, MA: Harvard Business School Press.

Burrus, Daniel with Gittines, Roger. (1993). *Techno trends*. New York: Harper Business.

Business Software Alliance. (1998). Overview: Global software piracy report: Facts and figures, 1994–1996. http://www.bsa.org/piracy/96REPORT.HTM

Carley, W.M., and O'Brien, T.L. (1995, Sept. 12). How Citicorp system was raided and funds moved around world. *The Wall Street Journal*, pp. A1, A6.

Carton, Barbara. (1996, July 11). Farmers begin harvesting satellite data. *The Wall Street Journal*, p. B4.

Champy, James. (1995) *Reengineering management*. New York: HarperBusiness.

Chandler, Alfred. (1977). *The visible hand: The managerial revolution in American business*. Cambridge, MA: Belknap Press of Harvard University Press.

Choi, Thomas Y., and Behling, Orlando C. (1997). Top managers and TQM success: One more look after all these years. *Academy of Management Executive*, 11(1): 37–47.

Drucker, Peter. (1994, Oct. 17). The continuing feminist experiment. *The Wall Street Journal*, p. A14.

Engardio, Peter. (1994a, Nov. 18). High-tech jobs all over the map. Special issue: 21st century capitalism. *Business Week*, pp. 112–120.

Engardio, Peter. (1994b, May 18). Third world leapfrog. *Business Week*, pp. 48–49.

Europe's technology gap. (1997, Mar. 17). *Fortune*, pp. 26–27.

Foreign markets give PC makers a hearty hello. (1995, Sept. 15). *The Wall Street Journal*, p. B3.

Forrester, Tom, and Morrison, Perry. (1992). *Computer ethics: Cautionary tales and ethical dilemmas in computing*. New York: McGraw-Hill.

Forge, Simon. (1995). *The consequences of current telecommunication trends for the competitiveness of developing countries*. Washington, DC: World Bank.

Goulet, Dennis. (1977). *The uncertain promise: value conflicts in technology transfer*. New York: North America Inc.

Hafner, Katie, and Lyon, Matthew. (1996). *Where wizards stay up late*. New York: Simon & Schuster.

Hammer, Michael, and Champy, James. (1993). *Re-engineering the corporation*. New York: HarperBusiness.

Higgins, James M. (1997). *Escape from the maze*. Winter Park, FL: New Management Publishing.

Hill, G. Christian. (1997, Jan. 27). Global PC sales growth slowed to 11% in 4th quarter as US rate fell to 16%. *The Wall Street Journal*, p. B14.

Hof, Robert D. (1994, Dec. 19). The 'lurking time bomb' in Silicon Valley. *Business Week*, pp. 118–119.

In search of the perfect market. (1997, May 10). *The Economist*, Electronic Commerce Survey, pp. 3–5.

International code of conduct on the transfer of technology. (1981). New York: UN.

Jackson, James. (1995, Spring). It's a wired, wired world. *Time*, Special Issue on information technology, pp. 80–82.

Kao, John. (1996). *Jamming: The art and discipline of business creativity*. New York:

HarperBusiness.

KEYS: New survey measures creativity in the workplace. (1995). *Issues and Observations*, 15(3): 2, 9. KEYS: Assessing the Climate for Creativity by the Center for Creative Leadership from the work of Teresa Amabile and Stan Gryskiewicz, published by the Center for Creative Leadership, Greensboro, NC.

Kotter, John. (1997, Mar. 31). Matsushita: The world's greatest entrepreneur (book excerpt). *Fortune*, pp. 105–111. (Excerpt from the book *Matsushita leadership*. Boston, MA: Free Press, 1997.)

Kurian, George Thomas, and Molitor, Graham (Eds). (1996). *Encyclopedia of the future*. New York: Macmillan Library Reference.

Lewis, P.H. (1994, Dec. 31). And the spoof begets a news release, and another. *The New York Times*, p. 29.

McCartney, Scott, and Friedland, Jonathan. 1995, June 29. Catching up: Computer sales sizzle as developing nations try to shrink PC gap. *The Wall Street Journal*, pp. A1, A11.

McRae, Hamish. (1995). *The world in 2020*. Boston, MA: Free Press.

Magnet, Myron. (1994, June 27). The productivity payoff arrives. *Fortune*, pp. 79–84.

Makridakis, Spyros. (1989). Management in the 21st century. *Long Range Planning*, 22(2): 37–53.

Mander, Jerry. (1995). *Four arguments for the elimination of television*. New York: Quill.

Marien, Michael. (1997, Jan./Feb.). Top 10 reasons the Information Revolution is bad for us, *The Futurist*, pp. 11–12.

Martin, Michael. (1996, Oct. 28). When info worlds collided. *Fortune*, p. 131.

Miles, Raymond E., Coleman, Henry J., Jr, and Creed, W.E. Douglas. (1995). Keys to success in corporate redesign. *California Management Review*, 37(3): 128–145.

Millet, Stephen, and Kopp, William. (1996, July/Aug.). The top 10 innovative products for 2006. *The Futurist*, pp. 16–20.

Morrison, J. Ian, and Schmid, Greg. (1997). *Future Tense: The business realities of the next ten years*. New York: William Morrow.

Moschella, David. (1998, Jan. 12). Spotlight on Europe, *Computerworld*, p. 97.

Negroponte, Nicholas. (1995). *Being digital*. New York: Knopf.

Oleson, Douglas. (1995, Sept./Oct.). The top 10 technologies. *The Futurist*, pp. 9–13.

Peters, Tom. (1994, Aug.). How life really works. *Quality Digest*.

Planet Internet. (1995, Apr. 3). *Business Week*, pp. 118–124.

Rodgers, Daniel. (1978). *The work ethic in Industrial American 1850–1920*. Chicago, IL: University of Chicago Press.

Ruhli, Edwin, Treichler, Christoph, and Schmidt, Sascha. (1995). From business reengineering to management reengineering – a European study. *Management International Review*, 35(4): 361–371.

Sager, Ira. (1994, May 18). The great equalizer. *Business Week*, pp. 100–107.

Software piracy report. (1995). http://www.bsa.org/bsa/docs/94prpt.html.

Talbott, Stephen L. (1995). *The future does not compute*. Sebastopol, CA: O'Reilly.

Tapscott, Don. (1996). *The digital economy*. New York: McGraw-Hill.

Tushman, Michael L., and O'Reilly, Charles A., III. (1997). *Winning through innovation*. Boston, MA: Harvard University Press.

Vital signs. (1995, Sept./Oct.). *World Business*, p. 8. (Sources cited were Fuld & Company and Fujitsu Research Institute.)

World Competitiveness Report. (1996). Geneva: Institute for Management Development.

World Telecommunication Development Report. (1996/97). Geneva: International Telecommunications Union.

Wurman, Richard Saul. (1991). *Information anxiety: What to do when information doesn't tell you what you need to know*. London: Pan.

Ziegler, Bart. (1996, Mar. 28). Up and running. *The Wall Street Journal*, p.R6.

第十章

自然環境的全球化

美體小舖：以維護地球永續發展爲己任

　　美體小舖（The Body Shop）最初的業務是利用天然的原料為成份來製造肥皂及乳液，但是很快地美體小舖的營運目標就擴展到包含社會性目標。根據公司創始人安妮塔・羅迪克（Anita Roddick）指出，美體小舖最大的成就就是改變傳統化粧品的銷售模式；美體小舖所秉持的化粧品銷售模式是透過促進消費者本身的自信及打破化粧品使用所固有的的性別迷思，同時摒除一切天花亂墜的推銷手法，另外也帶動反對企業利用動物來做化粧品測試的潮流，更重要的是讓其他處於化妝品產業的公司察覺環境保護的問題，例如浪費的包裝等等。美體小舖進行的社會活動聚焦於美體小舖本身及羅迪克對於企業在全球化環境下必須扮演的角色。美體小舖是以羅迪克所認可之自我保養、自我更新及加強環境保護的概念為公司的主題，並且與公司顧客及化粧品產業內的其他企業一起分享這個概念。有趣的是，化粧品產業一向都以女性為服務的主要對象，現在也讓男性與女性開始重新思

考許多角色及固有的假設，其中包括了關於自信、人際關係、性別角色、及維持現今及未來的天然資源議題中消費者及企業組織所扮演的角色。例如全球知名的化粧品公司MAC（Make Up Artist）就雇用穿著中性服飾的模特兒來彰顯突破性別界限的意圖；日本的資生堂（Shiseido）則把「美麗」定義為從外表的特徵延伸到內在及心靈的祥和狀態。雅芳化粧品公司（Avon）則在世界各地提供上百萬的工作機會，主要的工作地點在中國大陸及拉丁美洲；這也正符合了全世界在化妝品使用上及在化妝品顏色上所逐漸顯現的多樣性。

　　美體小舖會代表上面提到的種種變革，主要歸因於創始人安妮塔・羅迪克（Anita Roddick）。羅迪克可說以是西方國家中，第一個成功地將商業與個人策略結合，並且獲得媒體高度關注的企業家。美體小舖從1976年創立至今，最早的據點是在英格蘭南部Brighton的第一家店，到現在已發展成為一股全球性自然美妝的風氣，直至1996年底，已在全球四十六個國家開設有超過一千四百個營業據點，在一九九六年的年度銷售額則有九億六百萬美元之多。除了採用天然原料製造化妝品之外，美體小舖對於社會議題的關注也形成一股不小的力量，例如羅迪克與綠色和平組織（Greenpeace）在一九八五年所共同發起的 "拯救海豚（Save-the-whales）" 運動，及隨後由國際特赫組織（Amnesty International）、地球之友（Friends of Earth）及國際原住民保護組織（Survival International）所共同進行的公開活動等等。她也是重視企業倫理關係與原住民關係的倡議者。「交易非援助計劃（Trade Not Aid Program）」自一九八七年開始實行，提供美體小舖一個管道來遵行本身所重視的公平交易原則（Fair Trade Guidelines），並期待達成下列目標：

- 以尊重他人對於本身擁有的資源、土地及生命具有掌控權利為

目標。

- 特別重視弱勢團體、婦女組織及那些社會及經濟情況不佳的邊緣人。
- 重視所有生態的變化,並透過可重覆使用的天然原料來進行交易。
- 讓製造商有利可圖,尊重其他的貿易夥伴,視他們為一體。
- 創造成功及能夠永續經營的貿易網路,並鼓勵發展能夠輕易複製的小規模區域經濟。

根據上述對於美體小舖的描寫我們可以了解到,只要企業組織的成員相信區域經濟的力量可以有效改善該區域內居民的生活方式,而企業組織也相信透過與這些區域經濟的成員進行貿易的結果將可以有效改善這些區域的經濟現狀,那麼企業就可以在該區域內部創造工作機會並尋求永續發展;交易活動包含天然原物料的採購及零件的購買等等,例如:飾品用的串珠,及許多化妝品原料之一的亞麻木等等。在 1995 年,美體小舖於巴西、墨西哥、尼泊爾、印度、尼加拉瓜、迦納、孟加拉、尚比亞及南美等地與原料製造商簽約,提供直接與間接的工作機會給當地的社會邊緣團體。

美體小舖公司對於廢棄物的管理也有其獨特的策略,這個策略背後的哲學基礎就是「減少用量、重複使用及資源再生(Reduce, Reuse, and Recycle)」。當製造或銷售商品的過程中出現廢棄物時,美體小舖會在發現問題之後尋找最安全並採取最負責任的態度來解決。倡導顧客重覆使用產品的空瓶就是其中一個最好的例子,美體小舖鼓勵顧客們將產品的空瓶帶至各個門市予以回收,並獲得一定的採購抵減金額。美體小舖公司內部的營運狀況,大多數由各個不同的工作小組全權負責完成;像是價值觀及願景小組(Values and Vision Group)就是

為了對抗世界上任何的不公平並發起支援行動而成立的；至於區域貿易團隊（Community Trade Team）則是為了確保企業本身付給承包商合理的價格。美體小舖的創始人羅迪克認為「美體小舖所秉持的正直及誠信原則，比起其他企業以股東獲利為營運目標，來得重要許多。」

　　來源：Body Shop publications; Kochan, Nicholas.（1997, Jan./Feb.）. Soap and Social Action. World Business（a publication of KPMG/Peat Marwick）, pp. 46-48; W allace, Charles P.（1996, Apr. 15）. Can the Body Shop Shape up? Fortune, pp. 18-121.

第一部分　我們只有一個世界，也只有一個地球

　　許多人認為經濟資產的根本來自強大的生產力，也就是降低投資的過程中仍能維持相同的生產率；有許多證據顯示目前全球的生產力仍處於上升的階段，無論是個人、企業組織、甚至各個國家、全世界的財富都呈現成長的狀態。生產力的提升在於取得生產因素、有效開發，並持續發展所有的生產要素，包括：資金、技術、原料、天然資源及勞工等等。大多數已開發國家之所以能穩定地保持經濟繁榮，是因為他們能夠持續不斷地提高生產力，從下列關於勞工的例子正好闡明這個觀點。根據一九九七年由經濟合作暨發展組織（Organization for Economic Corporation and Development, OECD ）所贊助的一份調查報告指出，在經濟合作暨發展組織的所有會員國中，美國的勞動生產力在一九六〇、一九八五、一九九五年攀至頂端；相較之下，雖然在一九八五年時西德的勞動生產力成長至相當於美國的百分之八十六，但在一九九五年時卻已下跌至百分之八十一，其中的主要原因乃是上升的薪資給付造成生產成本過高所致。其他國家例如英國及日本等地，勞動生產力在過去三年中都呈成長狀態，對國家的繁榮有很大的貢獻。在表10.1讀者可以看到不同國家間生產力成長的對照，各國的勞工每小時薪資對照是以美國為100計算而得。

　　在上述及其他國家裡，為了要提高生產力當然也造成了各種成本的支出，"熱錢（Hot Money）" 增加了國家的財政支出、天然資源耗盡所造成的成本，人們因為倍感壓力，所以覺得應該花更多的時間在工作上、在四處洽公旅遊上、更努力地工作以保住職務，或取得新職

表10.1　經濟合作暨發展組織（Organization for Economic Corporation and Development, OECD）會員國勞工生產力評量（以每小時工作所產生的附加價值來計算）

	1960	1985	1995
美國	100	100	100
西德	56	86	81
日本	19	69	73
英國	45	60	70

來源：Pilat, Dirk.（1997）. Labor Productivity Levels in OECD Countries: Estimates for Manufacturing and Service Sectors. OECD Economics W orking Paper no. 169.

所造成的成本等等。雖然生產力的提升所造成的成本是企業的責任，不過在某種程度上國家也必須承擔部份的後果。國家想要持續發展就需要在教育方面投入一定的成本，才能讓企業界對本國的勞動人口有信心，進而吸引企業的投資並讓企業界根留國內；然而，事實上有許多國家並不提供全面性及低成本的教育機會。如果政府真正擔起完整的教育責任的話，也必定使政府減少在其他方面的資金浪費，或較不會採行提高稅收這種較不受歡迎的策略。同樣地，國家領導人在尋求經濟發展時，也必須考慮長期的社會成本，例如土地資源、原物料、勞工失業提高或勞力資源耗損的問題等等。

經濟成長及自然環境的保護

　　儘管有諸多證據證明自由市場經濟的發展使得人類生活品質有了很大的提升，但我們也看到這些改變同時也帶來許多意料之外及不被

期望的副作用。在今日的社會裡，許多人在人身安全方面受到越來越多的威脅；自由市場開放的結果是創造出更多的不平等；而經濟發展及人類長期生活品質之間的權衡，也受到越來越多的關注。由於這樣的擔心與憂慮有逐漸擴大的現象，部分人士便建議應該以一個全新的全球性商務倫理來取代目前成長速度過快的經濟，在此所謂的全球商務倫理又被稱爲「永續發展」，也就是必須要確保往後承接的世代能夠擁有一個更具美好前景的未來。

「永續發展」的概念就好比其他全球化構想一樣，都必須從多個不同的角度來進行檢視。在小故事 10.1 的例子中讀者可以看出各類不同的觀點：有些把重點放在即將絕種的生物（物種的延續）；有些則積極進行生活品質的改善；也有些致力於描述在生物及經濟的體系裡，爲達到競爭目標而不得不作出的權衡考量。不管各個國家對於永續發展所抱持的看法爲何，任何有關於「永續發展」的定義，都會迫使我們進一步地思索人類對於未來應盡的義務，並且利用如同個人、志工組織、及政府機關在確保人類未來生活品質所應該扮演的角色一般，來對企業組織進行同樣的檢視。但是與經濟發展原則中的自由市場比較後我們可以發現到，「永續發展」的計畫需要對生活的層面進行根本性的改變才可能實現。舉例來說，在市場導向的經濟型態中貧富差距實際存在著，但在「永續發展」的概念中，則要求在未來全世界都要有更高程度的經濟平等。要爲窮人及貧困國家創造更好的經濟機會需要在經濟系統上進行某種程度的變革；不管如何，企業是現今市場導向經濟在世界各國廣爲散佈的主要動力，因此在經濟系統進行變革的過程中，企業組織的改變與參與相當重要。

儘管全球化讓貿易量及投資額大增，並幫助許多國家如印度等脫離貧困國家的行列，但事實上在全世界，窮人的經濟機會減少、貧富的差距日益拉大，及因應變革所需技術的可得性不佳。在人類發展報

小故事10.1 「永續發展」的典型概念

永續發展指在這個資源有限的生態支援系統中，試圖提升人類未來生活的品質。(World Conservation Union, United Nations Environment Program, and Worldwide Fund for Nature, 1991, p. 10)。

「永續性」這個新名詞是指人類的動態經濟體系與更大、具動態性但通常變化緩慢的自然界生態系統之間的關係，在這樣的關係中（a）人類的生存可無限期的延續下來：（b）人類社會可以透過經濟的運作而逐漸繁榮興盛：（c）人類的文化會持續地擴展，並累積前人的智慧。不過在這樣的一個生態系統中運作，人類的活動必須侷限在某個範圍內，使負責提供地球上所有生物資源的生態系統中所存有的相異性、複雜性、及功能性不至於受到破壞（Costanza, Daily, and Bartholomew, 1991, p. 8）。

「永續性」是一種經濟狀態，在這狀態下人類及商業對於環境的要求可以獲得滿足，不至於造成生態環境負荷量的損害，進而影響到未來的世代。以上的話可以解讀為「留給後代的要比我們所擁有的更好，不要耗費過多地球資源，同時要試著不對環境及其他的生物造成傷害，並在過程中不斷地改進」（Hawken, 1993, p. 139）。

「永續性」一詞也可以解釋為參與的過程，這個過程是以創造並追求一個人人都會尊敬並善用資源的社群為願景，不論是天然物品、人力資源、人工產品、甚至是社會、文化，或科學性資源等等，都會作最妥善有效的利用。想要達成「永續性」的目

標，首先需要現有的世代獲得高度的經濟安全，並且明瞭民主與
大眾共同參與社群管理控制等相關議題的重要性，同時維持所有
生物及產品生產所仰賴的生態環境；然而，在我們必須為承接的
世代提供一個有美好前景的前提下，我們也期望未來的世代有足
夠的智慧對生態環境作最妥善的利用（Viderman, 1994, p. 5）。

來源：Gladwin, Thomas N., Kennelly, James J., and Krause,
Tara-Shelomith .（1995）. Shifting Paradigms for Sustainable
Development: Implications for Management Theory and
Research. Academy of Management Review, 20（4）: 877
（the reference list records the citations）

告（the Human Development Report）中所陳述的各項結論及呼籲中，
協調人李察裘利（Richard Jolly）要求世界上所有的國家、及所有的
金融與國際機構不應只是讚美全球化所帶來的優點；相反地，他極力
主張目前已達成全球化的各類機構，應該要重新定義世界性合作這個
概念（Globalization Leaving, 1997）。

　　然而要如何達成這一類相關目標可以說是全球各國爭論的主要議
題，要想在全球各國間達成一致的協議，可能必須花費數年的時間。
因此，本章對於「永續發展」這個概念所進行的探討，並不是因為
「永續發展」對於世界各國是最好或唯一的選擇，而是它忠實地呈現
了關於經濟成長及環境保護之間的爭議，也陳述了企業在達成經濟成
長及環境保護這兩項目標的過程中所必須面對的諸多挑戰。

永續發展的基本原則

如同永續發展對於不同的組織有著不同的定義，對於永續發展所提出的基本原則也會有所不同，下面所列出的幾項原則與企業組織及管理的實務特別有關：

1. 經濟成長及環境保護、環境再生之間的壓力必須解除；
2. 貧困的國家不能也不需模仿富有國家的生產與消費方式；
3. 富有國家的生活型態必須有所改變；
4. 尋求收入最大的原則，必須由擴大全人類的機會來取代。

上述各個永續發展的原則，對於許多傳統的企業運作模式形成莫大的挑戰。例如，由於市場的不健全，全球經濟成長的代價是使我們的自然環境受到很大的損害。近年來，人們把注意力放在森林的緩慢成長、空氣與水的品質下降、及其他與自然環境有關的事項，顯示全球經濟的成長，往往使自然環境付出慘痛的代價。永續成長的倡議者認為，以現今經濟成長的速率來看，很快地，我們就會耗盡全球的天然資源，留下一個一無所有的星球給我們的下一代。被蹂躪殆盡的雨林、越來越多已絕種及將要絕種的動物、層出不窮的原油污染事件，及威脅日漸的核能危機等等，都讓我們能夠輕易描繪出未來地球的景況，那就是人類將會喪失許多現今擁有及倚賴的天然資源。舉例來說，一九九七年日本籍油輪 Grace Diamond 號在東京灣發生誤觸暗礁的嚴重原油污染事件，當時記者諷刺的指出這次的漏油事件恰巧發生在最佳的富士山觀景點上；受到嚴重影響的東京灣不僅掌控全日本五分之一的運輸量，也是娛樂觀光業的重地，更是許多沿海村鎮的居民賴以捕捉魚類為生的來源。類似的的原油污染事件對於大自然的景觀

造成很大的危害，對於那些仰賴海洋漁獲維生的漁民也造成很大的威脅，企業運作當然也會因此深受打擊。

由於企業環境中競爭激烈，而世界各地的人們都渴望能加入全球的經濟體系，因此所有的企業就處於進退維谷的兩難中。企業之所以不願意與自然環境妥協，主要原因是怕會喪失獲利機會，或失去市場競爭中的成功機會；而且那些對於環境保護採取積極行動的企業也可能會招致運作所在國家的譴責，因為企業對於環境保護的支持阻礙了國家急欲在經濟發展上有所表現的機會。舉例來說，儘管現今所有的國際條約都規定必須使用雙殼油輪（Double-hull ）做為油料的運輸船，但在東京灣所發生的Grace Diamond 漏油事件，就是因為幕後老闆日本油船股份有限公司（Nippon Yusen ）要趕在協定未生效前運送油料的結果。至於財務收入及環境成本之間的權衡，可以從各個不同的角度檢視太平洋群島的伐木事件來獲得進一步的了解；越來越多的證據顯示，位於熱帶雨林區內的太平洋群島，因為大量的砍伐林木及農耕運作而逐漸受到破壞。伐木公司因為這樣的開發得到許多利潤，各個小島的擁有者同樣的也獲得了許多經濟上的報酬，不過在利益最大化的目標之下，林木砍伐的速度也不斷的加快。從伐木公司及島主的角度來看，林木的砍伐是一件可以帶來高度利潤的好事；不過在環保人士的眼中則完全相反，林木的砍伐不但不是一件好事更可能帶來不良的後果，因為位於熱帶雨林區的林木正是製造地球新鮮空氣的主要來源之一；以世界公民的觀點，林木的砍伐破壞了太平洋群島居民惟一的收入來源，使這些居民在自己尚未準備好的情況下，就必須透過移民的方式進入世界其他勞動市場，或因為林木砍伐造成臭氧層的耗盡，使林木的砍伐不是一件好事。不過從小故事10.2的範例中讀者可以看到，經濟的發展並非必定會對天然資源造成大量消耗或損害。

這些急需獲得解決的緊繃情勢，對於企業界來說是一項重要的全

小故事10.2　斐濟的永續發展

　　在斐濟蒙佛男子郡（Montfort Boy's Town）當地的學校，透過聯合五家當地的小型企業，讓他們彼此之間利用其他企業在生產過程中所製造的廢棄物作為生產的原料來進行產品的生產作業，並且將這樣的經驗傳達給當地的學生，希望他們在學業結束以後能抱持著以更大生產力、更少污染的方式來進行生產並促進該國經濟的發展。目前斐濟一家大型釀造場對釀造作業過程中所產生的廢棄物鹼渣（Sludge）經過研究後發現，這些鹼渣對於五家企業來說是極具潛力的資源，鹼渣可以用來培育新鮮的蘑菇及蔬菜、作為養雞場及水產養殖場的飼料，甚至可以用來產生電力。從上面這個例子我們可以發現到，斐濟所進行的專案研究不僅達成該國所要追求的目標，更顯示一個貧窮的農業國家為了追求永續發展的目標，採用了對於自然環境較不會造成傷害的生產方式，放棄了以往所採用可能帶來污染、因為機械化造成工作機會減少、或必須高度仰賴出口貿易等等風險。

來源：Kane, Hal.（1997, July/Aug.）. Eco-farming in Fiji. World Watch Magazine, p. 169.

球性挑戰。這項挑戰的其中一部分在於許多處於開發中國家的人，急切地想要全盤採納工業化國家的生產及消費模式。在開發中國家的電視節目或其他呈現出工業化國家在商品銷售上獲得利潤的證據，並無法同時將工業化國家取得這些利潤的背後，在原物料的取得及其他商

品製造過程中所必須付出的代價一起呈現出來。諷刺的是，即使有少數人認爲富有的國家應該改變其人民的生活型態，減少其消費額，在開發中國家的人們則持完全相反的看法，他們反而希望採用唯物主義的行爲模式並建立一個消費導向的社會。一個人人心中都有各種想要獲得商品的世界，正是許多企業夢寐以求的，有甚麼理由能讓這些商業組織放棄這樣龐大的商機呢？因此，永續發展的其中一個挑戰就是關於該如何管理經濟成長，及環境保護及資源再生三者之間的矛盾。許多專家學者指出，要解決這樣的問題必須先從資源回收、重複使用，限制或制止廢棄物的產出，還有減少人類活動對自然環境造成的衝擊做起。

全球平衡法案

在一九九二年的六月，聯合國的一百七十餘個會員國代表在巴西首都里約熱內盧舉辦了一場環境與發展會議（United Nations Conference on Environment and Development, UNCED ），會議的重點是探討在經濟發展及永續成長之間取得平衡等等相關議題；這場會議也被稱爲地球高峰會議（Earth Summit）或里約高峰會（Rio Summit）。與會的代表們主要的任務就是要衡量世界各國一窩蜂致力於經濟發展的過程中所獲得的利益及世界各國及地球環境生態所必須付出的代價。代表們所考慮議題包含人口、貧窮、污染、及被消耗的資源等議題，這些議題會陸續在本章內進行討論。里約高峰會的結果產生了以下五項共同聲明，聲明中陳述了環境保護論，並且承認環境保護主義所具有的全球化特性及全球各地在環境保護主義和經濟發展活動之間存有的連結關係：

1. 里約宣言（Rio Declaration）：清楚表達經濟發展及環境保護相關議題之間的密不可分關係。

2. 生物多樣性公約（Biodiversity Treaty）：保護瀕臨絕種的動物，並且與世界其他國家共享與基因遺傳相關的研究資源。

3. 氣候變化綱要公約（Climate Change Treaty）：要求世界各國管制二氧化碳及其他氣體的排放量，以免因為地球暖化而造成溫室效應（Greenhouse Effect）。

4. 森林原則（Statement of Forest Principle）：要求各國進行森林資源的保護，以避免因為過度開發所造成的破壞。

5. 二十一世紀行動綱領（Agenda 21）：提供了一份長達八百頁的文件，主旨在於引導世界各國應該如何進行改變人類活動，以減低環境的破壞與確保永續發展，並達成里約宣言中的各項目標。

地球高峰會的進展

　　地球高峰會於一九九七年在紐約再度召開，本次的地球高峰會首先檢討在過去五年來，世界各國在環境保護方面的進展；會議中發現，儘管世界各國在人口出生率有明顯的下降趨勢，不過貧窮的問題卻持續擴大；全球有將近三分之一人口居住在難以取得純淨飲用水的國家；每年有高達三千四百萬英畝的森林地因為砍伐及森林大火而消失；及全球二氧化碳的年度排放量更從一九九〇年的五十九億公噸升高至一九九六年的六十二億公噸。從上面的數字我們可以發現，這份報告並未顯示全球各國在環境保護的行動上有出現任何令人振奮的成果。隨後在一九九七年所發生的重大環保相關事件，更使得我們不得不對於環境保護的議題付出更多的關注。發生在七月底的印尼大火，

可以說完全失控的延燒，就好比在印尼、馬來西亞、新加坡、菲律賓、及其他國家上空蓋上了一層厚厚的毛氈，煙塵漫天。這場大火不但吞噬了林木及燃煤等資源，更有許多人民因為吸入煙塵而肺部受到傷害，而商業方面的影響包括了因為呼吸道疾病所造成的員工工作進度落後，及遊客取消機位所造成的損失。聯合國氣候變化綱要公約第三次締約國大會會議（The Third Conference of Parties to the UN Framework Convention On Climate Change，也就是所謂的京都會議）於一九九七年的十二月召開，展現了減少氣體排放造成溫室效應的小成果；例如美國就持續不斷地在減少有害氣體的排放及避免臭氧層的破壞這兩方面付出努力。為了能解決這些問題，京都會議訂立了明確且具有法律性約束力的目標，以減少二氧化碳及其他會引發溫室效應氣體的排放，並設立清靜發展機制（Clean Development Mechanism, CDM），讓全球一起致力於降低溫室效應氣體的排放。事實上，這一類由許多國家制定的協議之所以進展緩慢，有一部份是因為受到那些對自然環境全球化持有反對意見的倡議者所採取的行動所導致。這項爭議在一九九二年的聯合國會議中浮上檯面，而成為全球的焦點，隨後「環境」方面的議題也就成為接下來會議所要討論的重點。儘管將環境保護活動的結果劃分為「繁榮」及「毀滅」兩種不同的情況有過分簡化的缺點，不過在本章接下來的部份所要進行的討論，作者依舊採用這兩者來說明，因為它們所代表的正是環境保護相關爭議的終極結果。

繁榮的來臨

有些人認為，全球各地許多環境保護者對於天然資源的關注毫無根據；舉例來說，有一部分的人認為，各個層面的技術突破就是永續發展的根源，只要在各個方面的技術突破能夠持續不斷地出現，那麼

這些新技術就可以帶領全球的人類享受更爲富裕的生活。朱利安賽門
（Julian Simon, 1981）就經常表達這樣的一個觀點，他認爲過度關心環
境保護相關議題毫無意義，因爲技術的進步、自由市場的發展，及人
類所具有的創造力將會帶領這個世界往更美好的方向前進。《地球上
的一刻（A moment on the earth）》一書的作者格雷格伊斯特布魯克
（Gregg Easterbrook）認爲，在西方世界裡污染事件幾乎不復存在，他
也舉出以瓦斯爲動力的汽車爲例子，以證實目前的趨勢正在發生改變
的事實。格雷格的論點就是，經濟的發展將會使得人類對於自然環境
及資源的使用情況出現改變，這個論點也是其他倡議者所認同的。此
外，格雷格也認爲大自然遠比我們想像的更具有彈性，他將抱持此一
信念的學者歸類爲「環境現實主義（Eco-realism ）」的支持者。認同
環境現實主義的學者認爲，在經濟系統演進過程中不斷發生的檢視及
平衡活動，在某一項技術不再足以保障企業獲利時，很快地企業會發
展新技術來取代。舉例來說，一旦石化燃料耗盡，企業界還是會因爲
發展新型態能源背後的強大商機，而競相投入新能源的開發。類似上
述的思考模式，正是相信人類必定擁有繁榮未來的主要支撐力量，這
個學派的人們相信隨著經濟發展的快速成長，一定會有新技術不斷地
發展出來，以解決因爲企業營運及其他人類活動所造成的環境問題。
換句話說，爲了促進持續性的經濟成長，企業界將會積極地尋求解決
本身所創造的環境問題之方法。在小故事10.3中，麥可傑（Michael
Zey）對於巨型工業時代（Macroin-dustrial Era）所作的陳述，正可以
反映出本節所描述的環境現實主義者的思考模式。

日漸衰敗的證據

　　《人口炸彈》（The Population Bomb, 1969）一書的作者保羅艾力
克（Paul Erlich）在該書中陳述了另一個關於「爆炸（ Boom ）」的負

小故事10.3　巨型工業時代

　　要邁進一個真正的全球化時代，需要所有國家及各個聯盟組織的全力配合；只要能夠對於下面所提到六個不同領域的掌控能夠更完整與擴大，那麼全人類都能夠受惠，這六大領域分別是：

• 時間：人類的壽命將會持續延長，同時個人對於所屬的社會將可以付出更多的時間，並成就更多的貢獻；快速的通訊系統會把資訊迅速的傳遞開來，同時透過快速又便捷的交通運輸工具，人類相互接觸的機會也會隨之提升；機器人及其他新科技的發展，將可以使人類在進行工作的過程中達到更快與更好的目標。

• 空間：人類的活動空間將會向外延伸至大氣層以外的太空，也會向內深入海洋，甚至地表下的世界。

• 饑荒及物資的匱乏：透過合成能源（Fusion Energy）的使用，與使用石化燃料的時代相比，產品將可以進行大量的生產製造；透過生物科技及基因工程的輔助，糧食的短缺問題也能獲得妥善的解決。那些使各種產品在數量上大幅提升的技術，不但可以在品質的方面獲得改善，更能從中發展出許多智慧型技術、提升人類的智慧，使那些不具備科學家背景的人們也可以與其他科學家共同合作參與科學及技術的突破。

• 範圍：隨著全球有越來越多來自世界各地的參與者投入商品的生產及消費，企業營運的範圍將逐步邁向全球化；此外，因為世界各國都可以透過資訊及勞工的交換來提升全球各地的生活

品質，因此每一個國家對於人類的進展都是重要的貢獻者。

- 規模：有關「規模」這個名詞將會出現全新的定義，因為在全球化的世界中，什麼是大、什麼是小將會與過去的認知有所不同。巨大這個概念將會包含計畫案或建築物等等，例如位於馬來西亞長達三十英里的多媒體超級走廊（Multimedia Super Corridor）、能夠運送大量水源的水利灌溉系統，或在地底下甚至是外太空建立可供人類生活的基地等等。微小這個概念則會包含奈米技術（Nanotechnologies）這一類新科技，透過納米技術的發展人類將可以有機會製造出像原子或分子般大小的電腦或機械。

麥可傑認為環境污染的解決方案來自經濟的持續發展，從貧窮國家在邁向開發中國家的過程中會投入資金於取得清新空氣及乾淨水源的例子中，我們可以獲知一二。

來源：Zay, Michael G.（1997, Mar./Apr.）. The Macroindustrial Era: A New Age of Abundance and Prosperity. The Futurist, pp. 9-14.

面觀點。艾力克認為，無論是人口過多、過度擁擠或工業化的生產方式都會不可避免地造成饑荒、甚至導致百萬人計的移民難民潮。根據艾力克的看法，人口倍增Population（P）、消費成長或生活富裕Affluence（A）的結果，再加上科技進展Technology（T）這個因素所產生的綜合效果即相當於環境衝擊Impact（I）；也就是說I= PAT。從上面這個等式看來，科技可以說是造成環境問題的部分原因，而非解

決之道。一九九二年創刊的生命跡象雜誌（Vital Signs）主筆兼世界觀察組織主席（ The Worldwatch Institute ） 里斯特布朗（Lester Brown ）是眾多相信工業化的生產與地球的自然法則相違背這個理念的支持者之一。無論在經濟、文化、及政治全球化等等前幾個章節所提到的重要向度所出現可見的急劇成長，都會對自然環境造成越來越大的傷害，也使得我們更加關心糧食、空氣、水資源品質、燃料、其他天然資源及污染物排放所引起的全球溫室化等等議題。根據保羅哈維克（Paul Hawken）的看法，所謂的技術突破，只不過是以更快的速度來消耗地球現有資源的另外一種方式罷了。從這個角度來看，技術突破不但無法幫助全球經濟的成長，反而會加速地球環境的衰敗。

　　儘管部分經濟學家把經濟成長當作解決許多現有問題的答案，但有更多的學者專家深入挖掘問題的核心，重新思考經濟快速成長及天然環境之間孰輕孰重這個大問題。與艾力克抱持同樣觀點的學者認為，最必須衡量的就是地球自身的負載能力；相較於上述有關麥可傑對於經濟成長所抱持的論點，經濟學家赫曼達立（Herman Daly）在其著作《成長的背後：經濟上的永續發展》（Beyond Growth: The Economics of Sustainable Development ）書中指出，目前的高度經濟成長在未來將不復出現；此外，他更進一步指出，爲了求得經濟成長，地球環境所負出的代價遠超出商品生產所獲得的利益。在這樣的情況下，儘管經濟出現成長，不過世界各國卻比過去更窮，而沒有獲得經濟成長帶來的利益。透過研究經濟發展及地球環境保護之間的互換關係，經濟學家們發展出了一個全新的研究領域稱爲生態經濟學（Ecological Economics）；這些學者呼籲大眾應該要重新評估各項經濟的原則，並將過去以收入爲課稅基準的徵稅方式改爲以資源使用爲課稅的基礎。舉例來說，石油煉解廠必須爲其生產的每加侖石油，付定額的環境污染稅。類似的措施將會讓業界及其他的資源使用者降低

使用量及並減少資源的浪費；例如，對於大多數的製造商來說，空氣可以說是不需要任何代價就可以取得的資源，不過一旦空氣品質下降或耗盡，將必須耗費巨額的成本來解決這個問題，甚至無法找到任何替代性資源。根據柯林哈奇森（Colin Hutchinson）的看法，企業界在進行與人類未來存續相關的決策時，不應有任何遲疑或其他思量，因為如果人類的永續發展無法保障，那麼再多的經濟發展也是徒勞無功。

對人類來說，最大的挑戰其實在於我們並不知道究竟事實是什麼。多方充足的資訊讓具有共同觀點的擁護者都能夠透過實例的證明，來支持他們擁護的論點。就像我們早在第九章看到的，資訊技術的發展讓我們有機會取得大量的資料，但是擁有這些資料卻不具備分辨究竟哪些資訊可以準確地預測未來的能力，依然不會出現任何建設性的結論。認定「未來人類將擁有一片大好榮景」的人譏諷覺得「人類的未來將會很慘淡」的人，他們認為像是環境學家瑞秋卡森（Rachel Carson，著作有《寂靜的春天》（The Silent Spring）及保羅艾力克的說法根本就是危言聳聽，而且諷刺地說兩位學者所擔心的慘況完全就是杞人憂天，根本不會實現。就以瑞秋卡森在《寂靜的春天》一書中所提出的例子，即瑞秋卡森在一九六二年預測美國當地的知更鳥將會在十年內瀕臨絕種的危機，但事實卻是目前美國境內仍可輕易見到知更鳥的蹤跡；保羅艾力克預言七〇年代左右將有數億人會死於饑荒，但卻也沒有發生。在現今世界中發生的，則是許多以往沒有生存危機的動物，目前都已不復見或日漸稀少，及約有數百萬的人死於糧食短缺等等狀況。從現存的事實中我們可以了解到某些對於未來的憂慮並未如預期般嚴重；因此全球人類應該繼續為數百萬受糧食短缺所苦的人們，及為各類瀕臨絕種的鳥類、動物及其他數量所剩不多的生物努力延續牠們的命脈。對人類來說，在這場「人類究竟是否能夠

擁有美好遠景」的賭局中，一旦選擇錯誤所必須付出的代價相當大。除此之外，全球工業發展的快速步調，會使得補救已發生的過失變得非常困難，甚至還可能同時對環境造成新的威脅。甚至會讓全球都面臨退化的危機，人類現有的生活水準及生活品質也就不會有永續發展的保障。就是因為一旦作下錯誤的決定，人類就得對未來付出極高的代價，因此我們有更多的理由要將企業、政府、甚至群眾的力量聚集在一起，來保護並發展現今僅存的天然資源。這個論點主要的依據是高額的短期成本概念（包括教育、訓練、發展對環境不會造成傷害的產品及服務等等），在我們對於短期所應付出的成本作出決定之前，應該仔細地與人類長期可能付出的代價作比較，以降低未來可能對地球及人類造成的威脅。

經濟成長與環境保護的權衡：企業界的爭論

在一九九二年的地球高峰會（Earth Summit）中，各國間激烈討論有關「經濟成長與環境保護兩者間的權衡」的議題，目前也開始在商業文獻提及。例如摩根史坦利添惠（MSDW）與摩根史坦利添惠投資公司（MSDWVP, Inc.）的副總裁諾亞·威利（Noah Walley）及核心資源（CoreResources）的聯合創辦人及執行合夥人布萊德利懷特海德（Bradley Whitehead）在他們的著作中就提到，為了要達成環境目標而要付出經濟成本是全球企業必須正視的事實。兩位作者也認為光憑口號沒有任何意義，環境的保護需要實際行動來輔助（Talk Is Cheap, Environmental Efforts Are Not）。儘管這些作者並沒有建議企業界回到過去舊有的環保策略，例如忽視、抗拒或打擊環境保護管制等等；他們堅信日益複雜的環境挑戰，將會使得企業必須面對環境的敏感性而增加營運成本，最終將使得企業與環境保護之間的距離越來越遠。學者專家也認為，在面對環境的挑戰上，很難出現雙贏的解決辦

法；不過實際的例子也並非少見，例如杜邦公司（DuPont）就是一個持續不斷在環境保護方面投入大量經費，並在營運策略上進行不斷革新就是很好的示範；另外，例如未來學專家海瑟韓得森（Hazel Henderson, 1996）也堅信雙贏的結果不但可行，而且對人類、對企業的生存來說都是必要的。學者麥可波特（Michael Porter）及翁德林（Claas van der Linde）認為上述的爭論是由「二選一（Either/Or）」這個概念衍生而來的，也就是說生態與環境兩者間有著對立的關係；兩位學者相信一定有一個更適切的方法來衡量二者的關係，不應把環境的改善與企業的成功視為競爭者，而應是互相輔助的角色。他們對於紙漿造紙、油漆塗料、電子製造商、及其他最容易受到環境保護相關法規影響等產業所進行的研究發現，企業可以在遵循環境保護法令規範的同時，作到成本的最小化；同時只要透過一些創新的點子，甚至可以達成零成本負擔的目標。與過去企業認為政府對於環境保護法令的執行將會造成企業成本負擔提高相較之下，透過上述兩位學者的研究，我們可以發現只要進行少量的創新，企業將有可能在降低成本的同時，達成提高產品品質的目標。除此之外，企業在改進早期營運流程所必須負擔的成本也可能不如預期的高；例如企業撤換製冷劑內的CFC改用能源效益較低的無氟氯碳化合物，實際所需要負擔的成本並未如預期的高。

除了上面所提到的兩位學者以外，愛德華史提及珍賈納史提（W. Edward Stead and Jean Garner Stead）也提出企業必須要在環境保護及產業成長之間的平衡貢獻一份力量；兩位學者相信以二選一的方式來檢視這個問題，最後所帶來的只會是一個無法造成雙贏的解決方案，人們應該要抱持著「經濟上的成功及地球生態系統的永續發展，對於個人、組織、社會及自然環境來說不僅值得也是必要的」這樣的概念（p. 31）。透過這樣的思考模式，將會使抱持不同概念的人們，透過同

樣的角度來看待這個議題，並且透過共同合作來找尋適當的協調模式以期滿足雙方的需求。本章所探討的平衡，主要就是在描述各種與環境相關的挑戰、尋求經濟成長及支持環境保護之間的緊張關係，及類似世界觀察組織（Worldwatch Institute），讀者可以在小故事10.4中看到世界觀察組織的任務描述）這樣的機構及美體小舖（The Body Shop請見本章的開頭小故事）這樣的企業如何在成長及環境保護之間進行調適。

全球無疆界、我們只有一個地球

在試圖跨越時間、空間及國家等限制的過程中，我們發現到地球本身是有界限的；儘管殖民到外太空或發展地下城市，以目前的科技來說並非不可能，不過透過這樣的方式並不能保證物理上的界限也能有所延伸。因為全世界的人類都在同一個地球上生存，因此在我們週遭存在的是一個複雜的生態系統，在世界上某個地方所發生的活動，或多或少會對於世界上的其他地方甚至整個世界造成影響。在本書前面幾個章節中，我們檢視了企業在跨越國家、時間及空間的限制進行營運活動所採行的幾個不同方式。透過同樣的方式，疾病、污染及環境生態的破壞也跨越了傳統的界限，在世界各地蔓延開來。有關這一類的例子在本章後半部將會有詳細的描述，同時也可以讓讀者對於目前世界的狀態有更清楚的了解。

全球的一致性

以全球的層次來看，我們必須非常關心人類擁有的天然資源，因

小故事10.4　世界觀察組織（Worldwatch Institute）的任務描述

　　世界觀察組織成立的主要目的是，促進一個能持續推動環境保護的社會不斷地向前邁進—在這樣的社會中，人類的需求可以透過不同的方式加以滿足，而不至於對自然環境或未來世代的前途造成危害。世界觀察組織推動各個不同學派對於新興環境保護相關議題的研究，這些研究結果會在全世界廣為散佈。

　　世界觀察組織相信，這些資訊對於社會的改變將是一項有力的工具；因為人類行為之所以出現改變，不是因為新資訊的取得就是因為新經驗的學習。世界觀察組織希望透過資訊的提供，能夠改變人類的行為模式並建立持續進行環境保護的經濟社會。換句話說，世界觀察組織的任務就是要喚起社會大眾對於目前的全球環境所面臨威脅的體認，並引起有效的政策回應之支持。世界觀察組織所抱持的看法是全球性的，因為目前最迫切需要的環境保護議題也是屬於全球性的問題。因為全球各國都處在一個相同的生態體系內，而日趨成長的全球經濟也將世界各國緊密地連結在一起；唯有透過一個全球性的共同解決方案，才能夠有效地解決目前世界各國所面臨的問題，例如：氣候的變遷、臭氧層的破壞、生物多樣性的消失、海洋面積減小、及人口的成長等等。

來源：Worldwatch Institute.（1997, June 19）. http://www. worldwatch.org

為這些人類所共有的天然資源對於生命的維持有著重大的影響；例如空氣和水這兩項重要資源的保存，並非是單一國家或單一企業所能決定，而是會受到全球各項活動的影響。每一個海洋所擁有的水資源是全球人類所共同享有的。水資源的重要功能就是為地球吸收並儲存熱能，也是提供大量能量及食物的來源，更是聯結許多國家的一種方式。地球表面有百分之七十是水；國與國之間可以利用國界來劃分，但是卻沒有一個國家可以在全球所共有的水資源身上劃出分界線。許多國家對於海洋資源的運用及取得純淨飲用水方面是採取獨立運作的方式—通常是以企業或以個人利益的形式進行—這是造成水資源問題的主因。

水資源

淡水對於人類的生存很重要，在地球上有百分之九十的淡水位於南極洲，而且是屬於全世界所共同擁有的寶貴資源。根據某些報告指出，在未來的五十年，淡水將變得別珍貴，它也有可能取代石油成為國際爭端的導火線（Indian Center, 1994）。根據一九九六年聯合國在「大都市及城鎮水資源管理國際會議（International Conference on Managing Water Resources for Large City and Town）」上所提出的報告結論中指出，確保全世界有足夠的水供應已是很重要的問題，尤其是人口一直不斷持續增加、都市化及環境品質不斷惡化等情況下，這個問題的嚴重性更應受到全人類的重視。此外，也有報告指出，在肯亞因為竊盜或流失的飲用水就足以供應該國最大的城市，在中國則是有超過三百個城市逐漸面臨飲用水短缺的問題。估計在開發中國家，有百分之二十的都市居民因為沒有取得乾淨水源的管道，所以必須購買飲用水，光是在飲用水的花費可能就相當於蘇丹喀土木貧苦家庭月收入的百分之三十五。骯髒的水源會導致疾病及早夭，也是開發中國家

百分之八十的疾病來源，每年都奪走了千萬條人命。

空氣

　　同樣的，空氣也被列為全球共同擁有的「免費」資源，但是它是否可持續為全球各國所使用得視它目前被使用的情況而定。根據一九九五年四月在柏林舉行的聯合國氣候會議（UN Climate Conference）中提出的報告指出，由於大氣層中的臭氧層逐漸稀薄造成全球暖化現象，在西元兩千一百年將會造成海平面上升0.5公尺，這也會迫使居住在受到影響到的土地上九千五百萬名居民必須遷移他處。臭氧層的稀薄一直都被認為是使用氟氯碳化合物（CFC）造成的，其影響使得在地球生態系統中的樹木、其他綠色植物、水資源及空氣之間產生複雜的連帶效應。舉例來說，目前科學家已經證實，海洋有助於吸收有害的甲基溴化物（Methyl Bromide），而甲基溴化物正是造成地球大氣層中臭氧層逐漸消失的元兇。全球暖化估計會造成生態系統消失、沙漠面積持續擴張及暴風雨變得更猛烈及發生的次數更為頻繁等等影響—這些都會發生在你我的有生之年。根據聯合國氣候變化政府間專家委員會（United Nations Intergovernmental Panel on Climate Change, IPCC）對於氣候變化的調查指出，人類是造成氣候變化的主要原因。讀者可以在小故事10.5看到其他預期發生的變化。

　　保羅霍肯（Paul Hawken）在一九九三年寫了一篇有關在美國境內及世界各地其他國家對於全球共有物之使用的報告，根據保羅的報告指出：

　　我們都知道我們已經大量砍伐了北美約百分之九十七的原始森林，我們的農夫及牧場經營者每天都自地底抽出二千多萬加侖的水，抽出的水量超出雨水所能補給的量。「奧格拉拉」水源

小故事10.5　一九九六年聯合國氣候變化政府間專家委員會

　　根據文獻資料的回顧及證據顯示，目前可辨別因為人類活動對於全球氣候所造成的影響，在目前及未來將會出現以下的影響：

- 從大約一七五〇年（工業發展前的年代）至今，全球大氣層的二氧化碳含量已增加約百分之三十。
- 從十九世紀末期至今，全球的平均氣溫已經增加了約攝氏零點三到零點九度（也就是華氏零點五至一度）；預估到西元兩千一百年，全球平均氣溫將會增加攝氏一點五至四度（也就是華氏二至六度）。
- 氣溫的提高將會在世界的某些地方造成嚴重的乾旱及水災。
- 在過去的一世紀中，海平面平均每年上漲一到二點五公厘；到了西元兩千一百年，預計海平面將會上漲零點五公尺。
- 增加百分之十至二十的能源利用率是可行的，且只需付出少量的成本，甚至完全不需要成本。

來源：Intergo vernmental Panel on Climate Change.（1996, Jan.）. IPCC Second Assessment Synthesis of Scientific-Technical Information Relevant to Interpreting Article 2 of the UN Framework Convention on Climate Change 1995. Gene va: UN Environment Program.

（Ogallala Aquifer）—美國大平原下的一條地下水流，也是世界上絕無僅有最龐大的淡水水源，若是照目前的抽取速度，它將在未來三、四十年內乾涸；另外，每年我們在世界各地所損失的肥沃表土體積高達兩百五十億公噸，這面積相當於澳大利亞所有麥田的總合（p. 3）。

物種的滅絕

工業化造成生態問題最明顯的一個例子就是植物、動物及它們所攜帶的疾病及昆蟲可以更輕易地在世界各國流動。根據世界資源研究所（World Resources Institute, 1996/97）進行的調查指出，在一九九五年至二〇一五年間每隔十年，就約有百分之一至百分之十一的世界物種出現瀕臨絕種的危機。動植物的棲息地遭到破壞及人類惡意的破壞生態是威脅物種存亡的兩大勢力，第三種可能造成物種滅絕的因素則是來自其他地方所引進的新物種。例如，經過了二十三年的努力，在世界貿易組織（World Trade Organization, WTO）的協議下，日本、阿根廷、中國、以色列、俄國及越南紛紛解除了對於美國華盛頓蘋果的進口禁令，此外也可望解除各國對於其他蔬果及肉類的輸入限制。儘管商務自由化並不意味著這些產品就會攜帶疾病或昆蟲進入其他國家，不過相較於以前的情況，疾病及昆蟲由他國移入的機率因此提高不少，使得那些對於疾病無免疫力或抵抗能力的區域之生物系統帶來莫大的衝擊。

有足夠的證據顯示，外來的植物或動物都會干擾原有的生態系統。最常見的就是，當這些外來的生物被引進一新環境時，這些新生物將可能使得原有無抵抗能力的動植物面臨生存的危機，甚至使原有

的動植物趨向滅絕。例如，關島在以前沒有蛇，一直到三十年前有人利用飛機將這些蛇空運入境；如今褐色樹蛇在島上到處可見，且這些蛇也獵殺了島上無數的鳥類及許多其他動物。此外，這些褐色樹蛇也干擾了當地的工業生產，自一九七八年以來就已造成了超過一千兩百宗的電力系統中斷事件。隨著航空旅遊產業蓬勃發展所湧入的大批遊客及商機，也增加了許多的移民，對於當地的野生動植物造成了更大的生存危機；類似這樣在生態系統中的不同部分之間所出現的複雜互動現象如今也被稱為潛伏的災難。

斑馬紋貽貝隨著蘇聯的船隻進入美國，成了堵塞五大湖區輸水管線的元兇，為了清理這些阻塞的輸水管線，每年所需要耗費的成本高達五億美元；此外，歐洲綠蟹於一九九〇年被引入舊金山灣區，造成了原本棲息在灣區的東亞蛤遭到歐洲綠蟹的大量捕食而面臨絕種的危機；一九八二年，在船隻壓艙層內棲息的七彩水母意外地流入黑海的水域，原本生存於水域內的浮游生物、魚卵、貽貝的幼蟲及牡蠣遭到大量的捕食，七彩水母也以驚人的速度不斷繁殖。這些外來海洋生物並非只影響了原有的生態系統，它們也會造成企業及環境成本的增加，因為船隻的雇主將會被要求賠償造成的部分損失，而當地物種也會受到嚴重的破壞；此外，對於依靠這些遭毀滅生物維生的人民的生活也造成了相當大的困擾。外來生物藉由船隻或飛機入境的情形已經相當普遍，我們應該特別注意這些外來生物繁殖數目的多寡及未來可能造成的影響。

賽奧柯爾朋、黛安杜馬諾思基及約翰彼德森麥爾斯（Theo Colbom、Dianne Dumanoski及John Peterson Myers）三位學者在一九九六年共同出版《失竊的未來:生命的隱形浩劫》（Our Stolen Future）一書中也指出，人類目前正受到空氣傳播或食物傳播的化學物質所威脅，因為這些化學物質會干擾人類體內的生殖荷爾蒙（Reproductive

Hormones ）。根據三位學者的調查報告指出，二氯二苯三氯乙烷
（Dichloro-Diphenyl-T richloroethane, DDT也就是俗稱的滴滴涕）、多氯
聯苯（Polychlorinated Biphenyls）、戴歐辛（Dioxin ）及其他百餘種化
學合成物質都與人類荷爾蒙—雌性激素（ Estrogen ）及睪丸素
（Testosterone ）的結構類似。當人類經由食物的攝取或空氣的傳播而
吸入這一類物質，人類的內分泌系統就有可能受到這些化學物質的影
響而出現干擾現象。雖然三位作者也發現到小麥、大蒜及其他百餘種
食物也跟人類荷爾蒙的結構類似，不過他們相信人類經過數千年以來
的調適，早已經習慣這些天然的荷爾蒙。由於化學合成物的引進速度
過快，使得人類無法馬上適應，致使生殖能力降低、罹患癌症的機率
增加及其他類似將白老鼠的胚胎暴露在化學合成物之下在白老鼠成長
後所會出現的反應—有些死亡，有些則是容易出現緊張現象。至於這
些合成的化學物質所造成的效果究竟是好是壞目前仍未明朗化，但是
他們已經大量且快速地引進人類生活卻是不爭的事實。在諸多長期負
面影響下，我們相信未來可能會發生難以彌補的災難。

　　總而言之，在全球無疆界的情況下，許多國家相信對於商業運作
及疾病控制會有所助益，因為他們可以輕易地跨越國家界限進行合
作。然而，透過跨越各類不同科學領域來生產合成物質，科學家所提
供的可能是機會，也可能是威脅，最終也會造成危害生物多樣性的問
題。如果有特定的植物或動物無法適應新出現的影響，例如蛇類會獵
捕鳥類，那麼這些鳥類就可能在世界上消失。同理，如果空氣中的合
成物質影響了特定的人群，那麼後者也可能自世上消失。結果就是造
成較不能適應環境的動物、植物及人類的基因庫會趨於減少，而使得
這一類生物更容易受到外來疾病或其他影響的傷害而死亡；也就是說
物種多樣性的減少將會造成物種的生存危機。

天然災害

　　就算沒有人類的介入，大自然現象也可以輕易地對商業活動造成
巨大影響。舉例來說：一九九五年元月日本神戶大地震之後，日本政
府就對外關閉了該市的港口—該港口為全球第四大海港，掌握該國百
分之十二的出口貿易。同時，在世界的另一端，荷蘭在同年二月遭到
洪水泛濫，也造成了數以千計的船艦無法在連結鹿特丹與法國東部、
德國及瑞士三大工業中心之間的萊茵河港口（世界最大的港口）停
泊；由於船舶無法進入港口，荷蘭及德國之間有將近百分之六十的貨
運運輸受到嚴重的影響，根據估計，只要船隻無法在萊茵河上運行，
荷蘭的海運業者每二十四小時就會蒙受約六百萬美元的成本損失
（Simons, 1995）。這些天然災害也充份顯現出企業的營運活動及人類
的日常生活都依賴著既有的天然資源，同時也支持了天然資源的保護
與開發是很重要的企業活動。

疾病的全球化

　　折磨著世界上大多數人類及植物的疾病目前也逐漸出現全球化的
現象。例如，近年來自墨西哥中部移入美國馬鈴薯農場的馬鈴薯病
毒，就大量地肆虐農作物，而導致美國農民的損失數以百萬美元計
（Winslow ,1995）。上一次馬鈴薯真菌的全球性遷移發生於一八四〇年
代，但是隨著商業貿易活動的增加—尤其在多個國際性聯盟團體如北
美自由貿易協定（NORTH AMERICA FREE TRADE AGREEMENT,
NAFTA）、歐盟（European Union, EU ）、南方共同市場（MERCOSUR）
及世界貿易組織（World Trade Organization, WTO） 等組織所訂定的各

項協議促成之下，全球農業貿易活動大量增加，農作物疾病傳播的速率及機率也隨之增加。

與馬鈴薯眞菌傳播的情況一樣，HIV 病毒如今也演變成全球注目的焦點，它也是第一宗在全球化年代因爲全球整合而在各國間廣泛傳播的人類疾病。雖然各方的統計結果稍有差異，據全球愛滋病政策聯盟（Global AIDS Policy Coalition）估計，全球有三千零六十萬人感染了 HIV 病毒（根據西元兩千年聯合國提出的報告指出，全球感染 HIV 病毒的人數已經超過三千六百一十萬），這數據可能會在二十一世紀初增加一倍；此外，每天大約有一萬六千名新的感染者出現。光是在一九九五年，就大約有一百七十萬人口死於愛滋病及有四百七十萬人口感染 HIV 病毒，其中包括有五十萬名嬰兒在出生時不幸經由母體感染 HIV 病毒。HIV 病毒在開發中國家的傳播速度更是快速，大多數以外來勞工及長途卡車司機爲主要的散播來源。根據世界銀行（World Bank）於一九九七年所作的報告（Confronting the Spread, 1997）指出，愛滋病在許多國家已是很普遍的傳染病，例如撒哈拉沙漠以南的中部非洲地區（Sub-Saharan Africa），而中歐及東歐的愛滋病發生率也急遽攀升。目前有超過四十個發展中國家都極力地想把傳染病限制於某些特定的區域，但對於面積較大的中國、印度及巴基斯坦而言，因爲愛滋病感染情況還在初期階段，僅約有少於百分之五的感染者曾從事對於傳染愛滋病具有高危險性的活動。因此爲了凝聚全世界的力量共同努力對抗愛滋病，不但需要區域性的配合更需要全球各國的活動來輔助。加州大學免疫學博士羅瑞加勒特（Laurie Garrett, 1994）在她的著作《即將來臨的瘟疫》(The Coming Plague: Newly Emerging Diseases in a World out of Balance) 裡探討了愛滋病及其他致命性傳染病的傳播問題，在書中她認爲，疾病跟個人、社會及政府之間有相互聯繫的關係。例如，在開發中國家，愛滋病的傳播可能僅因爲善心人

好意想要再利用注射針頭而導致；另外也有報告很明確地指出，在許多國家內部，愛滋病之所以會廣泛快速傳播，主要是國家政府領導人不願意承認或治療愛滋病所造成。

根據世界衛生組織（World Health Organization）所推行的全球愛滋病防治計劃（Global Program on AIDS）指出，愛滋病在全球已經屬於極流行的疾病之一，因為愛滋病可以依據世界各地不同的文化習慣，而有著不同的傳染模式，未來將會持續在世界各地傳播蔓延。例如，自一九八七年以來，在泰國適合生育年齡層的族群中就出現了愛滋患者暴增百分之二十三的現象，主要是由於下列原因造成：（1）泰國的文化使該國色情產業大量發展；（2）泰國境內的單身或已婚男子進行嫖妓行為在當地文化規範中是可接受的；（3）泰國目前有晚婚的趨勢，許多年輕人都遷移到都市居住，使得婚前發生性行為的機會大增；（4）當地人相信愛滋病只是特定族群應該注意的問題，並不會殃及一般大眾（Brown and Xenos, 1994）。

由於當地人民對於愛滋病的錯誤認知—愛滋病不會傳染給一般民眾，因而導致HIV病毒在亞洲地區快速的傳播蔓延，尤其因為海陸運輸的需求增加，透過帶原的卡車司機或水手在運輸貨品的過程中出現性交易行為，更加速了HIV病毒的傳播。儘管將國家邊境開放給外國貿易合作夥伴進行商品的運輸，可以增加消費商品的可得性，不過卻也同時增加了傳染病入境的危險性。此外，在某些國家的文化中，一般人認為罹患愛滋病會使家族蒙羞，也造成感染HIV病毒的患者隱瞞病情並試圖躲避測試，而讓病毒持續傳播蔓延的情況。例如，在日本若個人公開罹患愛滋病的事實可能會造成丟掉工作的後果，並且遭受社會隔離，甚至受到家人的排斥。愛滋病帶給全世界的衝擊值得仔細考慮：整個非洲成年人的族群幾乎已被該疾病徹底毀滅，只留下年邁的祖父母甚至沒有人可以扶養小孩。在非洲，愛滋病的發生率一直增

加，截至一九九七年爲止，在撒哈拉沙漠以南的中部非洲地區（Sub-Saharan Africa）就有高達一千四百萬的人口罹患愛滋病。愛滋病在非洲不只奪走大批人命，它也嚴重影響非洲經濟的發展（請見小故事10.6）。根據國際食物政策研究所（International Food Policy Research Institute）的報告指出，愛滋病將會削弱社會的經濟狀況，不僅因爲愛滋病會把國家的資源由生產及教育移至健康照護，也因爲受到愛滋病影響最大的族群正是健康的青年，社會經濟將會因爲失去這些具有極高生產力的族群而出現發展遲緩的問題。此外，受到最大影響的莫過於貧窮的家庭了，因爲愛滋病將會剝奪他們最大的經濟來源，也就是勞力（International Food Policy Research Institute:http://www.cgiar.org/ifpri）。雖然各大新聞媒體對於愛滋病的報導甚多，但愛滋病本身只是會對全體人類構成威脅的疾病之一。例如，全世界就有三億人口是B型肝炎（Hepatitis B）的帶原者，B型肝炎每年奪走全球超過兩百萬人的性命；結核病（Tuberculosis）每年根據統計奪走將近三百萬人的性命；鼠疫（Pneumonic Plague亦稱黑死病）也有可能成爲全球性的殺手；就算是感冒病毒如一九九七年至一九九八年所爆發的家禽流感病毒（Chicken Strain）也具有迅速蔓延全世界的威脅性。

世界人口

根據「零人口成長組織」（Zero Population Growth, http://www.zpg.com）的描述，人類大概花了四百萬年才使得全球人口成長到一九二七年的二十億這個規模，但是只需要七十年的時間就增加爲三倍。世界人口數在1997年達五十七億，再過三十年預計成長至八十三億。在一九九〇年，有百分之七十七的全球人口居住於開發中國家，預估在二〇二五年將會有百分之八十三的世界人口居住在開發中國

小故事10.6 愛滋病對於經濟的衝擊

- 以一九九三年的泰國經濟情況而言,每個在青壯年時期遭愛滋病感染者的死亡,就相當於未來少了兩萬兩千美元的收入。

- 在一九九〇年中期,烏干達鐵路局的員工有百分之十就因為愛滋病而死亡,致使員工每年汰換率高達百分之十五。

- 在坦尚尼亞,因為愛滋病毒的侵襲,預估教職員工在二〇一〇年時將會減少一萬四千四百六十名,於二〇二〇年甚至會減少兩萬七千名。

- 在開發中國家,罹患愛滋病的成年人在死亡以前平均經歷十七種疾病的折磨;而為了治療愛滋病所付出的費用也時常耗盡全部的財產。

- 在撒哈拉沙漠以南的中部非洲地區 (Sub-Sahar an Africa),預估到了二〇一〇年,將會有超過四千萬人或百分之十六的孩童會是孤兒。

- 在一九九三年,泰國對於愛滋病的治療花費—不含昂貴的藥費—就佔了每戶家庭平均百分之五十的收入。

- 在坦尚尼亞,幼小孤兒比其他小孩更容易出現營養不良的情形,而較年長的孤兒常因為必須照顧年幼弟妹而輟學。

- 在一九九七年,辛巴威國民的平均壽命為二十二年,比愛滋病還沒侵襲辛巴威以前來得更短。

家。地球的估計容載量大約是四十億至一百六十億；目前的人口數已
超越下限，而上限預估在五十年內即可達成。最後，根據聯合國的資
料，世界人口將在未來二十年內成長一倍之多，達到一百一十億人
口。聯合國對六大人口區在二○五○年估計的人口總數見表10.2。

　　英國環保學者蓋瑞特哈定（Garret Hardin）在一九六八年發表的
文章「共同的悲劇（The tragedy of the commons ）」中就聲稱無設限的
人口成長會面臨相當悲慘的結果，因為越來越多人需要生產，相對的
他們也會耗盡用以維持生命的天然資源。在現今社會裡，這種現象就
發生在撒哈拉沙漠以南的中部非洲地區 （Sub-Saharan Africa）。部落
種族及遊牧民族的收入仰賴砍伐樹木並燒成可賣錢的木炭；因此家庭
成員數越多就等於收入越多，但是一旦家庭內部的成員越多，參與工
作的人員就越多，相對的空氣污染的情況也就越嚴重，而樹木也所剩
無幾，無法提供維持正面的環境保護功能。當某個區域所有的樹木砍
伐完畢之後，就會導致族群的遷移；而這也會刺激更多的人口成長，
因為家庭中需要更多具有生產能力的成員。如果這過程一直不斷地重
覆進行，可供利用的天然資源之利用率就會不斷提升，同時數量也會
不斷減少；如果人口數不斷增加的情況一直持續，就會造成區域甚至
全球的天然資源消耗用盡。

不同的人口挑戰

　　在人口一直持續增加的世界裡，人口的成長對於已開發國家及開
發中國家代表著不同的要求。對先進及工業化國家而言，人口的成長
呈現零以下（Below Zero）或零人口成長（Zero Population Growth,
ZPG）的狀態。換句話說，出生的人口數少於目前需要替代的人數。
早在一九七六年，有些工業化國家就歷經人口數下滑的狀況，在那些
國家中死亡率比出生率來得高（Carlson,1986 ）。自一九九○年至一九

表10.2：2050年人口數最高的六大區域預估
人口數（單位：百萬）

國家	1996	2050
印度	945	1,533
中國	1,232	1,517
巴基斯坦	140	357
美國	269	340
奈及利亞	115	337
印尼	200	300

九四年，義大利的生育率爲1.3，日本的生育率爲1.7，美國的生育率則是2.1（資料來源：The Politics of Population, 1994）。在圖10.1中列出了更近的數據。很有趣的是，美國的生育率都較高於其他工業國的生育率，根據調查結果，這是因爲非洲裔美國人及西班牙裔美國人的出生率普遍較高所導致，而大部份的西班牙裔美國人都是外國移民。由於大部份的工業國都是處於零以下或零人口成長的狀態，這些國家所面臨的挑戰就是如何在國內市場萎縮的狀況下，維持國內的需求水準並保持生產力。所以他們都會把外來移民視爲人口成長的一種方法，不過外來人口也會對國家文化帶來威脅，如同本書在第六章討論全球勞工移民的問題。

在開發中國家，面臨的人口挑戰則是人口數急遽暴增，以世界上最貧窮的地區—非洲的平均生育率來估計，每戶家庭大約有六名子女。世界人口急遽暴增所帶來的衝擊很巨大，因爲大部份人口數增長的國家正是那些人口數已經很多的國家，這些國家境內的資源往往不足以供應數量如此龐大的人口。例如，印度的預估人口數爲九億四千五百萬，平均每一戶印度家庭有三點八位小孩；若是印度以這樣的成

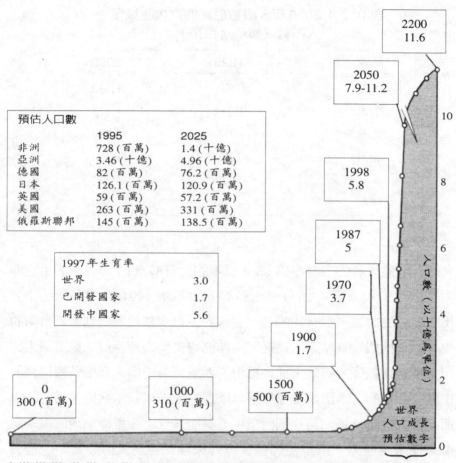

圖10-1：人口的成長

來源：Politics of Population.（1994, Sept. 1）. The Seattle Times, pp. A1, A14; Population Reference Bureau（1998, Jan. 31）. www.prb.org; UN Population Division. （1998, Jan. 31）.

長率持續發展，二十二年後的印度人口就會成長一倍之多。如此的成長率對一個經濟狀況正在起步的國家而言是很驚人的，然而這樣的趨勢對於許多其他經濟不發達的國家而言卻很常見（請見圖10.1）。另外，開發中國家的出生人口數預計在二〇五〇年會佔全球所有國家出生人口數的百分之九十八。

　　人口成長涵蓋的意義包括消費者人數的成長及相關企業營利機會的擴充，但是在開發中國家則尚未達到這樣的局面。首先，這些國家有著經濟發展的問題：與已開發國家相較，這些國家算是貧窮國，人口的成長也是這些開發中國家的一大負擔，國家必須要提供糧食、房舍及醫療照護給所有國民。許多人認為提供人民基本生活資源，是拖累並延誤國家投入資源於促進經濟發展的主要原因。第二項開發中國家的負擔是，在這些國家中僅有少數的人民受過教育，並能擔負起促進經濟發展的角色。此外，這些國家的人民也只有極少數接受必需的健康照護，以成為社會中具有產能的一份子。換句話說，在開發中國家大部份的人民都只是在接受國家的照顧，而未能對國家社會有所貢獻或回饋，包括勞力、所得稅等等。此外，由於他們大部分仍然是文盲、在有限的食物或健康照護下並未具有工作的能力，在目前世界各地普遍需要知識型勞工的情況下，這一類未受訓練或根本無法受訓練的員工，完全無法為這些開發中國家作出經濟發展上的貢獻。對於這一類世界人口過剩問題提出建議的「解決方案」就是找出減少出生率的方法，可行的方案有兩個：實施節育，或提供教育給女性。不過諷刺的是，節育方案，尤其是以墮胎方式，卻證明僅能有效減少女嬰出生的數目。在南韓、印度、中國及台灣，透過人工流產的方式避免女嬰的出生已經嚴重破壞了出生嬰兒的男女比率，造成了全球性男女比率不平衡的結果。例如，在西元兩千年時，中國大陸可能會有七千萬的單身男子（Abortion in Asia, 1996）。雖然目前避孕器的取得並不困

難，但是全球人口還是持續成長，這也顯示生育控制並沒有很成功的減少出生率。相反的，教育的結果則明顯導致較低的出生率。

根據一九九四年在開羅召開的聯合國人口成長會議（UN Conference on Population and Growth）的發現指出，學校教育使女性的生育率降低。以撒哈拉沙漠以南的中部非洲地區（Sub-Saharan Africa）為例，十五個國家的研究顯示學校教育的增加等於較低的嬰兒出生率（Ainsworth, 1994）。有越來越多受過教育的人們成為節育資訊及避孕器最好的消費者，教育也使得這些人更容易在外地找工作，同時家裡也沒有很多需要大人照顧的小孩。教育除了能夠抑制人口成長之外，也是提供國家發展經濟的重要管道，因為婦人可以遠離未支薪的家庭工作，而選擇支薪的工作機會，同時也可以學習一門工作的技巧。最終發現，女性接受教育能為許多國家的經濟發展過程注入更大的潛能，因為在全世界中女性是較少受到良好教育的族群。舉例來說，在一九九四年全世界九億六千萬的文盲人口中，就有三分之二是女性；因此，有許多學者認為，透過教育才是達到低人口成長目標的最佳方式，而教育附加的好處是，女性接受教育同時也能明顯改善經濟發展的潛能。

工業化

透過工業化來促進國家經濟成長一直就是全世界經濟整合的舵手，同時也整合了全世界的文化、政治、產業、科技及自然環境。許多工廠除了製造污染物、創造個人及國家都想盡辦法追求的工作機會及生活水準，工廠也能夠把群眾聚集起來而成為人口密度高的區域而形成都市，並製造都市內部的垃圾問題、水資源處理問題及噪音問題。工業化不僅為世界經濟情勢帶來繁榮與進步的福音（可以透過經

濟富裕的情況來衡量），但是在此同時工業化也潛藏著破壞生態平衡的危機及可能致使生活品質低落的疑慮。例如，在一九九四年發生在蘇俄境內西伯利亞西部柯明尼夫特輸油管網路（Komineft Pipeline Network）的漏油事件，西方國家的觀察員預估有超過百萬加侖的原油傾瀉於水中，但是由於輸油管對當地人的生活很重要，因此俄國人不但沒有考慮將輸油管線棄之不用，還說修理費用過於昂貴所以無法修好。類似這樣的工業活動導致的結果就是海洋中有許多區域都遭受破壞，每天都有上噸的垃圾及其他污染物傾倒入海；漁撈過度及水污染也是魚類還有其他海底生物數量逐漸減少的主因。在海洋狀況逐漸惡化的情況下，我們也不能期待有清新的空氣，再加上工廠時常排放廢氣，這些廢氣又隨著空氣散佈到世界各地，造成了我們意想不到或無法測量的後果。這種污染的情況通常較少發生於工業化國家，反而較常見於開發中國家，這些國家往往較無法負擔工業化對人民生活帶來的苦難及解決這些環境災害所需付出的高成本。然而，在小故事10.7所提供的例子中顯示，全球電視科技的進步已經使一般民眾察覺目前生態環境面臨的威脅，也讓他們能夠要求企業對於營運過程中所造成的污染承擔起更高的環境及社會責任。

　　許多伴隨著物質生活富裕而來的疾病，例如心血管系統疾病、心臟衰竭及肺癌都已成為工業國家幾項主要的死亡原因，這也是人民財富增加及消費行為改變造成的後果。在本書第一章，我們得知中國大陸的許多居民從鄉下遷移至大都市以從事工業生產，由於工業污染使肺部相關疾病成為現今中國大陸最主要的死因。毫無疑問地，在工業國家裡，未來將可以發現越來越多的疾病，包括心臟疾病及其他因為日常三餐中攝取過多高脂肪及高蛋白質食品所導致的疾病。根據世界衛生組織（World Health Organization, WHO）進行的研究指出，許多因為生活富裕造成的疾病已經快要趕上各種傳染病而成為全球性的致

小故事10.7　當人民遇上資本主義

　　當資本主義的全球化遇上傳統俄國人幾乎對於所有事物都會懷疑時，就形成了所有商業性投資的警惕。這也造成了俄國人民對於位在拿威港（Novy Port）的阿瑪科（Amaco）石油公司出現不正常的要求。以下的例子說明了當居民透過電視獲得充分的訊息，傳統上不信任承諾，以及不想重蹈過去的環境決策過失時，企業組織可能會面臨的問題。

　　拿威港位於世界最大的未開發油田上方，是一個大約有一千名居民的小鎮。當地居民發覺這些油田一旦開發之後，將可能帶給居民諸多好處，同時也察覺到油田的開發將會使他們居住的環境付出相當大的代價。過去在前蘇聯政府的統治管理下，對於空氣及水所造成的環境污染如今依然清晰可見；居民們相信目前的高癌症罹患率與環境遭受污染與破壞有很大的關係。如今拿威港的居民透過電視的傳播，告知全世界「拿威港的居民對於市場、權力及潛在性利潤已有概念」。阿瑪科公司在當地已經投資近千萬美元，卻還未能在當地的油田鑽下第一洞，公司代表在當地的會議老是被同樣的問題給拴住：「阿瑪科公司從這些油田總共可以賺進多少錢？」。拿威港的居民，跟世界各國的居民一樣，都是為了確保私人企業公司未來不會剝削他們的權益而採取行動。英國石油公司（British Petroleum）和阿瑪科公司攜手合作在西伯利亞及美國阿拉斯加州進行油田的探勘時，就是因為保證兩家企業會在當地建造學校及機場並負責管理當地的環境問題，才獲得居民的同意進行開發。

　　正如同拿威港發生的例子一般，許多居民都對企業組織深感懷疑，甚至不信任這些企業。有時候，這些猜忌是因為當地居民對公司的錯誤認知，而不是因為企業過去有錯誤的行為，然而這些認知卻導致了居民的捍衛行動。另外，在開發中及工業化國家中，商業以外的其他部門也可能為企業的營運造成壓力。那麼，企業組織要如何在一個同時存在著歡迎及抗拒的環境中進行營運活動？這正是目前全球大多數的企業所面臨的主要問題，對於同樣的企業營運活動所出現的各種不同反應，使得企業的領導人不得不重新評估，甚至首度明確地思索他們在全球各地的自主權；這樣的思維也使得與全球企業活動管理有關的議題範圍更加擴大。

來源：Specter, Michael.（1994, Nov. 27）. In the defield Russian Arctic, hope is a US oil company. New York Times, p.A1

命殺手。到了一九九五年，光是因為抽菸，就已奪走了全世界三百萬成年人口的生命。

　　透過本章前面對於全球共有物無疆界及疾病傳播的檢視，我們可以了解到現有的天然資源已面臨大幅萎縮、破壞或變型的危機—甚至出現環境多樣性減少的現象。人口成長及經濟發展，正是加速環境遭到剝削的主要因素。愛德華史提及珍賈納史提（W. Edward Stead and Jean Garner Stead, 1996）就把人類及工業化定位在兩位學者對全球生態系統所描繪的「議題輪軸」（The Issue Wheel）（請見圖10.2）之中心。這個圖最主要顯示人口成長及無設限經濟成長共同發展的結果將

會導致生產及消費的快速成長。隨著需求量增加,很快將會耗盡並污染地球現有資源,而全球工業的產出需要增加至兩倍、三倍甚至是四倍才能夠滿足全球人口的需求。目前全世界有百分之七十的資源是被居住在工業化國家的人民所消耗,但是隨著發展中國家經濟的逐漸成長更會造成資源取得競爭的加劇。正因為如此,在開發中國家的人民為了求生存便會不斷破壞他們所擁有的天然資源:砍伐樹木作為工業

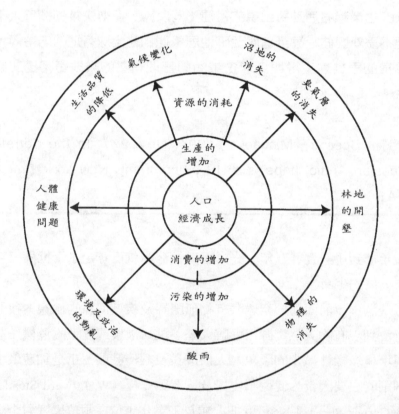

圖10.2　議題輪軸(Stead, W. Edward, and Stead, Jean Garner. (1996). Management of a Small Planet, p . 22. Thousand Oaks, CA: Sage)

生產所需要的能源，消耗與污染空氣及水資源以生產貨品，或販賣他
們所擁有的資源以賺取資金養活全世界十三億居住在開發中國家的人
口。在開發中國家的工業化及人口成長除了會造成污染的增加以外，
這些開發中國家所能利用的資源也相對變少，而不是有更多資源可供
開發。在西元兩千年之前，在亞洲地區單是與經濟成長相關的環境保
護成本預估就需要八百億至一千億美元的經費，以建設水資源的相關
基礎設施；另外還需要五百億美元的經費來設置洗滌器及其他設備以
生產潔淨的能源；數十億美元的經費來處理污水、噪音還有垃圾
（Moffat, 1996）。

　　隨著開發中國家利用工業化帶來的經濟成長來滿足國內人民的需
求，就算企業的營運活動不變，環境污染的問題還是會隨之增加。正
如同七大主要工業國（包括美國）的工業廢氣排放就佔了全球各國廢
氣排放總量的百分之四十五，而這些工業廢氣正是溫室效應發生的主
要原因；其餘造成水資源及土壤品質的污染也大多集中在這些工業國
家，隨著全世界國家逐步邁向工業化，這一類的污染也會隨之增加。
正由於這些污染物的存在，使得世界各地開始出現酸雨、全球暖化、
各種人類健康問題、氣候變化、物種滅絕及其他在議題輪軸的邊緣所
顯示的各項環境影響。如果一切就如同議題輪軸所呈現的一般，人口
的增加及經濟的發展是議題輪軸的中心，而這兩者的互動將會加速環
境的破壞，那麼全球性的解決方案應趨向於污染的控制及經濟成長的
管理。解決環境污染問題的壓力施展方向就可能應朝向「他們（企業）」
該做些什麼而不是「我們（大眾）」可以做些什麼。

　　正如同大衛科登（David Korten, 1995）所描述的，目前所面臨的
挑戰在於「經濟富足國家的代表不斷譴責貧窮國家的人口成長問題，
而拒絕討論有關於過度消費及資源分配不均等議題；相對地，貧窮國
家的代表只極力譴責經濟富裕國家過度消費及資源分配不平均等議

題，而拒絕討論人口成長的議題」（p. 33）。在表10.3中讀者將可以發現到這些挑戰在範圍上的比較。

既然人民、政府及企業都會造成環境的干擾，他們就得在減少負面影響上有所作為。這些挑戰不再只是區域性或國家性的問題，而是全球各國必須共同面對的問題；除非全世界都一致面對，否則這些挑戰將永遠沒有解決的一天。此外，由於企業活動也是問題的一部份，因此企業也必須為環境問題貢獻一份力量。在接下來的部分，我們將繼續探討企業在參與找尋解決方案時，所可能面臨的壓力。

肩負環境保護責任的力量

在許多勢力的共同影響下，世界各地的單位紛紛加入重視環境保護的行列。根據羅夫馬斯垂安德（Rolf Marstrander, 1994）所提出的看法，多方合作活動已經使全球環境保護法令，成為各國法規制定的下一個目標。早期的法規包括凝聚區域性及國內的社區組織來規範企業的營運活動，之後則是依賴全球各個政府間的相互合作。現今對於企業組織對於環境保護必須負起責任的要求來自各國及全球的法規、自願性規範、消費者的要求、有道德的投資者、企業內部員工、環境保護團體、企業資金提供者及保險公司（Stead and Stead, 1996），還有企業組織本身的自我規範。馬斯垂安德認為，多方參與的環境保護活動是一種更為積極且較屬於全球性管理的階段，在這樣的情況下，所有的企業組織、政府部門及社會都可以在全球化的層次上進行合作，以達到環境保護的協議。下面是有關全球各國有關承擔環境保護責任的一些例子：

表 10.3　以百萬為單位的比較

在美國有薪階級的勞工大約有一億名	在中國大約有一億名流民（Flo-ating），這些流民大多數是沒有工作也沒有地方住的農民
目前全球有超過一億的網際網路使用者	如果網際網路成長以一九九四年的速度成長，到了西元二○○○年全球將會有超過七億五千萬名網際網路使用者
美國的青少年階層到了西元二○○六年，每年的消費水準將會突破一千億美元	全球的勞動人口大約扶養了一億名幼童
在印度有一億以上的居民是 Z-TV 的用戶	在全非洲高達數億的人口中，僅有不到百分之十的人口使用過電話

政治／法律的行動

　　許多國家都透過現有天然資源的利用來邁向工業化，尤其是石化燃料的開採及林木的砍伐，不過由於這些資源已經快耗盡，所以許多國家都已經通過規定、規範甚至法令，並透過各項專案計劃的進行來保留或保護自然環境。綠色環保之旅及生態之旅就是各項專案計畫最好的例子。根據非營利性的生態之旅協會（Ecotourism Society）指出，生態之旅是觀光業成長速度最快的一部份。生態之旅提供旅遊者到西藏、尼泊爾山區、肯亞野生動物區、哥斯大黎加的生物多樣性探險及束埔寨等地區進行更貼近大自然的探險活動，這些旅遊吸引遊客之處是將整個國家轉變成世界級的國家公園。除此之外，這一類旅遊也提供全新的環保教育機會、提供當地人民工作機會及額外的收入，

並且為下一代保留生態環境提供更多的理由；透過這一類的專案計畫，將有助於為那些經濟情勢較差的國家創造現金收入，同時也不會造成自然資源的損耗。

為了因應近年來逐漸成熟的環境保護法規，較先進及工業國家在降低境內進行企業活動所須花費的環保成本上有了重大的進展。根據愛德華史提及珍賈納史提（W. Edward Stead and Jean Garner Stead, 1996）兩位學者指出，自從美國及歐洲西部國家引入環境保護法以來，許多商業活動已經開始受到這些法規的管理，這些活動包括特定的環保問題，如空氣及水資源的污染或物種保護、較特殊的產業如紙漿造紙產業或農業，及那些需要特別保護的地理區域如沼地、森林或海岸地區等等。這些法令通常都會嚴格實施，違反法令者都會受到懲罰。例如，在法國的製造商都會被要求提出文件說明在商品製造的過程中將會出現何種廢棄物，企業如何處理這些廢棄物及廢棄物處理或再利用的情形；企業所製造的廢棄物一定得經過地方政府的核准，以證明沒有其他更「乾淨」的方法來生產他們的產品，並須付費把這些廢棄物搬運至特定的垃圾掩埋場（The Environment Is, 1992）。在荷蘭，法令的強制執行也使得該國在環境保護相關科技上成為全球的領先者。

各個國際聯盟之間也出現環保規範及執行這些規範的法令。例如，提供歐洲居民擁有乾淨環境的命令，即歐洲共同體於一九八七年所共同訂定的單一歐洲法（Single European Act）的部份內容：此外，歐洲共同體隨後也通過了一些特定的法案來確保空氣及水資源的純淨，並保護其他資源。例如，歐盟就投票通過禁止所有化粧品產業利用動物來作試驗，並從一九九八年起生效；北美自由貿易協定也採取類似歐盟的模式，做出的協議支持提供給下一代任何永續發展的保存及保護。本章較早前提及的一九九二年聯合國環境及發展會議，獲

得一百七十個國家的支持，以發展法規及計劃的方式來處理環境面臨的威脅。

　　德國則推出「回收法案（Take-Back Law）」，透過這項法案的實施，將可以要求產品的製造商回收並再利用生產過程中所使用到的原物料。這一類的「回收法案」在實施的前兩年，就減少了六百噸（相當於百分之四）的包裝材料浪費。儘管世界其他國家並沒有類似的法規，德國的回收法案還是建立了全球製造產業的標準。歐盟以外的企業都必須遵守這些「環保」法規以便能在西歐國家內進行任何貿易活動，同時企業也可以利用這些產品來表現遵守全球標準的風範。

　　然而這些法規是否能夠有效處理這些環保問題呢？在這些國家的企業組織都聲稱遵從這些法令規範的成本太高且複雜（Stead and Stead, 1996）。此外，有些國家及個人則非常厭惡這些外來的法規，因為它們會干擾企業營運的優先權。我們可以發現到，在經濟最先進的地方，也就是環境保護法規最常見到的地方，遵從環保標準的例子就越明顯。至於開發中國家則較少遵守環境保護法規，這些國家內部並沒有設立過多的環境保護法規，但是卻摻雜著必須共同解決與人類永續發展息息相關的地球資源逐漸耗盡所面臨的挑戰。曾破壞大氣臭氧層的化學合成物質在一九九五年以後使用量已經逐漸減少，然而地球的臭氧層要想復原至原本的程度，至少還需要五十到六十年的時間。臭氧層的減少在一九六〇年的初期第一次發生，也證明了一九八七年訂定的條款—限制並減少工業化國家使用會釋放氯氣及溴氣的產品，是使臭氧層復原的重要步驟。

　　就如前面所提到的，全球暖化的問題自一九九二年全球高峰會（Earth Summit）的簽署之後並未獲得改善，事實上溫室效應的問題現今有逐漸惡化的趨勢。目前尚未有全球性的法規能夠有效終止導致能量過度消耗及造成全球暖化的污染物質排放。在工業化國家已有政府

的明文規定及法規來制止這些破壞性活動的同時，開發中國家用以對抗污染所使用的器材則因爲成本過於昂貴，使得開發中國家的政府則爲了經濟開發的利益而甘於承擔環境污染的高風險。例如，在吉爾吉斯坦（Kirghizstan）的梅理賽（Maili Sai），鈾礦開採所殘餘的放射線廢棄物在蘇聯的統治下，只是就地掩埋甚至暴露在空曠的地方。一九九四年春天所發生的山崩就把大部份的放射線廢棄物注入梅理賽河（Mali Sai River）中，大部份的廢棄物隨著河流到了人口密度最高的區域，接著進入了亞洲中部的主要水域，最後則流入了亞諾海（Aral Sea）。因爲梅理賽的居民沒有工作及足夠的資源來因應這個地方性問題，因此慢慢演變成區域性問題，甚至是全球性問題。儘管我們都知道類似問題的嚴重性，我們也都了解車諾比爾核能電廠事故（Chernobyl）對於附近區域造成的傷害，但是這些環境問題對地球造成的其他傷害，我們又知道多少？

緊接著在一九九五年舉行的地球高峰會議中，與會國指出減少全球暖化問題的進展速度過於緩慢，富裕的工業化國家要求貧窮的開發中國家停止他們所有的工業發展，而貧窮的發展中國家則呼籲富裕的工業國家減少開發；最後的結果就是雙方都沒有任何積極行動。這種不均衡狀態顯示出，污染問題可能可以透過區域性的規範來減少，但是屬於較全球性的問題則需要全球各國的通力合作才能獲得解決。從一九九七年在日本舉辦的京都會議（Kyoto Conference）中，世界各國對於限制引起溫室效應氣體排放所出現的爭議清楚地了解到，要達成全球各國的共識並非想像中的簡單。

消費者的需求

珍古德（Jane Goodall, 1995）一直是黑猩猩的守護者，就像其他的保育學家一般，她也對於目前世界上存在無數的環保問題感到十分的不知所措。她主張：

當我們試著解決困難的問題如環境保護時，我們都喜歡把矛頭指向工廠、科學或政治家並指責他們。但是，究竟是誰在購買產品？我們買，你買我也買，數量龐大的社會大眾都在買。我們的每一個動作都會為全球帶來衝擊（p. 699）。

站在永續發展的立場來看，許多人都已經改變他們的期望及消費的習慣。這些具有「環保意識（green）」的消費者會轉向對於生產產品的業者有所期待，並公佈他們自己或團體共同抱持的期待。

愛德華史提及珍賈納史提（W. Edward Stead and Jean Garner Stead, 1996）就把環保產品定義為具備有「高品質、耐用、以無毒材料製造、以節省能源的過程製造及輸送、以少量的再回收材質包裝、不做動物試驗、及非來自受威脅物種」等特性的產品（p. 161）。所謂的環保主義消費者包含只購買符合以上所有條件的消費者，或符合以上一項或多項重要條件的消費者，還有那些會在某些或大部份情況下以環保產品取代低價商品的消費者。根據奧特蒙（Ottman, 1992）的看法，美國的消費者只有約百分之二十五是屬於始終如一的環保消費者。一九七七年德國引進了一項稱為「藍天使（Blue Angel）」的環保標籤計劃（Eco-labeling），根據奧特蒙的研究共有三千一百項產品符合環保標籤。類似的國家及全球型的計劃也可幫助消費者加深對於環保產品的認識。

社會責任投資基金（Socially Responsible Investment Funds）也提供給消費者另一種方法，使得消費者對於環境保護的關注得以傳遞給企業組織。在美國，較著名及成功的基金會如，橡樹子（ACORN, 全名是馬上改革社區組織協會；Association of Community Organization for Reform Now）就引進了許多投資的選擇。非營利事業基金通常會避開會導致社會或人類健康成本的產品及服務，例如酒類或菸草；許多投資人也會避免投資某些特定公司，因爲他們覺得這些公司的經理人並不具備社會責任感。雖然這一類組織的數目不多，但是非營利事業基金要求的增加，也使得投資顧問察覺到消費者的關注，這些關注也會慢慢傳給相關的企業組織。

消費者也可以透過購買的「傾向」來表現對於環保及其他議題的關注。全球最大的獨立信用卡發卡單位MBNA美國分行所發行的信用卡，對於每一筆消費就會捐出一角美元（Dime）給三十二家公益性或環保組織團體的其中一家，包括成立目的是維持民權和倡導裁減核武軍備的雨林行動網（Rainforest action network）及全球焦點組織（Global Focus）。雖然這些公司的定位並不在於意識型態，卻會因爲迎合消費者要求而取得利基市場的優勢；他們所提供的只不過是服務罷了。

環保利益團體

這一類團體對於找出不符合環保觀念的產品有著極大的興趣，他們扮演的主要角色是要讓民眾對於商業違法事件有所警惕，並強迫企業組織對於環境保護負起責任。不管是地方性、區域性、全國性或全球性的環保利益團體在這個過程中都扮演著多種角色。這些跨國的環境保護促進團體包括綠色和平組織（Greenpeace）、國際雨林生存行動

組織（Rainforest Activists Survival International）、地球之友（Friends of the Earth）、世界觀察組織（the Worldwatch Institute）、人口零成長組織（Zero Population Growth）及其他較不為人知的團體；這些組織的活動範圍可能公開的，也可能隱密。根據環境保護團體對於企業營運活動造成影響之研究指出，這些環境保護團體之間的差異在於以下四個面向：

1. 這些組織抱持的哲學從採取具有影響力、流程導向的作法，至採取技術性、資料收集及直線性的作法。

2. 這些組織對於環境保護議題擁護的方式可能低調，也可能具有抗爭性。

3. 這些組織對於環境保護議題抱持的最終態度往往有所不同。

4. 環境保護組織的型態可以依據專業技術的掌握程度、組織規模大小及複雜度而有所不同。例如，像綠色和平組織這樣的環境保護倡議團體就是一組龐大、掌握複雜專業技術並富有經驗的全球性組織；但是另一組環境保護倡議團體也可能僅由四位對某項環境保護事件抱持高度關注的個人，聚集在某個地下室進行圓桌會議而組成（Clair, Milliman and Mitroff, 1995）。

從這些環境保護倡議團體的重要性來看，因為其中有許多團體最後會形成非政府組織（Non Governmental Organizations, NGOs），並扮演著政府目前及未來都不會扮演的角色，因此這些團體在國際上具有的地位及影響力不容小覷。例如，這些倡議團體通常會成為節育或家庭計劃惟一的諮詢來源。

商業社團

產業的行動（Industry Initiatives）

在一九九五年地球高峰會議舉辦的過程中，參與在內的保險公司察覺到，如果全球暖化造成的各種天然災害預言成眞，那麼保險公司的營運可能會面臨倒閉的危機。例如，如果美國中西部的溫度上昇華氏五度，整個堪薩斯州將會變成一片黃塵地帶（Dust Bowl）；而只要颶風的風速增加百分之十五，保險業的損失就會提高爲兩倍。同樣地，銀行貸款的金額也可能會因爲大氣變化造成的天然災害而蒙受損失的風險。以產業本身長期利益這個觀點來看，每一個產業都必須承擔環境保護的責任；以長期經營的角度來看，各國境內的產業可能都須承擔短期的成本負擔。例如，加拿大紙漿及紙張業公會（Canadian Pulp and Paper Association）在新製程中投資了四十億美元的經費，就是擔負起社會責任的最佳範例，因爲他們摒除了一切的污染；但是以短期觀點看來，他們的生產成本將會提高許多，並且要跟前所未有來自蘇俄、墨西哥及中國大陸等全球業者進行激烈競爭，這些國家環境保護的法規不多，與環境保護有關的遊說團體也很少。

聯盟

企業與其員工之間的聯盟、企業與企業之間的聯盟、企業與政府之間的聯盟，還有企業、環保團體及政府機構的聯盟也是對付全球性環保問題的一種方法。最後一種結盟方式包括在單一產業例如化工產業內部形成的結盟，單一國家內部或不同國家之間形成的聯盟例如歐盟的環境標準，及世界性的聯盟例如由總部位於瑞士日內瓦的國際標

準組織（International Organization for Standardization）爲了訂定全球環保管理系統標準設立的ISO 14000等等。在小故事10.8將會有更進一步的敘述。

　　無論這些聯盟是由個人、消費者、環保團體或商業團體所組成，這些聯盟團體的功能主要是喚醒社會大眾對於環境保護議題的重視並爲環境的改變製造壓力。許多來自世界各地的企業組織都不願意對環境保護負起應有的責任，除非來自社會大眾或全球的要求。這些聯盟團體對待這些公司的態度可能會促使企業組織擔負起環境保護的責任，不過這樣的態度卻是必須的，爲了要減低全球共有資源所面臨的威脅、爲生活品質的提升作出貢獻，甚至爲了延續人類的生存，環境保護責任的承擔是非常重要的。例如，墨西哥國家石油公司Pemex（Petroleos Mexicanos）察覺到，若是墨西哥塔巴斯歌市（Tabasco）當地的居民因爲環境保護議題採取抗議活動，並堵住該公司鑽油井的入口處，將可能造成高昂的成本支出（Mexico's Pemes, 1996）。管理階層人員爲了解決這個問題，提出了一項爲期三年的環境保護計劃以解決目前遭遇的問題，其中包括降低汽油中的含鉛量、鼓勵民眾購買含鉛量較低的汽油及減少柴油中的硫磺含量等等。

　　在本章較早前所呈現的資料顯示，地球高峰會議及隨後提出的環保協議並沒有成功地達到預期目標。這並不只是因爲環境保護問題本身具有的複雜性，此外，因爲不同國家的文化對於企業與環境保護間的關係都有著不同的傾向。例如，在美國對於個人主義及組織自主權的高度重視，環境保護主義的支持與否完全是個人的自我選擇。有些美國的企業組織保證會降低生產過程中可能對於環境造成的衝擊；有些企業組織則不認爲環境保護是他們應該或願意承擔的責任；在企業自主的經營方式中加入了個人主義這個要素，使得某些企業組織作出這樣的選擇。有時候這些個人主義會傾向政治化；例如，美國前副總

小故事10.8　ISO 14000

　　ISO 14000系列標準的出現，主要是為了因應一九九二年里約高峰會議所提出的環保議題（Rio Summit on the Environment）及關稅暨貿易總協定所舉辦的烏拉圭回合談判（Uruguay Round of the GATT negotiations）提及的環境保護議題，並期望能制定一套全球各國都認同的環境保護標準。因為由英國標準學會（British Standard Institution, BSI）及加拿大標準協會（Canadian Standards Association）等組織創立的全球性及區域性標準的穩定成長，促進了全球各國對於環境管理、審核、環境保護標章及其他標準的關注。此外，歐盟也相當認同這些組織提出的標準，並在會員國間推出環境保護的相關法規，以要求企業承擔起應有的環境保護責任。於一九九一年，國際標準組織（International Organization for Standardization, ISO）成立了環境保護策略性顧問團（The Strategic Advisory Group on the Environment, SAGE），主要目的就是要考量這些由各個國際組織所提出的標準是否可以達成以下目標：

• 促成一個全球各國認同的方式，以進行與品質管理活動類似的環境管理活動；
• 加強組織機構對於達成及評估環境保護活動執行績效的能力；
• 促進貿易及排除貿易障礙。

　　在一九九二年，環境保護策略性顧問團（SAGE）建議成立一個新的委員會，TC207，以建立全球性的環境保護管理標準。

這委員會及旗下的分支委員會之成員包括來自各個產業界的代表、各國的標準化組織、政府機關、及來自世界各國的環境保護倡議團體。新系列的 ISO 14000 標準包含下列範圍：

- 環境管理系統；
- 環境稽核；
- 環境績效評估；
- 環境保護標章；
- 生命週期評估；
- 產品標準之環境保護層面考量。

　　這些標準讓全世界把焦點放至全球環境的管理，並且有助於推廣提供全球人民一個較乾淨、安全及健康的世界這樣的概念。此外，標準規範的存在可以讓企業組織有一個標竿可以依循，並用以評估本身對於環境保護的努力，是否符合國際間的標準。正如在歐洲發生的情況一樣，符合 ISO 9000 品質管理標準幾乎已經成為企業組織想在歐洲國家進行營運活動的必備條件；在未來，企業組織想要在全球各個不同的區域或產業進行營運活動，符合 ISO 14000 環境管理標準的認證也會逐漸變成必要的條件之一。

　　ISO 14000 要求企業內部必須訂定環境保護相關政策，並且得到高階管理主管全力支持；企業組織也必須要對內部成員，及社會大眾概述本身所抱持的環境保護政策。

來源：ISO 14000 InfoCenter（1997, June 19）。http://www．iso14000.com/index.html

統高爾（Al Gore）一直都是環境保護的代言人，但是身為美國政府在京都會議（Kyoto Conference）的代表，他個人的意見卻明顯受到美國政治目標的影響。高爾在一九九二年所發行的《Earth in The balance: Ecology and the Human Spirit （瀕危的地球）》一書中，就概述了五項重要的目標以搶救全球的環境，並提出與二次戰後美國在歐洲推行的馬歇爾計畫（Marshall Plan） 規模相當的全球性計劃：

1. 穩定世界人口的成長；
2. 迅速創造並發展適當的環境保護相關科技，尤其是能源、交通運輸及農業等領域；迅速轉變這些科技並帶動經濟的開發；
3. 以全球性的協議建立共同的制度以測量經濟及其他決策對於環境產生的衝擊；
4. 協商並贊同新一代的國際協議以提供環境保護行動的管理網路；
5. 建立合作計劃以傳遞給全世界人民與全球環境有關的重要知識。

在日本，由於其人民持文化集體主義及對於國家發展抱持優越感，因此對於環境保護主義有著矛盾情緒的反應。一方面，日本致力成為全世界最乾淨的工業化國家，並成為全球海外環境保護工程計畫案最大的贊助國。相反地，也有批評指出日本由於經濟的開發，許多天然的棲息地如潮淹區等等已經大量消失；也有某些日本公司被指控在海外使用的環保標準低於在日本當地使用的標準。

在歐洲西部國家，尤其是歐盟會員國中，透過環境保護活動所期望達成的生活品質從個人利益的重視，延伸到更廣的社會族群整體利益的考量。例如，荷蘭推動的「綠色計劃（Green Plan）」，就要求建築計劃必須具體說明建築廢棄物可以透過何種方式進行再利用、汽機

車繳交空氣污染稅，以作爲空氣品質革新的基金，並對於全國製造業進行環境保護行動的監測。歐盟會員國承諾，在二○二○年他們國家對於造成溫室效應的氣體排放，將會比一九九○年的排放量降低百分之十五。圖10.3說明了歐洲西部大部份的國家，在降低氣體排放方面的成果。在歐洲的「綠色」政治團體網絡及公民致力於資源回收及廢

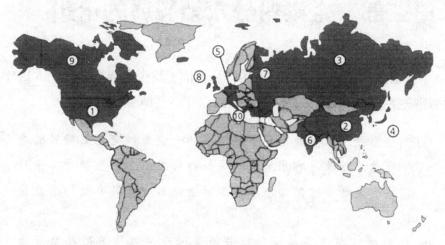

①	美國	4.80	⑥	印度	0.76
②	中國	2.60	⑦	烏克蘭	0.61
③	俄羅斯聯邦	2.10	⑧	英國	0.56
④	日本	1.06	⑨	加拿大	041
⑤	德國	0.87	⑩	義大利	041

圖10.3 污染的空氣影響了全世界：全球二氧化碳排放量最大（以百萬公噸計）的國家（Fialka, John J.（1997, May 27）. Global-warming Treaty Faces Host of Political Clouds. The Wall Street Journal, p. A20, using data from US State Department）

物利用的活動，是歐洲國家得以保障人民生活品質的原因，在本書的第四章我們已經深入探討過這些生活品質的價值。最後，這些證據也讓我們得到一個結論：如果有一項關於環境保護的全球性馬歇爾計畫（Marshall Plan），這計劃大概會從歐洲西部國家開始實行，因為那裡的人民較能夠聚集眾人的力量，強力推行嚴格的環境保護標準。

第二部　企業對於永續發展的承諾

保羅霍肯（Paul Hawken, 1993）相信，當企業界以下列三大目標為組織發展的依據，那麼永續發展的目標將有機會達成：

(a) 完全消除工業生產過程中的廢棄物——這可能需要更動目前為了有效消除及再利用廢棄物而採行的方法，並重新設計出一個在生產過程的開始就不會或只會造成少量廢棄物的生產系統；

(b) 把目前的經濟發展由仰賴碳原素的應用轉變為依賴氫及陽光；

(c) 扭轉目前生產及消費的趨勢，以創造出回饋系統並擔負起支持及鼓勵資源重建的責任。

這些艱鉅的目標都極需要企業在生產及分配的過程中，採行全新的配置來因應。這些新方法可能會創造雙贏的局面，但是在此同時，若缺乏個人對於什麼是產物與什麼是廢棄物，進行重新思考，雙贏的局面還是無法達到。霍肯及其他學者敘述這些界限如何能夠被超越，及不同企業所創造出的新交換模式。例如，霍肯就舉出巴西境內庫里提巴（Curtiba）的例子。在庫里提巴因為貧民區的街道不易通行，因

此該區的垃圾是採用集中的方式來進行；市長傑米魯那（Jaime Lerner）
創造出一套交換系統，對於進行垃圾分類及資源回收的民眾，市政府
將提供公車代幣作為獎勵；而對於回收有機廢棄物的民眾，市政府則
提供食物抵換券作為獎勵。庫里提巴市光是將這些有機廢棄物及可回
收的廢棄物賣給處理廠商，賺到的利潤就足以抵銷為獎勵市民所提供
的公共交通費及食物抵換券的成本；但是更重要的是，透過這個雙贏
的策略，每個人都因為減少浪費而獲得更多回報。

流程

　　許多企業組織會以不同的誘因，來鼓勵員工擔任自願性的領導職
位，以解決企業運作過程中介於企業成長與環境保護之間的緊張局
勢。某些企業組織，例如美體小舖的老闆—安妮塔・羅迪克（Anita
Roddick）就是因為受到「讓世界變得更美好」這個動機的鼓舞而積
極投入環境保護活動，也有些企業因為深怕如果企業本身沒有採取任
何環境保護行動，而遭到民眾的負面回應。威廉・哈拉（William
Halal, 1996）將一般企業進行環境保護的方式分為以下三類：（a）犧
牲企業本身利益而進行污染防制；（b）再回收、再利用及再製造；
（c）階段性的環境管理，特色是社會大眾能接受、具有建設性、及主
動因應。如以下例子呈現的，在企業營運的過程中這三種不同的模式
往往會出現重疊的現象，不管如何，這是描述企業如何參與發展永續
性系統的一個有用的架構。

犧牲利益進行污染防制

　　美國電話及電報公司（AT&T）、明尼蘇達礦業製造公司

（Minnesota Mining and Manufacturing, 3M）、皇家殼牌機油
（Royal/Dutch Shell）、孟山都公司（Monsanto ）及其他許多全球性公
司都描述了企業本身對環境保護所做的努力及相關的營運績效。減少
廢氣及廢水的排放、利用較不具毒性或可回收的材料進行製造、及廢
棄物的減少已使得這些公司在成本上更具競爭優勢。這些公司的成本
減少證明了環境保護確實需要事先承擔部份的投資。例如，儘管美國
的道化學公司（Dow Chemicals）在加拿大沙省（Fort Saskatchewan）
亞伯大市（Alberta ）所設置的工廠成本較設置其他的乙烯化學廠多了
百分之八，但是與其他的工廠相較之下，位於亞伯大市的工廠在能源
的使用上減少了百分之四十，而在設備的維護上也比較簡便；這也是
該公司獲得的直接成本降低。相較於舊工廠每分鐘產生三百六十加崙
的廢水，在亞伯大市的工廠每分鐘只會產生十加崙乾淨的廢水，長期
下來，美國道化學公司未來必須支付的環境保護相關成本也會隨之減
少。其他例子尚包括：

- Wisk 洗潔精的製造廠—Lever Brothers公司，透過製造濃縮洗
  潔精以減小產品包裝的大小。除此之外，該公司利用的塑膠原
  料中含有超過百分之二十五的再回收塑膠。

- Bold Plus洗潔精的製造廠—寶鹼（Procter & Gamble）公司，
  同樣也縮小了產品包裝的大小並將洗潔精濃縮，此外還利用百
  分之百再生紙來製造箱子，及使用最少百分之三十五的再回收
  紙做為原料。所有的消費者都得到廠商的保證，他們所使用的
  洗潔精是可以被微生物分解。這兩個例子主要敘述這些公司如
  何在生產過程中進行競爭，顯示他們較其他業者「更環保」。

對大多數的企業來說，生產效率的提升可以在相同的投入下製造
出更多的商品，同時減少過去在生產過程中可能對自然環境造成的傷

害。排名的競爭也是企業投入環境保護活動的另一項動機。在
Stephan Schmidheiny, Federico Zorraquin 所出版的《Financing Change》
一書，及永續發展世界事務論壇（World Business Council for
Susstainable Development, 1996）的報告指出，這些公司走向環保路線
的過程中如何賺更多的錢或虧損更少的錢，這項誘因或許也是許多企
業組織之所以積極投入環境保護活動的因素之一。

再回收、再利用、及再製造

　　再回收是早期環境保護活動中最成功的一部份，由於消費者及企
業逐漸瞭解到有許多廢棄物可以進行再利用。在許多國家中，消費者
使用過的瓶子、罐子及紙張進行再回收後用於企業用途；有些則提供
經濟誘因以促進廢棄物的再回收，其他的廢棄物回收則是基於地方或
區域的承諾。在美國西北部環太平洋地區有許多民眾都察覺到自然環
境的重要性，奧勒崗州對於每一支玻璃瓶都要收取五美分的押金以鼓
勵回收；在西雅圖，廢棄物的回收工作則是義務性的，通常由消費者
自動自發地進行回收活動而非仰賴法規的推動，也因此，為企業界帶
來了新的商機。由於西雅圖民眾熱心參與廢棄物回收，第一年的廢棄
物回收成果較預期的一千三百萬噸多出三倍的回收量，使得丹麥器材
公司（Danish Equipment）針對這項商機而成立複合材料公司，現今
這家公司是全美規模最大的複合材料公司。

　　各類再回收活動目前在全世界的各個國家如火如荼地進行著，這
些通常被工業國家視為無用的再回收材料，為許多開發中國家創造無
限的商機。美國鋼鐵工業及紙業的廢棄物通常會出口至南韓或亞洲其
他地方進行廢棄物的再利用。這一類的再利用對於全世界而言是有好
處的，不過也或許只是已開發國家輸出風險的一種方式。例如，自一

九九一年起，當非洲及拉丁美洲禁止廢棄物的買賣，亞洲便成為世界少數可供廢棄物經紀商丟棄廢棄物的區域之一。因為亞洲大部份國家的管理標準都不會保護工人免於暴露於危險物質，有許多醫療用及有毒性的廢棄物因而輸運至亞洲。原本中國大陸因為逐步進行工業化而出現廢棄物增加的情形，如今加上已開發國家的廢棄物輸運，使得情形更為嚴重。例如，根據華爾街日報（Wall Street Journal）有一篇以「中國大陸已成為工業國家最喜歡的垃圾場（China Becomes Industrial Nation's Most Favored Dump）」（Smith, 1995）標題的報導指出，江蘇省東部的一個縣必須關閉水源的供應，以讓一道面積約一百五十平方公里的「黑潮」自上游的工廠流到下游的河川。這也是中國大陸在七年之內所發生的第八次黑潮事件。

　　對於環境保護認知的提升及工業國家內部水資源與空氣污染情況的改善，可以讓消費者及企業界慢慢相信，環境保護的問題目前已經開始出現進展。然而，這也未必是各方的共識。印度前環境與森林部部長（Minister for the Environment and Forest）曼尼卡甘地（Maneka Gandhi）指出，西方工業已大量丟棄具傷害性或較不具效率的機械及產品到開發中國家，就表達了全球眾多發展中國家共同的觀點。在一九九二年提出的報告中，曼尼卡以西方國家在印度建造的火力發電廠為例，這座發電廠只製造了少於百分之五十的電力；另外，由西方企業贊助建造的一千六百座水壩，也只提供百分之二點五的電能，但在雨季時卻是造成水災的主要兇手。曼尼卡也聲稱，在印度有部份的水污染也是這些公司所售的殺蟲劑造成的，這些殺蟲劑在其他國家大多禁用；他也相信西方大量消費的惡習是使開發中國家積極投入的永續經營逐漸變調的因素之一。開發中國家總是會對工業國家有這樣的看法，在這些國家中，全球型企業儘管提供了許多工作及經濟上的機會，卻往往還是遭受到懷疑的眼光。

所謂的工業生態學，就是利用前一個作業流程或其他企業在生產過程中所製造的廢棄物做為另一個作業流程的投入原料。我們利用一個簡單的例子來說明：鋸木所殘留下來的碎屑可以透過回收製成小圓球作為磨粉機的燃料；此外也可以為工業生態學創造出更為複雜且更具整合性的系統。在丹麥的哥隆堡 (Kalundborg) 生態工業區就是由發電廠、酵素工廠、精製工廠及牆板製造工廠所組成，這四個工廠之間就是利用彼此的廢棄物來作為生產的原料。類似這樣的廢棄物再利用計劃就創造了更具整合性的系統。類似這樣的生態工業區之所以能夠成立，通常會因為企業經理人提出了下列的問題「我們可以如何處理這些廢棄物？」，而不是單純的「我們要如何丟棄這些廢棄物？」其他的例子還包括：

- 全球最大的辦公室設備製造公司之一——斯迪專業家具公司（Steelcase Inc.），自一九九一年起就停止把生產過程中殘餘的布料送到垃圾場丟棄，而選擇把它們再經過特殊加工，做為汽車工業的音量阻隔材料。在本計劃開始執行的前六個月就有將近四十公噸的布料回收利用。
- 一家位於佛蒙特州的公司利用磨光 IBM 公司積體電路及 Ben and Jerry 所生產容量四或五加侖的塑膠桶子後之塑膠廢棄物，製成非食品用的包裝材料，例如有機肥料的包裝材料或置放貓狗排泄物的容器等等。在過去，這些廢棄物的唯一出路就是送到垃圾場掩埋。

再製造的流程包含致力於製造可供再利用的商品，或進行商品的可拆卸設計（designed for disassembly，DFD）。DFD 的最原始目的是要設計並建立一件具有長期觀點的商品，這些商品的零件可以再造、再利用或在產品生命末期時能夠安全地丟棄。科技的進展會引起企業組

織在這方面的注意力，類似電腦這樣的資訊科技商品很快就會遭到淘汰，因為科技的進步使得一堆的產品很快的就變得過時而無用。例如，到了一九九五年的時候，每購進三台電腦，就會淘汰另外二台電腦，到了二〇〇五年時，這比例更可能會提升至一比一。在亞洲汽車銷售量的驚人成長也為世界各國造成了再回收需求的增加。會採取DFD的原因包括：相關法規的建立讓原廠業者對產品廢棄物負起責任、消費者要求商品對於生態環境無害所造成的壓力，及製造廠商為了減少組裝及拆卸成本的背後動機等等。表10.4就提供了幾個例子說明企業採行DFD的原因，雖然結果的差異性很大，但是都呈現雙贏的結果。

有許多公司將再回收及再利用的計畫整合起來。例如，麥當勞推動的「為地球盡一份力」計劃（McDonald's Earth Effort program）就是一項整合性再回收計劃的例子；這項計畫秉持著三大廢棄物減少原則：減少、再利用，及再回收。美國的McRecycle 公司就承諾每年將購買至少一億美元的回收產品，作為該公司在餐廳的建築、營運及配備之用。外帶用的紙袋是以瓦楞箱及報紙再回收製成，而外帶飲料用的杯架則是利用再回收的報紙製成；絕緣混凝土擋板則是利用再回收的底片製成，並以此作為主要的建築材料；屋頂用的牆磚則用電腦的包裝箱製成；而回收的汽車輪胎則是用在遊樂區的遊樂設備上。該公司也和美國環境保衛基金（Environmental Defense Fund）合作減少垃圾，把原本利用塑膠材料包裝的三明治改用紙張包裝，並減少塑膠的使用而直接利用槽車直接把飲料或果汁輸送至儲藏桶。總公司設在日本的全球化企業佳能（Canon），成立了一項「E」計劃（E代表環境、生態及能源）及「乾淨的地球運動（Clean Earth Campaign）」——印表機墨水匣的回收活動，是佳能公司為了表達對於地球環境的重視所舉辦。透過活動的進行，佳能公司付費給消費者以回收使用過的墨

表10.4　DFD的應用

產業	公司及行動	結果
汽車製造業	寶馬（BMW）及其他德國的汽車製造業者預估在西元二○○○年時會有二千萬台的汽車遭拆解並且再利用；其中有二十五萬輛寶馬所生產的汽車。寶馬1991 Z1敞蓬車（Roadster）會利用取材自不同來源的塑膠原料來製造汽車儀錶盤。	寶馬汽車利用卡榫及扣子來取代黏著劑或焊接技術以改善組裝及拆卸的效率；車體可供再利用的部份佔整體汽車重量的百分之八十的重量，寶馬汽車所設定的目標爲百分之九十五。
電腦產業	西門子Nixdorf 's PC41於一九九三年推出，與一九八七年推出的機型內含八十七個零組件相比，新機型僅用二十九個零件組裝。	PC41可以在七分鐘內組裝完畢並於四分鐘內完成拆卸的工作，一九八七年的機型則需花三十三分鐘來組裝及十八分鐘拆卸。
電話製造業	北方電訊把舊電話拆裝，內含物加上新的塑膠外蓋，之後就再送出使用。	該公司改變所有過去的電話設計並全力進行DFD的發展。
引擎製造業	德國的克洛克納集團（Klockner Humboldt Deutz）察覺到因爲生產的引擎拆裝過於簡單，使得許多小公司都能輕易地改造Deutz引擎。	Deutz成立了國際服務公司（Deutz Service International）以回收該公司自己生產的引擎並且進行重新製造。
相機製造業	在環境保護主義者的施壓下，柯達公司（Kodak）將立可拍相機的外殼改用扣子（Fastener）固定，以取代焊接的方式密封外殼。	柯達回收並重複利用百分之八十七的拋棄式相機；並雇用殘障人士來進行回收相機的拆裝作業；在一九九三年售出三千萬台的立可拍相機。

來源：Bylinsky, Gene （1995, Feb. 6）.Manufacturing for reuse. Fortune, pp103-112.

水匣,並因此達到維護地球環境清潔的目標。部份回收的墨水匣可供再利用變成新的墨水匣。對於每一個回收的墨水匣,佳能公司的美國分公司就會捐出一筆款項給國家野生動物聯盟(National Wildlife Federation)及大自然保護協會(Nature Conservancy)。

階段性的環境保護管理

一九九○年八月,美商安海斯布希企業(Anheuser-Bush Companies Inc.)的總裁安海斯布希三世(A.Busch III)針對各個扮演永續性環境保護領導角色企業之間所共享的觀點發表了簡單致詞,致詞中指出:

> 我們所共同擁有的世界以信任的態度交給了我們。我們對於環繞著我們的地球、空氣及水所做的每個選擇都是為了保留美好的環境給下一代為目標。

將前人傳遞下來的代管物視爲一種企業責任的組織領導者,通常會細心保管這份代管物,並繼續傳遞給下一代。因此他們最常做的就是透過領導的角色來主動提倡環境保護觀念,並以信任作爲企業組織進行營運活動的主要特徵。在接下來的部分讀者將可以從兩個不同的角度來瞭解永續經營這個概念。

在倡導環境保護主義的背後,許多全球化企業追求的是積極且以利益爲導向的營運模式。根據一場關於整合環境保護決策制訂及企業營運利益的研討會報告,企業一定要從零碎的方法轉移到範圍較廣的方法,以達到預期的標準,並確保企業在營運活動進行中能遵守相關法律規定及確保參與環境保護活動能爲企業帶來策略性優勢。願意擔負起環境保護責任的企業組織通常都會進行以下五項共通的行動:

1. 企業的價值觀在於提倡環境保護活動的重要性並有明確的任務描述；

2. 企業具有能夠負責管理環境保護措施及活動的組織結構；

3. 產品的生產流程及規格設計符合環境保護的要求；

4. 利害關係人及合作伙伴對於環境保護議題也有著同樣的關注；

5. 對於內部及外部的利害關係人進行環境保護概念的教育（Dechant et al., 1994 ）。

　　杜邦公司（**DuPont**）在西元二〇〇〇年放棄了價值高達七千五百億美金的氟氯碳化合物工廠（**CFC**）投資案，並投入十億美元另行尋找較安全的替代方案。杜邦公司與環境保護團體合作，為廢棄物找到替代性用途，並發展及擴充環境清理服務，除符合企業本身需求之外，也幫助客戶清理生產過程中造成的廢棄物。

全面品質管理及環境保護主義

　　第九章提及的全面或持續性品質管理概念是一項以長程的觀點為目標的流程；在全面品質管理的概念中，企業組織會授權給負責作業流程的員工或工作小組進行決策的制訂，透過事實進行管理、減少產品的變異性、移除廢棄物並進行持續性的改善。透過本章對於全面品質管理流程的重新探討，我們將會發現到企業可以透過全面品質管理概念的延伸，來涵蓋環境保護行動。根據波特及翁德林（**Porter and Class van der Linde, 1995**）兩位學者提出的概念，污染代表資源利用缺乏效率，因為污染表示在產品的製造過程中並未完全將品質的概念融入。兩位學者也認為企業組織應該以不同的思考方式來瞭解減少環境的污染：環境污染的減少實際上如同生產無瑕疵商品般是一項重視

品質的流程。這樣的想法必須企業組織能夠跳脫環境保護主義及品質之間二選一的既有框架，轉換至兩者皆應受到重視的混合方式，這樣的方式不但對於企業組織有相當大的吸引力，更能夠補足以往企業組織在生產流程中忽略的部分。此外，認同污染等同於品質不足這個概念，也顯示企業組織必須整合企業在環境保護活動上的績效及對於全球生態體系的重視（Welford, 19933），其中的特點如下所述：

1. 組織能夠察覺到特定的永續發展議題；
2. 能源利用效率的焦點放在降低二氧化碳及其他有害氣體的釋放，並避免在生產過程中製造核廢料；
3. 體認到保存不具恢復性天然資源的迫切性，因此需要減少廢棄物，並進行廢棄物再利用及再回收；
4. 產品的設計應優先考慮採用具有恢復性的天然資源；
5. 資源的使用不應對生物多樣性造成負面的衝擊，同時也不會危害生物的棲息地或危害居民的權益；
6. 企業組織的整體策略必須評估企業目前及未來對於已開發及開發中國家的衝擊。

環保領導的成本

　　願意探索、承諾進行永續發展或認同環境保護原則的重要性等同甚至優先於利潤獲取的企業組織領導人，常常會遭遇到反對或批評的聲浪。美體小舖的產品都沒有以動物來進行測試、產品皆以可回收的容器包裝，並提供給消費者一種經濟誘因以便能夠再回收填充容器。這些標準使得美體小舖成為一家有原則的公司，該公司對於環境保護議題抱持的態度也反映在消費大眾的眼裡；但這也使得美體小舖在無

法達成該企業訂定的高標準時，受到報章雜誌無情的攻擊、批評。雖然最後的調查結果顯示新聞媒體對於美體小舖的攻擊只是子虛烏有或不公平的指責，但是也使得民眾對於美體小舖存有疑惑，因為他們不知道究竟應該相信誰。羅伯特夏保羅（Robert Shapiro）在致力於把孟山都公司（Monsanto）轉變成生物科技公司過程中，也面臨類似的挑戰。夏保羅相信，全球人口的成長將會增加地球供給全球人口所需資源的負擔，因此該公司成立的宗旨就是要投資於基因工程以增加食物的供給。但是一般大眾對於基因工程所製造出來的商品仍充滿著猜疑，因此也導致歐盟國家頒佈禁止輸入或製造任何基因工程商品的命令。

一般民眾面臨著不知應該相信誰的困難，在這樣的困難下民眾通常會做出不是他們心中最滿意的決定。例如，雖然麥當勞已經投資數百萬美元於發展包裝漢堡用的生物可分解塑膠袋，而且這一類塑膠袋也被認為成本低於生產紙張所需付出的環境保護成本，但是一般民眾卻依舊強迫麥當勞回收這一類的塑膠袋，因為在民眾的觀念裡，塑膠袋對於環境造成的傷害較大（Halal, 1996）。在七○年代末期，在美國也出現類似的爭辯事件，民眾討論有關嬰兒用拋棄式塑膠尿布或紙尿布何者較易造成環境保護問題。反對拋棄式塑膠尿布的理由是它們具有較低的生物可分解性；但是紙尿布也有著消耗較多的水資源，並且在供水系統中造成洗潔精及氯殘餘物的問題。因此到底那一種產品最具環境保護效益至今仍是一個謎，真實情況依然無解，只有廠商之間你來我往的激辯，競相提供數據但卻缺乏任何證實的資料。像這樣的結果及其他許多類似環境保護議題的爭論，只能讓民眾警覺但是依舊處於無知的狀態。環境保護對企業帶來的挑戰就是「不進行環境保護活動，企業營運績效會下滑，就算做了環境保護措施，企業的營運績效也不見得會成長」的兩難，也就是說在這個過程中不會有贏家，只

有輸家。因此，類似的攻擊事件只會鼓勵其他業者選擇中間路線，而不是選擇像美體小舖那樣具有高度爭議性的角色。

採取階段性作法的企業組織並不只考量環境保護問題，他們同時也會考慮簡單的成本效益分析及結果較複雜的情況下的各種關係。例如，麥當勞不購買產自雨林地（目前則修正為雨林被砍伐的土地）的牛肉、美體小舖也支持國際特赦組織（Amnesty International）設定的目標；佳能公司在第六章所描述用以規範全球化企業倫理的康克斯商務原則（Caux Principle）中也扮演著領導者的角色。有些公司則會設立特殊的方案來鼓勵內部員工注意天然資源的保護。例如木材造紙業的鉅子—惠好公司（Weyerhaeuser）就舉行了一項名為「惠好自由行（Weyerhaeuser Freeways）」的計劃，這項方案提供給員工免費、無限的公車或汽車共乘通行證，並促進利用電腦遠端連線來進行工作，還提供了壓縮工作週、保證有交通車可以送員工回家、擴充惠好公司各個辦公大樓之間的交通運輸服務，並且提供每天一美元的獎勵給那些採用汽車共乘（Car Pool）、騎腳踏車或走路到公司上班的員工。

人員

從權力到賦權

傳統的美國模式將企業的權力集中於組織金字塔（Hierarchical Pyramid）的最頂層。根據這個模式，企業內部的最高領導人及管理階層從以下的五種來源取得他們的權力：

(a) 企業組織裡的職位或角色所賦予的權力或職權；

(b) 管理階層以獎勵的方式來誘發期望的行為；

(c) 管理階層以處罰的方式來避免不樂見的行為；

(d) 專業知識所附加的權力（Expert Power）——擁有對企業組織相當重要的技巧、知識或技術能力；

(e) 參照權力（Referent Power）——由於個人具有的人格特質，例如受到企業內部其他員工的擁護、非凡的領導力或吸引力等等所帶來的權力，使其他員工願意接受領導。（French and Raven, 1960）

上述前三項權力伴隨著職位的變動而來，後面二項權力則是來自「個人」。因爲資訊或專業知識伴隨而來的權力，在學習型組織中具有的重要性越來越高，所以在學習型組織中，權力是分散而非集中；在學習型組織中有關獎勵、懲罰或工作量的直接增加，也是由各個內部團隊甚至由自我管理的個別員工所負責。因此，高階及中階的經理人逐漸會發現他們所剩餘的權力就是參照權力（Referent Power）——成爲員工樂於聽從的人；這通常也是企業經理人在商業學校中學習不到的特長。在小故事 10.9 描述有關金士頓科技公司（Kingston Technologies）的例子就指出，那些員工願意追隨的經理人，除了願意分享本身掌握的權力及職權外，也會進行財務資源的分享。

全球化世界中的管理能耐：願意賦權的領導人

根據喬治賽門、卡門維茲克茲及菲利普哈利斯（George Simons, Carmen Vazquez, and Philip Harris, 1993 ）三位學者指出，跨文化的企業領導人應該具有下列特徵：

1. 見識廣博的夢想家，他有著明確且具影響力的眼光及長期的觀

小故事10.9　我們可以擁有的最大快樂

　　當孫大衛（David Sun）及杜紀川（John Tu）把全世界最大的電腦記憶體模組製造廠—美國的金士頓科技公司一百分之八十的股份賣給日本的軟體銀行（Softbank）時，他們宣布要把所得之利益與員工分享。於一九九六年十二月十五日的員工假日派對中，這兩位全球化企業的經理人宣佈了他們的計劃：公司股權販賣所得的一億美元利潤將平分給員工們做為紅利。每名員工平均可以獲得七萬五千美元的紅利，有些人甚至可以獲得三十萬美元的紅利。用來分配的金額共達一億元，其餘的六千萬美元將保留做為未來計劃之用。當杜紀川被要求解釋這項決定時，他說：「員工們日復一日地努力工作。我們對於員工所抱持的態度就是『這是你們應得的；實際上你們應該得到更多。』」

　　孫大衛則說：「跟大家分享我們的成功是我們最大的快樂。」

資料來源：Miller, Greg（1996, 15）. Holiday：$100 million. Los Angeles Times, p.A1.

　　點；

2. 扮演企業組織及個人在願景、期望及責任之間的溝通橋樑；

3. 是一名在授權方面具有高度績效表現的楷模；

4. 是一名現實主義者，他清楚地瞭解到與決策最接近的人，往往也是最能做出適當決策的人；

5. 是企業組織的代表，相信企業內部員工及擁有的潛力，同時也
   會設定個人及團隊的目標；
6. 是企業內部全體員工的良師益友；
7. 是一名服務導向的人，他會把員工當作企業的內部客戶。

　　喬治西門、卡門維茲克茲及菲利普哈利斯三位學者也觀察到，充
份的授權可以破除企業內部管理階層及員工之間的隔閡，是超越權力
本身之內部界限的一種方式。位於維吉尼亞州的 AES 公司就以職責的
輪替來達到充份授權，例如由庫房管理人來進行預算的規劃，及要求
機房管理人員負責處理財務交易等等。此外，在國外廠房設立的初期
階段，AES 都會要求各個層級的每一名員工接受為期四個月的訓練課
程，訓練課程的內容涵蓋企業價值觀及文化的傳遞。AES 從阿根廷到
英國及巴基斯坦，共擁有二十七個廠房，所有的廠房都具有極大的營
運自主權，包括員工的授權等等。在一九九五年，企業營收為五億三
千三百萬美元；利潤為一億美元。

忠誠及信任

　　以上所列出的領導人特質再加上信任將可以產生對於企業的忠
誠。根據法蘭西斯福山（Francis Fukuyama, 1995）的看法，高度的信
任是日本企業得以引進管理技巧，例如及時存貨系統（Just-in-T ime
Inventory system, JIT）及全面品質管理（Total Quality Management,
TQM）的主要因素，這也是日本成功的企業組織在進軍世界市場時所
採用的管理技巧。福山先生也指出，在許多國家所創造的組織結構
中，要求密切監測並掌控員工的行為，正如同在義大利、法國及中國
的企業組織所採行的模式，在這樣的企業文化中強調的就是低度的信

任。福山先生認為所有新成立的企業組織應該向美國的企業看齊，因為他們對於組織內部的員工都有高度的信任。在現代，國家與企業組織對於內部成員的信任已經逐漸受到侵蝕，而且這樣的情況也因為企業領導人不但沒有能力為員工保住工作，反而透過縮減規模（Downsizing）、適型化（Right Sizing），甚至是組織重整（Restructuring）等方式減少工作機會而更趨惡化。全球各國在工作效率上競爭的日益升高，也使得信任這項議題成為企業組織必須面對的全球性挑戰。許多日本企業目前已經放棄終身雇用制度的實施，歐洲的企業則採取委外加工的模式，有些美國公司則是透過將工作機會輸出外國來減少在國內的員工薪資支出。相反的，美國通用汽車公司在一九九六年的勞資代表進行談判過程中，則是提供了終身雇用的契約當作誘因，以引誘這些目前的員工都要投票贊成在他們退休之後進行員工的減薪。這樣的矛盾及目前尚未解決的挑戰在於，企業組織在還沒有對員工付出忠誠以前，如何在員工身上創造忠誠並產生對於公司的信任。如何在虛擬組織中創造員工之間的信任並且持續這樣的信任關係更是一大挑戰，因為在這一類組織中的員工都是各自工作，他們的工作也正是組織成功的主要來源。查爾斯韓第（Charles Handy, 1995）指出，虛擬組織中的信任需要在員工之間產生特殊的連結關係，但也需要透過學習及敞開心胸去改變部份管理者所抱持的態度。他也認為信任並不代表盲目的相信，但是能把信任的界限明確地定義清楚，則有助於員工與企業組織之間建立信任關係。

根據瑞奇海德（Frederich Reichheld, 1996）的看法，員工對於企業的忠誠可以創造出顧客及股東對於企業的忠誠。這也會造成員工忠誠度進一步的提升，因為企業組織可以因為對於顧客及股東的有效掌握，使得內部員工的薪資也得以提升。此外，瑞奇海德也認為，像李奧貝納廣告公司（Leo Burnett）及美國的全國農場保險公司（State

Farm Insurance）一般，重視員工與公司之間的忠誠，主要是因為這一類企業禁不起損失重要的員工。許多企業都認為忠誠度可以為本身帶來的利益大於成本。例如，在美國一般人最想進入的前一百家企業，都是那些在財務績效上有所成就，並且願意給予員工承諾的企業（Levering and Moskowitz, 1998）。至於每家公司如何展現對員工的忠誠則各不相同；美國德州 TD 工業公司的所有股權都掌握在員工手中，該公司的財務狀況都會在每月的例行會議提出報告。在 MOOG 航空公司裡，沒有嚴格的工作計畫，員工也不需要打卡；聯邦快遞公司（Federal Express）則設立了利潤分享制度；美國第一大果醬果凍製造公司史穆克（Smucker）則因為工作環境猶如一家人的氣氛，使得該公司超過百分之四十的員工資歷都超過十年。

建構永續性的發展

企業對於整合各項環境保護要求所做的努力，使得各項標準的設立不斷有新的發展；這些標準的設立也提供給各個企業組織一個較結構性的方式來面對在營運過程中，對於環境保護所需要負擔的責任。目前全球已經有超過八十家企業公司簽訂了由環境責任經濟聯盟（The Coalition for Environmentally Responsible Economies, CERES）所建立的 CERES 原則。這些公司都保證會達到以下的要求：

1. 減少污染物的排放；
2. 透過有效利用及細心規劃，保存無法恢復的天然資源；
3. 減少廢棄物的產生，尤其是具有危險性的廢棄物；
4. 以更有效率的方式來利用能源；

5. 減少對員工及社會造成環境、健康及安全上的風險；

6. 銷售對環境安全的產品；

7. 對於造成的環境傷害願意負責並提供賠償；

8. 揭露對於環境有潛在危險性的物質；

9. 在企業內部指派人員成立負責環境保護相關議題的委員會；

10. 每年製作並公布企業的自我評估表。

　　商業團體也可以在特定的區域與其他產業及商業團體的成員或鄰近地區的居民，共同發展並制訂協議。睦鄰計劃（Good Neighbor Project）就是由非營利的公共政策研究中心（Center for the Study of Public Policy）所提出，主要目的是協助美國境內各個地區推廣乾淨且安全的產業工作機會。在睦鄰計劃中的員工、鄰近廠房及環境保護學者負責推動當地的各個產業，進行持續不斷進步甚至是巨幅的創新；此外，因為區域性處理方法的差異，各種不同的行動方案也相繼推出。其中包括設備及文件的審閱、新的合夥關係及機構的設立、法令或規範的訂定、商業社團的成立、企業與股東及保險公司之間的對話，及引導個人與公共部門的轉投資等等。在小故事 10.10 中有關杜邦公司（DuPont）的例子就例示了企業朝向環境保護目標的進展。

維護區域生態永續性的多國籍企業

　　在保羅史瑞伐遜法（Paul Shrivastava, 1996）所撰寫的書中（Greening business），作者將書中的前十三章節稱為現有企業組織「改革者（Reformist）」的主題，再接下去的章節保羅則指出他對於「未來企業徹底綠化」所抱持的願景，這也是他所稱的維護區域生態永續性的多國籍企業（Bioregionally Sustainable Multinational

小故事10.10　杜邦公司的承諾

我們僅向我們所有的利害關係人，包括我們的員工、顧客、股東及社會大眾保證，在企業的營運過程中時，我們會尊重並照顧我們的環境。我們將會執行成功的企業策略並達成所有利害關係人的最大利益，同時不會危及我們下一代滿足生活需求的能力。

我們會透過科技進步及人類對於環境安全、人類健康及環境保護科學的瞭解之不斷提升，持續改善企業的作業。我們會在世界各地的營運活動中，以一致及可衡量的進展來履行這個承諾。杜邦公司支持化學產業的責任及相關的管制。使石油產業成為環境的夥伴策略（Strategies for Today's Environmental Partnership），也將是我們主要計畫的一部份，透過這些計畫及法規的遵行，杜邦公司將可以有效達成我們的承諾。

我們會堅守生產設備安全操作的最高標準來保護我們的環境、我們的員工、我們的顧客及跟我們有生意往來的人們。

我們也會與政府、決策制訂者、企業及各個倡議團體成立聯盟以發展可促進安全、健康並能保護環境的健全政策、法令、規範及作業流程。

遵守這份承諾及相關的法規，是我們公司每一名員工及承包商的責任，同樣的承包商的員工亦然。每個分支機構的管理人員都必須負責教育、訓練並鼓勵員工去瞭解、遵守這份承諾及相關的法規。

我們將會適當地佈署我們擁有的資源，包括研究、發展及資

金等等以符合這份承諾，並使我們的營運活動更為穩固。

我們將會評估並定期向社會大眾報告我們全球性營運的進展以實現這份承諾。

來源：DuPont Homepage（1997, June21）. http://www. dupont.com

Corporations, BioCorps）。這些企業將會隨著逐步邁向全球化、區域生態環境的破壞、產業營運造成的生態危機，或居住在各個不同區域的民眾為了阻止企業在營運造成環境保護問題而發起抗議活動等不同事件，而逐漸為全球民眾所熟知。在組織架構的形式上，這些企業將會以扁平化的分權結構，鼓勵授權與參與決策。與小故事10.10 杜邦公司（DuPont）提出的承諾類似，這些企業組織的內部，會散佈著對於環境保護所抱持的關懷與責任。除此之外，在這樣的架構下將設置有強力的環境保護事務部門，其權限可以觸及高層，並可以評出企業內部哪些單位是環境保護活動的獲勝者，此外由董事組成委員會監視企業對於環境保護的績效。這個結構也會獲得行政系統的支持，尋找環境保護的要求並適時做出反應。最後，從人力資源這方面來看，維護生態永續性多國籍企業視員工為珍貴的資源，從事有意義的工作。此外，在這些企業工作不僅提供機會以發揮想像力並提供員工成長的空間，也幫助員工在工作、家庭、及專業等生活取得平衡。

要在個人、企業組織、國家、或者全球的層次上達成成長及環境保護之間的平衡，必定會為企業組織帶來一定的成本。如同本章前面提到的，有些企業只有在不需要花費任何成本或受到政府法令規定的限制下才會進行環境保護活動；有些企業則認為投入環境保護活動所

需的短期成本可以靠日後長期的獲利來補償；其他的企業例如美體小舖則是採取更廣闊的想法，認為環境保護活動是全球所有企業組織所必須擔負的責任，就算企業必須付出相當成本甚至損失可能獲得的利潤，企業必須為全球人類的未來保存一個具有充分資源及公平的生態環境。個人和國家也有類似的狀況，有些活躍於參與環境保護活動，有些則是密切注意法律或社會規範下必須進行的工作。無論投入環境保護活動的努力水準如何，所有的貢獻都會逐漸累積，透過全球的整合，在地球有限資源的封閉系統及企業組織成長的開放系統之間慢慢找到平衡點。本書及其中對於全球無疆界性的探索，使我們體認到界限的超越將可以為人類創造出以往並未察覺的新體認。儘管我們看到許多企業組織已經跨越各種不同的界限，我們同時也發現這些企業被時間、金錢，及無法在各個方面做到盡善盡美所限制。無限成長的經濟假設或許在未來的某一天可能實現，但是我們也必須瞭解這些結果將必須耗費高昂的成本，不管是地球、國家、企業組織，甚至是人類及其他生物都必須承擔成本，因為他們的未來決定於企業追求利益所做的決策之程度遠比我們想像高出許多。不論這些利益如何以企業本身及社會大眾利益的角度來定義，完成經濟及生活品質的目標，創造工作效率與提供意義性，所有這些及其他更多更多的都是平衡性行為，也是置身在這個逐漸擴張的全球社會中所有成員必須面對的。

本章關鍵概念

生產力產生利益與成本：全世界的生產力成長增加了個人、企業組織、國家及全世界財務上的富裕。這些生產力之提升主要依賴取得、有效開發，及持續發展各項生產因素，例如資本、技術、原物

料、天然資源、及人員。但是在許多情況下,這些生產力提升的背後,需要地球的資源環境付出代價。

永續發展的四大原則:永續發展的原則包括瞭解經濟成長及環境保護的緊張關係必須解決;貧窮國家無法也不能模仿富裕國家的生產及消費模式;富裕國家的生活型態必須改變;收入的最大化必須以擴展人們的機會來取代之。

地球的界限:經濟成長及生產力提升促成的全球無疆界情況,使得地球資源的界限瀕臨警戒邊緣。有許多人認為科技的突破使企業組織在各方面的成長幾乎沒有極限;但也有人聲稱經濟不斷成長,使地球資源不管是消耗或破壞的速度,是任何科技突破無法彌補的。水、空氣及天然資源因為企業為了創造經濟財富而不斷地被消耗,疾病及對生態環境產生的干擾也由這些企業組織散播著。

地球面臨的的兩大挑戰:人口及產業的發展:人口的快速成長再加上產業的快速發展都增加了天然環境持續供應人類需求的壓力。因此,工業化及人口快速成長帶來的問題並不會區分為區域性或國家性的問題,而是全世界必須共同面對的問題,因此必須全球各國共同努力才有機會解決。此外,由於商業活動也是問題的一部份,因此企業也必須貢獻自身的力量。全球化企業的曝光率將有助於企業扮演環境保護活動促進者的角色。

環境責任承擔之要求日漸增加的來源:企業組織對於環境保護負起責任的要求日漸增加,主要來自國家或全球法令及企業本身採行的自發性規範、來自消費者的要求、來自有道德的投資人、來自企業內部員工及環境保護利益團體、來自貸款機構及保險公司還有其他的商業團體等等。

　　個人擔負起環境保護責任的可行方式：成為「綠色」消費者、投資於有社會責任色彩的投資基金（Social Responsible Investment funds）及改變消費習慣，是個人可以鼓勵企業對於環境保護有所回應的三種可行方式。

　　環境保護倡議團體的成長：環境保護倡議團體的成員越來越多，在全球各國間的影響力也越來越大，主要原因是這些環境保護的支持者利用網際網路作為資訊媒介，能夠迅速又不耗費高成本地進行傳遞。

　　企業組織減少過度剝削環境資源的三種方法：企業組織內部及企業組織間的聯盟，已證明對於改變企業組織對於天然資源的消耗模式有很高的影響力。再回收、再利用及再製造是企業組織能減低其成本與保護環境的三種主要方式。

　　進行環境保護的共通模式：對於環境保護負起應盡責任的企業採行的共通模式為：（a）發佈以促進環境保護為目標的企業願景陳述與企業價值觀；（b）企業內部設有專職的單位來管理環境保護相關事宜；（c）設計符合環境保護要求的生產流程及產品規格；（d）企業的利害關係人重視環境保護相關議題；及（e）在公司內部及外部進行環境保護概念的教育訓練。

　　願意承擔社會責任之企業組織的領導風格：很多經理人發現傳統的權力來源在知識型企業組織中，已經慢慢失效；企業組織的領導人應該致力於成為部屬願意追隨的領導者，而不是透過薪資或晉升的方式來引發員工願意服從領導的動機。

　　願意授權之經理人的特質：願意授權的經理人具有遠見，而且能

夠做出決策並鼓勵及指導其他員工達成任務。通常，這樣的經理人在企業內部，會比較像是「公僕」，而比較不像領導者。

對於環境保護敏感的成本：承諾要找尋新的工作方式，而不是以有害於天然環境的方式進行工作的企業組織及個人會發現，要達成本身所立下的承諾。往往會遭遇到很多挫折，因為社會大眾對於這樣的承諾有極高的期望，對於失敗的容忍卻相對很低。

問題討論與複習

1. 你是否同意「全球共有資源」的存在？如果你同意的話，請列出全球共有資源具備的特點，並為它們在全球環境中的地位提出解釋或辯護。

2. 在人口成長極高而經濟發展卻很緩慢的國家中，國家政府最應該優先考慮的是什麼？這些國家是否應該對女性的問題做特別的優先考慮？無論你是否同意這些國家政府應該特別優先考慮的事物，請解釋你的選擇。

3. 如果知識及教育是企業組織主要的資產，請考慮下列的情況：

   a. 在你的國家可找到的傳統管理技巧需要做何種改變？

   b. 對於員工的福利配套措施，應該著重在哪些方面：工資還是教育津貼？薪資的調高或健康的維護？時間還是金錢？請為你所做的結論做出解釋。

4. 在全球、國家及企業組織三個不同的層次上討論不平等將會透過何種方式造成無效率的情形？在企業組織有不平等的情形時，會不會有些人默默承受，有些人則扯生產力的後腿？這會是哪些情況？可

接受及不可接受的根據應是什麼？

5. 請找出過去六個月內貿易期刊或報章雜誌所刊登有關企業組織如何對環境保護做出回應的文章。請找出這家企業組織對環境保護議題負責的三種方式；當他們的競爭者未從事環境保護工作時，請敘述他們因此付出多大的代價。用你自己的想法及文章中提出的例子，解釋為什麼環境保護議題對於企業界的衝擊是全球性的。

6. 工業化國家的文化可能最吻合消費主義及經濟開發的概念。經濟較不開發的國家可能就沒有足夠的文化機制可以支援資本主義的發展。例如，在非洲許多居民來自各個部落或同一個社會性族群，這些居民的歷史背景是遊牧民族，維持生計的方式主要是農業。這些遊牧民族如何能在發展的方向與固有文化相反的情況下控制他們自己的發展？如果他們無法預測政治、文化、經濟及科技上可能發生的變化，他們又如何能規劃或處理永續發展的問題呢？

7. 全球型企業個案。請指出你選定研究的全球型企業組織對於天然資源全球化所負起的責任。就天然資源的全球化來說，該企業在天然資源的利用與取得上，必須面對最主要的議題是什麼？該企業是否顧慮到永續發展的議題？該企業又是否採用環境會計（Environment Accounting）、污染控制（Pollution Control）等方式來保護地球環境？

參考書目

Abortion in Asia. (1996, Sept. 12). *The Wall Street Journal*, p. A16.

Ainsworth, Martha. (1994). Socioeconomic determinants of fertility in Sub-Saharan Africa. Washington, DC: World Bank Policy Research Dept.

Barbier, Edward. (1987). The concept of sustainable development. *Environmental Conservation*, 14(2): 101–110.

Brown, Lester, Lenssen, Nicholas, and Kane, Hal. (1995). *Vital signs*. Washington, DC: Worldwatch Institute (an annual publication since 1992).

Brown, Tim, and Xenos, Peter. (1994, Aug.). AIDS in Asia: The gathering storm. *Asia Pacific Issues*, p. 16.

Carlson, Allan. (1986, Apr. 13). Depopulation bomb: The withering of the Western World. *The Washington Post*, pp. C1, C2.

Carson, Rachel. (1962). *Silent spring*. London: Hamish Hamilton.

Clair, Judith, Milliman, John, and Mitroff, Ian. (1995). Clash or cooperation? Understanding environmental organizations and their relationship to business. In Denis Collins and Mark Starik (Eds), *Research in corporate social performance and policy, Supplement 1*, pp. 163–193. Greenwich, CT: JAI.

Colborn, Theo, Dumanoski, Dianne, and Myers, John Peterson. (1996). *Our stolen future*. New York: Dutton.

Confronting the spread of AIDS. (1997, Nov. 3). The World Bank Group press release. http://www.worldbank.org/html/extdr/extme/1513.htm

Costanza, Robert, Daly, Herman E., and Bartholomew, Joy A. 1991. Goals, agenda and policy recommendations for ecological economies. In Robert Costanza (Ed.), *Ecological economics: The science and management of sustainability*, pp. 1–20. New York: Columbia University Press.

Daly, Herman. (1996). *Beyond growth: The economics of sustainable development*. Boston, MA: Beacon Press.

Dechant, Kathleen, Altman, Barbara, Dowining, Robert M., and Keeney, Timothy. (1994). Environmental leadership: From compliance to competitive advantage. *Academy of Management Executive*, 8(3): 7–27.

Easterbrook, Gregg. (1995). *A moment on the earth*. New York: Viking.

Erlich, Paul R. (1969). *The population bomb*. Binghamton, NY: Vail-Ballou.

The environment is good business in France. (1992, Mar.). *Civil Engineering*, p. 66.

Fukuyama, Francis. (1995). *Trust: The social virtues and the creation of prosperity*. London: Penguin.

French, John R.P., and Raven, Bertram. (1960). The bases of social power. In Dorwin Cartwright and A.F. Zander (Eds), *Group dynamics: Research and Theory*, pp. 607–623. New York: Harper & Row.

Gandhi, Maneka. (1992, June). The West sets a bad example. *World Press Review*, pp. 11–12.

Garrett, Laurie. (1994). *The coming plague: Newly emerging diseases in a world out of balance*. New York: Farrar Straus Giroux.

Gladwin, Thomas N., Kennelly, James J., and Krause, Tara-Shelomith. (1995). Shifting paradigms for sustainable development: Implications for management theory and research. *Academy of Management Review*, 20(4): 874–907.

Globalization leaving many poor countries behind. (1997, June 12). New York: United Nations press release on the Human Development Report.

Goodall, Jane. (1995, Dec.). A message from Jane Goodall. *National Geographic*, p. 102.

Gore, Al. (1992). *Earth in the balance: Ecology and the human spirit*. New York: Houghton Mifflin.

Halal, William. (1996). *The new management*. Thousand Oaks, CA: Sage.

Handy, Charles. (1995, May/June). Trust and the virtual organization. *Harvard Business Review*, 40–50.

Hardin, Garrett. (1968). The tragedy of the commons. *Science*, 162: 1243–1248.

Hawken, Paul. (1993). *The ecology of commerce*. New York: HarperBusiness.

Henderson, Hazel. (1996). *Building a win-win world: Life beyond global economic warfare*. San Francisco, CA: Berrett-Koehler.

Human Development Report. (1997). Cary, NC: Oxford University Press.

Hutchinson, Colin. (1992). Corporate strategy and the environment. *Long Range Planning*, 25(4): 9–21.

Indiana Center on Global Change and World Peace Prediction. (1994, Fall). Bloomington, IN: Indiana University.

Korten, David. (1995). *When corporations rule the world.* San Francisco, CA: Berrett-Koehler.

Levering, Robert, and Moskowitz, Milton. (1998, Jan. 12). The 100 best companies to work for in America. *Fortune*, pp. 84–95.

Marstrander, Rolf. (1994). Industrial ecology: A practical framework for environmental management, in Bernard Taylor (Ed.), *Environmental management handbook.* (Chapter 12) London: Pitman Publishing.

Meadows, Donella H., Meadows, Dennis L., and Randers, Jorgen. (1992). *Beyond the limits: Confronting global collapse – envisioning a sustainable future.* Post Mills, VT: Chelsea Green.

Mexico's Pemex says 'redoubling' environmental effort. (1996, May 27). *Wall Street Journal* Interactive. http://www.wsj.com.

Moffat, Susan. (1996, Dec. 9). Asia stinks. *Fortune*, pp. 120–132.

Moran, Robert, Harris, Philip, and Stripp, William. (1993). *Developing the global organization.* Houston, TX: Gulf Publications.

Ottman, J.A. (1992). *Green marketing.* Lincolnwood, IL: NTC Business Books.

Pilat, Dirk. (1997). *Labour productivity levels in OECD countries: Estimates for manufacturing and selected service sectors.* OECD Economics Working Paper no. 169.

The politics of population. (1994, Sept. 1). *The Seattle Times*, pp. A1, A14.

Porter, Michael E., and van der Linde, Claas. (1995, Sept./Oct.). Green and competitive: Ending the stalemate. *Harvard Business Review*, 73(5): 120–134.

Reichheld, Frederick. (1996). *The loyalty effect.* Boston, MA: Harvard Business School Press.

Schmidheiny, Stephan, Zorraquin, Federico, and the World Business Council for Sustainable Development. (1996). *Financing change.* Cambridge, MA: MIT Press.

Shrivastava, Paul. (1996). *Greening business*. Cincinnati, OH: Thomson Executive Press.

Simon, Julian. (1981). *The ultimate resource*. Oxford: Martin Robinson.

Simons, George F., Vazquez, Carmen, and Harris, Philip R. (1993). Houston, TX: Gulf Publishing.

Simons, Marlise. (1995, Feb. 4). Dutch flooding a severe blow for business. *New York Times*, pp. 1, 4.

Smith, Craig A. (1995, Oct. 9). China becomes industrial nations' most favored dump. *The Wall Street Journal*, p. B1.

Stead, W. Edward, and Stead, Jean Garner. (1996). *Management for a small planet* (2nd ed.). Thousand Oaks, CA: Sage.

UN Framework Convention on Climate Change. (1997). Kyoto Conference. UN: Geneva; www.undcp.org/unlinks.html.

US President's Council on Sustainable Development. (1994). *A vision for a sustainable US and principles of sustainable development*. Washington, DC: Author.

Viederman, Stephen. (1994). *The economics of sustainability: Challenges*. Paper presented at the workshop, The Economics of Sustainability, Fundacão Joaquin Nabuco, Recife, Brazil.

Walley, Noah, and Whitehead, Bradley. (1994, May/June). It's not easy being green. *Harvard Business Review*, pp. 46–52.

Welford, Richard. (1993, Winter). Breaking the link between quality and the environment: Auditing for sustainability and life-cycle assessment. *Business Strategy and the Environment*, 2, Part 4. ERP Environment.

Winslow, Ron. (1995, Jan. 1). 'Fungus fatale' poses a threat to potato crop. *The Wall Street Journal*, pp. B1, B5.

World Conservation Union, United Nations Environment Programme, and Worldwide Fund for Nature. (1991). *Caring for the earth: A strategy for sustainable living*. Gland, Switzerland: Author.

World Resources: A guide to the global environment. (1996/97). New York: World Resources Institute.

弘智文化價目表

弘智文化出版品進一步資訊歡迎至網站瀏覽：http://www.honz-book.com.tw

書名	定價		書名	定價
社會心理學（第三版）	700		生涯規劃：掙脫人生的三大桎梏	250
教學心理學	600		心靈塑身	200
生涯諮商理論與實務	658		享受退休	150
健康心理學	500		婚姻的轉捩點	150
金錢心理學	500		協助過動兒	150
平衡演出	500		經營第二春	120
追求未來與過去	550		積極人生十撇步	120
夢想的殿堂	400		賭徒的救生圈	150
心理學：適應環境的心靈	700			
兒童發展	出版中		生產與作業管理（精簡版）	600
為孩子做正確的決定	300		生產與作業管理（上）	500
認知心理學	出版中		生產與作業管理（下）	600
醫護心理學	出版中		管理概論：全面品質管理取向	650
老化與心理健康	390		組織行為管理學	800
身體意象	250		國際財務管理	650
人際關係	250		新金融工具	出版中
照護年老的雙親	200		新白領階級	350
諮商概論	600		如何創造影響力	350
兒童遊戲治療法	500		財務管理	出版中
認知治療法概論	500		財務資產評價的數量方法一百問	290
家族治療法概論	出版中		策略管理	390
婚姻治療法	350		策略管理個案集	390
教師的諮商技巧	200		服務管理	400
醫師的諮商技巧	出版中		全球化與企業實務	出版中
社工實務的諮商技巧	200		國際管理	700
安寧照護的諮商技巧	200		策略性人力資源管理	出版中
			人力資源策略	390

書名	定價	書名	定價
管理品質與人力資源	290	社會學：全球性的觀點	650
行動學習法	350	紀登斯的社會學	出版中
全球的金融市場	500	全球化	300
公司治理	350	五種身體	250
人因工程的應用	出版中	認識迪士尼	320
策略性行銷（行銷策略）	400	社會的麥當勞化	350
行銷管理全球觀	600	網際網路與社會	320
服務業的行銷與管理	650	立法者與詮釋者	290
餐旅服務業與觀光行銷	690	國際企業與社會	250
餐飲服務	590	恐怖主義文化	300
旅遊與觀光概論	600	文化人類學	650
休閒與遊憩概論	600	文化基因論	出版中
不確定情況下的決策	390	社會人類學	390
資料分析、迴歸、與預測	350	血拼經驗	350
確定情況下的下決策	390	消費文化與現代性	350
風險管理	400	肥皂劇	350
專案管理師	350	全球化與反全球化	出版中
顧客調查的觀念與技術	450	社會資本	出版中
品質的最新思潮	450		
全球化物流管理	出版中	教育哲學	400
製造策略	出版中	特殊兒童教學法	300
國際通用的行銷量表	出版中	如何拿博士學位	220
許長田著「行銷超限戰」	300	如何寫評論文章	250
許長田著「企業應變力」	300	實務社群	出版中
許長田著「不做總統，就做廣告企劃」	300	現實主義與國際關係	300
許長田著「全民拼經濟」	450	人權與國際關係	300
許長田著「國際行銷」	580	國家與國際關係	300
許長田著「策略行銷管理」	680		
		統計學	400

書名	定價	書名	定價
類別與受限依變項的迴歸統計模式	400	政策研究方法論	200
機率的樂趣	300	焦點團體	250
		個案研究	300
策略的賽局	550	醫療保健研究法	250
計量經濟學	出版中	解釋性互動論	250
經濟學的伊索寓言	出版中	事件史分析	250
		次級資料研究法	220
電路學（上）	400	企業研究法	出版中
新興的資訊科技	450	抽樣實務	出版中
電路學（下）	350	審核與後設評估之聯結	出版中
電腦網路與網際網路	290		
應用性社會研究的倫理與價值	220	**書僮文化價目表**	
社會研究的後設分析程序	250		
量表的發展	200	台灣五十年來的五十本好書	220
改進調查問題：設計與評估	300	２００２年好書推薦	250
標準化的調查訪問	220	書海拾貝	220
研究文獻之回顧與整合	250	替你讀經典：社會人文篇	250
參與觀察法	200	替你讀經典：讀書心得與寫作範例篇	230
調查研究方法	250		
電話調查方法	320	生命魔法書	220
郵寄問卷調查	250	賽加的魔幻世界	250
生產力之衡量	200		
民族誌學	250		

全球化與企業實務

編 輯 者／Barbara Parker

譯　　　者／李茂興、林建江

編　　　輯／黃碧釧

出 版 者／弘智文化事業有限公司

登 記 證／局版台業字第6263號

地　　　址／台北市大同區民權西路118巷15弄3號7樓

網　　　址／www.honz-book.com.tw

E-Mail／hurngchi@ms39.hinet.net

電　　　話／（02）2557-5685．0921-121-621．0932-321-711

郵政劃撥／19467647　戶名：馮玉蘭

傳　　　眞／（02）2557-5383

發 行 人／邱一文

書店經銷／旭昇圖書有限公司

地　　　址／台北縣中和市中山路2段352號2樓

電　　　話／（02）22451480

傳　　　眞／（02）22451479

製　　　版／信利印製有限公司

版　　　次／2005年1月初版一刷

定　　　價／900元

ISBN 957-0453-78-8

國家圖書館出版品預行編目資料

全球化與企業實務 / Barbara Parker 著：李茂興,
林建江譯. 初版. -- 臺北市：弘智
文化, 2005〔民94〕
　　面；　　　公分
譯自：Globalization and business
practice : managing across boundaries
　ISBN 957-0453-78-8（平裝）

　1. 國際企業 — 管理　2. 國際經濟　3. 企業管
理
494　　　　　　　　　　　　　　　91022326